U0187934

区块链 + 新家政服务

21 世纪中国新家政服务标准化
理论与创新实践模式

上 册

黄 鹤 ◎著

新华出版社

图书在版编目（CIP）数据

区块链+新家政服务：21世纪中国新家政服务标准化
理论与创新实践模式 / 黄鹤著.
－－ 北京：新华出版社, 2021.5
ISBN 978-7-5166-5801-7

Ⅰ.①区… Ⅱ.①黄… Ⅲ.①区块链技术－应用－家政服务－研究－中国
Ⅳ.①TS976.7-39

中国版本图书馆CIP数据核字(2021)第071809号

区块链+新家政服务：21世纪中国新家政服务标准化理论与创新实践模式

著　　者：黄　鹤

责任编辑：徐文贤　　　　　　　　　　封面设计：刘宝龙

出版发行：新华出版社
地　　址：北京石景山区京原路8号　　　　邮　　编：100040
网　　址：http://www.xinhuapub.com
经　　销：新华书店、新华出版社天猫旗舰店、京东旗舰店及各大网店
购书热线：010－63077122　　　　　　中国新闻书店购书热线：010－63072012

照　　排：六合方圆
印　　刷：三河市君旺印务有限公司

成品尺寸：185mm×260mm
印　　张：60　　　　　　　　　　　　字　　数：1500千字
版　　次：2021年5月第一版　　　　　　印　　次：2021年5月第一次印刷

书　　号：ISBN 978-7-5166-5801-7
定　　价：288.00元（上下册）

版权专有，侵权必究。如有质量问题，请与出版社联系调换：010-63077124

谨以此书献给

我的恩师王道俊教授　是他教我做学问做事业做人

序一　家政行业迫切需要"换道超车"

陈　挺

中国家庭服务业协会副会长

广东省家庭服务业协会会长

中国经济正处在下半场起步阶段，所有经济活动都可能在另一个维度从头再来，家政行业也不例外。过去无法解决的问题，现在似乎有了新的解决方法，比如家政服务个人信息不透明、家政服务"私单"、家政服务技能／价格难以评价等等。家政行业好像有点要"换赛道才能走下去"的感觉。

家政的核心问题在于参与方之间的信息透明度以及能否按标准报价的问题，过去沿用"中心化"思维打造的家政平台没在本质上解决问题，订单和流水都迂回在中心系统中，中间环节过多且效率损失太大。

当黄鹤老师把这套《区块链+新家政服务》交给我的时候感觉有点惊讶。不因为它是部头大，而是它消耗了超十年的研磨时间实属不易。这种面对不确定性的"坚持"就是它的内在价值。本书应该有两个亮点：一是提出了用区块链技术解决家政行业发展的瓶颈问题；二是提出比较完整的家政服务标准体系，作为区块链技术应用的基础。家政区块链思路为解决家政行业的痼疾扯开了一线曙光，让我们得以用全新的角度重新思考家政的根本问题。书中提到家政组织创新的"去中心化、小微化、平台化"趋势，跟我在很多场合提过的服务"细分化、标准化、产品化"观点，只是阐述的角度不同，属于同一性质的观点，后者是前者的基础。

区块链技术的核心是P2P（点对点）网络、共识机制、智能合约、密码学技术、分布式账本等，能让个人信用信息得以真实（公开透明、不可篡改、可追溯）传递，彻底打通信息不透明的长期堵点；家政服务标准的完善让交易行为可以凭借各类公认的证书来衡定服务价格并规范市场；区块链平台可以让家政产品的交换更为灵动和高效。未来是个体崛起的时代，家政服务模式将完成从B2C（B是家政企业、C是家政服务员或雇主）到C2P2C（C是家政服务员或雇主、P是互联网平台或区块链平台、C是雇主或家政服务员）的进化，大多数服务需求都属于个性化（定制型）服务，家政企业的经营重点也应该是纵深性或垂直性的技能服务。所以，区块链平台+小微家政机构的模式可能是未来的家政组织主流模式之一。

完善的服务标准体系，是区块链技术应用的基础条件，没有标准何谈交易。本书列举了家政9大业态服务标准，编写了30个服务标准文件，提出了可能是目前最全的家政服务标准体系构思。可以预计，这些标准在未来的家政实践中将会得到进一步完善。

实现区块链技术在家政行业的应用，目前还有很大的不确定性，还需要时间逐步完善，但它肯定是一项创举性的工程。它的意义不仅在于盘活家政行业，而是可以盘活与家政行业关联的众多行业。相信很快，这项技术的研发一定可以结出丰硕的成果。

是为序。

序二 "区块链＋新家政服务"对传统家政的变革与启示

张先民

清华大学老科协现代家政产业研究发展中心执行主任

中国老教授协会家政学与家政产业发展委员会执行主任

原北京市三八家政服务中心主任

黄鹤先生是我多年从事家政工作中认识的一位家政人。我和他相识于2008年，最初留给我的印象他就是一介书生。随着交往的增多，发现他更是充满理想且非常执着的家政人。他所写的这本《区块链＋新家政服务：21世纪中国家政服务标准化理论与创新实践模式》，则是对他固执地行走在家政行业发展探索路途上的最好诠释。

在作者看来，家政标准是一个体系。家政标准体系包括家政服务技能标准、家政服务员工作标准、家政服务管理标准。其中，家政服务技能标准是核心。在家政服务技能标准中，又分为九大细分业态：例如，居家保洁收纳服务、衣物洗涤收纳服务、家庭餐制作服务、母婴护理（月嫂）服务、育婴服务、居家养老护理服务、病患陪护服务、管家服务、涉外家政服务等。这种家政服务技能细分并建立相应的标准体系，实属必要。随着家政服务实践的深入，随着家政雇主需求的精细化、多样化、个性化，这九大业态家政服务技能标准还将细分，形成一个个子标准体系。正是这种家政服务技能越来越精细化、标准化，才能实现家政服务从粗放式发展走向高品质发展。这是一种方向，值得探索。

本书一个亮点是在中国家政服务业首次提出"雇主标准"。在作者看来，所谓雇主标准，就是指雇主所要求的家政服务任务和服务水平，也是雇主的个性服务和偏好，是指在雇主家中"何时、以什么方式"进行家政服务。即把雇主的服务预期转化成确切的服务质量标准。

在作者看来，雇主标准是管理工具，可帮助雇主和家政公司衡量每一个家政服务员服务标准的水平是否合格，把它与每一个家政服务员的"家政服务职业技能标准"相匹配，来确认定制化家政服务。为此，作者提出了一一对应的九大服务业态的雇主标准。例如家居保洁收纳服务雇主标准、母婴护理（月嫂）服务雇主标准、居家养老护理服务雇主标准等。作者的这种提法，有助于我们家政经理人在家政管理实践中，更好地理解"以顾客为中心"的家政管理思想，有助于我们更好地提升雇主的服务体验。让我们的家政培训、家政服务交易、家政服务管理、家政服务质量评估、家政服务纠纷投诉处理等有了依据。这是十分大胆的创新，值得尝试。

然而，本书关于家政企业标准的探索，并未就此止步，而且针对家政服务中"家政服务员职业技能水平不足、家政服务诚信缺失、家政企业运营效率低"等家政服务难点、痛点、发展瓶颈问题，融合区块链技术，提出了系统的可操作的解决方案。例如，基于区块链技术，对家政服务员身份信息与服务信息溯源、对雇主和家政服务员隐私保护、对家政服务员职业技能认证而颁发数字证书、雇主与家政服务员点对点直接服务交易、家政服务投诉纠纷 "链上" 处理等一系列家政变革措施，进而构建出 "区块链＋新家政平台"。这实在是一种家政服务 "提质扩容" 创新发展。果真如此，我国家政服务业未来实现 "高质量发展"，将是可以期待的。

作者在十余年的家政活动实践中，经历了起起伏伏，磕磕碰碰，但他始终执着地坚守初心与梦想。功夫不负有心人，今天终将《区块链＋新家政服务：21 世纪中国家政服务标准化理论与创新实践模式》这部书奉献给大家。面对这部运用洋洋洒洒 100 多万字分析解读我国家政行业的著作。作为行家政行业的一名老兵，不胜感慨。我从书中看到了一个执着的家政人，不忘初心，努力前行的付出；更从中看到我国家政行业发展的希望与未来。

作者视我为朋友，要我为本书写一个序。推辞不掉，勉为其难，只好写上一些话。至于本书的价值如何？家政业内的同行们最有发言权。"仁者见仁，智者见智"。我只是抛砖引玉，将此书推荐给大家。希望家政同仁们读一读，或许能为您所用，助您插上腾飞的翅膀，如虎添翼。

序三　我国家政服务的过去、现在、未来

胡道林

中国家庭服务业协会第二届、第三届副会长

中国家庭服务业协会社区服务研究会常务副主任

浙江省第一届家政服务人才培养培训联盟副理事长

宁波家政学院家政人才培养胡道林工作室

宁波市 81890 全国劳模匠道工作室主任

黄鹤先生邀请我为《区块链＋新家政服务》这套书写个序，却之不恭，谨以我多年研究、从事家政行业的感受略谈之。

"家政服务"，这个词大家并不陌生，在中国已经有一千多年的历史。说不陌生，也陌生，新中国成立以后，一直到改革开放之前，"家政服务"这个词已成为冷僻词。由于我国解放初期，处于百废待兴、国民经济薄弱的状况，百姓的生活处于温饱线以下，再加上我国实行的是计划经济，百姓所需的生活资料都是供给制，所以，"家政服务"就失去地位，淡出了人们的视线。改革开放以后，我国随着市场经济的发育和产权制度的改革，百姓的生活水平日益提高，越来越多的家庭希望从琐碎的日常事务中脱离出来，所以到了 20 世纪 80 年代"家政服务"又开始出现；到了 2009 年，国务院成立"发展家庭服务业促进就业部际联席会议"，明确将"家政服务"确定为现代服务业。

"家政服务"自新中国成立以来，空缺了 30 年，萌芽发展 20 年，真正成为产业也只有近来的 20 年。黄鹤先生把当前的"家政服务"定义为"新家政服务"我认为非常准确。过去是传统家政服务，需求是零星的、只为个别富人服务；现在的家政服务是产业，家政服务已经成为百姓生活中不可或缺的一部分，特别是对一老一小的服务，已经成为百姓家庭的刚性需求。不过"家政服务业"尽管已经发展了 20 多年，却还存在一些瓶颈问题，家政员、雇主、服务机构三方都有话要说，如家政员的信用信息不明、服务技能培训不足、服务评价不能追溯等；如服务机构服务标准体系不全、管理不规范等；如雇主的需求不清晰、对家政员保障措施不足等问题，都需要进一步去创新去突破。

我看了黄鹤先生《区块链＋新家政服务》的引言、导论、号角、展望四个部分共六篇 42 章的样稿后，感到《区块链＋新家政服务》，对家政服务业存在的如家政员专业度不高、服务机构诚信度不高、雇主需求不清晰等问题，都有较好的解决路径和方案；《区块链＋新家政服务》，可为雇主提供更加智能、更加便捷、更加诚信、更加优质的家政服务，更好地为行业协会、家政公司、家政院校、家政服务员、雇主赋能；《区块链＋新家政服务》，将切实地为一个服务机构，一个连锁企业、一个行业组织解决诸多难以解决的痛点难点问题。

《区块链＋新家政服务》这套书，是移动互联网、大数据、物联网、云计算时代，比较完整、比较前沿的一套很好的工具书。我希望《区块链＋新家政服务》在应用过程中，能为百姓美好生活向往提供服务，为农村富余劳动力就业创造机会，为家庭服务业"提质扩容"作出应有贡献！

序四 家政行业急需"新理论"与"新实践"

孙景涛

广东省家庭服务业协会 副会长

深圳市家庭服务业发展协会 会长

"社区邦家政"创始人

承蒙广东省家庭服务业协会陈挺会长的推荐，有幸认识黄鹤先生。在遇到他之前，我作为一个跨界进入家政行业10年的家政人，有时会暗自"佩服"自己对家政事业的执着，但当我听黄鹤先生讲他的家政实践经历并带来了全新的著作的时候，我的第一感觉就是他做了我们这些跨界进入家政行业，立志要为行业做点什么，实现一些情怀人想做还没有做到的事情。

虽然我在经营家政实践中积累了大量的实践经验，经常受邀参加一些行业交流甚至上台成为论坛嘉宾，但面对黄鹤先生的家政论著，依然没有胆量去评价这本著作，只有学习。有一点是可以肯定的，我们这些冲在家政行业前沿还想进一步发展的企业以及企业家，急需面向未来的"新技术＋新理论"来指导家政实践，显然黄鹤先生给我们家政行业送来了"家政真经"。可以预想，一年后的全国各地家政论坛会达到一个新的水准，因为家政《区块链＋新家政服务》武装了我们家政人。

我从北京来到深圳并最终做了家政行业，黄鹤先生长期在北京纵观全国家政行业，如能把他的家政论著在深圳与家政行业相结合，为深圳改革开放先行示范区助力，为实现"粤港澳大湾区"高品质家政服务这一目标提供前沿技术与理论指导，无疑具有非常积极的意义。同时，希望全国更多的家政同行通过这种方式和契机与深圳特区形成深层互动。

"我们都是家政人"，这是进入2021年我对自己身份的新定义与新标识，希望这个"新"与《区块链＋新家政服务》同行，与全国家政人同行。

本书基于区块链共享数据库或分布式数据库的特点，充分运用区块链技术构建中国家政行业的"信任"基础，非常值得关心和从事家政的人关注。我相信黄鹤老师的努力定会成为家政产业自主创新的重要突破口，形成中国家政产业新的蓝海。

周绍俊

中国家庭服务业协会副会长

贵州省家庭服务业协会会长

区块链＋各行业，不能缺少家政服务业！希望《区块链＋新家政服务》能帮助全国家政企业迅速搭上"区块链＋"快车，促进本业提质扩容，高速发展！

金 成

河北省家政行业协会会长

经北京张先民先生的推荐，我认识了黄鹤，接触了基于区块链技术的新家政服务，让我耳目一新。作为耕耘多年且热爱家政的家政人，我全力支持家政创新发展，尤其是融合区块链技术，对传统家政进行提质扩容、实现高质量发展，这是好事。我更关心如何把这样的好事办好，黄鹤历经12年研究撰写的《区块链＋新家政服务》这套书，为我们提供了借鉴参考。先做正确的事，后把事做正确。

何冬梅

黑龙江省家庭服务业协会会长

中国妇女十二大代表

黑龙江省第九届党代会代表

齐齐哈尔市第十二届政协委员

全国巾帼建功标兵

全国商务系统劳动模范

第一次见到黄老师，他的热情和对家政的情怀打动了我。黄老师是一个非常有智慧的人，和他聊了很长时间。这几年家政行业来来回回概念很多，但凡社会上其他行业的新名词都会用到或折射到家政行业。这也反映了行业中的一些浮躁。但是黄老师不是这样的人，看着他的大部头著作和小伙子般的热情。我想，我们行业需要这样的人，需要黄老师的智慧和热情。家政和区块链，我是外行，但黄老师是专家。我支持黄老师。希望我们的事业越做越好。

王 军

西安市家庭服务业协会会长

区块链家政的应用研究，对改变家政服务业现状，完善自律机制，创造公平交易机会，降低交易成本，增强安全互信等方面都有积极的作用，特别是在诚信建设领域，将为家政行业未来发展创造更多的可拓展性。

诚信建设是家政行业生存发展永远的主题："诚是自律，信是价值"，家政行业协会利用区块链技术开展自律服务，是对诚信的深度实践。能够提高服务的紧密性、适用性，提高服务机构的工作效率与服务方信息完整度和安全性，是建立在共创、共享、共识基础上的深度尝试。让我们共同参与"创造信任、成就价值"。

朱明忠

吉林省家庭服务业协会会长

家政诚信问题一直是家政服务业的"痛点"问题、瓶颈问题。传统家政公司很多是通过"熟人""老家人"的介绍来解决家政服务诚信问题，即"人际信任"；国家家政行业主管部门也下大力度来解决家政诚信问题。特别是2019年6月27日商务部和发展改革委联合下发《商务部 国家发展改革委关于建立家政服务业信用体系的指导意见》【商服贸函〔2019〕269号】文件。商务部、发展改革委决定推进家政服务业信用体系建设：（一）建立家政服务员信用记录。（二）建立家政企业信用记录。（三）建立省级家政服务业信用信息平台。（四）建立全国家政服务业信用信息数据库。这是"制度信任"。

但最近我接触到黄鹤老师以及他写的《区块链＋新家政服务》，发现区块链技术可以使"上链者"不得不诚信。这种依靠"区块链技术"或计算机程序建立的诚信，即"机器信任"，让我很惊讶、很触动。这种基于区块链技术的信任机制完全不同于"人际信任""制度信任"机制，是一种全新的、颠覆性的信任机制。这种勇敢探索出的家政诚信之路，值得我们家政同仁大胆尝试。如果能够将"人际信任""制度信任"与"机器信任"有机结合，那就更好。在此，我祝福《区块链＋新家政服务》这套书早日出版、早日阅读、早日实践。

陈　娅

重庆市家政行业协会会长

重庆市渝中区妇联兼职副主席

重庆市三八红旗集体

重庆市十佳家政企业

重庆大田小家家政服务有限公司创始人

祝《区块链＋新家政服务》早日出版、早日运用于家政实践。在"共商、共建、共享"的区块链思维引领下，在实践中不断完善，更好赋能家政服务业。

王小兵

成都市家庭服务业协会会长

黄鹤老师绘制的家政区块链蓝图，点燃了我这个从业近20年的老家政人心中的希望。当前，家政行业的社会关注度虽然越来越高，但其产业的张力和延伸服务可以创造出的价值却一直被忽视或低估。"区块链"蓝图所指明的方向和提供的模式，必将给中国家政业带来耳目一新的变化。我们期待这个平台能解决一系列家政"老、大、难"的问题，能让员工有行业归属感，让老板有行业规则可依，让社会监督更直接，让大众消费更便捷。我代表武汉家庭服务业所有会员，感谢黄鹤老师长期辛勤的调研和为区块链新家政服务所付出的努力，武汉的同仁们期盼早日参与行动，实现蓝图。

项 丹

武汉市家庭服务业协会执行会长

武汉尔邦家政有限公司董事长

迈进新征程、奋进新时代、开创新发展，推进家政服务行业高质量发展需要有新思维、新方法、新技术。《区块链＋新家政服务》立足把握新发展阶段、贯彻新发展理念、构建新发展格局对家政服务做了全新解读，系统梳理框定了家政服务的技术标准、工作标准、管理标准，在全面总结行业发展成就、客观分析存在问题短板基础上总结归纳了家政服务创新实践模式、科学研判了中国家政服务业未来发展趋势。无愧中国家政服务业第一百科全书，是行业集体智慧结晶，也是行业宝贵理论成果，具有较强的文化魅力、理论张力和实践动力，既是理论学习的参考书，也是指导实践的工具书。安徽省家庭服务业协会对《区块链＋新家政服务》的盛势亮相表示热烈祝贺，对著作者的辛勤付出致以崇高敬意。希望家政服务行业加强学习运用、坚持守正创新，共创中国家政更加美好新时代！

林 清

安徽省家庭服务业协会会长

作为从事家政产业20多年的家政人，我从一个朦朦胧胧的大学生成长为家庭服务业会长，深感家政产业不能再粗放经营，要科学决策，要提供高品质服务，才能满足雇主需求，实现可持续发展。《区块链＋新家政服务》这套书为我们这些整天忙于家政具体事务的会长和经理们，深入分析破解了家政痛点问题并提出具体解决方案，拓展了我们的视野、创新了思路。望我们家政同仁们忙碌的时候，抽空静下来，读一读该书，看清自己的发展之路，少走弯路。

林少莉

海南省家庭服务业协会会长

海南大嫂家政服务有限公司董事长

我以前一直忙于家庭服务业事务、埋头家政产业实务，很少外出参观学习，不知不觉，"区块链＋"已经走进我们的家政产业。基于区块链技术的新家政服务，正在向我们招手。

黄鹤老师撰写的《区块链＋新家政服务》为我们忙碌的家政人打开一扇窗，一览窗外新的家政世界。其中，困扰传统家政的诚信问题、家政企业效能问题、家政培训问题，在本书中都有新的诠释与具体的解决方案，可喜可贺。仁者见仁智者见智，我很乐意把该书推荐给辛苦奋斗的家政同仁，通过本套书，为我们的家政企业赋能，让我们的企业更上一层楼。

林桂辉
福州市家庭服务业协会会长
福建省家政服务有限公司董事长
全国家庭服务业百强
福建省家庭服务业领军企业
福州市十佳民营企业

因为我的学生听了黄鹤老师的讲座，有幸接触了黄老师写的巨著《区块链＋新家政服务》，并认识了黄老师。作为心理学教授，我对该书字里行间渗透的家政服务员心理把握、家政雇主消费心理分析、家政经理人职业生涯发展规划设计等，都印象深刻。本书不仅系统论述有关家政服务标准体系、具体构建基于区块链技术的家政服务新蓝图，也是一本不可多得的涉及家政服务心理学的严谨学术著作。可喜可贺！我愿意推荐该书与读者分享。

傅健君
《心理学发展史》作者

自序 区块链＋新家政服务：家政服务信任机制的颠覆性创新

黄 鹤

我们知道，传统的家政服务诚信，很多是建立在"老家人""熟人"的知根知底的基础上，即"人际信任"。人际信任一般以血缘或社区为基础，建立在私人关系和家庭或准家族的关系上，以熟人社会的舆论来监督维护。这种信任一般依赖具体经验，缺乏普遍性，人际信任的范围很有限。也就是说，家政雇主仅仅靠人际信任，选择家政服务员的范围很小，雇主很难找到满意的家政服务员。

我们知道，2019年6月27日商务部和发展改革委联合下发《商务部 国家发展改革委关于建立家政服务业信用体系的指导意见》【商服贸函〔2019〕269号】文件。商务部、发展改革委决定推进家政服务业信用体系建设：规范家政服务业发展，满足人民群众日益增长的美好生活需要，着力提升人民群众获得感、幸福感、安全感。其主要任务：（一）建立家政服务员信用记录。（二）建立家政企业信用记录。（三）建立省级家政服务业信用信息平台。（四）建立全国家政服务业信用信息数据库。

我们还知道，查询企业信用信息，有《天眼查》等。这些查询平台都对每一个信息进行背调和审核，保证每一条信息的真实性。

然而，这些诚信平台，都是第三方查询平台，是中心化信用信息平台。从理论上说，其信用信息都是人为管理的、受中心服务器管控的。这是典型的"第三方信任背书"、是传统互联网诚信平台。即"制度信任"。制度信任是以法规、制度、契约作为约束的信任。制度信任不以关系和人情为基础的，而是以正规的规章、法律、制度为保障。如果当事人未按规章制度和法律条文行事，则会受到惩罚。

制度信任是一种普遍的、确定的、公共性的信任机制，是不依靠具体人（例如，熟人、老家人）的信任。与人际信任相比，制度信任是一种信任中介，是依靠"第三方"建立信任。制度信任的出现极大地扩展了信任范围，陌生人之间只需信任共同的"制度"便可完成信用活动。就家政服务而言，建立家政服务业信用信息平台、全国家政服务业信用信息数据库，就可以让陌生的雇主与陌生的家政服务员之间通过"制度"建立信任，能在更大的范围内进行家政服务交易，极大地方便了雇主和家政服务员寻找自己满意的对象。

家政服务从"人际信任"到"制度信任"，是家政服务诚信化进程迈开的一大步。但依然是建立在对"人"的信任基础上，建立在"第三方"信任基础上，依然不够彻底，还存在不诚信者的"可乘之机"。只有基于区块链技术的诚信，才是彻底的诚信、高效的诚信、透明的诚信。因为，区块链技术可以使"上链者"不得不诚信。这种依靠"区块链技术"

或计算机程序或代码建立的诚信，即"机器信任"。这种基于区块链技术的信任机制完全不同于"人际信任""制度信任"机制，是一种全新的、颠覆性的信任机制。

那么，区块链技术是如何使得"上链者"不得不诚信？或者说，基于区块链技术的"机器信任"机制究竟是什么？这是理解、掌握"区块链＋新家政服务"诚信机制的核心，也是我们区别传统的"互联网＋家政"与新的"区块链＋新家政服务"不同的关键所在。

一是区块链的数据信息传输是点对点的，即 P2P 网络。

区块链各个节点（计算机端或网络端）不需要依靠一个中心服务器来存储、传输、管控数据，而各个节点之间是平等的、可以相互传输数据信息。区块链的数据信息点对点传输，一方面可使网络系统不会出现单点崩溃（主机瘫痪），另一方面也确保了没有哪个节点能够成为绝对的中心点（总服务器），从而使得单个节点或低于 50% 的节点服务器修改或删除自身数据不为区块链体系所接受。这就迫使"上链"参与者（用户）必须如实提供真实数据信息。

二是去中心化的分布式账本。

区块链是分布式数据库或分布式账本。区块链使用分布式存储、收集、生成、确认账目信息，即区块链上的交易记账由分布在不同地方的区块链多个节点（计算机端或网络端）共同完成，或账本由整个区块链系统中具有确认功能的节点来共同维护，而且每一个节点记录的都是完整的账目（交易信息）。区别于传统的中心化记账，没有任何一个节点可以单独记录账目，也不存在中心化的硬件或管理机构，任意节点的权利和义务都是均等的，从而避免了单一记账人被控制或者被贿赂而记假账的可能性。由于区块链记账节点足够多，且节点彼此相互不认识，从而保证了账本数据信息的安全性。

三是区块链的链式数据结构。

区块链是由一个个数据块组成。一个区块分为两大部分：区块头、区块体。区块头存储有"上一个区块"的哈希值（hash）、"本区块"的哈希值、"时间戳"等数据信息；区块体存储这个区块的详细数据（data），这个数据包含若干行记录，可以是交易信息，也可以是其他某种信息。区块与哈希值（hash）是一一对应。哈希值是区块的唯一标识。区块记录的数据信息稍有改变，哪怕是改动一个标点符号，哈希值都发生巨大变化，显示区块数据信息变化。区块链这个链状结构，使得区块数据信息不可篡改、可追溯，并确保数据信息存储"上链"行为严谨认真、真实可信。

四是共识机制。

区块链的共识机制负责协调保证全网各节点数据记录的一致性。区块链系统中的数据由所有节点独立存储，在共识机制协调下，区块链同步各节点的账本，从而实现节点选举、数据一致性验证、数据同步等功能。就"区块链＋新家政服务"联盟链，从全国产生 101 个记账节点，并从这 101 个节点中自动选举产生 21 个"超级节点"，来记录、收集、验证、上传、发布区块链数据，并通过投票确认有效的区块链（最长的那个链）。

在"区块链＋新家政服务"这种共识机制中，只有在控制了全网超过51%的记账节点的情况下，才有可能伪造出一条不存在的家政服务交易记录。而在现实中，这基本上很难甚至不可能（因为这101个记账节点彼此都不认识），从而杜绝了造假的可能。一旦数据信息经过验证并添加至区块链，就会永久的存储起来，除非能够同时控制住区块链系统中超过51%的节点，否则单个节点上对数据库的修改是无效的。因此，区块链的数据稳定性和可靠性极高。这种区块链的共识机制，实现数据同步和一致性，使得区块链系统具有信息透明特性，使得区块链数据信息不可篡改、可追溯，并确保数据信息存储"上链"行为严谨认真、真实可信。

五是加密技术和授权技术在区块链技术中应用。

存储在区块链上的交易数据信息是公开的，区块链系统是开放的。区块链的数据对所有人公开，任何人都可以通过公开的接口查询区块链数据，因此区块链整个系统信息高度透明。与此同时，账户等个人身份隐私信息是高度加密的，只有在数据拥有者授权的情况下才能访问到，从而保证了数据的安全和个人的隐私。这点对家政服务雇主和家政服务员身份隐私信息保密意义重大。在区块链技术中应用加密技术和授权技术，一方面能确保数据信息是安全的；另一方面也使得修改其他节点的数据信息几乎不可能，从而使"上链"的家政公司、家政服务员、家政雇主都不得不诚信。

六是智能合约。

区块链是通过智能合约自动执行。智能合约是一套以数字形式定义的承诺，管控着数字资产并包含了合约参与者约定的权利和义务，由计算机系统或程序或代码自动执行。简单地说，智能合约允许在不需要第三方的情况下，执行可追溯、不可逆转和安全的交易。当然，智能合约包含了有关交易的所有信息，只有在满足要求或条件后才会自动执行结果操作；但不依赖于某个具有主观意志或随意性的人，而是由机器或计算机程序依照预先设定和部署的合约进行强制自动执行。这使得签署合约的双方都不得不基于可信的、客观的、不可篡改的数据和预先定义好的规则和条款，如实进行交易操作。

区块链采用智能合约技术，基于协商一致的规则和协议，使得区块链整个系统中的所有节点能够在"去信任"环境中自由安全的交易和交换数据，也使得对"人"的信任改为对"机器"的信任，任何人为的干预不起作用。就"区块链＋新家政服务"而言，就可以去掉家政中介人为的干预，赋予家政公司和经理人新的职能，确保家政服务交易公开、透明、规范，减少甚至杜绝家政服务交易摩擦、降低家政服务交易成本，提升家政服务交易效能和盈利能力。

综上所述，"区块链＋新家政服务"，是基于P2P网络（点对点传输）、去中心化的分布式账本、链式数据结构、共识机制、加密技术和授权技术、智能合约等共同构成的区块链技术，使得"上链"的家政公司、家政服务员、家政雇主不得不诚信，并以此为基础逐步促成整个家政服务诚信、社会诚信。

这些家政服务数据信息纳入区块链体系中，通过区块链技术，打造出一个"去信任"

的平台，在这个平台上，无论是谁在操作，都能确保其信任。这个在"信任危机"严重的社会，特别是家政服务诚信严重缺失、"毒保姆"恶性事件屡见不鲜的当下，基于区块链技术的家政服务诚信机制，必将是突破性的、颠覆性的、革命性的。

　　此后，基于"区块链＋新家政服务"，我们将不再需要第三方的机构颁发什么证书去证明自己的身份、信息；家政服务信息特别是家政服务员和雇主信息可以有效地溯源；不用再去担心家政实体店和家政网络平台上的家政服务虚假信息；家政培训师知识产权能够以区块数据形式记录保存并确权；家政服务员职业技能证书借助数字证书颁发而无法造假或买卖；家政公司数据将不会被平台公司或加盟公司总部占有或"偷走"；家政雇主和家政服务员的隐私将得到彻底保密；不用再担心家政服务员私自"跳单""毁约"；不用再担心家政服务员不诚信而随便换个公司或城市继续服务工作；不用再担心"不良雇主"不断更换家政服务员；不用再担心家政服务投诉"石沉大海"；等等。家政服务将进入一个全新的信任时代。

　　与此同时，"区块链＋新家政服务"，基于区块链技术的家政服务交易，可以不再经由第三方或其他多方的担保保证增信或"撮合"交易，而是雇主与家政服务员点对点直接交易，去掉了家政中介人为的干预，确保家政服务交易公开、透明、规范，减少甚至杜绝家政服务交易摩擦、降低家政服务交易成本，提升家政服务交易效能和公司盈利能力。不仅如此，这还迫使传统家政公司转变职能、升级转型、放弃提供"低端、同质化"家政服务，而是积极主动借助于"区块链＋新家政服务平台"的赋能，创新发展模式，开发更多家政服务垂直业态、更加细分家政服务市场，用工匠精神提升家政服务企业标准，进行"深耕细作"，进而开启真正意义上的家政服务"加盟连锁经营"，实现规模化、品牌化发展。家政服务还将进入品牌家政时代。

　　当然，家政服务信任机制，从"人际信任"到"制度信任"到基于区块链技术的"机器信任"，创造性地扩大了信任的范围，降低了信任的成本，极大地推动了我国家政服务诚信进程。在"区块链＋新家政服务"实际发展中，"人际信任""制度信任""机器信任"要互为补充，"链上""链下"融合，大家共同建设更为普遍、更加高效、更加透明的家政服务诚信体系。这是我国家政服务业"提质扩容""高质量发展"的必由之路。除此之外，别无他途。

目 录 CONTENTS

上 册

第一篇 家政服务新解

第二篇　家政服务技术标准

下 册

第五篇 家政服务创新实践模式

第六篇 中国家政服务业发展趋势

写在前面的话

经过 12 年对家政服务业的"跋山涉水",一路走来,酸甜苦辣咸,五味杂陈,这不仅是自我写照,恐怕也是我国家政人的心路历程。缘于此,更坚信了我当初毅然决然"归零",从教育界转行踏入家政服务行业的"抉择正确"。管理学大师彼得·德鲁克说的好:"先做正确的事,后把事做正确"。现在呈现在读者面前的这套书《区块链 + 新家政服务:21 世纪中国新家政服务标准化理论与创新实践模式》,就是我 12 年来所做的"正确的事"。

"好雨知时节,当春乃发生",2019 年 6 月 6 日《国务院办公厅关于促进家政服务业提质扩容的意见》(国办发【2019】30 号)文件的颁发实施,特别是 2019 年 10 月 24 日,在中央政治局就"区块链技术发展现状和趋势"进行第十八次集体学习时,习近平总书记强调:"把区块链作为核心技术自主创新的重要突破口""加快推动区块链技术和产业创新发展"。习近平指出:"要探索'区块链 +'在民生领域的运用,积极推动区块链技术在教育、就业、养老、精准脱贫、医疗健康、商品防伪、食品安全、公益、社会救助等领域的应用,为人民群众提供更加智能、更加便捷、更加优质的公共服务。"习近平主席的重要讲话,给中国家政服务业"提质扩容"、区块链技术和家政服务业深度融合,送来"春风喜雨"。这场春雨滋润着本书,也必将孕育中国家政服务业高质量发展的春天。

与此同时,我也运用"标准学"与"标准化"理论、服务经济、服务营销、分享经济、平台经济、零工经济、职业教育、人力资源管理、移动互联网技术、区块链、大数据等思想理论与科学技术,以"家政服务是什么"作为"切入点",深度解读:家政服务员、家政雇主、家政服务公司、家政服务技术标准、家政服务工作标准、家政服务管理标准、家政服务创新发展实践模式、家政服务发展趋势、家政服务行业协会等家政服务业"经脉"中的"任督二脉",集腋成裘、聚沙成塔,便有了这套小书。

谨以此书献给:

勤勤恳恳、任劳任怨的家政企业经理人与培训师

有梦想、有情怀、有行动的家政服务巾帼创业者

勇于担当的中国第一代家政服务专业大学毕业生

湖北省妇女干部学校、湖北省女子职业学校

当然,家政服务行业协会会长们、监管家政服务业的政府行政管理人员,如果能随手翻翻该书,也许不算浪费时间;至于,家政服务员、家政雇主,读一读,但无妨。毕竟,这套书最终目的都是为了你们。

本书自始至终坚持三个写作原则:问题导向、政策导向、实践导向。其中,问题导向,即所有行文均建立在具体分析家政服务"痛点问题"上,找出原因,提出解决之道;政策导向,即所有行文均坚持国家倡导的关于家政服务"两化"(规范化、职业化)、"提质扩容""高质量发展"的政策导向;实践导向,即所有行文均坚守有利于一线家政服务创业者、管理者、家政服务员能够"反省"自己的工作,指导自己"正确"实践,免得走弯路、免得走不通的路。

希望大家在家政服务业"提质扩容""高质量"发展大道上"把事做正确"。

自勉共勉。

区块链＋新家政服务结构体系

一个目标（家政服务）：

践行健康生活方式 提高家庭生活品质

二处场景（家政服务）：

1）（区块链）链上 2）（区块链）链下

三类标准（家政服务）：

1）技术标准 2）工作标准 3）管理标准

四项特性（家政服务）：

1）无形性 2）不可分性 3）异质性 4）不可储存性

五步程序（家政服务过程）：

1）服务对象 2）达标标准 3）操作准备与工具材料

4）操作程序 5）注意事项与服务安全

六项预期（雇主）：

1）服务对象数量及类型

2）服务任务及服务项目

3）服务期望水平

4）服务特殊要求及偏好

5）服务时间及服务频率

6）服务方式及服务工具

七项任务（家政服务员）：

1）明确服务岗位职责

2）确认雇主服务需求

3）建立雇主标准

4）确认服务工作内容与任务清单

5）明确服务可变因素

6）计算服务时间

7）服务总结评估与记录

八要素结构（家政服务员职业技能水平）：

1）基础教育 2）培训课程 3）专业教育 4）生活经历

5）工作经验 6）专业技能 7）专业知识 8）服务态度

九大业态（家政服务业）：

1）家居保洁收纳服务

2）衣物洗涤收纳服务

3）家庭餐制作服务

4）母婴护理（月嫂）服务

5）育婴服务

6）居家养老护理服务

7）病患陪护服务

8）管家服务

9）涉外家政服务

区块链＋新家政服务标准体系

区块链＋新家政服务：技术标准、工作标准、管理标准

标准类型	技术标准	工作标准	管理标准
标准的约束对象	家政服务产品	家政服务员	管理事项
标准的地位	核心	基础	保障
标准的作用	主体作用	实现作用	支持作用
标准的内容属性	技术性	操作性	管理性

新家政服务技术标准体系

序号	标准编号	标准名称	主管部门
1	Q/QKL JZJS101-2020	居家保洁收纳服务职业技能标准	
2	Q/QKL JZJS102-2020	衣物洗涤收纳服务职业技能标准	
3	Q/QKL JZJS103-2020	家庭餐制作服务职业技能标准	
4	Q/QKL JZJS104-2020	母婴护理（月嫂）服务职业技能标准	
5	Q/QKL JZJS105-2020	育婴服务职业技能标准	
6	Q/QKL JZJS106-2020	居家养老护理服务职业技能标准	
7	Q/QKL JZJS107-2020	病患陪护服务职业技能标准	
8	Q/QKL JZJS108-2020	管家服务职业技能标准	
9	Q/QKL JZJS109-2020	涉外家政服务职业技能标准	

新家政服务员工作标准体系

1	Q/QKL JZGZ101-2020	家政服务员岗位职责标准	
2	Q/QKL JZGZ102-2020	家政服务员服务规范	
3	Q/QKL JZGZ103-2020	家政服务员岗位工作标准	
4	Q/QKL JZGZ104-2020	家政服务员服务操作流程标准	
5	Q/QKL JZGZ105-2020	家政服务员工作时间标准	
6	Q/QKL JZGZ106-2020	家政服务员工作质量标准	

新家政服务管理标准体系

序号	标准编号	标准名称	主管部门
1	Q/QKL JZGL101-2020	家政服务信息管理标准	
2	Q/QKL JZGL102-2020	家政服务工作环境标准	
3	Q/QKL JZGL103-2020	家政服务人力资源管理标准	
4	Q/QKL JZGL104-2020	家政服务市场营销管理标准	
5	Q/QKL JZGL105-2020	家政服务企业运营管理标准	
6	Q/QKL JZGL106-2020	家政服务质量管理标准	
7	Q/QKL JZGL107-2020	家政服务顾客需求与客户关系管理标准	
8	Q/QKL JZGL108-2020	家政服务投诉与服务补救管理标准	
9	Q/QKL JZGL109-2020	家政服务网络管理标准	
10	Q/QKL JZGL110-2020	家政服务诚信管理标准	
11	Q/QKL JZGL111-2020	家政服务安全与应急管理标准	
12	Q/QKL JZGL112-2020	家政服务数据管理标准	

本书读者阅读指南

  本书的读者是家政经理人、家政培训师、家政大学生、家政服务业协会工作人员、政府主管家政事务的行政人员、家政研究者、家政服务员、家政雇主以及关心关注家政产业的各界人士。

  本书为你们打开了一幅全新的全景式的家政事业画卷，一定有你感同身受的内容，让你手不释卷；一定能在某一个视角解答你关于家政的种种困惑，让你茅塞顿开；也一定有一些内容使你不敢苟同，让你拍案而起。

  仁者见仁智者见智，阅读本书一定不会让你如同嚼蜡。

  面对百万字话家政，作者不希望你一页一页从头读到尾，把鲜活的家政"读死"。本书不是用来"读"的，而是你身边一个关于家政的"顾问"，是你在家政实践中或思考家政问题时，拿来当"参谋"陪伴你的。

  鉴于此，你遇到什么家政问题，就随手翻翻，从本书中寻找相关内容，看看一个历经12 年潜心研究国内外家政的家政人是如何解读你感兴趣的家政问题。本书抛砖引玉，或许本身就是玉，让你喜出望外，但愿如此。

  本书是"用"的，不是"读"的。

2009 年—2020 年国务院及各部委颁发关于家政服务业政策文件摘要索引

1.《发展家庭服务业促进就业部际联席会议》

发文时间：2009 年 7 月 28 日

发文机关：国务院办公厅

文件摘要：国务院批复同意：国家发展改革委、民政部、财政部、商务部、人力资源和社会保障部、全国总工会、共青团中央、全国妇联等 8 个部委共同建立"发展家庭服务业促进就业部际联席会议"，人力资源和社会保障部牵头实施。

我国家政服务业发展，开始上升为国家发展战略，走上快车道。

2.《国务院办公厅关于发展家庭服务业的指导意见》

发文时间：2010 年 9 月 26 日

发文机关：国务院办公厅。国办发【2010】43 号。

文件摘要：

我国首次提出：大力发展家庭服务业，对于增加就业、改善民生、扩大内需、调整产业结构具有重要作用。

原则目标："基本原则和发展目标"；

发展规划："统筹规划家庭服务业发展：制定实施发展规划、统筹各类业态发展、培育家庭服务市场、推进公益性信息服务平台建设、发挥社区的重要作用"；

扶持政策："实行发展家庭服务业的扶持政策：鼓励各类人员到家庭服务业就业与创业、加强就业服务、积极发展中小型家庭服务企业、支持一批家庭服务企业做大做强、加大对家庭服务业的财税扶持力度、实施促进家庭服务业发展的其他政策措施"；

规范市场："逐步规范家庭服务业市场程序：开展服务标准制（修）订和贯彻实施工作、加强市场监管、完善行业自律机制、积极推进诚信建设"；

提高技能："提高从业人员职业技能：加强职业技能培训、推进职业技能鉴定工作、加强经营管理和专业人才培养"；

维护权益："维护从业人员合法权益：规范家庭服务机构与家庭及从业人员的关系、维护家政服务员劳动报酬等权益、以灵活方式鼓励从业人员参加社会保险、建立多渠道维护从业人员权益机制"；

组织领导："加强发展家庭服务业工作的组织领导：加快政策法规建设、加强统计调查和信息交流、加大宣传力度"。

注：该文件是我国自 1949 年以来，第一次全面系统地从国家政策高度，就发展家庭服

务业提出指导意见，为我国家庭服务业发展指明了方向和道路，具有里程碑意义。即我国家政服务业发展的"第一个里程碑"。

3.《商务部、财政部、全国总工会关于实施"家政服务工程"的通知》

发文时间：2009年6月8日

发文机关：商务部、财政部、全国总工会。商商贸发【2009】276号。

文件摘要：通过实施技能培训："一是依托工会培训机构进行培训；二是支持大型家政服务企业自主培训"，"扶持城镇下岗人员、农民工从事家政服务"。

4.《财政部办公厅关于2012年开展家政服务体系建设有关问题的通知》

发文时间：2012年2月11日

发文机关：财政部经济建设司、商务部财务司、服贸司。财办建[2012]14号。

文件摘要：各省（区）选择地级城市开展城市家政服务体系建设试点："一是支持高标准建设家政服务网络中心，二是支持部分管理规范、经营良好的大型龙头家政服务企业加快连锁门店建设"。

5.《商务部办公厅关于2012年开展家政服务体系建设有关问题的通知》

发文时间：2012年3月12日

发文机关：商务部办公厅。

文件摘要：主要任务：

一、"建设家政服务网络中心，着力解决供需不对接的矛盾：强化信息对接、完善服务功能、要保障持续运营"；二、"培育大型家政服务企业，提高经营管理水平"；三、"扶持中小企业健康发展"；四、"培训家政服务人员：依托社会培训机构进行培训、支持大型家政服务企业自主培训"；

工作要求："加强组织领导、强化项目管理、严格资金管理、积极配套政策、扩大社会影响"。

6.《关于开展2012年度千户百强家庭服务企业（单位）创建活动的通知》

发文时间：2012年4月

发文机关：发展家庭服务业促进就业部际联席会议办公室

文件摘要：认真贯彻落实《国务院办公厅关于发展家庭服务业的指导意见》(国办发〔2010〕43号）精神，坚持市场导向，突出发展重点，强化政府引导，加大政策扶持，激励创新发展，以家政服务、养老服务、社区照料服务和病患陪护服务等业态为重点，推动1000户左右中小企业做专做精，扶持100户左右有实力的企业做大做强，树立50个左右有市场号召力的知名家庭服务品牌，引导有条件的家庭服务企业走规模化、规范化、品牌化的发展道路……提升我国家庭服务业的规范化、产业化、品牌化水平打好基础。

7.《家庭服务业管理暂行办法》

发文时间：2012年12月26日发布，自2013年2月1日起实施

发文机关：商务部条约法律司

文件摘要：为了满足家庭服务消费需求，维护家庭服务消费者、家庭服务人员和家庭服务机构的合法权益，规范家庭服务经营行为，促进家庭服务业发展，制定本办法："家庭服务机构经营规范、家庭服务员行为规范、消费者行为规范、监督管理、法律责任"。

8.《人力资源社会保障部、国家发展改革委等八单位关于开展家庭服务业规范化职业化建设的通知》

发文时间：2014年12月24日

发文机关：人力资源社会保障部办公厅。人社部发【2014】98 号。

文件摘要：一、"两化"建设的总体目标和具体要求：总体目标：贯彻党中央、国务院决策部署，适应家庭服务业发展需要，不断加大工作力度，到 2020 年，努力实现家庭服务行业规范化、家庭服务从业人员职业化的目标；具体要求：1.规范化建设。（1）依法经营，诚信为本。（2）标准服务，顺畅对接。（3）充分自律，有效监管。2.职业化建设。（1）职业认同得到确立。（2）职业技能显著提高。（3）职业队伍不断扩大。（4）合法权益得到保障。

二、"以诚信建设为重点推进家庭服务业规范化建设：（一）完善家庭服务企业（单位）经营行为规范。（二）强化企业经营和市场行为监管。（三）加强家庭服务诚信建设。（四）推行家庭服务标准和服务规范。（五）提高家庭服务业公益性信息服务能力。（六）充分发挥家庭服务行业协会作用。"

三、"以培训工作为重点加强家庭服务业职业化建设：（一）加大家庭服务业职业培训工作力度。（二）建立家庭服务从业人员职业发展通道。（三）强化家庭服务业专门人才培养。（四）提高家庭服务从业人员职业培训基础能力。（五）积极宣传推广'中国家庭服务'行业标识。（六）努力维护家庭服务从业人员劳动保障权益。"

四、"加强组织领导"

注 1：八单位：人力资源社会保障部、发展改革委、民政部、财政部、商务部、全国总工会、共青团中央、全国妇联。

注 2.国家首次提出家政服务业发展"两化"（规范化职业化）建设，这是我国家政服务业发展的"第二个里程碑"。

9.《人力资源社会保障部办公厅

关于开展家庭服务职业培训示范基地建设工作的通知》

发文时间：2015 年 4 月 30 日

发文机关：人力资源社会保障部办公厅。人社厅发【2015】62 号。

文件摘要："为贯彻落实《关于开展家庭服务业规范化职业化建设的通知》（人社部发 [2014]98 号）关于'支持各省、自治区、直辖市发展 1-2 个家庭服务职业培训示范基地'的要求，推动各地开展家庭服务职业培训示范基地建设，加强家庭服务职业培训工作""各省、自治区、直辖市人力资源社会保障部门要按照公开、公正、公平、择优的原则，依照规定的条件，确定 1-2 家培训工作成绩突出、效果显著的院校、职业培训机构或企业内设培训机构，作为省级家庭服务职业培训示范基地。在此基础上，'十三五'期间，选定部分省级示范基地为全国家庭服务职业培训示范基地。"

10.《国家标准委、民政部、商务部、全国总工会、全国妇联

关于加强家政服务标准化工作的指导意见》

发文时间：2015 年 11 月 18 日

发文机关：国家标准化管理委员会办公室。国标委服务联【2015】67 号。

文件摘要：一、重要意义："通过标准化能够有效地规范家政服务行为，提升服务水平，促进消费互信，扩大服务消费，对于提高从业者就业能力、促进和谐劳动关系、改善和保障民生、推动家政服务业规范化和产业化具有重要意义"。

二、总体要求："指导思想：增强家政服务标准化意识，全面推动家政服务标准化工作深入开展，提升家政服务业整体水平"；"工作目标：到 2020 年，基本形成政府、人民团体、企业各司其职的标准化管理机制；基本建成基础管理以国家、行业、地方标准为主，服务项目以团体标准、企业标准为主的标准体系；标准制定、实施和监管水平显著提升；规范、

便利、诚信的家政服务市场环境基本形成"。

三、主要任务："加强标准制（修）订工作力度、加大家政服务标准的宣贯培训、加强家政服务标准的实施监督、推动家政服务标准化试点示范、推动家政服务标准化信息化融合发展"。

四、保障措施："完善工作机制、加大投入力度、规范家政服务市场秩序、加强人才培养、加强工作宣传"。

11.《国务院办公厅关于加快发展生活性服务业促进消费结构升级的指导意见》

发文时间：2015 年 11 月 19 日

发文机关：国务院办公厅。国办发【2015】85 号。

文件摘要：一、总体要求：（一）指导思想："以增进人民福祉、满足人民群众日益增长的生活性服务需要为主线，大力倡导崇尚绿色环保、讲求质量品质、注重文化内涵的生活消费理念，创新政策支持，积极培育生活性服务新业态新模式，全面提升生活性服务业质量和效益，为经济发展新常态下扩大消费需求、拉动经济增长、转变发展方式、促进社会和谐提供有力支撑和持续动力。"（二）基本原则："坚持消费引领，强化市场主导。坚持突出重点，带动全面发展。坚持创新供给，推动新型消费。坚持质量为本，提升品质水平。坚持绿色发展，转变消费方式。"（三）发展导向："1.增加服务有效供给。2.扩大服务消费需求。3.提升服务质量水平。"

二、主要任务："（一）居民和家庭服务。（二）健康服务。（三）养老服务。（四）旅游服务。（五）体育服务。（六）文化服务。（七）法律服务。（八）批发零售服务。（九）住宿餐饮服务。（十）教育培训服务。"

三、政策措施："（一）深化改革开放：优化发展环境、扩大市场化服务供给、提升国际化发展水平。（二）改善消费环境。（三）加强基础设施建设。（四）完善质量标准体系：提升质量保障水平、健全标准体系。（五）加大财税、金融、价格、土地政策领导引导支持：创新财税政策、拓宽融资渠道、健全价格机制、完善土地政策。（六）推动职业化发展。（七）建立健全法律法规和统计制度。"

12. 关于印发《家政服务提质扩容行动方案（2017 年）》的通知

发文时间：2017 年 7 月 10 日

发文机关：发改社会【2017】1293 号。

文件摘要：一、总体要求："以供给侧结构性改革为主线，持续深化放管服改革，坚持目标导向、问题导向，围绕扩大有效供给，积极培育市场主体，强化供需对接；围绕提高服务质量，加强人才培养，健全标准规范体系；围绕优化市场环境，加强诚信体系建设，完善市场监管，2017 年集中出台一批有力有效的政策措施，着力推进家政服务业专业化、规模化、网络化、规范化发展，充分发挥好对稳增长、促就业、惠民生方面的促进作用。"

二、主要目标："通过组织实施行动方案，促进家政服务行业仍保持较快增速，2017年营业收入增长率保持20%以上，达到4000亿元以上，家政服务业吸纳农村转移劳动力、城镇下岗职工、中西部贫困地区女性、'4050'人员、灵活就业人员等重点群体就业的作用进一步增强，从业人员数量达到2800万人左右，为家政服务业长远健康发展夯实基础。"

三、重点任务："（一）引导家政企业做大做强。（二）加强对行业发展的政策扶持。（三）健全职业培训制度，大力提升职业化水平。（四）完善家政服务标准和服务规范。（五）强化监管，进一步优化市场环境。"

四、加强组织实施。

注1：十七部门：国家发展和改革委员会 人力资源和社会保障部 商务部 教育部 工业和信息化部 民政部 财政部 国家卫生和计划生育委员会 中国人民银行 国家税务总局 国家工商总局 国家新闻出版广电总局 中国保险监督管理委员会 中华全国总工会 中国共产主义青年团中央委员会 中华全国妇女联合会 国家标准化管理委员会

注2. 国家首次提出家政服务业发展"提质扩容"。

13. 印发《关于对家政服务领域相关失信责任主体实施联合惩戒的合作备忘录》的通知

发文时间：2018 年 3 月 7 日

发文机关：发展改革委。发改财金〔2018〕277 号。

文件摘要："加快推进家政服务领域社会信用体系建设，建立健全失信联合惩戒机制，国家发展改革委、人民银行、商务部、中央组织部、中央宣传部、中央文明办、最高人民法院、科技部、公安部、财政部、人力资源社会保障部、国土资源部、住房城乡建设部、交通运输部、水利部、海关总署、税务总局、工商总局、新闻出版广电总局、银监会、证监会、保监会、国家公务员局、民航局、全国总工会、共青团中央、全国妇联、铁路总公司等部门联合签署了《关于对家政服务领域相关失信责任主体实施联合惩戒的合作备忘录》。"（共 28 个部门）

一、"联合惩戒对象：包括：（1）失信家政服务企业；（2）失信家政服务企业的法定代表人、主要负责人和对失信行为负有直接责任的从业人员（以下统称失信人员）。"

二、信息共享与联合惩戒的实施方式："国家发展改革委基于全国信用信息共享平台建立联合奖惩子系统。商务部通过该系统向签署本备忘录的其他部门和单位提供家政服务领域失信责任主体信息并按照有关规定更新动态……"

三、"联合惩戒措施：（一）商务主管部门采取的惩戒措施。1. 失信企业和人员产生新的违法违规行为时，依法依规从严从重处罚。2. 失信企业和人员不可享受家政服务领域的支持政策，如培训补贴、企业培育、保险补贴等。（二）跨部门联合惩戒措施。"

14.《商务部 发展改革委 财政部 国务院扶贫办 全国妇联关于全面推进"百城万村"家政扶贫工作的通知 》

发文时间：2018 年 4 月 26 日

发文机关：商务部 发展改革委 财政部 国务院扶贫办 全国妇联。商服贸函【2018】175 号。

文件摘要：一、总体要求："（一）指导思想：按照脱贫攻坚的总体部署，以提高脱贫实效为导向，注重扶贫与扶志、扶智相结合，精心部署、抓好落实，形成工作合力，全面推进家政扶贫工作。（二）基本原则：政府推动、企业主导、全面实施、突出重点。（三）主要目标：到 2020 年，组织 100 个左右中心城市与全部国家级贫困县进行供需对接，推广可复制的经验，培养 200 个左右大型家政示范企业，带动 1 万个左右贫困村的富余劳动力从事家政等居民生活服务。"

二、主要任务："（一）组织供需对接。1. 省级统筹。2. 中心城市组织。3. 贫困县动员。（二）强化技能培训。4. 就近组织培训。5. 建设家政劳务输出基地。6. 增强培训针对性。7. 选好培训教材。（三）及时提供就业。8. 统筹安排就业。9. 创新就业模式。10. 做好就业服务。（四）推动建立诚信体系。11. 建立纠纷处理机制。12. 建立家政服务诚信体系。（五）培育示范企业和带头人。13. 培育家政扶贫示范企业。14. 培养家政扶贫带头人。15. 对符合条件的示范企业和带头人予以表扬奖励。"

三、保障措施："提高思想认识、加强组织协调、落实好保险政策、完善政策措施、学习借鉴可复制经验、建立扶贫统计机制、加强督促指导、宣传推广经验。"

15.《国务院办公厅关于印发职业技能提升行动方案（2019—2021 年）的通知》

发文时间：2019年5月18日

发文机关：国务院办公厅。国办发〔2019〕24号。

文件摘要："（九）创新培训内容。加强职业技能、通用职业素质和求职能力等综合性培训，将职业道德、职业规范、工匠精神、质量意识、法律意识和相关法律法规、安全环保和健康卫生、就业指导等内容贯穿职业技能培训全过程。坚持需求导向，围绕市场急需紧缺职业开展家政、养老服务、托幼、保安、电商、汽修、电工、妇女手工等就业技能培训；围绕促进创业开展经营管理、品牌建设、市场拓展、风险防控等创业指导培训；围绕经济社会发展开展先进制造业、战略性新兴产业、现代服务业以及循环农业、智慧农业、智能建筑、智慧城市建设等新产业培训；加大人工智能、云计算、大数据等新职业新技能培训力度。"

16.《国务院办公厅关于促进家政服务业提质扩容的意见》

发文时间：2019年6月16日

发文机关：国务院办公厅。国办发〔2019〕30号。

文件摘要："近年来，我国家政服务业快速发展，但仍存在有效供给不足、行业发展不规范、群众满意度不高等问题。家政服务业作为新兴产业，对促进就业、精准脱贫、保障民生具有重要作用。为促进家政服务业提质扩容，实现高质量发展，经国务院同意，现提出以下意见。"

一、"采取综合支持措施，提高家政从业人员素质：

（一）支持院校增设一批家政服务相关专业。

（二）市场导向培育一批产教融合型家政企业。

（三）政府支持一批家政企业举办职业教育。

（四）提高失业保险基金结余等支持家政培训的力度。

（五）加大岗前培训和'回炉'培训工作力度。"

二、"适应转型升级要求，着力发展员工制家政企业：

（六）员工制家政企业员工根据用工方式参加相应社会保险。

（七）灵活确定员工制家政服务人员工时。

（八）对员工制家政企业实行企业稳岗返还和免费培训。

（九）重点城市率先支持员工制家政企业发展。"

三、"强化财税金融支持，增加家政服务有效供给：

（十）提高家政服务业增值税进项税额加计抵减比例。

（十一）扩大员工制家政企业免征增值税的适用范围。

（十二）开展家政服务'信易贷'试点。

（十三）拓展发行专项债券等多元化融资渠道。"

四、"完善公共服务政策，改善家政服务人员从业环境：

（十四）加强社保补贴等社会保障支持。

（十五）支持发展家政商业保险。

（十六）保障家政从业人员合法权益。

（十七）积极推动改善家政从业人员居住条件。

（十八）畅通家政从业人员职业发展路径。

（十九）表彰激励优秀家政从业人员。"

五、"健全体检服务体系，提升家政服务人员健康水平：

（二十）分类制定家政服务人员体检项目和标准。

（二十一）更好为家政服务人员提供体检服务。"

六、"推动家政进社区，促进居民就近享有便捷服务：

（二十二）支持家政企业在社区设置服务网点。

（二十三）加大社区家庭服务税费减免力度。"

七、"加强平台建设，健全家政服务领域信用体系：

（二十四）建立家政服务信用信息平台系统。

（二十五）优化家政服务信用信息服务。

（二十六）加大守信联合激励和失信联合惩戒力度。"

八、"加强家政供需对接，拓展贫困地区人员就业渠道

（二十七）建立家政服务城市与贫困县稳定对接机制。

（二十八）建立健全特殊人群家政培养培训机制。"

九、"推进服务标准化，提升家政服务规范化水平

（二十九）健全家政服务标准体系。

（三十）推广使用家政服务合同示范文本。

（三十一）加快建立家政服务人员持证上门制度。

（三十二）开展家政服务质量第三方认证。

（三十三）建立家政服务纠纷常态化多元化调解机制。"

十、"发挥规范示范作用，促进家政服务业可持续发展

（三十四）建立健全家政服务法律法规。

（三十五）促进家政服务业与相关产业融合发展。

（三十六）培育家政服务品牌和龙头企业。"

"国务院建立由发展改革委、商务部牵头的部际联席会议制度，各省级人民政府要建立家政服务工作协调机制，各地要把推动家政服务业提质扩容列入重要工作议程，构建全社会协同推进的机制，确保各项政策措施落实到位。"

注 1：这是国家迄今为止，国家提出的关于家政服务业发展最全面、最系统的纲领性指导文件；

注 2：这是国家第一次提出家政服务业"实现高质量发展"；

注 3：这是我国家政服务业发展的"第三个里程碑"。

17.《商务部 国家发展改革委关于建立家政服务业信用体系的指导意见》

发文时间：2019 年 6 月 27 日

发文机关：商务部 发展改革委。商服贸函〔2019〕269 号。

文件摘要："加快推进家政服务业信用体系建设，规范家政服务业发展，满足人民群众日益增长的美好生活需要，着力提升人民群众获得感、幸福感、安全感，商务部、发展改革委决定推进家政服务业信用体系建设"。

一、总体要求：（一）指导思想："以构建信用为基础的新型行业管理体系为目标，以推进家政服务员和家政企业信用记录制度化为重点，以健全完善家政服务业信用工作机制为保障，坚持守信激励与失信惩戒并举、行业自律与政府监管并重，建立健全家政服务业行业信用体系，营造诚实守信的家政服务业发展环境。"（二）基本原则："政府引导、企业为主、强化应用"。

二、主要任务："（一）建立家政服务员信用记录。（二）建立家政企业信用记录。（三）建立省级家政服务业信用信息平台。（四）建立全国家政服务业信用信息数据库。"

三、保障措施："（一）加强组织领导。（二）完善政策措施。（三）保护信息安全。（四）强化监督管理。（五）做好宣传推介。"

18.《关于开展家政服务业提质扩容"领跑者"行动试点工作的通知》

发文时间：2019年7月5日

发文机关：国家发展改革委 商务部 教育部 人力资源社会保障部 全国妇联发改社会〔2019〕1182号。

文件摘要：指导思想："坚持新发展理念，坚持高质量发展，坚持以人民为中心，以供给侧结构性改革为主线，持续推进'放管服'改革，繁荣家政服务市场，扩大有效供给，完善培训体系，加强诚信建设，推动家政服务业提质扩容，让人民群众有更多获得感、幸福感、安全感。"

主要目标："推动试点地区出台一批可持续、可复制的政策措施，培育一批竞争力强、服务质量高、经济社会效益好的家政企业，加强家政行业信用体系建设，健全家政人才培训体系，实现试点地区家政服务实训能力全覆盖。促进家政服务业质量进一步提高，基本实现专业化、规模化、网络化、规范化发展"。

试点任务："（一）试点城市主要任务：1.营造良好市场环境。2.深入开展家政培训提升行动。3.规范行业发展。（二）示范企业主要任务：1.完善培训体系。2.提高服务质量。3.承担公益责任。"

19.《国务院办公厅关于同意建立促进家政服务业提质扩容部际联席会议制度的函》

发文时间：2019年9月29日

发文机关：国务院办公厅。国办函〔2019〕104号。

文件摘要：国务院同意建立由发展改革委、商务部牵头的促进家政服务业提质扩容部际联席会议制度。联席会议请按照国务院有关文件精神认真组织开展工作。发展家庭服务业促进就业部际联席会议同时撤销。

注1.新部际联席会议制度由"发展改革委、商务部"牵头，原部际联席会议制度由"人力资源社会保障部"牵头。

注2.名称改变：新部际联席会议制度强调"促进家政服务业提质扩容"。原部际联席会议制度强调"发展家庭服务业促进就业"。

注3.成员扩大：由原8个部门扩大为现在18个部门。

20.《关于促进消费扩容提质 加快形成强大国内市场的实施意见》

发文时间：2020年2月28日

发文机关：发展改革委。发改就业〔2020〕293号。国家发展改革委 中央宣传部 教育部 工业和信息化部 公安部 民政部 财政部 人力资源社会保障部 商务部等23部门。

文件摘要："消费是最终需求，是经济增长的持久动力。为顺应居民消费升级趋势，加快完善促进消费体制机制，进一步改善消费环境，发挥消费基础性作用，助力形成强大国内市场。"

"（一）全面提升国产商品和服务竞争力。积极推进质量提升行动，引导企业加强全面质量管理。深入开展国家质量基础设施协同服务及应用，推进'一站式'服务试点。尽快完善服务业标准体系，推动养老、家政、托育、文化和旅游、体育、健康等领域服务标准制修订与试点示范。在消费品领域积极推行高端品质认证……开展质量分级试点，倡导优质优价，促进品牌消费、品质消费。"

"（十四）大力发展'互联网＋社会服务'消费模式。促进教育、医疗健康、养老、托育、家政、文化和旅游、体育等服务消费线上线下融合发展，拓展服务内容，扩大服务覆盖面。探索建立在线教育课程认证、家庭医生电子化签约等制度，支持发展社区居家'虚拟养老院'。"

引言　家政服务是职业吗？

　　家政服务作为职业，在我国已经历了 37 个春秋。现在，家政服务已进入城市普通家庭生活，成为满足人们美好生活需求的一个不可或缺的生活服务消费品，尤其成为拥有婴幼儿或高龄老年人或病人或重度残疾人的家庭"刚需"。

　　那么，请问：家政是什么？也许，你会不假思索地回答是"保姆"，是洗衣做饭搞卫生带孩子照料老人（先不说这个回答是否准确）；如果再问：家政服务是职业吗？你也会给予肯定的回答。既然如此，为什么至今仍有不少家政服务从业人员，不愿意介绍自己的工作是家政服务？为什么不在少数的家政服务员自我感觉"低人一等"，做家政服务是不得已而为之。当前我国，有一个不得不重视的问题是，2018 年有 860 万左右（根据国家教育部信息显示）大学毕业生又逢最难就业季，而这些大学毕业生即便是高等职业院校家政专业毕业生，从事家政服务业做家政服务员简直是凤毛麟角，是家政服务人才市场饱和吗？显然不是。根据国家人力资源和社会保障部信息显示：我国 2018 年家政服务员需求缺口 1760 万人。为什么这些就业难的大学生不会从事家政服务业？难道家政服务不是一门正规职业？还有，我国已有的为数不多的家政高职院校，招不到学生，甚至面临被迫停招的艰难境地。这再次引起我们的思考：家政服务是职业吗？

　　也许，你认同家政服务这门职业的正当性，但你或许不会到家政公司上班从事家政服务工作。看看大街小巷"家庭作坊式"的家政服务公司，你或许就能感觉到家政服务，不是白领穿梭写字楼、不是蓝领往返花园式厂区的那种"高大上"职业，果真如此吗？

　　更令人不解的是，家政雇主尽管急需家政服务来缓解家务后顾之忧，但仍有不少雇主还是"瞧不起"为自己辛勤服务的家政服务员，这原因到底是什么？是雇主道德问题？是家政公司或家政服务员问题？还是家政服务职业化水准太低，真的让雇主实在不敢恭维，只能"忍气吞声"勉强接受，难以从内心"看得起"？

　　问题的另一面，我国现有 60 多万家大大小小遍布城市的家政公司，经营得异常辛苦，少有星期天节假日，大都为企业存在而拼搏。尽管这些家政企业已经为我国解决了 2800 多万从业人员就业，解决了我国城市千万家庭的家务后顾之忧，但这些家政服务公司，特别是占 90% 以上的中小微家政服务公司，却举步维艰，整天为公司生存、未来前途命运而担忧。

　　家政服务业怎么了？家政服务业发展为什么会呈现如此发展窘境？甚至还引起了中央政府决策高层的高度关注与"吐槽"。国家商务部部长钟山 2019 年 3 月 9 日在十三届全国人大二次会议新闻中心答记者问时提道："城市里家政服务，尤其是大中城市雇保姆难、雇保姆贵，要雇一个好的保姆、满意的保姆是非常不容易的。"钟山部长指出，我国农村还有很丰富的劳动力资源，但进城很难，没有专业，没有门路。钟山部长认为，出现这种情况的主要原因是家政供给和需求不匹配。所以是"两难"：雇家政人员难，到城里找工作难。钟山部长认为，养老服务和家政服务是明显的短板，2019 年要重点补齐。更令人鼓舞的是，2019 年上半年，短短六个月，国务院召开了两次常务会议，下发两个国家级政策文件，重点布置推动我国家政服务业"提质扩容"。

由此可见，家政服务作为一个职业，已是不争的事实。但是，公众的认同还是远远落实于家政服务业蓬勃发展的实践需要，也落后于国家推动的家政服务业发展政策。尽管，社会对家政服务的需求更加迫切，公众对家政服务的"抱怨"依然很多，家政服务就业者、创业者们对家政服务业发展道路，依然很迷茫。

这一系列的"矛盾"，问题的根源究竟是什么？家政服务业真的难登大雅之堂？为什么经过 37 年的发展，家政服务业发展还这么艰难？到底难在哪里？有没有解决的办法？深感欣慰的是，《国务院办公厅关于促进家政服务业提质扩容的意见》（国办发【2019】30 号）文件，已经为"促进家政服务业提质扩容，实现高质量发展"，指明了前进方向与发展道路。

本章包括本书所有各章节，就是遵循《国务院办公厅关于促进家政服务业提质扩容的意见》（国办发【2019】30 号）文件精神，对我国家政服务业进行深度解读。

在这个基础之上，我们坚信：家政服务业也是含金量高的"高大上"职业；家政服务员与护士、教师、空姐等，同样是人民群众需要的正规合法、有尊严、有技术含量的职业技术劳动者；家政服务业必将是现代服务产业中新型服务业态的朝阳产业，也是民生工程和爱心事业。

序号	发文时间	发文机关	政策文件名称
	2019 年 6 月 16 日	国务院办公厅。国办发〔2019〕30 号	《国务院办公厅关于促进家政服务业提质扩容的意见》
相关摘要	（十九）表彰激励优秀家政从业人员。五一劳动奖章、五一巾帼标兵、三八红旗手（集体）、城乡妇女岗位建功先进个人（集体）、青年文明号等评选表彰要向家政从业人员倾斜，对获得上述奖励以及在世界技能大赛和国家级一类、二类职业技能大赛中获奖的家政从业人员，纳入国家高技能人才评定范围，并在积分落户等方面给予照顾。加大家政服务业典型案例宣传力度。		

>>>

第一篇

家政服务新解

>>>

第1章　家政服务是什么

【家政政策】

序号	发文时间	发文机关	政策文件名称
	2019年6月6日	国务院办公厅【2019】30号	《国务院办公厅关于发展家庭服务业的指导意见》
相关摘要	家政服务业是指以家庭为服务对象，由专业人员进入家庭成员住所提供或以固定场所集中提供对孕产妇、婴幼儿、老人、病人、残疾人等的照护以及保洁、烹饪等有偿服务，满足家庭生活照料需求的服务行业。		

【家政寄语】

　　家政服务是家事，也是国家的事。

【学习目标】

　　通过本章的学习，您将能够

　　1）了解家政服务对象的真正含义；

　　2）明确家政服务目的及本质：健康生活方式；

　　3）知晓家政服务产品属性：既是公共产品，也是商品；

　　4）明确家政服务职业场景；

　　5）了解家政服务内容：健康生活、智慧生活；

　　6）了解家政服务提供者及服务方式：人人可做家政零工，破解"保姆荒"；

　　7）明晰家政服务工具到底有哪些；

　　8）知晓家政服务内涵是什么；

　　9）了解家政服务的四个特性：无形性、不可分性、异质性、不可储存性；

　　10）熟悉家政服务的职业角色：双重角色、角色错位、角色冲突；

　　11）了解为什么要理清家政服务的职业边界；

　　12）懂得家政服务的职业价值。

　　家政服务（简称家政），也称家庭服务，是我们生活中日常用语，具有约定俗成的含义。那么，家政是什么？

　　老百姓的意思是"洗衣做饭搞卫生带孩子照看老人"。

　　在《现代汉语词典》中："指家庭事务的管理工作，如有关家庭生活中烹调、缝纫、编织及养育婴幼儿等"。

　　在我国国家标准中，"家政服务"是指"以家庭为服务对象，协助家庭成员对其各类事务进行实际操作和科学管理的过程"（2007-06-01 GB/T 20647.8--2006 社区服务指南第8部分：家政服务）；

在国家政策文件中:

"家庭服务业是以家庭为服务对象,向家庭提供各类劳务,满足家庭生活需求的服务行业"(《国务院办公厅关于发展家庭服务业的指导意见》国办发【2010】43 号)。

"家政服务业是指以家庭为服务对象,由专业人员进入家庭成员住所提供或以固定场所集中提供对孕产妇、婴幼儿、老人、病人、残疾人等的照护以及保洁、烹饪等有偿服务,满足家庭生活照料需求的服务行业。"(2019 年 6 月 6 日《国务院办公厅关于促进家政服务业提质扩容的意见》国办发【2019】30 号文件)

在国际劳工组织《2011 年家庭工人公约》中:"家庭工作一词系指在一个家庭或为一个家庭或为几个家庭从事的工作。"

以上这些回答,都在不同角度解释了"家政是什么"。其中,我们可以明确知道以下几点:家政服务对象是家庭及其成员;家政服务内容是家庭生活照料服务;服务场所是雇主家庭;服务提供者是专业人员;服务方式是入户提供服务等。

但作为家政服务从业人员,特别是家政服务管理者,仅仅知道这些一般性规定是远远不够的。我们很有必要深入理解"家政服务的具体内涵和外延是什么"。只有我们真正理解了家政服务的概念内涵与外延,我们才能在家政服务实际工作中,自觉运用科学的家政服务理论来指导家政实践,解释家政实际工作中遇到的各种各样的问题,进而提出解决方法。我国今天的家政企业发展之所以步履维艰,其中一个很重要的原因,就是我们的家政管理者并不十分清楚"家政服务的具体内涵与外延"。

下面我们将从家政服务对象、服务目的、服务产品属性、职业场景、服务内容、服务方式、服务工具、服务内涵、服务特性、职业角色、职业边界、职业价值等角度来具体分析。

1.1 服务对象

在家政服务中,毫无疑问,服务对象是"家庭"或"家庭及其成员",这是家政管理者没有不知道的。但我接着要问:那么"家庭"又是什么?我想家政管理者要想清晰回答,恐怕不太容易。但是,这个问题对一个家政管理者而言,是不可回避的问题,不能似是而非,模棱两可。

我们应该知道,"家庭是社会的细胞,是由婚姻关系、血缘关系或收养关系而产生的亲属间的社会生活组织"。也就是说,我们家政服务的家庭,在这个亲属间的社会生活组织里,有婚姻关系、血缘关系或收养关系。作为家政人,认识到这点,意义重大。

因为,我们的家政服务员在雇主家庭服务过程中,要时时刻刻面对这种"亲属间的关系":或婚姻关系,或血缘关系,或收养关系。作为一个家庭外来人的"陌生人",家政服务员是"一个人"面对这种特殊的家庭关系网。家政服务员稍有不慎,没有处理好这种复杂的家庭关系,问题轻的,会给自己造成心理压力,或者给雇主造成"服务"不良体验;问题严重的,会直接丢掉这份工作。这是家政服务业的特殊性◇一、即服务对象的特殊性,是家政服务业发展的难题◇一、也是家政服务员流失的主要原因◇一、更是家政企业管理与服务品质提升的难点。

这就是我们为什么要深究看似简单的"服务对象"的主要原因。我们只有真正理解"家政服务对象",才能在家政服务过程中有的放矢,处理好雇主及其家庭成员与家政服务员之间的关系,让雇主满意、家政服务员愉悦,实现多赢。下面来具体分析:

1.1.1 婚姻关系是家庭的基础,家政服务员要与夫妻双方平等相处。

我们知道,婚姻关系是家庭的基本关系◇一、是主要的家庭关系。夫妻双方因为爱情婚姻关系，走到一起，同居共食，经济上互相供养，思想上互相影响，感情上互相交融，形成一个朝夕相伴、相依为命的日常生活的命运共同体。因此，当一个陌生的家政服务员走进雇主家庭时，首先要处理好雇主家庭的夫妻关系。在服务过程中，要尊重夫妻双方，要多做促进和谐夫妻关系的事，不要偏袒任何一方，尤其要与雇主家庭的男性雇主保持一定距离，绝对不能做有损雇主夫妻关系的任何事，因为夫妻是休戚与共的命运共同体。

1.1.2 血缘关系是家庭的纽带，家政服务员要多做家庭纽带稳固和谐的维护者。

有了婚姻，就有生育，由生育而形成父母与子女、兄弟姐妹等血缘亲属关系。家庭就是由人们的血亲关系组织、扭结起来的社会生活组织。这种血亲关系是天然的纽带，把家庭成员紧紧地连接在一起，形成一个稳固的命运共同体。因此，家政服务员作为这个命运共同体之外的一个陌生人，进入雇主家庭后，要尊重与爱护家庭成员的每一个人，尤其是雇主家庭的孩子和老人。只有多做有益于共同体和谐稳固的事，照顾好孩子和老人，才能得到雇主的喜欢和认可。

1.1.3 收养关系也是家庭亲属关系，家政服务员同样需要尊重。

有的家庭成员中，也包括没有血缘关系的亲属成员。例如，由领养形成的养父母、养子女，或者由再婚形成的继父母、继子女等。这些人原本没有血缘关系，但因为领养或再婚，被赋予一种血亲地位，进而形成父母子女的亲属关系。家政服务员面对这种收养关系而形成的家庭成员，更是要倍加关心爱护，平等对待，不能顾此失彼，以免造成这些家庭成员的心理伤害。

在雇主家庭的婚姻关系、血缘关系或收养关系中，包含着夫妻关系、亲子关系、婆媳关系、妯娌关系、兄弟姐妹关系等，家政服务员在面对这些复杂关系时，都要把握分寸，不偏不倚，恪守自己的家政服务职业道德，以不变应万变。

1.1.4 家政服务对象的特殊性。

家政服务对象的特殊性，除了必须处理好雇主家庭关系，家政服务员更要意识到家政服务对象主要都是社会和家庭的弱势人群：婴幼儿、老年人、孕产妇与新生儿、残疾人、病人等特殊人群。面对这些特殊人群，要求家政服务员不仅要有专业服务技能、相关专业知识，更需要家政服务员具有爱心、特别的耐心、同情心、责任与人文关怀，要做到"老吾老以及人之老""幼吾幼以及人之幼"，"不是亲人，胜似亲人"，唯有如此，才能胜任家政服务这个特殊而有温度的职业，因为家政服务对象的特殊性，要求我们的家政公司和家政服务员必须如此。这也是家政服务的初心与使命。

除此之外，对于雇主及其家庭成员饲养的宠物、种植的家庭花卉，也是特殊的家政服务对象。这对家政服务员的职业化服务技能提出了挑战。

1.2 服务目的及本质

通过上文，我们知道，家政服务对象是家庭及其成员；家政服务内容是家庭生活照料服务；服务场所是雇主家庭；服务提供者是专业人员；服务方式是入户提供服务等。那么，家政服务的目的是什么？这个问题，对家政服务管理者或家政服务员而言，好像不言自明。家政服务的目的，不就是通过家政员的服务来提升雇主家庭生活质量吗？如果进一步追问：生活质量是什么？或者说，提高雇主家庭什么生活质量？也许就犯难了。看来，这里，还是有必要明确家政服务的目的是什么，明确生活质量的具体内涵是什么。有了目的，家政服务工作才有努力奋斗的方向。首先"要做正确的事"，然后"把事做正确"。

在我们看来，家政服务的目的，就是运用健康和健康生活的理念与服务方式，以雇主家庭成员健康为中心，倡导并实施健康生活方式，努力使雇主家庭成员不生病、少生病、延长健康寿命，提升健康水平，提高生活质量。这不仅是家政服务的目的，也是家政服务的本质。基于健康和健康生活的角度，家政服务在本质是"健康家政""健康家政服务"。下面将具体分析：

1.2.1 健康家政服务的背景

✲一、随着我国成为世界第二大经济体，伴随着人们生活水平的不断提高，现代家政服务已经走进普通百姓家庭，而且贯穿人的全生命周期，成为人们日常生活消费特别是服务消费的一部分，对有的家庭已经成了"刚需"。例如，孕产妇与新生儿、婴幼儿、居家老年人、病人、残疾人等重点人群的健康问题，这种从胎儿到生命终点的全生命周期的健康服务，就需要家政服务提供支持，来维护这些家庭特殊人群的健康。

✲二、随着工业化、城镇化、人口老龄化进程加快，我国居民生产生活方式和疾病谱不断发生变化。心脑血管疾病、癌症、慢性呼吸系统疾病、糖尿病等慢性非传染性疾病导致的死亡人数占总死亡人数的88%，导致的疾病负担占疾病总负担的70%以上。居民健康知识知晓率偏低，吸烟、过量饮酒、缺乏锻炼、不合理膳食等不健康生活方式比较普遍，由此引起的疾病问题日益突出。特别是起于2019年岁末的新冠病毒疫情大流行，不仅给全国人民的生产生活带来巨大的冲击与损失，也给成千上万的家庭带来不幸。由此，引发全社会和家庭对健康问题的关注。这其中，家政服务业也开始关注家庭健康、人们健康生活，就成为必然的选择。

✲三、坚持预防为主，普及健康生活、优化家政服务、建设健康家庭，这是家政服务业有效应对当前突出健康问题的使命担当。家政服务是家庭所需要的、有质量的、可负担的预防、康复、健康促进等健康服务的一种重要服务形式或服务实体。如果全社会的家政服务都能持之以恒地推进健康家政服务、倡导并实施健康生活方式，就能促进家庭成员不生病、少生病，能够延长健康寿命，提高生活质量。

综上所述，人们对健康的需求，就是健康家政服务的最大背景。以人们健康为中心，倡导并实施健康生活方式，坚持预防为主（预防是最经济最有效的健康策略），实施健康家政服务，提高家庭健康水平、提高家庭生活质量，这就是健康家政服务的时代背景。

1.2.2 什么是健康及健康生活方式

"世界卫生组织"明确指出："健康不仅仅指一个人身体没有出现疾病或虚弱现象，而是指一个人生理上、心理上、社会适应上、道德方面的良好状态。"这就是现代关于健康的较为完整的科学概念。

所谓健康生活方式，是指有益于健康的个人及其家庭的日常活动方式，包括衣、食、住、行、养育、休闲娱乐等。从这定义上看，健康生活方式与家政服务内容是高度重叠的。健康生活方式的主要内容：合理膳食、适量运动、控烟限酒、心理健康、健康居住环境、健康养育、健康休闲娱乐等。下面仅就"健康家政服务"中的"合理膳食"做个简单介绍。

合理膳食：合理膳食是健康的基础。家政服务员要掌握膳食营养知识；能够评估雇主家庭食物（农产品、食品）营养功能；能制定雇主家庭成员营养计划，特别是针对孕产妇和新生儿、婴幼儿、居家老年人、病人、残疾人等特殊人群的特点，加强营养和膳食指导；积极引导雇主家庭成员形成科学的膳食习惯；推进雇主家庭健康饮食文化建设；能定期对雇主家庭成员实施营养监测，并对雇主家庭成员实施营养干预，重点解决微量营养素缺乏、高热能食物摄入过多等问题；能解决雇主家庭成员营养不足与过剩并存问题；引导雇主家庭在膳食过程中实施"减盐、减油、减糖"等。总之，通过合理膳食，让雇主家庭成员不会出现营养缺乏疾病、不会出现超重、肥胖人口。

1.2.3 健康家政服务的主要服务业态

◇ 一、母婴健康家政服务

随着我国经济发展，适龄婚育人群及家庭经济收入的增加、孕育观念、生活消费行为的涉及，消费模式与时俱进，生育与育儿观念已经逐渐向科学化、专业化、品质化转变，母婴健康观念深入人心，服务需求与日俱增。母婴健康家政服务可分为孕期、产褥期、产后期三个阶段。孕期主要的健康家政服务包括孕妇的营养与保健服务，确保优生；产褥期主要的健康家政服务包括产妇的产后体检照护、生活照护、专业护理、营养月子餐、心理疏导、产后身体恢复与保健服务、异常情况处理，以及新生儿的身体清洁照护、新生儿喂养、专业护理、生长监测、保健服务、异常情况处理等；产后期主要的健康家政服务包括0~3岁婴幼儿的照护服务，涉及婴幼儿的合理膳食、生活起居照护、保健与护理、婴幼儿教育等服务。通过母婴健康家政服务，实现优生优育，提升母婴健康水平。

◇ 二、健康居家养老服务

通过健康居家养老服务，实现医养结合，为居家老年人提供稳定的生活照料、合理膳食、常见病和慢性病的照护、康复保健护理、心理健康与关怀服务、健康管理等，促进健康老龄化，让居家老年人积极健康养老。

◇ 三、残疾人健康家政服务。

◇ 四、病人健康家政服务。

◇ 五、家庭健康管理服务等。

总之，家政服务的目的及本质，就是以雇主家庭成员的健康为中心，提供健康家政务服务，倡导并实施健康生活方式，来提升雇主家庭生活质量与健康水平。

1.3 服务产品属性

家政服务的特殊性，还体现在家政服务产品属性上。家庭服务产品既具有商品属性，也具有公共产品属性。

作为"公共产品"的家政服务，是指家政服务产品是具有消费或使用上的"非竞争性"和受益上的"非排他性"的产品。其中：

非竞争性，是指一部分人对某一产品的消费不会影响另一些人对产品的消费，一些人从这一产品中受益不会影响其他人从这一产品中受益，受益对象之间不存在利益冲突。例如，政府对贫困地区家政服务员实行的免费的公益培训，对居家困难老年人和残疾人的照护等。

非排他性，是指产品在消费过程中所产生的利益不能为某个人或某些人所专有，要将一些人排斥在消费过程之外，不让他们享受这一产品的利益是不可能的。例如，政府推动的家政服务员的就业安置或为家政服务员创造就业机会。

因此，公共产品的非排他性和非竞争性，要求公共产品：一、生产必须有公共支出予以保证；二、经营管理必须由非营利组织（例如，社会企业）承担。就家政服务而言，对贫困地区家政服务员实行的免费的公益培训（事实上，困难地区的家政服务员也缺乏能力购买家政培训。例如母婴护理月嫂培训价格一般在2000元~5000元之间，就大大超出贫困地区欲从事月嫂服务从业人员的购买力，可不培训又很难上岗就业），为家政服务员就业安置创造条件，对居家困难老年人和残疾人的免费照护（同样，居家困难老年人和残疾人也没有能力购买家政服务，而且很多困难老年人和残疾人生活又不能完全自理，如果缺乏家政服务员照护，生活艰难是可想而知）等，都是政府购买家政企业或家政服务员提供的服务，或者政府部门直接提供服务。

而作为"商品"的家政服务，是指能够利用市场机制来提供的服务，即用来交换获得货币而提供的服务。作为"商品"的家政服务，一、消费上的排他性。某个私人家政服务产品被我消费了，别人就不能再消费、使用它。二、消费上的竞争性。每增加一个单位的私人家政服务产品的供给，就需要增加提供一个单位私人家政服务所需要的成本。作为商品的家政服务的这两个特征，使得家政服务的提供（生产）和消费是不同的主体，家政服务的所有权归属家政公司或家政服务员，雇主只是拥有使用或消费家政公司或家政服务员提供的服务，但必须通过购买才能获得使用权。这样，作为商品的家政服务产品，就要按照"市场机制"来提供服务，而雇主要享用家政服务，就必须是"有偿服务"，并且通过市场竞争机制，来不断提升家政服务供给品质。

由此可见，家政服务产品属性的两重性，给家政服务的实际运营管理带来了诸多困难与矛盾。我们知道，家政服务业是指以家庭为服务对象，由专业人员进入家庭成员住所提供或以固定场所集中提供对孕产妇、婴幼儿、老人、病人、残疾人等的照护以及保洁、烹饪等有偿服务，满足家庭生活照料需求的服务行业。

作为"促进就业、精准脱贫（安置贫困地区家政服务从业人员就业）、保障民生（例如，照护困难居家老年人、残疾人等）"，毫无疑问是公共产品，则需要政府或公共社会组织（例如，社会企业）购买服务或直接提供，或者说，这部分的家政服务业务需要政府扶持或兜底，否则仅靠市场机制是很难奏效的，会出现"市场失灵"（指通过市场配置资源不能实现资源的最优配置）。

而另一方面，家政服务业作为新兴服务产业，为满足人们对美好生活品质、高生活质量的需求，为居民家庭提供母婴护理（月嫂）、育婴服务、病人照护、居家保洁、家庭餐制作、衣物洗涤收纳等服务，自然是商品，是有偿服务，需要通过市场机制来调节或促进有效供给，而且还是随着服务市场竞争而优胜劣汰。

因此，家政服务业的这种服务产品的双重属性，就要求解决我国家政服务业存在的问题，单靠市场主体，或单靠政府和公共社会组织（例如，社会企业），都是不够的，需要两种结合，共同努力，才能解决我国家政服务业发展中面临的很多棘手的难题。而不能把我国家政服务业发展存在的问题，都归结为家政企业或家政服务员的不作为。事实上，我国政府在发展家政服务业上，也的确作出了巨大的努力，出台了一系列的扶持政策。家政服务业特别是居家养老服务，已经上升到了国家服务战略高度。

1.4 职业场景

家政服务的特殊性，还体现在服务场景。我们知道，雇主家庭是一个封闭的特殊环境，不同于商场、工厂、公司、社区、学校等公共组织机构，也不同于小饭店、理发店、社区小商店、菜市场、传达室等商业公共场所。家政服务场景具有以下特殊性：

1.4.1 家庭空间环境相当较小。

家庭面积一般在100—300平方米之间，即使是别墅一般也在500平方米以下，但毕竟是少数。而且，在家庭的空间里，其中家具家庭装饰占据较大的空间，真正让人能自由活动的空间面积，在100—200平方米之间（别墅除外），这样相对狭小的空间，作为一个人（不是群体）常年工作（不是生活）的场所，会加剧家政服务员的服务疲劳和心理压力。

1.4.2 家庭空间环境的封闭性。

就家庭空间面积大小而言，当然不是最小的职业场景，还有许多更小的工作场景，只有几十个甚至十几个平方米。例如，小饭店、小商店、门卫传达室等。但这些更小的工作场景，基本上是开放式的，即服务的对象是向社会开放的。而家政服务的职业场景家庭是封闭的，不对社会开放。即使家里有客人来访，那也不是常态。家庭主要是供家庭成员（一般人数也不超过七个人）享用居住的。家庭空间环境的封闭性，会造成家政服务员的心理压力，会限制家政服务员的社会化发展。

1.4.3 家庭空间环境的私密性。

家庭是一个非常私密的地方。除了特别至亲好友，外人是不可以进入私人家庭的。私人家庭空间神圣不可侵犯。甚至，家庭内部的家庭成员之间，也还分别有自己的私人空间，不获得允许，即使是家庭自己家人也是不可以随便出入的。还有，有的家庭成员之间的谈话，或者客人来访，也是非常私密的。这样一个特别私人化、私密性的场景，当然会束缚家政服务员的言语行为，抑制家政服务员的个性舒展。

1.4.4 家庭环境条件的影响

雇主家庭环境是复杂的，千差万别。雇主家庭环境的元素主要包括：家庭室内建筑装修风格、地板或地毯、室内主色调、照明、气味、室内温度、音响、家具种类及数量、墙面构成及质地、天花板构成、家具布局等，这些构成了家政服务员的服务场景，都会不同程度地影响家政服务员的情绪、感知甚至态度和行为。有的雇主家庭服务场景对家政服务员潜在的心理影响，是友好的、放松的；有的服务场景则是一种刺激，会使家政服务员感知紧张、压抑。例如：

气味对人们的影响

香味	香味的种类	传统应用	潜在的心理影响
桉树	樟脑类	除臭、杀菌、舒缓剂	刺激和提神
薰衣草	草本类	肌肉松弛剂、舒缓剂	放松和镇定
柠檬	柑橘类	杀菌、舒缓剂	感到轻松

同样，雇主家庭的主色调对家政服务员的情绪也有重要的影响。例如：

人们对颜色的普遍联系和反应

颜色	温暖程度	自然符号	人们对颜色产生的反应和联想
红色	暖	地球	高能量和激情，可使人兴奋；激发情感
橙色	最暖	落日	情感、表达和温暖
黄色	暖	太阳	乐观、纯净、理解力、调动情绪
绿色	冷	成长、小草、大树	培育、治疗、无条件的爱
蓝色	最冷	天空、海洋	放松、宁静、忠诚
靛蓝	冷	落日	冥想、灵性
紫色	冷	紫罗兰花	灵性、减少压力、创造一种内在平静感觉

总之，这里通过气味和颜色对家政服务员潜在心理影响的举例，只想表达的是雇主家庭的环境或服务场景，会对家政服务员的服务心理产生潜移默化的影响，有积极的也有消极的，需要引起家政企业管理者的重视。毕竟家政服务员在雇主家庭环境中服务工作时间较长甚至比雇主还长。

1.4.5 家庭成员也是服务场景的一部分

值得注意的是，雇主家庭成员的外表及行为，特别是雇主家庭成员之间的关系、雇主家庭文化，也是家政服务员的服务场景的一部分。和睦温馨的雇主家庭成员之间的关系、民主宽容的家庭文化，有利于家政服务员愉悦地从事服务工作，且能长期坚持；反之，雇主家庭成员之间时常争吵，或者相互之间经常"冷战"、家长制作风严重的雇主家庭文化，显然不利于家政服务员开展服务工作，更容易使家政服务员离职。

总之，家政服务职业场景的特殊性，特别是这个服务场景的不可控性，是家政服务业发展需要面对的难题◇一、是家政服务员不断跳槽流失的因素◇一、也是很多人不愿进入家政服务业的重要原因之一。

1.5 服务内容

通过上文，我们知道，在国家政策文件中："家庭服务业是以家庭为服务对象，向家庭提供各类劳务，满足家庭生活需求的服务行业"（《国务院办公厅关于发展家庭服务业的指导意见》国办发【2010】43号）。这里提到的"各类劳务""家庭生活需求"指的就是家政"服务内容"。

2019年6月6日《国务院办公厅关于促进家政服务业提质扩容的意见》（国办发【2019】30号文件）再次指出："家政服务业是指以家庭为服务对象，由专业人员进入家庭成员住所提供或以固定场所集中提供对孕产妇、婴幼儿、老人、病人、残疾人等的照护以及保洁、烹饪等有偿服务，满足家庭生活照料需求的服务行业。"这是第一次上升到国家层面，用政策文件形式明确了家政服务内容："提供对孕产妇、婴幼儿、老人、病人、残疾人等的照护以及保洁、烹饪等有偿服务，满足家庭生活照料需求"。

由此可见，家政服务作为一个国家认可和大力扶持的职业，在服务内容上也需要"职业化""标准化"，需要与时俱进，而不仅仅是一个"保姆"，仅仅洗衣做饭搞卫生带孩子照看老人。

因此，作为家政管理者和家政服务员，不能仅仅停留在家政服务内容的一般性陈述上，要明确和深入领会"各类劳务""家庭生活需求""家庭生活照料需求"具体内涵是什么？

特别是，随着我国经济、社会与科技的发展，生态文明理念深入人心，智能家居走进家庭，人们生活水平和生活方式都发生了巨大的变化，再加上中产阶级的壮大、社会人口老龄化加剧、二孩政策实施，家务社会化、智能化、职业化程度不断提升，传统的"洗衣做饭搞卫生带孩子照看老人"的"保姆"，其服务内容早已不能适应现时代的需求，人们开始追求自然、健康、品质、绿色、智能的生活方式和消费形态。不仅如此，人们还追求家政服务过程的生态化、智能化。因此，家政服务内容就必须要紧紧围绕顾客诉求，来提供顾客需要的家政服务内容。

那么，家政服务内容或"各类劳务""家庭生活需求""家庭生活照料需求"具体内涵到底是什么？这是家政服务管理者和家政服务员首先需要明确的，不能含糊不清，不能墨守成规。因为，"内容决定形式"，即家政服务内容在一定程度上决定家政服务方式、家政服务工具的使用。现在就让我们来分析：

1.5.1 首先，我们要明确家庭生活涉及哪些方面。

我们知道，家庭生活丰富多彩，每个家庭千差万别。但总的来说，家庭生活主要包括：衣、食、住、行、养育、娱乐等。

衣：衣物的洗涤、熨烫与收纳等；

食：食物的选购、清洗、制作等；

住：居住环境（客厅、卧室、书房、厨房、餐厅、卫生间、淋浴房、阳台等）的清洁、安全维护、美化；家具的清洁与保养；家用电器的清洁与安全维护；家居收纳等；

行：探亲访友、登山郊游、外出旅行等；

养育：新生儿与婴幼儿的哺育、教育、保健等；老年人的赡养、保健；病人照料；残疾人照料；家庭花卉种植养护；宠物饲养等；

娱乐：节假日安排、观看影视舞蹈与音乐会、琴棋书画、运动健身等；家庭聚会、招待宾客等。

这些都是一个家庭的日常生活，就是我们确定家政服务内容的主要依据。为此，我们针对家庭生活，满足家庭生活需求，分别提供了：衣物洗涤与收纳服务、家庭餐制作服务、家居保洁收纳服务、母婴护理服务（月嫂）、育婴服务、居家养老护理服务、病患陪护服务、残疾人照料服务、家庭园艺、宠物饲养、家庭管家服务、涉外家政服务等现代家政服务内容。

1.5.2 其次，家政服务内容要与时俱进。

通过以上分析，我们了解了家庭生活基本需求，但仅此是不够的。随着我国社会、经济、文化、科技的进步，人们的家庭生活观念也发生了巨变，深刻影响了家庭的生活方式，必然要求家政服务内容也要与时俱进，而不是简简单单的"柴米油盐酱醋茶"。

1.5.2.1 绿色生活理念深入家庭。

随着我国生态文明建设深入人心，绿色生活已经走进家庭，这给现代家政服务员提出了新的挑战与要求。所谓绿色生活，是一种没有污染、节约资源和能源、对环境友好、健康的生活。让雇主家庭享受绿色生活，是家政服务员义不容辞的服务内容。目的就是为了让雇主家庭享受美好的生活、提升家庭生活品质。

那么，如何判断家庭生活是不是绿色生活，主要看是否符合三个条件：

1）雇主家庭的生活环境和所消费的资料对健康是有益或无害的；

2）家政服务员和雇主在工作生活中注意节约资源和能源；

3）家政服务员和雇主所使用的物品对环境应该是友好的。

以上绿色生活理念，具体到家庭生活实际中，主要体现在：绿色能源、水、绿色厨房、绿色起居室、绿色卧室、绿色浴室、绿色洗衣间、绿色家庭花卉、绿色购物、绿色美容、绿色饮食、绿色起居、绿色出行、拥有健康宝宝、健康积极养老、健康心境等。

1.5.2.2 科技进步推动家庭生活方式变革。

随着现代科技的高速发展，出现了智能家居、智慧家庭，即家庭生活充满科技含量，高度效率化、自动化、数字化、智能化。具体体现在家庭生活的衣、食、住、行、养育、娱乐，甚至家庭人际交流、家庭服务工具等家庭生活的方方面面。作为职业化家政服务员，必须主动了解现代科学技术应用于家庭生活，是如何改善家政服务质量，是如何提升家庭生活品质。

◇ 一、要了解常用家用电器及其功能并正确使用

由于科学技术发展，发明了各种各样的常用家用电器，应用于家庭生活的各个方面。这些家用电器产品按功能与用途可分为八大类：

＊制冷电器，又称冷冻电器：用于物品（主要是食物）的冷冻、冷藏，包括家用冰箱、冷饮机等。

＊空气调节电器，又称空调电器：用于调节室内空气流动、温度、湿度以及清除空气中的灰尘，包括房间空气调节器、电扇、换气扇、冷热风器、空气去湿器等。

＊清洁电器：用于织物清洗、保养和室内环境与设备的保养，包括洗衣机、干衣机、电熨斗、吸尘器、地板打蜡机等。

＊厨房电器：用于食物配制、烹调及厨房卫生，包括微波炉、电磁灶、电烤箱、电饭锅、洗碗机、电热水器、食物加工机等。

＊电暖器具：用于生活取暖，包括电热毯（垫）、电热被、电热服、空间加热器等。

＊整容保健电器：用于理发、颜面清洁和家庭医疗护理，包括电动剃须刀、电吹风、整发器、超声波洗面器、电动按摩器、空气负离子发生器等。

＊声像电器：用于家庭文娱生活，包括电视机、收音机、录音机、DVD 影碟机、摄像机、照相机、组合音响等。

＊其他电器：烟火报警器、电铃等。

◇ 二、科学的家庭饮食

家庭餐制作是家政服务的主要内容之一。"民以食为天"，一日三餐关注人的健康，家庭饮食是家庭生活的重要组成部分，是家庭生活品质的重要体现。为雇主提供色香味营养俱佳的一日三餐，自然是家政服务员每天的重要职责。因此，家政服务员除了了解家庭食物营养与家庭饮食制作的基础知识，掌握一定的烹饪技能技术外，还要掌握现代科学的健康的家庭饮食理念。例如，绿色烹饪。

所谓绿色烹饪，就是烹饪过程所使用的原料应当是安全可靠、符合生态环保要求的，烹饪方法尽量使用绿色能源、少用易产生对人体不利因素的、且符合环保要求的烹饪方法，同时，注意食品食用的安全剂量。具体内容是：

1）选择食物

选择食物时，应选择对雇主来说的有机食品、无公害食品、绿色食品等。

2）使用绿色能源

所谓绿色能源，是指清洁能源，是指不排放污染物、能够直接用于生产生活的能源。因此，在家庭生活中，作为家政服务员，要了解使用天然气或液化气的效率比电高，所产生的温室气体仅为电网的三分之一。因此，在家政服务中，要尽量使用绿色能源。

作为职业家政服务员，还要建议雇主选购家用设备时，要注意家用设备能源评级标签。所谓家用设备能源标签制度旨在向公众提供家用设备的耗能信息。家用设备能源效率越高，完成同样的工作耗能越少。

评级标签还标明了家用设备根据标准测定的每年耗电度数。评级制度的范围包括：洗碗机、冰箱、冰柜、烘干机等。选购具有较高能源效率的家用设备，每次使用的时候，既省了钱，又省了能源。这就是职业化家政服务员的应有素质。

3）选择环保烹饪方法

在家庭餐制作过程中，不同的烹饪方法，对人体健康的影响不同。众所周知，烹饪就是将食材经过清洗清洁、加工后，将切配的净料，添加调味品，通过加热而制成菜肴的一种方法。常见的烹饪方法有炸、炒、熘、爆、烩、煎、焖、炖、烧、煨、熬、烤、拌、扒、熏、卤、酱、腌、拔丝、挂霜、蜜汁等二十九种。

作为家政服务员，应该尽量选择对人体健康有益的烹饪方法。例如，蒸煮炖焖烹饪方法。

4）养成平衡饮食习惯

家政服务员要为雇主家庭制订平衡饮食计划。随着我国经济社会的发展、人们生活消费水平的提升，膳食能量中来自碳水化合物的比例正在减少，来自脂肪特别是动物脂肪的比例正在增加；同时，来自蛋白质提供的能量比例也正在增长，开始出现"三高"即高脂肪、高糖、高能量的膳食结构。然而，膳食结构的变化使得人们疾病模式也发生了变化，即心血管疾病、癌症的比例显著上升。因此，作为职业化的家政服务员，理应建议雇主养成平衡饮食习惯，制作健康的均衡饮食，提供健康生活服务。

例如，在我国居民平衡饮食结构中，每天均衡的比较理想的膳食模式是：谷类薯类及杂豆类位居平衡膳食结构的底层，即第一基础层，是每个人必需的，对一个成年人而言，每人每天平均食用量250~400克；蔬菜和水果位居第二次，每天平均食用量，蔬菜300~500克，水果200~400克；鱼、禽、肉、蛋等动物性食物位于第三层，每天平均食用量，鱼虾类75~100克、畜禽肉类50~75克、蛋类25~50克；奶类和大豆类食物位居第四层，每天平均食用量，奶类及奶制品300克、大豆类及坚果30~50克；油盐位于第五层，即最上层，每天平均食用量，油25~30克、盐6克。

5）科学家庭饮食与养生、减肥

当然，科学的家庭饮食，还可以养生保健。我们知道，衰老是人类正常的生理过程，追求健康长寿，一直是人类的渴望。特别是我国老龄化社会加剧，2.5亿的老年人口，对延缓衰老、养生保健必将是"刚需"，这也是职业化家政服务员应该提供的家政服务内容之一。

同样，科学的均衡的家庭饮食，还可以起到减肥作用。中华药膳对减肥效果，早已被证明行之有效。职业化的家政服务员，如果能够制作科学的减肥饮食，这对肥胖的家政雇主、爱美的女性雇主，毫无疑问是备受青睐的。

◇ 三、科学的洗衣和保养

随着面料技术、纺织技术、服装制作技术的飞速发展，高档服装进入寻常百姓家庭，特别是服装面料与纺织的科技含量越来越高、种类也越来越多。这就要求家政服务员在衣服洗涤熨烫过程中，要识别各种各样的面料，根据不同的面料特质运用不同的洗涤、熨烫、保养的方法，否则，方法不当，就容易造成高档服装品质损坏。

1）识别服装面料

伴随着科学技术的发展，服装技术的发展经历了手工作业、机械化、自动化、智能化的发展趋势，特别是服装原材料的生产技术及服装生产设备的突破性发展，尤其是特殊功能面料及服装智能化发展。例如：

针对皮肤细嫩、易擦伤、感染的婴幼儿，服装科技专家用丝绵、废丝研制出纯丝绵无纺布，生产婴儿系列服装用品，不仅轻柔滋润皮肤，而且有防菌止痒的作用。

针对行动不便的老年人，服装科技专家成功研制出老人防撞服装，包括：防撞帽、防撞外衣，均为膨胀式。防撞帽中装有计算机防撞器，当人体头部倾斜失常时，计算机就指挥防撞器张开，调整倾斜度，老人就会感到头部像有人扶着一样，即使因倾斜速度快，防撞器来不及反应也不要紧，老人的头部会因有防撞弹簧张力所支撑而不致受伤。

2）正确的洗涤方法

在识别了服装面料性能之后，要根据衣物的面料选择洗涤剂。

例如，要查看衣物的水洗标签。对于高档服装，还要查看产品的使用说明书。要查看服装布料（面料、里料、填充料等）采用的材质组成描述；要查看服装有无洗涤方法的信息，这对高档服装的清洗保养很关键。

例如，洗衣粉属于碱性洗涤剂，适用于化纤面料衣物及棉麻面料衣物洗涤。但是，洗衣粉主要成分是三磷聚酸钠、硅酸钠、烷基苯磺酸钠、荧光增白剂等化学原料，这些成分对人体的神经系统、循环系统、免疫系统、生殖系统、皮肤均有一定的危害，甚至是诱发癌症的一种因素，用过的洗衣粉溶液进入下水道对环境也会造成污染。因此，使用洗衣粉尽可能漂洗干净，避免残留。现在市场上已经有了绿色环保的无磷洗衣粉。家政服务员在选购洗衣粉的时候要注意包装上的标注。

3）正确的晾晒及熨烫

衣服洗涤之后，还要根据面料的特质，选择正确的晾晒及熨烫方法，也是家政服务员科学洗衣必备的基本功。例如：

真丝类服装，适宜在阴凉处滴干（反面朝外），采用反面、中温熨烫，这样可保持颜色鲜艳，减少褪色。

毛呢毛绒服装，适宜在阴凉通风处吹干，待半干状态时需要进行平整整形，并蒸汽熨烫，温度不超过 200℃。

皮革类服装，一般都必须晾干，不得曝晒。

其他绵、麻、各种化纤服装，一般应避免阳光直射、曝晒。

4）服装保养

科学的清洗完成后，所有服装在收藏收纳保管之前，一定要清洗干净（干洗或水洗）、保持干燥后，再收纳存放。

其中，丝绸、毛呢绒、皮革服装最好悬挂在衣柜中，并放入防蛀剂，确保这些服装安全存放。而白色衣物、真丝面料衣物、合成纤维衣物，不要使用樟脑丸等防蛀剂。

◇ 四、智能家居走进家庭

随着移动互联网技术、人工智能、大数据、物联网技术的飞速发展，智能家居已经走进家庭。与普通的家居相比，智能家居不仅具有传统的居住功能，还有网络通信、家庭自动化、家庭网络、网络家电、信息家电等功能。

所谓智能家居，是指以住宅为平台，利用综合布线技术、网络通信技术、安全防范技术、自动控制技术、音视频技术等，将家居生活有关的设施集成，构建高效的住宅设施与家庭日程事务的管理系统，提升家居安全、便利、高效、舒适、艺术，并实现环保节能的居住环境。智能家居在为人们提供全方位信息交互功能的同时，还能帮助家庭与外部保持信息的交流畅通，增强了人们居住生活的时尚性，还节约了能源消耗，降低家庭生活成本（经济上和精神上的）。

智能家居的基本分类主要有：

1）家庭自动化

家庭自动化，是指利用微处理电子技术，来集成或控制家中的电子电器产品或系统。例如：照明灯、咖啡炉、电脑设备、保安系统、暖气及冷气系统、视讯及音响系统等。家庭自动化是智能家居的一个重要系统，是智能家居的核心之一。

2）家庭网络

家庭网络，是指在家庭范围内（可扩展至邻居，小区）将 PC 电脑、家电、安全系统、照明系统和广域网相连接的一种新技术。当前在家庭网络所采用的连接技术可以分为"有线"和"无线"两大类。家庭网络相比起传统的办公网络来说，加入了很多家庭应用产品和系统。例如，家电设备、照明系统。

3）网络家电

网络家电，是指将普通家用电器利用数字技术、网络技术及智能控制技术设计改进的新型家电产品。现在可行的网络家电，主要包括网络冰箱、网络空调、网络洗衣机、网络热水器、网络微波炉、网络炊具等。网络家电可以实现互联组成一个家庭内部网络，同时这个家庭网络又可以与外部互联网相连接。可见，网络家电技术包括两个层面：一、家电之间的互连问题，也就是使不同家电之间能够互相识别，协同工作；二、解决家电网络与外部网络的通信，使家庭中的家电网络真正成为外部网络的延伸。网络家电未来的方向，也是充分融合到家庭网络中去。

4）信息家电

信息家电，是一种价格低廉、操作简便、实用性强、带有 PC 电脑主要功能的家电产品。利用电脑、电信和电子技术与传统家电（包括白色家电：电冰箱、洗衣机、微波炉等和黑色家电：电视机、录像机、音响、VCD、DVD 等）相结合的创新产品，是为数字化与网络技术更广泛地深入家庭生活而设计的新型家用电器。信息家电包括 PC 电脑、机顶盒、HPC 手持电脑、超级 VCD、无线数据通信设备、WEBTV、INTERNET 电话等等，所有能够通过网络系统交互信息的家电产品，都可以称之为信息家电。音频、视频和通信设备是信息家电的主要组成部分。

在传统家电的基础上，将信息技术融入传统的家电当中，使其功能更加强大，使用更加简单、方便和实用，为家庭生活创造更高品质的生活环境。例如，像模拟电视发展成数字电视、VCD 变成 DVD 一样，电冰箱、洗衣机、微波炉等也将会变成数字化、网络化、智能化的信息家电。

综上所述，随着智能家居进入家庭越来越普及，必将带来家庭生活方式的巨大变革，家庭生活品质的巨大提升。相应地，家政服务员也必须与时俱进，熟悉、掌握、运用智能家居，才能达成、促进家政服务品质满足雇主的智能化需要。

◇ 五、服务机器人走进家庭

伴随着智能家居走进普通家庭，家庭服务机器人也开始进入家庭，能够代替人完成部分家庭服务工作。例如，清洁机器人、擦窗机器人、空气净化机器人、养老护理机器人等已经走进了很多家庭。

家庭服务机器人，按照智能化程度和用途的不同，可以分为初级小家电类机器人、幼儿早教类机器人、养老护理类机器人、烹饪类机器人、和人机互动式家庭服务机器人等。

所谓家庭服务机器人，是指为人类服务的特种机器人。包括行进装置、感知装置、接收装置、发送装置、控制装置、执行装置、存储装置、交互装置等。其中，感知装置，将在家庭居住环境内感知到的信息传送给控制装置，控制装置指令执行装置作出响应，并进行防盗监测、安全检查、清洁卫生、物品搬运、家电控制，以及家庭娱乐、病况监视、养老护理、儿童教育、报时催醒、家用统计等工作。

特别是养老护理机器人的应用。随着科学技术进步及其科研成果在养老护理服务领域的应用，特别是人工智能、物联网、大数据在辅助老年人居家养老服务中的应用。例如，在养老护理床、轮椅车、自助餐具、洗浴辅助器具、护理服、护理鞋等养老护理器具中，应用人工智能和传感器技术，用互联网把这些养老护理器具连接起来，可以形成"物联网养老护理器具"，并成为老年人家属和居家养老护理员的"眼睛、耳朵、鼻子"，帮助照看和守护居家养老的老年人，特别是空巢老年人。与此同时，还能把这些"眼睛、耳朵、鼻子"所收集的老年人居家养老的大量信息，存储到云计算中心，进行大数据的处理和分析。这样，家属和居家养老护理员，就可以非常容易地掌握居家养老的老年人的日常生活活动规律、健康信息。特别是老人夜间的睡眠、大小便次数等情况，及时有效地为居家养老的老年人提供人性化的服务。目前，已有的养老护理机器人的分类及其主要特点如下：

居家养老护理机器人的分类及主要特点

分　类	主要特点
居家养老护理支援型机器人	* 家属和护理员为使用对象 * 帮助家属和护理员照料护理老人，减轻护理负担
居家养老生活支援型机器人	* 老年人为使用对象 * 帮助老年人进行康复训练，改善养老生活品质，实现生活自理

看守机器人与物联网应用	* 以家庭和居家养老护理机构为使用对象
	* 看守空巢老人、痴呆老人
	* 居家养老服务机构夜间看守系统
	* 社区居家养老监控服务系统
娱乐机器人	* 以老年人为使用对象
	* 与孤独老人、痴呆老人会话沟通
	* 和老人们一起娱乐（唱歌、跳舞、做体操、猜谜语）

随着家庭服务机器人的科技进步，将会有越来越多的家庭服务机器人问世，给家庭生活带来便捷和乐趣。如今，越来越多的家庭消费者也正在使用家庭服务机器人产品，感受到了实实在在的有温度的服务。

面对家庭服务机器人的挑战，家政服务员是否有急迫感、危机感？是否需要学会使用家庭服务机器人，并与家庭服务机器人"友好相处"？更重要的是，随着家庭服务机器人越来越多进入家庭提供家庭服务，家政服务员的角色、职能与服务技能、服务知识是否需要变革与提升？这都是家政服务即将面对的挑战。

综上所述，随着家务的社会化，也就是说家庭生活事务本来主要是由家庭成员自己承担的，现在通过市场机制，让社会上专业家政服务员来承担。这就必然要求家政服务内容也要"现代化、智能化、职业化"，而不是简简单单的传统的"洗衣做饭搞卫生带孩子照看老人"。家政服务内容的"三化"，要求家政公司和家政服务员，必须与时俱进，迎接挑战。这是家政服务应有之义，也是家政服务业发展的难题之一。

1.6 服务提供者及服务方式

家政服务提供者，好像不言自明，当然是家政服务员，或是家政服务员个人或是家政公司员工。那家政服务员来源是什么？以什么方式提供家政服务？为什么招家政服务员难？为什么会出现"保姆荒"？究竟有没有解决之道？

先说"保姆荒"或"招家政服务员难"。我们应该知道，保姆荒并不是因为我国劳动力资源紧缺，尽管我国人口红利已经消失，但劳动力资源还是丰富的，特别是我国农村还有丰富的劳动力资源，农民工进城务工找一个合适的工作，还是比较难。即使在城市，大学毕业生就业压力还是很大，下岗职工就业压力也不小。为什么家政服务业很明显出现"两难"？

除了大家公认的"供需结构性矛盾"，即家政服务员职业技能水平与雇主需求水平之间的差距外，即"供不适求"；这种供需结构性矛盾，还体现在"供需方式"上的信息不对称，影响供需对接。但我认为，认识停留于此，是不够的。我国家政服务供需结构性矛盾，还有两个非常重要的观念或理念或模式，制约家政服务供需对接，实在有必要更新，甚至到了非改变不可的程度。

一个是服务提供者，另一个是服务提供方式，这两个因素交织在一起。传统观念通常认为：家政服务提供者是专门从事家政服务的人员，简称家政服务员，即家政服务是自己的职业；服务方式有的是"一对一"的全职白天全日制服务（不住家）或全日制24小时住家服务，有的是"一对多"的"钟点工"或"小时工"服务，但都是把家政服务作为自己的职业或者主要职业。这种家政服务理念或模式，是产生家政服务"两难"问题的根源◇一、甚至是主要"症结"所在。为什么这样认为？

现在，让我们转换一个角度，尝试采用"分享经济"和"零工经济"理论模式，来重新定位家政"服务提供者及提供方式"。

在分享经济模式下，商品或服务得到充分交换，新的服务层出不穷。就家政服务而言，城市社区里的人们的家庭服务技能或一技之长、闲暇时间，都可以用来分享，从事灵活多样的家政服务。例如，很多拥有一技之长的家庭主妇，或者，提前或刚退休的人，即使有工作的人，很多也有一定的家政服务方面的一技之长与闲暇时间（即使没有一定的服务技能，也可以利用闲暇时间参与家政培训来获得）。这些人都不是家政公司的员工，也不是全职的家政服务员，但这些人可以利用他（她）们的在家庭服务方面的一技之长与闲暇时间，利用自己的地理位置、经验水平、"社区熟人"、不需要雇主或家政公司提供食宿等"得天独厚"优势，通过家务"外包""任务形式""计件制"等"家政零工"经济模式，为本社区或相邻社区提供家政公司兼职家政服务、"零工"家政服务、即时家政服务等。我们把这些利用自己家政服务技能与闲暇时间，从事家政服务的人员，叫"微型创业者"或"家政零工"。如果这些微型创业者或"家政零工"加入家政服务劳动大军，成为"服务提供者"，与家政公司的全职家政服务员一起，实现全职与兼职、正式工与家政零工、工作与闲暇时间相结合的"分享家政"或"家政零工"模式，是否可以从根本上破解"保姆荒""招家政服务员难"困扰家政服务业发展的"瓶颈"问题？回答是肯定的。

这就是"分享家政""家政零工"模式，对传统家政"服务提供者及提供方式"的重大突破。当然，分享家政或家政零工模式，要在家政服务实践中得到广泛应用并发挥作用，还需要具备四个条件：

◇ 一、需要一个平台。这个平台，最理想的就是"区块链家政平台"。一、给家政服务提供者，提供"点对点"的定制化的家政培训，给想要从事家政服务的人"赋能"；二、提供家政服务提供者与雇主实现"点对点"的自动服务交易。三、也是最核心的，区块链家政平台是一个公开透明的彻底解决服务诚信的交易平台，同时又能确保服务提供者与雇主的个人隐私。通过"点对点"的区块链家政平台交易，可以大大提升服务提供者与雇主的服务对接效率与对接的精准度、成功率。

◇ 二、需要家政服务标准化。分享家政的前提是参与分享的"服务提供者"，要有大家公认的家政服务职业技能水平。这就要求服务提供者获得相应的家政服务职业技能标准证书，"明码标价"。按家政服务技能标准等级水平付费、收费，公共透明，以便在"去中心化""去中介化"的平台上，实现"点对点"自动交易。也大大提升家政公司的运营效率与服务生产率。

◇ 三、需要一个企业和社会保障机制。要吸引更多的人参与分享家政，这就要求家政企业和社会建立健全公开透明的工资福利制度、保险保障机制，为分享家政的"服务提供者"提供新的社会保障。同时，也是对雇主合法权益的维护。

◇ 四、需要一个服务争端解决机制。分享家政更多的是"微型创业者"提供家政服务，是"个人劳动"，是"家政零工"，这就要求家政服务业行业协会等第三方组织机构，参与雇主与服务提供者之间的矛盾纠纷的协调与争端解决。这样，分享家政就形成了一个"生态闭环"。从机制上，鼓励社区拥有家政服务"一技之长"和闲暇时间的更多的人，加入分享家政的行列，鼓励社区更多的雇主雇佣分享家政的服务提供者，实现"人人做家政，家政为人人"，这样，难道还不能破解"保姆荒""招家政服务员难"这个家政服务"顽疾"？

1.7 服务工具

所谓服务工具，是指在家政服务过程中为达到或促进服务质量与服务效率的器具或手段。服务工具可以是物质形态的工具，即硬件服务工具。例如，保洁用的擦玻璃器；也可以是非物质的工具，即软件服务工具。例如，家政服务员职业技能标准评定量表。

我们知道，家政服务是综合性应用性很强的生活服务，也是有技术含量的职业化的科学生活服务。家政服务员仅仅凭几块不同颜色的清洁布、几把不同功能的刷子、水桶、拖把、吸尘器、清洁剂、消毒液等家政服务工具，就可以到雇主家庭从事家居保洁服务，显然是不够的。因为仅凭这些服务工具，雇主的各种各样的服务需求是很难满足的；至于母婴护理、居家养老护理、病患陪护服务等，家政服务员大都是"赤手空拳"上门入户，来到雇主家庭从事家政服务。这种简单的粗放式的家政服务，不是真正的职业化服务，自然很难提供高质量的服务品质。

真正的职业化的家政服务，必须要借助于专业化的服务工具，才能达到或促进顾客需求的服务质量和服务效率。家政服务工具的缺乏，将制约着雇主的服务体验，降低家政公司运营效率。那么，家政服务工具究竟是哪些？在我们看来，职业化的家政服务工具，主要有两类：软件服务工具、硬件服务工具。

1.7.1 软件服务工具

软件性质的家政服务工具：测量家政服务员职业技能标准评估量表、测量家政服务员心理健康量表、测量雇主服务预期的雇主标准量表、家政服务质量评估表、家政服务工作标准化流程手册等，而且，这些量表或手册可分为各个细分服务业态量表。例如：

《母婴护理员（月嫂）职业技能标准评定量表》

《母婴护理（月嫂）雇主标准评定量表》

《育婴员职业技能标准评定量表》

《育婴服务雇主标准评定量表》

《居家养老护理员职业技能标准评定量表》

《居家养老护理雇主标准评定量表》

《病患陪护员职业技能标准评定量表》

《病患陪护患者标准评定量表》

《家居保洁员职业技能标准评定量表》

《家居保洁服务雇主标准评定量表》

《管家职业技能标准评定量表》

《管家服务雇主标准评定量表》

《涉外家政服务员职业技能标准评定量表》

《涉外家政服务雇主标准评定量表》等。

总之，这些家政服务工具的价值，就在于使用这些《量表》工具，对家政服务员职业技能标准进行评定，确认其服务技能水平；对雇主服务预期进行评定，确认其服务需求水平。然后，在此基础上，根据评定结果，选拔有针对性的家政服务员、进行有的放矢的家政培训，再进行雇主与家政服务员之间的相应匹配对接。这无疑会大大提升家政服务匹配效率与精准度，降低雇主与家政公司和家政服务员之间的服务摩擦、服务纠纷。

1.7.2 硬件服务工具

硬件性质的家政服务工具，可根据家政服务各个细分服务业态，配备不同的硬件服务工具。例如：

* 家居保洁服务工具：家居保洁服务工具箱（配置不同功能的基本保洁工具）、高温蒸汽清洁机、除螨机等；

- 20 - 区块链＋新家政服务 ◎ 21世纪中国新家政服务标准化理论与创新实践模式

＊ 衣物洗涤收纳服务工具："除螨仪"等；

＊ 母婴护理服务工具：吸奶器、乳头矫正器、吸鼻器、喂药器等；

＊ 居家养老护理工具：自制洗发垫等。

更重要的是，更多的家政服务工具，是雇主家庭配置的，但需要家政服务员要学会使用。例如，居家养老护理服务工具：各种轮椅车、各种护理床、各种老年餐具、卫生（排便）辅助器具、身体清洁辅助器具、老年护理服与护理鞋、行走辅助器具、甚至是居家养老护理机器人的使用等。家政服务员只有熟练掌握这些服务工具，才能提升家政服务质量与服务体验。

然而，家政服务工具的多样性、缺乏统一性，给家政服务员掌握这些服务工具带来困难。更不要说，家政服务工具相比家庭生活需求还是严重不足，这都制约家政服务质量与服务体验的提升。孔子说"工欲善其事，必先利其器"。家政服务工具是参与、达成与促进家政服务质量的重要手段之一。选择与使用合适的家政服务工具，会使家政服务质量与效率更高、甚至会达到倍增的效果。反过来，家政服务实践又对家政服务工具的改进和新服务工具的需求，起着强大的推动作用。这都是新家政服务的核心发展问题◇ 一、也是家政服务发展的难点。

1.8 服务内涵

家政服务的主要内涵：

1.8.1 "家政服务"的核心是顾客

"顾客"是指接受家政服务的家庭或个人，可以是最终消费者，也可以是购买者、使用者或者其他受益者。

家政服务与其他产品最重要的不同点：在于顾客是服务的接受者，也是服务活动的参与者。因此家政服务提供者（家政公司、运营人员、一线家政服务员），必须要充分关注顾客的需求、顾客"参与"过程中的感受。

因此，家政服务提供者在服务策划、签订合同以及服务交付时，都应将顾客置于"中心"地位，即"用户中心""顾客中心""顾客导向"。

1.8.2 "家政服务"的目的是满足顾客需求

这里的"需求"是指顾客对家政服务的有形的、无形的需求，包括当前的和期望到达的需求、暗示的明示的需求、基本的和附加的需求。

顾客的需求不是一成不变的，处于不断的变化和发展之中。因此，应不断地改善服务以适应和满足顾客的需求。

值得注意的是，满足顾客的需求，应在当地社会总的要求和规范背景下来考虑。例如，当地社会生活水平、生活习惯、生活方式等方面的要求。

1.8.3 "家政服务"的必备要件是与顾客接触

家政服务提供者与顾客的接触是服务活动必不可少的。这种接触可以包括多种方式。例如：面对面的接触、通过网络接触、甚至通过"口碑"接触。

1.8.4 "家政服务"的本质是一种活动

"家政服务"的本质是服务提供者的一种活动，既包括服务提供者与顾客接触中所产生的活动，也包括支撑与顾客接触时服务提供者的内部活动。

家政服务是产生于管理人员、家政服务员、顾客家庭及其成员、服务工具等之间互动关系的一个系统，并由此形成一定的活动过程或服务过程。例如：顾客预订、家政服务员招聘、家政服务员培训、顾客面试家政服务员、签订服务合同、家政服务员上岗服务、顾客投诉、服务期满与终止、顾客支付服务费、家政服务员回到家政公司等。

1.8.5 "家政服务"的质量体现在过程和结果上

对于物质硬件产品的质量，只要在其出厂前经过检验，确保产品符合相关标准要求即可，消费者不必关注产品的生产过程。

但是，家政服务是服务提供者即家政服务员与顾客面对面接触的活动，其生产过程即服务过程与顾客消费过程是同步的，不可分的。有时出现不当的服务行为时可能无法挽回，甚至导致服务终止。

所以，家政服务质量不仅体现在服务结果上，更重要的是体现在服务提供过程之中。

1.9 服务特性

家政服务特性，是指家政服务区别于有形产品的特征。家政服务有四大特性：服务无形性、不可分性、异质性、不可储存性。家政服务特性是影响家政服务标准、服务流程、服务规范、服务产品、服务营销、服务培训、服务人力资源管理、服务运营管理、服务质量、服务体验的一条主线，贯穿始终。下面具体分析：

1.9.1 服务无形性

家政服务无形性，是家政服务区别于有形产品的第一个特征。一切服务本质上都是无形的、抽象的。

家政服务无形性的一个表现是服务与实物所有权无关。一切家政服务交易实质上都不发生服务者本身实物所有权的转移，因为无形的东西只能享用，不能占有。

服务无形性的另一个表现是服务的主观体验性。一切服务的质量和效果都离不开消费者的主观体验，具有很强的心理色彩。服务质量是顾客对服务的期望与对服务的实际感知之间的差距，顾客对服务的期望心理和感知心理决定服务的质量。

1.9.2 服务不可分性

是服务区别于有形产品的第二个特征。服务的不可分性是指服务的生产与消费是同时进行的，是分不开的，也称服务的同时性。

如家政服务中的被照料的老人或被照料的产妇、新生儿的生活（消费）过程就是家政公司和家政服务员服务（生产）的过程。

服务不可分性的一个主要表现，是顾客对服务生产的参与。如被照料的老人、产妇也配合或参与家政服务，家居保洁中家庭顾客的建议等。

服务不可分性的另一个主要表现，就是服务的核心价值在家政服务公司与顾客的接触中产生。如家政服务中老人或产妇新生儿得到精心照料就是在家政公司和家政服务员与老人或新生儿的接触中产生。

服务的不可分性意味着服务生产完全离不开服务消费。因此，服务的不可分性意味着一切服务天然具有市场营销的作用。而服务业一刻也不能脱离顾客的消费。服务具有天然的营销性。

但不同服务的不可分程度是有高低的。以人为直接对象的服务的不可分程度较高，如照料老人或产妇新生儿；而以物为直接对象的服务的不可分程度较低，如家居保洁。

1.9.3 服务异质性

也即易变性或不稳定性，是服务区别于有形产品的第三个特征。服务的异质性是，指服务的质量是多变或易变的，是随不同的服务交易而变的，缺乏一致性和稳定性。

第一，服务的异质性，表现在服务质量可能随服务交易的地点而变。例如，在不同的客户家庭，有的家政服务员是面带微笑服务，而在另外的客户家庭，有的家政服务员很压抑像个刻板的机器人在服务。

第二，服务的异质性，表现在服务质量可能随服务交易的时间而变。例如，家政服务中的家居保洁服务在周六、日的服务质量一般要比其他时段差。因为，周六日的客户订单多。即使是同一个家政服务员，在上午与下午的服务质量也不同。

第三，服务的异质性，表现在服务质量可能随着服务人员而变。同一服务岗位的不同服务员提供的服务质量是有差异的。家政服务更是如此。

第四，服务异质性，表现在服务质量可能随着顾客而变。不同顾客对同样的服务的感知可能不同，而服务质量取决于顾客的感知。例如同一个家政服务员到不同的家庭服务，客户的评价是不同的。

服务的异质性与服务的无形性之间是有内在联系的，它是无形性引起的必然结果。服务的无形性，使得服务业难以用语言或其他符号对服务标准加以精确的描述，和以此对服务员的行为加以精确地控制。

换言之，任何家政服务产品本质上都是非标准的和难以精确控制的，而一个没有标准和无法精确控制的系统必然存在"误差"或波动。有的是随机波动，有的是人为的或系统性波动。无论何种波动，服务质量永远是波动的。服务质量的波动性就是服务的异质性。可见，服务的无形性必然导致服务的异质性。

服务的异质性，也是服务的不可分性引起的必然结果。服务的不可分性决定着服务系统是一个有顾客参与的开放的系统，服务质量包括顾客因素在内，而顾客在性质上属于不可控（至少是难以精确控制）因素。就是说，服务质量总是包含不可控因素。因此，服务质量的波动性或异质性也就在所难免。好的服务质量可能是对顾客因素加以一定程度的管理，或者顾客在参与过程中有较强的自控性。

一切服务的质量都是易变的，但不同服务的易变性的程度有高低。第一，复杂或无形性强的服务的易变性程度较高，如，月嫂服务。简单或无形性弱的服务的易变性程度较低，如保洁服务。第二，服务易变性程度的高低与不可分性程度的高低之间是正相关的。

1.9.4 服务不可储存性

不可储存性是服务区别于有形产品的第四个特征。服务的不可储存性，是指服务的不可再生性和浪费性。

第一，服务的不可储存性，表现为服务的不可再生性。服务不能再生，就像人不能再生一样。服务员永远不会完全重复以前做过的服务，例如家政服务，第一次服务与第二次服务是不一样的。一、客户就不一样，即使还是原来的客户家庭成员，但家庭成员的心态、对家政服务员的感知与评价也不会与第一次完全一样。二、家政服务员的工作状态不一样。三、客户家庭的环境和氛围也不会完全相同。

第二，有形产品可以库存，而且库存是有形产品制造业一个重要的供求调节手段。而服务无法储存，服务业没有库存。因此，服务业比制造业少了重要的供求调节手段。许多服务业常常因为难于很好地调节供求矛盾而出现较大的生产波动。例如家政服务在周六日特别是春节的"保姆荒"现象。换言之，经常的供求不平衡或忙闲不均，也是服务不可储存性的一个重要表现。

服务无法储存，因为服务是人的活劳动。而一切储存都是时间的凝固、变化的中止，而人是活的，永远处于变化流动之中。因此，活劳动不能储存。家政服务员因为工作量不饱和而流失，就是例证。

第三，服务的不可储存性，还表现在服务供过于求时资源的浪费性。制造业可以动用闲置的资源生产库存产品，以留作以后使用和避免资源的浪费。服务业无法生产库存产品以调节供过于求。因此，常常只能让闲置的资源白白浪费。例如，家政服务员因工作量不饱和而浪费人力资源，这也是家政服务员流失的原因之一。为了减少家政服务员因工作量不饱和而造成的人力资源浪费，有的家政公司也在探索在家政服务的同时，增加其他计件工作，如手工编织等。当然，现代服务业也在引进服务连锁超市，来平衡供求矛盾，避免服务资源浪费。

服务的不可储存性与服务的无形性、不可分性和异质性之间也是相联系的。

服务的不可储存性实际上就意味着服务的无形性，因为一切有形的物质都具有不灭性，即时间上的长存性。

服务的不可储存性又意味着服务的不可分性。因为服务生产的资源只有投入消费（使用）才不会流逝或浪费，就是说，只有让服务的生产与消费同时进行才可能不浪费服务资源。

服务的不可储存性还意味着服务的异质性。因为服务的不可储存性就是不可再生性或不可重复性。因此，同一种服务在不同的时间、空间或由不同的人来提供和享受，服务的质量是不可能完全重复的，即总是有差异的。

总之，家政服务的四大特征之间是有内在联系的。这都直接导致了家政服务管理与服务营销的特殊性。通过以上分析，我们知道，家政服务特征对家政服务的影响具有双重性。一方面，服务特征给家政服务的服务产品开发、管理与营销带来很多负面影响；另一方面，服务特征也给家政服务产品创新、服务管理、服务营销带来积极的正面影响。

1.10 职业角色

我们知道，"交易"是指双方以货币为媒介进行的价值交换行为。但一次或多次交易，并不必然意味着双方会形成所谓的关系，因为关系的形成需要相互认知和熟悉。如果每次交易都是间断式的，而且服务提供者无须记住顾客的名字，彼此不熟悉，企业也没有与顾客长期交易的记录，那么，我们可以基本断定，顾客与企业之间并没有形成真正的关系。例如，旅客运输服务、餐饮服务、电影院服务、超市购物服务等，对于很多服务来讲，顾客的每次购买和使用都是独立事件，没有关联关系，不是正式关系。这种间断式交易所牵涉到的交易双方通常并不熟悉。

然而，在家政服务中，顾客与家政公司及家政服务员的关系，绝不仅仅是简单的"交易关系"，也是关联关系，是紧密的合作伙伴关系。在这种合作关系中，家政服务员与顾客零距离面对面接触，与顾客的互动时时处处都在发生。家政服务员扮演极其重要的角色。如果家政服务员角色定位不当，出现"角色错位"，就会引发"角色冲突"，将影响顾客感知的服务质量与服务体验。那么，在家政服务中，家政服务员究竟扮演什么样的角色？

1.10.1 家政服务员是家政服务提供者。

家政服务员的首要角色，是向顾客直接提供家政服务。在提供家政服务过程中，与顾客零距离接触，并进行互动。如果家政服务员没有给顾客提供家政服务，就失去了与顾客频繁零距离接触的机会，即使有一些其他互动，这种互动的效果也是非常有限的。所以，在分析家政服务员角色定位时，首先要确认家政服务员是不是家政服务的直接提供者。

1.10.2 家政服务员是家政公司代理人。

家政服务员作为家政服务提供者，如果不是家政自由职业者即"家政零工"，就是家政公司的员工。作为家政零工，自然只是代表自己与顾客互动；如果是家政公司的员工，那就是家政公司的代理人，是家政公司派遣家政服务员到顾客家庭提供家政服务。这时，家政服务员的形象、素质、服务技能、服务态度、职业道德、服务知识等一言一行，都将代表家政公司的形象与品牌，而不是家政服务员个人行为。作为代理人的家政服务员与顾客的互动，就不是两个自然人之间的互动，代理人的一言一行都要符合家政公司的规范与宗旨，不得违背。

1.10.3 家政服务员是兼职营销员。

由于家政服务的不可分性，即家政服务生产与消费的同时性。也就是说，家政服务员提供服务的过程，就是顾客享用服务、消费服务的过程。这在客观上证明了家政服务员不仅是服务"生产者"或"提供者"，也是服务的"营销者"，虽然不是家政公司的全职营销人员，但至少是"兼职"营销人员，不管这个"兼职营销人员"的角色是不是家政公司任命的，也不管家政服务员自身是否意义到自己所具有的"双重角色"。

客观上，在家政服务过程中，家政服务员已经起到"服务营销者"的角色作用。因为，如果家政服务员提供了顾客满意的服务，甚至是超值的服务，顾客就会持续地重复购买该家政公司和家政服务员提供的服务；如果家政服务员提供的服务让顾客不满意，即使家政公司继续向顾客销售其他家政服务员提供的服务，顾客也很难再继续购买该公司的服务或信任其他家政服务员提供的服务。这就充分说明，家政服务员在客观上也是兼职营销员。这就要求家政公司建立机制来激励家政服务员做好"兼职"服务营销员，这也是家政服务互动营销。

1.10.4 家政服务员是一个自然人。

毫无疑问，家政服务员无论是在家政服务工作岗位上，还是在生活上，仍然是一个自然人、一个现实中的社会人，有自己的喜怒哀乐，有自己的价值观、人生观、世界观，只要是合法的、健康的、符合道德规范的，都是无可厚非的。无论是家政公司还是顾客，都要尊重和维护作为自然人、社会人的家政服务员的独立人格、合法公民应该享有的合法权益。在家政服务中，明确这一点，也是非常必要的。不能因为公司的利益或顾客的利益，就损害家政服务员的合法权益。当然，家政服务员在享受合法权益的同时，也必须要履行应尽的合法义务，同样不能损害顾客和家政公司的合法权益。

综上所述，家政服务员的以上四个角色，给家政服务员提供家政服务时带来不小的困扰。

在家政服务中，首先要明确家政服务员的身份角色是什么？家政服务在形式上是一种自然人之间的人际交流。这里，需要特别提醒的是，在家政服务过程中，在与顾客的人际交流中，家政服务员主要有两个身份角色：一个是家政公司的员工或代理人角色，代表家政公司为顾客提供家政服务，并兼职进行家政服务营销，是代理人角色与顾客之间进行的人际交流；一个是自然人角色，与顾客进行的是两个自然人（家政服务员与顾客）之间的人际交往。明确这个"角色"区别很重要。

因为，在家政服务中，很多顾客不满意、服务体验不好，一个重要原因就是没有意识到这两种不同的人际交流或互动，所采用的方式和产生的结果是有很大区别。或者说，采用代理人角色进行人际交流或互动，与采用自然人角色进行人际交流或互动，其结果是很不一样的。

因为，在日常的家政服务中，一位家政服务员会遇到各种各样的顾客，有喜欢的、有不喜欢的，这都很正常。问题是，如果遇到不喜欢的顾客，这个家政服务员如果以"自然人"身份角色与不喜欢的顾客互动。那么，互动成功的可能性就很小；但如果这个家政服务员以"代理人"身份角色与同样的顾客互动，互动成功的可能性将很大。

因为，不同的角色有不同的价值主张，自然人之间的互动，可以凭个人主观好恶来随意取舍；但代理人与顾客之间的互动，就不能凭个人主观好恶来随意取舍，其目的必须是要满足顾客的需求，为顾客创造价值，让顾客喜欢，让顾客服务体验好。

也就是说，在家政服务中，要求家政服务员"忘我"地进入角色，即以家政公司员工角色，而不是以自然人自我身份，为顾客提供服务或交流，将家政服务中互动关系由自然人之间的关系变成"角色关系"。

这种"角色"主要体现在：

家政服务员的仪容仪表、一言一行符合家政公司规定的角色规范要求；

家政服务员在家政服务中必须"忘我"，即服务中排除"自我"干扰，严格按照"角色"规范要求自己；

家政服务员要引导顾客也进入角色，明确顾客在家政服务过程或服务关系中的角色定位。

遗憾的是，家政服务员时常陷入"角色"混乱中。

例如，在家政服务中，家政服务员常常自觉不自觉地用自己的生活方式或生活习惯，来为顾客提供家政服务，这显然是不合适的。因为顾客的生活方式或生活习惯与家政服务员的生活方式或习惯，一定有巨大的差异。

从总体上看，家政服务员主要来自农村，习惯乡村生活方式，而顾客主要习惯都市白领阶层生活方式；家政服务员家庭经济水平相对薄弱，属于欠发达地区，而顾客家庭生活水平相对富裕，属于中产阶层；等等。

从个体差异上看，每个人的生活方式或生活习惯，更是千差万别。例如，有的人习惯吃家乡土菜，有的人喜欢吃清淡的均衡、绿色、健康饮食；有的人爱吃川菜，有的人爱吃淮扬菜；有的人讲究衣物出门必须熨烫有形，有的人只要干净就好；有的人要求家具一尘不染、收纳整齐，有的人并不讲究，差不多就可；有的习惯早睡早起，有的习惯晚睡晚起；有的人习惯说话轻声细语，有的人习惯说话大嗓门；等等。

总之，在家政服务中，实行服务"角色化"，一个关键是处理"角色"与自我之间的矛盾。一方面，家政服务员角色要求她代表家政公司为顾客提供服务，但她潜意识中又代表自我与顾客交流。这种"双重角色"——公司角色与自我角色，经常会有"角色冲突"或"心理冲突"。这是家政服务业必须面对的一个固有难题，也是困扰家政服务业发展的一个"瓶颈"之一。

1.11 职业边界

通过以上分析，我们已经知道家政服务的服务对象、职业场景、服务内容、服务提供者及提供方式、服务工具、服务角色等，知道家政是什么，这有助于指导我们的家政实践。但是，由于家政服务的特殊性，家庭生活涉及的家庭事务因每个家庭千差万别，而呈现多样性与复杂性。因此，我们有必要明确家政服务的职业边界，对于维护雇主与家政公司和家政服务员的合法权益是有意义的。

1）服务对象明确了职业边界。家政服务的对象是雇主家庭，操持家庭事务是家政服务内容。反之，雇主家庭之外的事务。例如，雇主家族公司事务，尽管与雇主家庭事务有关，但超出了雇主家庭这个家政服务对象，即超出了家政服务的职业边界，自然不是家政服务的职责范围。

2）职业场景明确了职业边界。家政服务的职业场景，规定了在雇主家庭这个物理空间里的家庭成员及其事务。反之，超出雇主家庭物理空间里的家庭成员之外的雇主亲属家庭事务，即超出家政服务职业场景，尽管与雇主家庭事务有关，也超出了家政服务的职业边界，自然不是家政服务的职责范围。例如，有的老年夫妇雇主要求自己家庭雇佣的家政服务员，去女儿女婿家庭做保洁服务，就超出了职业边界。

3）服务内容明确了职业边界。我们知道，家政服务是为了满足家庭生活需求，提升家庭生活质量，增进家庭福祉而进行的家务操持，围绕雇主家庭成员衣、食、住、行、养育、休闲娱乐、接待等展开，如果超出这个家政服务内容，即超出家政服务的职业边界。例如，有的雇主家庭有自己的宗教信仰，这是无可厚非的，家政服务员理应尊重。但如果雇主要求自己家庭雇佣的家政服务员也要信仰雇主信仰的宗教，就超出了家政服务内容，即超出了家政服务职业边界；再例如，雇主家庭有赌博现象，要求自己家庭雇佣的家政服务员也参与陪玩，自然不是家政服务内容，超过了家政服务边界，自然不是家政服务员的职责范围。

为什么要作出这样的提醒，明确家政服务的职业边界，主要原因是家政服务有特定的"服务对象""服务场景""服务内容"，在特定的服务场景中为特定的服务对象提供家政服务内容，是受到服务合同保护的，一旦出现意外风险，可以依法维护雇主与家政服务员双方的合法权益。再者，家政服务内容也是有质量标准的，只有为服务合同规定的服务场景中的服务对象提供服务内容，服务质量才能得到保证。因为，家政服务是一门正规的合法职业，有自己的职业标准与职业规范。

1.12 职业价值

我们知道，家庭是社会的细胞，和谐家庭建设是社会和谐建设的重要基石。如果家庭不稳定、不和谐，社会就会不稳定、不和谐。家庭在社会和谐建设中发挥独特的功能，而家政服务在家庭和谐建设中的价值就在于促进家庭功能的提升。那么家庭功能是什么？或者说家庭的作用是什么？家政服务又是如何强化家庭功能而实现自己的职业价值？或者说家政服务的作用是什么？

1.12.1 家庭的生育功能及家政服务价值体现。

家庭生育功能是指家庭人口的生殖繁衍功能，是家庭最自然的首要的功能。人口的生殖繁衍的速度与质量，既受到社会生产力发展水平、社会经济体制、科技发展水平、政策法律环境、文化历史传统、宗教风俗习惯等多种宏观社会因素的影响，也受到家庭或个人的经济收入、受教育水平、从事的职业、宗教信仰等微观因素的制约。

在农业经济社会，子女能给家庭带来劳动力，带来经济收益，家庭在生育观上倾向于早生、多生，"多子多福"，家庭的生育功能强。但由于家庭子女较多，家庭经济能力非常有限，子女的照料主要由家庭成员自己承担。

到了现代工业社会、信息社会，社会生产力水平有了巨大发展，中产阶级家庭逐渐成为社会主体，家庭的物质生活水平与文化教育水平有了显著提高，家庭功能不仅仅是传宗接代，开始重视家庭成员的个人价值、个人发展与幸福指数，再加上育儿成本的提高，家庭在生育观上倾向于少生、优生、优育。这个时候，伴随着女性更加走向社会、更加职业化、更加独立，家庭生育功能发生了变化，开始出现了优生优育社会化服务，即家庭聘请职业的母婴护理师（月嫂）辅助家庭优生优育，由月嫂照料孕产妇与新生儿，而主要不是家庭成员。这就是家政服务的职业价值。

1.12.2 家庭的教育功能及家政服务价值体现。

家庭教育功能是指家庭对其成员所起的教育作用，不仅包括对未成年人的教育，也包括家庭成员之间的相互教育和影响。父母是孩子的第一任老师，父母的言谈、举止和待人接物，都将对孩子的一生产生重要影响。即便上学接受学校教育、走向社会受到社会教育之后，家庭教育的影响仍一直存在，总之，人的一生都始终受到家庭教育潜移默化的影响。

随着家务社会化，家政服务员进驻雇主家庭提供服务后，特别是住家服务的家政服务员，变成了雇主家庭的"准成员"，不管这个准成员是居家养老护理员、保洁员、母婴护理员（月嫂），还是育婴员，家政服务员的一言一行，都将对雇主家庭的未成年人产生影响，具有"教育"意义。至于"育婴员"，则更是直接承担起雇主家庭的教育功能。因此，这就要求家政服务员在履行家政服务职责的同时，也要重视自己作为雇主家庭"准成员"的教育功能。

1.12.3 家庭的抚养、赡养功能及家政服务价值体现。

家庭抚养和赡养功能，是指家庭对未成年人抚养、对同伴成年人的照料、对老年人的赡养。

对未成年人的抚养，是家庭的天然功能，是对家庭原有人口生命的保全和延续；对同伴成年人的照料，是夫妻之间互尽供养的责任与义务。成年人夫妻在社会职业劳动中所消耗的体力和精力要在家庭中得到恢复和补充，还有夫妻一方在生病、伤残的时候，能得到配偶的经济供给、生活照料和精神支持；对于子女对父母、孙子女对祖父母外父母的赡养，更是家庭下代人应尽供养的责任与义务，也是家庭的天然功能。因为，人终究有老的一天，不仅丧失劳动能力，而且丧失生活的自理能力，需要下代人承担赡养义务。

随着现代社会经济水平发展，社会保障与社会福利事业的发展，家庭的抚养、赡养功能的部分将由家庭转向社会，其中一部分变成公共产品，由政府购买服务；一部分变成商品，从社会市场上购买。这其中，不管哪种形式，家政服务员都将是服务的提供者，部分承担家庭抚养、赡养功能。例如：照料婴幼儿的育婴员、病患陪护员、照料老年人的居家养老护理员等。这就是家政服务的现代价值。

1.12.4 家庭的经济功能及家政服务价值体现。

家庭经济功能是指家庭物质生产和消费功能，在家庭生活中起着基础性作用。今天家庭的收入主要不是依靠家庭自己生产来获得，而是依靠家庭成员在社会上、在市场上获得的劳动报酬或工资收入。现在家庭的主要经济行为已经不是生产而是消费。在家庭消费中，最主要的是购买消费，即家庭对衣、食、住、行、用、娱乐、文化旅游教育等生活资料的消费比例日益提升，生活消费功能逐步强化，家庭逐渐变成为一个生活消费主体。

因此，家政服务员在雇主家庭消费中，伴随家政服务，必将扮演一定的角色，有的时候受雇主委托负责采买家庭日常生活用品，特别是食物的采买。这就要求家政服务员在雇主家庭的经济功能方面，具有一定的消费能力，提升雇主家庭消费品质，这就是家政服务员在雇主家庭经济功能方面的价值体现。

1.12.5 家庭的文娱功能及家政服务价值体现。

家庭文娱功能是指家庭娱乐和文化传承，即家庭成员开展的各种文化、旅游、娱乐活动。例如：看电视、看电影、听音乐、读书看报、书法绘画、摄影等文化活动；旅游、登山、打球、下棋等体育活动；种花、养鸟、养鱼、养宠物等鉴赏或消遣活动等。家庭通过这些活动，活跃了家庭气氛、陶冶了情操、丰富了家庭生活、提升了家庭精神生活品质。同样，家庭成员在日常生活中，唠家常、讲家世、读家谱、听长辈诉说等，也起到了传承家风、家德等家庭文化作用，这样，自觉与不自觉，把家庭价值观、行为方式、生活方式等传承给下一代。

家庭的文娱与文化传承功能，不仅教化了家庭成员，特别是未成年人，也积极影响了我们的家政服务员。更重要的是，我们的家政服务员也要积极主动为雇主家庭的文娱功能的实现，承担服务，促进和保障家庭文娱功能。

1.12.6 家庭的情感功能及家政服务价值体现。

家庭情感功能是指家庭成员通过交流感情、心理沟通、心灵融洽，获得精神上的激励，情感上的抚慰，激发出积极向上的信心、勇气与力量，来共同面对家庭之外世界面临的困难与挑战。即，家庭是心的港湾、情感的避难所。因为，家庭成员之间的关系是人类人际关系或生产关系或生活关系中最紧密、最亲密、利益最相关联的关系。因此，家庭关系的和谐、亲切、温馨、舒畅，使家庭成员产生"归属感""安全感"。

这就要求我们的家政服务员作为雇主家庭的一名"准成员"，要积极主动融入雇主家庭，做家庭情感功能的"催化剂""润滑剂"，为促进雇主家庭关系的和谐温馨作出积极贡献，这就是家政服务员在家庭情感功能上的价值体现。

从以上分析中可以看出，家庭功能是多方面的，家政服务职业价值也是多方面的。家政服务的主要价值就是强化与完善家庭功能，尽量全面满足家庭生活需求，提升家庭生活质量，增进家庭福祉。家庭幸福了，社会就和谐了。这是家政服务最大职业价值。

除此之外，家政服务职业价值还体现在家政服务能有效促进社会就业，拉动内需，促进社会消费升级。我们知道，就业是最大的民生工程。就业对一个困难家庭而言是最大的福祉。家政服务给家政服务从业人员带来稳定的工资收入，经济收入增加了，困难家庭的生活就改善了，这就是"民生工程"。

我国现有 66 万家家政公司，家政服务从业人员 2800 多万人，尚有 1760 万家政服务人员需求缺口。随着我国社会经济发展，人口老龄化加剧，社会对家政服务需求还会呈加速增加趋势，这就更加凸显家政服务的职业价值。

真可谓"一个家政服务从业人员幸福两个家庭（指雇主与自己）"。

1.13 区块链＋新家政服务

1.13.1 什么是区块链

区块链（Blockchain）是一种数据以区块（block）为单位产生和存储，并按照时间顺序首尾相连形成链式（chain）结构，同时，通过密码学保证不可篡改、不可伪造、数据传输访问安全的去中心化分式账本。

1.13.2 区块链的特性（见本书 40.2.3 章节）

1）去中心化

2）不可篡改和可追溯

3）透明可信

4）隐私安全保障

5）系统和数据高可靠性

6）自治性

7）开放性

8）跨平台

1.13.3 区块链应用场景（见本书 40.1 章节）

1）家政服务员溯源管理

2）家政服务标准化共识

3）家政服务组织管理

4）家政服务运营管理

5）家政服务教育培训

6）家政服务交易

7）家庭健康饮食管理

8）家政服务市场营销

9）家政服务诚信管理

10）家政服务平台建设

第2章　家政服务员

【家政政策】

序号	发文时间	发文机关	政策文件名称
	2019 年 6 月 16 日	国务院办公厅。国办发〔2019〕30 号	《国务院办公厅关于促进家政服务业提质扩容的意见》
相关摘要	"（十六）保障家政从业人员合法权益。最大限度把家政从业人员组织到工会中，探索适合家政从业人员特点的入会形式、建会方式和工作平台。完善家政从业人员维权服务机制，保障其合法权益，促进实现体面劳动。"		

序号	发文时间	发文机关	政策文件名称
	2012 年 12 月 26 日	商务部条约法律司	《家庭服务业管理暂行办法》
相关摘要	第三章 家政服务员行为规范：第十九条 家庭服务员应当如实向家庭服务机构提供本人身份、学历、健康状况、技能等证明材料，并向家庭服务机构提供真实有效的住址和联系方式。 第二十条 家庭服务员应符合以下基本要求：（一）遵守国家法律、法规和社会公德；（二）遵守职业道德；（三）遵守合同，按照合同约定内容提供服务；（四）掌握相应职业技能，具备必需的职业素质。 第二十一条 家庭服务员在提供家庭服务过程中与消费者发生纠纷，应当及时向家庭服务机构反映，不得擅自离岗。第二十二条 消费者有下列情形之一的，家庭服务员可以拒绝提供服务：（一）不能提供合同约定的工作条件的；（二）对家庭服务员有虐待或严重损害人格尊严行为的；（三）要求家庭服务员从事可能对其人身造成损害行为的；（四）要求家庭服务员从事违法犯罪行为的。		

【家政寄语】

家政服务员是家政企业的核心竞争力资源

【术语定义】

家政服务员：是指进入雇主家庭成员住所提供或以固定场所集中提供，对孕产妇新生儿、婴幼儿、老人、病人、残疾人等的照护，以及保洁、烹饪、衣物洗涤等服务的人员，包括全日制员工、家政零工。

【学习目标】

通过本章的学习，您将能够：

1）了解家政服务员身份信息究竟是哪些；

2）明确家政服务员工作期望是什么；

3）知晓家政服务员的权利和义务。

2.1 来源及其身份信息

由于家政服务的特殊性，雇主对家政服务员的来源及身份背景很敏感，并提出了一些规范性要求。为什么家政服务员的身份信息如此重要？

2.1.1 家政服务员的身份信息究竟是哪些？

（1）家政服务员的身份证、户口簿信息；

（2）家政服务员的健康证信息；

（3）家政服务员应提供当地或居住地公安部门出具的无犯罪记录证明；

（4）家政服务员主要家庭成员的联系方式；

（5）家政服务员的培训记录及相关职业技能证书；如果是中等以上学历的，要出具学历证书；

（6）家政服务员的从业经历，特别是家政服务的从业经历；

（7）提供上一家工作机构或家政服务的雇主出具的评价意见或推荐信；

（8）如果是家政公司派遣的家政服务员，要出具家政公司上门服务证件；

（9）如果是家政公司派遣的家政服务员，要出具劳动合同或委托管理协议。

2.1.2 家政服务员的身份信息为什么如此重要？

首先，一个陌生人进入一个家庭从事家政服务，雇主包括家政公司对家政服务员缺乏真正的了解，雇主与家政服务员彼此之间信任的建立也需要时间，雇主担心是人之常情。事实上，家政服务诚信缺失，是我国家政服务业发展遇到的最大的"瓶颈"之一。

目前，我国对建立家政服务诚信体系做出了很多努力，出台了一系列家政服务诚信建设规范文件。最典型的是，2019年3月1日商务部、发展改革委即将联合发布的《关于建立家政服务业信用体系的指导意见》，该《意见》（征求意见稿）明确提出在全国"建立家政服务员信用档案""建立统一的家政服务业信息平台""实施家政服务领域守信激励和失信惩戒机制"。其中，该《意见》特别强调："家政服务员信用档案在商务部业务系统统一平台上建立，信用信息包括：个人基本信息（身份证号码、姓名、性别、民族、家庭住址、健康状况、教育水平等），来自家政企业的职业信息（从业经历、培训情况、培训考核情况、消费者评价和投诉情况等），商务部与公安部提供的犯罪背景核查结果信息（身份真伪，五年内是否涉及盗窃案、拐卖妇女、儿童案、虐待案、故意杀人案、故意伤害案、强奸案、抢劫案、放火案、爆炸案，是否重症精神病人，三年内是否吸毒人员和制贩毒人员等）。"

再例如，上海市质量技术监督局2017年6月1日发布实施的《家政服务溯源管理规范》等。

其次，家政服务员是一个人在雇主家庭这个封闭的环境中提供服务，缺乏有效监控，这也要求通过对家政服务员身份信息及以往服务经历的溯源，来预估未来服务质量与服务安全风险。我们知道，家政服务的特殊性就在于，服务场景是封闭的家庭环境，服务对象是雇主家庭需要照料的婴幼儿、老年人、孕产妇新生儿、残疾人、病人等特殊弱势人群，他（她）们的监控能力非常有限。家政服务员在一个缺乏第三方监控的环境下，进行长期长时间的、一个人重复性工作，很容易出现"服务疲劳""服务心理烦躁"等负面情绪，一旦出现这种负面情绪，轻者懈怠工作；重者会把负面情绪发泄到服务对象上，极端的会发生虐待伤害服务对象。更不要说，有的家政服务员本来就是有犯罪前科或精神疾病史的人。杭州保姆纵火案，就是令人发指的、发人深省的一个典型的家政服务身份信息虚假的极端案例。这已经严重违背家政服务的宗旨，与雇主雇佣家政服务初心背道而驰。所以，雇主对家政服务员身份信息与以往服务经历敏感与关注，自然是情理之中，也是必需的，毕竟雇主家庭的人身财产安全是第一位的。

2.1.3 家政服务员的身份信息如何发挥作用？

目前，我国对家政服务员身份信息进行溯源管理，主要还是通过"中心化"的第三方机构，例如，商务部与发展改革委即将联合发布的《关于建立家政服务业信用体系的指导意见》。该《意见》提出："省级商务主管部门统筹本省（区、市）的家政服务员和家政企业信用档案建设工作，建立省级家政服务业信用信息平台，统一归集公开家政服务业信用信息，并与省级信用信息共享平台及时共享信息。"这种依靠第三方建立的家政服务信用体系，在一定程度上发挥了家政服务员身份信息的作用，的确推动了我国家政服务诚信建设。但还是"治标不治本"。

要想真正发挥家政服务员身份信息的作用，从根本上彻底建立家政服务的信用体系，唯一出路就是运用区块链技术搭建"区块链家政平台"，才能真正从根源上做到让不诚信的家政服务员无法立足。

2.2 工作期望

当我们站在雇主的立场上关注家政服务员的身份信息与信用时，我们也要站在家政服务员的立场上，来关注家政服务员的内心诉求。雇主与家政服务员是一个硬币的两面，只有双方都满意了，家政服务才健康可持续发展。同时，我们也要看到，我国2800多万家政服务员群体的主流是好的，为我国千百万家庭提供了基本合格的家政服务，但这并不否认我国家政服务员队伍的整体素质还急需提升。其实，在家政服务实践中，凡是家政服务员的基本诉求得到满足，这些家政服务员提供的家政服务大都让雇主也满意，这是辩证的、相互依存的。这是家政服务的特殊性◇一、也是家政服务的难点之一。

那么，家政服务员的诉求是什么？

第一，家政服务员的基本诉求。

有稳定的工资收入，按月足额领到。家政服务是正式职业，雇主就应遵守《劳动法》规定，按月足额发放家政服务员的工资，这不仅是家政服务员要依靠工资收入来维系自己的家庭正常生活，抚养孩子，赡养老人，也是雇主应尽的责任与义务，也是对家政服务员辛勤劳动的尊重。

这里，需要指出的是，依据《劳动合同》，家政服务员的工资要足额按月领到。即使有绩效工资，也要事先与家政服务员或家政公司商量确定，而不是雇主自己单方面决定。

第二，家政服务员基本生活保障的诉求。

这里主要是指住家服务的家政服务员，要求雇主为家政服务员提供一个正常人一日三餐基本的饮食保障，同时，要求雇主提供独立的或者与雇主家庭女性成员合住的房间，确保家政服务员有自己的安全的睡觉与休息的场所，有自己的私人生活空间，这是家政服务员工作的基本劳动保障，是基本的权益。

第三，家政服务员保险保障的诉求。

家政服务也是正规的合法职业，对于全职的住家服务或全日制服务，家政服务员应该按国家政策规定享有正常的基本保险保障。例如，基本养老保险、基本医疗保险，由家政公司或雇主和家政服务员共同缴纳等；工伤保险，由家政公司或雇主缴纳等。

第四，家政服务员正常休息权利的诉求。

雇主雇用家政服务员，只是购买家政服务员的服务技能与服务时间，按服务合同规定，要求家政服务员在约定的时间内用掌握的服务技能，按雇主要求的服务质量标准完成雇主要求的家庭事务。雇主购买的不是家政服务员的人身自由，更不是家政服务员本人。同样，家政服务员出卖的只是服务技能与服务时间。因此，对于住家家政服务员，在服务合同约定的服务时间外，家政服务员可以自由支配自己的时间，而不是 24 小时都只能留在雇主家庭，没有自己的休息时间。

家政服务员可以利用正常休息的时间，与自己的家人联系或团聚，这是人的最基本的需求，也是必需的需求。况且，家政服务员一般都是女性，是母亲，是妻子，是媳妇，有的是一家之主，家政服务员要平衡工作与自己家庭的关系，不能顾此失彼，首先要照顾好雇主家庭，又要顾及自己的家庭，这样的家政服务工作才健康可持续的，家政服务员在雇主家庭服务才安心，这是雇主和家政公司都需要认真严肃对待的。

还有，在家政服务期间，如果遇到每月的"妇女经期"，在不影响雇主家庭事务的前提下，女性家政服务员有酌情休息的权利，这都是家政服务员的正当诉求。

第五，家政服务员被雇主接纳与尊重的诉求。

家政服务也是一项国家认可的正式的社会职业。早在 2000 年 5 月原国家劳动和社会保障部（现在的"国家人力资源和社会保障部"）根据《中华人民共和国劳动法》和《中华人民共和国职业分类大典》制定了《家庭服务员国家职业标准》，标志着国家对这一社会职业的认定；2006 年国家又将该标准修订为《家政服务员国家职业标准》。作为国家认定的社会职业，家政服务员的劳动与教师、护士、空姐一样，也应该受到雇主家庭成员接纳与尊重。换个角度看，当家政服务员用她们充满爱心的辛勤服务，来照顾雇主家庭的弱势人群（例如，孕产妇和新生儿、婴幼儿、老年人、病人、残疾人等），也理应受到雇主家庭成员的感恩与尊重。

这种被接纳与尊重还表现在，雇主如果对服务有意见或建议，希望多多建设性的良性沟通，真诚交流。家政服务员是通情达理的，也会虚心按照雇主的要求，改进服务工作。

这是家政服务员一项非常重要的诉求，当家政服务员感受到被接纳与尊重的时候，会更加热爱自己的工作，也努力做好自己的工作，将直接影响家政服务员的职业稳定性与职业自豪感。

第六，家政服务员培训与职业生涯发展的诉求。

家政服务作为一项国家认可的社会职业，有职业标准，有职业技能，职业化程度和技术含量越来越高。这就要求家政服务员必须经过职业化的系统培训，掌握合格的职业技能，才能持证上岗，为雇主提供合格的、优质的服务，才能满足雇主的高品质需要。因此，家政服务员对家政培训的诉求是合理的，是必要的，也是《劳动法》规定的家政服务员应享受的义务。家政公司有责任在家政服务员上岗前，提供必要的职业化的系统的家政培训。

还有，家政服务员既然把家政服务作为终身职业，自然需要在职业技能等级水平上，从初级、中级、高级到技师、高级技师，不断晋级；不仅如此，家政服务员不仅在职业技能技术上需要精益求精，还有的家政服务员在家政服务企业管理上，也希望有所建树，希望为家政服务业作出更大的贡献。这就是家政服务员的职业生涯发展及规划，也是家政服务员的诉求。

只有家政服务员真正实现了职业生涯发展，让自己、让社会看到了希望并实现了自己的职业价值与人生价值，就会通过家政服务员的示范引领，吸引更多的人、更多有素质与技能的人从事家政服务。

2.3 权利义务

在家政服务中，家政服务员、雇主、家政公司的权益保护问题，是家政服务的难题之一。在家政服务过程中，家政服务员与雇主、家政公司三方主体之间，矛盾和冲突不断，直接导致家政服务员和雇主的人身权益、财产权益、劳动权益等权益时常受到侵害。

那么，在家政服务中，家政服务员究竟有哪些权益？什么权益受到侵害？同样，家政服务员在享受法律赋予的权利的同时，也要履行应尽的法律义务，那么，家政服务员究竟有哪些义务？这些义务履行情况如何？

现在，我们依据我国《宪法》《劳动法》《劳动合同法》《妇女权益保护法》《消费者权益保护法》等相关法律的规定，结合我国家政服务实际，来具体分析家政服务员的权利义务：

2.3.1 人身权益

家政服务员的人身权益：即生命权、健康权、姓名权、肖像权、名誉权、自由权、隐私权等。

在家政服务中，家政服务员的生命健康权、隐私权、自由权等时常受到侵害。为什么？这与家政服务性质有很大的关联，很多时候，是雇主或家政公司并不了解生命健康权、隐私权、自由权的具体含义，时常自觉不自觉侵害了家政服务员的生命健康权、隐私权、自由权，尤其是家政服务员作为住家服务的女性，时常受到雇主的性骚扰。下面来具体分析：

2.3.1.1 家政服务员受到性骚扰。

家政服务工作的女性化特征（家政服务员中95%以上是女性）导致了家政服务员往往容易受到男性雇主的性骚扰。例如，

＊经常对女性家政服务员过分关心体贴、嘘寒问暖超过对其妻子的关心。

＊经常对女性家政服务员施以小恩小惠，例如：赠送一些化妆品等。

＊经常寻找机会与女性家政服务员单独相处，用暧昧的动作对其动手动脚。

2.3.1.2 家政服务员隐私权受到侵害。

在家政服务中，由于家政服务场景的特殊性或局限性，家政服务员在"个人生活安宁权"上很难得到有效的维护。例如，住家服务的家政服务员的服务工作时间与私人生活时间，就很难有清晰地界定。有的雇主家庭严重侵害了家政服务员正当的私人生活时间、甚至限制其外出活动。

2.3.1.3 家政服务员生命健康权受到侵害。

在家政服务中，有的雇主要求家政服务员在没有安全防护的条件下，给高层楼房窗户玻璃做清洁服务，这是很危险的作业。在现实中，就有家政服务员操作不慎，从高楼窗户或阳台滑落掉下，发生悲剧。

2.3.1.4 家政服务服务员的自由权受到侵害。

在家政服务中，特别是住家服务的家政服务员，在安排自己的饮食、住宿、出行上，因为家政服务性质的特殊性，家政服务员的饮食、住宿、出行的确受到很多限制，很多是合理的，但也有是不合理的，而且差异很大。例如，有的雇主让家政服务员睡在杂物间或没有固定的床位，隐私很难保护。这些雇主真的侵害了家政服务员的自由权。

2.3.2 劳动权利：

2.3.2.1 劳动者享有平等就业和选择职业的权利。

家政服务业在我国已经得到长足的发展，但在社会上的确也还有不少人甚至雇主，歧视家政服务员。在家政服务实际中，也时常发生侵害家政服务员享有平等就业和选择职业的权利。例如：随意增加家政服务合同以外的服务内容，故意延长服务劳动时间，随意干

涉家政服务员的休息时间、私人事务，限制家政服务员正常交往、出入及人身自由，还有不尊重家政服务员的劳动，严重的言语谩骂，甚至人身攻击等。

2.3.2.2 取得劳动报酬的权利。

在家政服务中，劳动报酬的界定是复杂的。尤其是对于住家家政服务员，劳动报酬就不仅仅是工资，还包括免费一日三餐，免费住宿，甚至有的还有节假日特别是春节的加班费（雇主有的发放红包）。这部分劳动报酬的不确定性，很多时候，导致了有的雇主自觉或不自觉侵害了家政服务员合理取得劳动报酬的权利。

2.3.2.3 休息、休假的权利。

家政服务业毫无疑问是国家认可的正规职业。既然是国家认可的职业，就应该有明确的工作时间、休息与休假时间。例如，我们普遍实行 8 小时工作制，超过 8 小时就补发"加班费"，同样每周至少休息 1 天，超过休息时间，就要补发"假日加班工资"。遗憾的是，由于家政服务工作的特殊性，我国家政服务业，家政服务员的工作时间、休息与休假时间没有明确规定。然而，对于延长的工作时间，雇主并没有付给相应的劳动报酬，这就是侵害了家政服务员的劳动权。

2.3.2.4 获得劳动、安全、卫生保护的权利。

在家政服务中，例如，对病患陪护服务的护理员，特别是护理传染病患者时，雇主或家政公司要为护理员提供必要的劳动防护用品和措施，并进行相应的培训。例如，新生儿、孕产妇护理，家政公司就必须在母婴护理员（月嫂）上岗前进行专业培训，母婴护理员必须持证上岗。因为，月嫂的护理水平直接涉及新生儿的生命安全。

2.3.2.5 接受职业技能培训的权利。

家政服务涉及雇主家庭的人身生命安全、财产安全，家政服务员上岗前，家政公司有义务对家政服务员进行职业化规范化培训。雇主也有权利要求家政服务员持证上岗。

在接受职业技能培训权利方面，我国各级政府出台了一系列政策扶持措施，免费为家政服务员提供各种职业技能公益培训。

2.3.2.6 享受社会保险和福利的权利。

关于家政服务员享受社会保险和福利的权利，在我国是非常复杂的。

毫无疑问，家政服务工作与其他工作一样，家政服务员也应该享受合法的养老保险、医疗保险、工伤保险等，因为家政服务工作也存在一定的职业风险，上文已经有了具体的分析。问题是，谁为家政服务员支付养老保险、医疗保险、工伤保险等各种社会保险和福利？是家政公司？是雇主？是家政服务员自己？还是其中的两方或三方共同承担？这些，在我国都是没有明确规定的。这样，在我国家政服务的实际工作中，一旦发生家政服务员意外伤害，就必然引发家政公司、雇主、家政服务员三方之间的各种矛盾纠纷，家政服务员作为弱势一方，其权益往往得不到保障，也很难维护。

总之，针对以上家政服务从业人员权益的保障问题，目前，我国还没有针对家政服务业制定的相关法律，例如"雇佣条例"等法律法规，来调整家政服务机构、家政从业人员、雇主三者之间或两者之间（雇主与家政服务机构、雇主与家政服务员、家政服务员与家政服务机构）的法律责任、权利与义务。

由于家政服务从业人员的基本权益得不到有效保障，社会上高素质人才就不会或不情愿进入家政服务业，自然就会出现"保姆荒"。

2.3.2.7 提请劳动争议处理的权利以及法律规定的其他劳动权利。

提请劳动争议处理的权利。家政服务员的劳动权益受到侵害，有权依法申请调解、仲裁、提起诉讼，也可以协商解决。这其中，各地家政服务业协会，起到很大的调解作用。也建议大的家政公司要建立家政服务员"工会"，协助解决家政服务中的劳动争议，维护家政服务员的合法权益。

劳动合同约定的其他权利。家政服务员与雇主或家政公司，还可以根据雇主家庭的具体工作或家政服务员自身情况，通过合同约定其他相关权利。

2.3.3 财产权益

所谓财产所有权，是指财产所有人依法对自己的财产享有占有、使用、受益和处分的权利。

在家政服务中，对住家的家政服务员而言，其个人私人财产，也是雇主不容侵害的。

2.3.4 劳动义务

权利与义务是对等的。家政服务员在享受法律赋予的权利的同时，也要履行应尽的法律义务。在家政服务中，家政服务员必须履行的劳动义务有：

2.3.4.1 应履行劳动合同。

在家政服务中，家政服务员首先要与家政公司或雇主签订劳动合同或服务合同，明确家政服务关系的性质、家政服务的内容以及两方或三方的权利义务。

在我国，家政服务员与雇主、家政公司三者之间主要存在两种家政服务关系或模式：中介制家政服务关系、员工制家政服务关系。

非常非常遗憾的是，在家政服务过程中，有不少家政服务员视正式签署的服务合同或劳动合同为"儿戏"，往往干不了几天或几个月，就找个"冠冕堂皇"或充满"悲情"的理由，或干脆无故不辞而别，让自己亲自签署的合同变成一张废纸，侵害雇主的权益。这是家政服务业诚信缺失的最典型现象，已经严重抑制了我国家政服务业健康快速发展的步伐。在服务合同履行上，雇主比家政服务员或家政公司更讲信用。

2.3.4.2 按时完成劳动任务。

家政服务员除了严格履行服务合同外，还要在服务合同规定的时间内，保质保量完成劳动合同规定的全部工作任务。

由于家政服务场景的私密性、封闭性，对家政服务质量缺乏监控，这都要求家政服务员真正遵守职业道德，不仅从定量上完成劳动任务，而且要在服务品质上，也真正地做到用心服务，得到雇主的服务预期。这也是家政服务员应尽的劳动义务。

2.3.4.3 提高职业技能。

家政服务技能是一门综合性很强的生活服务技能。其内容涉及：衣、食、住、行、养育、休闲娱乐等；服务对象包括：孕产妇与新生儿、婴幼儿、居家老年人、残疾人、病人等；还有，随着人工智能、物联网、大数据等进入家庭，开始出现智能家居、智慧家庭。这都要求我们的家政服务员要不断学习，不断提高职业技能，才能满足多样化、个性化、定制化家政服务的需求，从而提升雇主的服务体验。因此，提高职业技能，也是家政服务员应尽的劳动义务。

2.3.4.4 执行劳动安全卫生规程。

家政服务虽是日常家务事、是小事，但涉及雇主家庭人身安全、财产安全，绝非小事。因此，家政服务员在每天的家政服务过程中，例如，安全使用电器、正确使用煤气，注意食品安全等。必须要严格按照劳动安全操作规程，必须执行卫生标准，提供服务，维护雇主及自身的安全。

2.3.4.5 遵守劳动纪律和职业道德。

这就要求家政服务员在日常服务中，必须按照服务合同或与雇主协商规定的时间、质量、程序、方法完成自己的工作任务,特别是对自己的服务对象,例如,孕产妇与新生儿、婴幼儿、居家老年人、残疾人、病人等弱势人群,给予更多的关爱而绝不是在没有第三方在场的情况下的不友好对待。

2.3.5 有义务保护雇主的人身权益

同上文所述,雇主或家政公司要维护家政服务员的人身权益,同样,家政服务员也有义务要保护雇主的人身权益。

首先,是家政服务员有义务尊重雇主家庭成员的生命权、健康权。

其次,是家政服务员有义务保护雇主的隐私权。

保护雇主的隐私权是家政服务员必须应尽的义务。雇主家庭的住址、私人联系方式、家庭财产情况、雇主的职业情况、家庭成员的健康状况、婚姻状况、社会信仰、社会关系等,家政服务员都要守口如瓶,不能向任何人透露,包括家政服务员自己的家人或好朋友,更不可在微信、QQ等网络上公开传播。

2.3.6 有义务保护雇主的财产权益

同样,家政服务员也有义务保护雇主家庭的财产权益。不管家政服务员是故意的还是过失或无意损害了雇主家庭的财产,家政服务员要承担相应的民事责任,依法予以赔偿,触犯刑法的,还要承担刑事责任。

例如,家政服务员在雇主家庭服务的过程中,不小心意外将雇主家庭的一个珍贵的古董花瓶打碎了,家政服务员必须赔偿。因此,家政服务员在家政服务过程中,要特别小心不能损坏雇主家庭的任何财物,这是我们家政服务员的义务,是职责。

2.4 区块链 + 家政服务员（详细内容 见 40.3 章节）

2.4.1 存在问题:家政服务员身份信息真实性问题、隐私保护问题

家政服务员身份信息的真实性问题、身份溯源问题、诚信问题,一直困扰雇主,困扰家政公司,是家政服务业发展的一个核心痛点之一。

还有,家政服务员身份信息被家政公司泄露、倒卖的问题,隐私权受到侵犯。

2.4.2 区块链技术:P2P 网络、分布式账本技术等,可以有效解决家政服务员的身份信息真实性问题、隐私保护问题

2.4.3 区块链技术应用场景

1）家政服务溯源管理;

2）家政服务员隐私保护。

第3章　家政雇主

【家政政策】

序号	发文时间	发文机关	政策文件名称
	2012年12月26日	商务部 条约法律司	《家庭服务业管理暂行办法》
相关摘要	第四章 消费者行为规范： 第二十三条 消费者到家庭服务机构聘用家庭服务员时，应持有户口簿或身份证及相关证明，并如实填写登记表，交纳有关费用。 消费者或其家庭成员患有传染病、精神病或其他重要疾病的，应当告知家庭服务机构和家庭服务员，并如实登记。 第二十四条 消费者有权要求家庭服务机构按照合同约定指派或介绍家庭服务员和提供服务，消费者有权要求家庭服务机构如实提供家庭服务员的道德品行、教育状况、职业技能、相关工作经历、健康状况等个人信息。 第二十五条 消费者应当保障家庭服务员合法权益，尊重家庭服务员的人格和劳动，按约定提供食宿等条件，保证家庭服务员每天基本睡眠时间和每月必要休息时间，不得对家庭服务员有谩骂、殴打等侵权行为，不得拖欠、克扣家庭服务员工资，不得扣押家庭服务员身份、学历、资格证明等证件原件。未经家庭服务员同意，消费者不得随意增加合同以外的服务项目，如需增加须事先与家庭服务机构、家庭服务员协商，并适当增加服务报酬。		

【家政寄语】

家政雇主是半个家政服务员，参与家政服务过程。

【术语定义】

家政雇主：是指购买与消费家政服务的家庭及成员。

【学习目标】

通过本章的学习，您将能够：

1）理解雇主购买的"家政服务产品"指的是什么；

2）熟悉在家政服务中雇主扮演的角色；

3）了解雇主对家政服务的预期；

4）明确雇主在家政服务中的痛点是什么，好提供针对性服务；

5）知晓家政雇主的权利和义务。

3.1 雇主买了什么

物质商品的交换，买卖双方都明确知道自己买的是什么，卖的是什么，因为可供买卖的物质商品，例如衣服、手机等，看得见、摸得着，是有形的，可以用数据测量和说明的。

遗憾的是，在家政服务中，家政服务本身是看不见的、摸不着的，是无形的，不仅无形，而且还是异变的(随着不同的家政服务员、在不同的服务时间、不同的服务地点、不同的雇主，甚至同一个雇主，同一个家政服务员在不同的时间，家政服务质量都不同）、不可储存的（家政服务不像物质商品那样可以放在仓库里保存起来，家政服务员是不能"等候"的，或者不能等候太长时间，就要寻找新的工作）。那么，雇主购买的究竟是什么？

这不是一个可有可无的问题。对这个问题的一知半解、模棱两可，就会在家政服务实践中发生这样那样的纠纷：

例如，对住家家政服务员而言，在家政服务员不影响家庭事务的情况下，雇主一看到家政服务员坐下来休息一下或外出办点事或外出休闲一下，雇主就会不高兴或抱怨或投诉，为什么？因为，在雇主看来，我花钱雇用家政服务员，家政服务员就应该"听"雇主的。当然，雇主的这样行为，自然也会引起家政服务员的不满。

以上问题的症结就出在雇主并不清楚自己购买的究竟是什么。其实，雇主购买的是家政服务员的"服务技能"与"服务时间"，绝不是家政服务员"这个人"。家政服务员出卖的自然是自己的"服务技能"与"服务时间"，家政服务员的人身是自由的，不属于雇主所有。

这样，我们就能理解前面案例中遇到的问题，雇主与家政服务员彼此都要清晰确定：服务时间规定、服务技能水平，家政服务员要用与雇主约定的服务技能，在约定的服务时间内，全力服务好雇主，认真履行职责，保质保量完成雇主家庭事务。除此之外的时间，家政服务员就可以自由支配，雇主也是不能干涉的。这里要特别强调的是，家政服务员的人身是自由的，人格与雇主是平等的。雇主与家政服务员之间是工作关系，而不是人身依附关系，这就是现代职业化、规范化家政服务应有之意。

3.2 雇主角色

前面我们提到家政服务的"无形性、异质性、不可储存性"，家政服务还有一个重要特性，就是"不可分性"。

所谓家政服务的"不可分性"，是指家政服务的提供与消费是同时进行、不可分割的。例如，在家政服务中的被照料的老人、被照料的产妇，或照料的婴幼儿的生活（消费）过程，就是家政服务员提供服务（生产）的过程。

家政服务不可分性的一个主要表现是雇主对服务过程的参与。例如，被照料的老人、产妇、婴幼儿也在不同程度上配合或参与家政服务员的服务过程。雇主的参与包括心理、生理、情感等方面的投入，只是在不同的家政服务业态上，雇主的参与程度上有区别：

☑ 低程度参与。例如，保洁服务。

☑ 中等程度参与。例如，病患陪护服务。

☑ 高等程度参与。例如，母婴护理（月嫂）服务。

从以上分析，我们可以看出，雇主在家政服务过程中的角色，不仅仅是"消费者"，还是服务的参与者、合作者，是"半个家政服务员"。雇主对家政服务质量将产生一定的影响，更多的情形是雇主对家政服务员提出很好的服务意见或建议，对家政服务员的服务产生积极的正面影响；但也有的雇主对家政服务技能不专业而"瞎指挥"，自然就对家政服务员的服务产生干扰与负面影响。这是家政服务特殊性◇一、也是家政服务难点之一。

3.3 服务预期

家政服务是雇主与家政服务员这两个主体之间的利益交换，也是一种互惠互利的互助合作共赢关系。这种良好的健康关系的确立要满足家政服务员的基本诉求，同等重要的是，也要满足雇主的诉求，两者缺一不可。这恰恰是家政服务特殊性◇一、也是家政服务发展的最大难点之一。

物质商品的交换，要相对简单得多，只要买方对商品满意，就可以成交，当买方付款后，收到交换的商品，买方获得了商品的所有权，这次买卖交易就宣告完成。但雇主购买家政服务后，交易才刚刚开始，雇主的诉求得到满意后，再加上家政服务员的诉求，也达到满意，家政服务交易才算完成。因此，满足雇主的诉求也是成功的家政服务重要一环，甚至是决定性的力量，毕竟雇主是家政服务的需求方，

那么，雇主的诉求是什么？

3.3.1 雇主最基本的诉求是：家政服务员要诚实守信。

在家政服务前，家政服务员应向雇主如实提供以下材料：

* 个人身份证明材料、生活经历、工作经历；

* 家政服务员户口所在地公安部门出具的无犯罪记录证明；

* 家政服务员身份健康信息及合法的健康体检证明；

* 最近前一家任职的家政服务机构出具的任职评价意见或推荐信；

* 最近前一家任职的雇主出具的任职评价意见或推荐信；

* 家政服务员出具家政培训记录及相关培训证书；

* 出具家政服务机构或相关具有资质的职业技能认证机构认证的家政服务职业技能等级证书；

* 与家政服务机构签订的劳动合同或委托管理协议；

* 配合家政服务机构进行身份信息登记管理，按规定办理上岗证件。

我们知道，在家政服务中，是家政服务员一个人进入雇主家庭提供服务，涉及雇主家庭的人身财产安全，且具有封闭性，没有第三人在场进行服务监督，特别是家政服务对象是雇主家庭的"弱势人群"（孕产妇与新生儿、婴幼儿、老年人、病人、残疾人等），这都要求家政服务员一定要诚实守信，善待雇主家人，确保雇主家庭人身财产安全，这是雇主最基本也是最核心的诉求。

3.3.2 家政服务员有专业技能，能胜任家庭事务操持。

毫无疑问，雇主之所以雇请家政服务员，就是为了要提升家庭生活品质。这就要求家政服务员具有职业化的专业服务技能，例如：拥有家庭餐制作技能，让雇主家庭成员能享用色香味俱佳与营养配餐科学的家庭餐；拥有衣物洗涤收纳技能，让雇主的高档皮衣得到清洁与保养；拥有母婴护理（月嫂）专业技能，让产妇身体素质与体型较快得到恢复，让新生儿能享受科学的母乳喂养等。

总之，家政服务员必须经过严格的科学的职业培训，掌握专业化的家政服务职业技能，才能胜任雇主家庭事务操持，为雇主提供高品质的家政服务，而不是只会简简单单的做饭洗衣带孩子。

3.3.3 家庭服务员能保护雇主家庭成员人身安全，善待雇主家庭的老人或孩子或病人。

我们知道，家政服务主要对象是雇主家的"弱势人群"。这些人"生活自理能力"弱，且有的智力水平不高，生命"脆弱"，是特别需要精心照料的，也是雇主雇请家政服务员的初衷。因此，家政服务员的第一责任是确保雇主家庭成员的人身安全。又因为需要照料的是雇主家庭的"弱势人群"，更要求家政服务员善待雇主家庭的老年人或孕产妇与新生儿或病人或残疾人。"老吾老以及人之老""幼吾幼以及人之幼"。这是雇主对家政服务员的"底线"，绝对不能逾越。否则，轻的或遭受雇主的辞退，重的或涉嫌犯罪。这是家

政服务员必须牢记的。

3.3.4 家政服务员能保护雇主家庭财产安全。

家政服务员除了确保雇主家庭成员的人身安全外，还要确保雇主家庭财产安全，这也是雇主对家政服务员的"底线"，绝对不能逾越。家政服务员不论是过失或是有意的，造成雇主家庭财产损失的，都要按实际价值赔偿。如果是严重的，还可能涉嫌犯罪。

3.3.5 家政服务员能保护雇主家庭隐私。

我们知道，家政服务是在雇主家庭这个非常封闭的、非常私人的家庭环境中进行，外人是很难进入雇主家庭的。雇主家庭隐私得到严格保护是不容置疑的。由于家政服务员与雇主及其家庭成员之间是"零距离"接触，而且是雇主家庭唯一知道雇主家庭隐私的"外人"。因此，家政服务员有义务保护雇主家庭隐私，即使是面对自己的家人或公司同事，也不能泄露雇主隐私。同样，如果因为家政服务员透露雇主隐私，造成雇主人身与财产损失的，也要承担相应的法律责任。因此，确保雇主隐私，不仅仅是家政服务员的职业道德，也是职责与义务。

3.3.6 家政服务员能勤俭节约。

在家政服务中，家政服务员在料理雇主家庭生活过程中，必然会使用、消耗雇主家庭物品：例如水、电、燃气、食品、家庭必备的家用电器等，这些雇主家庭的"生活资料"或"生产资料"，都是具有成本的，都是雇主付费买单的。而这些家庭物品的使用者却是我们的家政服务员。也就是说，物品的所有人和使用人部分是分离的，这就要求我们的家政服务员要站在物品"所有人"的立场，来珍惜自己的"使用权"，就是要做到勤俭节约。而不能因为不是自家的东西，而随意使用，不加珍惜，甚至浪费。勤俭节约既是家政服务员的职业道德，也是职责与义务。

3.3.7 家政服务员能虚心学习，与雇主良好沟通。

家政服务是一门综合性的生活技能。雇主的家庭背景与需求千差万别，雇主的诉求也会随着社会经济科技的发展而不断进行调整。因此，家政服务员在进入雇主家庭提供服务时，必然会遇到各种各样的新问题与新挑战，这都要求我们的家政服务员不仅需要岗前接受系统的家政服务职业技能培训，还要求家政服务员在"做中学"，要虚心向雇主请教，与雇主多沟通；同时，还要多利用业余时间，多参加公司或社会上政府部门组织的各种职业培训，以提升自己的职业技能水平，更好地服务于雇主，提升雇主的满意度。

3.4 雇主痛点

通过以上雇主诉求的分析，我们发现，我国家政服务员或家政公司提供的服务基本上能达到雇主的诉求，但痛点依然十分明显，不仅雇主非常不满，甚至引起了中央政府决策高层的关注。那么，雇主的主要痛点是什么？

3.4.1 找一个诚信的家政服务员很难。

家政服务员或家政公司缺失诚信。这是雇主最大的痛点◇一、主要体现在以下三个方面：

一、家政服务员身份信息造假。

其中，问题比较严重的是，有的家政服务员刻意隐瞒自己的不良身份信息，例如：身体健康不良记录如大的疾病记录、参与赌博欠钱记录、曾经的违法犯罪而受到公安机关处理的记录、严重的心理健康疾病记录等，具有这些曾经的不良行为的家政服务员，在家政服务中，存在着巨大的安全隐患。家政公司或家政服务员隐瞒这些不良信息，就是将巨大的潜在安全风险转嫁给雇主，这对雇主是不公平的。因此，加强家政服务员身份信息溯源管理非常重要。雇主在雇请家政服务员服务之前，有权利知道家政服务员真实的身份信息，再决定是否雇请该家政服务员。这就是区块链家政平台的初衷之一。

二、家政服务员职业技能证书造假。

有的家政服务员的职业技能证书是花钱买来的，尽管有的拿到职业技能证书的家政服务员也接受了短期的家政服务职业培训，但无论是培训时间，还是培训课程内容与质量要求，都远没有达到证书规定的水平。例如，一个刚进入育婴服务的具有初中文化程度的新手，参加了两周的全脱产育婴服务职业技能培训，就拿到"高级育婴员"证书，这显然是不合适的。

按照《国家职业技能标准 育婴员》（2010年修订 国家人力资源和社会保障部制定）规定："高级育婴员"必须具备以下条件之一者，才能获得：

（1）取得本职业中级职业资格证书后，连续从事本职业工作4年以上，经本职业高级正规培训达规定标准学时数，并取得结业证书。

（2）取得本职业中级职业资格证书后，连续从事本职业工作6年以上。

（3）取得高级技工学校或经人力资源和社会保障行政部门审核认定的、以高级技能为培养目标的高等职业学校本职业（专业）毕业证书。

（4）取得本职业中级职业资格证书的大专以上本专业或相关专业毕业生，连续从事本职业工作2年以上。

由此可见，家政服务员职业技能证书是很严肃的，特别是高级育婴员资格证书的获得，是需要相应的严格的条件，代表一个育婴员必须符合相应的严格的条件，才能获得。而现状是，当下有的高级育婴员资格证书的获得，相当随意。家政服务员职业技能证书造假现象相当严重。这是雇主对家政服务员职业技能证书产生不信任的原因，是雇主的痛点之一。

三、家政服务员不遵守合法签订的《服务合同》。

《服务合同》是严肃的，是具有法律效力的，是签订《服务合同》的双方或三方当事人必须履行的。然而，现实是，很多家政服务员视《服务合同》为儿戏，如工作上有不满意或别的雇主有更高的工资，有的家政服务员随意单方面撕毁合同离职走人，或不辞而别，毫不顾及雇主的需要与感受。因为缺乏有效的对履行《服务合同》的制约机制，或者，雇主维护合法权益的成本远远高于家政服务员的违约成本，也导致了很多雇主对家政服务员不履行《服务合同》而无可奈何，这也纵容了家政服务员视《服务合同》为儿戏，这也是雇主的痛点之一。

3.4.2 找一个合格或优秀的家政服务员很难。

家政服务员就业门槛低、缺乏专业技能培训，再加上家政服务员职业技能证书造假。因此，找一个合格的家政服务员不容易，找一个优秀的家政服务员更是难上加难。家政服务员的不合格，主要体现在：职业道德缺失、职业技能水平不达标、缺乏职业化。这是雇主的痛点。

3.5 雇主权利义务

在家政服务中，家政服务员的权益与雇主的权益是统一。既要维护家政服务员的合法权益，也要维护雇主的合法权益，缺一不可，相辅相成。

那么，在家政服务中，雇主有哪些合法权益，又要履行哪些义务？现在结合我国《消费者权益保护法》，来具体分析：

3.5.1 人身财产安全权。

同样，依据《消费者权益保护法》，雇主在购买接受和使用家政服务时，享有人身财产安全不受侵害的权利。如果雇主在接受家政服务过程中受到人身财产损失时，有权要求赔偿，不管家政服务员是故意的还是过失或无意损害了雇主家庭的人身财产，家政服务员都要承担相应的民事责任，依法予以赔偿，触犯刑法的，还要承担刑事责任。

例如：因为家政服务员的过失，造成雇主家庭的婴幼儿身体残疾的，家政服务员必须承担相应的刑事责任，还要附带民事赔偿。

同样，因为家政服务员的过失，引起雇主家庭火灾，造成雇主家庭财产重大损失的，家政服务员必须承担相应的刑事责任，还要附带民事赔偿。

3.5.2 知悉真情权。

依据《消费者权益保护法》，雇主享有其购买、使用的或接受的家政服务员服务的真实情况的权利。也就是说，雇主有权知道家政服务员的真实身份信息、培训信息、服务技能水平信息、职业资格证书信息、身体健康信息、心理健康信息、有无犯罪记录、家政服务员以往服务过的雇主的评价信息、家政服务员自己的家庭信息等，雇主在自主选择家政服务时，有权进行比较、鉴别和挑选。因为，家政服务员来到雇主家庭提供服务，涉及雇主家庭的人身与财产安全。

3.5.3 自主选择权。

雇主享有自主选择家政服务或家政服务员的权利；有权自主选择家政服务方式；雇主在自主选择家政服务时，有权进行比较、鉴别和挑选；有权自主决定购买或者不购买任何一项家政服务或不接受任何一项服务等。

3.5.4 公平交易权。

雇主在购买或接受家政服务时，有权获得家政服务质量保障、价格合理、计量正确等公平交易条件，有权拒绝家政公司或家政服务员的强制交易行为。

3.5.5 损害求偿权。

雇主因购买、使用、接受家政服务而受到人身、财产损害的，有权依法获得家政服务员或家政公司的赔偿的权利。

3.5.6 受尊重权。

雇主因购买、使用、接受家政服务时，享有其人格尊严、家庭风俗习惯、宗教信仰、生活方式等得到尊重的权利。

3.5.7 监督权。

雇主享有对家政服务员或家政公司提供服务以及保护雇主权利工作监督的权利。

3.5.8 有义务维护家政服务员的人身权益。

我们知道，家政服务员有义务要维护雇主的人身权益。同样，雇主也有义务维护家政服务员的人身权益。雇主要尊重家政服务员的生命权、健康权、隐私权、自由权等。

例如：雇主不可非法搜查家政服务员的行李和身体；雇主不可以扣留家政服务员的身份证件；雇主不可以让家政服务员吃剩饭剩菜；雇主不可以让住家的家政服务员与男性雇主同居一室；雇主不可以限制家政服务员正常的休息时间；雇主不可以打骂侮辱家政服务员；雇主不可以对女性家政服务员实施性骚扰等。这些都是典型的侵害家政服务员的人身权益。雇主有义务要加以维护。

3.5.9 有义务保护家政服务员的财产权益。

同样，雇主也有义务保护家政服务员个人的财产权益。特别是对住家的家政服务员，属于家政服务员个人的财产，雇主不可损坏。不管雇主是故意的还是过失或无意损害了家政服务员的财产，雇主都要承担相应的民事责任，依法予以赔偿，触犯刑法的，还要承担刑事责任。

3.5.10 有义务维护家政服务员的劳动权益。

同样，雇主也有义务维护家政服务员的劳动权益，要尊重家政服务员的辛勤劳动，不能歧视家政服务员的劳动。具体分析如下：

3.5.10.1 有义务履行服务合同。

我们曾要求家政服务员或家政公司严格履行服务合同，同样，雇主也有义务履行服务合同。

无论是哪种家政服务关系或服务合同或劳动合同，雇主都要与家政服务员或家政公司签订服务合同。家政服务合同或劳动合同的主要内容都包括：双方当事人的基本情况、工作内容、工作地点和工作时间、休息休假、工作报酬和社会保险、违约处理等事项。家政服务合同或劳动合同都是必须要签订的。这样，在家政服务过程中，发生服务争议纠纷时，服务合同或劳动合同是解决争议纠纷的法律依据。

在家政服务实际中，有的雇主只是与家政服务员达成口头协议，就接受家政服务员上门服务。这是危险的，存在很大的安全与不确定性隐患，一旦出现家政服务意外事故或服务争议纠纷时，由于没有书面的正规的家政服务合同，就给双方处理问题，带来很多麻烦与不确定性。

因此，雇主有义务签订服务合同，并有义务履行服务合同。从而依法保护雇主的合法权益，也维护了家政服务员或家政公司的合法权益。

3.5.10.2 取得劳动报酬的权利。

上文提到，在家政服务中，劳动报酬的界定是复杂的。尤其是对于住家家政服务员，劳动报酬就不仅仅是工资，还包括免费一日三餐，免费住宿，甚至有的还有节假日特别是春节期间的加班费。这里，首先强调的是，雇主要按服务合同约定的时间，足额发放家政服务员的工资，不拖欠、不克扣。同时，雇主也要与家政服务员商量确定：一日三餐的标准、住宿条件、节假日加班工资补贴等，这都是雇主有义务维护家政服务员取得劳动报酬的权利。

3.5.10.3 休息、休假的权利。

这里，依据《劳动法》等相关法律法规，雇主要确保家政服务员每天不少于 8 个小时的睡眠，每周不少于 1 天的休息时间。雇主要与家政服务员共同商量家政服务员的日工作时间、周工作时间、节假日时间。在规定的休息、休假时间，允许家政服务员自由支配。这都是雇主应尽的义务。

同时，希望国家或地方政府应该从法律制度上，或者从地方政策上，通过立法或政策条例形式，来依法依规保护家政服务员的休息、休假权利。

3.5.10.4 接受职业技能培训的权利。

家政服务技能作为一门综合性很强的生活服务技能。需要家政服务员入职前必须具有一定的职业资格或职业资格证书。即便如此，到岗后，家政服务员仍然需要不断提升自己的服务技能。因此，雇主有义务维护家政服务员"接受职业技能培训的权利。"

3.5.10.5 工伤保险权。

上文已经分析了，关于家政服务员享受社会保险和福利的权利，在我国是非常复杂的。毫无疑问，家政服务工作与其他工作一样，家政服务员也应该享受合法的养老保险、医疗保险、工伤保险等，因为家政服务工作也存在一定的职业风险。

问题是，谁为家政服务员支付养老保险、医疗保险、工伤保险等各种社会保险和福利？是家政公司？是雇主？是家政服务员自己？还是其中的两方或三方共同承担？这里，我们主张，雇主也有义务维护家政服务员的工伤保险权，积极参与，与家政公司、家政服务员一起，三方共同按一定的比例承担家政服务员的社会保险，共同维护家政服务员的权益。

3.5.10.6 获得劳动、安全、卫生保护的权利。

依据《劳动法》，雇主或家政公司有义务必须为家政服务员提供符合国家规定的劳动安全卫生条件和必要的劳动保护用品。

例如，对于从事家庭高空（如高层住宅窗户玻璃）保洁服务的工作，家政公司要对相关家政服务员进行培训并提供必要的劳动防护用品和措施。对雇主或家政公司的相关人员违章指挥、强令冒险作业，家政服务员有权拒绝；对危害生命安全和身体健康的行为，有权提出批评、检举和控告。

例如，对病患陪护服务的护理员，特别是护理传染病患者时，雇主或家政公司要为护理员提供必要的劳动防护用品和措施，并进行相应的培训。

这都是雇主依法维护家政服务员"获得劳动、安全、卫生保护的权利。"

3.6 区块链 + 家政雇主

3.6.1 存在问题：雇主信息、隐私泄露问题。

3.6.2 区块链技术：分布式账本技术、密码学技术等，可有效以解决雇主信息、隐私保护问题。

3.6.3 区块链技术应用场景：雇主信息隐私保护。

第4章 家政服务公司

【家政政策】

序号	发文时间	发文机关	政策文件名称
	2019年6月16日	国务院办公厅。国办发〔2019〕30号	《国务院办公厅关于促进家政服务业提质扩容的意见》
相关摘要	（三十六）培育家政服务品牌和龙头企业。各地要培育一批具有区域引领和示范效应的龙头企业，形成家政服务业知名品牌。实施家政服务业提质扩容"领跑者"行动。		

序号	发文时间	发文机关	政策文件名称
	2014年12月24日	人力资源社会保障部办公厅。人社部发【2014】98号	《人力资源社会保障部、国家发展改革委等八单位关于开展家庭服务业规范化职业化建设的通知》
相关摘要	规范化建设：（1）依法经营，诚信为本。从事家庭服务的企业（单位）依法登记或注册，遵循合法、平等自愿、诚实信用的原则开展经营活动，公平参与诚实竞争，为家庭提供安全、便利、优质的家庭服务，依法保障家庭服务从业人员合法权益。家庭服务企业（单位）建有健全的企业管理制度，有条件的推进现代企业制度建设，创新管理和服务模式，实行连锁化、规模化、网络化、品牌化经营。（2）标准服务，顺畅对接。家庭服务标准体系完备，家庭服务企业（单位）依据家庭服务标准提供家庭服务，推行服务承诺、服务公约、服务规范，努力创建服务品牌，不断提高服务质量。家庭服务业公益性信息服务平台普遍建立，健全供需对接、信息咨询、服务监督等功能，实现家庭与家庭服务企业（单位）顺畅对接。		

序号	发文时间	发文机关	政策文件名称
	2012年12月26日	商务部条约法律司	《家庭服务业管理暂行办法》
相关摘要	第二章 家庭服务机构经营规范： 第八条 家庭服务机构从事家庭服务活动需取得工商行政管理部门颁发的营业执照。 第九条 家庭服务机构应在经营场所醒目位置悬挂有关证照，公开服务项目、收费标准和投诉监督电话。 第十条 家庭服务机构须建立家庭服务员工作档案，接受并协调消费者和家庭服务员投诉，建立家庭服务员服务质量跟踪管理制度。 第十一条 家庭服务机构应按照县级以上商务主管部门要求及时准确地提供经营档案信息。 第十二条 家庭服务机构在家庭服务活动中不得有下列行为： （一）以低于成本价格或抬高价格等手段进行不正当竞争； （二）不按服务合同约定提供服务； （三）唆使家庭服务员哄抬价格或有意违约骗取服务费用； （四）发布虚假广告或隐瞒真实信息误导消费者； （五）利用家庭服务之便强行向消费者推销商品； （六）扣押、拖欠家庭服务员工资或收取高额管理费，以及其他损害家庭服务员合法权益的行为；		

相关摘要	（七）扣押家庭服务员身份、学历、资格证明等证件原件； （八）法律、法规禁止的其他行为。 第十三条 从事家庭服务活动，家庭服务机构或家庭服务员应当与消费者以书面形式签订家庭服务合同。 第十四条 家庭服务合同应至少包括以下内容： （一）家庭服务机构的名称、地址、负责人、联系方式和家庭服务员的姓名、身份证号码、健康状况、技能培训情况、联系方式等信息；消费者的姓名、身份证号码、住所、联系方式等信息； （二）服务地点、内容、方式和期限等； （三）服务费用及其支付形式； （四）各方权利与义务、违约责任与争议解决方式等。 第十五条 家庭服务机构应当明确告知涉及家庭服务员利益的服务合同内容，应允许家庭服务员查阅、复印家庭服务合同，保护其合法权益。 第十六条 鼓励家庭服务机构为家庭服务员投保职业责任保险和人身意外伤害保险。 第十七条 鼓励家庭服务机构加入家庭服务行业协会，自觉遵守行业自律规范。 第十八条 家庭服务机构、家庭服务员与消费者之间发生争议的，可以协商解决；协商不成的，可以向人民调解委员会、行业协会调解机构或其他家庭服务纠纷调解组织申请调解，也可以依法提请仲裁或者向人民法院提起诉讼。

【家政寄语】

家政服务公司也可以"高大上"，关键是能否提供高品质的诚信家政服务。

【术语定义】

家政服务机构：是指依法设立的从事家政服务经营活动的企业、事业单位、民办非企业单位、个体经济组织等。

规范化：是指在家政服务实践中，对重复性的事物、服务行为、概念，通过制定、发布和实施标准（规范、规程和制度等）达到统一，以获得最佳秩序和社会效益。就家政服务而言，规范化主要包括：

一、依法经营，诚信为本。从事家庭服务的企业（单位）依法登记或注册，遵循合法、平等自愿、诚实信用的原则开展经营活动，公平参与诚实竞争，为家庭提供安全、便利、优质的家庭服务，依法保障家庭服务从业人员合法权益。家庭服务企业（单位）建有健全的企业管理制度，有条件的推进现代企业制度建设，创新管理和服务模式，实行连锁化、规模化、网络化、品牌化经营。

二、标准服务，顺畅对接。家庭服务标准体系完备，家庭服务企业（单位）依据家庭服务标准提供家庭服务，推行服务承诺、服务公约、服务规范，努力创建服务品牌，不断提高服务质量。家庭服务业公益性信息服务平台普遍建立，健全供需对接、信息咨询、服务监督等功能，实现家庭与家庭服务企业（单位）顺畅对接。

三、充分自律，有效监管。家庭服务行业协会覆盖面稳步扩大，行业协会的服务、协调、自律作用得到充分发挥，行业组织化程度高。家庭服务市场监管法规规章完备，执法严格有效，市场行业规范，各方主体权利得到维护，行业有序健康发展。

职业化：是一种工作状态的标准化、规范化、制度化，包含在工作中应该遵循的职业行为规范、职业素养、匹配的职业技能。使员工在知识、技能、观念、思维、态度、心理上符合职业规范和标准，准确扮演好自己的工作角色，专业地完成工作任务。就家政服务而言，职业化主要包括：

一、职业认同得到确立。家庭服务从业人员普遍树立"家政人"职业形象和职业道德，践行"把爱心送到家，把服务做到家"的理念，职业文化健康发展，家庭服务职业受到社会广泛认同和尊重。

二、职业技能显著提高。家庭服务从业人员普遍接受职业技能培训，具备较高的职业素质和技能，能够提供专业化的家庭服务。

三、职业队伍不断扩大。越来越多的劳动者进入家庭服务领域就业和创业，包括一大批高素质、高技能的家庭服务从业人员、专业职业培训人员和专业研究人员组成的家庭服务业职业队伍不断壮大。

四、合法权益得到保障。劳动用工合法规范，维护家庭服务从业人员权益的法规政策进一步完善，建立多渠道权益维护机制，家庭服务从业人员劳动报酬、休息休假等权益得到保障。

【学习目标】

通过本章的学习，您将能够：

1）了解我国家政服务业发展的三个阶段及其状况；

2）知晓我国家政服务业存在的痛点；

3）了解我国家政服务业政策走向。

4.1 发展现状

自 1983 年北京市妇联创办的全国第一个家庭服务机构——"北京市三八服务中心"起至今，我国家政企业发展走过了 37 个春秋，主要经历了三个发展阶段：

4.1.1 第一阶段：1983 年至 2010 年 9 月为家政服务业原始积累的自我发展阶段。

在这个阶段，我国家政企业绝大多数是小微家政服务企业，主要有以下两个特点：

（一）家政服务从业人员整体素质偏低。

此阶段的家政服务从业人员主要有三个特点：

1）从业人员年龄偏大。大都出生在 60.70 年代，即"4050"人员；

2）人员文化程度较低。主要是初中以下文化程度；

3）从业意愿低，流动性高，稳定性差，没有职业归属感。

以上三点，直接导致此阶段家政服务存在的"痛点"：

人难管，职业化水平偏低，专业化人才严重缺口；服务质量和水平不高，服务纠纷不断，雇主不满意。诚信缺失，消费者权益时常受到损害，社会舆论评价不高。

（二）家政企业规范化水平偏低。

1）家政市场主体呈现"小、散、弱、乱"的整体行业格局。

"一间门面、几张桌子、一部电话"是此阶段家政企业的典型特征。

在企业管理人的能力素质上，这些中小家政公司的创办人与管理员工，普遍年龄偏大，以 50.60.70 年代的女性为主；文化程度不高，以初中、高中为主。大都是下岗女工、农民女工出身。这种"小、散、弱"的家政企业在运营模式上主要是"中介制"。其投入资金少，投资回收成本期短，管理简单、易操作、粗放：

一、家政服务员准入门槛较低，缺乏从业人员登记方面的身份信息核查；二、家政服务员的从业经历未被跟踪记录，没有溯源管理；三、家政服务员的服务技能缺乏标准化，没有识别评估；四、服务质量缺乏监控或失控；五、雇主与家政服务员之间的交易信息不对称等。

2）家政培训能力与水平偏低。

一、"小、散、弱、乱"的中小家政公司，由于实行"中介制"，不重视家政服务员的培训，也没有相应的投入；再加上家政服务员的流动性强、稳定性差，很难留住，也不愿意在家政服务员培训上下功夫。所以，此阶段家政服务职业培训也呈现“小、散、弱、乱”的局面。

二、有的中小家政公司意识到家政培训的必要性与价值，但又没有培训能力，即使是家政服务培训机构也是培训能力严重不足。

此阶段家政培训的具体特点是：

◇一、在培训课程上，缺少系统、专业的课程体系和培训教材。

由于此阶段我国家政服务业缺乏或者没有实行服务标准化，也就是没有课程标准，自然导致家政培训课程内容随意、零散，更多是个人经验总结，没有形成合理的逻辑体系，实际上流于形式。

◇二、培训内容与市场脱节，不能满足市场多样化、个性化需求。

◇三、家政培训师资不合格、严重不足。

此阶段，家政培训师资主要有两个来源：

❉一、来自家政服务工作一线的家政服务员或家政经理人。老家政服务员“传帮带”新家政服务员，注重经验传授，内容碎片化，缺乏服务标准，科学性不强。

❉二、与家政服务有关的行业外相关专业人士。例如医院医生护士、饭店食堂的厨师、星级宾馆的服务主管等。不足的是授课内容与家政服务员的实际工作联系不够紧密，针对性差。

总之，不管是以上两类师资中的任何一类，能够胜任家政职业培训的师资还是严重不足，无论是数量还是质量。例如：合格的家居保洁培训师资就很难找到。

3）在培训方式上，由于缺乏必要的培训设施设备，此阶段的家政服务培训都是“黑板上种庄稼”，“纸上谈兵”。家政服务职业技能实操培训严重不足。

实际上，我国家政服务员职业技能的提升，都是在雇主家庭实际服务中雇主“培训”的，是在雇主家庭服务中不断“试错”中“习得”的。这就是此阶段家政服务中雇主体验不好的主要原因。

4）培训时间短，考核评估流于形式。

5）在培训经费上，也严重不足。因为家政服务员参与培训的支付能力非常有限。再加上家政服务业本来就是“微利”行业，家政公司也拿不出专项经费用于家政培训。

总之，第一阶段家政服务行业存在的主要“痛点”：

“找一个好家政服务员很难”；家政市场十分混乱、无序发展。

针对以上我国家政服务业发展存在的诸多问题，直到2010年9月26日，国务院办公厅印发《关于发展家庭服务业的指导意见》（国办发【2010】43号），才从国家宏观政策层面，为发展我国家政服务业出台了具体政策措施。从此之后，我国家政服务业的发展，开始从“小、散、弱、乱”无序、低质量发展，向“规范化职业化”发展转型，进入发展的第二阶段。

4.1.2 第二阶段：2010年9月至2017年7月为家政服务业“两化”（规范化职业化）发展阶段。

第二个阶段的标志性事件是四个重要文件：

一、2010年3月，《国民经济和社会发展第十二个五年规划纲要（2011–2015）》首次将“家庭服务业”与商贸、旅游、文化、体育并列、单独规划，从国家产业战略层面提升为一个大产业。家庭服务业发展开始提速。

二、2010年9月26日，国务院办公厅印发《关于发展家庭服务业的指导意见》（国办发【2010】43号）。对推进家庭服务业市场化、产业化、社会化发展作出了全面部署。

三、2014年12月24日，中央八个单位（国家人力资源社会保障部、发展改革委、民政部、财政部、商务部、全国总工会、共青团中央、全国妇联）颁发《关于开展家庭服务业规范化职业化建设的通知》（人社部发 [2014]98 号）。首次明确提出了家政服务业规范化职业化建设的总体目标和具体要求。

四、2016 年 3 月，《国民经济和社会发展第十三个五年规划纲要（2016-2020）》再次将"家庭服务业"写入政府工作报告和纳入国家发展战略中，倡导家政服务业专业化、规模化和网络化发展。

特别是早在 2009 年 7 月 28 日国家发展改革委、民政部、财政部、商务部等 8 个部委共同建立的"发展家庭服务业促进就业部际联席会议"，获国务院批复同意。国家从政府层面、国家战略高度，为家庭服务业大发展提供组织与机制保障。

尤其是，2013 年 11 月 27 日，习近平总书记在视察济南外来务工人员服务中心时，指出"家政服务大有可为，要坚持诚信为本，提高职业化水平"。为我国家政服务业发展指明了方向与道路。

据商务部统计：截至 2016 年，我国家政企业 66 万家。

据人力资源和社会保障部统计：截至 2017 年，我国家政服务业吸纳农村转移劳动力、城镇下岗职工、中西部贫困地区女性、"4050"人员、灵活就业人员等，我国家政服务从业人员共有 2800 万左右，其中 88.6% 自来农村。

因此，在第二阶段，我们家政企业在国家宏观政策和政府资金的大力扶持下，开始了快速发展，呈现了新的特点：家政运营模式有创新发展；家政企业培训能力水平整体提升；家政企业诚信服务得到加强；家政企业开始品牌化建设；家政企业规模化扩大；家政服务新业态开始生长。

但此阶段的我国家政服务业依然存在很多不足：

行业老龄化趋势严重。还有，65% 的家政从业人员在家公司工作时间不会超过半年，超过 3/4 的人员从业年限在 4 年以下，视家政服务为暂时性工作，属于行业"新手"，存在"过客"心态。这将直接导致我国家政服务业存在的一系列"痛点"问题依然存在：

人难招、人难留，"供不应求"，"保姆荒"；

人难管，职业化水平偏低，专业化人才严重缺口，"供不适求"；

服务质量和水平不高，服务纠纷不断，雇主不满意。诚信缺失，消费者权益时常受到损害，社会舆论评价不高。

在家政培训上，即使是国家家政培训补贴项目，也存在一些新的问题。

政府拿出大量的财政资金来补贴家政服务员培训，目的就是要切实提高我国家政服务员职业技能水平。遗憾的是，我国很多家政培训机构为了满足于"拉人头"、套取政府补贴资金，在家政培训上"偷工减料"，缩短培训时间（一周左右）、减少培训师资费用支出、实操技能培训也只是流于形式；培训结果考核，更是靠"书面答题"（事先就告诉学员），培训证书随便发。连政府项目、政府出资、家政服务员免费的家政培训都是如此，更不要说家政公司自己出资培训，自然是尽量减少培训成本支出，培训效果是可想而知。

在此阶段，我国还没有出现一家在社会上或是家政行业形成口碑的家政领军企业。甚至出现了广州"毒保姆""杭州保姆纵火案"等极端家政事件。

4.1.3 第三阶段：2017 年 7 月至 2022 年为家政服务业"提质扩容"高质量发展阶段。

在国家政策继续大力扶持下，经过十年发展，我国家政服务业实现了快速发展。但仍存在有效供给不足、行业发展不规范、群众满意度不高等问题。

根据 2018 年度人社部统计调查中心关于我国家庭服务业调查主要数据显示：

（一）我国家庭服务业总体发展情况

一、家庭服务企业法人单位新增速度放缓。2018 年我国家庭服务业仍快速发展，家庭服务企业法人单位新增数量逐年增加，但增幅较上年度有所下降。

二、家庭服务业从业人员总体保持稳定。总体来看，2018 年家庭服务业从业人员数量与上年度基本保持稳定。

三、平均每个居民家庭使用的家政服务员人数略有上升。2018 年全国各地区平均每个居民家庭使用的家政服务员人数较上年度有上升，其中主要是西部和中部地区有上升，而东部和东北地区仍保持每户家庭使用一个家政服务员的平均数，由此反映出西部和中部地区的家庭对家政服务员的需求增加。

四、近半的法人单位通过互联网开展经营活动，互联网营业收入增加。家政服务业通过互联网开展经营活动的趋势明显。全国家政法人单位通过互联网所获得的营业收入总量从 2017 年的 20.2 亿元增长到 2018 年的 76.5 亿元。

（二）家庭服务业从业机构情况

一、法人单位以有限责任公司为主，企业规模多为小微企业。2018 年的调查数据显示，家庭服务业从业机构的登记注册类型主要是有限责任公司，家政服务企业多为小微企业，占比为 81.0%。家庭服务企业发展周期较短，行业还处于初级阶段。

二、法人单位以独立门店居多，门店经营与互联网线上经营双轨并行。从经营形式来看，企业主要以独立门店经营为主，连锁经营较少。

三、家政从业机构以提供家庭保洁服务居多。从家庭服务企业来看，提供家庭保洁服务的家庭服务企业占企业总数的 75.5%，其次是提供家庭婴幼儿照护和家庭孕产妇新生儿照护。

四、家政服务从业机构营业收入较少，超 60.0% 的家政个体户年营业收入在 10 万元以下。

（三）家政服务员的基本情况

一、人员特征

1）家政服务员多为女性，年龄偏大；2）以小时工与全日制居家为主；3）服务员工作的时长来看，主要是以小时工和全日制居家为主；4）学历水平偏低。

二、薪资及权益保障情况

1）工资水平较低。2018 年企业法人单位的家政服务员月平均工资为 4076 元，非企业法人单位的家政服务员月平均工资为 3422 元。员工制家政服务员平均工资高于非员工制家政服务员。

2）参加社保比例偏低。

（四）职业培训情况

1）参加培训的家政服务员占比偏低。

2）职业证书持有比例较低。2018 年家政服务员中有 42.5% 的人获得了相应的资格证书，略高于 2017 年 37.9% 的证书持有比例。

（五）使用家政服务的家庭情况

1）偏好小时工（钟点工）服务。家政服务潜在需求量较大，居民家庭户更偏好于小时工（钟点工）服务。居民家庭户对全日制居家和全日制不居家的需求差距不大。

2）家庭保洁服务需求较高。从对家庭服务行业需求的服务内容来看，居民家庭户对家庭保洁服务的需求较高。随着社会分工的发展，越来越多的家庭在家庭保洁方面有着较大的需求，部分家庭仅有使用小时工为其提供专业的家庭保洁服务的需求。

3）多通过家政公司招用家政服务员。在家庭户招用家政服务员的所有方式中，通过家政公司招用方式占比近半，是消费者的首要选择。

（六）行业发展存在的问题

一、行业供给不足，服务质量偏低。

越来越多的家庭在家庭保洁、病老陪护、幼儿看护等方面有着较大的需求。除了数量缺口，服务质量与居民需求方面也存在较大差距，主要表现在两点：一方面，由于家庭服务工作量大、工作时间长、收入相对较低，劳动者从事家庭服务业意愿不强，家庭服务人员供应出现紧缺；另一方面，家政服务员多为农村转移劳动力，对职业的认同感较低，服务质量不高，不能满足居民日益增长的服务质量需求。

二、行业发展不足，机构规模普遍偏小。

家庭服务业从业机构规模普遍偏小，实力强、影响大的品牌机构不多，高端家庭服务和新业态需求难以满足。行业协会等社团组织发展滞后，作用发挥不充分，指导服务不到位，一些行业规范和标准还没有形成。

三、家政服务"员工制"推进难。

现阶段多数家政服务企业属于中介机构，中介式推荐和劳务派遣式的管理方式，使经营者、劳动者、消费者三者之间的职责权利不明确，签订的服务协议不规范，家政服务员与用人家庭发生纠纷，经营者难以处理。经营者、劳动者、消费者三者均存在后顾之忧，阻碍了家庭服务业的发展。

四、家政服务员合法权益缺乏保障。

在家政服务员权益保障方面，家政公司派遣的家政服务员基本都与派遣单位签订了服务合同，但所签署的多为劳务合同，家政服务企业不缴纳社会保险费，造成家政服务员得不到社会保障。同时，由于家庭服务行业的特殊性，很多家政服务员的劳动时间过长，休息时间难以得到保障。

针对以上存在的问题，早在2017年7月10日国家发展改革委、人力资源社会保障部、商务部、教育部、工业和信息化部、民政部、财政部、卫生计生委、人民银行、税务总局、工商总局、新闻出版广电总局、保监会、全国总工会、共青团中央、全国妇联、国家标准委等17部门联合下发了"关于印发《家政服务提质扩容行动方案（2017年）》的通知"（发改社会【2017】1293号），提出："推动家政服务供给侧结构性改革，促进家政服务业提质扩容和家政企业专业化、规模化、网络化、规范化发展，进一步巩固经济稳中向好的势头。"首次提出了家政服务业要"提质扩容"。

特别是国务院办公局在2019年6月16日颁发《关于促进家政服务业提质扩容的意见》（国办发【2019】30号）首次提出：家政服务业要"实现高质量"，并提出了36条具体要求并明确中央各部门的管理职责。至此，我们家政企业进入第三阶段："提质扩容"高质量发展阶段。

综上所述，经过这三个大的发展阶段，我国现阶段家政企业发展态势，呈现了新的特征：家政企业开始明显呈现三足鼎立。

一、大的龙头家政企业。实行专业化、规模化、网络化、规范化发展；

二、国有家政企业或集体家政企业。异军突起，"提质扩容"快速发展。在促进就业、精准脱贫、保障民生中扮演重要角色；

三、中小家政企业，特别是小微家政企业，生存发展压力加大，仍然是我国家政服务市场主体。

序号	发文时间	发文机关	政策文件名称
	2019 年 6 月 16 日	国务院办公厅。国办发〔2019〕30 号	《国务院办公厅关于促进家政服务业提质扩容的意见》
相关摘要	近年来，我国家政服务业快速发展，但仍存在有效供给不足、行业发展不规范、群众满意度不高等问题。		

这里，实在有必要值得反思的是，尽管国家出台了多达十几项政策措施，投入了大量扶持财政资金，但我国的家政服务行业规划、行业标准、劳动保障、市场秩序、家政诚信、信息共享、技能培训等问题，长期没有得到有效解决。我国家政服务企业"虚胖"问题突出，很多是长不大的"幼稚产业"，离开政府的优惠政策和资金扶持，是很难生存发展的。其存在的问题主要表现在：

第一，家政项目建设机制有待改进。

我国在家政服务业发展上已经开展了一系列项目，投入了巨额财政资金，然而效果并不理想，我国"家政服务业仍存在供需矛盾突出、市场主体发育不充分、专业化程度较低、管理机制不健全等问题"（摘自 17 部门关于印发《家政服务提质扩容行动方案（2017 年）》的通知）（发改社会【2017】1293 号文件）。具体如下：

早在 2009 年六月的商务部、财政部、全国总工会就联合实施"家政服务工程"，主要内容是实施家政技能培训，国家拿出了大量财政扶持资金，有具体数额。

2012 年 3 月商务部实施的"家政服务体系建设工作"，重点是建设家政服务网络中心；

2012 年 4 月发展家庭服务业促进就业联席会议办公室实施的"千户百强家庭服务企业（单位）创建活动"；

2014 年 12 月八单位联合实施的"开展家庭服务业规范化职业化建设"；

2015 年 4 月人力资源和社会保障部实施的"开展家庭服务职业培训示范基地建设工作"；

2015 年 11 月国家标准委、民政部、商务部、全国总工会、全国妇联联合实施的"家政服务标准化工作"；

2017 年 7 月 17 部门联合实施的《家政服务提质扩容行动方案（2017 年）》；

2018 年 4 月商务部、发展改革委、财政部、国务院扶贫办、全国妇联联合全面推进的"百城万村"家政扶贫工作；

通过对以上国家实施的一系列家政服务建设项目分析来看，有两个方面问题需要加以改进：

一、要采用政府项目公开招投标的方式采购项目，不能限制竞争。

必须秉持谁能做好谁来做的原则，真正做到公开、公平、公正，而不是形式上的简单"公示"，你可以给他资金或其他方面的政策支持，但不能就选定说，这几家就是我们的龙头企业，我们以后就靠他们了。这一定做不好，破坏了市场竞争规则，反而抑制了真正创新型家政服务企业发展壮大。

同时，对政府扶持的家政建设项目，一定要进行项目年度评估或审计，确定项目建设得到预期目标，而不是只管投入，不问收获。尤其需要引入第三方项目专家来参与评估。

二、要有完整的退出机制。

因为没有选择的不断支持，就容易变成长不大的"幼稚产业"。在我国开展的一系列家政服务项目建设中，这个是有很大问题的。所以，对政府扶持的家政服务建设项目，政府一定要有退出机制。

所谓幼稚产业，是指某一产业处于发展初期，基础和竞争力薄弱但经过适度保护能够发展成为具有潜在比较优势的新兴产业。在保护幼稚产业上，如何界定和选择幼稚产业是一个关键，选择不好就可能导致保护落后，保护需要大量的投入，付出一定的代价。

第二，政府的角色定位问题要厘清

我国家政服务业发展是一项系统工程。政府一定要厘清政府、市场主体（家政服务机构、家政服务从业者、消费者）、行业协会等各个主体的权利和义务，使整个家政行业进入有序良性发展轨道。

因此，哪些事是政府该做的，哪些事是行业协会该做的，哪些事是市场主体该做的，不能没有边界。政府做了本该是行业协会与市场主体的事，而自己分内的事，却没有做好，其实是政府"乱作为"，反而"扰乱"了家政行业自身发展规律，即由市场来配置资源。

这里，有必要厘清家政服务产品的属性：是公共产品还是商品？其实，这是家政服务业复杂性问题◇一、家政服务产品是"公共产品"也是"商品"。通过家政服务，安置农村转移劳动力和城镇下岗职工就业、困难居家老年人照料、残疾人照料等就是体现家政服务"公共产品"属性；家居保洁服务、月嫂服务、高级管家服务等就体现家政服务"商品"属性，当家政服务作为"商品"时，应该由市场来配置资源，让市场来优胜劣汰，政府不应投入财政资金；当家政服务作为"公共产品"时，政府应该提供财政资金来加以扶持，体现社会公平。

再比如，家政互联网平台建设就是一个政府扶持角色错位的例子。2012年3月商务部实施的"家政服务体系建设工作"，重点是建设家政服务网络中心。其中，"重点培育2—3家大型家政服务企业""高标准建设家政服务网络中心""重点支持第三方企业采用现代信息和三网融合技术建设和完善网络中心"。这项政策，国家在2012年就已经实施，投入了多少亿人民币的财政资金，截止到2018年，当年全国建设的200—300家"家政服务网络中心"，现在几乎没有一家在正常运营且发挥了实际作用，更谈不上有营业收入，且能够自我可持续发展。这是典型的国家层面政策决策失误，浪费了国家财富。为什么会这样？

主要原因就是我们没有厘清我国家政服务产品属性以及政府角色定位。在这个案例中，"家政服务网络中心"有两种：

一种是公益性家政服务信息管理平台，是"公共产品"，需要政府给予扶持，用来规范家政服务整个行业市场秩序、规范服务、诚信服务，保障家政服务机构、家政服务从业人员、消费者的合法权益，这个平台不是以盈利为目标，所以需要政府资金扶持。

一种是经营性的家政服务交易平台，是"商品"，需要用户买单，由市场来决定其生存发展，具有巨大的市场风险。只有真正解决"用户痛点"、让"用户体验"好的平台，才能生存。

2012年当年，商务部在制定这项政策时，没有认识到家政服务的复杂性，没有厘清家政服务产品的属性，结果扶持了笼统的家政服务网络中心，把经营性服务交易平台与信息管理平台融在一起，自然混淆了不同用户需求。当然，2012年当年只是"网络中心"，还没有"平台"概念，其实，那时候的"家政服务网络中心"就是今天的"家政服务网络平台"。

第三，政府在家政服务业发展中究竟如何定位

一、行业法律法规制定者。为家政服务业发展立法、立规矩，促进家政服务业法治化发展；二、行业市场监管者。维护家政服务业市场秩序，保障家政服务利益相关者的合法权益，惩戒家政服务市场失信者、违法者；三、鼓励建立行业标准与自律机制，特别是强化家政行业协会的职能；四、行业初期发展的扶持者。家政服务业作为新型产业，一开始比较弱小，需要政府给予适当扶持推动，加速行业发展，但政府不能代替市场主体，让市场主体平等

竞争；五、社会良好舆论的营造者。家政服务业在我国还需要政府大力宣传，提升家政服务业的社会地位，因为家政服务业事关民生大事，不仅是拉动内需，促进就业，也是中国应对老龄化社会必需的。

4.2 存在的痛点

4.2.1 家政服务歧视现象

尽管今天的家政服务业发展早已上升为国家服务战略，党和国家领导人多次发表重要讲话推动家政服务业发展，甚至国务院还召开常务会议专题讨论扶持家政服务业政策。与此同时，还有很多来自一线的家政服务员、家政企业经理人员当选全国、省市的人大代表、党代表。可见，家政服务业是正式的国家认可的社会职业。然而，我国家政服务业歧视现象依然存在，主要体现在以下几个方面：

一是有的雇主竟然歧视家政服务员。雇主歧视家政服务员主要表现：有的雇主竟然把剩饭剩菜留给家政服务员吃、对家政服务员出言不逊、安排住家家政服务员住在杂物间等，这是严重的歧视行为。自然招致家政服务员的严重不满，只能以辞职来对抗，这无疑对雇主、对家政服务员自身，都是损失。尽管这种歧视现象是少数，但不良影响是大的，也让很多想从事家政服务的人员对家政服务望而却步。

二是高等家政职业院校与大专本科家政学院或专业很难招录到学生。这种家政专业生源严重不足，就是一种歧视现象。为何这样讲？难道是家政服务业人才饱和，就业困难？还是家政服务员的工资待遇低？答案是否定的。

仅 2018 年我国家政服务员就缺口 1760 万人，每年的"保姆荒"就是例证。另据综合福布斯、胡润、麦肯锡的预测（假设每一个高净值富裕家庭至少需要一名高端家政服务员，来估算中国未来高端家庭服务的需求量），估算结果是，高端家政服务需求量 2018 年为 700 万人，2025 年上升至 1966 万人，2035 年高达 8598 万人，2025 年至 2035 年均 47.3% 的速度增加。这仅仅是高端家政服务员的需求量，还没有包括居家养老护理员（我国已经是严重的老年化社会，养老护理员需求量更是惊人）、育婴员等需求。可见，家政服务业是朝阳产业，不存在人才过剩而是恰恰相反。

再看，今天家政服务员的工资水平？ 2018 年普遍在 4000 元到 12000 元之间，达到社会平均工资水平。家政服务员的工资水平显然不低，那为什么每年有 1000 万多名高中毕业生报考大学，2018 年高校毕业生也有 860 多万人，为什么很少是报考家政专业的或学家政专业的？这不是歧视，是什么？这个问题很严重。一方面，是大学毕业生就业困难；另一方面，家政服务"保姆荒"，雇主招家政服务员很难。这已经严重影响社会的和谐发展，人们对美好生活的向往因为家政歧视现象而受挫，这不是小事。

三是家政服务员自己的身份歧视现象。这种歧视，与其说是自我歧视，不如说是自卑更贴切。的确，有的家政服务员不愿意在亲戚邻居朋友面前，说自己是做家政服务员，怕别人笑话。在这些家政服务员的骨子里，是看不起自己所从事的家政服务工作，只是迫于生活经济压力不得已而做家政服务，因为工资稳定而不低。

四是有些媒体人歧视家政服务。常见的是新闻在报道中，时不时用"某某保姆偷雇主东西""某某保姆虐待雇主婴儿"等，当然媒体的监督是必需的，无可厚非。家政服务员的不良行为也是不能容忍的，甚至是违法的，应受到惩戒。但作为媒体，用显著的"保姆"一词作为标题，显然是不妥的，就是一种歧视现象。无论是国家领导人的讲话，还是国务院的政策文件，都一律用"家政服务员"这个称呼，而且在国家职业分类大典中，也明确界定"家政服务员"职业岗位。如果说，普通老百姓日常用语用"保姆"一词还可以接受的话，作为传播正能量的媒体，用"保姆"作为标题，显然是哗众取宠，是不可接受的，这种歧视家政服务的现象应该杜绝。本来从事家政服务的人员就是社会相对的弱势人群，理应受到更多的尊敬与支持。

以上只是家政服务歧视现象的主要方面，还有例如影响颇大的"应届生求职网"等拒绝家政公司注册招聘等，这些家政服务歧视现象严重影响了想从事家政服的从业人员，包括大学毕业生求职者，这都直接导致家政公司经营困难的一个不可忽视的重要原因。

希望我们全社会有正确的职业观，给家政服务员多一份关心与理解，家政服务员与教师、护士、空姐一样，都是让人尊敬的合法正规的社会职业。家政服务业也是与人民群众生活息息相关的民生工程，是爱心事业。

特别要求我们的家政公司要多多关爱我们的家政服务员，更多宣传家政服务员的正能量事迹，同时，要求我们的雇主要尊重我们的家政服务员，对雇主歧视现象要干预而不能放任。

4.2.2 家政服务主体差异

在家政服务过程中，直接参与家政服务的主体有：家政服务员、雇主及家庭成员，间接参与的主体有家政公司管理员。这其中，家政服务员与雇主的差异是主要的、显著的，这种差异将直接影响家政服务质量与服务体验。

那么，家政服务员与雇主之间到底有什么差异？会对家政服务产生什么样的影响？

4.2.2.1 身份的差异

家政服务员与雇主的身份差异，当前主要体现在户籍身份、城乡二元结构、单位身份等的身份差异。尽管随着我国改革的不断深入，身份差异正在逐步减少，但仍然是造成当前许多社会不平等现象（例如贫富差距、同工不同酬）的重要因素。

因此，在家政服务中，我们要倡导身份平等，特别是要引导我们的家政服务员正确看待自己的家政职业身份。家政服务也是国家认可的合法的职业，也是社会需要的职业，绝不是低人一等。同样，我们也要求家政雇主及家庭成员不要身份歧视，要平等相待我们的家政服务员。

4.2.2.2 教育的差异

家政服务员与雇主受教育水平一般存在较大的差异。我们知道，我们的家政服务员一般主要是初中及以下文化程度，少量高中及以上文化，而雇主家庭一般是大学及以上文化程度，很多是硕士博士家庭，受教育程度高。

这种差距，会体现在言谈方式、仪态修养、行为习惯、人际交往、生活方式上等的差异，如果引导不当，往往会让家政服务员产生自卑心理，影响家政服务与雇主家庭的适应度、融合度，产生家政服务过程中的人际交往紧张，进而影响家政服务质量与雇主的服务体验。

这就要求我们的家政服务员要自觉提升自己的素质修养，通过不断学习来提升自己的服务技能，按服务标准做好我们的本职工作，就不会因为教育差异而影响服务质量，更不会因为受教育程度低而受到歧视。相反，越是有文化的人、受教育程度高的人，越是尊重通过诚实劳动的人。当然，我们受教育程度高的雇主也应该在家政服务过程中，要主动积极引领我们的家政服务员学习提升，尊重家政服务员们的辛勤劳动。

4.2.2.3 收入的差异

在家政服务中，相对而言，家政服务员是低收入人群，而雇主则是高收入人群。收入的差异，深刻影响着家政服务员与雇主的相互交往、对家政服务质量的不同评价以及彼此的生活方式。一个人收入越高，其消费水平越高、生活越舒适、健康状况越好，进而幸福感也越高。就以消费为例，低收入人群需要将更大比重的收入花费在衣食住行等生存型消费上，而花在教育培训等发展型消费以及旅游等享受型消费上的比重则较低。而高收入人群正好相反，个人的收入花在发展型消费以及旅游休闲娱乐等享受型消费上的比重较高。而雇主聘请家政服务员恰恰是雇主家庭享受型消费的一个重要组成部分之一。

这种因收入的差异，造成的生活方式的差异，如果家政公司没有对家政服务员进行有针对性的合适的引导，容易造成家政服务员的心理失衡。严重的情况，家政服务员甚至会出现对立情绪，感受到社会不公平，进而导致服务态度上的负面情绪，甚至是反抗行为。例如，在雇主不在现场的情况下，出现的家政服务员虐待服务对象即雇主家庭的老年人或婴幼儿的现象（当然，这种虐待行为也有的是家政服务员的心理问题导致），引发家政服务员与雇主的冲突。

"不患寡而患不均"，当社会贫富分化严重时，不同收入阶层之间的社会距离会被拉大，社会认同感下降。同时，社会公平感下降，社会信任也会遭受打击。因此，这个时候，合作与信任就显得很重要。就家政服务而言，信任危机不仅会增加家政服务的交易成本，降低家政服务运营效率，也会动摇社会成员对家政服务的信心。

4.2.2.4 生活方式的差异

生活方式的差异，是家政服务员与雇主之间存在的最主要的差异。所谓生活方式，是指社会成员在衣、食、住、行、工作、娱乐、交往等方面所呈现的模式。

我们知道，我们的家政服务员绝大多数人来自农村，甚至的偏远的国家级贫困地区，少部分是城镇的下岗或失业女工。在生活方式上，城乡之间存在非常显著的差异。无论是在人们的观念上，还是在现实生活中，存在着两个不平等的社会阶层——城市和农村，即市民与农民，而是随着我国经济社会的飞速发展，市民中又分化出中产阶级及以上的富裕人群和一般普通市民。家政服务的雇主对象主要就是这些中产阶级及以上的富裕人群，这样家政服务员与雇主之间在生活方式上的差异就更加明显。例如：

很多雇主居住在环境好的住宅区、出行有私家车、穿高档品牌时装、出入高档商场或品牌店购物、会经常出入影剧院、咖啡厅、高档餐厅及休闲会所、饲养名贵宠物、常去海外旅游、到健身房健身、说话含蓄优雅等，追求绿色、健康、舒适的生活方式；而来自农村的家政服务员却很少去过这些地方，更多的是穿简单朴素廉价的衣服、到集贸市场购买、吃路边摊、一起打牌或玩麻将、出门挤公共汽车、说话直白声音大、主要在地里干农活喂养家禽等。

这种生活方式的巨大差异，是家政企业经营面临的最大难题。如何让一个农村妇女成长为一个现代职业化家政服务员，的确有很多工作需要做。除了强化家政服务职业培训外，努力尝试改变来自农村的家政服务员的生活方式，培养新型的绿色的、健康的、科学的生活习惯，将是非常必要的。

4.2.3 家政服务场景局限性

我们知道，家政服务场景是雇主家庭，属于私密封闭的环境，成年雇主成员大都不在家，都去上班工作，家里留下的都是需要家政服务员照料的弱势人群，例如，老年人、孕产妇新生儿、婴幼儿、病人、残疾人等。同时，外人又不可能随便进入雇主家庭。同时，雇主家庭空间的有限性，一般在80平方米到300平方米之间；服务对象又严格限定在雇主家庭成员，一般在3到6人之间。

这样的家政服务场景，对家政服务质量而言，将带来两个严重的不足或挑战：

一、家政服务场景的私密封闭，整个家政服务过程缺乏有效的监控。一个缺乏监控的环境下，一个人要保持长期的良好的服务工作状态，是很难做到的。因为，人本身就具有一种天然的"惰性"。而如果雇主在家庭中安装监控摄像头来监督家政服务员的服务，实际上暴露了雇主与家政服务员的"信任危机"，雇主的不信任让家政服务员十分不安，家政服务员的流失率将增大。

二、家政服务场景的有限空间，特别是对24小时住家服务的家政服务员，容易产生服务心理疲劳。我们知道，家政服务员在相对狭小的封闭空间，长期从事单调、机械的家务劳动，服务固定的雇主家庭几个成员，致使家政服务员对工作的热情和兴趣明显降低，很难适应这种单调、机械的重复劳动，直到产生厌倦情绪。为了缓解这种心理疲劳，有的家政服务员频繁更换雇主就是原因之一。

总之，这是家政服务过程中的这种"两难"问题，根源就在于家政服务场景的局限性，这也是家政公司经营困难的原因之一。

4.2.4 家政服务方式特殊性

家政服务方式灵活多样。既有一个家政服务员全年24小时住家服务，也有一个月24小时住家服务即月嫂服务，有白天6到8个小时的白班服务，也有各种各样的"钟点工"家务服务（含保洁、家庭烹饪、衣物洗涤、接送孩子上学等）。

同时，对于24小时住家服务员而言，这种家政服务方式，由于缺乏明确的休闲时间，不利于家政服务员适应社会能力的发展，也影响家政服务员的身心健康。一个长期24小时住家服务的家政服务员，经过几年以后，其社会适应能力、社会交往能力、社会化水平明显降低。

家政服务方式的特殊性，给家政企业的管理带来了很大的难度：体现在增加了家政服务的不确定性、复杂性，增加了家政服务员的管理成本。这种特殊性，也迫使家政公司大多数采用"中介制"管理模式，而很少实施"员工制"管理模式。而"中介制"模式，又很难提升家政服务品质，实现家政服务的职业化规范化发展。这又是家政公司运营的"两难"问题。

4.2.5 家政服务标准差距

通过以上分析，我们已经知道，家政服务员人群与雇主人群，相对而言，一个是弱势人群，一个是强势人群。这两个人群在教育文化程度、经济收入、生活方式上，都存在较大的差异。这种差异，体现在家政服务上，就是雇主的服务预期，与家政服务员的服务预期存在很大的落差，或者说，雇主对家庭生活品质的要求水平，与家政服务员对家庭生活品质的要求水平存在很大的落差。

换句话说，如果没有经过职业化的家政服务标准化培训，家政服务员与雇主在家政服务标准上是异质的。从这个意义上看，雇主与家政服务员在家政服务标准上的落差，也是家政公司经营面临的难题◇一、这就要求家政公司必须实行家政服务标准化。这种家政服务标准化，既包括雇主服务预期，即雇主标准，又包括家政服务员的服务职业技能。其中，雇主标准是决定性，这就是"用户思维"，要求家政服务员要用雇主的标准来要求自己的家政服务。同时，在服务之前，雇主是依据家政服务员的职业技能标准，来判断一个家政服务员的服务水平。当然，家政培训就是要填补家政服务标准这个差距。

4.2.6 家政服务供需矛盾

家政服务供需矛盾主要体现在两个方面的矛盾：

一、"供不应求"。

从国家宏观层面上看，我国家政服务业人员缺口严重，供不应求的矛盾依然十分突出。

就以北京市为例，按照相关专业调查研究推算，北京 600 多万户家庭中至少有 200 万户家庭需要家政服务。而截至 2018 年底，北京现有家政从业人员仅有 50 多万人，50 多万名家政服务员如何能服务 200 万户家庭？可见北京家政服务员缺口数量之大。

从微观层面上看，节假日的"保姆荒"，家政公司也无能为力。因为节假日家政服务需求量增大，家政公司拥有的家政服务员数量严重不足，家政公司"招工难"，可谓"一员难求"。这也影响了家政公司的正常运营。

二、"供不适求"。

但家政服务供需矛盾，最主要的还是"供不适求"。即家政公司提供的家政服务员技能水平、家政服务品质还满足不了雇主的需要。仍然存在有效供给不足、行业发展不规范、群众满意度不高等问题。有效供给不足，是家政公司面临的最主要的问题之一。

为什么家政公司会出现有效供给不足？原因是复杂的、多方面的。其主要有以下几个因素：

1. 家政服务员素质偏低。其主要体现在家政服务员文化水平绝大多数在初中文化水平及以下，高中文化及以上很少。

2. 家政服务员职业技能标准缺失。

3. 家政培训不到位，培训能力低。

4. "中介制"的家政运营模式不利于高素质高技能的人才进入家政服务业。

5. 家政服务员的工资福利待遇偏低，社会保险保障缺乏。

6. 家政服务员看不到职业生涯发展希望，中途流失严重。

总之，以上因素是相互影响，导致的结果就是家政服务有效供给不足。

4.2.7 家政服务工具制约

家政服务是综合性应用性很强的生活服务。家政服务员仅凭几块不同颜色的清洁毛巾、几把不同功能的刷子、水桶、吸尘器、清洁剂、消毒液等家政服务工具，就可以到雇主家庭从事家居保洁服务？至于母婴护理、居家养老护理等，家政服务员大都是"赤手空拳"来到雇主家庭从事家政服务的。

其实，这只是简单的粗放式的服务，不是职业化服务。职业化的家政服务，必须要有专业化的服务工具：软件工具、硬件工具。家政服务工具的缺乏制约着家政公司高效率运营。这是当下我国家政公司经营效率低下的又一个重要原因之一。关于什么是家政服务工具，详见 1.7 节"服务工具"。

4.2.8 家政公司盈利模式缺乏创新、盈利能力弱

我们知道，当下的家政公司是微利行业，毛利润不超过 10%。为什么家政企业不盈利或微利？除了家政服务产品质量亟待提升、提升家政服务高技术高技能含量外，家政公司的盈利模式也必须创新，不能走老路。

我国家政服务企业运营模式简单粗放，微利、盈利点少。无论是"中介制"还是"员工制"，家政企业的盈利点都集中在收取管理费或差价上，而家政企业现实情况已经证明，家政服务业已经作为城市居民"大众化"不可或缺的生活服务消费品，单纯依靠收取管理费或差价的盈利模式已经很难获得有效的积累。

事实上，我国家政服务的未来需求，随着中产阶层的壮大、人们对美好生活品质的追求，变得越来越强烈，特别是在居家养老服务、高端家政服务、婴幼儿保育服务、重度残疾人服务上，需求变得更加"刚需""高频"。家政服务的这个特点具有天然的"家庭消费入口"商业价值，即家政服务员进入雇主家庭提供家政服务，解决了商业营销的"最后一公里"，

是最直接的"消费终端"。这无疑是家政服务业新的盈利点。

因此，家政服务业要改变传统运营模式，在家政产业价值链上下功夫，创新家政产业经营模式，其中，通过运用"互联网＋家政"平台模式就是盈利模式创新的必由之路。

例如："互联网＋家政服务＋其他生活服务"（比如：家庭收纳、家庭园艺、家庭宠物饲养、家庭营养膳食、儿童托管；电器维修、水电安装、下水道疏通等）；"互联网＋家政服务＋生产性服务"（比如：家庭装修）；"互联网＋家政服务＋家庭用品（食品）"（比如：母婴用品、老年康复器材、家庭保洁用品、绿色蔬菜水果等食品）等多种形式增加新的盈利点。

当然，采用"互联网＋家政＋"模式也面临如何盈利问题？并不是只要采用"互联网＋家政＋"，家政服务企业就能破解盈利难题，实际情况恰恰相反，"互联网＋家政＋"盈利模式仍然需要创新。

平台制模式在家政服务业中，现在基本上都是通过低门槛、高频次、客单数量稳定、服务流程和标准容易控制的家居保洁入手，从平台业务流量层面，拉动其整体流量。目前，有一些家政平台有一定的业务和流水，但大多数平台企业没有实现盈利，很多平台根本就没有开启或没有收费性的商业模式，全靠社会资本市场融资来支撑平台日常运营。大部分平台的商业逻辑是先平台后变现，就是先利用社会资本把平台做大，然后再进行盈利商业模式的设计和运营。

对于"互联网＋家政"平台企业来说，平台模式的价值挖掘，最核心的门槛是合格的标准化的家政服务员的供给。如何获得优质的服务资源？提升家政服务供应链的供给品质，有三个的商业价值值得去探索：

一、提升家政服务员的技能等级。高级家政服务员能否在相同的工作中获得更高的收入；

二、家政服务员的时间价值。同一个项目同一个服务员获得相同的收入，如果家政企业运用科学的管理模式、改进服务流程、采用先进的服务工具、家政服务员技能水平高，就可以提升服务效率，缩短服务时间，而时间就是服务业最大的成本。同样的服务，成本降低了，这无疑可以提升家政服务公司的盈利能力；

三、家政服务员的技能价值。家政服务员不同的技能有不同的收入，同样的技能不同的水平等级也有不同的收入。要针对不同素质与技能水平的家政服务员要求学习不同的家政服务技能，最大限度地挖掘家政服务员的人力资源价值，提升盈利能力。

总之，传统家政服务企业的盈利模式需要创新。传统家政服务企业的盈利能力弱，平均利润率只有7.1%的微利模式需要变革。否则，一个缺乏盈利能力的行业，是很吸引高素质人才进入，也很难吸引社会资本进入，当然也是很难发展壮大的。

当然，我国家政服务业也一直存在一个"价值取向"纠缠不清，需要澄清。那就是家政服务业产品究竟是"公共产品"还是"商品"？

如果把家政服务产品定性为"公共产品"，社会价值为主，那么家政服务业就不存在盈利能力问题，做到"微利"就已经很了不起了。因为实现了可持续发展，这就是我们常说的"社会企业"。

如果把家政服务产品定性为"商品"，商业价值为主，那么"微利"是不可接受的，因为资本追求的是相对高额的利润。这就是商业企业。

其实，我国家政服务业之所以发展步履维艰，就是因为我国家政服务业产品同时具有双重属性：既是公共产品又是商品。

就商品属性而言，家政服务业的运营管理，就意味着要将不符合行业标准或不被市场认可的家政服务机构、家政服务从业人员和服务行为，排除在行业之外，特别是家政服务业的主体是家政服务员，以何种价值标准对家政服务从业人员的适宜性做出取舍，是规范管理的核心问题之一。

就公共产品属性而言，当前我国家政服务业承担了容纳和促进就业，女性农村转移劳动力和城镇下岗职工就业困难群体就业的功能，特别是承担国家通过发展家政服务业实施"精准扶贫"重点工程。为此，标准过高会妨碍就业，也不利于整个产业发展；标准过低则无法起到规范行业发展的作用，以至于影响整个行业发展水平提升。

再比如，国家在扶持家政互联网平台的建设上，也存在这种定位不清。到底国家扶持的互联网家政平台，是公益性的家政信息管理平台，还是经营性的家政服务交易平台？

如果是公益性的家政信息管理平台，需要政府投入大量资金资源，就不存在盈利能力问题；如果是经营性的家政服务交易平台，建设主体自然是市场主体，就必须要考虑平台盈利能力问题。可是互联网家政服务交易平台的建设成本高，市场主体又难以承担，但市场主体必须寻找到有效的盈利模式，否则无法生存。

总之，家政服务业盈利模式的创新势在必行，是家政服务产业实现可持续发展绕不过的坎，必须跨越。

4.2.9 家政服务从业人员素质偏低

家政公司运营困难，最核心的问题，还是家政服务从业人员素质偏低，这是家政公司发展的"瓶颈"。这在前文，都多次论述了，这里不谈了。但需要记住的是，家政服务员素质是家政公司的核心竞争力、是战略资源。家政公司要摆脱困境，前提条件就是要招聘到适合做家政服务的从业人员，然后，按照家政服务职业技能标准加以严格培训，全面提升家政服务员综合素质，进而规划家政服务员的职业生涯发展，留住优秀的家政服务员，实现家政公司发展的良性循环。这是家政公司实行可持续发展的王道。

4.3 区块链 + 家政服务公司

4.3.1 存在问题

1）家政公司存在诚信问题：很难证明自己诚信；

2）家政公司的运营效率问题：运营效率低下。

4.3.2 区块链技术：分布式账本技术、智能合约技术、共识机制技术等，可以有效解决家政公司的信用背书、大大提升家政公司的运营效率

4.3.3 区块链技术应用场景

1）家政服务溯源管理；

2）区块链家政平台：实现家政服务自动化服务交易。

导论：关于家政服务标准化的科学理论

我国家政服务业"规范化职业化""提质扩容""高质量发展"的前提条件是：家政服务标准化。没有家政服务标准化，家政服务业发展，就失去了基石。因为，家政服务员招聘、家政服务培训、家政服务交易、家政服务质量评估、家政服务业规模化发展等，都建立在这个基石上。

家政服务标准化需要科学理论指导，需要建立家政服务标准体系。家政服务标准体系有：国际标准、国家标准、行业标准、地方标准、企业标准。本书重点就家政服务企业标准进行科学阐述。关于家政服务企业标准，又可分为：家政服务技术标准、家政服务工作标准、家政服务管理标准。

　　家政服务标准化过程是严谨的、严肃的科学研究、实证研究、调查研究、理论研究的过程。我们坚决反对把家政服务标准化过程"庸俗化"。仅仅靠经验总结、靠"拍脑袋"来制定家政服务标准，是危险的，也是有危害的；靠华而不实的家政服务标准体系博取虚名、"欺骗"雇主、家政服务员、家政企业，更是要不得。

家政服务三大标准体系

技术标准、工作标准、管理标准

标准类型	技术标准	工作标准	管理标准
标准的约束对象	家政服务产品	家政服务员	管理事项
标准的地位	核心	基础	保障
标准的作用	主体作用	实现作用	支持作用
标准的内容属性	技术性	操作性	管理性

第二篇

家政服务技术标准

序号	发文时间	发文机关	政策文件名称
	2017年7月10日	发改社会【2017】1293号	关于印发《家政服务提质扩容行动方案（2017年）》的通知
相关摘要	14. 完善标准体系，研究制定家政电商等新兴业态的服务标准和规范，鼓励制定地方标准、团体标准和企业标准，推进家政服务标准化试点示范建设，积极总结推广服务标准化经验。积极推行家政企业实施产品和服务标准自我声明公开。		

序号	发文时间	发文机关	政策文件名称
	2015年11月18日	国家标准化管理委员会办公室。国标委服务联【2015】67号	《国家标准委、民政部、商务部、全国总工会、全国妇联关于加强家政服务标准化工作的指导意见》
相关摘要	一、重要意义：通过标准化能够有效地规范家政服务行为，提升服务水平，促进消费互信，扩大服务消费，对于提高从业者就业能力、促进和谐劳动关系、改善和保障民生、推动家政服务业规范化和产业化具有重要意义。 二、总体要求：指导思想：增强家政服务标准化意识，全面推动家政服务标准化工作深入开展，提升家政服务业整体水平；工作目标：到2020年，基本形成政府、人民团体、企业各司其职的标准化管理机制；基本建成基础管理以国家、行业、地方标准为主，服务项目以团体标准、企业标准为主的标准体系；标准制定、实施和监管水平显著提升；规范、便利、诚信的家政服务市场环境基本形成。 三、主要任务：加强标准制（修）订工作力度、加大家政服务标准的宣贯培训、加强家政服务标准的实施监督、推动家政服务标准化试点示范、推动家政服务标准化信息化融合发展。 四、保障措施：完善工作机制、加大投入力度、规范家政服务市场秩序、加强人才培养、加强工作宣传。		

第5章 家政服务技术标准概述

【家政政策】

序号	发文时间	发文机关	政策文件名称
	2019年6月16日	国务院办公厅。国办发〔2019〕30号	《国务院办公厅关于促进家政服务业提质扩容的意见》
相关摘要	（二十九）健全家政服务标准体系。开展家政服务国家标准修订工作。完善行业标准体系。研究制定家政电商、家政教育、家政培训等新业态服务标准和规范。推进家政服务标准化试点专项行动。		

【家政寄语】

家政服务"提质扩容"实现高质量发展的前提条件：家政服务标准化。

【术语定义】

标准：为了在一定的范围内获得最佳秩序，经协商一致制定并由公认机构批准，共同使用的和重复使用的一种规范性文件。

标准化：为了在一定范围内获得最佳秩序，对现实问题或潜在问题制定共同使用和重复使用的条款的活动。

国际标准：是指国际标准化组织确认并公布的其他国际组织制定的标准。

国家标准：由国家标准机构通过并公开发布的标准。

行业标准：是指在国家的某个行业通过并公开发布的标准。

地方标准：是指在国家的某个地区通过并公开发布的标准。

企业标准：是针对企业范围内需要协调、统一的技术要求、工作要求、管理要求所制定的标准。企业标准是企业组织生产、经营活动的依据。企业标准由企业制定，由企业法人代表或法人代表授权的主管领导批准、发布，由企业法人代表授权的部门统一管理。

家政服务技术标准：即"家政服务产品规范"，是指以家政服务产品为对象所制定的服务概念、服务行为、服务过程、服务方法、服务知识、服务态度等方面的标准。家政服务技术标准，在整个家政服务标准体系中处于核心地位，起着主体作用。

【标准条款】

新家政服务技术标准

序号	标准编号	标准名称	主管部门
1	Q/QKL JZJS101-2020	居家保洁收纳服务职业技能标准	
2	Q/QKL JZJS102-2020	衣物洗涤收纳服务职业技能标准	
3	Q/QKL JZJS103-2020	家庭餐制作服务职业技能标准	
4	Q/QKL JZJS104-2020	母婴护理（月嫂）服务职业技能标准	
5	Q/QKL JZJS105-2020	育婴服务职业技能标准	

6	Q/QKL JZJS106-2020	居家养老护理服务职业技能标准	
7	Q/QKL JZJS107-2020	病患陪护服务职业技能标准	
8	Q/QKL JZJS108-2020	管家服务职业技能标准	
9	Q/QKL JZJS109-2020	涉外家政服务职业技能标准	

【学习目标】

通过本章的学习，您将能够：

1）理解家政服务技术标准及其体系；

2）了解家政服务员准入门槛与国家、行业、地方家政服务标准现状；

3）知晓家政服务标准化的必要性；

4）掌握如何制定家政服务职业技能标准；

5）认识新家政服务职业技能标准的要素结构；

6）知道如何实施家政服务职业技能标准；

7）理解家政服务职业技能标准是不断持续改进。

5.1 家政服务技术标准体系

5.1.1 什么是家政服务技术标准

家政服务技术标准，也称"家政服务产品规范"，是指以家政服务产品为对象所制定的服务概念、服务行为、服务过程、服务方法、服务知识、服务态度等方面的标准。家政服务技术标准，在整个家政服务标准体系中处于核心地位，起着主体作用。

5.1.2 家政服务技术标准体系内容

家政服务技术标准，可以有不同的分类。按技术标准发布主体与实施范围的不同，可分为：国际标准、国家标准、行业标准、地方标准、企业标准。本书主要分析介绍的是企业标准；按技术标准的内容或服务业态不同，主要可分为九大家政服务细分业态标准：

1）居家保洁收纳服务职业技能标准

2）衣物洗涤收纳服务职业技能标准

3）家庭餐制作服务职业技能标准

4）母婴护理（月嫂）服务职业技能标准

5）育婴服务职业技能标准

6）居家养老护理服务职业技能标准

7）病患陪护服务职业技能标准

8）管家服务职业技能标准

9）涉外家政服务职业技能标准

当然，这些家政服务细分业态的标准，还可以进一步进行标准细分，其中分类层次至少可分到第四层或第五层类别关系，直到具体标准层面。例如：

"母婴护理（月嫂）服务职业技能标准"，就可以细分为：

☑ 孕妇服务职业技能标准

☑ 产妇与新生儿服务职业技能标准

☑ 产后修复服务职业技能标准

☑ 催乳服务职业技能标准

☑ 月子餐服务职业技能标准

总之，这样的标准，还可以细分。

5.1.3 家政服务技术标准产品化

家政服务技术标准产品化，是指依据技术标准的内容，通过一定的设计和加工，使技术标准的内容转换为可直接使用的标准产品。例如：前面的家政服务"九大细分技术标准"内容，可转换为可直接使用的"标准产品"依次分别是：居家保洁收纳服务、衣物洗涤收纳服务、家庭餐制作服务、母婴护理（月嫂）服务、育婴服务、居家养老护理服务、病患陪护服务、管家服务、涉外家政服务等九大业态服务标准产品；或使用功能增强或支持标准使用的标准产品。例如：服务工具标准、家政培训标准、家政服务技能认证等标准产品。

家政服务技术标准产品化，并不是指使描述标准内容的文本载体的产品化，或者说不是指把标准文本作为销售产品的情况。家政服务技术标准产品化，主要是指技术标准内容的产品化，即提供标准化服务。

就家政服务而言，家政服务技术标准产品化，就是家政服务员服务行为标准的产品化，即规定家政服务员的服务行为基准、服务行为流程、服务行为表现等的标准。家政服务技术标准主要有三种作用的标准及其产品化：

一、技术标准内容本身，就是基准。对应"九大业态服务产品"。这里，需要特别指出的是，家政服务技术标准内容本身的"界定"或"列举"，就显得特别重要、是很严谨和严肃的事，不是可以随意增减或简单列举标准内容。而非常遗憾的是，今天我国各地在制定家政服务标准的"大跃进"（不严肃的冒进）中，对家政服务标准内容界定或选择上的随意性，让本来严谨的家政服务标准一开始就失了"基准"。这必须要引起制定家政服务标准的人和组织的高度重视。

二、指导标准使用者即家政服务员或家政公司或家政培训学校实现标准行为的内容。例如：服务工具标准、家政培训标准、家政服务技能认证等标准产品。

三、前两者的结合。

5.1.4 家政服务技术标准产品化的好处

家政服务技术标准产品化，是支持家政服务职业技能标准实施的一种有效途径，对标准的实施可带来以下好处：

1）方便标准内容的直接使用。也就是说，有了家政服务技术标准产品，家政服务员对自己在服务工作中该做什么、如何做、需要什么样的服务工具，就一目了然，方便按标准提供家政服务。

2）可节省标准内容使用的准备、学习与培训时间周期。

3）可避免标准使用者（即家政服务员）准备和学习标准内容带来的费用增加；同时，家政服务员按照标准化提供服务，更可以减少服务工作中出错机会。

4）实现标准化的家政服务产品，更有利于家政企业和家政服务员，通过家政服务市场渠道进行推广。

5）有利于家政企业加速服务标准化状态的形成，进而打造服务标准化品牌。

总之，家政服务技术标准实行产品化，是实行家政服务标准化的一种有效的切实可行的措施，有利于家政服务员和家政企业提供标准化的家政服务。

5.2 家政服务员准入门槛

我国家政服务业准入门槛低，或者没有门槛，这是目前我国家政服务业的普遍现象，一直被社会所诟病，特别是受到雇主的强烈反对。那么，家政服务业要不要设立门槛？为什么家政服务业门槛低？家政服务业门槛低与高究竟会带来什么影响？如何提高家政服务业门槛？下面就这些问题，来进行分析。

5.2.1 家政服务要不要设立门槛？

家政服务设立门槛答案是肯定的。

原国家劳动和社会保障部制定的 2006 年版的《家政服务员国家职业标准》就对家政服务员的门槛有明确规定：

"基本文化程度：初中毕业。""职业能力特征：具有一定的动手能力、学习能力、语言表达能力和人际交往能力。"其中"初级家政服务员"的条件是："经过职业初级正规培训达规定标准学时数（不少于 150 标准学时），并取得结业证书。或者，在本职业连续工作半年以上。"其中，"对于初级家政服务员，制作家庭餐、家居清洁、洗涤摆放衣物为必考项目，照料孕、产妇，照料婴幼儿，照料老年人，护理病人为选考项目，考生必须选考其中一项。"

国家质量监督检验检疫总局、国家标准化管理委员会发布的 2007 年 6 月 1 日实施的《社区服务指南 第 8 部分：家政服务》中对家政服务员门槛也有具体的规定：

"家政服务是一种直接进入家庭的服务，这种服务直接关系到被服务者的财产安全和人身安全，因此，为确保向顾客提供安全可靠的服务，家政服务组织应建立相应的安全机制并制定严格的家政服务员上岗程序，主要包括：核实家政服务员提供的身份证明材料；家政服务员上岗前经过系统的培训并取得合格证书；家政服务员上岗前进行体检并取得相关的健康证明。"

该标准对"家政服务员的职业资质要求"也有明确规定：

"1. 道德规范；2. 基本知识；3. 态度；4. 家政服务员等级划分的原则"等，其中，"初级家政服务员应具备以下条件：初中以上文化程度或在本职业连续工作半年以上；接受正规专业培训达到 90 标准学时以上；掌握基本服务技能。""基本服务技能：1. 家庭礼仪；2. 制作家庭餐；3. 家庭保洁；4. 衣物的清洗与保养；5. 老年人护理。"

通过以上分析，我们不难看出，我国家政服务业是有门槛的。只是，作为国家标准 GB，是家政服务业的"行业标准"，是推荐性标准，即 GB/T，"T"是推荐的意思，而不是强制性标准，即 GB 国家标准。

这里，很有必要了解"强制性标准"与"推荐性标准"。

《中华人民共和国标准化法》（简称《标准化法》）于 1988 年 12 月 29 日通过，自 1989 年 4 月 1 日起施行。2017 年 11 月 4 日修订，自 2018 年 1 月 1 日起施行。

《标准化法》规定："标准包括国家标准、行业标准、地方标准和团体标准、企业标准。国家标准分为强制性标准、推荐性标准，行业标准、地方标准是推荐性标准。"其中：

"对保障人身健康和生命财产安全、国家安全、生态环境安全以及满足经济社会管理基本需要的技术要求，应当制定强制性国家标准。"强制性国家标准是与标准相关的企业、个人都必须无条件执行，必须是一丝不苟的执行，没有商榷的余地。"强制性国家标准由国务院批准发布或者授权批准发布。"

"对满足基础通用、与强制性国家标准配套、对各有关行业起引领作用等需要的技术要求，可以制定推荐性国家标准。""对没有推荐性国家标准、需要在全国某个行业范围内统一的技术要求，可以制定行业标准。""行业标准由国务院有关行政主管部门制定，报国务院标准化行政主管部门备案。"推荐性国家标准与标准相关的企业、个人可以根据自己具体情况是否执行，是自愿的，通过经济手段或市场来调节。

依据国家《标准化法》，上文提到的两个家政服务业"国家标准"，就是"家政服务业的"行业标准"。所以，我国家政服务业在 2006 年就有"门槛"了。

5.2.2 为什么家政服务门槛低？

通过以上分析，家政服务既然早在 2006 年就有了"国家职业标准"，为什么今天的家政服务依然门槛低？主要有以下几个原因：

一、因为家政服务的"国家标准"是推荐性国家标准。企业或个人将根据自己具体情况自愿执行，由于标准的执行需要相应的条件、并加大成本，这大大影响了标准执行的积极性。

二、雇主和家政服务员缺乏标准意识。主要是雇主缺乏标准意识，原因是国家标准的宣传不够，雇主大都不知道家政服务有"国家标准"，这样，雇主就很难自觉用"国家标准"来要求家政服务员或家政公司提供标准化服务。可见，在全社会广泛宣传普及服务质量"标准"意识，具有现实意义。这就是切实可行的家政服务"提质增效"举措。

三、标准的培训与试点不够。标准发布以后，按照《标准化法》规定："县级以上人民政府应当支持开展标准化试点示范和宣传工作，传播标准化理念，推广标准化经验，推动全社会运用标准化方式组织生产、经营、管理和服务，发挥标准对促进转型升级、引领创新驱动的支撑作用。"从这点上看，我国家政服务"行业标准"在标准的培训、示范、推广上做得很不够，以至于社会，特别是家政企业、家政服务员不知道家政服务有国家的"行业标准"存在，自然给雇主的感觉是家政服务没有"门槛"。

四、家政服务"地方标准"缺乏。家政服务的"国家标准"是从国家层面对家政服务基本技能作出一般性规定，是最基础性的。全国各省市还要依据"国家标准"，制订相应的"地方性标准"，即 DB/T；因为各省市的经济社会科技发展水平、人们的生活水平的明显差异，地方标准也有很大的差异。但"地方标准"不得低于"国家标准"，而我国家政服务地方标准起步较晚，比较缺乏，现在刚刚进入制订阶段。

五、企业标准空白。企业标准是一个企业的核心竞争力，我国家政服务企业不仅缺乏标准意识，更主要的是，家政企业即使有标准意识，也没有制订企业标准的能力，这是我国家政服务门槛低的主要原因。当然，企业标准的制订要依据国家标准与地方标准，而且要高于前者，这样企业才具有竞争力。当一个家政企业敢于向社会公开承诺自己的家政服务"企业标准"，这个企业就会赢得竞争优势。遗憾的是，我国的家政企业至今缺乏这样的能力。

六、我国家政服务业"行业标准"自身修订滞后。我国《标准化法》规定："应当建立标准实施信息反馈和评估机制，根据反馈和评估情况对其制定的标准进行复审。标准的复审周期一般不超过五年。经过复审，对不适应经济社会发展需要和技术进步的应当及时修订或者废止。"依据该法，我国家政服务业的"行业标准"自 2006 年、2007 年分别实施到现在，已经 13 年了，超过了该法规定的"不超过五年"的复审期限，至今没有出修订版，显然落后于我国家政服务业发展的实践。

5.2.3 家政服务门槛低究竟会带来什么影响？

由于家政服务的国家"行业标准"没有得到应有的宣传推广，导致我国家政服务门槛低，阻碍了我国家政服务业职业化规范化发展。主要体现在：

一、低门槛增加了企业的运营成本。

这主要体现在家政服务整个流程中的各个环节中的低效与浪费。首先，由于门槛低，大量不合格的人员进入家政服务业，增加了家政公司的培训难度、培训时间较长，自然增加了培训成本；其次，低门槛进入的家政服务员，虽然经过培训，很难短时间内达到初级家政服务员标准。如果任由不达标的家政服务员进入服务岗位，势必会增加雇主投诉的频率，加大了管理的工作量与难度，进而提高了公司的运营成本；第三，实践已经证明：低门槛进入的家政服务员，流动性高、稳定性差。一旦家政服务员流失了，招聘成本、培训成本、运营成本就将白白浪费掉。更令人担心的是，低门槛招聘家政服务员不利于公司自身品牌形象建立。

二、低门槛让雇主体验不好，抑制雇主的家政服务消费。

由于家政服务员的低门槛进入，给雇主的第一印象是家政服务员素质低、没有专业服务技能。这从一开始就违背了雇主聘请家政服务员的初衷。雇主之所以让家务社会化，就是想请专业家政服务员来提升自己的家庭生活品质，而不仅仅是分担家务负担。雇主对家政服务员的服务质量要求是第一位的。如果家政服务员是低门槛招进的低素质的人员，雇主宁可自己动手操持家务，也不愿意聘请一个不合格的家政服务员来家里而自找"麻烦"。这种低门槛现象，严重抑制了雇主对家政服务的消费，不利于整个家政产业的发展。遗憾的是，这并没有引起家政公司的足够重视，因为家政服务员"短缺"，即招工难，家政公司仍然有意无意对来求职的家政服务从业人员还是"来者不拒"。

三、低门槛影响了社会上想从事家政服务的高素质人员进入愿望，对家政服务业望而却步。

在现代服务业，凡是设置高门槛的有较高准入条件的服务业，都是求职者趋之若鹜的，不担心招不到服务员。例如，航空服务业、五星级酒店、银行、学校等。因为门槛高、准入条件高，再加上严格的岗前标准化培训，持证上岗，自然服务品质高，雇主愿意付相对高的工资待遇，从业人员自然产生自豪感、职业认同感。这样就形成了行业发展的良性循环。即便是家政服务领域，世界知名的英国管家、菲佣，也是设置较高的门槛，岗前需要经过严格的培训合格后，才能持证上岗，他（她）们也有强烈的职业认同感、自豪感。

反观我国家政服务低门槛现象，什么人都可以做家政服务。家政服务甚至成了"低端行业"的代名词，这让在职的家政服务从业人员缺乏职业认同感、自豪感，让高素质的人员对家政服务望而却步，这不是说家政服务不需要高素质、高技能人才，也不是说家政服务工资水平低而影响求职者进入，而是家政服务低门槛现象，在社会声誉、社会职业认同上的负面情形，抑制了高素质、高技能人才进入家政服务业。

四、低门槛严重阻碍了家政服务自身职业化规范化发展。

家政服务低门槛现象，增加了家政企业的运营成本，抑制了雇主对家政服务的消费，影响了社会上想从事家政服务的高素质人员进入愿望，对家政服务业望而却步。

这种低门槛现象，不利于家政服务主体（家政服务员、雇主、家政公司）的利益诉求。而从表面上看，好像家政服务低门槛，这样就能够吸引大量的想从事家政服务的人员进入家政服务业就业创业，似乎家政服务员多了，雇主就方便聘请家政服务员了，似乎家政企业因为家政服务员多与雇主多而生意兴隆，这只是表象。

事实上，前面的分析，已经明确告诉我们：家政服务业作为一门国家正式合法的职业，只有设置一定的家政服务准入门槛，再加上出台严谨科学的家政服务标准，并严格按照家政服务标准进行培训，合格后持证上岗，才能从根本上推进我国家政服务职业化规范化发展。除此之外，别无他法。这就是我们如此重视家政服务低门槛现象的主要原因。

5.2.4 如何提高家政服务门槛？

家政服务是一门国家认可的正式的社会职业，应该自觉遵守国家的"国家标准""行业标准""地方标准"，并结合自己企业的情况，制订自己的企业标准，向社会特别是雇主公开承诺：按标准招聘、培训、管理家政服务员。具体做法是：

第一，要认识到高的企业标准是企业的核心竞争力。

随着我国中产阶级的壮大，消费持续升级，以成本为导向的消费模式被逐渐弃用，雇主对家政服务的关注重点从价格转移到了服务质量方面，相较于低价的家政服务来说，高质量的家政服务更能切中雇主需求。也就是说，高标准、职业化、规范化的家政服务更适合市场的需求。雇主更加注重家政服务的专业化、知识化；更加注重家政服务的个性化、定制化；更加注重消费的高效性、便捷性；更加注重消费的体验性。这其中，最核心的就是家政服务标准化。高的家政服务标准，代表家政企业向雇主高质量的服务承诺。从这个角度上看，家政企业的竞争，就是向雇主承诺的家政服务标准的竞争。企业标准就是家政企业的核心竞争力。

还有，家政企业地域性很强，家政企业大都分散化经营或布局，这也要求家政服务标准化。由于家政服务实现了标准化，家政服务质量就不会因为地域扩张、分散经营而导致家政服务质量难以管控。因此，实行家政服务标准化，保持相对稳定的服务质量，就可以提升雇主的忠诚度，推动家政企业可持续成长。

第二，要依据国家标准、行业标准、地方标准，制订自己的企业标准。

这里，我们有必要进一步明确什么是国家标准？什么是行业标准？什么是地方标准？为什么要制订自己的企业标准？

国家标准

依据国家《标准化法》（2018 年版），"推荐性国家标准由国务院标准化行政主管部门制定。"例如，《家政服务员国家职业标准》就是推荐性国家标准。

"对满足基础通用、与强制性国家标准配套、对各有关行业起引领作用等需要的技术要求，可以制定推荐性国家标准。"

"制定推荐性标准，应当组织由相关方组成的标准化技术委员会，承担标准的起草、技术审查工作。"

"标准应当按照编号规则进行编号。标准的编号规则由国务院标准化行政主管部门制定并公布。"

例如：国家质量监督检验检疫总局、国家标准化管理委员会：

GB/T 20647.8-2006 社区服务指南 第 8 部分：家政服务

行业标准

同样，依据国家《标准化法》（2018 年版），"对没有推荐性国家标准、需要在全国某个行业范围内统一的技术要求，可以制定行业标准。"

"行业标准由国务院有关行政主管部门制定，报国务院标准化行政主管部门备案。"

例如：国内贸易行业标准、国家商务部：

SB/T 11136-2015 家政服务 钟点服务质量规范

地方标准

同样，依据国家《标准化法》（2018 年版），"为满足地方自然条件、风俗习惯等特殊技术要求，可以制定地方标准。"

"地方标准由省、自治区、直辖市人民政府标准化行政主管部门制定；设区的市级人民政府标准化行政主管部门根据本行政区域的特殊需要，经所在地省、自治区、直辖市人民政府标准化行政主管部门批准，可以制定本行政区域的地方标准。"

例如：上海市质量技术监督局：

DB31/T 1047-2017 家政服务溯源管理规范

通过上文说明，我们知道，国家标准、行业标准、地方标准，反映该职业活动在我国全国范围或地方区域范围内的整体状态和水平，不仅要突出该职业当前对从业人员主流技术、主要技能的要求，反映该职业活动的一般状况和水平，而且还应兼顾不同地域或行业间可能存在的差异，同时还应考虑其发展趋势。

企业标准

同样，依据国家《标准化法》（2018年版），"企业可以根据需要自行制定企业标准，或者与其他企业联合制定企业标准。""国家鼓励社会团体、企业制定高于推荐性标准相关技术要求的团体标准、企业标准。"

"国家实行团体标准、企业标准自我声明公开和监督制度。企业应当公开其执行的强制性标准、推荐性标准、团体标准或者企业标准的编号和名称；企业执行自行制定的企业标准的，还应当公开产品、服务的功能指标和产品的性能指标。国家鼓励团体标准、企业标准通过标准信息公共服务平台向社会公开。"

"企业应当按照标准组织生产经营活动，其生产的产品、提供的服务应当符合企业公开标准的技术要求。"

"企业研制新产品、改进产品，进行技术改造，应当符合本法规定的标准化要求。"

综上所述，我们不难看出，家政服务企业要想在激烈竞争的家政服务市场，赢得竞争优势，就必须依据并高于国家标准、行业标准、地方标准，切实制订自己的企业标准，提高家政服务的门槛，并向社会公开承诺，才能在市场竞争中立于不败之地，确定自己的品牌与市场地位。

第三，要依据企业标准招聘、培训、管理家政服务员。

企业标准在家政企业运营中起着导向作用。家政企业要依据自己的企业标准，指导对家政服务员的选拔招聘。因为，有了明确的招聘"门槛"，就可以提前淘汰哪些不适合而欲从事家政服务的求职者，避免不合适的家政服务求职者进入家政服务业所造成的不必要损失；因为，有了企业标准，家政服务员的培训就有了依据，可以依据企业标准编写或选择培训教材，从而减少家政培训的随意性，增加培训的针对性，提升了家政培训的效能；因为，有了企业标准，对家政服务的管理，也有了科学依据，特别是对家政服务员的绩效评价上、面对雇主的服务投诉上，就可以依据企业标准进行评判，而不是根据经验或主观判断来处理这些家政服务中的敏感问题，提升了家政服务员与雇主的体验与满意度。

特别是有了企业标准，可以对家政服务员的职业技能进行鉴定，再参考国家职业技能标准鉴定，就可以确认家政服务员的职业技能等级水平，为家政服务员工资标准、为雇主提供个性化、定制化服务，提供了科学依据，也为家政服务员的职业生涯规划奠定了基础。

第四，要向雇主公开承诺自己的企业标准并按标准提供服务。

企业标准是企业的核心竞争力。企业标准大多是不公开的。家政企业标准规范企业内部家政服务员的招聘、培训、管理等服务运营过程中的各个环节。对家政服务标准而言，大部分是"过程"标准，主要是对家政服务员、家政管理人员、雇主等如何完成家政服务工作作出具体明确规定。家政服务标准中少部分是"结果"标准。

因此，对家政服务企业而言，如果能向雇主承诺自己的企业标准并按标准提供家政服务，毫无疑问，可大大增加雇主的信任度与忠诚度，也可以与同类家政企业提供的服务相区别，提升自己的竞争力。

第五，要定时与不定时修订自己的企业标准，不断迭代。

依据国家《标准化法》（2018 年版），"国务院标准化行政主管部门和国务院有关行政主管部门、设区的市级以上地方人民政府标准化行政主管部门应当建立标准实施信息反馈和评估机制，根据反馈和评估情况对其制定的标准进行复审。标准的复审周期一般不超过五年。经过复审，对不适应经济社会发展需要和技术进步的应当及时修订或者废止。"

同样，作为企业标准，更是在服务实践过程中，可以随时对自己的企业标准，根据实际情况进行修订，边实行边修订，不断迭代，不断提升，循环往复，在这样的过程中就能一步步打造自己的品牌。

家政服务：国家职业技能标准

目前，我国已经出台了相关的国家层面的家政服务的"国家标准""行业标准"有：

国家质量监督检验检疫总局、国家标准化管理委员会：

GB/T 20647.8–2006 社区服务指南 第 8 部分：家政服务

GB/T 31771–2015 家政服务 母婴生活护理服务质量规范

GB/T 31772–2015 家政服务机构等级划分及评定

GB/T 28918–2012 家庭育婴服务基本要求

GB/T 33855–2017 母婴保健服务场所通用要求

GB/T 29353–2012 养老机构基本规范

GB/T 35796–2017 养老机构服务质量基本规范

国家人力资源和社会保障部制定：

《家政服务员》（2006 年版）国家职业技能标准

《养老护理员》（2011 年修订）国家职业技能标准

《保洁员》（2006 年版）国家职业技能标准

《育婴员》（2010 年修订）国家职业技能标准

国内贸易行业标准

国家商务部：

SB/T 11136–2015 家政服务 钟点服务质量规范

SB/T 10848–2012 家政服务员培训规范

SB/T 10944–2012 居家养老服务规范

SB/T 10943–2012 家庭陪护服务规范

SB/T 10849–2012 家政服务业应急快速反应规范

SB/T 10981–2013 家政服务网络中心运营管理规范

SB/T 10847–2012 家政服务业通用术语

国际标准

国际劳工大会第 100 届会议通过《家庭工人的体面劳动》（2011 年）

5.3 家政服务为什么必须要标准化

为什么家政服务一定要标准化？因为，家政服务内涵与本身的特性所致；家政服务标准化有巨大的价值：有利于家政服务职业化，增强职业认同；有利于家政服务规范化，实现科学管理；有利于改进家政服务质量，提升核心竞争力；有利于降低成本，提高管理效能；有利于引领家政企业健康可持续发展；有利于我国家政服务参与国际市场竞争；有利于实现分享家政；有利于家政服务数据化。下面将具体分析：

5.3.1 家政服务特性要求家政服务标准化

家政服务的四个特性：无形性、异质性、不可分性、不可储存性等，导致家政服务质量缺乏可靠性、一致性，只有实施家政服务标准化，才能有效管控和提升家政服务质量。

1）无形性

无形性是服务区别于有形产品的第一个特征。一切服务本质上都是无形的、抽象的。服务无形性的一个表现是服务的主观体验性。一切服务的质量和效果都离不开消费者的主观体验，具有很强的心理色彩。服务质量是顾客对服务的期望与对服务的实际感知之间的差距，顾客对服务的期望心理和感知心理决定服务的质量。

鉴于此，如果没有服务标准，即家政服务员职业技能标准，那么如何评估家政服务员的服务技能水平？或者，如果没有雇主需求服务标准，即雇主标准，又怎么能确定雇主对家政服务员的服务质量与效果的评估是否符合事实？会不会出现"千人千面""公说公有理婆说婆有理"，这样对家政服务员的劳动评估是否公平、是否客观？此时，只有建立家政服务标准化，就可以减少家政服务质量评估的随意性，提升评估的科学性、客观性。

2）异质性

异质性也即易变性或不稳定性，是服务区别于有形产品的第二个特征。服务的异质性是，指服务的质量是多变或易变的，是随不同的服务交易而变的，缺乏一致性和稳定性。

第一，服务的异质性，表现在服务质量可能随服务交易的地点而变。例如，在不同的客户家庭，有的家政服务员是面带微笑服务，而在另外的客户家庭，有的家政服务员很压抑像个刻板的机器人在服务。

第二，服务的异质性，表现在服务质量可能随服务交易的时间而变。例如，家政服务中的保洁服务在周六、日的服务质量一般要比其他时段差，因为，周六日的客户订单多。即使是同一个家政服务员，在上午与下午的服务质量也不同。

第三，服务的异质性，表现在服务质量可能随着服务人员而变。同一服务岗位的不同服务员提供的服务质量是有差异的。家政服务更是如此。

第四，服务异质性，表现在服务质量可能随着顾客而变。不同顾客对同样的服务的感知可能不同，而服务质量取决于顾客的感知。例如同一个家政服务员到不同的家庭服务，客户的评价是不同的。

由此可见，为了管控家政服务的异质性，减少家政服务存在的系统"误差"或波动，必须制定家政服务标准，这将可相对有效精确控制家政服务质量，提升家政服务质量的稳定性、减少易变形。尽管在家政服务实践中，有时难以用语言或其他符号对服务标准加以精确的描述，和以此对服务员的行为加以精确地控制。但我们仍然可以通过家政服务关键事件的定性描述、家政服务员服务行为的定量描述，来制定家政服务标准，进而家政服务过程中的家政服务员的服务行为进行相对精确管控，当然也包括对雇主行为的约束，尽量克服家政服务员的异质性。

3）不可分性

不可分性是服务区别于有形产品的第三个特征。服务的不可分性是指服务的生产与消费是同时进行的，是分不开的，也称服务的同时性。例如，家政服务中的被照料的老人或被照料的产妇新生儿的生活（消费）过程，就是家政公司和家政服务员提供服务（生产）的过程。

服务不可分性的一个主要表现是顾客对家政服务过程的参与。例如，被照料的老人、产妇也配合或参与家政服务等。

因此，为了有效规范顾客的参与行为，以防止不"懂行"的雇主"干扰""瞎指挥"家政服务员，影响家政服务过程、质量和效果，就需要提前让雇主明确家政服务标准，即清晰家政服务员职业技能标准、明确雇主自己与家政服务员商定的雇主标准，而不能随意改变服务行为。当然，如果雇主的参与是建设性的、有价值的，家政服务员也要参照服务标准给予接纳，并在事后适度修订服务标准。总之，家政服务标准的存在，是有利于雇主参与服务过程，有利于调动雇主的积极性，发挥家政服务不可分性的优势。

4）不可储存性

不可储存性是服务区别于有形产品的第四个特征。服务的不可储存性，是指服务的不可再生性和浪费性。

服务的不可储存性，主要表现为服务的不可再生性。服务不能再生，就像人不能再生一样。服务员永远不会完全重复以前做过的服务，例如家政服务，第一次服务与第二次服务是不一样的。一、客户就不一样，即使还是原来的客户家庭成员，但家庭成员的心态、对家政服务员的感知与评价也不会与第一次完全一样。二、家政服务员的工作状态不一样。三、客户家庭的环境和氛围也不会完全相同。

服务的不可储存性与服务的无形性、不可分性和异质性之间也是相联系的。

服务的不可储存性实际上就意味着服务的无形性，因为一切有形的物质都具有不灭性，即时间上的长存性。

服务的不可储存性又意味着服务的不可分性。因为服务生产的资源只有投入消费（使用）才不会流逝或浪费，就是说，只有让服务的生产与消费同时进行才可能不浪费服务资源。

服务的不可储存性还意味着服务的异质性。因为服务的不可储存性就是不可再生性或不可重复性。因此，同一种服务在不同的时间、空间或由不同的人来提供和享受，服务的质量是不可能完全重复的，即总是有差异的。

由此可见，家政服务的不可储存性，也要求通过"可见"的具体的家政服务标准，来不断"再现""重复"可观察、可测量的不可储存的家政服务。

以上这些，不仅是家政服务标准化的根本点，也是整个家政服务规范化职业化发展的根本点、立足点。

5.3.2 家政服务内涵要求家政服务标准化

5.3.2.1 "家政服务"的核心是顾客

"顾客"是指接受家政服务的家庭或个人，可以是最终消费者，也可以是购买者、使用者或者其他受益者。家政服务与其他产品最重要的不同点：在于顾客是服务的接受者，也是服务活动的参与者。

而顾客在接受家政服务之前或过程中，是以什么来评估家政服务质量？家政服务具有"无形性"，看不见摸不着；还有，雇主在参与家政服务活动时，有利有弊，如何避免不利的"干扰"？又能发挥雇主参与的积极性主动性。这些，都需要家政公司或家政服务员，用家政服务标准（家政服务员职业技能标准、雇主标准）来引导、规范雇主的行为，进而提升雇主的服务体验。

因此，家政服务提供者（家政公司、运营人员、一线家政服务员），既要充分关注顾客的需求、顾客"参与"过程中的感受，又要尽量按照家政服务标准与雇主沟通交流。家政服务提供者在服务策划、签订合同以及服务交付时，既要将顾客置于"中心"地位，即"用户中心""顾客中心""顾客导向"，又要坚持提供标准化服务。这就是服务的定制化。

5.3.2.2 "家政服务"的目的是满足顾客需求

这里的"需求"是指顾客对家政服务的有形的、无形的需求，包括当前的和期望到达的需求、暗示的明示的需求、基本的和附加的需求。

顾客的需求不是一成不变的，处于不断的变化和发展之中。因此，应不断地改善服务以适应和满足顾客的需求。

值得注意的是，满足顾客的需求应在当地社会总的要求和规范背景下来考虑。例如，当地社会生活水平、生活习惯、生活方式等方面的要求。这就是要在家政服务"地方标准"的基础上，建立满足顾客需求的"企业标准"，具体而言就是雇主标准。

5.3.2.3 "家政服务"的必备要件是与顾客接触

家政服务提供者与顾客的接触是服务活动必不可少的。这种接触可以包括多种方式。例如：面对面的接触、通过网络接触、甚至通过"口碑"接触。在这种接触中，需要双方对家政服务行为和服务质量，有一个共同的评价尺度。这个尺度，就是家政服务标准。

5.3.2.4 "家政服务"的本质是一种活动

"家政服务"的本质是服务提供者的一种活动，既包括服务提供者与顾客接触中所产生的活动，也包括支撑与顾客接触时服务提供者的内部活动。

家政服务是产生于管理人员、家政服务员、顾客家庭及其成员、服务工具等之间互动关系的一个系统，并由此形成一定的活动过程或服务过程。例如：顾客预订、家政服务员招聘、家政服务员培训、顾客面试家政服务员、签订服务合同、家政服务员上岗服务、顾客投诉、服务期满与终止、顾客支付服务费、家政服务员回到家政公司等。

为了提升活动的质量与效率，减少活动摩擦，就需要为活动建立"标准""规范"。否则，活动的不同主体，有不同的行为方式和不同的利益诉求，自然会影响活动的有效执行。事实上，家政服务活动服务纠纷不断，其主要原因就是缺乏家政服务标准与服务规范。

5.3.2.5 "家政服务"的质量体现在过程和结果上

对于物质硬件产品的质量，只要在其出厂前经过检验，确保产品符合相关标准要求即可，消费者不必关注产品的生产过程。

但是，家政服务是服务提供者即家政服务员与顾客面对面接触的活动，其生产过程即服务过程与顾客消费过程是同步的，不可分的。有时出现不当的服务行为时可能无法挽回，甚至导致服务终止。

所以，家政服务质量不仅体现在服务结果上，更重要的是体现在服务提供过程之中。这就迫切需要对家政服务过程进行"标准化""规范化"，即家政服务员的服务行为进行标准化，进而得到相对精确管控家政服务质量，得到雇主的服务预期。反之，没有家政服务标准化，家政服务的过程和结果都将变得不可控。家政服务员提供的服务质量将可能随着不同的服务地点、服务时间、不同的雇主而不同。这就严重影响雇主的服务体验和家政服务质量品牌

5.3.3 有利于家政服务职业化，增强职业认同

从整个社会的角度看，家政服务标准化是建立诚信服务、构建和谐社会的重要措施。当家政服务提供者（家政公司或家政服务员）向社会公开承诺自己的家政服务标准，并按照承诺的家政服务标准提供服务。这种"明码标价"，就是建立诚信服务，就可以大大减少家政服务摩擦和纠纷，有利于保护雇主、家政服务员和家政公司的合法权益，能促进和谐社会。

5.3.4 有利于家政服务规范化，实现科学管理

标准化为家政公司的科学管理提供了目标和依据。家政服务标准是管理目标的具体化、

定量化，即规定了服务必须达到的明确、具体的质量目标与要求。

有了服务标准，就可以规范服务流程，把各个服务环节的业务活动内容、相互间的业务衔接关系、各自承担的责任、工作的程序等用标准的形式加以确定，这就是精细化管理，而不是粗放式管理。

5.3.5　有利于改进家政服务质量，提升核心竞争力

由于服务本身的特性，特别是家政服务员的差异性，同一项服务由不同的家政服务员提供，可能就会导致非常不同的服务质量。这是家政企业管理的难题之一。

通过家政服务标准化，就可以指导家政服务员开展标准化服务，对其服务各个环节和程序进行统一规定，可以通过对家政服务过程的精确管控，来减少家政服务质量"波动"，有利于全面提高家政公司的服务质量，不断提升顾客体验与满意度。

5.3.6　有利于降低成本，提高管理效能

通过服务标准化，让家政服务员和管理人员有效执行这些服务标准与管理规范，必然能有效地提高管理效率、降低消耗、减少浪费（对家政服务而言,时间就是最大的成本、资本），从而有效地降低家政运营成本。

这里，迪士尼、沃尔玛就是服务标准化很成功的例子。其中，迪士尼有一套先进的网络化管理标准，可以适时监控商品的每个环节，商品什么时候从供应商出厂、什么时候到达卖场、什么时候卖出多少，管理者可以一目了然地从数据库中看到。而对员工的行为规范更是严格，连洗手分几个步骤都规定得清清楚楚。这次工作标准由总部统一制定，沃尔玛的员工所要做的就是严格执行。正是由于这些标准的执行，沃尔玛尽管内部环节庞大而复杂，但是管理有序、效率极高，最终体现在其销售的商品价格比竞争对手至少低 5%，竞争优势大大增强。迪士尼也是如此。

5.3.7　有利于引领家政企业健康可持续发展

由于通过家政服务的标准化，有利于增强家政公司的标准化意识，主动借助标准化的手段降低公司运行成本、提高服务质量、提高管理效率，从而保持较高的顾客满意度，解决"占领市场"的问题；由于企业标准体系的制定、使用和管理，特别是，运用标准化手段支持新家政服务产品开发，使家政公司一致保持"核心竞争力"，将不符合标准要求的其他家政企业排除在市场之外，进而"站稳市场"，使自己更具有"市场应变能力"。

从行业的角度看，家政服务标准化是优化服务内部结构、转变经济增长方式、促进家政服务业可持续发展的重要途径。

5.3.8　有利于我国家政服务参与国际市场竞争

从国际服务经济一体化的角度来看，家政服务业标准化是应对非关税贸易壁垒、参与国际服务经济竞争、促进我国家政服务贸易正常发展的重要保障。

5.3.9　有利于实现分享家政

"保姆荒"一直是家政服务的"痛点"，每当春节期间更是集中爆发。家政服务员"供不应求""供不适求"现象，一直困扰家政服务业的发展。如何有效破解保姆荒？其中，推广分享家政，就是良策。

所谓分享家政，就是分享自己拥有"一技之长"的家政服务技能和闲暇时间，来服务于需要家政服务的雇主。如果这样，就会出现大量的拥有一技之长的"家政零工"。这些家政零工可以是全职的家政服务员，也可以是家政主妇、工作的白领、刚退休或提前退休的人、大学生等，他（她）们都可以利用自己的一技之长和闲暇时间，给需要家政服务的雇主家庭提供需要的服务。除了获得必要的经济收入外，更可以实现自己的价值。这样，

就大大丰富了家政服务员队伍的来源，缓解了保姆荒。但分享家政的前提条件就是家政服务的标准化。有了家政服务标准，家政零工就可以向雇主提供有质量保证的家政服务。

5.4 如何制定家政服务职业技能标准

5.4.1 确定业态范围

家政服务，是一门以家庭为服务对象的应用性强的综合性生活服务，涉及家庭生活的衣、食、住、行、养育、休闲娱乐等多方面，服务对象也包括孕产妇与新生儿、婴幼儿、老人、残疾人、病人等。不同的家庭生活内容，不同的服务对象，需要不同的家政服务技能。因此，家政服务技能不可能是单一的服务技能，一定是由多种专业的生活服务技能组成。家政服务技能是一个总称。

所以，我们在制订家政服务职业技能标准时，首先要确定家政服务的业态范围，基于特定的服务对象划分为不同的服务业态，再制订相应的家政服务职业技能标准，而不是笼统地把特质不同的服务技能没有科学根据地掺和在一起，这样不利于家政服务实践操作，也不利于家政服务标准化、职业化发展。

根据我国家政服务发展的实际情况，我们确定了"九大家政服务标准"：家居保洁收纳标准、烹饪标准、衣物洗涤收纳标准、母婴护理标准、育婴标准、居家养老护理标准、病患陪护标准、管家标准、涉外家政标准。

这九大家政服务标准，就是本书重点讨论的内容。

5.4.2 制订职业技能标准原则

确定了标准化对象后，接下来就开始着手编写职业技能标准了。

职业技能标准的制订是一项严肃的事情，不能庸俗化；职业技能标准的制订，尤其是国家标准、行业标准、地方标准的制订，一定要依据国家《标准化法》（2018年版）。

本文重点探讨的"企业标准"的制订。根据我们12年来参与主持制订的我国家政服务领域中的"国家标准、地方标准、企业标准"的实践经验，我们认为在制订家政服务企业标准时，要坚持如下原则：

5.4.2.1 用户中心原则

企业标准是企业的核心竞争力。家政企业应通过家政服务标准化和规范化来提高服务质量。而家政服务质量的好坏、优劣主要取决于雇主的主观感受，即雇主的服务体验与满意度。因此，企业家政服务标准的制订工作，要紧紧围绕雇主的服务预期、服务体验与满意度这一主线，来标准化家政服务员的服务行为与态度、规范家政管理人员管理行为与态度，最大限度地满足雇主的期望与需求，而不是企业本位，即站在企业的角度来编制家政服务标准。

因此，在制订家政服务标准时，无论是家政服务员职业技能标准，还是雇主标准，一定要倾听雇主的意见与诉求，真正把握雇主的服务预期，最好邀请雇主参与企业标准的制订。这样的企业标准，才具有核心竞争力。

5.4.2.2 实用性原则

制订企业标准要强调实用性。首先，家政企业制订企业标准时，要从自己企业的实际出发，要依据自己企业的家政服务员的素质情况与技能水平、企业管理能力、资金财务状况等进行制订，企业标准毫无疑问要高于自己企业的现状，甚至要高于竞争对手，但不能太高到无法落地执行，即不能脱离实际。

其次，企业标准要能切实指导自己企业的家政服务员招聘、培训、家政服务员职业技能评定、雇主标准评定、能按照企业标准给雇主提供服务、服务绩效管理、规范雇主投诉等家政企业经营实践，而不是只停留在"企业文件"上、"品牌宣传"上，是"花架子"。遗憾的是，我国有的家政企业标榜自己是标准制订者，但很少在自己企业的经营实践中应用。

5.4.2.3　规范性原则

标准制订的严肃性，还体现在标准的规范性。就是说，家政企业标准的制订，从标准的文本结构、技术术语和定义、表达方式、文字符号，到内容结构等，都必须按照国家质量监督检验检疫总局和国家标准化管理委员会发布与实施的《标准化工作导则 第 1 部分：标准的结构和编写》（GB/T 1.1—2009）进行编制，而不能自行其是，随意编造。即标准的制订本身也要标准。

还有，在制订企业标准时，尤其是家政服务标准，一定要尽可能通俗易懂、文字简洁，不能模棱两可、不能重复、不能深奥难懂，要让家政服务员与雇主，一目了然。

在家政服务标准制订的规范性上，我国有的家政服务标准很不严肃，这不利于标准的实施。

5.4.2.4　可操作性原则

企业标准的制订，特别要求服务技能标准的内容要具体、明确、可反复检验。能够量化的一定要量化；定性的内容要尽量举例。这样易于家政服务员、雇主和家政管理人员理解，便于实施执行，而不是过于宽泛、过于抽象、交叉重复。

即使在服务标准中，有"相关知识"的表述，也要尽量用举例或用陈述性的语言聚焦一个知识点，而且要与服务技能结合一起。

5.4.2.5　全员参与原则

企业标准是企业员工的行为指南。首先要在企业全体员工中树立标准意识。让全体员工意识到，企业标准是企业的核心竞争力，企业标准是企业服务质量的体现。企业之间的竞争，是企业标准的竞争。

其次，企业标准的制订，要依赖全体员工的参与，这样可以调动员工的积极性与创造性。因为员工是企业服务的提供者，特别是一线的家政服务员，更了解雇主的服务需求与服务预期。

第三，企业标准的实施，也要依赖全体员工。只有全体员工严格按照企业制订的家政服务标准，为雇主提供家政服务，就能提升企业的工作效率，保证服务质量，更好地满足雇主的需求，进而打造企业品牌。

5.4.2.6　持续改进原则

企业标准不是一成不变的静止状态，也要与时俱进。在今天移动互联网时代，人们的互联互通更加紧密，视野更加广阔，特别是科技创新迭代速度加快，尤其是物联网、人工智能、服务机器人进入家庭，人们的生活观念发生深刻变化；智慧家庭、智能家居开始进入人们的家庭生活，导致人们对家庭生活品质的要求越来越高。这都就要求家政企业必须要随着时代的不断进步，不断总结新的生活方式与生活经验，不断修订企业标准，以适应人们对美好生活的向往。

因此，企业标准化工作也必将呈现螺旋式上升状态。即便是国家标准、行业标准、地方标准，按照《标准化法》（2018 年版）："标准的复审周期一般不超过五年。经过复审，对不适应经济社会发展需要和技术进步的应当及时修订或者废止。"

5.4.2.7　等级化原则

对于家政服务职业技能标准，还要坚持等级化原则。可根据家政服务员职业活动范围、工作职责、工作难度的不同而设立职业技能等级。依据国家职业技能水平划分标准，设立五个级别，由低到高分别为：五级（初级技能）、四级（中级技能）、三级（高级技能）、二级（技师）、一级（高级技师）。通过职业技能等级的划分，首先有利于家政服务员职业生涯发展规划，也有利于家政招聘、培训、家政服务质量监控与家政服务绩效评估等。

5.4.3 确定职业概况

按照《标准化工作导则 第1部分：标准的结构和编写》（GB/T 1.1—2009）、《服务业组织标准化工作指南》（GB/T 24421—2009 国家标准宣贯教材。国家标准化管理委员会服务业标准部 组织编写），职业概况有一定的结构和内容，主要包括：职业名称、职业定义、职业技能等级、职业环境条件、职业能力倾向、普通受教育程度、职业培训要求、职业技能鉴定要求等八项内容。

5.4.3.1 职业名称

职业名称，是很严肃的事情，要最能反映职业特点的称谓，要采用《中华人民共和国职业分类大典》确定的职业名称；如果《职业分类大典》中没有的话，职业名称也要与大家约定俗成的名称一致，尽量做到规范，而不是标新立异。在家政服务业中，有九大服务业态职业名称，如下：

家居保洁收纳服务

家庭餐制作服务

衣物洗涤收纳服务

母婴护理服务

育婴服务

居家养老护理服务

病患陪护服务

管家服务

涉外家政服务

5.4.3.2 职业定义

所谓职业定义，是指职业活动的内容、方式、范围、价值等的描述与解释，要采用《中华人民共和国职业分类大典》确定的职业定义；如果《职业分类大典》中没有的话，职业定义要言简意赅、语言规范，不能"循环定义"（定义项直接或间接地包含了被定义项的逻辑错误）。在家政服务业中，有九大服务业态职业定义，如下：

家居保洁收纳服务：

根据雇主家居环境及要求，使用科学清洁方法与清洁工具及其用品，对雇主家庭客厅、卧室、书房、厨房、餐厅、卫生间、阳台等家居地面、墙面、门窗、家具、家用电器等物品，进行清洁保养的过程，让雇主家庭成员享受干净、整洁、美观、舒适的家居生活。从事家居保洁服务的人员称为"家居保洁员"。

家庭餐制作服务：

使用烹饪设备与科学烹饪方法，在雇主家庭，为雇主家庭成员采买食材、加工食材、制作主食菜肴、餐后清洁的过程，让雇主家庭成员享受营养、健康饮食。从事家庭餐制作的人员称为"家庭厨师"。

衣物洗涤收纳服务：

使用洗涤设备与科学洗涤收纳方法，在雇主家庭，为雇主家庭成员的衣服、床上用品、窗帘、鞋等进行清洁、晾干、熨烫、收纳、保养的过程，让雇主家庭成员享受干净、整洁、美观、舒适的衣物。从事衣物洗涤收纳的人员称为"洗衣师"。

母婴护理服务：

根据孕产妇和新生儿的特点及要求，对孕产妇的生活照料、身体健康护理、心理疏导、辅助孕产妇科学孕育胎儿与哺育新生儿，以及促进新生儿生长发育与生活照料的过程，以实现优生优育和母婴健康。从事母婴护理服务的人员称为"母婴护理员"，俗称"月嫂"。

育婴服务：

依据0—3岁婴幼儿身心发展规律及雇主要求，对0—3岁婴幼儿的生活照料、保健护理、教育及辅助家长科学养育婴幼儿的过程，让婴幼儿身心健康和谐发展。从事育婴护理服务的人员称为"育婴员"。

居家养老护理服务：

根据居家老年人的特点及要求，对居家老年人的生活照料、基础护理、康复护理、精神慰藉的过程，让居家老年人积极健康养老与安享晚年。从事居家养老护理服务的人员称为"居家养老护理员"。

病患陪护服务：

依据病人病情与要求，对病人的生活照料、基础护理、康复护理、精神慰藉的过程，让病人早日康复。从事病患陪护服务的人员称为"病患陪护员"，俗称"护工"。

同样，管家服务、涉外家政服务也有严格的职业定义。

5.4.3.3　职业技能等级

标准化是一项非常严肃的事情，需要科学理论指导，不能将标准制订庸俗化。随意出台行业相关家政服务标准，把标准制订当作"政绩工程""形象工程"，甚至是"摇钱树"。因为，低质量的不科学的所谓"标准"，反而对行业发展弊大于利，因为走错了路，会束缚和限制行业的健康发展。这种现象在我国家政服务标准化过程中，已经出现，望引起社会特别是家政业界的高度重视。那么，制订家政服务标准的科学理论依据是什么？

根据家政服务员职业活动范围、工作职责、工作难度的不同而设立职业技能等级。依据国家职业技能水平划分标准，设立五个级别，由低到高分别为：五级（初级技能）、四级（中级技能）、三级（高级技能）、二级（技师）、一级（高级技师）。

职业技能等级的划分，首先有利于家政服务员职业生涯发展规划，也有利于家政招聘、培训、家政服务质量监控与家政服务绩效评估等。

那么，家政服务职业技能等级划分的依据是什么？这里，我们根据多年的实践研究与理论探索，总结出了"七种能力模型"，分别对应每一项具体家政服务职业技能不同的水平。其中，高一级能力包含低一级能力。具体分析如下：

五级（初级技能）：基本技能。即能够运用基本技能独立完成本职业的常规工作。

四级（中级技能）：专门技能。即能够运用专门技能完成技术较为复杂的工作；能够与他人合作；基本技能更加熟练。

三级（高级技能）：解决问题能力、培训能力。即能够独立解决工作中出现的问题；能完成本职业较为复杂的工作，包括完成部分非常规性的工作。基本技能与专门技能更加熟练；能够指导和培训初级、中级技能人员。

二级（技师）：创新能力、管理能力。即在技能技术上有创新；具有技术管理能力。

一级（高级技师）：组织能力。即能够组织开展系统的专业技术培训、工艺革新、技术攻关。

5.4.3.4 职业环境条件

家政服务员的职业环境条件，在国家编制的"《家政服务员》国家职业技能标准"中仅规定为"室内、室外、常温"，这是不够的。这样的规定过于简单。家政服务员的职业环境条件，还应包括：噪声（即指在服务工作时间内噪声强度等于或大于85分贝。因为噪声会干扰家政服务员正常休息和睡眠、影响服务工作效率）、家庭社会环境等其他条件。

家政服务员的职业环境，也即服务场景、工作环境。毫无疑问，家政服务员的服务场景是雇主家庭。雇主家庭环境对家政服务员的情绪、服务行为、服务疲劳等都将产生重要影响。况且，雇主家庭的服务场景千差万别，有的是友好的、健康的，有利于家政服务员身心健康地从事家政服务工作；有的雇主家庭环境，则不利于家政服务员安心服务工作，有损于家政服务员的身心健康。例如，有的雇主家庭环境噪声过大，有的雇主家庭成员之间经常争吵、家庭关系很不和睦等。因此，有必要对家政服务员的职业环境条件作进一步明确的规定：

1）室内为主、室外为辅；

2）常温，即家政服务员在0℃以上至38℃以下的环境中提供服务工作（当雇主家庭室温在0℃以下时，应提供适当的取暖设备或供暖；同样，当室温在38℃以上时，要提供空调设备或降温）；

3）室内不能经常出现噪声，即在服务工作时间内噪声强度等于或大于85分贝；

4）家庭社会环境友好，即雇主家庭成员之间不能经常争吵、家庭关系不能一直不和睦。

5.4.3.5 职业能力倾向

要清晰界定家政服务职业能力倾向：

家政服务员在学习和掌握必备的职业知识和职业技能时，所需具备的基本能力和潜力。职业能力倾向应根据职业的实际情况，将影响家政服务员职业生涯发展的必备核心要素列出。就家政服务业而言，家政服务员的职业能力倾向主要包括以下要素：

1）一般智力：是指基本学习能力，即获取、领会和理解外界信息的能力，以及基本分析、推理和判断的能力。这是家政服务员学习掌握家政服务职业知识与职业技能的必要条件。

2）表达能力：以语言或文字方式有效地进行交流、表达的能力。家政服务员要口齿清楚、会讲普通话。这是家政服务员与雇主或家政公司管理者进行正常交流的基本能力。

3）人际交往能力：懂得各种场合的礼仪、礼节，善于待人接物，善于处理人际关系；在人际交往活动中，要热情、自信，注意仪表、举止，面带微笑、运用温和语言处理事务；在人际交往活动中，应对领导、同事、合作者和其他相关人员表示关心和尊重。就家政服务而言，要懂得家庭礼仪，处理好与雇主、家政公司、同事等人际关系。特别是处理好与雇主及家庭成员甚至包括雇主的客人的人际关系。

4）计算能力：能准确而有目的地运用数字进行运算的能力。家政服务员在处理雇主日常家庭事务中，每天都涉及雇主家庭生活用品特别是食品的采购、消费，涉及雇主家庭水电气的消耗等，家政服务员都要精打细算，向雇主一样"勤俭节约、居家过日子"。

5）色觉：辨别颜色的能力。一个色盲的人是不能胜任家政服务职业的。

6）动手能力：包括手指灵活性，即迅速、准确、灵活地运用手指完成既定操作的能力；手臂灵活性：即熟练、准确、稳定地运用手臂完成既定操作的能力；动作协调性：根据视觉信息协调眼、手、足及身体其他部位，迅速、准确、协调地作出反应，完成既定操作的能力。毫无疑问，家政服务员的动手能力是胜任家政服务最基本的能力。

5.4.3.6 普通受教育程度

家政服务从业人员初次进入家政服务业时，所需具备的最低学历要求。就我国家政服务业的实际情况，可根据不同的细分服务业态，基本文化程度可在下列表述中选择其一：

1）初中毕业（或相当文化程度）

2）高中毕业（或同等学力）

3）大学专科毕业（或同等学力）

4）大学本科毕业（或同等学力）

5.4.3.7 职业培训要求

家政服务职业培训要求，主要包括：培训课程标准、晋级培训期限、培训师资、培训设施设备四项内容。

1）培训课程标准

家政服务职业培训，首先要确认所培训的课程标准内容。要严格按照《家政服务员国家职业技能标准》或《家政服务员地方职业技能标准》或《家政服务员企业标准》及其课程内容，进行培训。按照标准，既要培训家政服务员职业基本素质、基本服务知识，又要系统培训标准业态职业技能；既要培训家政服务员家政服务理论知识，更要培训家政服务员实践操作技能。培训课程实现标准化，是确保培训成果实现标准化的前提条件。否则，随意选择或删减培训课程内容实施培训，将导致受训学员职业技能不完整，影响学员技能标准评估晋级达标。

2）晋级培训期限

家政服务员达到高一级技能标准等级，需要接受培训（即服务知识学习、专业技能操作训练）的最低时间要求，应以标准学时数表示。晋级培训期限示例：

初级（五级）技能不少于 _____ 标准学时；

中级（四级）技能不少于 _____ 标准学时；

高级（三级）技能不少于 _____ 标准学时；

技师（二级）不少于 _____ 标准学时；

高级技师（一级）不少于 _____ 标准学时。

这里，需要注意的是，"标准学时"数的确定，不是凭空主观臆断，而是依据《家政服务员职业技能标准》课程内容要求，所必需的学时数，是客观确定的，不是主观随意的。如果没有必要的标准学时，就很难完成标准课程的学习。

3）培训师资

对晋级培训中承担家政服务知识或专业操作技能教学任务的人员要求。应根据家政服务细分业态和培训对象的职业技能标准等级和年限，提出不同要求：

（1）培训初级、中级家政服务员的教师，应具有本细分服务业态高级及以上职业资格证书且工作满3年及以上，或相关专业中级及以上专业技术职务任职资格满2年及以上；

（2）培训高级家政服务员的教师，应具有本细分服务业态技师及以上职业资格证书且工作满3年及以上，或相关专业高级及以上专业技术职务任职资格满2年及以上；

（3）培训家政服务员技师的教师，应具有本细分服务业态高级技师职业资格证书且工作满3年及以上，或相关专业高级及以上专业技术职务任职资格满2年及以上。

这里，需要强调的是，家政培训教师，仅有高级及以上职业资格证书或任职资格是不够的，还需要丰富的家政服务职业经验，要理论与实践相结合，服务知识与技能操作相统一。不能只是纸上谈兵，照本宣科。毕竟家政服务重在动手实践操作。

4）培训设施设备

实施家政培训所必备的设施设备要求，应对家政服务知识学习和专业技能操作培训设施设备分别进行描述：

（1）家政服务知识培训设施设备配置要求，原则上为标准教室（60~80平方米），也可根据实际培训需求酌情确定，如果有条件，可配备多媒体教学设备。但培训教室要符合照明、通风、安全等相关规定。

（2）家政服务专业技能操作培训设施设备配置要求，原则上要模拟雇主家庭配置相应的功能区：客厅、卧室、书房、厨房、餐厅、卫生间、庭院等，并配备配齐相应的中高端家具（可以是仿制品）和常用家用电器等。但实操教室要符合环保、劳保、安全、卫生、消防、通风、照明等相关规定。至于学员用的服务工具或实操工具，原则上一人一套，按照人数配套。总之，实操教室及设备要能满足《家政服务员职业技能标准》中列举的专业技能，都能得到动手实践操作机会，而不是使实操培训流于形式。如果家政企业条件和资金有限，可以租借真正精装修的中高档民居家庭的三室一厅或二室一厅，作为家政专业技能实操培训教室，也是可行的明智之举。

5.4.3.8 职业技能鉴定要求

对家政服务员进行家政服务职业技能鉴定，也是家政企业一项经常性的工作，不是可有可无，必须给予严肃对待。因为，家政服务员职业技能标准等级，事关家政服务员技能水平认证、薪酬、职业生涯发展的大事，同时，也标志着一个家政企业的服务能力水平，是一个企业的核心品牌。

家政服务职业技能鉴定主要包括：适用对象、申报条件、鉴定方式、监考及考评人员与考生配比、鉴定时间、鉴定场所设备六项内容。

1）适用对象

准备从事或正在从事家政服务细分业态服务的人员。

2）申报条件

申请参加家政服务本细分业态服务相应技能等级职业技能鉴定的人员，必须具备相应的学历、培训经历、工作经历等有关条件，应根据的实际情况，作出具体规定。原则上，各职业的申报年限不应低于规定的要求。

家政服务业申请参加职业技能鉴定的条件

初级

具备以下条件之一者，可申报初级技能（五级）：

（1）经本职业初级技能正规培训达到规定标准学时数，并取得结业证书。

（2）在本职业连续工作1年以上。

（3）本职业学徒期满。

中级

具备以下条件之一者，可申报中级技能（四级）：

（1）取得本职业初级技能职业资格证书后，连续从事本职业工作满3年以上，经本职业中级技能正规培训达到规定标准学时数，并取得结业证书。

（2）取得本职业初级技能职业资格证书后，连续从事本职业工作4年以上。

（3）连续从事本职业工作6年以上。

（4）取得家政职业学校（职业高中）毕业证书；或取得经人力资源和社会保障部门审核认定的、以中级技能为培养目标的中等及以上职业学校家政专业毕业证书（含尚未取得毕业证书的在校应届毕业生）。

高级

具备以下条件之一者，可申报高级技能（三级）：

（1）取得本职业中级技能职业资格证书后，连续从事本职业工作满 4 年以上，经本职业高级技能正规培训达到规定标准学时数，并取得结业证书。

（2）取得本职业中级技能职业资格证书后，连续从事本职业工作 5 年以上。

（3）取得中级技能职业证书，并且具有高级家政职业学校、家政职业学院毕业证书；或取得中级技能职业资格证书，并经人力资源和社会保障部门审核认定、以高级技能为培养目标、具有高等职业学校家政专业毕业证书（含尚未取得毕业证书的在校应届毕业生）。

（4）具有大专及以上家政专业或相关专业毕业证书，并取得本职业中级技能职业资格证书，连续从事本职业工作 2 年以上。

技师

具备以下条件之一者，可申报技师（二级）：

（1）取得本职业高级技能职业资格证书后，连续从事本职业工作满 3 年以上，经本职业技师正规培训达到规定标准学时数，并取得结业证书。

（2）取得本职业高级技能职业资格证书后，连续从事本职业工作 4 年以上。

（3）取得本职业高级技能职业资格证书的高级家政职业学校、家政职业学院本专业毕业生，连续从事本职业工作 3 年以上；取得预备技师证书的家政职业学院毕业生，连续从事本职业工作 2 年以上。

高级技师

具备以下条件之一者，可申报高级技师（一级）：

（1）取得本职业技师职业资格证书后，连续从事本职业工作满 3 年以上，经本职业高级技师正规培训达到规定标准学时数，并取得结业证书。

（2）取得本职业技师职业资格证书后，连续从事本职业工作 4 年以上。

3）鉴定方式

家政服务知识考试、专业技能操作考核、综合评审的方法和形式，应根据家政服务细分业态的特点，对上述内容分别进行详细说明。

家政服务知识考试，采用闭卷笔试方式，主要考核从业人员从事本职业应掌握的家政服务员基本知识、本业态服务专业知识。

专业技能操作考核，主要采用现场操作、模拟操作等方式，主要考核从业人员从事本职业应具备的职业能力水平。

综合评审，主要针对技师、高级技师，通常采用审阅申报材料、论文答辩等方式，进行全面评议和审查。

家政服务知识考试、专业技能操作考核，均实行百分制，成绩皆达 60 分及以上者为合格。在家政公司内部，对家政服务员职业技能鉴定，还可以采用自己公司的《企业标准》，进行等级制鉴定，按照《家政服务职业技能标准评定表》《家政服务知识标准评定表》，对家政服务员进行职业技能鉴定评估。

4）监考及考评人员与考生配比

在家政服务知识考试中的监考人员、专业技能操作考核中的考评人员与考生数量的比例，以及综合评审委员的最低人数，应根据家政服务细分业态的特点，分别进行描述。

示例：

家政服务知识考试中的监考人员与考生配比为 1:__，每个标准教室不少于 2 名监考人员；

专业技能操作考核中的考评人员与考生配比为 1:__，且不少于 3 名考评人员；

综合评审委员不少于 __ 人。

5）鉴定时间

家政服务知识考试、专业技能操作考核、综合评审的最低时间要求，应根据家政服务细分业态的特点及职业技能等级要求，分别具体确定，时间单位为分钟（min）表示。

6）鉴定场所设备

实施职业技能鉴定所必备的场所和设施设备要求，应对家政服务知识、专业技能操作鉴定场所设备，分别进行描述：

家政服务知识考试所需的场地要求和必备的设备，可在标准教室进行；

专业技能操作考核所需的场地要求和必备的设备，可在实操教室或实习场所进行。

5.4.4 基本要求

家政服务员的基本要求，主要包括：职业道德、家政服务基本知识两部分。

5.4.4.1 职业道德

家政服务员在职业活动中应遵循的基本观念、意识、品质、行为的要求，即一般社会道德在家政服务职业活动中的具体体现。其主要包括：职业道德基本知识、职业守则两部分。通常在家政服务职业技能标准中，应列出能反映家政服务职业特点的职业守则。例如，家政服务员职业道德：敬业爱岗、诚实守信、尊老爱幼、勤劳节俭、严守家私、四自精神（自尊、自信、自强、自立）。

5.4.4.2 基础知识

各个家政服务细分业态服务的各个技能等级家政服务员，都必须掌握通用的家政服务员基本知识，其主要内容包括：

知识1：知道家政服务员职业道德

知识2：知道家政服务职业心态与服务意识

知识3：知道家政服务社交礼仪知识

知识4：知道家政服务卫生知识

知识5：知道家政服务安全知识

知识6：知道家政服务相关法律知识

这些家政服务基本知识，应坚持实用、够用的原则，将与本细分业态服务密切相关、并贯穿于整个职业活动的最核心、最基本知识逐一列出。

5.4.5 工作要求

在制定家政服务职业技能标准时，要重点对"工作要求"进行具体明确地描述。"工作要求"主要包括：职业功能、工作内容、技能要求、专业知识要求四项内容。这里的"工作要求"，也就是"工作岗位职责"。

职业功能	工作内容	技能要求	专业知识要求
1 ××××	1.1 ××××	1.1.1 ××××	1.1.1 ××××
		1.1.2 ××××	1.1.2 ××××
	1.2 ××××××	1.2.1 ××××	1.2.1 ××××
		1.2.2 ××××	1.2.2 ××××
2 ××××	2.1 ××××	2.1.1 ××××	2.1.1 ××××
		2.1.2 ××××	2.1.2 ××××
	2.2 ×××××	2.2.1 ××××	2.2.1 ××××
		……	……

……	……	……	……
	……	……	……

工作要求，是在对家政服务职业活动内容进行分解和细化的基础上，从"专业技能"和"专业知识"两个方面，对家政服务员完成各项具体工作所需职业能力的具体描述。它是家政服务职业技能标准的核心部分。

工作要求，应根据家政服务范围的宽窄、工作责任的大小、工作难度的高低或技术复杂程度等，分等级进行编写。各等级应依次递进，高级别涵盖低级别的要求。

5.4.5.1 职业功能

家政服务员所要实现的服务工作目标（即工作职责或岗位职责），或是本细分业态职业活动的主要方面，应根据职业的特点，按照服务领域、服务项目、服务程序、服务对象、服务成果等进行划分。具体要求是：

1）每个职业功能都应是：可就业的最小技能单元（即工作岗位）；家政服务员的主要工作职责◇一、定期出现；可独立进行培训和考核。例如，生活照料。

2）职业功能的划分标准要统一。通常情况下，每个等级的职业功能应不少于3个。例如，《居家养老护理员国家职业技能标准》的初级养老护理员的职业功能：一、生活照料；二、基础护理；三、康复护理。

3）职业功能的规范表述形式是："动词＋宾语"，例如："清洁居室""采购食材"；或"宾语＋动词"，例如，"生活照料""康复护理"。

4）通常情况下，职业功能在各技能等级中是一致的，在技师（二级）和高级技师（一级）的技能等级中，要增加"技术管理和培训"等内容。

5.4.5.2 工作内容

完成职业功能（即岗位职责）所应做的服务工作，是职业功能的细分。可按服务工作种类划分，也可以按照服务程序划分。具体要求是：

1）每项服务内容都应是：有清楚的开始和结尾；能观察到的具体工作单元；都会完成一项服务或产生一种结果。

2）通常情况下，每项职业功能应包含2个或2个以上的服务工作内容。例如，在居家养老护理服务职业技能标准中的"生活照料"中，就包含：照料老年人饮食、照料老年人清洁、照料老年人排便、照料老年人睡眠、照料老年人出行等服务工作内容。

3）工作内容的规范表述形式与职业功能相同。

5.4.5.3 技能要求

完成每一项服务工作内容，应达到的结果或应具备的能力，是工作内容的细分。具体要求是：

1）技能要求的内容，应是家政服务员自己可独立完成的，其描述应具有可操作性，对每一项服务技能应有具体的描述，能量化的一定要量化；对于不同技能等级中同一项工作或技能，应分别写出不同的具体要求，不可用"了解""掌握""熟悉"等词语或仅用程度副词来区分技能等级。

2）技能要求的规范表述形式为："能（在……条件下）做（动词）……"，例如："能制作老年人饮食""能人工喂养新生儿""能洗涤熨烫折叠西服"

3）技能要求中涉及工具设备的使用时，不能单独要求"能使用……工具或设备"，而应写明"能使用……工具或设备做……"。例如："能使用血压表测量老年人血压""能使用英语口语教婴幼儿说话"等。

5.4.5.4 专业知识要求

达到每项技能要求必备的知识。应列出完成职业活动所需掌握的技术理论、技术要求、操作规程、操作方法、服务工具等知识点。专业知识要求与技能要求对应，应指向具体的知识点，而不是宽泛的知识领域。

5.4.6 确定职业技能标准内容比重

职业技能标准内容中，主要包括：技能标准比重与服务知识标准比重。在整个职业技能标准评估中，分别占不同的比重或权重，其中，职业技能标准占60%或70%，服务知识占40%或30%，两项标准评定结果合计构成整个职业技能标准水平。

5.4.7 技能标准开发

家政服务职业技能标准，有国家标准、行业标准、地方标准、企业标准，甚至还有国际标准。这里，重点介绍的是"企业标准"开发。

家政服务"企业标准"开发承担者，是家政企业自己。一个真正成功的品牌家政企业，都自觉或不自觉拥有自己企业的家政服务标准。因为，家政企业的竞争是家政服务员的竞争，家政服务员的背后是家政服务职业技能标准。拥有掌握高质量、高水平的家政服务企业标准的家政服务员，是企业核心竞争力，也是竞争对手难以模仿复制的核心资源。因此，家政企业要开发属于自己的家政服务"企业标准"。下面介绍具体开发方法：

5.4.7.1 组建工作小组

首先，家政企业要组建家政服务企业标准开发工作小组。工作小组对大中型家政企业而言可由7~13人组成，或中小型家政企业可由5~7人组成。小组成员主要包括三方面人员：

1）熟悉服务标准编制方法的人员：要学习掌握前面章节（见5.3 "如何制定家政服务职业技能标准"）提到的家政服务职业技能制定方法。如果时间和精力允许，可进一步熟悉《国家职业技能标准编制技术规程》《中华人民共和国标准化法》等相关标准编制方法。此项工作也可"外包"，即从公司外面聘请标准制定方面的专业人才兼职担任。

2）熟悉家政服务内容的人员：是由长期从事家政服务该细分业态服务职业的管理者、培训者担任。如果有条件，还可以聘请家政服务研究方面的专业人才兼职加入。

3）家政服务实际工作者：是由长期从事该细分业态服务的一线家政服务员和管理人员担任。在家政企业标准制定中，实际工作者应占工作小组总人数的一半以上。工作小组应确定组长和主笔人。

5.4.7.2 确定开发计划

工作小组的首要任务是制定家政服务企业标准开发计划。为此，工作小组要组织召开企业标准编制启动会。参会的小组成员要集中学习掌握前面章节（见5.3 "如何制定家政服务职业技能标准"）提到的家政服务职业技能制定方法。如果时间和精力允许，还可学习《国家职业技能标准编制技术规程》《中华人民共和国标准化法》等相关标准编制方法。

大家学习之后，经过充分研讨，确定小组成员分工、建立工作小组微信群、企业标准编制的具体工作程序、确定时间节点及达成目标、时间进度安排、企业的家政服务职业技能标准的基本框架结构。然后，绘制出一张"企业标准开发计划进程图表"，分发给小组成员。大家严格按照开发计划，分头行动，开始企业标准制定工作。

5.4.7.3 开展业态调查和业态分析

接下来，工作小组要按照开发计划，组织力量开展本企业家政服务细分业态职业调查，了解该细分业态服务的职业目标、服务工作领域、雇主需求、业态发展现状、从业人员数量、层次（年龄、文化程度）、薪酬水平、身份来源与从业经历，以及从业人员必备的知识和技能、业态服务存在的问题、发展趋势等。同时，也要结合调查自己企业在提供该细分业态服务方面的资源条件、家政服务员现状、雇主情况等。

职业调查可以由工作小组成员承担，也可以委托专门调查机构与工作小组成员合作共同进行。在严谨的职业调查的基础上，工作小组成员要进行细分业态职业分析，为企业技能标准编制做好前期准备。

5.4.7.4 编制技能标准初稿

工作小组应按照开发计划进程，根据之前确定的企业家政服务职业技能标准的基本框架结构，运用职业调查和业态分析的结果，结合企业自己的资源与企业目标和愿景，编写出企业职业技能标准初稿。

5.4.7.5 审定和发布

1）技术审查与意见征求

企业技能标准初稿编制完成后，邀请企业外面的标准化研究机构和家政服务业协会方面的专家，进行技术审查；工作小组成员根据专家技术审查意见，对企业技能标准做进一步修改，形成"企业家政服务职业技能标准（征求意见稿）"。

工作小组将企业技能标准（征求意见稿）送交企业内部相关部门管理者、一线家政服务员代表、雇主代表征求意见，并将意见反馈给工作小组。由工作小组对企业技能标准再次修改，形成企业技能标准（送审稿）。

2）审定

企业技能标准（送审稿）通过企业邀请的标准化研究机构和家政服务业协会方面的专家审查后，由企业最高决策者组织召开企业技能标准终审会，组织业内权威人士对企业技能标准进行最后审定，并形成专家审定意见。这里，作为企业标准，在邀请企业外专家参与企业标准审定时，要注意知识产权保护及标准保密性，以防企业标准外泄。

3）企业技能标准发布

工作小组根据专家审定意见，做好企业技能标准修改，形成企业技能标准（批准稿）。工作小组将企业技能标准（批准稿）、专家审定意见及企业技能标准发布申请等有关材料，上报给企业最高决策层，经最高决策层审核后，由企业人力资源部门发布施行。

5.5 家政服务职业技能标准要素结构

职业技能标准制订是很严肃的事情。家政服务职业技能标准制订也不例外。

国家为此出台重新修订了《中华人民共和国标准化法》（简称《标准化法》，于 1988 年 12 月 29 日通过，自 1989 年 4 月 1 日起施行。2017 年 11 月 4 日修订，自 2018 年 1 月 1 日起施行。）

《标准化法》规定："制定标准应当在科学技术研究成果和社会实践经验的基础上，深入调查论证，广泛征求意见，保证标准的科学性、规范性、时效性，提高标准质量。""制定标准应当有利于科学合理利用资源，推广科学技术成果，增强产品的安全性、通用性、可替换性，提高经济效益、社会效益、生态效益，做到技术上先进、经济上合理。"

那么家政服务究竟如何做到标准化？或者说，每一个业态家政服务职业技能标准化什么？如何才能确保家政服务职业技能标准的信度与效度？保证标准的科学性、规范性、时效性，提高标准质量。这都是我们在制订家政服务标准前必须要回答的和清晰的问题。否则，匆忙草率制订一部家政服务某个业态标准，对鲜活的充满生命力的家政服务实践是不负责任的，也是事倍功半的，严重的甚至会阻碍家政服务业的快速发展。因为，制定家政服务职业技能标准，应当有利于推广家政实践和家政研究成果，增强家政服务的安全性、通用性、可替换性，提高经济效益、社会效益、生态效益。

下面是我们经过 12 年对国内外家政服务的实证研究、理论研究、调查研究、大数据分析，以及基于我们在家政服务第一线实践，得出的研究成果。现在具体分析如下：

在我们看来，家政服务职业技能，是指家政服务员在家庭服务环境中完成任务并最终达到服务预期，所具有的教育、工作经验、能力与相关知识及态度。也就是说，每一个业态家政服务员职业技能主要依据"八个要素结构"进行划分：

5.5.1 基础教育

基础教育是一个人素质高低或基本文化程度的主要指标之一。在我国已经出台的《家政服务员国家职业标准》（2006 年版）中，就有明确规定："初中毕业"。随着雇主对美好生活的向往、高品质的追求，对家政服务员的素质要求越来越高，特别是随着智能家居、人工智能、服务机器人、物联网走进家庭，智慧家庭的出现，家政服务员仅仅具有初中文化程度是不够的。

因此，在家政服务职业技能标准化中，家政服务员的基础教育程度，是判断一个家政服务员职业技能等级划分的重要依据之一。我们知道，一个人的基础教育程度可以分为：不识字、小学毕业、初中毕业、高中毕业（包括职业高中）、大专毕业、本科毕业、硕士毕业、博士毕业等。很显然，不同程度的学历，与家政服务员不同程度的职业技能等级，存在一定正相关。一般来说，在同样的职业技能培训或职业实践上，家政服务员的文化程度越高，越有利于掌握一门职业技能。在这点上，世界家政知名品牌"菲佣"就是最好的例证。例如，香港的"菲佣"。据香港海外雇佣中心的数据，2017 年在其所安排就业安置的菲律宾的菲佣中，40% 拥有大专学历和研究生学历，100% 的菲佣具有中学高中学历。所以，菲佣能够成为世界家政行业高品质服务品牌，绝非偶然。

因此，我们将根据家政服务员的基础教育程度不同，对家政服务员职业技能等级进行划分，并作为重要依据之一。

5.5.2 培训课程

我们知道，家政服务是综合性与应用性都很强的生活技能服务。作为职业技能，需要在活动训练中、在做中、在服务实践中获得，而不是基础教育或课堂讲授职业知识所能掌握的。因此，职业技能实操培训或训练，是必需的。这样，就可以通过一个家政服务员参加实操课程培训的学时数、所获培训证书等级来评判职业技能等级水平，这是家政服务职业技能评定的一个非常重要的维度。举例说明：

家居保洁收纳职业技能标准：参加家居保洁收纳培训学时数或家务培训学时数，例如，初级不少于 30 标准学时，中级不少于 60 标准学时，高级部少于 90 标准学时；家居保洁收纳培训证书或家务培训证书等级：初级、中级、高级。

烹饪职业技能标准：参加烹饪培训学时数，例如，初级不少于 45 标准学时，中级不少于 90 标准学时，高级部少于 135 标准学时；烹饪培训证书等级：初级、中级、高级。

育婴职业技能标准：参加育婴培训学时数，例如，初级不少于 160 标准学时，中级不少于 320 标准学时，高级部少于 480 标准学时；育婴培训证书等级：初级、中级、高级。

居家养老护理职业技能标准：参加育婴培训学时数，例如，初级不少于 180 标准学时，中级不少于 330 标准学时，高级部少于 450 标准学时；居家养老护理培训证书等级：初级、中级、高级。

5.5.3 专业教育

判断一个家政服务员职业技能标准等级，尤其是判断高级家政服务员职业技能标准等级，还要看看这个家政服务员是否从事过本专业业态的家政培训工作或家政教育工作。因为，高级家政服务员要具有指导与培训初级、中级家政服务员的能力。因此，家政服务员的专业教育年限，也是评估一个家政服务员职业技能标准的维度之一。举例说明：例如：1—3 年，初级；4—7 年，中级；8 年以上，高级。

家居保洁收纳职业技能标准：在家政公司或物业公司或保洁公司等，担任家居保洁收纳服务培训教师的年限。

烹饪职业技能标准：在烹饪机构或家政公司等，担任烹饪培训教师的年限。

育婴职业技能标准：在母婴护理公司或幼儿园或学校等，担任婴幼儿照料培训教师的年限。

居家养老护理职业技能标准：在养老机构或家政公司等，担任养老护理培训教师的年限。

5.5.4 生活经历

家政服务是综合性与应用性都很强的生活技能服务。因此，一个欲从事家政服务的人员的家庭生活经历，将直接影响一个家政服务员掌握家政服务职业技能的职业敏感度、速度、深度。一个家庭生活经验丰富的人，相对容易理解家政服务职业意识，相对容易掌握家政服务职业技能；反之，一个很少做过家务的人，对家政服务职业技能培训缺乏经验支撑。这两者将直接影响家政服务职业技能水平。现举例说明：例如：1—3 年，初级；4—7 年，中级；8 年以上，高级。

家居保洁收纳职业技能标准：在自己的家庭或者在亲友家庭亲自做家居保洁收纳的年限。

烹饪职业技能标准：在自己的家庭或在亲友家庭亲自做烹饪的年限。

育婴职业技能标准：在自己的家庭或在亲友家庭亲自育婴的年限。

居家养老护理职业技能标准：在自己的家庭或在亲友家庭亲自护理老年人的年限。

5.5.5 工作经验

除了与家政服务职业技能相关的生活经验以外，直接的本职业的工作经验，也是评估一个家政服务员职业技能水平的重要依据。我们都知道，"实践出真知"。一个人在本职业工作岗位上，随着工作经验的积累，职业知识与职业技能也会逐步提升，可谓"熟能生巧"。例如：1—3 年，初级；4—7 年，中级；8 年以上，高级。

家居保洁收纳职业技能标准：在家政公司或雇主家庭或物业公司或保洁公司等，做保洁员的年限。

烹饪职业技能标准：在雇主家庭或在饭店或在某单位机构等，做烹饪的年限。育婴职业技能标准：在雇主家庭或幼儿园等，做育婴的年限。

居家养老护理职业技能标准：在雇主家庭或养老机构等，做养老护理的年限。

5.5.6 专业技能

通过以上论述，我们知道，基础教育、职业培训、专业教育、生活经历、工作经验等，都将影响一个家政服务员职业技能的获得，或者，可以通过这些来评估一个家政服务员的职业技能水平等级。但这些都不是一个家政服务员职业技能本身。所谓专业技能，就是完成每一项服务工作内容，应达到的结果或应具备的能力，是工作内容的细分。专业技能应是家政服务员自己可独立完成的，其描述应具有可操作性，对每一项服务技能应有具体的描述，能量化的一定要量化。

因此，我们要评估、制订一个家政服务业态的职业技能标准，我们必须要明确家政服务每个业态的职业技能标准的具体内容，这些内容不是简单的现象罗列或举例，而是具有完整的内在逻辑结构、每个子技能内容是相互独立的、内容之间不重叠交叉、是相互影响相互作用、是递进关系。所有本业态职业技能标准体系将涵盖本职业活动的所有工作任务所需要的职业技能。换句话说，掌握了本职业技能标准体系，就能胜任本职业活动、顺利完成本职业任务。现举例说明：

育婴就是照料、教育0—3岁的婴幼儿。育婴职业技能标准中的"专业技能"：

技能1：会制订婴幼儿成长计划

技能2：能照料母乳喂养婴儿

技能3：能人工喂养婴儿

技能4：会给婴儿母亲催乳

技能5：能照料婴幼儿进食与饮水

技能6：能解决婴儿吃奶时常见问题

技能7：能制定婴幼儿食谱

技能8：能清洁与消毒婴幼儿餐饮用具

技能9：能制作婴幼儿主食

技能10：能制作婴幼儿辅食

技能11：能制订婴幼儿生活日程

技能12：能照料婴幼儿出行

技能13：能照料婴幼儿排便

技能14：能照料婴幼儿睡眠

技能15：能照料婴幼儿穿脱衣服

技能16：能照料婴幼儿"三浴"

技能17：能给婴幼儿抚触

技能18：能照料婴幼儿居室卫生

技能19：能照料婴幼儿身体清洁与卫生

技能20：能给婴幼儿洗澡

技能21：能清洁与消毒婴幼儿玩具、卧具

技能22：能培养婴幼儿语言表达能力

技能23：能训练婴幼儿动作能力

技能24：能训练婴幼儿被动操、主动操、模仿操

技能25：能培养婴幼儿生活自理能力

技能26：能培养婴幼儿认识事物能力

技能27：能培养婴幼儿社会交往能力

技能28：能照料婴幼儿计划免疫

技能29：会照料婴幼儿常见病症

技能30：能照料婴幼儿安全

技能31：能处理与预防婴幼儿意外伤害

5.5.7 专业知识

除了专业技能外，专业知识也是判断一个业态家政服务员职业技能标准等级的重要维度。所谓专业知识，就是达到每项技能要求必备的知识。应列出完成职业活动所需掌握的

技术理论、技术要求、操作规程、操作方法、服务工具等知识点。专业知识要求与技能要求对应，应指向具体的知识点。专业知识更多强调的本服务业态的陈述性知识。即描述本服务业态客观事物的特点及关系的知识，也称为描述性知识，表达"是什么"，描述一个具体的事实。现举例说明：

育婴就是照料、教育 0—3 岁的婴幼儿。育婴职业技能标准中的"专业知识"：

知识 1：知道婴幼儿生理发育特点

知识 2：知道婴幼儿心理发展特点

知识 3：知道婴幼儿基本营养素

知识 4：知道婴幼儿儿食物特点及来源

知识 5：知道婴幼儿辅食添加知识

知识 6：知道婴幼儿游戏

知识 7：知道婴幼儿预防接种知识

知识 8：知道婴幼儿常见病症

知识 9：知道母乳知识

知识 10：……

5.5.8 服务态度

除了专业技能、专业知识外，服务态度也是判断一个家政服务员专业技能标准等级不可或缺的重要维度。服务态度就是指家政服务员在提供家政服务的过程中，在言行举止方面所表现出来的一种状态。即家政服务员在一定社会环境的影响下，通过家政服务活动和自身体验所形成的、对家政服务工作与服务对象的一种心理倾向与情感表达。服务态度体现了一个家政服务员对家政服务工作的认识、精神境界、职业道德素养。服务态度将直接影响家政服务过程与服务结果。服务态度的作用是能满足被服务者的精神需求、心理需求，使被服务的雇主心情舒畅、满意。

服务态度的内容包括：热情、诚恳、礼貌、尊重、亲切、友好、谅解、安慰等。服务态度是反映家政服务质量的基础，优质家政服务是从优良的服务态度开始的。良好的服务态度，会使雇主产生亲切感、热情感、朴实感、真诚感。现举例说明：

育婴职业技能标准中的"服务态度"：

风格 1：你在服务过程中与雇主交流

风格 2：与婴幼儿相处中的耐心和理解婴幼儿

风格 3：对婴幼儿的热爱程度

以上是家政服务职业技能标准内容的组成要素分析，这八个要素之间相互关联，共同形成了家政服务员职业技能标准。其中，每一项服务技能都是依据每一个服务标准来鉴定其合格性。为了便于识别，每一项服务技能都可以用数量分级来表示家政服务员的职业技能等级。

依据国家职业技能等级分类标准，我们将家政服务员职业技能标准分为五级：即五级（初级技能）、四级（中级技能）、三级（高级技能）、二级（技师）、一级（高级技师）。其中，最低为实习家政服务员，没有标准等级；最高为高级技师。高一级技能包括低一级技能。级别越高，表示家政服务员职业技能等级水平越高。

5.6 如何实施家政服务职业技能标准

企业技能标准正式发布后，企业应立即组织人力资源、运营管理、市场营销等相关部门落实标准的实施工作。企业技能标准只有通过贯彻实施，才能在家政服务员招聘与培训、服务过程控制、服务质量保证、服务市场营销等方面，产生预期效果，发挥企业技能标准的作用和效益，才能验证技能标准的科学性、可行性，进而对技能标准的制定质量和水平做出评价，才能发现技能标准存在的或潜在的问题，为修订和改进标准提供实践依据，从而不断完善企业技能标准，发挥企业技能标准的最大价值和效益。

当然，如果家政企业没有能力制定自己的企业技能标准，也可以根据自己企业的资源情况、企业定位、目标顾客需求、家政服务员的知识与技能水平，选用已经正式颁发的与企业提供的服务业态相同的"国家技能标准""行业技能标准""地方技能标准"等；也可以借鉴和采用别的品牌家政企业技能标准。当然，企业标准，不仅仅是家政服务职业技能标准体系，还包括家政服务员工作标准体系、家政服务管理标准体系等。这里主要介绍的是企业技能标准的实施。

技能标准实施是一项复杂细致的工作，涉及企业管理的各个方面，必须要做到有组织、有计划地实施。一般来说，企业技能标准工作可分为：计划、准备、宣贯、实施、监督、反馈、总结七个步骤进行。当然，也可根据实施标准的实际情况进行调整。

5.6.1 制定标准实施计划

家政企业在实施企业技能标准前，首先要制定目标明确、切实可行的标准实施工作计划（或方案），统筹规划，周密部署，将会收到事半功倍的效果。

标准实施计划的主要内容包括：企业技能标准实施的范围、方式、内容、步骤、归口部门、协作部门、负责人、时间节点安排、应达到的节点目标和总目标及要求、实施经费、为实施该项企业技能标准所需要的支持、技术、设备等。

同时，在制定标准实施计划时，还应该注意以下问题：

1）要在家政企业日常开展的服务工作中"贯标"或实施，而不是脱离日常家政服务工作另搞一套。当然，在实施过程中，要注意总结有利因素和不利因素，要尽力克服不利因素。

2）家政企业技能标准的实施，需要人力资源、运营管理、市场营销等多部门共同实施，需要在家政服务员的招聘、培训、派遣、管理、职业生涯发展以及与雇主的沟通、服务市场营销等多个环节实施。因此，要把企业技能标准的实施工作，细化、分解成多项具有可操作性的任务和具体要求，分配给各有关职能部门和具体人员，明确职责，规定完成的时间节点与时限以及彼此之间相互配合的内容和要求。

3）在家政企业贯标过程中，需要根据标准实施的难易程度和涉及范围的大小，选择合适的实施方式。对于难度较小且涉及范围较小的标准，可一次性铺开，全面贯彻；对于涉及范围广、实施难度大的标准，可先行试点，然后分期组织实施。

5.6.2 实施准备

实施准备工作，是确保企业技能标准顺利实施的关键环节和重要保证。如果准备工作不足或过于简单，一旦标准实施中出现问题后得不到及时解决，便会延缓实施进度，影响实施效果。准备工作主要包括：组织准备、人员准备、经费和物资准备、技术准备四个方面。

1）组织准备

家政企业技能标准的实施，涉及企业各个职能部门，需要建立一个实施工作小组，来制定标准实施的各项具体措施，协调解决标准实施过程中出现的问题。要明确工作小组由谁来牵头负责，哪些职能部门和人员参加，以及对应的职责权限等。在家政企业里，一般是企业主要负责人牵头，人力资源、运营管理、市场营销、财务、后勤技术保障部门的负责人参加，同时，还要特别邀请一线优秀家政服务员代表参与小组工作，大家共同组织和协调标准实施工作。对于单一的、较简单的标准的实施，也至少应设专人或某一部门来牵头负责标准实施工作。

2）人员准备

家政企业技能标准实施，家政服务员准备是关键。因为，家政服务员是企业技能标准的使用者，家政服务员的技能和素质水平以及对技能标准的认识程度，都将直接关系到企业技能标准实施的进度和效果。因此，在实施企业技能标准前，应配备具有相应资质和技能的家政服务员。例如，初级家政服务员在实施企业技能标准时，必须具备初中文化程度。

除了家政服务员准备外，人力资源部门也是家政企业技能标准实施涉及的关键岗位，尤其是家政服务员技能标准的培训人员、鉴定人员要提前配备，并且要具有相应资质和技能。例如，家政培训师要取得家政培训师资格证书、家政服务员技能鉴定师要取得技能鉴定师资格，才能胜任指导企业技能标准的正确实施。当然，在实施标准前，需要对以上人员进行关于标准实施的培训。

3）经费和物资准备

家政企业技能标准实施，需要一定的资金和物资条件做后盾。因为，家政职业技能标准是对家政服务提供的技术规范，对家政服务提供过程的各个环节、最终服务质量都做出了明确规定，并且具有一定的先进性。为了达到标准要求，需要对家政企业现有设施设备进行技术改造，有时还需要添置新设施、新设备。例如，配置按技能标准要求的家政培训教室、技能实操教室、家政服务员工作服装、家政服务工具、技能标准鉴定工具等。这些要求都需要一定的经费来支持才能实现。因此，在实施此类标准前，应做好详细的经费预算和物资准备。

4）技术准备

技术准备也是标准实施过程中的一个重要环节。技术准备主要包括以下工作：一、提供标准文本及必要的宣讲、介绍资料，有的还应准备有关图片、视频资料。二、针对技能标准中的某些条款，还应编制新旧标准对照表，预先提出对标准实施中可能出现的主要问题的处理措施。三、标准实施涉及服务技能改进时，应提前进行相应的技术准备，必要时应采取新的服务工作方法或流程。四、如果标准涉及范围较广、实施难度较大，实施前应先选取若干有代表性对象或家政门店，试点成功后，再进行大范围推广。

5.6.3　开展标准宣贯培训并建立奖惩机制

企业技能标准实施前，应认真组织宣贯培训工作。要使家政企业所有相关人员，对实施企业标准的必要性、重要性、可行性，都有一个正确而全面的认识。同时，要确保参与标准的实施人员都能准确掌握企业标准的详细内容、关键要求、难点。对内容较复杂或技术含量较高的标准，还应组织进行专业技能培训。

开展标准宣贯培训，主要包括：企业决策层、管理人员、一线家政服务员三个层次，分别组织培训，以确保贯标培训工作的针对性、有效性，进而实现标准的预期作用。

1）对企业决策层进行宣贯培训

对家政企业决策层进行宣贯培训，其目的是要争取企业决策层领导对技能标准实施工作的重视和支持。这是企业标准能否有效实施并取得成功的首要因素。对决策层领导的培训方式：采取讲座、座谈、高层会议、观看视频、参观考察、体验标准技能服务等多样综合形式；培训内容：主要向决策层领导讲清传达实施企业技能标准的必要性、重要性、可能的预期成效，确保企业所有决策层领导，都能在思想上、认识上对实施企业新标准有一个正确认识。同时，还要讲清新标准实施过程中的可能遇到的难点、重点，需求企业各个职能部门、人员、物资、技术、经费保障等方面必要的提供和支持，以及标准实施过程中需要领导协调解决的其他重要事项。对于企业决策层的贯标培训，不必过于详细讲解企业技能标准的具体内容条款和技术要求细节，而且培训次数和时间要严格控制。在对企业决策层进行培训前，最好先准备一个培训概要报企业一把手审核通过，更为有效。

2）对管理人员进行宣贯培训

企业管理人员是企业标准实施的具体负责人和组织者，对标准实施的成功至关重要。对于企业管理人员进行宣贯培训，除了宣讲标准实施的必要性、重要性外，重点培训内容：一、标准实施中管理人员的定位、作用、要求；二、标准实施的重点、难点，以及需要进行的各项前期准备工作；三、与标准实施相关的各个职能部门之间的沟通协调与合作；四、标准实施计划的执行要求，即人员分工、工作目标、时间节点及进度、实施监督与考核评价等。这里，需要指出的是，管理人员必须要全面了解企业技能标准的内容条款，否则，很难评估一线家政服务员执行企业技能标准的效果。

3）对一线家政服务员进行宣贯培训

一线家政服务员是企业技能标准实施的主体。对企业标准实施成功具有决定性作用。对于一线家政服务员贯标培训的形式：举办标准培训班或标准实施骨干培训班、网络培训、标准实习。通过培训班，邀请企业技能标准制定者和相关专家，对企业标准进行系统的讲解和操作示范训练。除了技能标准内容本身的培训外，对一线家政服务员进行贯标培训，内容还包括：一、标准实施的意义；二、标准实施的难点、关键环节、技术要领。总之，通过对一线家政服务员贯标培训，确保每位家政服务员都能在日常服务工作中自觉地运用企业技能标准、执行标准、维护标准，进而实现全员参与的企业标准实施目标。

4）建立贯标奖惩机制

除了贯标培训外，为了激励企业所有员工特别是一线家政服务员参与到技能标准实施过程中，用企业标准来规范自己的工作行为，企业将对贯标中的先进员工给予奖励，对贯标培训后还不达标的家政服务员给予警告甚至辞退处罚，以推动企业技能标准真正落到实处。通过贯标奖惩机制，从制度上确保企业标准实施效益最大化。

5.6.4 组织标准实施

以上各项准备工作完成之后，就可以正式组织企业标准实施了。在这个阶段，就是要把企业技能标准转化为家政服务员的服务行为，真正实现家政服务标准化。

1）严格按照企业技能标准提供服务

企业技能标准实施后，家政企业各个职能部门和一线家政服务员，应严格按照企业技能标准规定提供服务，开展相关运营管理工作，不得随意降低标准或不按标准规定执行。标准实施的具体要求：

一、对于家政服务提供过程中涉及的服务工具、设施设备特别是培训教室和培训设备等，通过评估确认达到技能标准要求后，再投入使用；二、对于家政服务员，应通过考核评估确认其服务技能达到企业技能标准规定要求后，再准予上岗给雇主提供服务；三、对于企业标准规定的服务质量要求转化为企业各个岗位的具体工作要求后，再加以实施；四、对于家政服务安全、卫生等方面的标准要求，应落实到具体关键环节或关键点上，并有相应的保证措施；五、对于实施标准过程中遇到的各种问题，应及时采取有效措施予以解决，以保证标准各项要求的贯彻落实、标准实施的连贯性。总之，当企业技能标准一经对外公开发布，就应严格执行。

2）记录和保管标准实施中形成的数据

企业技能标准实施，将对家政服务过程、服务管理等各个环节及最终服务结果，产生一定的影响，也必然会形成一系列新的实施数据。例如，在技能标准实施中，家政服务员招聘数据、培训数据、达标数据、上岗数据、雇主投诉数据、雇主满意数据、家政服务员满意数据、家政服务员流失数据、家政服务员技能升级数据等。这些实施技能标准中形成的各项数据，是改进标准实施工作、修订技能标准的重要依据。因此，必须要求企业相关人员认真做好实施记录并妥善保管，必要时，应及时将记录信息反馈至相关职能部门和企业决策层。

5.6.5 开展标准实施后监督

对标准的实施情况进行监督，是实施标准的重要组成部分。通过监督可以进一步验证技能标准的可行性、先进性，了解标准的实施情况，发现标准实施中存在的问题，以便及时处理解决。作为，企业标准，监督形式主要是企业组织自身的实施监督。但如果有条件，也可以聘请第三方组织进行监督。

1）监督的方式和方法

企业标准的实施监督，可分为定期和不定期两种方式。对于定期监督，可以成立专门的监督工作小组，来实施全面监督，以确保技能标准实施工作取得实效；对于不定期监督，可由企业具体的职能部门执行，而且需要特别强调其时间、部门和监督内容的随机性，从而确保不定期监督的有效性和代表性。

在组织标准实施监督时，要制定详细的实施监督计划或方案，准备好相应的监督工具和记录表格。在实施监督过程中，要及时做好记录，发现问题后，要及时与标准实施部门或相关负责人进行沟通，并要求其在相关记录上签字确认。

标准实施的监督结果，要定期公布，并作为对各职能部门或相关责任人绩效考核、奖惩评价的一项重要指标或依据。

2）监督的内容

标准的实施监督内容，主要包括：一、对标准实施准备工作的监督，主要是确保准备工作成果达到标准实施的要求；二、对标准实施过程情况、实施结果情况的监督。在监督过程中要做好记录工作，确保标准实施过程和监督过程中产生的各项原始记录或数据的可追溯性。通过对这些原始数据的分析和比对，可以更全面、更准确地掌握标准实施情况。

3）监督的结果处置

监督中发现的问题，要及时与相关职能部门或责任人进行沟通反馈、共同分析探讨，找出问题产生的原因，制定有针对性的整改措施，明确整改要求和相关责任人、完成整改的时间节点和时限。整改结束后，还要适时组织复查，以确保整改结果的有效性。

5.6.6 制定持续改进措施

企业标准实施的最后一个环节，就是在标准实施与监督的信息反馈的基础上，制定持续改进措施。

1）信息反馈

信息反馈，就是将企业标准实施过程中形成的有关记录、实施效果，以及监督过程中发现的问题和处理措施等方面的信息，及时传递给企业决策层、相关职能部门、标准起草工作小组，为标准的修订提供科学依据。信息反馈的方式，主要有两种：

一、自上而下的信息反馈，主要通过实施监督来实现，负责监督的工作小组或职能部门，应及时将发现的问题和整改措施，反馈至相关职能部门和责任人。

二、自下而上的信息反馈，主要通过一线家政服务员在实施标准过程中发现和提供，这是对自上而下实施监督的信息反馈机制的有效补充。为了鼓励主动思考、积极提供标准实施过程中存在的或潜在的问题的个人及其所在部门，应制定以奖为主、奖罚分明、操作简便的标准实施奖惩制度。例如，《家政服务合理化建议奖励办法》《企业技能标准实施先进个人评选奖励办法》等，从而充分调动企业全体员工特别是一线家政服务员，参与标准实施工作的主动性、积极行、自觉性。只有一线家政服务员全身心投入到技能标准实施的持续改进活动中去，成为标准实施和改进的主体，才能使企业技能标准真正发挥最佳的经济效益和品牌效益。

2）持续改进

通过以上标准实施的各个环节是否满足标准要求，以及标准实施效果如何，都经过监督和评估，确认其已经基本实施到位后，接下来，应对整个家政企业标准实施情况进行全面总结，特别是对存在的问题采取了哪些措施及取得的效果进行分析和评价。总结工作主要包括：对标准实施工作中家政服务员掌握、运营技能标准情况、雇主对家政服务员技能标准水平情况以及技能标准的培训情况、鉴定情况、技能标准升级情况等进行全面总结；同时，对各种文件、资料、记录的各种数据的归纳、整理、立卷归档，必要时建立电子信息档案备份；总结还包括对下一步或后续企业技能标准实施工作的意见和建议。

在总结过程中，企业相关标准实施的负责人应深入一线了解真实情况，应与标准实施的重点职能部门、实施的各个环节、特别是一线家政服务员要加强联系，深入沟通交流，同时，还要听听雇主对技能标准实施的反馈，毕竟家政企业技能标准的实施目的是为了满足雇主的需求。

通过对企业技能标准实施前后变化的比较分析，以及对标准实施总体效果的客观评价和经验与教训的总结，可以为后续的标准实施和修订工作积累宝贵经验。需要特别指出的是，每一次总结并不意味着企业技能标准实施工作的终止，它既是对前一阶段标准实施工作的阶段性总结，同时，也是企业技能标准实施工作下一次 PDCA（策划、实施、监督、改进）循环的开始，家政企业技能标准就是在这种 PDCA 的不断循环中，确立家政企业标准品牌，而且企业的标准品牌是企业的核心竞争力，竞争对手很难复制模仿。因此，家政企业下如此功夫实施企业技能标准，是明智的战略之举。

5.7 家政服务职业技能标准持续改进

企业技能标准持续改进，是家政企业不断完善技能标准体系，筑牢企业标准品牌，确保企业竞争优势的有效办法。家政企业技能标准改进，除了按照 PDCA（策划、实施、监督、改进）管理模式进行改进外，家政企业管理者还必须清醒认识到：科技进步、家政服务员素质结构提升、技能熟练程度、家政服务方式革新、雇主需求变化等因素，都将推动家政企业必须不断改进服务技能标准，才能适应竞争激烈的家政服务市场需求。因此，家政服务职业技能标准持续改进，不是可有可无，即使是暂时先进的技能标准也不是一劳永逸。下面具体介绍：

5.7.1 科技进步推动技能标准升级

今天的科技进步速度，真可谓一日千里，特别是随着人工智能、大数据技术、物联网、云计算技术进入智能制造、进入家庭生活，人们开启了智慧家庭生活。一批批智能家用电器（例如，智能洗衣机、智能电饭锅、智能电冰箱等）、智能家具（例如，智能沙发、智能桌椅、智能床垫、智能床头柜、智能衣柜等）、智能服务工具（例如，清洁机器人、照护机器人等）进入普通百姓家庭，开始在家庭生活中发挥作用且扮演越来越重要角色。这必将对家政服务技能标准提出了挑战。为此，家政服务技能标准也必须随着科技进步，不断迭代升级。唯有如此，才能提升家政服务质量与效率，满足雇主对高品质家政服务需求。

5.7.2 家政服务员素质结构性提升推动技能标准升级

随着国家对家政服务业政策与资金扶持力度逐渐加大，家政服务业逐渐成为现代服务产业，吸引了越来越多有一定知识和技能的从业人员加入家政服务行业，且家政服务员越来越年轻化，家政服务员队伍整体素质结构正在逐步提升。这就要求原来建立在文化程度不高、年龄相当较大的家政服务员素质结构基础上的技能标准，必须要随着相当年轻化、知识化的家政服务员素质结构，作出调整与提升。

5.7.3 熟练程度普遍提升推动技能标准升级

当家政服务职业技能标准正式实施后，特别是经过长时间的贯标培训，长时间的在家政服务实践中反复操作后，家政服务员队伍总体上在服务技能熟练程度上，将会得到普遍性提升。此时的企业技能标准，已经转化为企业大多数家政服务员自动化服务行为规范时。作为企业技能标准，如果仍然维持原有的技能标准水平，将起不到标准的规范与引领作用，也激不起家政服务员学习职业技能的兴趣与努力。因此，当企业技能标准被大多数家政服务员习得，并熟练运用形成自动化服务行为时，企业就要及时进行技能标准的修订，提升技能标准水平，才能继续引导家政服务员向高一级技能水平发展。家政企业就是在技能标准持续改进中打造标准品牌。

5.7.4 方法革新推动技能标准升级

随着家政服务实践的深入发展，家政服务方式方法也在不断变革。例如，家政服务"新员工制"、家政服务"零工模式"、还有运用新的家政服务工具。这些方式方法革新，必将影响家政服务流程，也会较大地提升家政服务质量与服务效率，加速了技能标准的修订。

5.7.5 雇主需求标准提升推动技能标准升级

随着生活水平的提高，雇主对服务质量的要求也越来越高，自然对家政服务员的服务技能提出新的要求；同时，雇主在获得长时间的满意服务之后，也会慢慢习惯把原来按技能标准提供的服务视为常态，而期望新的服务。或者，只有新的服务才能获得雇主的惊喜。这就迫使家政企业只有不断提升技能标准水平，才能维护和保持雇主满意度。

5.7.6 市场竞争压力推动技能标准升级

当企业技能标准对外公示时，或者，当企业的家政服务员运用新的技能标准正式对雇主提供服务时，必将引起竞争对手家政公司的模仿跟进。经过一段时间以后，发布技能标准的企业如果不能持续改进，就会被竞争对手跟上，慢慢失去竞争优势。只有企业技能标准的持续改进，才能保持竞争优势和领先地位，维护企业的标准品牌。

5.8 关于家政服务职业技能标准的几个问题

5.8.1 在标准内容选择上

技能标准内容的选择，要慎重。选择什么内容，不选择什么内容，不是任由标准制定者或家政公司随意增减或主观拍脑袋确定的，而是由家政服务实践决定的，或者说，是由雇主需求决定的。因此，在标准内容的选择上，要尽量全面、客观地反映家政服务工作场景对家政服务员的职业技能、服务知识、服务态度的要求。否则，过低的标准内容，在实践中就满足不了雇主的需求，就失去了制定技能标准的意义；过高的标准内容，对家政服务员而言，也很难达到。同时，在实施过高标准时，也会大大增加家政公司的成本。所以，在技能标准内容的选择上，家政公司要切合实际，首先要能够满足雇主的基本需求，在此基础上，稍高于或满足雇主的多层次需求。

随着社会经济的发展、人们生活水平的提高、职业技能和服务知识的发展进步，要逐渐提升技能标准内容。让雇主期望一直处在满足与提升之中。这也就是为什么职业技能标准需要不断修订的主要原因。

同时，技能标准内容的选择，应力求具体化、可度量、可观察、可检验，这样便于家政企业管理者用来评估家政服务员的职业技能标准水平，便于有针对性地开展家政培训，更便于家政服务员理解、掌握并在服务实践中运用。即标准内容的选择要具有可操作性。例如，母婴护理（月嫂）职业技能20："能人工喂养新生儿"：a）准备工作、b）奶具消毒、c）确定合适的奶粉、d）调配奶水、e）能选择与使用奶瓶喂哺婴儿、f）确定喂奶量、喂奶次数、每次喂奶时间、g）人工喂养注意事项、h）能预防与处理婴儿喂养常见问题。

值得注意的是，在技能标准内容的选择上，一定要避免随意性、主观性。在家政服务业，"服务内容"本身就是主要的标准之一。选什么内容？不选什么内容？或者说，家政公司给雇主提供什么服务？不提供什么服务？可以衡量一个家政公司企业技能标准的水平。遗憾的是，在现实中，绝大多数家政企业或家政服务员在"标准内容"或"服务内容"上，缺乏敏感性、不够精确。不同的家政公司或家政服务员提供不同的服务，同一个家政公司的不同家政服务员提供的服务内容也不相同，甚至同一个家政服务员在不同的雇主家庭或同一个雇主的不同服务时间提供的服务内容也不相同。产生上述问题的一个根本原因就是"标准内容"上的随意性、主观性。这也是雇主最为诟病的服务"痛点"之一。可见，标准内容选择的重要性。

其实，家政服务之所以在社会上的"名声"不够好，一个重要原因就是家政服务"门槛"低或者没有门槛，什么人都可以从事家政服务职业，不管一开始是否受过正规的家政培训，谁还没有做过"家务活"？这里的"门槛""家务活"就是"标准内容"。可惜的是，一个没有受过正规的"标准化"的家政服务培训的从业人员，她做的"家务活"其实是标准很低的。这就是问题的根源。可这样的现象，今天仍然充斥在众多的中小家政公司和很多家政服务员里。

"标准内容决定形式"。什么样的标准内容，决定什么样的服务方式和服务工具，而服务方式和服务工具又影响服务质量、雇主的服务体验。因此，如果标准内容缺失，除了满足不了雇主的需求外，也一定会影响雇主的服务体验，进而影响雇主的满意度与忠诚度。

总之，在家政服务中，标准内容是第一位的，标准内容是雇主决定的，不是家政公司或家政服务员可以任意增减的。所以，本书"区块链＋新家政服务"标准体系中，根据雇主的实践需求，详细列出了"九大服务业态"的"标准内容"，就是例证。

5.8.2 在标准各要素之间的相互关系上

决定一个人的职业技能水平，不是单一因素决定的，是其所受的基础教育、专业教育、生活经验、工作经历、专业技能训练、服务知识学习、服务态度等综合因素共同作用的结果。这些因素之间相互作用、相互影响、相互促进。

因此，在职业技能鉴定评估上，仅仅评估"专业技能"水平和"服务知识"水平，是不够的；还需要在家政服务员职业技能标准评估中，综合评估"所受的基础教育、专业教育、生活经验、工作经历、服务态度"，才能真实地反映或鉴定出一个人真正的职业技能水平，进而提高技能标准评估的"信度"（即可靠性，是指采取同样的方法对同一对象重复进行评估时，其所得结果相一致的程度。信度是指评估数据的可靠程度）、"效度"（即有效性，是指评估工具或手段能够准确测出所需评估的事物的程度。效度是指所评估到的结果反映所想要考察内容的程度。评估结果与要考察的内容越吻合，则效度越高；反之，则效度越低）。因为，一个人"所受的基础教育、专业教育、生活经验、工作经历、服务态度"都直接或间接影响其职业技能的稳定性、可靠性、可塑造性、可持续性等。

这里，还需要特别注意的是，"专业技能"与"服务知识"的区别。专业技能强调动手操作，强调行动，强制做，强调操作工具与操作流程；而服务知识，只陈述"是什么""什么方法""什么原则"与"重要性"，只是理论，不是实践能力与动手技能。因此，在职业技能标准评定中，不能用"服务知识"代替"专业技能"，尽管掌握服务知识有助于专业技能获得。但两者毕竟不是一回事。所以，在标准内容的选择与表述上，要对"专业技能""服务知识"进行严格区分和准确表述。例如，专业技能的表述："能人工喂养新生儿"，强调人工喂养新生儿的准备工作、工具和材料、操作程序、注意事项、处理人工喂养过程中出现的问题等；而专业知识（服务知识）的表述："什么是人工喂养（新生儿）"，强调什么是人工喂养、奶粉的种类、人工喂养方法等。

家政服务需要的更多是实践性强的应用性专业技能，需要家政服务员会"做"、熟练地"做"，而不是能"说"不会做。因此，在本书"区块链＋新家政服务"标准体系中，特别强调家政服务员的"专业技能"。在评定上，职业技能标准和服务知识标准分别评定，其中，职业技能标准占60%，服务知识占40%，两项标准评定结果合计构成整个职业技能标准水平。这种区分很重要，至少有三个方面的作用：一是在家政服务员招聘上，要选择操作技能强的从业人员；在家政培训上，要重在实践操作技能培训，而不仅是口头讲授家政服务知识；在家政服务员技能鉴定上，要重点考核评估其实操技能，而不是仅纸笔考试。

5.8.3　在标准等级划分上

我们主要是依据职业能力水平：基本技能（即初级技能）；专门技能（即中级技能）；解决问题能力、培训能力（即高级技能）；关键技术技能、创新能力、管理能力（即技师）、组织能力（即高级技师），以及依据所受基础教育和专业教育的年限、生活经验和工作经历的年限等，对家政服务职业技能标准进行等级划分。其中，高一级能力涵盖低一级能力。

问题是，如何判断或评估某一项服务技能是那项职业能力水平？或者说，在家政细分业态服务中，哪些服务技能是基本技能？哪些服务技能是专门技能？哪些服务技能对应的是解决问题能力？哪种服务技能是关键技术技能？哪些服务技能对应的是创新能力等？针对以上这些问题，技能标准制定者要必须清晰把握和准确界定。这也是家政服务职业技能标准制定的难点所在。否则，在技能标准等级划分上就存在的任何误差，都会影响职业技能标准鉴定的信度（即可靠性）和效度（即有效性）。

这里，需要指出的是，按家政服务员职业技能标准等级（初级、中级、高级、技师）编写家政培训课程教材，这是一个值得商榷的问题。现在的情况，从国家主管部门主编的家政培训教材，到地方版家政培训教材，都是这样分级或分册编写。在我们看来，这样的编写体例主要存在以下几个问题：

一、在标准内容的划分上很难界定清楚，造成分级教材内容混乱。这主要体现在不同的编写团队或不同的地方或部门有不同的选择标准，进而编写出不同的标准内容教材。即同一个"技能内容"有的写进"初级教材"中，有的写进"中级"里；或者，即同一个"技能内容"有的写进"中级教材"中，有的写进"高级"里；或者，同一个"技能内容"既写进"初级教材"中，又写进"中级教材"中；或者，同一个"技能内容"既写进"中级教材"中，又写进"高级教材"中等。这种混乱的现象，在我国已经出版的各种家政培训教材中司空见惯。让家政服务员和家政培训师无所适从。

二、在标准鉴定上很难执行。由于标准内容上的混乱，直接导致标准鉴定上的混乱。这不难理解。问题是，这样给家政服务员进行分级培训或分级鉴定，让家政服务员在学习内容安排上、努力方向上产生混乱。这是典型的缺乏"信度"。

三、在标准使用上会碰壁，缺乏有效性，这是典型的缺乏"效度"。因为，用按等级划分编写的教材来培训家政服务员，假设家政服务员经过培训和考核得到了分级的要求，例如，拿到了初级家政服务员或中级家政服务员的职业资格证。当家政服务员到雇主家庭提供家政服务时，首先面对的问题是，雇主的服务需求肯定不会按照家政服务员的培训内容展开。也就是说，雇主希望的服务是家庭成员的"刚需"，而不是培训是否涉及的内容，与家政服务员是否接收分级培训无关。结果就是，如果分级进行的家政培训没有涉及的内容，而雇主恰恰需要，这就是矛盾。产生矛盾的根源的就是按"技能标准等级"编写教材后分级培训造成的。

因此，在家政服务职业技能标准等级划分上，现行的分级列出、分级编写培训教材、分级培训、分级鉴定的做法，是典型的"企业中心"管理理念为"指挥棒"，而不是"雇主中心"管理理念。别忘了，家政公司和家政服务员提供的服务质量的好坏，不是企业或家政服务员说的算，更不是"家政服务员职业技能标准制定者"说的算，是雇主说的算，是由雇主对家政服务质量的感知决定的，是雇主决定家政服务员职业技能标准划分的依据，或者说，是雇主对家政服务需求水平或雇主服务预期水平，决定家政服务员职业技能标准水平。即雇主期望的服务水平：

（1）完美的服务："所有人都说这家家政公司提供的家政服务员堪称英国管家或菲佣，服务质量一流。"即"理想的服务"，是顾客盼望获得的服务水平。

（2）规范化服务："如此贵的家政公司应提供出色的服务。"即家政公司提供的服务是标准化、职业化的。家政服务员都是经过严格的培训且具有职业技能标准资格。

（3）基于经验的服务："多数情况下该家政公司很好，忙的时候服务水平降低。"

（4）可接受的期望："我希望这家家政公司以适当的方式提供服务。"即对于顾客来说是可接受的最低服务水平。

（5）最低容忍度期望："我没有期望这家家政公司服务好，雇用其服务是因为服务价格低。"

鉴于此，本书一直坚持"雇主中心"的管理理念，经理论研究与实证研究相结合，制定了家政服务九大业态的"区块链＋新家政服务"职业技能标准。详细内容见下文。

5.8.4 在标准使用上

首先，标准使用者要准确理解和熟悉技能标准评估表上的具体内容，严格按照标准"使用说明"来评估家政服务员的职业技能标准等级。否则，在使用标准评定表时"过于降低标准"或"过于升高标准"，都难以有效评定出家政服务员的真实技能标准水平。

其次，标准使用者要辨别和区分"专业技能"与"专业知识"，要分别加以评定。因为，专业技能和专业知识在整个职业技能标准评定中占不同的权重或比重。

5.8.5 在标准修订上

我们知道，家政服务职业技能标准需要定期修订。一劳永逸的技能标准是不存在的。因为，随着雇主需求的变化、人们生活水平的提高、再加上服务技能本身的发展，家政服务实践将不断升级技能标准水平，才能不断满足雇主的需要。因此，家政企业要在服务技能日积月累的基础上，定期对技能标准进行修订，以增强自己的竞争力。因为，企业的竞争，核心是技能标准的竞争，是掌握技能标准的家政服务员的竞争。

5.9 区块链+家政服务技术标准 （详细内容 见 40.4 章节）

5.9.1 基于区块链的 P2P 网络、"共识机制"技术，全网节点或超级节点（代表节点）通过 P2P 网络、共识机制，共同制订家政服务技术标准。

5.9.2 基于区块链的"智能合约"技术，要借助家政服务技术标准，才能编制有效的家政服务交易"智能合约"。

5.9.3 基于区块链技术，建立的区块链家政服务服务交易平台，其前提条件之一：

1）家政服务标准化；

2）家政服务数据化。而家政服务数据化的基础首先也是家政服务标准化。

第6章　居家保洁收纳服务职业技能标准

【家政政策】

序号	发文时间	发文机关	政策文件名称
	2015年11月18日	国家标准化管理委员会办公室。国标委服务联【2015】67号	《国家标准委、民政部、商务部、全国总工会、全国妇联关于加强家政服务标准化工作的指导意见》
相关摘要	加强标准制修订工作力度：发挥标准化行政主管部门、行业管理部门、协会组织和相关企业的合力，进一步完善家政服务标准体系，加强家政服务标准的基础研究和前期研究，在育婴服务、家庭保洁服务、居家养老服务等热点领域，以及行业发展急需的家政服务培训、服务机构分级评价、家政服务信息化等领域加大标准制修订工作力度。		

【家政寄语】

一个居家保洁收纳服务员，给予雇主家庭的：

不仅是干净整洁卫生环境

更是倡导文明健康、绿色环保的生活方式

也是"断舍离"

【术语定义】

居家保洁收纳服务：是指根据雇主家居环境及要求，使用科学清洁方法与清洁工具及其用品，对雇主家庭客厅、卧室、书房、厨房、餐厅、卫生间、阳台等家居地面、墙面、门窗、家具、家用电器等物品，进行清洁保养、归纳整理的过程，让雇主家庭成员享受干净、整洁、美观、舒适、健康的家居生活。

【标准条款】

序号	标准编号	标准名称	主管部门
1	Q/QKL JZJS101-2020	居家保洁收纳服务职业技能标准	
标准内容	1）职业技能标准定义； 2）职业技能标准等级； 3）职业技能标准内容：所受的教育、培训证书/课程、专业教育经历、相关生活经历、工作经验、专业技能、服务知识、服务态度等要素； 4）职业技能标准评定使用说明及计分方法； 5）《居家保洁收纳服务职业技能标准评定表》； 6）居家保洁收纳服务职业技能标准示例； 7）《居家保洁收纳服务知识评定表》； 8）居家保洁收纳服务知识示例（基本知识、专业知识）。		

【学习目标】

通过本章的学习，您将能够：

1）了解家居保洁收纳服务职业技能标准内容；

2）掌握家政服务员（居家保洁收纳）职业技能标准等级评定方法。

6.1 什么是居家保洁收纳服务

居家保洁收纳服务：是指根据雇主家居环境及要求，使用科学清洁方法与清洁工具及其用品，对雇主家庭客厅、卧室、书房、厨房、餐厅、卫生间、阳台等家居地面、墙面、门窗、家具、家用电器等物品，进行清洁保养、归纳整理的过程，让雇主家庭成员享受干净、整洁、美观、舒适、健康的家居生活。

6.2 居家保洁收纳服务职业技能标准评定

6.2.1 评定细则

1）居家保洁收纳服务职业技能，是指居家保洁员在服务环境（雇主家庭）中完成任务并最终达到服务预期，所具有的教育培训、工作经验、服务技能、服务知识及服务态度。每一项技能技术都是依据每一个服务标准来鉴定其合格性。

2）用数量分级表示居家保洁员的职业技能标准等级。

居家保洁员职业技能标准分为五个级别，即实习居家保洁员（没有标准等级）、初级居家保洁员（初级标准）、中级居家保洁员（中级标准）、高级居家保洁员（高级标准）、技师、高级技师。最低为实习居家保洁员，没有技能等级，最高为高级技师。级别越高，表示居家保洁员的技能标准等级越高。

3）居家保洁员职业技能标准评定，只适用于家政服务或提供家政服务的家政服务机构。

4）居家保洁收纳服务职业技能标准划分原则：主要依据居家保洁员所受的教育、培训证书/课程、专业教育经历、相关生活经历、工作经验、专业技能、服务知识、服务态度等要素来划分。在评定上，职业技能标准和服务知识标准分别评定，其中，职业技能标准占60%，服务知识占40%，两项标准评定结果合计构成整个职业技能标准水平。

5）居家保洁收纳服务职业技能标准评定表见下文，居家保洁员应逐项达标。

6.2.2 《居家保洁收纳服务职业技能标准评定表》使用说明：

A、如何计算居家保洁员的平均级别：所有在第一栏中的分数都算作是"0"分。在第二栏中的分数算作"1"分。第三栏的算作"2"分。第四栏的算作"3"分。要算出每个服务标准平均分，需将每一个栏的分数加在一起，然后将每一个栏的总分数加在一起得出那个服务标准的"你的得分"。用"你的得分"除以那个服务标准的总分。最后用所得出的数乘以"10"，即可得出平均级别。

B、在技能评级中，0代表"不适用/没有"；1代表"低"；2代表"中"；3代表"高"。其中，高一级包含低一级。

C、居家保洁收纳服务职业技能标准分级：初级：1~3级；中级：4~7级；高级：8~9级；技师：9~10级。

D、评定表中具体技能或知识等评级标准　（扫一扫　二维码）

《家居保洁收纳服务职业技能标准评定表》

服务技能标准		技能评级				服务水平预期
		0级	1级	2级	3级	
家居保洁收纳服务标准		0	1	2	3	**教育培训**
						教育1：学历
						小学；中学；大专及以上
问题总数	24	0	1	2	3	教育2：证书／课程
总分	72					家居保洁收纳培训学时或家务培训学时
得分		0	1	2	3	教育3：保洁收纳或家务培训证书
						工作生活经验
计算结果：		0	1	2	3	经验1：保洁收纳教育或组织经验年限
						在家政公司担任保洁收纳服务培训老师
$72 \rfloor$						或家政公司的管理人员
		0	1	2	3	经验2：自己家庭保洁收纳年限
						在自己家庭里亲自保洁收纳
		0	1	2	3	经验3：从事家政或保洁收纳工作年限
						在单位或物业小区做保洁员
						或在客户家庭做保洁员或管家
						服务技能
		0	1	2	3	技能1：能确定家居保洁收纳工作内容与任务清单
		0	1	2	3	技能2：能清洁门窗与玻璃
		0	1	2	3	技能3：能清洁居室墙面
		0	1	2	3	技能4：能保洁、消毒、保养家用电器
		0	1	2	3	技能5：能保洁、保养居室地面
		0	1	2	3	技能6：能保洁、保养家具
		0	1	2	3	技能7：能保洁、收纳、美化客厅
		0	1	2	3	技能8：能保洁、收纳、美化卧室
		0	1	2	3	技能9：能保洁、收纳、美化书房
		0	1	2	3	技能10：能保洁、消毒、收纳厨房（餐厅）
		0	1	2	3	技能11：能保洁、消毒、收纳卫生间
		0	1	2	3	技能12：能清洁家居宠物
		0	1	2	3	技能13：能养护、美化居室和庭院
		0	1	2	3	技能14：能保洁艺术品
		0	1	2	3	技能15：家居保洁收纳服务培训与管理
						服务态度
		0	1	2	3	态度1：你在服务过程中如何与雇主交流
		0	1	2	3	态度2：你对自己保洁收纳工作的热情度
		0	1	2	3	态度3：你对自己美化家庭工作的热情度
总分：						平均级别（0-10，低级到高级）：

《家居保洁收纳服务知识标准评定表》

服务技能标准		技能评级				服务水平预期
		0 级	1 级	2 级	3 级	
家居保洁收纳 服务标准		0	1	2	3	**家政服务员基本知识**
问题总数	20	0	1	2	3	知识 1：知道家政服务员职业道德
总分	60	0	1	2	3	知识 2：知道家政服务职业心态与服务意识
得分		0	1	2	3	知识 3：知道家政服务社交礼仪知识
		0	1	2	3	知识 4：知道家政服务卫生知识
计算结果：		0	1	2	3	知识 5：知道家政服务安全知识
		0	1	2	3	知识 6：知道家政服务相关法律知识
60						**居家保洁收纳服务专业知识**
		0	1	2	3	知识 1：知道保洁工具使用和保养方法
		0	1	2	3	知识 2：知道保洁用品种类及使用方法
		0	1	2	3	知识 3：知道消毒用品种类及使用方法
		0	1	2	3	知识 4：知道厨具灶具餐具、厨房操作台种类及清洁方法
		0	1	2	3	知识 5：知道家用电器种类及清洁方法
		0	1	2	3	知识 6：知道家具种类及清洁方法
		0	1	2	3	知识 7：知道家具材质种类及清洁方法
		0	1	2	3	知识 8：知道卫生洁具种类及清洁消毒方法
		0	1	2	3	知识 9：知道常见收纳工具及使用方法
		0	1	2	3	知识 10：知道家庭日用品收纳方法
		0	1	2	3	知识 11：知道污染物种类及其清洁方法
		0	1	2	3	知识 12：知道传染病传播途径及预防措施
		0	1	2	3	知识 13：知道保洁服务防护措施
		0	1	2	3	知识 14：知道安全急救方式

6.3 居家保洁收纳服务职业技能标准示例

服务技能

技能 1：能确定家居保洁收纳服务工作内容与任务清单

a）应考虑雇主需求或习惯；

b）应将家居进行功能分区，明确保洁收纳内容；

c）应明确不同功能区域采用不同的保洁收纳程序及标准；

d）应明确不同功能区域采用不同的保洁收纳工具与方法；

e）应制定家居保洁收纳服务计划表；

f）应明确保洁收纳服务注意事项（特殊要求、禁忌、安全等）。

技能 2：能清洁门窗与玻璃

a）铁门；b）木门；c）玻璃门；d）纱窗；e）铝合金门窗；f）玻璃。

技能 3：能清洁居室墙面

a）涂料墙面（水溶性涂料、溶剂型涂料、乳胶漆、油漆、刷浆材料等）；b）壁纸墙面；c）墙布墙面；d）木胶合板墙面；e）瓷砖类墙面；f）玻璃和金属类墙面；g）石材墙面；h）硅藻泥墙面；i）多彩喷塑墙面。

技能 4：能保洁、消毒、保养家用电器

a）电视机；b）音响设备；c）电话机；d）小型灯具；e）空调；f）饮水机；g）加湿器；h）热水器；i）洗衣机；j）电脑；k）大型灯具。

技能 5：能保洁、保养居室地面

a）木地板：实木地板、强化木地板、实木复合地板、多层复合地板、软木地板、竹木地板等；b）瓷砖地面；c）石材地面；d）塑胶地面；e）布艺地面；f）纯毛地毯；g）化纤地毯；h）高级红木地板。

技能6：能保洁、保养家具

a）原木家具；b）板式家具；c）藤艺家具；d）金属家具；e）聚氨酯漆面家具；f）布艺家具；g）皮质家具；h）高级红木家具；i）古董家具。

注：家具种类：1）餐桌；2）书桌；3）椅子；4）沙发；5）茶几；6）电视机台（柜）；7）装饰柜；8）酒柜；9）屏风；10）鞋柜；11）衣帽柜；12）衣橱；13）床；14）床头柜。

技能7：能保洁、收纳、美化客厅

a）能清洁消毒客厅家具：

1）衣帽柜；2）鞋柜；3）桌椅；4）沙发；5）茶几；6）酒柜；7）装饰柜；8）装饰镜面；9）电视机台（柜）；10）屏风等。

b）能保洁保养客厅家具、收纳客厅

1）能保洁保养客厅家具；2）准备客厅收纳必备品；3）对客厅功能分区与物品归类；4）不让杂物重回桌面；5）鞋柜收纳；6）茶几收纳；7）衣帽柜收纳；8）沙发收纳；9）桌面和椅子收纳；10）酒柜收纳；11）装饰柜收纳；12）电视柜收纳；13）儿童玩具收纳；14）媒体产品收纳。

c）能用环保方法保洁保养客厅家具、美化客厅

1）能用环保方法保洁保养客厅家具；

2）了解雇主的身份或喜好对客厅进行布置；

3）建议根据客厅大小选择沙发的款式、大小、颜色；

4）沙发对面墙壁装饰，比如文化墙；

5）沙发背后墙壁装饰，比如名人或主人墨宝；

6）建议客厅色彩应明朗；

7）建议选择绿色环保家具；

8）建议选择绿色节能照明；

9）建议选择和摆放净化室内空气的绿色植物。

技能8：能保洁、收纳、美化卧室

a）能清洁卧室物品：1）床头板、床沿；2）床垫；3）衣柜；4）床头柜；5）床头灯；6）穿衣镜；7）书桌；8）台灯（落地灯）；9）梳妆台等。

b）能保洁、收纳卧室：1）整理卧室地面；2）物品归类（睡衣、拖鞋、准备洗涤的衣物、电子和媒体产品等）；3）整理床铺（床被、枕头、床罩）；4）梳妆台收纳；5）床头柜收纳；6）电视柜收纳；7）床下收纳。

c）能美化卧室、衣柜收纳：1）美化卧室（根据雇主身份、需求、家具环境：选择插花材料；插花的保鲜和养护；建议家具摆放；建议摆放饰品；建议摆放盆景绿植；建议悬挂字画等）；2）建议衣柜规划与配置；3）利用各种收纳工具；4）衣架选择与活用；5）衣物分类；6）衣物折叠；7）衣物分类存放。

技能9：能保洁、收纳、美化书房

a）能清洁书房物品：1）书橱；2）书桌椅；3）台灯（落地灯）；4）文具；5）电脑、6）书柜；7）相框；8）沙发等。

b）能保洁书房物品并收纳：1）书房工艺品、饰品、花卉绿植保洁；2）书柜图书整理；

3）书桌桌面收纳；4）电子与媒体产品整理；5）学习工具整理；6）家庭文件整理；7）书房地面清洁、收纳。

c）能美化书房：1）建议书房墙壁悬挂名人或主人字画；2）书桌上放置文房四宝或艺术雕塑品或一角放置淡雅花瓶和鲜花；3）书桌侧面或后面可放置花架或翠绿青松；4）书柜里可放置文化内涵的小饰品或古玩或家人照片。

技能10：能保洁、消毒、收纳厨房（餐厅）

a）能清洁厨具、灶具、餐具

1）厨具；2）灶具；3）餐具。

b）能保洁厨房并消毒

1）厨具；2）灶具；3）餐具；4）厨房操作台；5）厨房墙面；6）厨房门窗；7）厨房灯具；8）厨房地面；9）厨房墙面和门窗；10）厨房去味：去除厨房油烟味、排水管的疏通、去除垃圾桶异味、去除下水道异味；11）厨房垃圾处理。

c）能收纳厨房（餐厅）

1）准备厨房收纳必备品；2）对厨房进行功能分区与物品归类；3）不让杂物重回桌面或台面；4）厨房操作台收纳；5）橱柜（吊柜）规划与收纳；6）冰箱规划与收纳；7）餐厅收纳；8）酒柜收纳；9）厨房餐厅地面收纳。

技能11：能保洁、消毒、收纳卫生间

a）能清洁卫生洁具

1）洗面设备（台面、洗面盆、水龙头、毛巾架、皂液盒）；2）便器设备（坐便器、坐垫、厕纸架）；3）淋浴设备（浴缸、喷淋头、水龙头）；4）镜子；5）毛巾及牙刷；6）梳洗柜；7）淋浴房；8）热水器等。

b）能保洁卫生间并消毒

1）洗面设备；2）便器设备；3）淋浴设备；4）镜子；5）毛巾及牙刷；6）卫生间地面；7）卫生间墙面和门窗；8）卫生间用品；9）卫生间去味：去除卫生间大小便臭味、排水管的疏通、去除垃圾桶异味、去除下水道异味；10）垃圾处理。

c）能收纳卫生间

1）准备卫生间收纳必备品；2）对卫生间功能分区与物品归类；3）不让杂物重回台面；4）台面收纳；5）梳妆台（柜）收纳；6）卫生间地面收纳。

技能12：能清洁家居宠物

a）宠物狗；b）宠物猫；c）宠物兔；d）宠物龟；e）观赏鸟；g）观赏鱼等。

技能13：能养护、美化居室和庭院

a）能识别和选择家庭常见花木绿植（至少3种以上）：1）文竹；2）吊兰 3）米兰；4. 龙柏；5）龟背竹；6）水仙等。

b）能养护家庭常见花木：1）光照；2）浇水；3）修剪；4）施肥；5）清洁花木绿植与花盆；6）防治病虫害。

c）能四季护理家庭常见花木并美化居室和庭院：1）春季花木养护；2）夏季花木养护；3）秋季花木养护；4）冬季花木养护。

技能14：能保洁家居艺术品

a）木雕工艺品；b）金属饰品；c）摆饰；d）像瓷质饰品；e）挂饰；f）墙上照片；g）织物饰品；h）花瓶；i）石膏；j）字画（贵重除外）等。

技能15：家居保洁收纳服务培训与管理 （扫一扫 二维码）

家政服务员基本知识示例

知识1：知道家政服务员职业道德

a）敬业爱岗：

1）服务家庭、热爱家政。

2）微笑服务、快乐工作。

3）阳光心态、主动服务。

4）敬畏工作、自豪光荣。

5）认认真真、尽职尽责。

6）一心一意、精益求精。

7）创造价值、甘于奉献。

8）不离不弃、雇主满意。

b）诚实守信：

1）身份真实、坦荡做人。

2）诚心诚意、将心比心。

3）遵守合同、不违约不毁约。

4）实事求是、不撒谎不欺骗。

5）重信誉、讲信义、守信用。

c）尊老爱幼：

1）尊重长辈。

2）善待长辈。

3）爱护婴幼儿。

4）善待婴幼儿。

d）勤劳节俭：

1）任劳任怨。

2）精打细算。

3）珍惜生活资料。

4）避免浪费。

e）严守家私：

1）尊重雇主及家庭的隐私。

2）做到"四不"：不评论、不掺和、不打探、不传播。

f）四自精神（自尊、自信、自强、自立）：

1）自尊：尊重自己的人格，维护自己的尊严，要自爱，反对自轻自贱，反对追求虚荣或自暴自弃。

2）自信：相信自己的力量，坚定自己的信念，反对妄自菲薄。

3）自立：树立独立意识，体现自己的社会价值，反对依附顺从。

4）自强：就是顽强拼搏，奋发进取，反对自卑自弱。

知识2：知道家政服务职业心态与服务意识

a）正确的服务观念：1）国家职业认证的合法职业；2）社会民生的需求；3）社会地位；4）爱心事业。

b）明确的职业定位：1）照护雇主家庭成员；2）料理雇主家庭事务。

c）职业心理：1）克服自卑心理；2）消除紧张心理；3）有效管控自己的情绪；4）善

于化解服务疲劳心理；5）拥有换位思考的同理心；6）面对服务挫折的积极心态。

d）正确认识自己：1）认识自身优势；2）知道自身不足；3）能够主动自我反省；4）知道自己努力方向与目标。

知识3：知道家政服务社交礼仪知识

a）言谈文明：

1）言谈的基本要求：（1）吐字清晰、语调平和；（2）态度诚恳、内容表达清楚；（3）称呼恰当、用语准确。

2）礼貌用语：（1）问候语；（2）欢迎语；（3）告别语；（4）答谢语；（5）请托语；（6）致歉语；（7）征询语；（8）慰问语；（9）祝贺语；（10）赞美语。

3）忌用忌语：（1）忌无称呼；（2）忌庸俗称呼；（3）忌用不文明称呼；（4）忌不用尊称称呼人；（5）杜绝蔑视语、烦躁语、斗气语；（6）忌用负面词汇、语言。

b）行为举止：

1）站姿规矩；2）坐姿端庄；3）走姿轻盈；4）蹲姿舒适；5）其他场所的行为举止：（1）雇主家庭客人面前；（2）雇主邻居面前；（3）公共场所。

2）表情健康：（1）眼神；（2）微笑。

3）肢体语言

c）仪容仪表：

1）个人形象：（1）整洁；（2）干净；（3）清爽。

2）着装得体、自然大方。

3）饰物佩戴。

4）个人美容化妆。

5）精神面貌：精神饱满、表情自然、不带个人情绪。

d）家政服务礼仪：

1）家政服务日常礼仪：（1）递送物品；（2）收纳物品；（3）出入礼仪；（4）乘电梯或走楼梯；（5）日常服务忌讳。

2）接待礼仪：（1）接待准备；（2）问候和迎客；（3）引导宾客；（4）招待宾客；（5）送客。

3）使用座机和手机礼仪：（1）接听电话；（2）拨打电话；（3）阅读与回复手机短信。

4）人际交往礼仪：（1）致意；（2）握手；（3）介绍；（4）询问。

e）生活习俗和宗教信仰：

1）尊重生活习俗：（1）我国主要少数民族习俗；（2）我国主要传统节日习俗；（3）西方主要节日习俗：①圣诞节；②愚人节；③复活节；④情人节；

2）尊重宗教信仰：（1）我国主要宗教信仰：①佛教；②道教；③伊斯兰教；（2）西方主要宗教信仰：①基督教；②伊斯兰教。

f）家庭人际关系：

1）家庭及家庭结构：（1）什么是家庭；（2）家庭结构类型。

2）家庭人际关系：（1）婚姻关系；（2）血缘关系；（3）收养关系。

3）建立良好人际关系的重要性；

4）家政服务员与雇主家庭成员交往原则：

（1）积极主动；（2）一视同仁；（3）尊重；（4）真诚；（5）多沟通。

5）雇主家庭人际交往方法：

（1）与老年人相处

（2）与未成年人相处

（3）与异性成年人相处

（4）与同性成年人相处

（5）与雇主的亲友相处

（6）与雇主的邻居交往

（7）与特殊性格的人相处：①与爱唠叨、较挑剔的人相处；②与脾气暴躁的人相处；③与爱猜疑的人相处。

知识4：知道家政服务卫生知识

a）个人卫生：

1）日常个人卫生清洁：（1）口腔清洁与牙齿健康；（2）双手清洁卫生；（3）双脚清洁卫生；（4）头发清洁卫生；（5）女性会阴清洁卫生；（6）经期清洁卫生；（7）身体清洁卫生（无异味）。

2）日常着装卫生要求；

3）日常化妆卫生要求。

b）饮食卫生：

1）良好的饮食卫生行为习惯；

2）采买环节卫生；

3）加工环节卫生：（1）粗加工卫生；（2）烹调过程卫生；

4）食用环节卫生；

5）储藏环节卫生。

c）居家环境卫生：

1）居家环境卫生基本要求；

2）居家保洁对居家环境卫生的影响。

知识5：知道家政服务安全知识

a）服务安全：

1）家政服务职业安全意识；2）家庭防火；3）家庭防盗；4）用水安全；5）用电安全；6）燃气安全；7）食品安全；8）家庭网络安全；9）照护孕产妇与新生儿安全；10）照护婴幼儿安全；11）照护老年人安全；12）照护病人或残疾人安全。

b）自我防护：

1）社会交往安全；2）服务安全防护：（1）防触电；（2）防高空跌落；（3）防火灾；（4）防煤气中毒；（5）防疾病感染；（6）防食物中毒；3）家政服务员独自在家的安全防范；4）出行安全。

c）安全救护：

1）家政服务员安全救护意识；

2）紧急报警电话：（1）110报警；（2）119报警；（3）120报警；

3）施放简易求救信号；

4）自然灾害逃生自救知识：（1）火灾逃生自救；（2）地震逃生自救；

d）家庭突发事件的应急处理方法：（1）煤气中毒；（2）食物中毒；（3）误服药物；（4）触电；（5）中暑；（6）异物吸入急救；（7）婴幼儿窒息急救；

e）家庭中常见疾病救护知识：

（1）足踝扭伤急救

（2）手指切伤

（3）骨折急救

（4）鼻出血

（5）冻伤急救

（6）烧伤急救

（7）脑溢血

（8）心脏病发作急救

知识6：知道家政服务相关法律知识

a）《劳动法》相关知识

b）《劳动合同法》相关知识

c）《消费者权益保护法》相关知识

d）《妇女权益保障法》相关知识

e）《老年人权益保障法》相关知识

f）《未成年人保护法》相关知识

g）《社会保险法》相关知识

居家保洁收纳服务专业知识示例

知识1：知道保洁工具使用和保养方法

a）一般清洁工具：清扫类工具（扫把、鸡毛掸等）、擦拭类工具（抹布、百洁布、吸水毛巾、钢丝球、杯刷、清洁刷、拖把、马桶刷等）；

b）专业保洁工具：玻璃清洁器、吸尘器、吸尘吸水机、沙发清洗机、除螨机、洗地机、多功能刷洗机等：

c）智能保洁工具：清洁机器人、空气净化机器人等；

d）能根据需要改进、设计、使用新的保洁工具和保养方法。

例如，环保类工具。

知识2：知道保洁用品种类及使用方法

a）肥皂；b）洗手液；c）洁厕剂（灵）；d）油污剂；e）玻璃清洁剂；

f）全能清洁剂；g)地毯清洁剂；h)地毯除渍剂；i)不锈钢清洁剂；j)抛光蜡；k）家具蜡；l）起蜡水等；m）环保消毒法：10种天然清洁剂带来绿色之家：1）食盐；2）茶叶；3）小苏打；4）食醋；5.淘米水；6）纸巾；7）发酸的牛奶；8）香蕉皮；9）鸡蛋；10）柠檬。

知识3：知道消毒用品种类及使用方法

a）84消毒液；b）漂白粉；c）TD消毒粉；d）过氧乙酸溶液；e）二氧化氯片剂或粉剂；f）高锰酸钾。

知识4：知道厨具、灶具、餐具、厨房操作台种类及清洁方法

a）厨具：1）储藏用具（橱柜、冰箱、冰柜等）；2）洗涤用具（水盆、水池、消毒柜、洗碗机等）；3）烹调用具（各种锅、微波炉、电磁炉等）；4）调理用具（各种刀具、菜板、配料器皿等）；

b）灶具：1）燃气灶；2）油烟机等；

c）餐具：1）各种碗碟；2）各种杯子；3）各种餐叉汤勺；4）各种筷子等。

d）厨房操作台：1）防火板台面；2）天然大理石台面；3）人造石台面；4）花岗岩台面；5）不锈钢台面等。

知识5：知道家用电器种类及清洁方法

a）电视机；b）音响设备；c）电话机；d）小型灯具；e）空调；f）饮水机；g）加湿器；h）洗衣机；i）电脑；j）大型灯具。

知识6：知道家具种类及清洁方法

a）餐桌；b）书桌；c）椅子；d）沙发；e）茶几；f）电视机台（柜）；g）装饰柜；h）酒柜；i）屏风；j）鞋柜；k）衣帽柜；l）衣橱；m）床；n）床头柜。

知识7：知道家具材质种类及清洁方法

a）原木家具；b）板式家具；c）藤艺家具；d）金属家具；e）聚氨酯漆面家具；f）布艺家具；g）皮质家具；h）高级红木家具；i）古董家具。

知识8：知道卫生洁具种类及清洁消毒方法

a）洗面设备（台面、洗面盆、水龙头、毛巾架、皂液盒）；b）便器设备（坐便器、坐垫、厕纸架）；c）淋浴设备（浴缸、喷淋头、水龙头）；d）镜子；e）毛巾及牙刷；f）梳洗柜；g）淋浴房；h）热水器等。

知识9：知道常见收纳工具及使用方法

a）篮筐；b）扎带；c）各种衣架；d）文件盒；e）夹子形挂钩；f）毛巾架；g）旧矿泉水瓶；h）迷你拉链袋；i）书立；j）抽屉隔板；k）水槽收纳隔板；l）双重隔板；m）百纳箱；n）抽屉整理盒；o）百变魔片；p）铁网（网板）；q）衣服压缩袋；r）多功能收纳盒。

知识10：知道家庭日用品收纳方法

a）衣服保养与折叠；b）帽子与饰品保养收纳；c）鞋子与包包保养收纳；d）电子和媒体产品保管方法；e）寝具保养收纳；f）食品保存方法；g）厨房用品保养收纳；h）季节性物品保养收纳；i）照片、资料、信件保管方法；j）长期保存的收纳。

知识11：知道污染物种类及其清洁方法

a）水溶性污垢；b）脂溶性污垢；c）固体污垢；d）特殊污垢。

知识12：知道传染病传播途径及预防措施

a）空气传染；b）飞沫传染；c）接触传染；d）体表传染；e）粪口传染；f）血液传染；g）呼吸道传染；h）消化道传染；i）垂直传染。

知识13：知道保洁服务防护措施

a）戴上防护手套；b）防尘口罩；c）安全工作胶鞋；d）严禁使用有毒有害清洁剂；e）正确选用化学品；f）正确保存化学品等。

知识14：知道安全急救方式

a）火警"119"；b）警察"110"；c）医院急救"120"；d）交通事故"122"；e）给客户电话；f）给家政公司电话；g）给家人电话；h）小面积轻微伤止血；i）止血包扎；j）突然晕倒；k）异物入眼；l）化学品入眼；m）化学品沾染；n）意外触电等。

以上：评定表中具体技能或知识评级标准 （扫一扫 二维码）

6.4 居家保洁收纳服务职业技能标准几个问题

6.4.1 标准内容选择要与时俱进

在居家保洁收纳服务职业技能标准内容的选择上，要随着现代新型家具、智能家居进入家庭，居家保洁收纳服务的内容也将更新，标准内容也将同步迭代。

还有，随着人们对健康生活的重视，绿色生活、低碳生活、垃圾分类等健康生活方式，也将逐步成为居家保洁收纳服务重要内容，这都将改变居家保洁收纳服务职业技能标准。

6.4.2　标准内容的分类可多维度

居家保洁收纳服务职业技能的分类，依据居家环境功能区（客厅、卧室、书房、厨房、卫生间等）进行分类，这是一种分类方式。还可以有其他分类方式，例如，可以以家具种类及功能进行分类。还有，也可以将居家保洁服务、与家庭收纳服务分别列出，甚至将家庭收纳单列为一项家政服务细分业态，拥有独立的家庭收纳服务职业技能标准。

6.4.3　职业技能标准等级划分要与时俱进

随着保洁收纳服务工具的不断创新，特别是服务清洁机器人进入家庭，也将改变居家保洁服务员职业技能水平划分标准；同样，新的收纳工具不断出现，也让家庭收纳变得更加容易、更加普及。这都会影响居家保洁收纳服务职业技能标准划分。

6.5　区块链＋居家保洁收纳服务职业技能标准

基于区块链技术的"区块链＋新家政服务平台"，要求每项居家保洁收纳服务职业技能，都具有可观察、可测量，能够将职业技能标准进行"数据化"。

在居家保洁收纳服务职业技能标准的"数据化"过程中，可以采用物联网技术、人工智能技术、智能家居设备，来采集居家保洁收纳服务数据。

第7章 衣物洗涤收纳服务职业技能标准

【家政政策】

序号	发文时间	发文机关	政策文件名称
	2015年11月18日	国家标准化管理委员会办公室。国标委服务联【2015】67号	《国家标准委、民政部、商务部、全国总工会、全国妇联关于加强家政服务标准化工作的指导意见》
相关摘要	鼓励各部门和各地区结合实际研制家政服务相关国家标准、行业标准、地方标准以及企业标准。鼓励具备相应能力的学会、协会、商会等社会组织和产业技术联盟协调相关市场主体共同制定满足市场和创新需要的家政服务标准，支持成熟地方标准、团体标准逐步上升为行业标准、国家标准。各工会、妇联等创办的家政服务企业要积极参与标准制定。		

【家政寄语】

断舍离的主角不是衣物而是自己，要向雇主倡导一种清新简约的生活方式。

【术语定义】

衣物洗涤收纳服务：使用洗涤设备与科学洗涤收纳方法，在雇主家庭，为雇主家庭成员的衣服、床上用品、窗帘、鞋等衣物，进行清洁、晾干、熨烫、收纳、保养的过程，让雇主家庭成员享受干净、整洁、美观、舒适的衣物。

【标准条款】

序号	标准编号	标准名称	主管部门
2	Q/QKL JZJS102-2020	衣物洗涤收纳服务职业技能标准	
标准内容	1）职业技能标准定义； 2）职业技能标准等级； 3）职业技能标准内容：所受的教育、培训证书／课程、专业教育经历、相关生活经历、工作经验、专业技能、服务知识、服务态度等要素； 4）职业技能标准评定使用说明及计分方法； 5）《衣物洗涤收纳服务职业技能标准评定表》； 6）衣物洗涤收纳服务职业技能标准示例； 7）《衣物洗涤收纳服务知识评定表》； 8）衣物洗涤收纳服务知识示例（基本知识、专业知识）。		

【学习目标】

通过本章的学习，您将能够：

1）了解衣物洗涤收纳服务职业技能标准内容；

2）掌握家政服务员（衣物洗涤收纳）职业技能标准等级评定方法。

7.1 什么是衣物洗涤收纳服务

衣物洗涤收纳服务：使用洗涤设备与科学洗涤收纳方法，在雇主家庭，为雇主家庭成员的衣服、床上用品、窗帘、鞋等衣物，进行清洁、晾干、熨烫、收纳、保养的过程，让雇主家庭成员享受干净、整洁、美观、舒适的衣物。

7.2 衣物洗涤收纳服务职业技能标准评定

7.2.1 评定细则

1）衣物洗涤收纳服务职业技能，是指居家洗衣师在服务环境（雇主家庭）中完成任务并最终达到服务预期，所具有的教育培训、工作经验、服务技能、服务知识及服务态度。每一项技能技术都是依据每一个服务标准来鉴定其合格性。

2）用数量分级表示居家洗衣师的职业技能标准等级。

衣物洗涤收纳服务职业技能标准分为五个级别，即实习居家洗衣师（没有标准等级）、初级居家洗衣师（初级标准）、中级居家洗衣师（中级标准）、高级居家洗衣师（高级标准）、技师、高级技师。最低为实习居家洗衣师，没有技能等级，最高为高级技师。级别越高，表示居家洗衣师的技能标准等级越高。

3）衣物洗涤收纳服务职业技能标准评定，只适用于家政服务或提供家政服务的家政服务机构。

4）衣物洗涤收纳服务职业技能标准划分原则：主要依据居家洗衣师所受的教育、培训证书／课程、专业教育经历、相关生活经历、工作经验、专业技能、服务知识、服务态度等要素来划分。在评定上，职业技能标准和服务知识标准分别评定，其中，职业技能标准占60%，服务知识占40%，两项标准评定结果合计构成整个职业技能标准水平。

5）衣物洗涤收纳服务职业技能标准评定表见下文，居家洗衣师应逐项达标。

7.2.2 《衣物洗涤收纳服务职业技能标准评定表》使用说明：

A、如何计算居家洗衣师的平均级别：所有在第一栏中的分数都算作是"0"分。在第二栏中的分数算作"1"分。第三栏的算作"2"分。第四栏的算作"3"分。要算出每个服务标准平均分，需将每一个栏的分数加在一起，然后将每一个栏的总分数加在一起得出那个服务标准的"你的得分"。用"你的得分"除以那个服务标准的总分。最后用所得出的数乘以"10"，即可得出平均级别。

B、在技能评级中，0代表"不适用／没有"；1代表"低"；2代表"中"；3代表"高"。其中，高一级包含低一级。

C、衣物洗涤收纳服务职业技能标准分级：初级：1~3级；中级：4~7级；高级：8~9级；技师：9~10级。

D、评定表中具体技能或知识等评级标准　（扫一扫　二维码）

《衣物洗涤收纳服务职业技能标准评定表》

服务技能标准	技能评级				服务水平预期
	0 级	1 级	2 级	3 级	
衣物洗涤收纳服务标准	0	1	2	3	**教育培训**
					教育 1：学历
					小学；中学；大专及以上
问题总数　24	0	1	2	3	教育 2：证书 / 课程
总分　　　72					参加衣物洗涤收纳培训学时
得分	0	1	2	3	教育 3：衣物洗涤收纳培训证书
					工作生活经验
计算结果：	0	1	2	3	经验 1：衣物收纳教育年限
					在家政公司或服装店担任培训老师
72					或经营一家服装店或服装店导购
	0	1	2	3	经验 2：自己家庭衣物洗涤收纳年限
					在自己家庭亲自洗涤收纳衣物
	0	1	2	3	经验 3：衣物洗涤收纳工作年限
					在家政公司从事衣物洗涤收纳
					或担任过裁缝或在洗衣店工作
					或接触过各式各样的衣物保养产品
					服务技能
	0	1	2	3	技能 1：能根据衣物面料质地选用洗涤用品
	0	1	2	3	技能 2：能手工洗涤衣物
	0	1	2	3	技能 3：能使用洗衣机洗涤衣物
	0	1	2	3	技能 4：能识别、去除衣物污渍
	0	1	2	3	技能 5：能洗涤特殊衣物
	0	1	2	3	技能 6：能晾晒衣物
	0	1	2	3	技能 7：能熨烫不同面料衣物
	0	1	2	3	技能 8：能熨烫不同款式衣物
	0	1	2	3	技能 9：能折叠衣物
	0	1	2	3	技能 10：能收纳衣物
	0	1	2	3	技能 11：能存放不同衣物
	0	1	2	3	技能 12：能消毒衣物
	0	1	2	3	技能 13：能清洁、保养鞋
	0	1	2	3	技能 14：能清洁、保养袜子
	0	1	2	3	技能 15：衣物洗涤收纳服务培训与管理
					服务态度
	0	1	2	3	态度 1：你在衣物洗涤收纳过程中如何与雇主交流
	0	1	2	3	态度 2：你有自己的衣物风格吗
	0	1	2	3	态度 3：你喜欢为自己或家人做过衣物洗涤收纳保养吗
总分：					平均级别（0-10，低级到高级）：

《衣物洗涤收纳服务知识标准评定表》

服务技能标准	技能评级				服务水平预期
	0级	1级	2级	3级	
衣物洗涤收纳服务标准					**家政服务员基本知识**
	0	1	2	3	知识1：知道家政服务员职业道德
	0	1	2	3	知识2：知道家政服务职业心态与服务意识
问题总数 19	0	1	2	3	知识3：知道家政服务社交礼仪知识
总分 57	0	1	2	3	知识4：知道家政服务卫生知识
得分	0	1	2	3	知识5：知道家政服务安全知识
	0	1	2	3	知识6：知道家政服务相关法律知识
计算结果：					**衣物洗涤收纳专业知识**
	0	1	2	3	知识1：识别衣物洗涤标识
57√	0	1	2	3	知识2：知道衣物面料及性能、鉴别知识
	0	1	2	3	知识3：知道洗涤用品及特点
	0	1	2	3	知识4：知道分类洗涤衣物
	0	1	2	3	知识5：知道水洗衣物要素
	0	1	2	3	知识6：知道手洗衣物方法
	0	1	2	3	知识7：知道洗衣机种类及使用方法
	0	1	2	3	知识8：知道衣物干燥方法及晾晒工具
	0	1	2	3	知识9：衣物收纳基本要求及收纳方法
	0	1	2	3	知识10：衣物防霉防蛀基本方法
	0	1	2	3	知识11：知道服装分类及特点
	0	1	2	3	知识12：知道常见服装附件
	0	1	2	3	知识13：知道衣物污垢来源及特点
总分：					平均级别（0-10，低级到高级）：

7.3 衣物洗涤收纳服务职业技能标准示例

服务技能

技能1：能根据衣物面料质地选用洗涤用品

a）植物纤维（棉织品、麻织品等）；

b）动物纤维（毛纺织品：羊毛、兔毛、驼毛；丝织品：蚕丝）；

c）人造纤维（人造毛、人造棉、人造丝等）；

d）合成纤维（涤纶、腈纶、氨纶、丙纶等）；

e）皮革（真皮、再生皮、人造革）。

技能2：能手工洗涤衣物

a）棉、麻衣物；b）化纤类衣物；c）混纺衣物；d）毛料衣物；e）丝绸衣物；f）绒面皮服装；g）皮革服装。

技能3：能使用洗衣机洗涤衣物

a）棉、麻衣物；b）化纤类衣物；c）混纺衣物；d）毛料衣物；e）丝绸衣物；f）绒面皮服装。

技能4：能识别、去除衣物污渍

a）汗渍、血渍和尿渍的去除方法：除汗渍、除血渍（新鲜血迹、陈旧血迹、丝毛织品服装上的血迹、白色服装上的血迹）、除尿渍；

b）食品污渍的去除方法：除乳汁斑痕、除汤渍、除调味渍、除酒精或啤酒渍、除泡泡糖和口香糖渍、除果汁渍、除酒渍和酱油渍、除咖啡和茶渍、除冰激凌和鸡蛋渍、除番茄酱及柿子渍、除咖喱油和蟹黄渍等；

c）油脂类污渍的去除方法：除动物油渍、除植物油渍（桐油渍、松油渍、咖喱油渍、香烟油渍）、除机器油渍、除沥青渍、除其他油渍（除煤油渍、除鞋油渍、除烟筒油渍、除蜡烛油渍等）；

d）墨渍的去除方法：除红墨水渍、除蓝墨水渍、除墨渍、除圆珠笔油渍、除复写纸和蜡笔色渍、除印油渍等；

e）霉迹的去除方法；

f）漆渍、呕吐污迹的去除方法；

g）胶类及胶性色素渍的去除方法：除万能胶渍、除白乳胶渍、除胶水渍、除水彩渍等；

h）锈渍的去除方法：除铁锈渍、除铜绿锈渍等；

i）色素及药物污渍的去除方法：除染料渍、除红药水渍、除紫药水渍、除黄药水渍、除碘酒渍、除药膏渍、除硝酸银渍、除高锰酸钾渍等；

j）服装上来历不明的污迹去除方法。

技能 5：能洗涤特殊衣物

a）毛巾、尿布、蚊帐、窗帘、桌布等物品的洗涤；

b）床上用品的洗涤：绣花类床上用品洗涤、印花类床上用品洗涤等。

技能 6：能晾晒衣物

a）棉麻类衣物；b）化纤类衣物；c）毛衫、毛衣等针织衣物；d）毛料衣物；e）丝绸衣物；f）羽绒服装等。

技能 7：能熨烫不同面料衣物

a）棉、麻衣物；b）化纤类衣物；c）混纺衣物；d）毛料衣物；e）丝绸衣物；f）绒面皮服装；g）皮革服装。

技能 8：能熨烫不同款式衣物

a）西服衣裤；b）衬衫；c）领带；d）裙类服装；e）旗袍。

技能 9：能折叠衣物

a）折叠衬衫；b）折叠T恤；c）折叠秋衣裤；d）折叠无中缝的休闲装；e）折叠棉被；f）折叠西裤；g）毛衣；h）折叠羽绒服等。

技能 10：能收纳衣物

a）收纳准备：1）衣柜规划与配置；2）利用各种收纳工具；3）衣架选择与活用。

b）衣物分类。

c）衣物存放：1）按季节存放；2）按家庭成员存放；3）按使用频率存放等。

d）衣物防霉、防蛀。

技能 11：能存放不同衣物

a）棉织物；b）合成纤维服装；c）羊毛服装；d）丝绸服装；e）皮革服装；g）裘皮服装。

技能 12：能消毒衣物

a）普通病人衣物消毒；b）客人衣物消毒c）老年人衣物消毒；d）婴幼儿衣物消毒；e）传染病人衣物消毒等。

技能 13：能清洁、保养鞋

a）旅游鞋；b）运动鞋；c）布鞋；d）凉鞋；e）胶鞋；f）翻毛皮鞋及马靴；g）皮鞋等。

技能 14：能清洁、保养袜子

a）棉袜；b）尼龙袜；c）羊毛袜；d）丝袜等。

技能 15：衣物洗涤收纳服务培训与管理 （扫一扫 二维码）

家政服务员基本知识（详见"居家保洁收纳服务标准"）

知识 1：知道家政服务员职业道德

知识 2：知道家政服务职业心态与服务意识

知识 3：知道家政服务社交礼仪知识

知识 4：知道家政服务卫生知识

知识 5：知道家政服务安全知识

知识 6：知道家政服务相关法律知识

衣物洗涤收纳服务专业知识

知识 1：识别衣物洗涤标识

a）基本标识；b）水洗标识；c）干洗标识；e）漂洗标识；f）干燥标识；g）熨烫标识；h）特殊要求标识。

知识 2：知道衣物面料及性能、鉴别知识

a）植物纤维（棉织品、麻织品等）；

b）动物纤维（毛纺织品：羊毛、兔毛、驼毛；丝织品：蚕丝）；

c）人造纤维（人造毛、人造棉、人造丝等）；

d）合成纤维（涤纶、腈纶、氨纶、丙纶等）；

e）皮革（真皮、再生皮、人造革）。

知识 3：知道洗涤用品及特点

a）肥皂：1）普通洗衣皂；2）透明皂；3）增白皂；4）硫磺皂；5）消毒药皂；6）香皂。

b）洗衣粉：1）普通合成洗衣粉；2）加酶洗衣粉；3）增白洗衣粉；4）多功能高效合成洗衣粉。

c）液体洗涤剂：1）液体合成洗涤剂；2）羊毛衫洗涤剂；3）羊绒洗涤剂；4）丝织品洗涤剂；5）牛仔服洗涤剂；6）羽绒服洗涤剂；7）内衣洗涤剂；8）床上用品洗涤剂。

d）辅助洗涤用品：1）衣领净；2）洗洁精；3）绿漂水；4）消毒液；5）氧漂水。

e）调理用品：1）膨松剂；2）柔顺剂。

f）去渍剂：1）常见专业去渍剂 2）常见去渍化学药剂；

g）皮革清洗剂。

知识 4：知道分类洗涤衣物

a）按衣物色泽分类；

b）能按洗涤需求分类

c）按衣物新旧分类；

d）区分内衣与外衣；

e）按衣物脏污程度分类

f）能按衣物款式分类

g）能根据洗涤标志分类

h）区分褪色衣物；

i）能按衣物面料分类

j）皮革服装的洗前分类。

知识 5：知道水洗衣物要素

a）水温；b）洗涤时间；c）洗涤剂；d）摩擦用力。

知识6：知道手洗衣物方法

a）拎洗；b）揉洗；c）搓洗；d）刷洗；e）擦洗；f）漂洗。

知识7：知道洗衣机种类及使用方法

a）波轮式洗衣机：1）洗衣机特点；2）常用操作按钮；3）操作步骤；4）洗衣前准备工作；5）注意事项。

b）滚筒式洗衣机；c）脱水机。

知识8：知道衣物干燥方法及晾晒工具

a）衣物干燥方法：1）晾晒（日晒、阴晾）；2）烘干；b）晾晒工具；c）衣物晾晒的基本要求。

知识9：衣物收纳基本要求及收纳方法

a）衣物收纳基本要求：1）保持清洁；2）保持干燥；3）防止虫蛀；4）保持衣形；5）分类存放。

b）收纳存放方法：1）折叠存放；2）悬挂存放；3）压缩存放等。

c）衣物存放注意事项。

知识10：衣物防霉防蛀基本方法

a）认真清洗；b）彻底晾晒；c）使用防霉防蛀剂；d）不同衣物的不同防霉防蛀；e）使用防霉防蛀药物注意事项。

知识11：知道服装分类及特点

a）休闲运动类服装；b）公用纺织品类衣物；c）正装类服装；d）礼服类服装；e）皮革与裘皮类服装。

知识12：知道常见服装附件

a）服装里布；b）服装衬布；c）填充物：1）棉花；2）丝绵；3）羽绒；4）专门织造的保暖织物等；d）纽扣与拉链（连接件）；e）装饰件。

知识13：知道衣物污垢来源及特点

a）污垢来源：1）人体分泌物污垢；2）生活类污垢；3）环境污垢。

b）污垢类型：1）水溶性污垢；2）油性污垢（溶剂性污垢）；3）固体颗粒污垢。

c）顽固的污垢——污渍：1）载体型污渍；2）金属盐型污渍；3）天然色素型污渍；4）合成染料型污渍；5）颜料型污渍。

d）污渍危害：1）对人体健康；2）对服装使用寿命；3）对环境。

以上：评定表中具体技能或知识等评级标准 （扫一扫 二维码）

7.4 衣物洗涤收纳服务职业技能标准几个问题

7.4.1 标准内容要时常更新

随着服装技术的发展，特别是服装原材料的生产技术及服装生产设备的突破性发展，尤其是特殊功能面料及服装智能化发展。例如：针对皮肤细嫩、易擦伤、感染的婴幼儿，服装科技专家用丝绵、废丝研制出纯丝绵无纺布，生产婴儿系列服装用品，不仅轻柔滋润皮肤，而且有防菌止痒的作用。

针对行动不便的老年人，服装科技专家成功研制出老人防撞服装，包括：防撞帽、防撞外衣，均为膨胀式。防撞帽中装有计算机防撞器，当人体头部倾斜失常时，计算机就指挥防撞器张开，调整倾斜度，老人就会感到头部像有人扶着一样，即使因倾斜速度快，防撞器来不及反应也不要紧，老人的头部会因有防撞弹簧张力所支撑而不致受伤。

这些都必将对衣物洗涤收纳服务内容及标准内容，产生重大影响。传统的衣物洗涤收纳服务职业技能标准，已经不适应雇主家庭衣物洗涤的需要。标准内容的更新势在必行。

7.4.2 标准内容的分类可多维度

衣物洗涤收纳服务职业技能的分类，依据衣物的面临进行分类，这是其中一种分类方式。还可以有其他分类方式，例如，可以以衣物的功能进行分类。还有，也可以将衣物洗涤服务、与衣物收纳服务分别列出，甚至将衣物收纳单列为一项家政服务细分业态，拥有独立的家庭收纳服务职业技能标准。

7.4.3 标准等级划分依据也不是一成不变的

同样，随着衣物洗涤收纳标准内容的更新，特别是智能洗衣机进入家庭，以及各种新型的衣物熨烫设备，对家政服务员的衣物洗涤收纳服务职业技能，提出了更高的要求。与其相应，标准等级划分依据也应作出调整。作为企业标准，可以根据雇主的需求，实时对衣物洗涤收纳标准进行修订。

7.5 区块链＋衣物洗涤收纳服务职业技能标准

基于区块链技术的"区块链＋家政服务平台"，要求每项衣物洗涤收纳服务职业技能，都具有可观察、可测量，能够将职业技能标准进行"数据化"。

在衣物洗涤收纳服务职业技能标准的"数据化"过程中，可以采用物联网技术、人工智能技术、智能洗衣机，来采集衣物洗涤收纳服务数据。

第8章 家庭餐制作服务职业技能标准

【家政政策】

序号	发文时间	发文机关	政策文件名称
	2017年7月10日	发改社会【2017】1293号	关于印发《家政服务提质扩容行动方案（2017年）》的通知
相关摘要	14.完善标准体系，研究制定家政电商等新兴业态的服务标准和规范，鼓励制定地方标准、团体标准和企业标准，推进家政服务标准化试点示范建设，积极总结推广服务标准化经验。积极推行家政企业实施产品和服务标准自我声明公开。		

【家政寄语】

家庭餐制作服务的本意，是制作均衡饮食，引导雇主家庭成员形成科学的膳食习惯，提升健康生活水平，建设健康家庭。

【术语定义】

家庭餐制作服务：使用烹饪设备与科学烹饪方法，在雇主家庭，为雇主家庭成员采买食材、加工食材、制作主食菜肴、餐后清洁的过程，让雇主家庭成员享受营养、健康饮食。

【标准条款】

序号	标准编号	标准名称	主管部门
3	Q/QKL JZJS103-2020	家庭餐制作服务职业技能标准	
标准内容	1）职业技能标准定义； 2）职业技能标准等级； 3）职业技能标准内容：所受的教育、培训证书/课程、专业教育经历、相关生活经历、工作经验、专业技能、服务知识、服务态度等要素； 4）职业技能标准评定使用说明及计分方法； 5）《家庭餐制作服务职业技能标准评定表》； 6）家庭餐制作服务职业技能标准示例； 7）《家庭餐制作服务知识评定表》； 8）家庭餐制作服务知识示例（基本知识、专业知识）。		

【学习目标】

通过本章的学习，您将能够：

1）了解家庭餐制作服务职业技能标准内容；

2）掌握家政服务员（家庭餐制作服务）职业技能标准等级评定方法。

8.1 什么是家庭餐制作服务

家庭餐制作服务：使用烹饪设备与科学烹饪方法，在雇主家庭，为雇主家庭成员采买食材、加工食材、制作主食菜肴、餐后清洁的过程，让雇主家庭成员享受营养、健康饮食。

8.2 家庭餐制作服务职业技能标准评定

8.2.1 评定细则

1）家庭餐制作服务职业技能，是指家庭厨师（家庭餐制作员）在服务环境（雇主家庭）中完成任务并最终达到服务预期，所具有的教育培训、工作经验、服务技能、服务知识及服务态度。每一项技能技术都是依据每一个服务标准来鉴定其合格性。

2）用数量分级表示家庭厨师的职业技能标准等级。

家庭餐制作服务职业技能标准分为五个级别，即实习家庭厨师（没有标准等级）、初级家庭厨师（初级标准）、中级家庭厨师（中级标准）、高级家庭厨师（高级标准）、技师、高级技师。最低为实习家庭厨师，没有技能等级，最高为高级技师。级别越高，表示家庭厨师的技能标准等级越高。

3）家庭厨师职业技能标准评定，只适用于家政服务或提供家政服务的家政服务机构。

4）家庭餐制作服务职业技能标准划分原则：主要依据家庭厨师所受的教育、培训证书/课程、专业教育经历、相关生活经历、工作经验、专业技能、服务知识、服务态度等要素来划分。在评定上，职业技能标准和服务知识标准分别评定，其中，职业技能标准占60%，服务知识占40%，两项标准评定结果合计构成整个职业技能标准水平。

5）家庭餐制作服务职业技能标准评定表见下文，家庭厨师应逐项达标。

8.2.2 《家庭餐制作服务职业技能标准评定表》使用说明：

A、如何计算家庭厨师的平均级别：所有在第一栏中的分数都算作"0"分。在第二栏中的分数算作"1"分。第三栏的算作"2"分。第四栏的算作"3"分。要算出每个服务标准平均分，需将每一个栏的分数加在一起，然后将每一个栏的总分数加在一起得出那个服务标准的"你的得分"。用"你的得分"除以那个服务标准的总分。最后用所得出的数乘以"10"，即可得出平均级别。

B、在技能评级中，0代表"不适用/没有"；1代表"低"；2代表"中"；3代表"高"。其中，高一级包含低一级。

C、家庭餐制作服务职业技能标准分级：初级：1~3级；中级：4~7级；高级：8~9级；技师：9~10级。

D、评定表中具体技能或知识等评级标准　（扫一扫　二维码）

《家庭餐制作服务职业技能标准评定表》

服务技能标准	技能评级				服务水平预期
	1 级	2 级	3 级	4 级	
家庭餐制作服务标准	0	1	2	3	**教育培训**
问题总数 32					教育 1：学历
					小学；中学；大专及以上
总分 96	0	1	2	3	教育 2：证书／课程
得分					参加烹饪培训学时
	0	1	2	3	教育 3：烹饪培训证书
计算结果：					**工作生活经验**
	0	1	2	3	经验 1：烹饪教育年限
96					在家政公司担任家庭餐制作培训老师
					或在单位担任烹饪指导老师或主厨
					或经营一家餐饮饭店
	0	1	2	3	经验 2：自己家庭餐制作年限
					在自己家庭亲自制作家庭餐
	0	1	2	3	经验 3：烹饪工作年限
					或在家政公司专门制作雇主家庭餐
					或住家服务制作家庭餐
					或饭店当厨师　或面点师
					服务技能
	0	1	2	3	技能 1：能采购家庭食品原料
	0	1	2	3	技能 2：能加工食品原料成形
	0	1	2	3	技能 3：能初加工新鲜蔬菜
	0	1	2	3	技能 4：能初加工家禽肉
	0	1	2	3	技能 5：能初加工常用水产品
	0	1	2	3	技能 6：能制作家庭主食
	0	1	2	3	技能 7：能制作家庭冷菜
	0	1	2	3	技能 8：能制作家庭热菜
	0	1	2	3	技能 9：能制作家庭汤菜
	0	1	2	3	技能 10：能制作复合水果原料拼盘
	0	1	2	3	技能 11：能制作馅料
	0	1	2	3	技能 12：能水发加工干制植物性原料
	0	1	2	3	技能 13：能调制菜肴味道
	0	1	2	3	技能 14：能拍粉处理食物原料
	0	1	2	3	技能 15：能制作腌肉
	0	1	2	3	技能 16：能制作中式糕点
	0	1	2	3	技能 17：能制作西式点心
	0	1	2	3	技能 18：能研磨咖啡豆、冲泡与煮制咖啡
	0	1	2	3	技能 19：能调制家庭饮品
	0	1	2	3	技能 20：能预防食物中毒
	0	1	2	3	技能 21：能保洁、消毒、收纳厨房（餐厅）
	0	1	2	3	技能 22：能制定家庭食谱
	0	1	2	3	技能 23：家庭餐制作服务培训与管理
					服务态度
	0	1	2	3	态度 1：你在家庭餐服务过程中如何与雇主交流
	0	1	2	3	态度 2：你怎么评价你的家庭餐制作过程
	0	1	2	3	态度 3：你对烹饪的热情有多高
总分：					平均级别（0-10，低级到高级）：

《家庭餐制作服务知识标准评定表》

服务技能标准		技能评级				服务水平预期
		1级	2级	3级	4级	
						家政服务员基本知识
家庭餐制作服务标准		0	1	2	3	知识1：知道家政服务员职业道德
		0	1	2	3	知识2：知道家政服务职业心态与服务意识
问题总数	36	0	1	2	3	知识3：知道家政服务社交礼仪知识
总分	108	0	1	2	3	知识4：知道家政服务卫生知识
得分		0	1	2	3	知识5：知道家政服务安全知识
		0	1	2	3	知识6：知道家政服务相关法律知识
计算结果：						**家庭餐制作服务专业知识**
		0	1	2	3	知识1：知道食物种类及营养成分
108		0	1	2	3	知识2：知道基本营养素及功能
		0	1	2	3	知识3：知道食品材料采买、记账方法
		0	1	2	3	知识4：知道食品原料是否新鲜识别方法
		0	1	2	3	知识5：知道食品原料质量识别方法
		0	1	2	3	知识6：刀具种类及使用、保养
		0	1	2	3	知识7：知道家庭食品原料切配刀法
		0	1	2	3	知识8：知道蔬菜食材特点、分类及初加工方法
		0	1	2	3	知识9：知道家禽肉类食材特点、分类及初加工方法
		0	1	2	3	知识10：知道常用水产品食材特点、分类及初加工方法
		0	1	2	3	知识11：知道食物保鲜、冷冻、解冻
		0	1	2	3	知识12：知道主食种类及制作方法
		0	1	2	3	知识13：知道凉菜特点、制作程序及注意事项
		0	1	2	3	知识14：知道热菜特点、制作方法及注意事项
		0	1	2	3	知识15：知道菜肴原料搭配方法
		0	1	2	3	知识16：知道汤菜特点及制作与饮用方法
		0	1	2	3	知识17：知道拼摆复合水果原料拼盘
		0	1	2	3	知识18：知道水发、碱发、油发加工干制植物性原料方法及注意事项
		0	1	2	3	知识19：知道调味品种类、味的分类及调制方法
		0	1	2	3	知识20：知道走油及走红
		0	1	2	3	知识21：知道馅料种类、常用食材及制作工具
		0	1	2	3	知识22：知道厨房灶具厨具种类及使用方法
		0	1	2	3	知识23：中式糕点特点、制作工具
		0	1	2	3	知识24：西式点心特点种类、常用原料、配料及制作工具
		0	1	2	3	知识25：知道煮制咖啡的基本要求、基本方式
		0	1	2	3	知识26：知道我国主要菜系及特点
		0	1	2	3	知识27：知道不同年龄人群营养需求
		0	1	2	3	知识28：知道常见疾病的膳食营养
		0	1	2	3	知识29：知道食谱制定方法
		0	1	2	3	知识30：知道食物中毒
总分：						平均级别（0-10，低级到高级）：

8.3 家庭餐制作服务职业技能标准示例

技能1：能采购家庭食品原料

a）蔬菜的选购技巧与方法：1）黄瓜；2）菜花；3）芹菜；4）土豆；5）萝卜；6）莲藕；7）蘑菇；8）绿豆芽；9）番茄等。

b）畜禽类食品的选购技巧与方法：1）活鸡；2）牛肉；3）羊肉；4）猪肉。

c）水产品类食品的选购技巧与方法：1）鱼类；2）虾类；3）蟹类等。

d）粮油类食品的选购技巧与方法：1）面粉；2）大米；3）食用油等。

e）干货类食品的选购技巧与方法：1）香菇；2）黑木耳；3）金针菇；4）莲子；5）花生米；6）各种豆类；7）海带；8）海参；9）鱿鱼；10）虾米等。

f）速冻食品的选购技巧与方法：水饺、汤圆等。

g）选购安全食料：1）判断食料品质（即食料食用价值、成熟度、纯净度、新鲜度）；2）判断卫生程度；3）识别食品标签（认证标志、生产日期和保质期、产品质量与净含量）。

h）选购健康绿色食品：1）粮食类；2）蛋白质食品类；3）蔬菜和水果类；4）油脂类。

i）调料的选购技巧与方法：酱油、醋、盐、麻油、大料、花椒、味精、白糖、蜂蜜等。

技能2：能加工食品原料成形

a）切丁：1）小方丁；2）中方丁；3）大方丁。

b）切段或条：1）小段；2）中段；3）大段。

c）切块：1）正方块；2）长方块；3）菱形块；4）排骨块；5）滚刀块。

d）切片：1）月牙片；2）菱形片；3）柳叶片；4）夹刀片；5）抹刀片。

e）切丝。

f）切茸。

技能3：能初加工新鲜蔬菜

a）叶类蔬菜；b）茎类蔬菜；c）根类蔬菜；d）瓜类蔬菜；e）茄果类蔬菜；f）豆类蔬菜；g）花类蔬菜。

技能4：能初加工家禽肉

a）猪肉；b）牛肉；c）羊肉；d）禽类肉（鸡、鸭、鹅、鸽子、鹌鹑）。

技能5：能初加工常用水产品

a）鱼；b）虾；c）蟹类；d）藻类；e）贝类。

技能6：能制作家庭主食

a）蒸。例如：米饭、馒头、蒸包、蒸饺、花卷等；

b）煮。例如：粥、手擀面、饺子、馄饨、面条、汤圆等；

c）炸。例如：炸馒头片、炸油条、炸元宵、春卷等；

d）煎。例如：锅贴、南瓜饼、煎包、葱油饼等；

e）烘（烤）。例如：面包、蛋糕、烧饼等；

f）烙。例如：烙馅饼等；

g）复合加热法。例如：炒面、炒饭、炒粉、炒饼等。

技能7：能制作家庭冷菜

a）拌；b）腌；c）卤；d）酱；e）冻；f）炝；g）油炸卤浸；h）拼盘：1）垫底、围边、装面；2）双拼；3）三拼等。

例如：海米拌黄瓜、蒜泥白肉、炝西兰花、麻辣肚丝、酸辣黄瓜条、卤鸭、水晶鸡、酱鸭、酱牛肉、油爆虾、醉蟹等。

技能8：能制作家庭热菜

a）炒；b）煮；c）蒸；d）炸；e）煎；f）炖；g）烩；h）烧；i）焖；j）汆；k）烤；l）熘；m）爆；n）扒；o）煨；p）多种方法合成制作鱼、虾、鸡类等茸胶菜品。

例如：清蒸武昌鱼、回锅肉、莲藕炖排骨、小鸡炖蘑菇、干煎黄花鱼、水煮鱼片、麻婆豆腐、清炒土豆丝、汆丸子、香菇蚝油烩菜心、红烧肉、醋焖酥鱼、烤羊肉串、滑熘里脊、爆羊肉、扒肉条、小米煨海参等。

技能9：能制作家庭汤菜

a）素汤；b）高汤；c）海鲜汤；d）肉汤。

例如：1）素汤：（1）香菇汤；（2）口蘑汤；（3）黄豆芽汤；（4）鲜笋汤等；

2）高汤：（1）素高汤；（2）海鲜高汤；（3）鸡高汤；（4）猪棒骨高汤等；

3）海鲜汤：（1）虾皮豆腐汤；（2）黑豆海带肉丁汤；（3）鱿鱼萝卜汤等；

4）肉汤：（1）冬瓜羊肉汤；（2）菠菜猪肝汤；（3）花生炖牛肉等。

技能10：能制作复合水果原料拼盘

a）选料；b）准备工具与器皿；c）操作步骤；d）注意事项。

技能11：能制作馅料

a）鲜肉馅；b）三鲜馅或鸡肉馅；c）素馅；d）红豆沙馅或莲蓉馅；

技能12：能水发加工干制植物性原料

a）冷水发：1）银耳；2）木耳；3）金针菜；4）腐竹等；b）热水发：1）发菜；2）玉兰片；3）粉丝；4）粉条等。

技能13：能调制菜肴味道

a）基本味：1）咸；2）酸；3）甜；4）辣；5）香；6）鲜；7）苦。

b）复合味：1）鱼香味　2）麻辣味　3）椒麻味　4）酸辣味　5）怪味；

c）调味工艺：1）挂糊、上浆　2）兑汁　3）勾芡。

技能14：能拍粉处理食物原料

a）单纯拍粉；b）拍粉拖蛋液；c）拍粉拖蛋液后再粘上芝麻、花生仁、腰果、核桃仁、松仁等加工成碎粒状的香脆性用料。

技能15：能制作腌肉

a）选好肉料与调料；b）操作步骤：1）原料处理；2）第一次上盐；3）第二次上盐；4）盐水浸渍；5）挂晾风干；c）注意事项。

技能16：能制作中式糕点

a）包子类：1）鲜肉包；2）菜肉包；3）豆沙包；4）水晶包；5）叉烧包等；

b）水饺类：1）三鲜水饺；2）猪肉水饺；3）鱼肉水饺；4）茴香水饺等；

c）麦类制品：1）馒头；2）蒸饺；3）锅贴；4）花卷；5）银丝卷等；

d）米粉制品：1）年糕；2）发糕；3）凉糕；4）炸糕等；

e）不同成形方法的制品：1）包法（烧麦、粽子）；2）捏法（鸳鸯饺、四喜饺、蝴蝶饺）。

技能17：能制作西式点心

a）面包类；b）蛋糕类；c）清酥类；d）混酥类。

技能18：能研磨咖啡豆、冲泡与煮制咖啡

a）咖啡豆研磨；

b）咖啡冲泡：1）摩加薄荷咖啡；2）法利赛；3）那不勒斯风味咖啡；4）俄式咖啡；

c）煮制咖啡：1）电动咖啡机烹煮方法；2）蒸馏器烹煮方法；3）摩卡壶烹煮方法；4）滴滤冲泡法；

技能19：能调制家庭饮品

a）茶；b）果汁；c）豆浆；d）玉米汁；e）咖啡。

技能20：能预防食物中毒

a）细菌性食物中毒；b）有毒动植物；c）食物中毒。

技能 21：能保洁、消毒、收纳厨房（餐厅）

a）能清洁厨具、灶具、餐具：1）厨具；2）灶具；3）餐具。

b）能保洁厨房并消毒：1）厨具；2）灶具；3）餐具；4）厨房操作台；5）厨房墙面；6）厨房门窗；7）厨房灯具；8）厨房地面；9）厨房墙面和门窗；10）厨房去味：去除厨房油烟味、排水管的疏通、去除垃圾桶异味、去除下水道异味；11）厨房垃圾处理。

c）能收纳厨房（餐厅）：1）准备厨房收纳必备品；2）对厨房进行功能分区与物品归类；3）不让杂物重回桌面或台面；4）厨房操作台收纳；5）橱柜（吊柜）规划与收纳；6）冰箱规划与收纳；7）餐厅收纳；8）酒柜收纳；9）厨房餐厅地面收纳。

技能 22：能制定家庭食谱

a）不同季节一日简化食谱；b）不同季节一日带量食谱；c）不同季节一周简化食谱；d）不同季节一周带量食谱；c）能根据季节调整菜谱。

技能 23：家庭餐制作服务培训与管理（扫一扫 二维码）

家政服务员基本知识（同上）

知识 1：知道家政服务员职业道德

知识 2：知道家政服务职业心态与服务意识

知识 3：知道家政服务社交礼仪知识

知识 4：知道家政服务卫生知识

知识 5：知道家政服务安全知识

知识 6：知道家政服务相关法律知识

家庭餐制作服务专业知识

知识 1：知道食物种类及营养成分

a）谷类；b）豆类及其制品；c）肉类的营养；d）蔬菜、水果；e）畜、禽肉及鱼类；f）奶及奶制品；g）蛋类。

知识 2：知道基本营养素及功能

a）蛋白质；b）脂肪类；c）碳水化合物；d）矿物质；e）维生素；f）水。

知识 3：知道食品材料采买、记账方法

a）根据雇主需求制定采买计划；b）议价；c）注重食品原料品质；d）尊重雇主需求与喜欢；e）账目清楚；f）做好记录与收集采买凭证。

知识 4：知道食品原料是否新鲜识别方法

a）形态变化；b）色彩变化；c）含水量和重量变化；d）质地变化；e）气味变化。

知识 5：知道食品原料质量识别方法

a）蔬菜类：1）黄瓜；2）圆白菜；3）茄子；4）大白菜；5）土豆；6）芹菜；7）辣椒；8）萝卜；9）番茄；香菇；b）肉类：1）猪肉；2）牛肉；3）羊肉；c）鱼类：1）活鱼；2）鲜鱼；3）冰冻鱼；d）虾类；e）蟹类；f）禽类；g）蛋类；h）饮料类；i）食用油；j）罐头类食品等。

知识 6：刀具种类及使用、保养

a）刀具种类：1）切刀；2）砍刀；3）多用刀；4）蔬果刀；5）刮皮刀；磨刀棒；b）刀具使用；c）刀具保养。

知识 7：知道家庭食品原料切配刀法

a）直刀法：1）切（直切、推切、拉切、锯切、滚刀切、侧切）；2）斩（直刀斩、拍刀斩、排斩）；3）劈（直刀劈、跟刀劈）等；

b）平刀法：1）平刀批；2）推刀批；3）拉刀批；4）锯刀批；5）滚料批等；

c）斜刀法：1）正斜刀；2）反斜刀等。

知识 8：知道蔬菜食材特点、分类及初加工方法

a）叶类蔬菜；b）茎类蔬菜；c）根类蔬菜；d）瓜类蔬菜；e）茄果类蔬菜；f）豆类蔬菜；g）花类蔬菜。

知识 9：知道家禽肉类食材特点、分类及初加工方法

a）猪肉；b）牛肉；c）羊肉；d）禽类肉（鸡、鸭、鹅、鸽子、鹌鹑）。

知识 10：知道常用水产品食材特点、分类及初加工方法

a）鱼；b）虾；c）蟹类；d）藻类；e）贝类。

知识 11：知道食物保鲜、冷冻、解冻

a）食物保鲜：1）蔬菜、水果保鲜；2）食品保鲜：3）鱼、肉保鲜。

b）冷冻食品：1）主食类；2）肉、禽类；3）蔬菜；4）调料；5）各种熟食。

c）解冻食品：1）自然解冻；2）快速解冻；3）不要反复解冻。

知识 12：知道主食种类及制作方法

a）米饭；b）面食：1）和面（热水烫面、温水和面、冷水和面）；2）发面；3）熟制；c）粥；d）制作方法：1）蒸（米饭、馒头、蒸包、蒸饺、花卷等）：2）煮（粥、手擀面、饺子、馄饨、面条、汤圆等）；3）炸（炸馒头片、炸油条、炸元宵、春卷等）；4）煎（锅贴、南瓜饼、煎包、葱油饼等）；5）烘（烤）（面包、蛋糕、烧饼等）；6）烙（烙馅饼等）；7）复合加热法（炒面、炒饭、炒粉、炒饼等）。

知识 13：知道凉菜特点、制作程序及注意事项

a）凉菜特点；b）制作程序；c）制作方法：1）拌；2）腌；3）卤；4）酱；5）冻；6）炝；7）油炸卤浸；8）拼盘等；d）注意事项。

例如：海米拌黄瓜、蒜泥白肉、炝西兰花、麻辣肚丝、酸辣黄瓜条、卤鸭、水晶鸡、酱鸭、酱牛肉、油爆虾、醉蟹等。

知识 14：知道热菜特点、制作方法及注意事项

a）热菜特点；b）制作方法：1）炒；2）蒸；3）煮；4）炸；5）煎；6）炖；7）烩；8）烧；9）焖；10）汆；11）烤；12）熘；13）爆；14）扒；15）煨；c）注意事项；d）多种方法合成制作鱼、虾、鸡类等茸胶菜品。

知识 15：知道菜肴原料搭配方法

a）配单一原料的菜；b）配主、辅料兼有的菜；c）配不分主次的多种原料；d）配花色菜；e）配菜的关键：1）量的配合；2）色的配合；3）色和味的配合；4）形的配合；5）质的配合；6）营养成分的配合。

知识 16：知道汤菜特点及制作与饮用方法

a）汤菜特点；

b）加工工具：1）砂锅；2）瓦煲；3）陶瓷炖盅；4）电炖盅；5）不锈钢汤锅；6）焖烧锅；7）高压锅；

c）食材搭配：1）酸碱搭配；2）最佳互补食材搭配：（1）番茄＋鸡蛋；（2）土豆＋牛肉；（3）山药＋鸭肉；（4）菠菜＋猪肝；（5）羊肉＋生姜；（6）豆腐＋鱼肉；

d）汤的种类：1）素汤；2）高汤；3）海鲜汤；4）肉汤；

e）常见高汤的制作方法：1）素高汤；2）海鲜高汤；3）鸡高汤；4）猪棒骨高汤；

f）煮好汤技巧：1）原料下锅有先后顺序；2）煮鱼汤不腥的技巧；3）煮出奶白汤的技巧；

4）中途不宜加水；5）严格掌握火候与时间；6）不宜多放调料；

g）煮汤去异味的技巧：1）加醋去腥味；2）加料酒去腥法；3）焯煮去腥法；4）香辛料去异味法；

h）正确喝汤方法：1）慢速喝汤；2）不宜喝太烫的汤；3）汤中的食物也要吃；4）别用汤泡饭吃；5）不同人群喝汤有讲究。

知识17：知道拼摆复合水果原料拼盘

a）选料；b）命名；c）色彩搭配；d）艺术造型与器皿选择；e）刀法；f）出品；g）注意事项。

知识18：知道水发、碱发、油发加工干制植物性原料方法及注意事项

a）冷水发；b）热水发；c）碱水发；d）油发；e）注意事项。

知识19：知道调味品种类、味的分类及调制方法

a）调味品种类：1）盐；2）酱油；3）糖（白砂糖、绵白糖、冰糖）；4）食醋（米醋、熏醋、白醋）；5）味精；6）黄酒；7）胡椒粉；8）耗油；9）豆豉；10）番茄酱；11）辣椒酱；12）大料；13）小茴香；14）花椒；15）桂皮；16）丁香；17）砂仁；18）草果；19）孜然；20）五香粉；21）鱼露；22）虾子；23）蟹子；

b）味的分类；1）调制单一味即基本味（咸味、甜味、酸味、辣味、苦味、鲜味、香味）；2）调制复合味（冷菜复合味、热菜复合味）；

c）调味方法：1）调味基本原则；2）调味基本方法；3）码味。

知识20：知道走油及走红

a）走油；b）走红。

知识21：知道馅料种类、常用食材及制作工具

a）馅料种类：1）鲜肉馅；2）三鲜馅或鸡肉馅；3）素馅；4）红豆沙馅或莲蓉馅；

b）常用食材：1）叶菜类；2）瓜果类；3）根茎类；4）食用菌；5）鱼肉；6）猪肉；牛羊肉；7）禽肉；8）禽蛋；

c）制作工具。

知识22：知道厨房灶具厨具种类及使用方法

a）燃气灶具；b）高压锅；c）电饭煲；d）电磁炉；e）微波炉；f）电烤箱；g）消毒柜；h）洗碗机；i）煎锅；j）炖锅；k）压面机；1）果汁机；m）豆浆机；n）电热水器。

知识23：中式糕点特点、制作工具

a）中式糕点特点：1）不同馅心；2）不同用料；3）不同成形方法；

b）制作工具：1）烤箱；2）饼铛；3）蒸锅；4）面盆；5）案板等；

c）注意事项。

知识24：西式点心特点与种类、常用原料、配料及制作工具

a）西式点心特点与种类：1）面包类；2）蛋糕类；3）清酥类；4）混酥类；

b）西点常用原料：1）面粉；2）糖；3）油脂；4）蛋品；5）乳品；

c）西点常用配料：1）酵母；2）果品；3）可可粉；4）巧克力；5）调味品；

d）制作工具：1）烤箱；2）烤盘；3）打蛋器；4）筛网；5）橡皮刮刀；6）秤、量勺或量杯；7）烤盘纸。

e）注意事项。

知识25：知道煮制咖啡的基本要求、基本方式

a）基本要求；b）基本方式；c）注意事项。

知识 26：知道我国主要菜系及特点

a）川菜；b）鲁菜；c）粤菜；d）闽菜；e）苏菜；f）浙菜；g）湘菜；h）徽菜；i）北京菜；j）上海菜。

知识 27：知道不同年龄人群营养需求

a）婴幼儿营养（0 到 3 岁）；b）学龄前儿童（3 到 6 岁）；c）学龄儿童（6 到 12 岁）；d）青少年；e）中年；f）老年营养；g）孕产妇营养；h）母乳喂养。

知识 28：知道常见疾病的膳食营养

a）糖尿病；b）肥胖；c）动脉硬化；d）骨质疏松；e）高血压；f）肿瘤；g）免疫。

知识 29：知道食谱制定方法

a）什么是食谱：1）简化食谱；2）带量食谱；

b）食谱制定原则：1）依据家庭的经济条件；2）依据当地的食物特点和饮食习惯；3）依据家庭成员的营养状况；4）依据季节特点；5）结合饮食制作方法与制作时间；

c）食谱的制作步骤：1）列出每天计划吃的食物名称和配料；2）列出家庭带量食谱；3）及时调整食物种类和量；

d）食谱的制定要求：1）食物量要适宜：（1）各类食物建议量；（2）营养素摄入量；2）三餐食物分配要合理；3）食物选择多样化：（1）主食；（2）蔬菜；（3）蛋类；（4）大豆及其豆制品；（5）禽畜肉；（6）奶及奶制品；（7）坚果；（8）水果；（9）其他注意事项；

e）家庭食谱举例；1）简化食谱；2）带量食谱。

知识 30：知道食物中毒

a）细菌性食物中毒；b）有毒动植物；c）化学性食物中毒。

服务态度

态度 1：你在家庭餐制作服务过程中如何与雇主交流

态度 2：你怎么评价你的家庭餐制作过程

态度 3：你对烹饪的热情有多高

以上：评定表中具体技能或知识等评级标准　（扫一扫　二维码）

8.4 家庭餐制作服务职业技能标准几个问题

8.4.1 标准内容选择要注重健康饮食、养生、减肥

在家庭餐制作服务职业技能标准内容的选择上，随着我国经济社会的发展、人们生活消费水平的提升，膳食能量中来自碳水化合物的比例正在减少，来自脂肪特别是动物脂肪的比例正在增加；同时，来自蛋白质提供的能量比例也正在增长，开始出现"三高"即高脂肪、高糖、高能量的膳食结构。然而，膳食结构的变化使得人们疾病模式也发生了变化，即心血管疾病、癌症的比例显著上升。特别是新冠病毒疫情过后，人们开始注重健康生活方式，注重提升身体免疫能力，开始讲究科学的家庭均衡饮食。这就要求家庭餐制作服务标准内容，要适应人们对健康均衡饮食的需求，作实时调整。

还有，人们生活水平提高了，又越来越追求科学家庭饮食要能养生、减肥。特别是我国老龄化社会加剧，2.5 亿的老年人口，对延缓衰老、养生保健必将是"刚需"，这也是家庭餐制作服务标准内容之一。

同样，科学的均衡的家庭饮食，还可以起到减肥作用。中华药膳对减肥效果，早已被证明行之有效。家庭餐制作服务标准内容，如果能够制作科学的减肥饮食，这对肥胖的家

政雇主、爱美的女性雇主，毫无疑问是备受青睐的。

以上这些，都将改变家庭餐制作服务职业技能标准。

8.4.2 职业技能标准等级划分要与时俱进

随着家庭餐制作工具的不断创新，特别是智能厨房、智能电饭锅、智能电炒锅、智能冰箱等智能厨房炊具、灶具等进入家庭，也将改变家庭餐制作服务职业技能水平及其划分标准。

8.5 区块链＋家庭餐制作服务职业技能标准

基于区块链技术的"区块链＋新家政服务平台"，要求每项家庭餐制作服务职业技能，都具有可观察、可测量，能够将职业技能标准进行"数据化"。

在家庭餐制作服务职业技能标准的"数据化"过程中，可以采用物联网技术、人工智能技术、智能厨房设备，来采集家庭餐制作服务数据。

第9章　母婴护理（月嫂）服务职业技能标准

【家政政策】

序号	发文时间	发文机关	政策文件名称
	2015 年 11 月 18 日	国家标准化管理委员会办公室。国标委服务联【2015】67 号	《国家标准委、民政部、商务部、全国总工会、全国妇联关于加强家政服务标准化工作的指导意见》
相关摘要	加强标准制修订工作力度：发挥标准化行政主管部门、行业管理部门、协会组织和相关企业的合力，进一步完善家政服务标准体系，加强家政服务标准的基础研究和前期研究，在育婴服务、家庭保洁服务、居家养老服务等热点领域，以及行业发展急需的家政服务培训、服务机构分级评价、家政服务信息化等领域加大标准制修订工作力度。		

【家政寄语】

一个优秀的月嫂会与小宝宝进行"心灵"对话，让宝妈宝爸尽享天伦之乐。

【术语定义】

母婴护理服务：根据孕产妇和新生儿的特点及要求，对孕产妇的生活照护、身体健康护理、心理疏导、辅助孕产妇科学孕育胎儿与哺育新生儿，以及促进新生儿生长发育与生活照护的过程，以实现优生优育和母婴健康。

【标准条款】

序号	标准编号	标准名称	主管部门
4	Q/QKL JZJS104-2020	母婴护理（月嫂）服务职业技能标准	
标准内容	1）职业技能标准定义； 2）职业技能标准等级； 3）职业技能标准内容：所受的教育、培训证书/课程、专业教育经历、相关生活经历、工作经验、专业技能、服务知识、服务态度等要素； 4）职业技能标准评定使用说明及计分方法； 5）《母婴护理（月嫂）服务职业技能标准评定表》； 6）母婴护理（月嫂）服务职业技能标准示例； 7）《母婴护理（月嫂）服务知识评定表》； 8）母婴护理（月嫂）服务知识示例（基本知识、专业知识）。		

【学习目标】

通过本章的学习，您将能够：

1）了解母婴护理（月嫂）服务职业技能标准内容；

2）掌握母婴护理员（月嫂）职业技能标准等级评定的方法。

9.1 什么是母婴护理（月嫂）服务

母婴护理服务：根据孕产妇和新生儿的特点及要求，对孕产妇的生活照护、身体健康护理、心理疏导、辅助孕产妇科学孕育胎儿与哺育新生儿，以及促进新生儿生长发育与生活照护的过程，以实现优生优育和母婴健康。

9.2 母婴护理（月嫂）服务职业技能标准评定

9.2.1 评定细则

1）母婴护理（月嫂）服务职业技能，是指母婴护理员在服务环境（雇主家庭）中完成任务并最终达到服务预期，所具有的教育培训、工作经验、服务技能、服务知识及服务态度。每一项技能技术都是依据每一个服务标准来鉴定其合格性。

2）用数量分级表示母婴护理员的职业技能标准等级。

母婴护理服务职业技能标准分为五个级别，即实习母婴护理员（没有标准等级）、初级母婴护理员（初级标准）、中级母婴护理员（中级标准）、高级母婴护理员（高级标准）、技师、高级技师。最低为实习母婴护理员，没有技能等级，最高为高级技师。级别越高，表示母婴护理员的技能标准等级越高。

3）母婴护理服务职业技能标准评定，只适用于家政服务或提供家政服务的家政服务机构。

4）母婴护理服务职业技能标准划分原则：主要依据母婴护理员所受的教育、培训证书/课程、专业教育经历、相关生活经历、工作经验、专业技能、服务知识、服务态度等要素来划分。在评定上，职业技能标准和服务知识标准分别评定，其中，职业技能标准占60%，服务知识占40%，两项标准评定结果合计构成整个职业技能标准水平。

5）母婴护理服务职业技能标准评定表见下文，母婴护理员应逐项达标。

9.2.2 《母婴护理服务职业技能标准评定表》使用说明：

A、如何计算母婴护理员的平均级别：所有在第一栏中的分数都算作是"0"分。在第二栏中的分数算作"1"分。第三栏的算作"2"分。第四栏的算作"3"分。要算出每个服务标准平均分，需将每一个栏的分数加在一起，然后将每一个栏的总分数加在一起得出那个服务标准的"你的得分"。用"你的得分"除以那个服务标准的总分。最后用所得出的数乘以"10"，即可得出平均级别。

B、在技能评级中，0代表"不适用 / 没有"；1代表"低"；2代表"中"；3代表"高"。其中，高一级包含低一级。

C、母婴护理服务职业技能标准分级：初级：1~3级；中级：4~7级；高级：8~9级；技师：9~10级。

D、评定表中具体技能或知识等评级标准 （扫一扫 二维码）

《母婴护理服务职业技能标准评定表》

服务技能标准		技能评级				服务水平预期
		1 级	2 级	3 级	4 级	
母婴护理服务 职业技能标准						**教育培训**
		0	1	2	3	教育 1：学历
问题总数	48					小学；中学；大专及以上
		0	1	2	3	教育 2：证书或课程
总分	144					母婴护理培训学时
得分		0	1	2	3	教育 3：母婴护理证书
						工作生活经验
计算结果：		0	1	2	3	经验 1：母婴护理教育年限
						在家政公司或妇产科医院
144						或计生办担任母婴护理指导老师
		0	1	2	3	经验 2：照护自己家庭孕产妇与新生儿年限
						在自己家庭从事过母婴护理
		0	1	2	3	经验 3：母婴护理工作年限
						在家政公司或妇产科医院或计生办从事过母婴护理
						服务技能
		0	1	2	3	技能 1：能制订月护理计划、日工作流程及记录护理日志
		0	1	2	3	技能 2：能制作孕妇膳食
		0	1	2	3	技能 3：能制订孕妇营养膳食计划
		0	1	2	3	技能 4：能照护孕妇起居
		0	1	2	3	技能 5：能照护孕妇妊娠期安全
		0	1	2	3	技能 6：能护理孕妇乳房
		0	1	2	3	技能 7：能理解、疏导孕妇心理
		0	1	2	3	技能 8：能指导孕妇进行胎儿教育
		0	1	2	3	技能 9：能根据孕妇妊娠反应进行护理
		0	1	2	3	技能 10：能指导孕妇运动保健操
		0	1	2	3	技能 11：能预防、护理妊娠期常见病
		0	1	2	3	技能 12：能孕妇产前保健护理
		0	1	2	3	技能 13：能准备分娩物品、迎接新生儿
		0	1	2	3	技能 14：能照护产妇起居
		0	1	2	3	技能 15：能制作产妇膳食（即月子餐）
		0	1		3	技能 16：能制订产妇产褥期膳食计划和食谱
		0	1	2	3	技能 17：能照护母乳喂养新生儿
		0	1	2	3	技能 18：能解决新生儿母乳喂养的常见问题
		0	1	2	3	技能 19：能解决产妇哺乳过程中的常见问题
		0	1	2	3	技能 20：能人工喂养新生儿
		0	1	2	3	技能 21：能给产妇催乳
		0	1	2	3	技能 22：能护理产褥期常见异常情况的产妇
		0	1	2	3	技能 23：能产妇保健护理
		0	1	2	3	技能 24：能护理产褥期产妇常见病症
		0	1	2	3	技能 25：能护理产褥期产后忧郁和产后抑郁症
		0	1	2	3	技能 26：能护理产妇乳房
		0	1	2	3	技能 27：能指导产妇形体恢复
		0	1	2	3	技能 28：能根据新生儿分类特点照护新生儿
		0	1	2	3	技能 29：能指导选择新生儿衣物、洗涤与消毒新生儿衣物
		0	1	2	3	技能 30：能抱放新生儿及穿脱衣服与包裹新生儿

0	1	2	3	技能 31：能照护新生儿身体
0	1	2	3	技能 32：能给新生儿洗浴
0	1	2	3	技能 33：能照护新生儿睡眠
0	1	2	3	技能 34：能照护新生儿排便
0	1	2	3	技能 35：能给新生儿抚触
0	1	2	3	技能 36：能护理新生儿非疾病的异常情况
0	1	2	3	技能 37：能护理新生儿常见病症
0	1	2	3	技能 38：能预防新生儿意外伤害
0	1	2	3	技能 39：母婴护理服务培训与管理
				服务态度
0	1	2	3	态度 1：你在服务过程中如何与雇主交流
0	1	2	3	态度 2：与母婴相处是否有耐心和理解母婴
0	1	2	3	态度 3：对新生儿的热爱程度
小计：				平均级别（0-10，低级到高级）：

《母婴护理服务知识标准评定表》

母婴护理服务					
服务技能标准	技能评级				服务水平预期
	1 级	2 级	3 级	4 级	
母婴护理服务					家政服务员基本知识
职业技能标准	0	1	2	3	知识 1：知道家政服务员职业道德
问题总数　36	0	1	2	3	知识 2：知道家政服务职业心态与服务意识
总分　108	0	1	2	3	知识 3：知道家政服务社交礼仪知识
得分	0	1	2	3	知识 4：知道家政服务卫生知识
	0	1	2	3	知识 5：知道家政服务安全知识
计算结果：	0	1	2	3	知识 6：知道家政服务相关法律知识
					母婴护理服务专业知识
108	0	1	2	3	知识 1：知道妊娠基本常识
	0	1	2	3	知识 2：知道妊娠期生理变化特点
	0	1	2	3	知识 3：知道孕妇心理特点及心理类型
	0	1	2	3	知识 4：知道孕妇膳食基本特点、要求、计划及注意事项
	0	1	2	3	知识 5：知道妊娠期营养需求及食物来源
	0	1	2	3	知识 6：乳房生理结构、乳房护理要点
	0	1	2	3	知识 7：知道胎儿发育生理特点
	0	1	2	3	知识 8：知道妊娠期常见病症
	0	1	2	3	知识 9：知道产褥期产妇护理的重要性及注意事项
	0	1	2	3	知识 10：知道如何进行产褥期产妇护理
	0	1	2	3	知识 11：知道产妇生理特点变化
	0	1	2	3	知识 12：知道产妇心理特点
	0	1	2	3	知识 13：知道产妇膳食基本特点、膳食要求及注意事项
	0	1	2	3	知识 14：知道产褥期产妇常见异常情况
	0	1	2	3	知识 15：知道产褥期产妇常见病症
	0	1	2	3	知识 16：知道新生儿生理特点
	0	1	2	3	知识 17：知道特殊新生儿的定义及分类
	0	1	2	3	知识 18：知道新生儿满月时的生理特点及发育指标
	0	1	2	3	知识 19：知道新生儿食物特点、来源及喂养方式
	0	1	2	3	知识 20：知道母乳特点及母乳喂养
	0	1	2	3	知识 21：知道人工喂养婴幼儿方法

	0	1	2	3	知识 22：知道产妇催乳方法及饮食调理方法
	0	1	2	3	知识 23：知道催乳按摩技术与方法
	0	1	2	3	知识 24：知道新生儿抚触
	0	1	2	3	知识 25：知道新生儿呛奶原因及预防方法
	0	1	2	3	知识 26：知道新生儿大便、小便的特点及异常情况
	0	1	2	3	知识 27：知道新生儿睡眠特点、要求及功能
	0	1	2	3	技能 28：能识别新生儿非疾病的异常情况
	0	1	2	3	知识 29：知道新生儿常见病症
	0	1	2	3	知识 30：知道新生儿预防接种
小计：					平均级别（0-10，低级到高级）：

9.3 母婴护理（月嫂）服务职业技能标准示例

服务技能

技能 1：能制订月护理计划、每日工作流程及记录护理日志

a）月护理计划；b）每日工作流程；c）记录护理日志等。

技能 2：能制作孕妇膳食

a）日常饮食：例如 1）番茄炒鸡蛋；2）花生拌菠菜；3）海带炖鸡；4）猪肝菠菜汤；5）水煮河虾；6）糖醋排骨；7）大麦小米玉米粥；8）紫薯饭等；

b）营养膳食：例如 1）胡萝卜牛腩饭；2）萝卜牛肉蒸饺；3）猪肝瘦肉粥；4）板栗烧子鸡；5）黑豆烧翅尖；6）牛奶南瓜汤；7）红焖猪脚黄豆；8）韭菜虾皮炒花菜等。

c）滋补膳食：例如 1）秋葵炒牛肉；2）松茸炖排骨；3）香酥虾；4）葡萄酒焖鸡翅；5）西红柿鲟鱼片；6）油豆板栗煨海参；7）脆皮乳鸽；8）杏鲍菇炒肉；9）枸杞西米银耳羹等。

技能 3：能制订孕妇营养膳食计划

能根据以下因素制订孕妇营养膳食计划：

a）孕妇各阶段营养需求；b）营养素搭配；c）每日各种食物量；d）一天饮食时间安排；e）食物来源；f）烹饪要求；g）制订原则。

技能 4：能照护孕妇起居

a）照护孕妇日常盥洗：1）面部清洁护理；2）口腔卫生护理 3）洗头；4）洗脚；5）外阴部清洁；

b）照护孕妇沐浴：1）沐浴方式；2）沐浴水温；3）沐浴时间；4）沐浴次数；5）沐浴步骤；6）注意事项；

c）指导孕妇着装、换洗衣物：1）孕妇装的选择；2）袜子的选择；3）鞋的选择；4）文胸的选择；5）更换衣物；6）洗涤衣物；

d）指导孕妇使用生活用品：1）床的选择；2）床上用品的选用；3）餐具使用；4）电脑使用；5）手机使用；6）看电视注意事项；7）家电使用；8）化妆品使用；9）饰物佩戴；

e）能设计孕妇起居生活环境：1）温度；2）湿度；3）物品摆放；4）音响；5）色彩；6）装饰；7）绿植等。

技能 5：能照护孕妇妊娠期安全

a）照护孕妇坐、站、走安全；b）指导孕妇工作安全；c）照护孕妇居家生活安全；d）照护孕妇沐浴安全；e）照护孕妇出行安全；f）照护妊娠期运动安全。

技能 6：能护理孕妇乳房

a）日常清洁；b）热敷；c）正确按摩；d）养护乳房皮肤；e）遵医嘱进行乳头纠正；f）

指导孕妇进行乳房护理；g）针对不同症状的乳房护理。

技能 7：能理解、疏导孕妇心理

a）能根据孕妇不同时期心理特点进行疏导：1）妊娠前期；2）妊娠中期；3）妊娠后期；

b）能根据孕妇不同心理类型进行疏导：1）激动型心理疏导；2）依赖型心理疏导；3）紧张焦虑型心理疏导；4）抑郁型心理疏导。

技能 8：能指导孕妇进行胎儿教育

a）直接胎教：1）音乐胎教；2）语言胎教；3）抚摸胎教；4）运动胎教；5）光照；6）怕打等；

b）间接胎教：1）饮食；2）环境胎教；3）劳逸；4）精神；5）心理情绪胎教等。

技能 9：能根据孕妇妊娠反应进行护理

a）恶心、呕吐；b）尿频、尿急；c）便秘；d）胃部不适或胀气；e）眩晕；f）下肢肌肉痉挛；g）静脉曲张；h）阴道分泌物增多；i）下肢水肿。

技能 10：能指导孕妇运动保健操

a）脚腕运动；b）抬腿运动；c）腹肌运动；d）扭动骨盆运动；e）盘腿呼吸运动；f）趴位呼吸运动；g）吹气运动；h）分层抬腰运动。

技能 11：能预防、护理妊娠期常见病

a）流产；b）早产；c）异位妊娠；d）妊娠高血压综合征；e）妊娠合并糖尿病；f）妊娠合并贫血；g）晚期妊娠出血；h）多胎妊娠。

技能 12：能孕妇产前保健护理

a）待产指导；b）分娩前身体照护；c）分娩前心理疏导。

技能 13：能准备分娩物品、迎接新生儿

a）准备产妇物品：1）产前资料；2）产妇衣物；3）生活用品；

b）准备新生儿物品：1）新生儿衣物；2）在医院用的生活用品；3）在家用的生活用品；

c）准备新生儿生活环境：1）新生儿房间卫生要求；2）新生儿房间温度、湿度要求；3）新生儿房间光照要求；4）新生儿房间声音要求；5）新生儿房间色彩、装饰要求。

d）帮助准爸爸准妈妈心理准备。

技能 14：能照护产妇起居

a）能指导产妇日常生活起居：1）安静休养 30—40 天；2）适度劳动与休息；3）保证身体清洁；4）合理调节饮食；

b）能照护产妇日常盥洗：1）面部清洁护理；2）口腔卫生护理3）洗头；4）洗脚；

c）能照护产妇沐浴：1）产后沐浴时机（自然分娩、剖腹产、不适合早沐浴的产妇）；2）床上擦浴；3）淋浴；

d）能给产妇换洗衣物、着装指导；

e）能照护产妇睡眠；

f）能指导产妇生活用品应用；

g）能设计产妇起居生活环境。

技能 15：能制作产妇膳食（即月子餐）

a）能制作产褥期饮食：1）产后第 1 天；2）产后第 2—3 天；3）分娩一周；4）分娩一周后；例如，产后第 1 天饮食：

早餐：豆浆、面包、煮鸡蛋；上午加餐：麦片、蛋糕；午餐：米饭、清蒸鱼、小白菜炖豆腐；下午加餐：挂面卧鸡蛋；晚餐：猪肉白菜馅包子、玉米面粥；晚上加餐：牛奶、面包。

b）能制作产妇营养配餐：例如1）猪蹄汤；2）排骨海带汤；3）熘肝尖；4）红烧牛肉；5）清蒸鱼；6）牛奶卧鸡蛋；7）红枣小米粥；8）南瓜饭等；

c）能制作产妇滋补食品：例如1）枸杞炖羊肉；2）葱烧海参；3）陈皮牛肉；4）鸡丁烧鲜贝；5）凤尾菇清炖鸡；6）红枣土鸡汤；7）双红饭；8）鸡汁粥等。

d）能制作产妇催乳食品：例如1）药膳乌鸡汤；2）虫草花黑头鱼汤；3）桂圆花旗参乳鸽汤；4）黄氏虾仁汤；5）猪蹄鸡骨汤；6）鲫鱼炖鸡蛋；7）海参花胶肉骨汤；8）花生梗米粥等。

技能16：能制订产妇产褥期膳食计划和食谱

根据以下因素制订产妇产褥期膳食计划和食谱：

a）分娩方式：1）自然分娩产妇；2）会阴侧切或会阴撕裂伤重度缝合；3）剖腹产产妇；b）膳食需求；c）一天饮食时间安排；d）产后6周或8周饮食计划安排；e）营养素搭配；f）每日各种食物量；g）食物来源；h）烹饪要求。

技能17：能照护母乳喂养新生儿

a）准备工作：1）卫生清洁；2）先挤出几滴奶不要，再后喂；3）喂养环境。

b）喂养姿势：1）侧躺抱法；2）摇篮抱法；3）橄榄球抱姿；4）斜倚抱法。

c）喂哺：1）使新生儿头部转向乳头；2）用乳头挑弄新生儿嘴唇；3）启动嘴乳衔接。4）检查嘴乳衔接；5）终止新生儿吸吮；6）退出乳头。

d）哺乳后拍嗝。

e）挤奶与母乳储存或产妇产假结束后的继续哺乳：1）知道背奶；2）背奶准备；3）背奶装备：（1）保温包或保温桶；（2）蓝冰；（3）吸奶器；（4）带密封盖的储奶瓶；（5）储奶袋；4）背奶过程：（1）吸奶；（2）储存；（3）解冻；（4）喂奶。

f）不同类型吃奶情绪的应对：1）迫切型；2）激动型；3）迟缓型；4）品尝型；5）时断时续型。

g）不同类型乳头的授乳：1）扁平乳头；2）小乳头；3）巨大乳头；4）凹陷乳头。

h）乳头破裂时授乳。

i）生病妈妈如何母乳喂养。

j）特殊新生儿如何母乳喂养。

k）不宜母乳喂养的产妇。

l）母乳喂养的注意事项。

技能18：能解决新生儿母乳喂养的常见问题

a）哺乳期限；b）喂奶间隔；c）两侧乳房均衡喂奶；d）新生儿嗜睡影响吃奶；e）喂奶时新生儿时吃时停问题；f）早产和低出生体重儿喂养；g）喂奶后打嗝的处理；h）溢奶的处理；i）新生儿拒绝产妇乳房的解决方法；j）呛奶；k）喂奶时应避免的姿势；l）新生儿需额外补充维生素。

技能19：能解决产妇哺乳过程中的常见问题

a）开始喂奶时机；

b）乳头凹陷；

c）乳头皲裂；

d）乳房胀痛；

e）母乳不够；

f）正确挤奶；

g）处理产妇营养与乳汁成分的关系；

h）哪些情况应谨慎哺乳：1）产妇患病不可哺乳情况：（1）高血压；（2）糖尿病；（3）严重肾功能不全；（4）严重精神病；（5）先天代谢病；（6）心脏病；（7）心脏衰竭；（8）传染病；（9）感染HIV；（10）乳房有疱疹病毒感染；（11）吸毒或滥用药物；（12）接受抗代谢药物或化疗药物治疗期间；（13）接受放射性同位素检查或治疗；（14）乙肝患者；（15）产后有严重并发症须治疗时等；2）产妇用药会妨碍母乳分泌：（1）生物碱代谢药；（2）止痛药；（3）镇静药；（4）哺乳产妇禁用的药物等；

i）产妇患病可喂奶情况，须经医生同意；

j）新生儿患母乳性黄疸；

k）鉴定母乳是否充足；l）退乳护理；

m）产妇产假结束后的继续哺乳：1）背奶准备；2）背奶装备：（1）保温包或保温桶；（2）蓝冰；（3）吸奶器；（4）带密封盖的储奶瓶；（5）储奶袋；3）背奶过程：（1）吸奶；（2）储存；（3）解冻；（4）喂奶。

技能20：能人工喂养新生儿

a）准备工作：1）乳品；2）奶瓶；3）奶嘴；4）奶瓶夹；5）奶锅；6）奶瓶加热器；7）奶粉储藏罐；8）消毒器具。

b）奶具消毒：1）煮沸消毒；2）蒸汽消毒；3）化学消毒；4）微波炉消毒；5）洗碗机消毒；6）消毒柜消毒。

c）确定合适的奶粉。

d）调配奶水：1）冲调牛奶；2）冲调羊奶；3）冲调配方奶。

e）能选择与使用奶瓶喂哺婴儿。

f）确定喂奶量、喂奶次数、每次喂奶时间。

g）人工喂养注意事项。

h）能预防与处理婴儿喂养常见问题：1）溢奶；2）食物过敏；3）喂养困难；4）便秘。

技能21：能给产妇催乳

a）能指导产妇促进母乳分泌：1）早吸吮；2）母婴同室；3）频繁吸吮，按需哺乳；4）产妇生活安排，指导产妇正确饮食和休息；

b）能制作催乳饮食：例如1）通草鲫鱼汤；2）丝瓜仁鲢鱼汤；3）猪骨通草汤；4）木瓜花生大枣汤；5）甜醋猪脚姜汤；6）栗子冬菇焖鸽；7）猪蹄或乳鸽催乳汤。

c）能按摩催乳：（1）气血虚弱型缺乳；（2）肝郁气滞型缺乳；（3）乳汁淤积；（4）乳头凹陷。

d）能用心理方法催乳：1）心理护理；2）帮助产妇适应母亲角色；3）纠正错误观念；4）减轻新妈妈的育儿压力；5）创造和谐家庭关系；6）正确母乳喂养指导；7）产后抑郁调节。

技能22：能护理产褥期常见异常情况的产妇

a）产后血晕；b）产后发热；c）产后恶露不尽；d）子宫复旧不全；e）产后腹痛；f）产后头痛；g）产后身痛；h）产后排尿异常；i）产后自汗盗汗。

技能23：能产妇保健护理

a）在医院分娩后保健护理；b）出院后第一周保健护理；c）产后检查；d）剖腹产产妇保健护理；e）排尿、排便指导；f）恶露观察护理；g）会阴保健护理；h）侧切伤口护理；i）子宫恢复观察与保健护理；j）产后避孕指导。

技能24：能护理产褥期产妇常见病症

a）乳头凹陷；b）乳头皲裂；c）乳腺炎；d）产褥感染；e）产褥中暑；f）产后便秘；g）痔疮。

技能 25：能护理产褥期产后忧郁和产后抑郁症

a）生活上给予产妇无微不至照顾；b）护理员态度上热情可亲；c）帮助营造温馨家庭氛围；d）产妇适度运动；e）食疗：能制作多少种含抗忧郁营养素食物？例如：1）小炒虾仁 2）香菇豆腐 3）核桃仁鸡丁等；f）关注产妇的心理感受；g）向产妇传授产褥期心理知识与育儿经验。

技能 26：能护理产妇乳房

a）积极哺乳；b）早哺乳；c）选戴合适乳罩；d）保持乳房清洁；e）正确哺乳姿势；f）正确按摩；g)尽早乳房保健护理；h)产妇乳房健美操指导；i)缓解乳房胀痛和乳腺导管阻塞；j）保证营养均衡；k）针对不同症状进行乳房护理。

技能 27：能指导产妇形体恢复

a）指导合理饮食；b）鼓励母乳喂养；c）产后七日恢复操；d）产后简捷身心活动操。

技能 28：能根据新生儿分类特点照护新生儿

a）根据胎龄分类：1）早产儿 2）足月儿；3）过期儿；

b）根据体重分类：1）正常体重儿；2）巨大儿；3）低出生体重儿；4）极低出生体重儿；5）超低出生体重儿；

c）根据体重与胎龄关系分类：1）小于胎龄儿；2）适于胎龄儿；3）大于胎龄儿；

d）根据出生后周龄分类：1）早期新生儿；2）晚期新生儿。

e）根据健康水平分类：1）正常儿；2）高危儿；3）先天性异常儿。

技能 29：能指导选择新生儿衣物、洗涤与消毒新生儿衣物

a）选择新生儿衣物；b）清洗衣服；c）清洗尿布；d）衣物消毒。

技能 30：能抱放新生儿及穿脱衣服与包裹新生儿

a）能抱放新生儿：1）抱起；2）抱住；3）放下；

b）能给新生儿穿脱衣服：1）能为新生儿选择与更换合适的衣服和鞋袜；2）给新生儿穿衣服：（1）穿开衫；（2）穿套头衫；3）穿裤子；（4）穿连衣裤；3）给新生儿脱衣服：（1）穿开衫；（2）穿套头衫；3）穿裤子；（4）穿连衣裤；

c）能包裹新生儿：1）包裹方法；2）包裹注意事项。

技能 31：能照护新生儿身体

a）皮肤护理；b）囟门；c）护理眼部护理；d）耳朵护理；e）鼻子护理；f）口腔护理；g）臀部护理；h）女新生儿阴部护理；i）脐带护理。

技能 32：能给新生儿洗浴

a）洗浴前准备工作：1）物品准备（必备物品、备用物品）2）环境准备 3）洗澡水准备 4）洗澡后物品准备（新生儿专用浴巾、换洗衣服、尿布或纸尿裤、包被、新生儿粉等）

b）洗浴步骤与方法：脱衣——洗脸——洗头——洗前身（自上而下）——洗后身（自上而下）——洗会阴部——脐部、皮肤皱褶处、臀部护理

c）洗浴时，与新生儿的"微笑""对话"

d）洗浴注意事项。

技能 33：能照护新生儿睡眠

a）营造新生儿适宜的睡眠条件；b）选择新生儿正确睡姿；c）安抚新生儿入睡：1）会唱或播放摇篮曲；2）会哄睡新生儿；3）试着给新生儿传达日、夜信息；d）新生儿睡眠

安全照护；e）入睡后观察；f）会辨别不正确的哄睡方法；g）新生儿睡眠注意事项。

技能34：能照护新生儿排便

a）大便护理；b）小便护理；c）会使用新生儿纸尿裤；d）会使用、清洁、消毒、晾晒棉织品尿布；e）能试着养成新生儿大小便习惯。

技能35：能给新生儿抚触

a）能做好抚触前准备；

b）能按顺序抚触：头部——胸部——腹部——上肢——下肢——背部——臀部；

c）能给新生儿各部位抚触：1）头部抚触：（1）抚触前额；（2）抚触下额；（3）抚触头顶；2）鼻胸部抚触；3）腹部抚触；4）上肢抚触；5）手部抚触；6）下肢抚触；7）足部抚触；8）背部抚触；9）臀部抚触；

d）抚触注意事项。

技能36：能护理新生儿非疾病的异常情况

a）啼哭：1）饥饿式啼哭；2）冷暖式啼哭；3）刺激性啼哭；4）疲倦性啼哭；5）疼痛性啼哭；b）饮食；c）睡眠；d）早醒；e）夜醒；f）夜啼；g）睡眠昼夜颠倒；h）便溺；i）精神状态；j）呼吸；k）生理性体重下降；l）脐疝；m）生理性黄疸；n）乳房肿胀；o）新生女婴阴道出血；p）打嗝；q）粟粒疹；r）褶烂；s）体温不稳定；t）头总是向一边歪；u）蜕皮。

技能37：能护理新生儿常见病症

a）呕吐护理；b）腹泻护理；c）便秘护理；d）脐炎护理；e）湿疹护理；f）红臀护理；g）黄疸护理；h）鹅口疮护理；i）乳腺肿大护理；j）新生儿结膜炎护理。

技能38：能预防新生儿意外伤害

a）防外伤；b）防窒息；c）防烫伤；d）防环境污染；e）防中暑；f）防煤气中毒；g）防耳朵损伤；h）饮食安全。

技能39：母婴护理服务培训与管理 （扫一扫 二维码）

家政服务员基本知识 （同上）

知识1：知道家政服务员职业道德

知识2：知道家政服务职业心态与服务意识

知识3：知道家政服务社交礼仪知识

知识4：知道家政服务卫生知识

知识5：知道家政服务安全知识

知识6：知道家政服务相关法律知识

母婴护理服务专业知识

知识1：知道妊娠基本常识

a）早期妊娠主要表现；b）中期妊娠主要表现；c）晚期妊娠主要表现。

知识2：知道妊娠期生理变化特点

a）体表；b）生殖系统；c）循环系统；d）呼吸系统；e）消化系统；f）泌尿系统；g）内分泌系统；h）新陈代谢；i）骨骼即韧带。

知识3：知道孕妇心理特点及心理类型

a）孕妇不同时期心理特点：1）妊娠前期；2）妊娠中期；3）妊娠后期；

b）孕妇不同心理类型：1）激动型心理；2）依赖型心理；3）紧张焦虑型心理；4）抑郁型心理。

知识 4：知道孕妇膳食基本特点、要求、计划及注意事项

a）孕妇膳食基本特点；1）孕早期；2）孕中晚期；b）孕妇膳食基本要求；c）孕妇膳食计划；d）注意事项。

知识 5：知道妊娠期营养需求及食物来源

a）热能：妊娠中、后期，孕妇的基础代谢率比为未怀孕时增加了 15%—20%。

b）蛋白质：1）动物性食物（鸡肉、牛肉、猪肉、带鱼、鲫鱼、虾等）；2）植物性食物（花生、黄豆、红豆、绿豆、豆制品、糯米、小米、玉米、黑米、燕麦等）。

c）脂肪：1）动物性食物：猪肉、牛肉、鸡肉、鸭肉、蛋类；2）植物性食物：花生、花生油、豆油、芝麻油、玉米油、色拉油、核桃、松子。

d）碳水化合物：1）蔗糖；2）谷物（大米、小米、玉米、黑米、糯米、大麦、燕麦、高粱等）；3）水果（西瓜、香蕉、葡萄等）；4）坚果；5）蔬菜等。

e）维生素：

1）维生素 A：鸡肝、鸡心、蛋黄、鸭肝、养肝、牛肝、猪肝、乳类；胡萝卜、西兰花、芹菜叶、豌豆苗、菠菜、芥蓝、芥菜。

2）维生素 D：牛奶、蛋黄等。

3）维生素 E：花生油、玉米油、芝麻油、绿叶蔬菜、肉类、蛋类、奶类、鱼肝油等。

4）维生素 K：绿叶蔬菜、奶类、肉类、牛肝、鱼肝油、蛋黄等。

5）维生素 B_1：多存在于食物种子胚芽及外皮中，黄豆、瘦肉等。

6）维生素 B_2：鸡肝、鸭肝、蛋、猪肝、猪肾、羊肾、羊肝、牛肝、瘦肉、牛奶；冬菇、香菇、蘑菇、紫菜、南瓜粉、豆腐丝、绿叶菜、干果等。

7）维生素 B_{12}：动物肝肾、牛肉、猪肉、鸡肉、蛋类、乳类、鱼类。

8）维生素 C：辣椒、苦瓜、菜花、芥蓝、甜椒、豌豆苗、鲜枣、猕猴桃、山楂。

9）维生素 B_6：蛋黄、肉类、鱼类、奶类、谷物种子外皮、卷心菜等。

10）叶酸：动物内脏、禽蛋、菠菜、西红柿、苋菜、油菜、豆类、坚果类等。

f）矿物质和微量元素：

1）钙：虾类、海带、螺、虾酱、牛奶、奶酪；黑芝麻、芝麻酱、大豆、黑豆、青豆、豆腐干、西瓜子、花生、油菜、紫菜、海带、木耳；蛋、骨头汤等。

2）铁：鸭肝、鸭血、鸡肉、鸡肝、鸡血、猪肝、猪血、瘦肉、牛肝、牛肉、羊肉、兔肉、黄花菜、黑木耳、黑芝麻、芝麻酱、芥菜、紫菜、蘑菇、豆制品、海带、虾米。

3）锌：动物内脏、蛋类、山羊肉、生蚝、牡蛎、扇贝、鱿鱼干；小麦胚芽、山核桃、口蘑、松子、香菇、花生、紫菜、粗粮、芝麻等。

4）硒：鱼、虾、乳类、动物肝脏、肉类；坚果、全粒谷物、白米、豆类。

5）碘：带鱼、鲳鱼、干贝、海蜇、海参、龙虾；海带、紫菜。

6）钠：盐、酱油等。

知识 6：乳房生理结构、乳房护理要点

a）乳房生理结构：1）乳房的构造；2）孕期乳腺的生理变化；

b）乳房护理要点：1）日常清洁；2）热敷；3）正确按摩；4）养护乳房皮肤；5）慎用香皂洗乳房；6）选择舒适胸衣；

c）针对不同症状的乳房护理。

知识 7：知道胎儿发育生理特点

a）胚胎发育；b）胎儿身长；c）体重；d）器官发育；e）人体系统发育；f）胎动。

知识 8：知道妊娠期常见病症

a）流产；b）早产；c）异位妊娠；d）妊娠高血压综合征；e）妊娠合并糖尿病；f）妊娠合并贫血；g）晚期妊娠出血；h）多胎妊娠。

知识 9：知道产褥期产妇护理的重要性及注意事项

a）产褥期护理必要性：1）产后产妇身体需要一段时间才能恢复；2）产褥期产妇易患疾病；3）产后产妇身体虚弱；

b）产褥期不当照护可能带来的危害；

c）走出传统产褥期护理的误区：1）"捂月子"；2）不刷牙；3）不洗澡、不运动；4）不吃蔬菜和水果；

d）产褥期护理应注意的问题：

1）出院前的物品准备工作（1）提前准备好新妈妈和新生儿需要的物品；（2）新生儿出院前需要做全身健康检查；

2）产褥期环境要求：（1）房间卫生；（2）室内空气质量；（3）温度与湿度；（4）环境安静；（5）睡床的选择；（6）被褥的选择；

3）注意产妇个人卫生：1）经常洗澡；2）早晚刷牙；3）经常换洗衣物；

4）保证产妇睡眠。

知识 10：知道如何进行产褥期产妇护理

a）在医院分娩期间的护理：1）顺产产妇的护理；2）剖腹产产妇的护理；

b）回到家庭后的护理：

1）产后护理评估：（1）产妇基本情况：①产妇个人基本信息；②健康史；③孕产史；④此次妊娠情况；⑤家庭状况产妇（2）产妇身体评估；①生命体征；②乳房；③子宫；④胃肠道；⑤膀胱；⑥恶露；⑦会阴切开；⑧情绪；

2）产后生活护理流程：（1）产妇晨间护理流程：①产妇评估；②母婴护理员；③物品准备；④环境准备；⑤操作程序；⑥评价；（2）产妇晚间护理流程：同上。

知识 11：知道产妇生理特点变化

a）体表的变化；b）体温、脉搏、血压、呼吸的特点；c）乳腺的变化；d）汗腺的变化；e）循环系统的变化；f）内分泌系统的变化；g）消化系统的变化；h）泌尿系统变化特点；i）子宫的变化。

知识 12：知道产妇心理特点

a）产后一般心理；b）产后忧郁；c）产后忧郁症；d）产后精神病。

知识 13：知道产妇膳食基本特点、膳食要求及注意事项

a）产褥期饮食基本特点与要求：1）产后第 1 天；2）产后第 2—3 天；3）分娩一周；4）分娩一周后；5）产褥期饮食注意事项；

b）产妇营养配餐；

c）产妇滋补食品食用；

d）产妇催乳食品。

知识 14：知道产褥期产妇常见异常情况

a）产后血晕；b）产后发热；c）产后恶露不尽；d）子宫复旧不全；e）产后腹痛；f）产后头痛；g）产后身痛；h）产后排尿异常；i）产后自汗盗汗。

知识 15：知道产褥期产妇常见病症

a）乳头凹陷；b）乳头皲裂；c）乳腺炎；d）产褥感染；e）产褥中暑；f）产后便秘；

g）痔疮。

知识 16：知道新生儿生理特点

a）新生儿健康生理基本特征；b）身高、体重；c）头颅特点；d）皮肤特点；e）五官特点；f）肢体特点；g）大便、小便；h）睡眠。

知识 17：知道特殊新生儿的定义及分类

a）根据胎龄分类：1）早产儿2）足月儿；3）过期儿；

b）根据体重分类：1）正常体重儿；2）巨大儿；3）低出生体重儿；4）极低出生体重儿；5）超低出生体重儿；

c）根据体重与胎龄关系分类：1）小于胎龄儿；2）适于胎龄儿；3）大于胎龄儿；

d）根据出生后周龄分类：1）早期新生儿；2）晚期新生儿。

e）根据健康水平分类：1）正常儿；2）高危儿；3）先天性异常儿。

知识 18：知道新生儿满月时的生理特点及发育指标

a）新生儿满月时的生理基本特征；b）身高、体重；c）头颅特点；d）皮肤特点；e）五官特点；f）肢体特点；g）大便、小便；h）睡眠；i）动作发育；j）感觉发育。

知识 19：知道新生儿食物特点、来源及喂养方式

a）新生儿食物特点：1）液体或流质食物；2）乳类是新生儿出生后生存发育唯一食物；

b）食物来源：1）母乳；2）羊奶；3）牛奶；4）配方奶；5）鱼肝油；8）水。

c）喂养方式：1）母乳喂养；2）人工喂养；3）混合喂养。

知识 20：知道母乳特点及母乳喂养

a）母乳喂养：1）纯母乳喂养：（1）完全母乳喂养；（2）几乎纯母乳喂养；2）部分母乳喂养；

b）母乳的特点：1）营养丰富：（1）蛋白质；（2）脂肪；（3）矿物质；（4）维生素；2）有益的生物作用：（1）母乳中含有免疫成分；（2）母乳中含有调节因子；

c）泌乳及开奶：1）乳汁形成；2）乳汁分泌；3）开奶；4）；母乳成分的变化；

d）母乳本身的优点：1）营养；2）及时；3）新鲜；4）常温；5）廉价；6）卫生。

母乳喂养的优点：1）增进新生儿健康：（1）不易感染；（2）不易过敏；（3）有利于消化吸收；（4）有利于排泄；（5）促进面部发育；（6）促进口味发展；（7）促进智力发展；2）增进母亲健康：（1）可预防母亲患乳癌的概率；（2）可帮助妈妈产后子宫恢复；（3）有助于产妇体型恢复；3）增进亲情。

e）母乳喂养的方法；

f）母乳喂养的注意事项；

h）不适宜母乳喂养的情况；

i）产妇产假结束后的继续哺乳：1）什么是背奶；2）背奶准备；3）背奶装备：（1）保温包或保温桶；（2）蓝冰；（3）吸奶器，（4）带密封盖的储奶瓶；（5）储奶袋；4）背奶过程：（1）吸奶；（2）储存；（3）解冻；（4）喂奶。

知识 21：知道人工喂养婴幼儿方法

a）选择与冲调配方奶粉：

1）人工喂养和混合喂养：（1）人工喂养；（2）混合喂养：①补授法；②代授法；

2）常用乳品和代乳品：（1）婴儿配方奶粉；（2）鲜牛奶；（3）以豆类为基础的配方奶粉；

3）选购适合婴幼儿奶粉：（1）根据婴幼儿月龄选择；（2）依据是否过敏，选择动物蛋白质或全植物蛋白的婴幼儿配方奶粉；（3）查看奶粉营养成分表中标明的营养成分是否

齐全、含量是否合理；（4）看奶粉产品的冲调性、口感；

4）查看奶粉包装上的标识是否齐全；

5）选择品牌信誉高、产品质量好、生产规模大的知名企业的奶粉产品。

b）使用奶瓶喂哺婴儿：1）奶瓶的选择：（1）容量；（2）材质；2）奶嘴的选择：（1）形状和大小；（2）材质；3）清洁消毒用具的选择：（1）奶瓶刷；（2）消毒锅；

c）婴幼儿人工喂养常用问题的预防与处理：

1）婴儿溢奶：（1）溢奶的表现；（2）溢奶的持续时间；（3）溢奶的原因；

2）食物过敏：（1）什么是食物过敏；（2）食物过敏的发病情况；（3）食物过敏的表现；（4）食物过敏的原因；

3）喂养困难：（1）喂养困难的表现；（2）喂养困难的原因；（3）喂养困难带来的不良影响；

4）便秘：（1）什么便秘；（2）便秘的原因。

知识22：知道产妇催乳方法及饮食调理方法

a）促进母乳分泌的基本方法：1）早吸吮；2）母婴同室；3）频繁吸吮，按需哺乳；4）产妇生活安排；

b）催乳方法：1）饮食调理；2）按摩催乳；3）心理方法催乳；

c）催乳食品基本特点：1）适宜的维生素；2）高蛋白质；3）钙等矿物质；4）高热量食物；

d）饮食调理常用食材：猪蹄、羊肉、鲫鱼、鲶鱼、鲤鱼、番薯藤、南瓜子、黑芝麻、豌豆、凉粉果、花生、赤小豆、萝卜缨、茭白、莴苣、豆腐、鸡肉、獐肉、虾子、泥鳅、乌贼鱼、章鱼、鹿肉、无花果、海参等。

e）饮食调理禁忌；

f）饮食调理注意事项。

知识23：知道催乳按摩技术与方法

a）常用催乳穴：31个催乳学位，分布在人体头部、颈部、背部、胸部、躯干、四肢；

b）催乳穴定位：（1）手太阴肺经；（2）手阳明大肠经；（3）足阳明胃经；（4）足太阴脾经；（5）手少阴心经；（6）手太阳小肠经；7）足太阳膀胱经；（8）足少阴肾经；（9）手厥阴心包经；（10）手少阳三焦经；（11）足少阳胆经；（12）足厥阴肝经；（13）督脉；（14）任脉；

c）按摩催乳的常用手法：（1）推法；（2）摩法；（3）拿法；（4）捏法；（5）点法；（6）按法；（7）揉法；（8）滚法；（9）掐法；（10）梳法；（11）叩击法；（12）弹拨法等。

知识24：知道新生儿抚触

a）什么是抚触；b）抚触的作用；c）抚触前的准备；d）抚触的顺序：头部→胸部→腹部→上肢→下肢→背部→臀部；e）各部位抚触方法及功效：1）头部抚触：（1）抚触前额；（2）抚触下颌；（3）抚触头顶；2）鼻胸部抚触；3）腹部抚触；4）上肢抚触；5）手部抚触；6）下肢抚触；7）足部抚触；8）背部抚触；9）臀部抚触；f）抚触注意事项。

知识25：知道新生儿呛奶原因及预防方法

a）新生儿呼吸系统的特点；b）新生儿消化系统的特点；c）新生儿呛奶的原因；d）预防新生儿呛奶的方法。

知识26：知道新生儿大便、小便的特点及异常情况

a）新生儿大便的特点及异常情况；

b）新生儿小便的特点及异常情况。

知识 27：知道新生儿睡眠特点、要求及功能

a）新生儿睡眠特点；b）新生儿睡眠环境要求；c）新生儿睡眠姿势要求；d）新生儿睡眠的功能；e）睡眠不足对新生儿的影响；f）新生儿睡眠注意事项。

知识 28：知道新生儿非疾病的异常情况

a）啼哭：1）饥饿式啼哭；2）冷暖式啼哭；3）刺激性啼哭；4）疲倦性啼哭；5）疼痛性啼哭；b）饮食；c）睡眠；d）早醒；e）夜醒；f）夜啼；g）睡眠昼夜颠倒；h）便溺；i）精神状态；j）呼吸；k）生理性体重下降；l）脐疝；m）生理性黄疸；n）乳房肿胀；o）新生女婴阴道出血；p）打嗝；q）粟粒疹；r）褶烂；s）体温不稳定；t）头总是向一边歪；u）蜕皮。

知识 29：知道新生儿常见病症

a）呕吐护理；b）腹泻护理；c）便秘护理；d）脐炎护理；e）湿疹护理；f）红臀护理；g）黄疸护理；h）鹅口疮护理；i）乳腺肿大护理；j）新生儿结膜炎护理。

知识 30：知道新生儿预防接种

a）卡介苗接种；b）乙肝疫苗接种；c）接种疫苗应注意的事项。

以上：评定表中具体技能或知识等评级标准　（扫一扫　二维码）

9.4 母婴护理（月嫂）服务职业技能标准几个问题

9.4.1 在标准内容选择上

母婴护理（月嫂）服务职业技能标准，在实际应用中，可以根据具体雇主（孕产妇）需求情况，应酌情增减"孕妇与胎儿"服务标准内容。如果雇主提前需求一个月及以上或至少是一周及以上的孕期护理服务，那么，母婴护理服务职业技能标准内容，就需要添加"孕妇与胎儿"护理服务标准内容；如果雇主是分娩后需求母婴护理服务，即"产妇与新生儿"护理服务，在母婴护理服务标准内容上，就可以不添加"孕妇与胎儿"服务标准内容。

还有，在母婴护理服务中，关于孕妇、产妇和新生儿的保健护理内容；关于孕妇、产妇和新生儿在产褥期中发生的非疾病性常见问题、常见疾病问题，这些问题到底是哪些？如何取舍？依据什么选定为母婴护理服务标准内容。这些都是需要严肃对待的，而不是由母婴护理公司或母婴护理员可以随意增减的。这恰恰是制定母婴护理服务职业技能标准的价值所在。

9.4.2 在标准等级划分依据上

例如。对于"三级（高级技能）：解决问题能力、培训能力。即能够独立解决工作中出现的问题；能完成本职业较为复杂的工作，包括完成部分非常规性的工作。基本技能与专门技能更加熟练。"其中，"解决问题能力"，"即能够独立解决工作中出现的问题"。

这里，就母婴护理（月嫂）服务职业技能标准而言，例如："技能 18：能解决新生儿母乳喂养中的常见问题"，就有 12 个常见问题；"技能 19：能解决产妇哺乳过程中的常见问题"，也有 12 个常见问题。可以肯定的是，这些常见问题难易程度是不同的，解决问题的难度也是不同，需要不同的解决问题的能力。有的常见问题，初级母婴护理员就能解决；有的问题难度稍大一点，需要专业能力才能解决，即需要中级母婴护理员才能解决；有的问题难度较大，需要高级母婴护理员才能解决；对于那些疑难复杂问题，则需要母婴护理技师才能解决。那么，这些问题依据什么标准来划分，将直接影响母婴护理服务职业技能标准等级划分。

也就是说，在母婴护理服务职业技能标准等级划分上，要严格标准划分依据的客观性、

科学性、逻辑性、必然性，而不是随意性、偶然性。这需要从母婴护理服务反复实践、母婴护理服务的科学研究中，总结和发现这些带有规律性的依据，让母婴护理服务标准等级划分更加具有科学性、可操作性。

9.4.3 如何对母婴（服务对象）参与护理服务过程的行为进行标准化

母婴护理服务职业技能标准化，相对于家居保洁收纳服务、衣物洗涤收纳服务、家庭餐制作服务职业技能标准化而言，母婴护理服务标准化，特别是数据化的难度会更大。因为，母婴（孕产妇和新生儿）在消费或享受母婴护理服务的过程中，也直接参与母婴护理服务的过程，会影响母婴护理员的服务行为和服务过程。母婴是"半个家政服务员"，如何对母婴的角色和行为进行规范或标准化，是有难度的。但又不能不"积极干扰"母婴特别是孕产妇要积极配合母婴护理员的服务。由此，在母婴护理服务职业技能标准化中，要考虑母婴的参与行为。

9.5 区块链 + 母婴护理（月嫂）服务职业技能标准

9.5.1 区块链 + 母婴护理服务的前提条件：母婴护理服务标准化、数据化

基于区块链技术的"区块链 + 新家政服务平台"，要求母婴护理服务职业技能标准化、数据化。

在母婴护理服务中，如何采集母婴护理服务标准化的数据，需要考虑母婴（服务对象）特别是孕产妇参与母婴护理服务过程，对服务标准化数据采集的影响。

9.5.2 区块链 + 母婴护理服务交易

基于区块链的智能合约技术，建立的区块链 + 新家政服务（母婴护理）交易平台，不仅要采集母婴护理员的服务行为与服务结果数据，还要适当采集服务对象（母婴）的行为数据，消费母婴护理服务后所产生的服务结果数据，进而保障母婴护理服务智能合约的可靠性、一致性，让区块链 + 母婴护理服务交易更加公平、高效。

基于区块链的 P2P 网络、智能合约技术，区块链 + 新家政服务（母婴护理）平台，实现母婴护理服务点对点(雇主与母婴护理员)、自动化交易,大大提升母婴护理服务交易效率，降低服务交易成本。

9.5.3 区块链 + 母婴护理服务培训

基于区块链的密码学技术以及不可篡改和可追溯、隐私安全保障等特性，可以有效保护母婴护理服务培训课程和课件的知识产权；再加上"区块链 + 通证（Token）"的激励机制，就可以极大地激发有一技之长的母婴护理专业者或专家（可以是母婴护理培训师、资深高级月嫂、妇产科医护专业人士，甚至可以是孕产妇本人有价值的经验分享），在区块链母婴护理服务培训平台上，提供母婴护理培训课程、课件或经验分享，彻底解决母婴护理服务培训资源不均衡、培训师资不足、培训设施设备和培训经费缺乏的问题，让母婴护理员和孕产妇，都可以享受优质的母婴护理服务培训。

9.5.4 区块链 + 母婴护理服务生态建设

基于区块链 + 母婴护理服务平台的"去中心化"特性，再借助于通证（Token）的激励机制，可以有效建立雇主（孕产妇）、母婴护理员、母婴护理服务机构、母婴护理用品商家、平台的运营者、平台社区成员等区块链 + 母婴护理服务的利益相关者，构建一个关于母婴护理服务的生态系统，进而促进母婴护理服务业发展，让千百万孕产妇和新生儿及其家庭受益，也让与母婴护理服务利益相关者受益。

第10章　育婴服务职业技能标准

【家政政策】

序号	发文时间	发文机关	政策文件名称
	2015 年 11 月 18 日	国家标准化管理委员会办公室。国标委服务联【2015】67 号	《国家标准委、民政部、商务部、全国总工会、全国妇联关于加强家政服务标准化工作的指导意见》
相关摘要	加强标准制修订工作力度：发挥标准化行政主管部门、行业管理部门、协会组织和相关企业的合力，进一步完善家政服务标准体系，加强家政服务标准的基础研究和前期研究，在育婴服务、家庭保洁服务、居家养老服务等热点领域，以及行业发展急需的家政服务培训、服务机构分级评价、家政服务信息化等领域加大标准制修订工作力度。		

【家政寄语】

古人说"三岁看大，七岁看老"，可见育婴员的角色是多么重要。

优生优育优养，不仅是雇主家事、育婴员的事，也是社会事业。

【术语定义】

育婴服务：依据0—3岁婴幼儿身心发展规律及雇主要求，对0—3岁婴幼儿的生活照护、保健护理、教育及辅助家长科学养育婴幼儿的过程，让婴幼儿身心健康和谐发展。

【标准条款】

序号	标准编号	标准名称	主管部门
5	Q/QKL JZJS105-2020	育婴服务职业技能标准	
标准内容	1）职业技能标准定义； 2）职业技能标准等级； 3）职业技能标准内容：所受的教育、培训证书 / 课程、专业教育经历、相关生活经历、工作经验、专业技能、服务知识、服务态度等要素； 4）职业技能标准评定使用说明及计分方法； 5）《育婴服务职业技能标准评定表》； 6）育婴服务职业技能标准示例； 7）《育婴服务知识评定表》； 8）育婴服务知识示例（基本知识、专业知识）。		

【学习目标】

通过本章的学习，您将能够：

1）了解育婴服务职业技能标准内容；

2）掌握育婴服务职业技能标准等级评定方法。

10.1 什么是育婴服务

育婴服务: 依据0—3岁婴幼儿身心发展规律及雇主要求, 对0—3岁婴幼儿的生活照护、保健护理、教育及辅助家长科学养育婴幼儿的过程, 让婴幼儿身心健康和谐发展。

10.2 育婴服务职业技能标准评定

10.2.1 评定细则

1) 育婴服务职业技能, 是指育婴员在服务环境（雇主家庭）中完成任务并最终达到服务预期, 所具有的教育培训、工作经验、服务技能、服务知识及服务态度。每一项技能技术都是依据每一个服务标准来鉴定其合格性。

2) 用数量分级表示育婴员的职业技能标准等级。

育婴服务职业技能标准分为五个级别, 即实习育婴员（没有标准等级）、初级育婴员（初级标准）、中级育婴员（中级标准）、高级育婴员（高级标准）、技师、高级技师。最低为实习育婴员, 没有技能等级, 最高为高级技师。级别越高, 表示育婴员的技能标准等级越高。

3) 育婴服务职业技能标准评定, 只适用于家政服务或提供家政服务的家政服务机构。

4) 育婴服务职业技能标准划分原则: 主要依据育婴员所受的教育、培训证书/课程、专业教育经历、相关生活经历、工作经验、专业技能、服务知识、服务态度等要素来划分。在评定上, 职业技能标准和服务知识标准分别评定, 其中, 职业技能标准占60%, 服务知识占40%, 两项标准评定结果合计构成整个职业技能标准水平。

5) 育婴服务职业技能标准评定表见下文, 育婴员应逐项达标。

10.2.2 《育婴服务职业技能标准评定表》使用说明:

A、如何计算育婴员的平均级别: 所有在第一栏中的分数都算作是"0"分。在第二栏中的分数算作"1"分。第三栏的算作"2"分。第四栏的算作"3"分。要算出每个服务标准平均分, 需将每一个栏的分数加在一起, 然后将每一个栏的总分数加在一起得出那个服务标准的"你的得分"。用"你的得分"除以那个服务标准的总分。 最后用所得出的数乘以"10", 即可得出平均级别。

B、在技能评级中, 0代表"不适用 / 没有"; 1代表"低"; 2代表"中"; 3代表"高"。其中, 高一级包含低一级。

C、育婴服务职业技能标准分级: 初级: 1~3级 ; 中级: 4~7级; 高级: 8~9级; 技师: 9~10级。

D、评定表中具体技能或知识等评级标准 （扫一扫 二维码）

《育婴服务职业技能标准评定表》

服务技能标准	技能评级				服务水平预期
	1 级	2 级	3 级	4 级	
育婴服务 职业技能标准	0	1	2	3	**教育培训** 教育 1：学历 　　小学；中学；大专以上
问题总数　44	0	1	2	3	教育 2：证书或课程 　　婴幼儿照护培训学时
总分　132	0	1	2	3	教育 3：育婴师证书
得分					**工作生活经验**
	0	1	2	3	经验 1：婴幼儿照护教育年限 　　在家政公司或幼儿园担任婴幼儿指导老师
计算结果：	0	1	2	3	经验 2：照护自己家庭婴幼儿年限 　　在自己家庭照护婴幼儿
132	0	1	2	3	经验 3：照护婴幼儿工作年限 　　在家政公司或幼儿园照护婴幼儿
					服务技能
	0	1	2	3	技能 1：能制订婴幼儿生活作息及照护计划
	0	1	2	3	技能 2：能照护母乳喂养婴幼儿
	0	1	2	3	技能 3：能人工喂养婴幼儿
	0	1	2	3	技能 4：能给婴儿妈妈催乳
	0	1	2	3	技能 5：能解决婴幼儿母乳喂养的常见问题
	0	1	2	3	技能 6：能照护婴幼儿进食、进水
	0	1	2	3	技能 7：能清洁、消毒、收纳婴幼儿餐饮用具
	0	1	2	3	技能 8：能制订婴幼儿食谱并制作一日膳食
	0	1	2	3	技能 9：能制作婴幼儿辅食
	0	1	2	3	技能 10：能制作婴幼儿主食
	0	1	2	3	技能 11：能照护婴幼儿穿、脱衣服、包裹婴儿
	0	1	2	3	技能 12：能照护婴幼儿出行
	0	1	2	3	技能 13：能清洁、消毒婴幼儿物品
	0	1	2	3	技能 14：能清洁、消毒、收纳婴幼儿居室环境
	0	1	2	3	技能 15：能照护婴幼儿身体清洁与卫生
	0	1	2	3	技能 16：能给婴幼儿沐浴、擦浴
	0	1	2	3	技能 17：能照护婴幼儿排便
	0	1	2	3	技能 18：能照护婴幼儿睡眠
	0	1	2	3	技能 19：能照护婴幼儿"三浴"
	0	1	2	3	技能 20：能给婴幼儿抚触
	0	1	2	3	技能 21：能对婴幼儿进行基础护理
	0	1	2	3	技能 22：能处理与预防婴幼儿意外伤害
	0	1	2	3	技能 23：能预防与护理婴幼儿营养性疾病
	0	1	2	3	技能 24：能照护婴幼儿常见病症
	0	1	2	3	技能 25：能照护婴幼儿计划免疫
	0	1	2	3	技能 26：能训练婴幼儿大动作能力
	0	1	2	3	技能 27：能训练婴幼儿精细动作能力
	0	1	2	3	技能 28：能观察、记录、分析婴幼儿动作能力
	0	1	2	3	技能 29：能训练婴幼儿言语表达能力
	0	1	2	3	技能 30：能培养婴幼儿认识事物能力
	0	1	2	3	技能 31：能培养婴幼儿艺术表现能力

0	1	2	3	技能 32：能应对婴幼儿情绪情感与积极情感培养
0	1	2	3	技能 33：能应对与培养婴幼儿社会性行为
0	1	2	3	技能 34：能照护婴幼儿安全
0	1	2	3	技能 35：育婴服务培训与管理
				服务态度
0	1	2	3	态度 1：你在服务过程中如何与雇主交流
0	1	2	3	态度 2：与婴幼儿相处是否有耐心和理解婴幼儿
0	1	2	3	态度 3：对婴幼儿的热爱程度
小计：				平均级别（0-10，低级到高级）：

《育婴服务知识标准评定表》

服务技能标准	技能评级				服务水平预期
	1 级	2 级	3 级	4 级	
育婴服务 职业技能标准					**家政服务员基本知识**
	0	1	2	3	知识 1：知道家政服务员职业道德
	0	1	2	3	知识 2：知道家政服务职业心态与服务意识
问题总数 85	0	1	2	3	知识 3：知道家政服务社交礼仪知识
总分 255	0	1	2	3	知识 4：知道家政服务卫生知识
得分	0	1	2	3	知识 5：知道家政服务安全知识
	0	1	2	3	知识 6：知道家政服务相关法律知识
计算结果：					**育婴服务专业知识**
	0	1	2	3	知识 1：知道制订婴幼儿生活作息及照护计划的依据、原则及方法
255	0	1	2	3	知识 2：知道婴幼儿生理发育特点基本规律及保健要点
	0	1	2	3	知识 3：知道婴幼儿生长发育的测量与评价方法
	0	1	2	3	知识 4：知道婴幼儿心理发展特点及基本规律
	0	1	2	3	知识 5：知道婴幼儿基本需要的营养素及食物来源与摄入量
	0	1	2	3	知识 6：知道提高婴幼儿膳食营养及平衡膳食的方法
	0	1	2	3	知识 7：知道母乳特点及母乳喂养方法
	0	1	2	3	知识 8：知道人工喂养婴幼儿方法
	0	1	2	3	知识 9：知道婴幼儿辅食添加方法
	0	1	2	3	知识 10：知道婴幼儿菜肴制作要求
	0	1	2	3	知识 11：知道婴幼儿添加点心的种类及进食时间
	0	1	2	3	知识 12：知道婴幼儿蔬果汁及适用月龄
	0	1	2	3	知识 13：知道婴幼儿各个月龄的膳食要求
	0	1	2	3	知识 14：知道照料婴幼儿进餐与饮水方法
	0	1	2	3	知识 15：知道婴幼儿食谱制定方法
	0	1	2	3	知识 16：知道不同月龄婴幼儿作息安排与习惯培养
	0	1	2	3	知识 17：知道婴幼儿生活环境安全及照护过程安全
	0	1	2	3	知识 18：知道婴幼儿衣服、鞋子的特点及作用
	0	1	2	3	知识 19：知道婴幼儿包裹的重要性及常用包裹方法
	0	1	2	3	知识 20：知道背、抱婴幼儿姿势与婴幼儿情感依恋
	0	1	2	3	知识 21：知道婴幼儿出行的注意事项
	0	1	2	3	知识 22：知道适合婴幼儿月龄的童车种类及安全知识
	0	1	2	3	知识 23：知道儿童汽车安全座椅种类安全使用方法
	0	1	2	3	知识 24：知道婴幼儿环境与物品清洁、消毒方法
	0	1	2	3	知识 25：知道婴幼儿五官生理特点、清洗要求与保健方法
	0	1	2	3	知识 26：知道婴幼儿皮肤、指（趾）甲的生理特点及沐浴、擦浴要求
	0	1	2	3	知识 27：知道婴幼儿排便的生理、心理特点及培养排便习惯的方法
	0	1	2	3	知识 28：知道婴幼儿大小便的特点、异常状态及大小便习惯养成
	0	1	2	3	知识 29：婴幼儿睡眠的生理特点、功能、条件及睡眠安全

	0	1	2	3	知识 30：婴幼儿"三浴"的作用原理及适宜条件
	0	1	2	3	知识 32：知道婴幼儿日常保健与护理的基本原则
	0	1	2	3	知识 33：知道婴幼儿体重、身高、头围、前囟、胸围特点及生长监测方法
	0	1	2	3	知识 34：知道婴幼儿皮肤、尿布皮炎的特点及护理方法
	0	1	2	3	知识 35：知道婴幼儿发热及体温测量与发热护理方法
	0	1	2	3	知识 36：知道婴幼儿用药的特点及用药方法
	0	1	2	3	知识 37：知道婴幼儿意外伤害种类、发生原因及处理方法
	0	1	2	3	知识 38：知道婴幼儿营养性疾病种类及预防护理方法
	0	1	2	3	知识 39：知道婴幼儿常见病症及护理方法
	0	1	2	3	知识 40：知道传染病及控制传染病流行的方法
	0	1	2	3	知识 41：知道计划免疫和预防接种及护理方法
	0	1	2	3	知识 42：知道婴幼儿预防接种疫苗种类及作用
	0	1	2	3	知识 43：知道 0~3 岁婴幼儿教育的生理、心理基础及必要性
	0	1	2	3	知识 44：知道婴幼儿学习特点及教育内容与教育方法
	0	1	2	3	知识 45：婴幼儿粗大动作发展特点及发展规律
	0	1	2	3	知识 46：知道婴儿抬头、翻身动作发展及训练方法
	0	1	2	3	知识 47：知道婴儿坐、爬动作发展及训练方法
	0	1	2	3	知识 48：知道婴幼儿站立、行走动作发展及训练方法
	0	1	2	3	知识 49：知道婴幼儿跑、跳动作发展及训练方法
	0	1	2	3	知识 50：知道婴幼儿体操及训练方法
	0	1	2	3	知识 51：知道选择与设计婴幼儿粗大动作游戏
	0	1	2	3	知识 52：知道婴幼儿精细动作发展及训练方法
	0	1	2	3	知识 53：知道选择与设计婴幼儿精细动作游戏
	0	1	2	3	知识 54：知道观察、记录、分析婴幼儿动作能力方法
	0	1	2	3	知识 55：知道婴幼儿言语能力发展及游戏训练方法
	0	1	2	3	知识 56：知道婴幼儿儿歌、童谣及唱念歌谣方法
	0	1	2	3	知识 57：知道婴幼儿故事及讲故事方法
	0	1	2	3	知识 58：知道婴幼儿图片、图书及选择要求
	0	1	2	3	知识 59：知道婴幼儿有声读物及选择要求
	0	1	2	3	知识 60：知道婴幼儿阅读的特点、形式及指导方法
	0	1	2	3	知识 61：知道婴幼儿听说游戏及游戏方法
	0	1	2	3	知识 62：知道选择与设计婴幼儿听说游戏
	0	1	2	3	知识 63：知道观察、记录、分析婴幼儿听说能力方法
	0	1	2	3	知识 64：知道婴幼儿节律游戏及游戏方法
	0	1	2	3	知识 65：知道婴幼儿触觉发展及训练方法
	0	1	2	3	知识 66：知道婴幼儿听觉发展及训练方法
	0	1	2	3	知识 67：知道婴幼儿视觉发展及训练方法
	0	1	2	3	知识 68：知道婴幼儿认知游戏与陪玩方法
	0	1	2	3	知识 69：知道选择与设计婴幼儿认知游戏
	0	1	2	3	知识 70：创设环境训练婴幼儿认知能力
	0	1	2	3	知识 71：知道观察、记录、分析婴幼儿认知能力发展的方法
	0	1	2	3	知识 72：知道婴幼儿艺术表现游戏与涂鸦方法
	0	1	2	3	知识 73：知道婴幼儿艺术表现游戏与童谣唱游方法
	0	1	2	3	知识 74：知道婴幼儿情绪情感发展及应对与交流方法
	0	1	2	3	知识 75：知道观察、记录、分析、指导婴幼儿情绪、情感发展的方法
	0	1	2	3	知识 76：知道婴幼儿社会性发展及培养方法
	0	1	2	3	知识 77：知道观察、记录、分析、指导婴幼儿社会性发展的方法
	0	1	2	3	知识 78：知道婴幼儿关键行为、异常行为、不良行为表现
	0	1	2	3	知识 79：知道婴幼儿安全隐患及预防方法
小计：					平均级别（0-10，低级到高级）：

10.3 育婴服务职业技能标准示例

服务技能

技能 1：能制订婴幼儿生活作息及照护计划

a）能制订 2~6 个月婴幼儿一日生活作息及照护计划；

b）能制订 7~12 个月婴幼儿一日生活作息及照护计划；

c）能制订 13~18 个月婴幼儿一日生活作息及照护计划；

d）能制订 19~24 个月婴幼儿一日生活作息及照护计划；

e）能制订 25~36 个月婴幼儿一日生活作息及照护计划。

技能 2：能照护母乳喂养婴幼儿

a）准备工作：1）卫生清洁；2）先挤出几滴奶不要，再后喂；3）喂养环境。

b）喂养姿势：1）侧躺抱法；2）摇篮抱法；3）橄榄球抱姿；4）斜倚抱法。

c）喂哺：1）使婴幼儿头部转向乳头；2）用乳头挠弄婴幼儿嘴唇；3）启动嘴乳衔接。4）检查嘴乳衔接；5）终止婴幼儿吸吮；6）退出乳头。

d）哺乳后拍嗝。

e）挤奶与母乳储存或产妇产假结束后的继续哺乳：1）知道背奶；2）背奶准备；3）背奶装备：（1）保温包或保温桶；（2）蓝冰；（3）吸奶器；（4）带密封盖的储奶瓶；（5）储奶袋；4）背奶过程：（1）吸奶；（2）储存；（3）解冻；（4）喂奶。

f）不同类型吃奶情绪的应对：1）迫切型；2）激动型；3）迟缓型；4）品尝型；5）时断时续型。

g）不同类型乳头的授乳：1）扁平乳头；2）小乳头；3）巨大乳头；4）凹陷乳头。

h）乳头破裂时授乳。

i）生病妈妈如何母乳喂养。

j）特殊婴幼儿如何母乳喂养。

k）不宜母乳喂养的产妇。

l）母乳喂养的注意事项。

技能 3：能人工喂养婴幼儿

a）准备工作：1）乳品；2）奶瓶；3）奶嘴；4）奶瓶夹；5）奶锅；6）奶瓶加热器；7）奶粉储藏罐；8）消毒器具。

b）奶具消毒：1）煮沸消毒；2）蒸汽消毒；3）化学消毒；4）微波炉消毒；5）洗碗机消毒；6）消毒柜消毒。

c）确定合适的奶粉。

d）调配奶水：1）冲调牛奶；2）冲调羊奶；3）冲调配方奶。

e）能选择与使用奶瓶喂哺婴儿。

f）确定喂奶量、喂奶次数、每次喂奶时间。

g）人工喂养注意事项。

h）能预防与处理婴儿喂养常见问题：1）溢奶；2）食物过敏；3）喂养困难；4）便秘。

技能 4：能给婴儿妈妈催乳

a）能指导新妈妈促进母乳分泌：1）早吸吮；2）母婴同室；3）频繁吸吮，按需哺乳；4）新妈妈生活安排，指导新妈妈正确饮食和休息；

b）能制作催乳饮食：例如 1）通草鲫鱼汤；2）丝瓜仁鲢鱼汤；3）猪骨通草汤；4）木瓜花生大枣汤；5）甜醋猪脚姜汤；6）栗子冬菇焖鸽；7）猪蹄或乳鸽催乳汤。

c）能按摩催乳：（1）气血虚弱型缺乳；（2）肝郁气滞型缺乳；（3）乳汁淤积；（4）乳头凹陷。

d）能用心理方法催乳：1）心理护理；2）帮助新妈妈适应母亲角色；3）纠正错误观念；4）减轻新妈妈的育儿压力；5）创造和谐家庭关系；6）正确母乳喂养指导；7）产后抑郁调节。

技能5：能解决婴幼儿母乳喂养的常见问题

a）哺乳期限；b）喂奶间隔；c）两侧乳房均衡喂奶；d）婴幼儿嗜睡影响吃奶；e）喂奶时婴幼儿时吃时停问题；f）早产和低出生体重儿喂养；g）喂奶后打嗝 的处理；h）溢奶的处理；i）婴幼儿拒绝产妇乳房的解决方法；j）呛奶；k）喂奶时应避免的姿势；l）婴幼儿需额外补充维生素。

技能6：能照护婴幼儿进食、进水

a）照护婴幼儿进食：1）餐前准备；2）照护就餐；3）餐后整理；

b）照护婴幼儿进水；

c）照护特殊婴幼儿的进食与进水：比如生病时、残疾、肥胖；

d）能及时处理婴幼儿呛食、呛水；

e）能创造良好的进食环境；

f）培养婴幼儿良好的饮食习惯：

1）养成婴幼儿良好饮食习惯：

（1）进食要定时、定位、专心：①定时、定位；②专心；（2）不偏食、不挑食，吃一口、咽一口：①增进食欲；②减少关注；③育婴员态度一致；④采用"饥饿疗法"；⑤父母示范；

（2）训练婴幼儿使用餐具的要点；

2）能根据婴幼儿不同月龄饮食习惯变化进行培养：（1）0~6个月；（2）7~12个月；（3）13~24个月；

3）训练婴幼儿咀嚼、使用小匙：1）训练婴幼儿自己手抓食物咀嚼；2）训练1周岁的婴幼儿自己拿着小匙练习吃饭；

技能7：能清洁、消毒、收纳婴幼儿餐饮用具

a）能清洁婴幼儿餐饮用具：1）奶瓶；2）奶嘴；3）水瓶；4）奶具；5）食具；6）餐具；

b）能消毒婴幼儿餐饮用具：1）煮沸消毒；2）蒸汽锅消毒；3）其他消毒；4）注意事项；

c）能收纳婴幼儿餐饮用具。

技能8：能制订婴幼儿食谱并制作一日膳食

a）按月龄制订食谱并制作一日膳食：1）1~3个月一日膳食；2）4~6个月一日膳食；3）7~12个月一日膳食；4）13~18个月一日膳食；5）19~24个月一日膳食；6）25~36个月一日膳食；

b）按时间周期制订食谱：1）一日食谱；2）周食谱：3）月食谱。

技能9：能制作婴幼儿辅食

（1）米糊；（2）蔬菜汁；（3）水果汁；（4）菜泥（菠菜、胡萝卜、南瓜、土豆、草莓、芋头、山药等）；（5）果泥（苹果、梨子、桃子、西瓜、木瓜、香蕉、猕猴桃等）；（6）蛋黄；（7）鱼泥；（8）肉泥；（9）肝泥；（10）什锦蛋羹；（11）嫩菜粥；（12）三色菜粥；（13）红薯粥（南瓜粥、山药粥、胡萝卜粥等）；（14）肉粥（鸡肉粥、猪肉粥、鱼肉粥、虾肉粥、海参粥等）等。

技能10：能制作婴幼儿主食

a）肉末菜粥；b）小蒸包；c）小水饺；d）鸡蛋面片汤；e）牛肉龙须面；f）什锦蔬菜

饼；g）馄饨；f）豆腐米饭；h）胡萝卜米饭；i）香菇鸡肉烂饭等。

技能 11：能照护婴幼儿穿、脱衣服、包裹婴儿

a）能为婴幼儿选择与更换合适的衣服和鞋袜；

b）能给婴幼儿穿、脱前开衫衣服；

c）能给婴幼儿穿、脱套头衫衣服；

d）能给婴幼儿穿、脱连衣裤；

e）能包裹婴儿；

f）能及时洗涤、收纳婴幼儿衣服。

技能 12：能照护婴幼儿出行

a）能背、抱（抱起、抱住、抱稳、放下婴儿）、领婴幼儿；

b）能使用婴幼儿童车辅助婴幼儿出行；

c）能使用车载儿童座椅辅助婴幼儿出行；

d）能为婴幼儿出行准备常用物品：1）准备食品；2）准备出行的衣服、尿布；3）准备其他用品：（1）洗护用品；（2）常用药品；（3）玩具、图书；（4）生活辅助用品；（5）婴儿推车或婴儿背袋等；

e）能根据不同月龄婴幼儿出行准备物品：

1）6 个月之内的婴儿；2）6~12 个月的婴儿；3）12~24 个月的婴幼儿；4）24~36 个月的婴幼儿；

f）不同季节婴幼儿出行准备物品：1）春季出行；2）夏季出行；3）秋季出行；4）冬季出行。

g）能确保婴幼儿出行安全。

技能 13：能清洁、消毒婴幼儿物品

a）能清洁、消毒婴幼儿餐具、奶具、毛巾；

b）能清洁、消毒婴幼儿玩具：1）塑料玩具；2）布制玩具；3）木制玩具；4）泡沫海绵玩具等；

c）能清洁、消毒婴幼儿家具、卧具：1）婴幼儿床等家具；2）床上用品等；

d）能清洁、消毒婴幼儿尿布、便器。

技能 14：能清洁、消毒、收纳婴幼儿居室环境

a）能定期对婴幼儿居室环境进行清洁、消毒；

b）能保持婴幼儿居室环境空气清新、光线充足、温度与湿度适宜；

c）能定期对婴幼儿物品进行收纳；

d）能根据婴幼儿心理发展特点布置婴幼儿居室环境并经常变换。

技能 15：能照护婴幼儿身体清洁与卫生

a）能照护婴幼儿身体清洁与卫生：1）清洗口腔、牙齿；2）清洗眼、耳、鼻腔；3）洗脸；4）洗头；5）洗手；6）洗脚；7）清洗臀部；8）女婴幼儿阴部清洗；

b）能给婴幼儿剪指甲、剪趾甲；

c）在照护婴幼儿身体清洗过程中适当抚触。

技能 16：能给婴幼儿沐浴、擦浴

a）沐浴、擦浴前准备；

b）能给 6 个月大以内婴儿沐浴、擦浴；

c）能给 6 个月至 12 个月婴儿沐浴、擦浴；

d）能给 1 岁到 3 岁幼儿沐浴、擦浴；

e）能给患感冒的婴幼儿擦浴；

f）不能给发热、腹泻、呕吐、烫伤、荨麻疹、刚吃完奶或空腹、生病或退热不足两天的婴幼儿沐浴，可酌情擦浴。

技能 17：能照护婴幼儿排便

a）能选择、使用、更换、洗涤、晾晒、消毒婴儿尿布（纸尿裤）；

b）能辅助婴幼儿排便：1）训练婴幼儿使用便器；2）专心排便；

c）能为婴幼儿进行便后清洁：1）女婴便后清洁；2）男婴便后清洁；

d）能清洁、消毒婴幼儿便器；

e）能照护婴幼儿便溺；

f）能培养婴幼儿良好排便习惯：1）何时可以培养；2）怎样培养。

技能 18：能照护婴幼儿睡眠

a）能创造良好的婴幼儿睡眠条件：

1）能营造适宜睡眠的环境：（1）空间；（2）室内温度；（3）通风；（4）光线；（5）装修；（6）气味；

2）能安置婴幼儿寝具：（1）婴幼儿寝具的选择：①婴儿床的选择；②婴幼儿床上用品的选择；③枕头的选择；（2）婴儿床的放置；

b）能安抚婴幼儿入睡：1）制订相对固定的睡前程序；2）尽早培养婴幼儿独自睡觉的习惯；3）注意睡前饮食；4）不强怕恐吓婴幼儿入睡；5）入睡后注意观察；

c）能注意婴幼儿睡眠安全：1）防止婴幼儿坠床；2）防止婴幼儿窒息；3）防止婴幼儿受凉；

d）能判断婴幼儿睡眠充足与否并有明确标准；

e）能帮助婴幼儿变换睡眠姿势：1）仰卧；2）侧卧；3）俯卧交替进行；

f）能训练婴幼儿按时入睡。

技能 19：能照护婴幼儿"三浴"

a）空气浴照护

b）日光浴照护

c）水浴照护

技能 20：能给婴幼儿抚触

a）抚触前准备工作；

b）抚触顺序；

c）抚触各部位抚触方法；

d）抚触过程中的语言与心理慰藉。

技能 21：能对婴幼儿进行基础护理

a）能测量婴幼儿体温：1）腋下体温测量；2）肛门体温测量；

b）能照护婴幼儿口服药物；

c）能照护婴幼儿眼、耳、鼻滴药物；

d）能监测婴幼儿体重、身高、头围、前囟、胸围；

e）能护理婴幼儿皮肤；

f）能护理婴幼儿尿布皮炎：1）尿布皮炎的预防要点；2）轻度尿布皮炎的护理：（1）一般护理方法；（2）暴露法；3）重度尿布皮炎的护理。

g）能照护婴幼儿就医。

技能 22：能处理与预防婴幼儿意外伤害

a）表皮擦伤；b）肌腱和软组织损伤；c）出血；d）眼异物；e）呼吸道异物；f）外耳道异物；g）咽、食管异物；h）鼻腔异物；f）四肢骨折；g）溺水；h）触电；i）烫伤；j）动物咬伤；k）心肺复苏；l）休克。

技能 23：能预防与护理婴幼儿营养性疾病

a）能预防婴幼儿营养性疾病：1）合理安排饮食；2）补充食品多样化；3）科学喂养婴幼儿；4）合理安排婴幼儿的生活起居；

b）护理常见婴幼儿营养性疾病：1）佝偻病；2）缺铁性贫血；3）营养不良；4）单纯性肥胖症；5）各类维生素缺乏、微量元素缺乏；6）维生素中毒。

技能 24：能照护婴幼儿常见病症

a）呕吐；b）腹泻；c）便秘；d）脐眼；e）湿疹；f）红臀；g）黄疸；h）鹅口疮；i）乳腺肿大；j）腹痛；k）婴幼儿病理性啼哭；l）食欲异常；m）睡眠异常；n）便溺异常；o）感冒；p）发绕护理；q）咳嗽（普通感冒引起的咳嗽、冷空气刺激引起的咳嗽、流感引起的咳嗽、咽喉炎引起的咳嗽、过敏性咳嗽、气管炎性咳嗽、支气管炎性咳嗽、其他疾病所致咳嗽、百日咳、异物吸入、肺炎、肺结核）；s）麻疹；t）手足口病；u）哮喘；v）流行性腮腺炎、流行性脑脊髓膜炎、流行性乙型脑炎、脊髓灰质炎；w）猩红热；x）传染性肝炎；y）细菌性痢疾。

技能 25：能照护婴幼儿计划免疫

a）知道婴幼儿何时计划免疫；

b）做好免疫前的准备工作；

c）能免疫后照护。

技能 26：能训练婴幼儿大动作能力

a）能训练婴幼儿粗大动作能力：1）抬头；2）翻身；3）坐起；4）爬行；5）蹲站；6）行走；7）跑；8）跳；9）投；

b）能训练婴幼儿体操：1）被动操；2）主被动操；3）模仿操；

c）能根据婴幼儿粗大动作发展特点，设计大动作训练游戏：1）翻身游戏 2）爬行游戏 3）走的游戏 4）球的游戏等；

d）能选择与设计婴幼儿大动作游戏：

（1）能根据婴幼儿情绪选择游戏种类；

（2）能根据婴幼儿月龄特点选择与设计婴幼儿粗大动作发展游戏：

①0~6 个月婴儿粗大动作游戏选择与设计："照镜子""滚来滚去翻个身""摇啊摇"；

②7~12 个月婴儿粗大动作游戏选择与设计："宝宝学爬""我站起来了""走走走"；

③13~18 个月婴幼儿粗大动作游戏选择与设计："追人游戏""爬楼梯""钻山洞"；

④19~36 个月婴幼儿粗大动作游戏选择与设计："直线走路""跳起来""红绿灯"；

（3）能根据婴幼儿自身动作发展情况设计游戏难易程度；

e）能利用婴幼儿生活环境和设施设备训练婴幼儿粗大动作：1）能创设婴幼儿粗大动作训练情境：（1）温馨；（2）趣味；（3）安全；（4）积极向上；2）能运用婴幼儿生活环境和设施设备。

技能 27：能训练婴幼儿精细动作能力

a）能训练婴幼儿精细动作：1）"塞"的动作；2）"舀"的动作；3）"倒"的动作；4）"夹"夹子的动作；5）"穿"的动作；6）"切"的动作；7）"拧"的动作；8）"剥"的动作；9）"拾"积木的动作；10）"按"的动作；11）嵌板的游戏；12）"卷"的动作；13）"贴"的动作；

b）能训练婴幼儿手指操：1）0~6个月婴儿；2）7~12个月婴儿；3）13~18个月婴幼儿；4）19~36个月婴幼儿；

c）能根据婴幼儿年龄特点，设计精细动作训练游戏：1）抓物训练；2）投掷游戏；3）搭积木；

d）能选择与设计婴幼儿精细动作游戏：

（1）能根据婴幼儿情绪选择游戏种类；

（2）能根据婴幼儿月龄特点选择与设计婴幼儿精细动作发展游戏：

①0~6个月婴儿精细动作游戏选择与设计："手指游戏""抓一抓""敲敲打打"；

②7~12个月婴儿精细动作游戏选择与设计："抓球游戏""拾拾倒倒""撕纸"；

③13~18个月婴幼儿精细动作游戏选择与设计："挤海绵""摘果子""储蓄罐"；

④19~24个月婴幼儿精细动作游戏选择与设计："婴幼儿自己吃饭""抽屉游戏""钓鱼"；

⑤25~36个月婴幼儿精细动作游戏选择与设计："美丽的项链""画影子""垒高游戏"；

（3）能根据婴幼儿自身动作发展情况设计游戏难易程度；

e）能利用婴幼儿生活环境和设施设备训练婴幼儿精细动作：1）能创设婴幼儿精细动作训练情境：（1）温馨；（2）趣味；（3）安全；（4）积极向上；2）能运用婴幼儿生活环境和设施设备。

技能28：能观察、记录、分析婴幼儿动作能力

a）能依据月龄观察婴幼儿动作能力发展：1）0~6个月；2）7~12个月；3）13~18个月；4）19~24个月；5）25~36个月；

b）能记录与分析婴幼儿动作发展：1）行为检核法；2）等级评定法。

技能29：能训练婴幼儿言语表达能力

a）能引导、训练婴儿发音：1）会逗婴儿发出笑声；2）能模仿婴儿发音；3）尽早给婴儿说话：（1）简单音节；（2）连续音节；

b）能训练婴幼儿口语：1）说单词；2）说双词；3）说完整句；

c）帮助婴幼儿理解言语：1）演示动作说话2）指认实物说话：（1）指认身体各部位；（2）指认日常用品、生活用品；（3）指认常见食品；（4）指认自然事物；（5）指认家庭成员；3）看图片、图书说话；

d）能根据婴幼儿言语发展特点训练婴幼儿听、说能力：1）伴随照护活动说话；2）看图片、图书讲故事；3）与婴幼儿进行语言交流（我问你答）；4）读唱儿歌、童谣；5）有声读物；6）通过听说游戏；7）通过节律游戏。

e）能选择与设计婴幼儿听说游戏：

（1）能根据婴幼儿情绪选择游戏种类；

（2）能根据婴幼儿月龄特点选择与设计婴幼儿听说能力发展游戏：

①0~6个月婴儿听说游戏选择与设计："找妈妈""练习发音""大声叫喊，小声嘀咕"；

②7~12个月婴儿听说游戏选择与设计："什么声音在响""自问自答"；

③13~18个月婴儿听说游戏选择与设计："做手势""模仿声音""拍手歌"；

④19~24个月婴儿听说游戏选择与设计："接话游戏""一问一答""猜猜是谁的声音"；

⑤25~36个月婴幼儿听说游戏选择与设计："说说自己的照片""打电话""听儿童文学作品"；

（3）能根据婴幼儿自身听说能力发展情况设计游戏难易程度；

f）能利用婴幼儿生活环境和设施设备训练婴幼儿听说能力：1）能创设婴幼儿听说能力训练情境：（1）温馨；（2）趣味；（3）安全；（4）积极向上；2）能运用婴幼儿生活环境和设施设备。

g）能指导婴幼儿阅读：1）边听边阅读；2）共同阅读；3）自由阅读。

h）能观察、记录、分析婴幼儿听说能力：

1）能按婴幼儿月龄观察婴幼儿听说能力发展：（1）0~6个月；（2）7~12个月；（3）13~18个月；（4）19~24个月；（5）25~36个月；

2）能记录与分析婴幼儿听说能力发展：1）日记记录法；2）轶事记录法。

技能30：能培养婴幼儿认识事物能力

a）能训练婴幼儿视觉：1）注视活动；2）追视活动；3）照镜子；4）与爸妈或育婴员对视；5）迷你手电筒法；

b）能训练婴幼儿听觉：1）熟悉语言；2）追声寻源；3）音乐训练；4）亲子阅读（朗读、讲故事、读童谣）；5）呼喊婴幼儿名字；6）常常和婴幼儿说话；7）给婴幼儿一个有声的环境；

c）能训练婴幼儿触觉：1）皮肤触摸；2）触摸自然物；3）触摸婴幼儿自己生活用品；

d）能训练婴幼儿平衡能力：1）脚尖站立；2）单脚站立；3）简单平衡游戏；4）平衡木；5）倒着走；6）跳弹簧；

e）能训练幼儿数数；

f）能训练幼儿综合认识能力：1）认识自己、爸妈、外公外婆及其相互关系；2）能训练幼儿对事物进行分类；3）能训练幼儿配对；4）能训练婴幼儿排序。

g）能选择与设计并训练婴幼儿认知游戏：例如1）分类游戏；2）感知觉训练游戏；3）模仿游戏；4）藏找游戏；5）指认游戏；6）数形空间游戏；7）假想游戏等。

h）能创设环境训练婴幼儿认知能力：

1）能创设婴幼儿认知环境：（1）利用婴幼儿生活活动场景；（2）创设安静活动的场地并准备适量的玩具和材料；

2）运用活动箱来拓展空间感：（1）毛绒玩具活动箱；（2）电话和成人物品活动箱；

3）和婴幼儿说话。

i）能观察、记录、分析婴幼儿认知能力发展

1）设计一个婴幼儿愿意参与的认知游戏活动；

2）设计一份游戏中婴幼儿认知行为、能力记录表单；

3）记录观察婴幼儿的活动行为；

4）根据记录分析婴幼儿的认知能力，设计促进认知能力发展的游戏活动。

技能31：能培养婴幼儿艺术表现能力

a）能陪伴与支持婴幼儿涂鸦：1）多利用生活用品，提供涂鸦材料；2）可为婴幼儿或协助婴幼儿添加涂鸦材料；3）可做正确使用工具的方法示范；4）用欣赏的眼光看待婴幼儿的涂鸦行为和作品，注意留存作品。

b）能设计与开展婴幼儿艺术表现能力的游戏：例如1）泥工游戏；2）纸工游戏；3）涂鸦游戏等；

c）能陪伴与支持婴幼儿童谣唱游：1）读唱童谣；2）听音乐；3）律动唱游；4）敲敲打打；

d）能按照月龄陪伴与支持婴幼儿童谣唱游发展：1）0~3个月：例如（1）伴随生活的"父母语"；（2）伴随婴儿照护的音乐、童谣；（3）自然界的声音等；2）4~6个月；3）7~9个月；4）10~12个月；5）13~18个月；6）19~24个月；7）25~36个月。

技能 32：能应对婴幼儿情绪情感与积极情感培养

a）能应对婴幼儿基本情绪情感：1）辨析哭声；2）笑；3）恐惧；4）依恋；

b）能在婴幼儿照护中渗透情感交流：1）温柔舒适的拥抱与抚触，特别是肌肤接触；2）温柔的注视；3）在温柔的注视中用温柔的言语与婴幼儿亲切地交流；4）在婴幼儿照护中与婴幼儿谈话；5）母乳喂养时尽量与婴儿肌肤相亲；6）用温暖的表情与柔和的动作与婴幼儿交流；

c）能建立良好的母婴依恋关系；

d）能在婴幼儿一日生活中渗透情感交流：1）早晨醒来；2）喂哺；3）睡眠；4）洗澡；5）换尿布；6）户外活动；

e）能观察、记录、分析、指导婴幼儿情绪、情感发展；

f）促进婴幼儿情绪、情感发展：

1）良好环境刺激婴幼儿的舒适情绪；

2）积极回应、满足婴幼儿的信任需要：①试图去理解婴幼儿所发出的信息；②安慰；③改进育婴服务技巧；④把活动与情感联系起来；⑤形成习惯；

3）亲子游戏丰富婴幼儿积极的情绪体验。

技能 33：能应对与培养婴幼儿社会性行为

a）能应对婴幼儿社会性行为：1）认生与害羞；2）模仿行为；3）反抗行为；4）利他行为；5）攻击行为；

b）能培养婴幼儿社会性：1）冲突比回避好；2）示范比说教好；3）等待比强制好；4）避免做"电视婴幼儿"；

c）能设计与开展婴幼儿社会性游戏：例如1）娃娃家；2）交换礼物；

e）能观察、记录、分析婴幼儿社会性发展；

f）能促进婴幼儿社会性发展：

1）良好的亲子关系促进婴幼儿情感形成与社会化；

2）同伴交往机会促进婴幼儿社会性；

3）丰富的家庭与社会活动激发与培养婴幼儿社会性。

技能 34：能照护婴幼儿安全

a）能重视婴幼儿容易发生意外伤害的时间；

b）能照护婴幼儿选穿衣物的安全；

c）能照护婴幼儿玩玩具的安全；

d）能照护婴幼儿面对家庭宠物的安全；

e）能照护婴幼儿戏水的安全；

f）能照护婴幼儿在游戏区的安全；

g）能照护婴幼儿在庭院的安全；

h）能照护婴幼儿在公共场所的安全；

i）能照护婴幼儿居家安全；

j）能照护婴幼儿在厨房的安全；

k）婴幼儿交通安全。

技能 35：育婴服务培训与管理　（扫一扫　二维码）

家政服务员基本知识（同上）

知识 1：知道家政服务员职业道德

知识2：知道家政服务职业心态与服务意识

知识3：知道家政服务社交礼仪知识

知识4：知道家政服务卫生知识

知识5：知道家政服务安全知识

知识6：知道家政服务相关法律知识

育婴服务专业知识

知识1：知道制订婴幼儿生活作息及照护计划的依据、原则及方法

a）制订生活作息的依据：1）依据生理规律；2）满足婴幼儿活动需求；3）便于育婴员工作；

b）制订生活作息的原则：1）以婴幼儿的生理性需要为基础；2）根据月龄实时调整；3）活动安排动静结合；4）根据季节的变化进行调整；5）结合婴幼儿家庭环境；6）倾听婴幼儿父母的意见；7）留有灵活变通的余地；

c）制订一日作息日程：

1）合理分配时间；

2）生活起居：（1）起床；（2）洗漱；（3）进食；（4）大小便；（5）睡眠等；

3）游戏活动：（1）动作游戏；（2）运动游戏；（3）言语游戏；（4）发展智能游戏；（5）学习游戏；（6）人际交往游戏等。

知识2：知道婴幼儿生理发育特点、基本规律及保健要点

a）婴幼儿按年龄分类：1）乳儿期；2）婴幼儿期；

b）婴幼儿生长发育的一般特点与规律：1）一般特点；2）生长发育规律；

c）婴幼儿生长发育的具体特点：

1）婴幼儿呼吸系统生理特点及保健要点：（1）鼻子；（2）鼻泪管和咽鼓管；（3）喉；（4）气管、支气管；（5）肺；（6）胸廓；（7）保健要点；

2）婴幼儿心血管系统生理特点及保健要点：（1）心脏；（2）大血管；（3）保健要点；

3）婴幼儿消化系统生理特点及保健要点：（1）口腔；（2）食管；（3）胃；（4）肠；（5）胰腺；（6）肝、脾；（7）保健要点；

4）婴幼儿泌尿系统生理特点及保健要点：（1）肾脏；（2）输尿管；（3）膀胱；（4）尿道；（5）保健要点；

5）婴幼儿内分泌系统生理特点及保健要点：（1）生理特点；（2）保健要点；

6）婴幼儿运动系统生理特点及保健要点：（1）生理特点；（2）保健要点；

7）婴幼儿神经系统生理特点及保健要点：（1）脑发育迅速；（2）神经髓鞘化；（3）小脑发育晚；（4）植物神经发育不全；（5）保健要点；

8）婴幼儿感觉系统生理特点及保健要点：（1）皮肤的特点及护理要点；（2）眼睛的发育特点及护理要点；（3）耳的发育特点及护理要点。

知识3：知道婴幼儿生长发育的测量与评价方法

a）婴幼儿生长发育的主要指标：1）形态指标；2）生理功能指标；

b）测量时间；

c）测量方法：1）体重；2）身高；3）头围；4）胸围；5）上臂围；6）囟门；

d）测量与评价方法：1）身体指数评价；2）发育年龄评价。

知识4：知道婴幼儿心理发展特点及基本规律

a）婴幼儿心理发展的一般特点：1）发展的连续性与阶段性；2）发展的稳定性与可塑性；3）发展的相互影响、相互促进；4）发展的个体差异性；5）发展的基础性。

b）婴幼儿心理发展的基本规律：1）感觉能力的发展；2）知觉能力的发展；3）动作能力的发展；4）言语能力的发展；5）生活能力的发展；6）交往能力的发展；7）情感的发展。

知识5：知道婴幼儿基本需要的营养素及食物来源与摄入量

a）蛋白质：1）蛋白质的主要作用；2）蛋白质缺乏的后果；3）蛋白质的食物来源及推荐摄入量；

b）脂肪：1）脂肪的主要作用；2）脂肪缺乏和过量的后果；3）脂肪的食物来源及推荐摄入量；

c）碳水化合物：1）碳水化合物的主要作用；2）碳水化合物缺乏和过量的后果；3）碳水化合物的食物来源及推荐摄入量；

d）维生素（维生素 A、D、B1.B2.C）：

1）维生素 A：（1）维生素 A 的作用；（2）维生素 A 缺乏和过多的后果；（3）维生素 A 的食物来源及推荐摄入量；

2）维生素 D：（1）维生素 D 的作用；（2）维生素 D 缺乏和过多的后果；（3）维生素 D 的来源及推荐摄入量；

3）维生素 B1：（1）维生素 B1 的作用及缺乏症；（2）维生素 B1 的食物来源及推荐摄入量；

4）维生素 B2：（1）维生素 B2 的作用及缺乏症；（2）维生素 B2 的食物来源及推荐摄入量；

5）维生素 C：（1）维生素 C 的作用及缺乏症；（2）维生素 C 的食物来源及推荐摄入量；

e）矿物质（钙、锌、铁、碘）：

1）钙（宏量元素）：（1）钙的作用；（2）影响钙吸收的因素；（3）钙缺乏的影响；（4）钙的食物来源和适宜摄入量；

2）锌（微量元素）：（1）锌的作用；（2）锌缺乏的影响；（3）锌的食物来源和推荐摄入量；

3）铁（微量元素）：（1）铁的功能；（2）铁缺乏的影响；（3）铁的食物来源和适宜摄入量；

4）碘（微量元素）：（1）碘的作用；（2）碘缺乏的影响；（3）碘的食物来源和推荐摄入量；

f）水：1）水的作用；2）水缺乏与过量的后果；3）水的摄入量和来源；

g）纤维素。

知识6：知道提高婴幼儿膳食营养及平衡膳食的方法

a）增加食物的营养密度；

b）全面营养，促进婴幼儿神经系统的发育；

c）平衡膳食，促进婴幼儿生理系统的发育：

1）品种多样。1岁后，婴幼儿的膳食种类至少在10种以上，膳食应包含五大种类的食物：（1）主食；（2）含蛋白质的食物；（3）含无机盐和维生素的食物；（4）提供热能的食物；（5）乳制品；

2）比例适当。八大类食物按比例提供：（1）谷类；（2）肉类；（3）蛋类；（4）蔬菜类；（5）果类；（6）豆制品；（7）油类；（8）食糖；

3）各种食物巧妙搭配：（1）米面搭配；（2）粗细粮搭配；（3）荤素搭配；（4）蔬菜五色搭配；（5）干稀搭配；（6）少油；（7）少盐；（8）不甜；（9）忌油腻；

4）饮食定量；

5）合理加工烹调。

知识7：知道母乳特点及母乳喂养方法

a）母乳喂养：1）纯母乳喂养：（1）完全母乳喂养；（2）几乎纯母乳喂养；2）部分母乳喂养；

b）母乳的特点：1）营养丰富：（1）蛋白质；（2）脂肪；（3）矿物质；（4）维生素；2）有益的生物作用：（1）母乳中含有免疫成分；（2）母乳中含有调节因子；3）及时；4）新鲜；5）常温；6）廉价；7）卫生。

c）母乳喂养的优点：1）增进新生儿健康：（1）不易感染；（2）不易过敏；（3）有利于消化吸收；（4）有利于排泄；（5）促进面部发育；（6）促进口味发展；（7）促进智力发展；2）增进母亲健康：（1）可预防母亲患乳癌的概率；（2）可帮助妈妈产后子宫恢复；（3）有助于产妇体型恢复；3）增进亲情。

d）母乳喂养的方法；

e）母乳喂养的注意事项；

f）不适宜母乳喂养的情况；

h）产妇产假结束后的继续哺乳：1）什么是背奶；2）背奶准备；3）背奶装备：（1）保温包或保温桶；（2）蓝冰；（3）吸奶器；（4）带密封盖的储奶瓶；（5）储奶袋；4）背奶过程：（1）吸奶；（2）储存；（3）解冻；（4）喂奶。

知识8：知道人工喂养婴幼儿方法

a）选择与冲调配方奶粉：

1）人工喂养和混合喂养：（1）人工喂养；（2）混合喂养：①补授法；②代授法；

2）常用乳品和代乳品：（1）婴儿配方奶粉；（2）鲜牛奶；（3）以豆类为基础的配方奶粉；

3）选购适合婴幼儿奶粉：（1）根据婴幼儿月龄选择；（2）依据是否过敏，选择动物蛋白质或全植物蛋白的婴幼儿配方奶粉；（3）查看奶粉营养成分表中标明的营养成分是否齐全、含量是否合理；（4）看奶粉产品的冲调性、口感；

4）查看奶粉包装上的标识是否齐全；

5）选择品牌信誉高、产品质量好、生产规模大的知名企业的奶粉产品。

b）使用奶瓶喂哺婴儿：1）奶瓶的选择：（1）容量；（2）材质；2）奶嘴的选择：（1）形状和大小；（2）材质；3）清洁消毒用具的选择：（1）奶瓶刷；（2）消毒锅；

c）婴幼儿人工喂养常用问题的预防与处理：

1）婴儿溢奶：（1）溢奶的表现；（2）溢奶的持续时间；（3）溢奶的原因；

2）食物过敏：（1）什么是食物过敏；（2）食物过敏的发病情况；（3）食物过敏的表现；（4）食物过敏的原因；

3）喂养困难：（1）喂养困难的表现；（2）喂养困难的原因；（3）喂养困难带来的不良影响；

4）便秘：（1）什么便秘；（2）便秘的原因。

知识9：知道婴幼儿辅食添加方法

a）婴儿辅食添加的目的：1）补充营养；2）学习进食；3）促进生长发育；4）为断乳做准备；

b）辅食添加的时间：婴幼儿出生4~6月，应及时添加辅食；

c）辅食添加顺序（按月龄）：1）婴幼儿出生4~6月，应及时添加辅食；2）婴幼儿7个月后，添加稀饭、面条及饼干等；3）婴幼儿10个月后，添加软饭、馒头等；4）1岁后，婴幼儿的膳食种类至少在 10 种以上；

d）添加辅食名称：（1）米糊；（2）菜汁；（3）水果汁；（4）菜泥（菠菜、胡萝卜、南瓜、土豆、草莓、芋头、山药等）；（5）果泥（苹果、梨子、桃子、西瓜、木瓜、香蕉、猕猴桃等）；（6）蛋黄；（7）鱼泥；（8）肉泥；（9）肝泥；（10）什锦蛋羹；（11）嫩菜粥；（12）三色菜粥；（13）红薯粥（南瓜粥、山药粥、胡萝卜粥等）；（14）肉粥（鸡肉粥、猪肉粥、鱼肉粥、虾肉粥、海参粥等）；（15）什锦蔬菜饼；（16）鸡蛋面片汤；（17）馄饨汤；（18）豆腐米饭等；

e）辅食添加量；

f）辅食添加原则：1）；从一种到多种；2）从少量到多量；3）从稀到稠；4）从细到粗；5）少盐而不甜、忌油腻；6）在婴幼儿不生病时添加辅食；7）即使母乳充足，也必须按时添加辅食；8）辅食不要加味精，糖类食品不宜过量；9）基本原则：及时、足量、安全、适当；10）总的原则：让婴幼儿胃肠道适应；

g）辅食添加注意事项。

知识 10：知道婴幼儿菜肴制作要求

a）原料的选择：1）营养丰富；2）易于消耗；

b）加工与烹饪方法：1）加工方法；2）烹饪方法；

c）食品卫生要求。

知识 11：知道婴幼儿添加点心的种类及进食时间

a）婴幼儿添加点心的作用；

b）婴幼儿点心的种类：1）按食物的性状分类：（1）蔬果类；（2）豆制品类；（3）奶制品类；（4）荤菜类；2）按所含营养成分分类：（1）蛋白质类；（2）矿物质类；（3）维生素类；（4）热能类；3）按食物功能分类；

c）婴幼儿点心的进食时间；

d）婴幼儿进食点心的注意事项：1）不能以点心替代主食；2）注意点心和零食的区别。

知识 12：知道婴幼儿蔬果汁及适用月龄

a）蔬果汁的作用；

b）蔬果汁的品种：1）蔬菜汁；2）果汁；3）蔬菜水果汁；

c）蔬果汁的适用月龄；

d）蔬果汁饮用的注意事项。

知识 13：知道婴幼儿各个月龄的膳食要求

a）1~3 个月一日膳食：1）坚持完全母乳喂养；2）部分母乳喂养；

b）4~6 个月一日膳食：1）坚持母乳喂养；2）适当饮水；3）满 4~5 个月时开始添加辅食；

c）7~12 个月一日膳食：1）继续母乳喂养；2）辅食品种多样化；3）婴儿饮食行为的培养；

d）13~18 个月一日膳食：1）食物品种丰富；2）创造良好的婴幼儿进餐环境；

e）19~24 个月一日膳食：1）科学搭配：（1）补脑食物；（2）补钙食物；（3）补充组氨酸；（4）补充粗粮；（5）提供质地稍硬的食物；2）注意合理加工：（1）少食盐；（2）合理加工；（3）合理烹饪；

f）25~36 个月一日膳食：1）膳食比例适当；（2）注意饮食卫生。

知识 14：知道照料婴幼儿进餐与饮水方法

a）养成婴幼儿良好饮食习惯：

1）进食要定时、定位、专心：（1）定时、定位；（2）专心；2）不偏食、不挑食，吃一口、咽一口：（1）不偏食、不挑食：①增进食欲；②减少关注；③育婴员态度一致；④采用"饥饿疗法"；⑤父母示范；（2）吃一口、咽一口；

2）训练婴幼儿使用餐具的要点；

b）婴幼儿不同月龄饮食习惯的变化：（1）0~6 个月；（2）7~12 个月；（3）13~24 个月；

c）训练婴幼儿咀嚼、使用小匙：1）训练婴幼儿自己手抓食物咀嚼；2）训练 1 周岁的婴幼儿自己拿着小匙练习吃饭；

d）为婴幼儿营造良好的进食环境。

知识 15：知道婴幼儿食谱制定方法

a）婴幼儿消化与吸收功能的特点：

1）婴幼儿消化功能的特点：（1）吸吮能力；（2）咀嚼、吞咽能力；（3）胃的消化；（4）肠的消化；

2）婴幼儿吸收功能的特点：（1）蛋白质的吸收；（2）脂类的吸收；（3）碳水化合物的吸收；肠道菌群的作用；

b）婴幼儿进影响因素：1）生长因素影响；2）进食技能影响；3）环境因素影响；4）食欲波动；

c）制定婴幼儿食谱的步骤：

1）了解婴幼儿的健康状况；

2）评估婴幼儿的营养素失衡情况；

3）了解食物营养成分的功能；

4）了解婴幼儿不同月龄的摄入量标准；

5）安排食物品种；

6）安排进食时间；

d）制定婴幼儿食谱的注意事项：

1）按季节编制食谱；

2）一周无重复菜肴；

3）根据婴幼儿能量消耗情况调整膳食；

4）注意纤维素的摄入；

5）调整营养食物的安排；

6）定期婴幼儿健康监测。

知识 16：知道不同月龄婴幼儿作息安排与习惯培养

a）制定 7~12 个月婴儿的一日作息表：

1）合理作息与婴幼儿生长发育的关系：（1）促进婴幼儿生长发育；（2）促进大脑发育；（3）促进食欲；

2）安排婴幼儿作息的注意事项：（1）合理作息与适当调整；（2）合理作息与兼顾个体差异；（3）合理作息与固定仪式；

3）7~12 个月婴儿饮食、睡眠、活动的共性和差异：（1）睡眠次数和时间：①婴儿睡眠的共性；②婴儿睡眠的差异；（2）活动内容和时间：①婴儿活动的共性；②婴儿活动的差异；3）喂养次数：①婴儿喂养的共性；②婴儿喂养的差异。

b）制定 13~18 个月婴幼儿的一日作息表：1）13~18 个月婴幼儿饮食、睡眠、活动的共性和差异；2）婴幼儿一日作息安排；

c）制定 19~24 个月婴幼儿的一日作息表：1）19~24 个月婴幼儿饮食、睡眠、活动的共性和差异；2）婴幼儿一日作息安排；

　　d）制定 25~36 个月婴幼儿的一日作息表：1）25~36 个月婴幼儿饮食、睡眠、活动的共性和差异；2）婴幼儿一日作息安排。

　　知识 17：知道婴幼儿生活环境安全及照护过程安全

　　a）婴幼儿生活环境安全的重要性；

　　b）婴幼儿生活环境中常见的不安全因素：

　　1）活动场所的安全：（1）活动场地；（2）床和门窗；（3）厨房和卫生间；（4）其他；2）防护措施：（1）活动场地；（2）床和门窗；（3）厨房和卫生间；（4）其他；

　　2）照护过程中的安全：（1）不安全因素：①食品及喂养；②照护过程；（2）防护措施：①食品及喂养；②照护过程。

　　知识 18：知道婴幼儿衣服、鞋子的特点及作用

　　a）婴幼儿服饰：

　　1）婴幼儿服饰的特点及基本款式；2）婴幼儿服饰面料选择与洗涤；3）婴幼儿服饰的季节配置；4）婴幼儿服饰用品基本配置：（1）内衣；（2）夹衣、夹裤；（3）外衣、外裤；（4）背心；（5）短裤；（6）帽子；（7）包巾、披风、斗篷；

　　b）婴幼儿鞋子：

　　1）婴幼儿学步前鞋子特点；2）婴幼儿学步时鞋子的特点；

　　c）婴幼儿衣物保暖与健康的关系：

　　1）婴儿体温的特点；2）婴幼儿着凉会诱发的疾病。

　　知识 19：知道婴幼儿包裹的重要性及常用包裹方法

　　a）包裹对婴儿保暖的重要性；

　　b）包裹与婴儿睡眠的关系；

　　c）包裹婴儿的常用方法：1）襁褓包裹：（1）冬季包裹；（2）春秋季包裹；2）睡袋包裹。

　　d）"蜡烛包"的弊端。

　　知识 20：知道背、抱婴幼儿姿势与婴幼儿情感依恋

　　a）背、抱与婴幼儿情感依恋的关系

　　1）婴幼儿需要背、抱；2）背、抱能促进婴幼儿情感依恋；

　　b）婴幼儿情感依恋的重要性：1）给婴儿好情绪；2）给婴儿安全感；

　　c）背、抱姿势要符合婴儿脊柱发育规律；

　　d）直接抱婴幼儿的姿势：1）抱在臂弯里；2）抱在肩上；3）抱坐在腿上；

　　e）使用婴儿背带。

　　知识 21：知道婴幼儿出行的注意事项

　　a）不同月龄婴幼儿出行的注意要点：

　　1）6 个月之内的婴儿；2）6~12 个月的婴儿；3）12~24 个月的婴幼儿；4）24~36 个月的婴幼儿；

　　b）不同季节婴幼儿出行的注意要点：1）春季出行；2）夏季出行；3）秋季出行；4）冬季出行。

　　知识 22：知道适合婴幼儿月龄的童车种类及安全知识

　　a）适合 0~12 个月的婴儿的童车；b）大于 12 个月的婴幼儿童车；c）婴幼儿童车的安全知识。

　　知识 23：知道儿童汽车安全座椅的种类及安全使用方法

a）儿童汽车安全座椅种类：1）高靠背式汽车安全座椅；2）提篮式汽车安全座椅；b）安全使用方法：1）高靠背式汽车安全座椅的安全使用；2）提篮式汽车安全座椅的安全使用；3）提高安全意识。

知识24：知道婴幼儿环境与物品清洁、消毒方法

a）清洁、消毒、灭菌的概念；

b）婴幼儿环境与物品清洁、消毒工作的重要性；

c）常见室内环境污染对婴幼儿健康的影响：1）二氧化碳污染；2）可吸入颗粒污染；3）甲醛污染；4）微生物超标；

d）常用化学消毒剂的种类和配制；

e）环境物体的表面消毒方法；

f）空气的清洁消毒方法：1）开窗通风；2）紫外线灯照射；3）喷雾；4）熏蒸；

g）婴幼儿物品清洁、消毒方法：1）煮沸消毒；2）日光暴晒；3）擦拭消毒；4）喷雾消毒。

知识25：知道婴幼儿五官生理特点、清洗要求与保健方法

a）婴幼儿五官的生理特点：1）眼；2）鼻；3）耳；4）口腔与牙齿；

b）婴幼儿五官的清洗要求：1）眼；2）鼻；3）耳；4）口腔与牙齿；

c）婴幼儿五官的保健方法：1）眼保健；2）鼻保健；3）耳保健；4）喉保健；5）口腔保健。

知识26：知道婴幼儿皮肤、指（趾）甲的生理特点及沐浴、擦浴要求

a）婴幼儿皮肤的生理特点；

b）婴幼儿指（趾）甲的结构特点；

c）婴幼儿沐浴的必要性；

d）婴幼儿沐浴用品的配置；

e）婴幼儿沐浴的基本要求：1）沐浴的准备工作；2）沐浴地点的选择：（1）卫生间；（2）卧室；3）浴盆的放置；

f）婴幼儿沐浴方法：1）盆浴；2）淋浴；3）上下身分开洗澡；

g）婴幼儿擦浴适用情况及擦浴顺序；

h）保护婴幼儿皮肤的方法。

知识27：知道婴幼儿排便的生理、心理特点及培养排便习惯的方法

a）婴幼儿排便的生理特点：1）6个月之内的婴儿；2）6~12个月的婴儿；3）12~24个月的婴幼儿；4）24~36个月的婴幼儿；

b）婴幼儿排便的心理特点；

c）婴幼儿排便的一般规律：1）1岁之内的婴儿；2）1岁~2岁的婴儿；3）2~3婴幼儿；4）3岁之后的婴幼儿；

e）培养婴幼儿良好大小便习惯的意义与方法：1）意义；2）训练方法。

知识28：知道婴幼儿大小便的特点、异常状态及大小便习惯养成

a）正常婴幼儿大便的特点：1）母乳喂养婴幼儿的大便；2）人工喂养婴幼儿的大便；3）混合喂养婴幼儿的大便；

b）常见婴幼儿大便的异常状态；

c）正常婴幼儿的尿量、排尿次数及尿的特点：1）尿量；2）排尿次数；3）尿的颜色与气味；

d）婴幼儿小便的异常状态。

e）婴幼儿控制大小便的生理基础：1）脑与大脑皮层的发育；2）神经纤维髓鞘化；

f）婴幼儿控制大小便的特点：1）2岁以后的婴幼儿；2）3岁的婴幼儿；

g）婴幼儿大小便习惯养成的要点：1）训练方法；2）解读婴幼儿的肢体语言；3）用语言交流。

知识 29：婴幼儿睡眠的生理特点、功能、条件及睡眠安全

a）婴幼儿睡眠的生理特点：1）睡眠的生理过程；2）各月龄婴幼儿睡眠的适宜时间；

b）睡眠对婴幼儿生长发育的影响：1）睡眠的功能：（1）休息；（2）促进生长发育；（3）促进大脑发育；2）睡眠不足对婴幼儿不良影响：（1）影响身高的增长；（2）影响智力发展；

c）良好睡眠的条件：

1）对睡眠环境的要求：（1）空间；（2）室内温度；（3）通风；（4）光线；（5）装修；（6）气味；

2）对婴幼儿寝具的要求：（1）婴幼儿寝具的种类；（2）婴幼儿寝具的选择：①婴儿床的选择；②婴幼儿床上用品的选择；③枕头的选择；（3）婴儿床的放置；

d）安抚婴幼儿入睡的方法：1）相对固定的睡前程序；2）尽早培养婴幼儿独自睡觉的习惯；3）注意睡前饮食；4）不要强怕恐吓婴幼儿入睡；5）入睡后注意观察；

e）婴幼儿睡眠安全：1）防止婴幼儿坠床；2）防止婴幼儿窒息；3）防止婴幼儿受凉；

f）婴幼儿睡眠习惯养成的要点；

g）婴幼儿睡眠过程中常见问题和处理：1）入睡困难；2）害怕分离；3）夜醒、夜哭；4）睡时蹬被子。

知识 30：婴幼儿"三浴"的作用原理及适宜条件

a）婴幼儿体格锻炼的意义与方式：1）意义；2）方式：（1）户外活动；（2）皮肤锻炼：①空气浴；②日光浴；③水浴；

b）空气浴：1）作用原理；2）适宜条件；

c）日光浴：1）作用原理；2）适宜条件：①适宜温度；②适宜时间；③衣着要求；

d）水浴：1）作用原理；2）水浴的种类及适宜条件：①温水浴；②擦浴；③游泳。

知识 31：知道婴幼儿抚触原理及作用

a）婴幼儿皮肤触觉的发展；b）婴幼儿抚触原理；c）抚触的作用：1）增进食欲；2）增强抵抗力；3）促进智力发展；4）调节情绪。

知识 32：知道婴幼儿日常保健与护理的基本原则

a）预防为主，增强体质；

b）善于观察，及早发现；

c）及时沟通，配合治疗。

知识 33：知道婴幼儿体重、身高、头围、前囟、胸围特点及生长监测方法

a）婴幼儿体重：1）婴幼儿体重测量的意义；2）婴幼儿体重增长的规律；3）婴幼儿正常体重评估：（1）生理性体重下降；（2）婴幼儿体重的计算方法；（3）体重增长的偏离：①体重过重；②低体重。

b）婴幼儿身高：1）婴幼儿身高测量的意义；2）婴幼儿身高增长的规律；3）婴幼儿正常身高评估：（1）婴幼儿身高的计算方法；（2）身高增长的偏离：①高身材；②矮身材。

c）婴幼儿头围：1）婴幼儿头围测量的意义；2）婴幼儿头围增长的规律；3）头围增长的偏离。

d）婴幼儿前囟：1）婴幼儿前囟测量的意义；2）婴幼儿前囟增长的规律；3）前囟增长的偏离。

e）婴幼儿胸围：1）婴幼儿胸围测量的意义；2）婴幼儿胸围增长的规律；3）胸围增

长的偏离。

知识34：知道婴幼儿皮肤、尿布皮炎的特点及护理方法

a）婴幼儿皮肤的生理特点；

b）婴幼儿皮肤护理要点；

c）婴幼儿尿布皮炎：1)什么是尿布皮炎？2)尿布皮炎发生的原因；3)尿布皮炎的症状；

d）尿布皮炎的护理方法：1）尿布皮炎的预防要点；2）轻度尿布皮炎的护理：（1）一般护理方法；（2）暴露法；3）重度尿布皮炎的护理。

知识35：知道婴幼儿发热及体温测量与发热护理方法

a）婴幼儿体温调节的特点；

b）发热：1）发热的概念；2）高热对身体的不良影响；3）影响体温的因素；4）发热类型和发热程度；

c）体温计的种类及使用要点：1)体温计的种类；2)体温计的使用要点；3)体温计的消毒；

d）体温异常表现：1）发热原因；2）发热过程及症状：（1）体温上升期；（2）高热持续期；（3）退热期；

e）发热护理方法：1）发热的护理观察；2）一般护理；3）特殊护理：（1）冷湿敷；（2）枕冰袋；（3）温水浴；（4）乙醇擦浴；

f）冰袋的家庭应用：1）冰袋的原理；2）冰袋的应用范围。

知识36：知道婴幼儿用药的特点及用药方法

a）婴幼儿用药的特点；b）用药严格掌握剂量；c）婴幼儿常用口服药的用法；d）家庭药箱的配置。

知识37：知道婴幼儿意外伤害种类、发生原因及处理方法

a）什么是意外伤害；

b）意外伤害发生的原因：1）婴幼儿自身原因；2）环境因素；3）其他因素；

c）意外伤害的种类：1）外伤（表皮擦伤、割伤、刺伤等）；2）扭伤：①扭伤的概念及发生原因；②四肢扭伤的症状；③处理方法；3）头皮血肿：①血肿概念及发生原因；②头皮血肿的特点；③护理要点；4）防走失；5）防拐；6）烧烫伤；7）中毒；8）溺水；9）动物咬伤；10）气管异物；11）电子产品对婴幼儿的伤害；12）心肺复苏；13）休克；

d）意外伤害救助程序。

知识38：知道婴幼儿营养性疾病种类及预防与护理方法

a）营养性疾病及其分类：1）营养摄入不足造成的疾病；2）营养摄入过多造成的疾病；3）营养摄入比例失调性疾病；

b）营养性疾病的病因及特征；

c）营养性疾病的预防方法：1)合理安排饮食；2)补充食品多样化；3)科学喂养婴幼儿；4）合理安排婴幼儿的生活起居；

d）常见婴幼儿营养性疾病种类及护理方法：1）佝偻病；2）缺铁性贫血；3）营养不良；4）单纯性肥胖症；5）各类维生素缺乏、微量元素缺乏；6）维生素中毒。

知识39：知道婴幼儿常见病症及护理方法

a）呕吐；b）腹泻；c）便秘；d）脐眼；e）湿疹；f）红臀；g）鹅口疮；h）黄疸；i）乳腺肿大；j）腹痛；k）婴幼儿病理性啼哭；l）食欲异常；m）睡眠异常；n）便溺异常；o）感冒；p）发绕护理；q）咳嗽（普通感冒引起的咳嗽、冷空气刺激引起的咳嗽、流感引起的咳嗽、咽喉炎引起的咳嗽、过敏性咳嗽、气管炎性咳嗽、支气管炎性咳嗽、其他疾病所致咳嗽、百日咳、

异物吸入、肺炎、肺结核）；s）麻疹；t）手足口病；u）哮喘；v）流行性腮腺炎、流行性脑脊髓膜炎、流行性乙型脑炎、脊髓灰质炎；w）猩红热；x）传染性肝炎；y）细菌性痢疾。

知识 40：知道传染病及控制传染病流行的方法

a）什么是传染病；

b）传染病流行过程的基本条件：1）传染源；（1）患者；（2）隐形感染者；（3）病原携带者；（4）受感染的动物；2）传播途径：（1）空气、飞沫、尘埃；（2）水、食物、苍蝇；（3）手、用具、玩具；（4）吸血节肢动物；（5）血液、体液、血制品；（6）土壤；3）易感人群；

c）控制传染病流行的环节：1）管理传染源；2）切断传染途径：（1）一般卫生措施；（2）传染病的消毒；3）保护易感人群，提高人群免疫力；

d）消毒；

e）灭菌；

f）肠道传染病的消毒：

1）肠道疾病的传播方式；（1）传染源；（2）传播途径；

2）处理传染病婴幼儿的呕吐物、排泄物的重要性：

（1）病人的排泄物（呕吐物、大小便等）；

（2）污染的衣物、便器、玩具、玩具等。

知识 41：知道计划免疫和预防接种及护理方法

a）什么是计划免疫；

b）什么是预防接种；

c）计划免疫的对象、内容；

d）计划外预防疫苗及适应对象（0~3 岁）；

e）预防免疫的程序；

f）预防免疫的护理方法：1）一般反应及护理；2）异常反应及照护；3）暂缓预防接种的情况及处理；4）不宜进行预防接种的情况。

知识 42：知道婴幼儿预防接种疫苗种类及作用

a）卡介苗；b）乙肝疫苗；c）百日咳、白喉、破伤风联合疫苗（旧三联）；d）麻疹减毒活疫苗；e）流行性脑脊髓膜炎疫苗；f）麻疹、腮腺炎、风疹减毒活疫苗（新三联）；g）B 型流感嗜血杆菌疫苗（安尔宝）；h）水痘减毒活疫苗；i）甲型肝炎疫苗；j）多价肺炎双球菌疫苗；k）流行性感冒疫苗（流感疫苗）（儿童型 / 成人型）；l）出血热疫苗；m）狂犬病疫苗；n）乙肝免疫球蛋白。

知识 43：知道 0~3 岁婴幼儿教育的生理、心理基础及必要性

a）婴幼儿教育的生理基础；

b）婴幼儿教育的心理基础：1）大脑发育的关键期；2）言语发展的关键期；3）感觉发展的关键期；4）自我意识萌芽的关键期；

c）婴幼儿教育的必要性；

d）婴幼儿教育的误区：1）把婴幼儿早期教育等同于智力开发；2）用成人的观念和标准来要求婴幼儿；3）过早进行专业化训练。

知识 44：知道婴幼儿学习特点及教育内容与教育方法

a）婴幼儿学习特点：1）通过感官进行学习；2）通过动作或活动进行学习；3）在生活或与人交往中自然学习；4）在环境中自然学习；5）婴幼儿注意力集中时间短暂；6）婴

幼儿学习在反复中快乐进行，而不是一项学习任务；

b）婴幼儿教育内容：1）动作技能；2）言语表达能力；3）认识事物能力；4）社会交往能力；5）情感培养；6）人格发展；7）艺术感受能力；

c）婴幼儿教育原则：1）尊重婴幼儿；2）促进婴幼儿全面和谐发展；3）注重情感体验；4）保教并重；5）关注个别差异；

d）婴幼儿教育方法：1）积极反应；2）生活教育；3）鼓励婴幼儿自主探索；4）鼓励婴幼儿与同伴交往。

知识45：婴幼儿粗大动作发展特点及发展规律

a）婴幼儿粗大动作：抬头、翻身、坐、爬、站立、行走、跑、跳、攀登、平衡、投掷等；

b）婴幼儿粗大动作发展特点；

c）婴幼儿粗大动作发展规律：1）首尾规律；2）近远规律；3）大小规律；4）无有规律；5）泛化集中规律。

知识46：知道婴儿抬头、翻身动作发展及训练方法

a）婴儿抬头动作发展；

b）婴儿翻身动作发展；

c）婴儿抬头、翻身动作的作用：1）增强全身肌肉组织；2）扩大婴儿视野；

d）婴儿抬头、翻身动作训练的设施与玩具：1）活动毯或游戏垫或在双人床上；2）悬挂玩具；3）响声玩具；4）拥抱型玩具；5）日常生活用品等。

知识47：知道婴儿坐、爬动作发展及训练方法

a）婴儿坐动作发展；

b）婴儿爬动作发展；

c）婴儿坐、爬动作的作用：1）有助于身体发育；2）扩大婴儿视觉范围和活动空间；3）有助于触觉发展；4）促进大脑的发展；

d）婴儿坐、爬动作训练的设施与玩具：1）活动毯或游戏垫或在双人床上；2）拖拉玩具；3）响声玩具；4）拍打玩具；5）球类玩具；6）日常生活设施设备。

知识48：知道婴幼儿站立、行走动作发展及训练方法

a）婴儿站立动作发展；

b）婴儿行走动作发展；

c）婴儿站立、行走动作的作用：1）促进体格发育；2）进一步扩大婴儿眼界和活动空间；3）增强独立性和自信心；

d）婴儿站立、行走动作训练的设施与玩具：1）推拉车；2）学步车；3）球类玩具；4）坐骑玩具；5）日常生活设施设备。

知识49：知道婴幼儿跑、跳动作发展及训练方法

a）婴幼儿跑动作发展；

b）婴幼儿跳动作发展；

c）婴幼儿跑、跳动作的作用：1）促进体格发育；2）增强机体灵活性和协调性；3）增强独立性和自信心；

d）婴幼儿跑、跳动作训练的设施与玩具：1）球类玩具；2）小车；3）楼梯；4）滑梯；5）平衡木；6）大积木；7）日常生活设施设备。

知识50：知道婴幼儿体操及训练方法

a）婴幼儿体操的分类：1）被动体操；2）主动被动体操；3）模仿操；

b）婴幼儿体操的作用；

c）婴幼儿体操训练方法：1）被动体操；2）主动被动体操；3）模仿操。

知识 51：知道选择与设计婴幼儿粗大动作游戏

a）婴幼儿粗大动作训练的意义；

b）婴幼儿粗大动作游戏选择与设计的意义：

1）提高婴幼儿训练的针对性、适应性；

2）提高婴幼儿训练的兴趣；

3）强化婴幼儿与育婴员之间的互动；

4）提升育婴员的专业能力；

c）婴幼儿粗大动作游戏选择与设计的基本原则：1）适应与发展的原则；2）循序渐进原则；3）生活性原则；4）安全性原则；5）全面性原则；

d）选择与设计婴幼儿粗大动作游戏的方法和要求

1）选择与设计的方法及要求：（1）能根据婴幼儿情绪选择游戏种类；（2）能根据婴幼儿年龄特点选择粗大动作发展游戏（3）能根据婴幼儿自身动作发展情况设计游戏难易程度；

2）婴幼儿粗大动作游戏训练时的注意事项；

e）利用婴幼儿生活环境和设施设备训练婴幼儿粗大动作：

1）婴幼儿粗大动作训练情境创设的原则和方法：（1）温馨；（2）趣味；（3）安全；（4）积极向上；

2）婴幼儿生活环境和设施设备的运用；

f）注意事项。

知识 52：知道婴幼儿精细动作发展及训练方法

a）婴幼儿精细动作发展：1）精细动作发展的特点；2）0~6 个月的婴儿；3）7~12 个月的婴儿；4）1~3 岁的婴幼儿；

b）婴幼儿精细动作发展规律：1）手部动作发展趋势；2）手掌握力的收放；3）手指运用；

c）婴幼儿精细动作发展的作用；

d）婴幼儿精细动作训练的设施与玩具：1）形状玩具；2）抓握玩具；3）镶嵌玩具；4）透空玩具；5）纸盒玩具；6）不同材质的玩具；7）敲打玩具；8）日常生活用具；

e）婴幼儿手指操及训练方法。

1）婴幼儿手指操的作用；

2）婴幼儿手指操训练方法：（1）0~6 个月婴儿；（2）7~12 个月婴儿；（3）13~18 个月婴幼儿；（4）19~36 个月婴幼儿；

知识 53：知道选择与设计婴幼儿精细动作游戏

a）婴幼儿精细动作训练的意义；

b）婴幼儿精细动作游戏选择与设计的意义：

1）有助于婴幼儿学习解决简单问题；

2）有助于婴幼儿自信心树立；

3）有助于婴幼儿感觉统合，手眼协调；

4）有助于婴幼儿兴趣和求知欲增强；

c）婴幼儿精细动作游戏选择与设计的基本原则：1）整合性原则；2）操作性原则；3）生活性原则；4）安全性原则；5）全面性原则；

d）选择与设计婴幼儿精细动作游戏的方法和要求

1）选择与设计的方法及要求；2）婴幼儿精细动作游戏训练时的注意事项；

e）利用婴幼儿生活环境和设施设备训练婴幼儿精细动作：

1）婴幼儿精细动作训练情境创设的原则和方法；

2）婴幼儿生活环境和设施设备的运用：（1）生活用品；（2）废旧物品；（3）自然材料；

f）注意事项。

知识54：知道观察、记录、分析婴幼儿动作能力的方法

a）婴幼儿动作发展观察：1）观察的意义；2）观察的方法；

b）婴幼儿动作能力发展的观察要点：1）0~6个月；2）7~12个月；3）13~18个月；4）19~24个月；5）25~36个月；

c）婴幼儿动作发展记录与分析方法：1）行为检核法；2）等级评定法。

知识55：知道婴幼儿言语能力发展及游戏训练方法

a）婴幼儿听音与发音的发展：1）简单音节阶段（0~3个月）；2）连续音节阶段（4~8个月）；3）学话萌芽阶段（9~12个月）；

b）婴幼儿词汇与句子的发展：1）词汇的发展；2）句子的发展；

c）婴幼儿口语的发展：1）单词句阶段（1~1.5岁，消极词汇阶段）；2）双词句阶段（1.5~2岁，积极说话阶段）；3）完整句阶段（2~3岁）；

d）婴幼儿指认游戏训练方法：1）指认身体各部位；2）指认日常用品、生活用品；3）指认常见食品；4）指认自然事物；5）指认家庭成员；

e）婴幼儿指认游戏的作用；

f）婴幼儿听说游戏。

知识56：知道婴幼儿儿歌、童谣及唱念歌谣方法

a）什么是儿歌、童谣；

b）儿歌、童谣的特点：1）内容通俗易懂；2）语言简洁、节奏明快，容易歌唱。

c）选择婴幼儿儿歌、童谣的基本原则：1）易懂、有趣、适合婴幼儿月龄特点；2）接近婴幼儿的生活经验；3）便于亲子互动；

d）读唱儿歌、童谣的基本方法；

e）婴幼儿儿歌、童谣的作用。

知识57：知道婴幼儿故事及讲故事方法

a）婴幼儿听故事的特点；

b）不同月龄婴幼儿听故事的要求：1）0~6个月婴儿；2）6~12个月婴儿；3）12~27个月婴幼儿；4）27~36个月婴幼儿；

c）选、讲婴幼儿故事的基本原则：1）根据婴幼儿月龄选、讲故事；2）接近婴幼儿的生活经验；3）针对婴幼儿喜好选、讲故事；4）抓住时机选、讲故事；

d）讲婴幼儿故事的基本方法：1）明确讲婴幼儿故事的基本环节；2）基本方法：（1）提问法；（2）游戏法；（3）演示法；

e）给婴幼儿讲故事的作用。

知识58：知道婴幼儿图片、图书及选择要求

a）婴幼儿图片、图书的特点：1）图文并茂或有图无文；2）充满趣味；3）内容通俗易懂；

b）婴幼儿图片、图书的教育意义；

c）婴幼儿图片、图书的选择原则：1）图文并茂；2）接近婴幼儿生活经验；3）结合婴幼儿月龄心理特征；4）注重纸张、印刷、装订等品质；

d）婴幼儿图片、图书的呈现方式；

e）婴幼儿图片、图书选择的注意事项。

知识59：知道婴幼儿有声读物及选择要求

a）婴幼儿有声读物的特点；

b）婴幼儿有声读物的教育意义；

c）婴幼儿有声读物的选择原则；

d）婴幼儿有声读物的呈现方式；

e）婴幼儿有声读物选择的注意事项。

知识60：知道婴幼儿阅读的特点、形式及指导方法

a）婴幼儿阅读的意义；

b）不同年龄婴幼儿阅读特点：1）0~1岁婴儿；2）1~2岁婴幼儿；3）2~3岁婴幼儿；

c）婴幼儿阅读的基本特性：1）阅读目标的启蒙性；2）阅读内容的直观性；3）阅读方式的综合性；

d）婴幼儿阅读的主要形式：1）亲子阅读；2）独自阅读；

e）婴幼儿阅读的指导方法：1）边听边阅读；2）共同阅读；3）自由阅读。

知识61：知道婴幼儿听说游戏及游戏方法

a）婴幼儿听说游戏的目的：1）培养婴幼儿的倾听能力；2）培养婴幼儿的口语表达能力；

b）婴幼儿听说游戏的基本特征：1）游戏性；2）生活性）3）活动性；

c）婴幼儿听说游戏的主要类型：1）语音练习游戏；2）词汇练习游戏；3）句子练习游戏；4）描述练习游戏；

d）不同年龄段婴幼儿听说游戏的形式与要求：1）0~1岁婴儿；2）1~2岁婴幼儿；3）2~3岁婴幼儿。

知识62：知道选择与设计婴幼儿听说游戏

a）婴幼儿听说游戏选择与设计的意义：

1）有助于婴幼儿主动参与游戏，获得言语经验；

2）有助于育婴员更好了解婴幼儿言语发展；

3）有助于婴幼儿与育婴员之间互动交流；

b）婴幼儿听说游戏选择与设计的基本原则：1）整合性原则；2）情趣性原则；3）生活性原则；4）连续性原则；

c）选择与设计婴幼儿听说游戏的方法和要求；

d）利用婴幼儿生活环境和设施设备训练婴幼儿听说：

1）婴幼儿听说情境创设的原则：（1）生活性原则；（2）教育性原则；（3）趣味性原则；

e）婴幼儿听说情境创设的方法；

f）婴幼儿听说情境创设的要点。

知识63：知道观察、记录、分析婴幼儿听说能力的方法

a）婴幼儿听说能力发展观察：1）观察的意义；2）观察的方法；

b）婴幼儿听说能力发展的观察要点：1）0~6个月；2）7~12个月；3）13~18个月；4）19~24个月；5）25~36个月；

c）婴幼儿听说能力发展记录与分析方法：1）日记记录法；2）轶事记录法。

知识64：知道婴幼儿节律游戏及游戏方法

a）婴幼儿节律游戏的目的；

b）婴幼儿节律游戏的基本特征：1）听音乐；2）节律游戏与身体动作发展结合；3）节律游戏与言语发展结合；

c）婴幼儿节律游戏的主要类型：1）在日常生活中练习；2）专门的节律游戏；

d）不同年龄段婴幼儿节律游戏的形式与要求：1）0~1岁婴儿；2）1~2岁婴幼儿；3）2~3岁婴幼儿。

知识65：知道婴幼儿触觉发展及训练方法

a）什么是婴幼儿触觉；

b）婴幼儿触觉发展的特点；

c）婴幼儿触觉发展不良的表现；

d）婴幼儿触觉训练方法：1）婴幼儿父母的拥抱与抚触；2）家庭生活中的触觉训练；3）自然环境中的触觉训练；

e）婴幼儿触觉发展的作用。

知识66：知道婴幼儿听觉发展及训练方法

a）婴幼儿听觉器官及保护：1）耳朵；2）耳部护理与保健：（1）防止外耳与中耳感染；（2）避免噪声污染；（3）预防传染病源性耳聋；（4）预防药物中毒性耳聋；（5）避免意外伤害；

b）婴幼儿听觉发展的特点；

c）婴幼儿听觉训练方法：

1）婴幼儿听觉训练的重要性；

2）婴幼儿听觉训练的基本原则：（1）选择适宜的声音类型；（2）控制声音的强度；（3）控制声音刺激的时长；

3）婴幼儿听觉训练的方法：（1）呼唤婴幼儿名字；（2）让婴幼儿听柔和的声音；（3）给婴幼儿听铃鼓声；（4）伴随婴幼儿生活的背景音乐；（5）激发婴幼儿寻找声音；（6）用声响玩具逗引婴幼儿；（7）多让婴幼儿倾听自然的声音；

d）婴幼儿听力测试方法；

e）婴幼儿早期听力障碍。

知识67：知道婴幼儿视觉发展及训练方法

a）婴幼儿视觉器官及保护：1）眼睛；2）眼睛护理与保健：

b）婴幼儿听视觉发展的特点：1）1~12个月中每个月的婴儿眼睛发展特点；2）12~18个月的婴幼儿；3）18~24个月的婴幼儿；4）2~3岁的婴幼儿；

c）婴幼儿视觉训练方法：

1）婴幼儿视觉发展的价值；

2）婴幼儿视觉发展的基本原则：（1）把握婴幼儿视觉发展关键期；（2）创设良好的视觉环境；

3）婴幼儿视觉训练的方法：（1）光影游戏；（2）黑白轮廓游戏；（3）认识生活小物；（4）小车过山河；（5）猜猜有哪些不同；（6）符号无所不在；（7）亲子共读；

知识68：知道婴幼儿认知游戏与陪玩方法

a）婴幼儿注意；b）指认；c）分类配对；d）空间感；e）数量感知。

知识69：知道选择与设计婴幼儿认知游戏

a）婴幼儿认知游戏选择的原则：

1）与婴幼儿认知水平相适应：（1）0~3个月婴儿；（2）4~6个月婴儿；（3）7~9个月婴儿；（4）10~12个月婴儿；（5）13~18个月婴幼儿；（6）19~24个月婴幼儿；（7）

25~36 个月婴幼儿；

2）提供真实物，凸显生活性：（1）有利于婴幼儿获得认知经验；（2）有利于婴幼儿积累实物表象；（3）有利于增强婴幼儿记忆；

3）强化操作性，玩中学；

b）婴幼儿感知觉训练游戏的类型及选择要点：1）内容选择注意多样化、全面性；2）根据月龄特点确定游戏；3）材料提供真实或贴近婴幼儿生活经验；4）形式应具趣味性，满足婴幼儿心理需求；

c）婴幼儿模仿游戏及选择要点：1）遵循婴幼儿模仿发展的规律，根据不同月龄的模仿特性选择内容；2）模仿游戏应在婴幼儿日常生活中随时进行；3）在婴幼儿面前时刻注意正确的示范；4）参与到婴幼儿的游戏中，模仿他的行为；

d）婴幼儿指认游戏及选择要点：1）需要随着月龄的不同而循序渐进；2）尊重婴幼儿个体差异，注重生活化、趣味性；

e）婴幼儿藏找游戏及选择要点：1）根据不同月龄阶段的特点确定游戏方式和内容；2）注重婴幼儿全面发展及兴趣；

f）数形空间游戏及选择要点：1）了解并按照婴幼儿的数学认知发展特点来选择游戏；2）把握婴幼儿生活中契机，学会运用"数学"小游戏；

g）假想游戏及选择要点：1）了解婴幼儿假想游戏的月龄特点；2）对婴幼儿的假想游戏行为表示肯定并支持，尝试做假想游戏的发起者；3）提供充足、适宜的游戏材料或给婴幼儿看适宜的图画书；

h）认知游戏的设计。

知识 70：创设环境训练婴幼儿认知能力

a）婴幼儿认知环境创设要求：1)生活化；2)按照婴幼儿发展水平创设环境；3)丰富性：（1）在触觉方面；（2）在视觉方面；（3）在听觉方面；（4）注重差异；

b）婴幼儿认知环境创设的方法：1）利用婴幼儿生活活动场景；2）创设安静活动的场地并准备适量的玩具和材料；

c）运用活动箱来拓展空间感：1）感知觉活动箱；2）小肌肉活动箱；3）清洁活动箱；4）角色游戏活动箱；5）娃娃和毛绒玩具活动箱；6）电话和成人物品活动箱；

d）和婴幼儿说话。

知识 71：知道观察、记录、分析婴幼儿认知能力发展的方法

a）观察、记录、分析婴幼儿认知能力发展的意义；

b）观察、记录、分析婴幼儿认知能力发展的原则；

c）观察、记录、分析婴幼儿认知能力发展的方法：

1）设计一个婴幼儿愿意参与的认知游戏活动；

2）设计一份游戏中婴幼儿认知行为、能力记录表单；

3）记录观察婴幼儿的活动行为；

4）根据记录分析婴幼儿的认知能力，设计促进认知能力发展的游戏活动；

d）观察、记录、分析婴幼儿认知能力发展的要求。

知识 72：知道婴幼儿艺术表现游戏与涂鸦方法

a）婴幼儿涂鸦的意义：1）涂鸦能满足婴幼儿手部活动的需要；2）涂鸦能满足婴幼儿的好奇心；3）涂鸦是婴幼儿自我表达的一种途径；

b）婴幼儿涂鸦的发展特点；

c）婴幼儿涂鸦的陪伴与支持：1）多利用生活用品，提供涂鸦材料；2）可为婴幼儿或协助婴幼儿添加涂鸦材料；3）可做正确使用工具的方法示范；4）用欣赏的眼光看待婴幼儿的涂鸦行为和作品，注意留存作品；

d）涂鸦注意事项。

知识73：知道婴幼儿艺术表现游戏与童谣唱游方法

a）什么是婴幼儿童谣唱游：

b）婴幼儿童谣唱游的具体方式：1）读唱童谣；2）听音乐；3）律动唱游；4）敲敲打打；

c）婴幼儿童谣唱游的发展与支持：1）0~3个月：例如（1）伴随生活的"父母语"；（2）伴随婴儿照护的音乐、童谣；（3）自然界的声音等；2）4~6个月；3）7~9个月；4）10~12个月；5）13~18个月；6）19~24个月；7）25~36个月。

知识74：知道婴幼儿情绪情感发展及应对与交流方法

a）婴幼儿情绪情感发展特点：1）婴幼儿原始情绪情感反应；2）婴幼儿情绪情感分化及特点；

b）婴幼儿基本情绪情感表现与应对：1）哭：（1）正常啼哭；（2）饥饿啼哭；（3）尿湿时啼哭；（4）困倦时啼哭；（5）温度不适时啼哭；（6）其他原因引起的啼哭；2）笑；3）恐惧；4）依恋；

c）在婴幼儿照护中渗透情感交流的基本原则：1）坚持母乳喂养；2）坚持与婴幼儿面对面交流；3）在处理婴幼儿大小便及清洁卫生时间与婴幼儿交流；4）玩是与婴幼儿交流的最好方式；5）安全的关系与环境是与婴幼儿良好交流基础；

d）在婴幼儿照护中渗透情感交流的基本方法：1）温柔舒适的拥抱与抚触，特别是肌肤接触；2）温柔的注视；3）在温柔的注视中用温柔的言语与婴幼儿亲切地交流；4）在婴幼儿照护中与婴幼儿谈话；5）母乳喂养时尽量与婴儿肌肤相亲；6）用温暖的表情与柔和的动作与婴幼儿交流；

e）在婴幼儿一日生活中渗透情感交流：1）早晨醒来；2）喂哺；3）睡眠；4）洗澡；5）换尿布；6）户外活动。

知识75：知道观察、记录、分析、指导婴幼儿情绪、情感发展的方法

a）婴幼儿情绪、情感发展：

1）最初的情绪反应；

2）婴幼儿情绪的社会化：（1）社会性微笑；（2）陌生人焦虑；（3）分离焦虑；（4）情绪的社会性参照；

3）婴儿的依恋：（1）婴儿母婴依恋发展的四个阶段：①从出生到3个月；②3~6个月；③6~24个月；④）2岁以后；（2）母婴依恋的类型：①安全型依恋；②回避型依恋；③反抗型依恋；

b）观察、记录、分析婴幼儿情绪、情感；

c）促进婴幼儿情绪、情感发展：

1）良好环境刺激婴幼儿的舒适情绪；

2）积极回应、满足婴幼儿的信任需要：①试图去理解婴幼儿所发出的信息；②安慰；③改进育婴服务技巧；④把活动与情感联系起来；⑤形成习惯；

3）亲子游戏丰富婴幼儿积极的情绪体验。

知识76：知道婴幼儿社会性发展及培养方法

a）什么是社会性；

b）婴幼儿社会性行为表现与应对：1）认生与害羞；2）模仿行为；3）反抗行为；4）利他行为；5）攻击行为；

c）婴幼儿社会性的培养方法：1）冲突比回避好；2）示范比说教好；3）等待比强制好；4）避免做"电视婴幼儿"；

d）婴幼儿社会性发展游戏。

知识 77：知道观察、记录、分析、指导婴幼儿社会性发展的方法

a）婴幼儿社会性发展：

1）早期的同伴交往：（1）以客体为中心阶段；（2）简单交往阶段；（3）互补性交往阶段；

2）婴幼儿自我的发展：（1）5~8 个月；（2）9~12 个月；（3）13~15 个月；（4）16~18 个月；（5）19~24 个月；

3）婴幼儿社会性与情感发展相互交织与促进；

b）观察、记录、分析婴幼儿社会性；

c）促进婴幼儿社会性发展：

1）良好的亲子关系促进婴幼儿情感形成与社会化；

2）同伴交往机会促进婴幼儿社会性；

3）丰富的家庭与社会活动激发与培养婴幼儿社会性。

知识 78：知道婴幼儿关键行为、异常行为、不良行为表现

a）0~3 岁婴幼儿的关键行为表现；b）异常行为表现；c）不良行为表现：1）吮手指；2）暴怒发作；3）攻击性。

知识 79：知道婴幼儿安全隐患及预防方法

a）婴幼儿容易发生意外伤害的时间；

b）婴幼儿选穿衣物的安全；

c）婴幼儿玩玩具的安全；

d）婴幼儿面对家庭宠物的安全；

e）婴幼儿戏水的安全；

f）婴幼儿在游戏区的安全；

g）婴幼儿在庭院的安全；

h）婴幼儿在公共场所或户外的安全：1）防止失散；2）阻止婴幼儿在危险场地嬉戏；3）阻止婴幼儿攀爬；4）严禁婴幼儿在水池边逗留；5）不要带婴幼儿逗引动物；

i）婴幼儿居家安全：1）室内设施设备的安全检查；2）家用化学品管理；

j）婴幼儿在厨房的安全；

k）婴幼儿交通安全：1）遵守交通规则；2）行车安全；3）乘坐交通工具或运输设备（如商场电梯）安全；4）乘坐自行车安全；5）乘车服装。

以上：评定表中具体技能或知识等评级标准　（扫一扫　二维码）

10.4 育婴服务职业技能标准几个问题

10.4.1 在标准内容选择上

在育婴服务标准内容选择上，婴幼儿年龄为出生后 2 个月到三岁。这期间，2 月龄到 5 个月龄的大的婴儿，最优质的育婴服务，主要是倡导母乳喂养；到了 4 个月以后开始逐步添加辅食，6 个月龄甚至 12 个月龄以后可以选择"断乳"（停止母乳喂养）。当然，如果因为产妇原因，从新生儿出生后，就不能完全母乳喂养，那只能人工喂养或混合喂养。这里，

就涉及一个育婴服务的标准内容问题：要不要在母乳喂养期间，增加对哺乳期产妇的护理内容，特别是与母乳喂养有关的产妇护理。例如，哺乳期产妇的饮食护理？哺乳期产妇的乳房护理？哺乳期产妇的催乳？表面上看，好像超出了育婴服务标准内容，对婴儿的妈妈提供服务。其实，这与母婴护理（月嫂）服务对孕产妇和新生儿的护理服务不同，在母婴护理服务中，对孕产妇的护理是全方位的、全面的，且产妇和新生儿一样是主要的护理服务对象。而在育婴服务中，对婴儿妈妈的护理，只局限在与母乳喂养有关的护理，不是全面的护理。而且这种对婴儿妈妈的母乳喂养护理，目的是为了婴儿喂养。这就是区别。

我们知道，育婴服务的目的，就是对 0—3 岁婴幼儿的生活照护、保健护理、教育及辅助家长科学养育婴幼儿的过程，让婴幼儿身心健康和谐发展。凡是对婴幼儿身心健康发展有影响的重大服务事项，都应该成为育婴服务标准内容。因此，对婴儿妈妈的母乳喂养护理，也是婴儿早期护理的一个重要的不可或缺的服务内容，应该在育婴服务标准内容中有体现。

还有，育婴服务中关于"婴幼儿心理发展"方面标准内容的选择，要遵循婴幼儿心理发展规律及其特点，选择适合 0—3 岁婴幼儿心理发展阶段的服务内容，而不能违背或超越婴幼儿心理发展水平。即不能选用 3—6 岁幼儿园幼儿心理发展的服务内容。从这个意义上看，育婴员应该具有高中及以上文化程度，一个只有高中以下文化程度的育婴员是很难胜任育婴服务岗位的。

10.4.2 在标准等级划分依据上

关于促进婴幼儿心理发展方面的服务技能，例如："技能 27：能训练婴幼儿精细动作能力"中 5 个细分的服务技能；"技能 29：能训练婴幼儿言语表达能力"中有 8 个细分的服务技能；"技能 33：能应对与培养婴幼儿社会性行为"中有 5 个细分的服务技能。那么，这些细分的服务技能，究竟以什么依据进行服务技能标准分级？这些依据的科学性是什么？这样的服务技能分级，是否真实地反映了育婴服务职业技能标准等级水平。这些都还需要进一步科学研究、实证研究、实践验证。

10.5 区块链 + 育婴服务职业技能标准

10.5.1 区块链 + 育婴服务的前提条件：育婴服务标准化、数据化

基于区块链技术的"区块链 + 家政服务平台"，要求育婴服务职业技能标准化、数据化。在育婴服务过程中，随着婴幼儿慢慢长大，婴幼儿的心理发展水平和能力水平也逐渐提升。婴幼儿对育婴员及其服务的反映和互动，也逐渐增强。婴幼儿的身心发展水平，将直接反映育婴员的服务水平或职业技能水平。因此，如何对婴幼儿的行为及其身心发展水平进行标准化，如何采集婴幼儿行为及其身心发展水平的数据，对于建立区块链 + 育婴服务平台，意义重大。

10.5.2 区块链 + 育婴服务交易

基于区块链的智能合约技术，建立的区块链 + 新家政服务（育婴服务）交易平台，不仅要采集育婴员的服务行为与服务结果数据，还要适当采集服务对象（婴幼儿）的行为及其身心发展水平数据，进而保障育婴服务智能合约的可靠性、一致性，让区块链 + 育婴服务交易更加公平、高效。

基于区块链的 P2P 网络、智能合约技术，区块链 + 新家政服务（育婴服务）平台，实现育婴服务点对点（雇主与育婴员）、自动化交易，大大提升育婴服务交易效率，降低服务交易成本。

10.5.3 区块链 + 育婴服务培训（参见 9.5.3 章节）

10.5.4 区块链 + 育婴服务生态建设（参见 9.5.3 章节）

第11章 居家养老护理服务职业技能标准

【家政政策】

序号	发文时间	发文机关	政策文件名称
	2015 年 11 月 18 日	国家标准化管理委员会办公室。国标委服务联【2015】67 号	《国家标准委、民政部、商务部、全国总工会、全国妇联关于加强家政服务标准化工作的指导意见》
相关摘要	加强标准制修订工作力度：发挥标准化行政主管部门、行业管理部门、协会组织和相关企业的合力，进一步完善家政服务标准体系，加强家政服务标准的基础研究和前期研究，在育婴服务、家庭保洁服务、居家养老服务等热点领域，以及行业发展急需的家政服务培训、服务机构分级评价、家政服务信息化等领域加大标准制修订工作力度。		

【家政寄语】

积极健康养老，就是平衡膳食、身体活动、心理健康、治未病。

居家健康养老，不仅是养老服务主要形式，更能提升居家老年人幸福感。

【术语定义】

居家养老护理服务：根据居家老年人的特点及要求，对居家老年人的生活照护、基础护理、康复护理、精神慰藉的过程，让居家老年人积极健康养老与安享晚年。

【标准条款】

序号	标准编号	标准名称	主管部门
6	Q/QKL JZJS106-2020	居家养老护理服务职业技能标准	
标准内容	1）职业技能标准定义； 2）职业技能标准等级； 3）职业技能标准内容：所受的教育、培训证书/课程、专业教育经历、相关生活经历、工作经验、专业技能、服务知识、服务态度等要素； 4）职业技能标准评定使用说明及计分方法； 5）《居家养老护理服务职业技能标准评定表》； 6）居家养老护理服务职业技能标准示例； 7）《居家养老护理服务知识评定表》； 8）居家养老护理服务知识示例（基本知识、专业知识）。		

【学习目标】

通过本章的学习，您将能够：

1）了解居家养老护理服务职业技能标准内容；

2）掌握居家养老护理服务职业技能标准等级评定方法。

11.1 什么是居家养老护理服务

居家养老护理服务：根据居家老年人的特点及要求，对居家老年人的生活照护、基础护理、康复护理、精神慰藉的过程，让居家老年人积极健康养老与安享晚年。

11.2 居家养老护理服务职业技能标准评定

11.2.1 评定细则

1）居家养老护理服务职业技能，是指居家养老护理员在服务环境（雇主家庭）中完成任务并最终达到服务预期，所具有的教育培训、工作经验、服务技能、服务知识及服务态度。每一项技能技术都是依据每一个服务标准来鉴定其合格性。

2）用数量分级表示居家养老护理服务职业技能标准等级。

居家养老护理服务职业技能标准分为五个级别，即实习居家养老护理员（没有标准等级）、初级居家养老护理员（初级标准）、中级居家养老护理员（中级标准）、高级居家养老护理员（高级标准）、技师、高级技师。最低为实习居家养老护理员，没有技能等级，最高为高级技师。级别越高，表示居家养老护理员的技能标准等级越高。

3）居家养老护理服务职业技能标准评定，只适用于家政服务或提供家政服务的家政服务机构。

4）居家养老护理服务职业技能标准划分原则：主要依据居家养老护理员所受的教育、培训证书／课程、专业教育经历、相关生活经历、工作经验、专业技能、服务态度、服务知识等要素来划分。在评定上，职业技能标准和服务知识标准分别评定，其中，职业技能标准占60%，服务知识占40%，两项标准评定结果合计构成整个职业技能标准水平。

5）居家养老护理服务职业技能标准评定表见下文，居家养老护理员应逐项达标。

11.2.2 《居家养老护理服务职业技能标准评定表》使用说明：

A、如何计算居家养老护理员的平均级别：所有在第一栏中的分数都算作是"0"分。在第二栏中的分数算作"1"分。第三栏的算作"2"分。第四栏的算作"3"分。要算出每个服务标准平均分，需将每一个栏的分数加在一起，然后将每一个栏的总分数加在一起得出那个服务标准的"你的得分"。用"你的得分"除以那个服务标准的总分。最后用所得出的数乘以"10"，即可得出平均级别。

B、在技能评级中，0代表"不适用／没有"；1代表"低"；2代表"中"；3代表"高"。其中，高一级包含低一级。

C、居家养老护理服务职业技能标准分级：初级：1~3级；中级：4~7级；高级：8~9级；技师：9~10级。

D、评定表中具体技能或知识等评级标准 （扫一扫 二维码）

《居家养老护理服务职业技能标准评定表》

服务标准	技能评级				服务预期
	1级	2级	3级	4级	
居家养老护理服务职业技能标准					教育培训
	0	1	2	3	教育1：学历
					小学；中学；大专及以上
问题总数　32	0	1	2	3	教育2：证书或课程
					老年人照护或老年人健康护理培训学时
总分　　　96	0	1	2	3	教育3：养老护理证书
得分					**工作生活经验**
	0	1	2	3	经验1：老人护理教育年限：
计算结果：					在家政公司或养老机构担任养老服务培训
	0	1	2	3	经验2：照护自家老人年限
96 ⌐					在自己家庭照护自己父母或祖父母
					或者在医院照护自家老年人
	0	1	2	3	经验3：照护老年人工作年限
					在家政公司或养老机构或社区照护老年人
					服务技能
	0	1	2	3	技能1：能制定老年人护理表格并记录护理过程与结果
	0	1	2	3	技能2：能照护老年人饮食
	0	1	2	3	技能3：能制作老年人饮食
	0	1	2	3	技能4：能照护老年人身体清洁与护理
	0	1	2	3	技能5：能照护老年人更衣
	0	1	2	3	技能6：能更换整理老年人床单被服
	0	1	2	3	技能7：能照护老年人洗澡
	0	1	2	3	技能8：能陪伴老年人
	0	1	2	3	技能9：能照护老年人排便
	0	1	2	3	技能10：能照护老年人排尿
	0	1	2	3	技能11：能照护老年人呕吐
	0	1	2	3	技能12：能照护老年人睡眠
	0	1	2	3	技能13：能照护老年人安全
	0	1	2	3	技能14：照护老年人用药
	0	1	2	3	技能15：能预防交叉感染及消毒
	0	1	2	3	技能16：能照护老年人冷热敷
	0	1	2	3	技能17：能预防及救助老年人意外事件
	0	1	2	3	技能18：能照护老年人常见病
	0	1	2	3	技能19：能照护老年人康乐活动
	0	1	2	3	技能20：能为老年人进行功能训练
	0	1	2	3	技能21：能护理老年人心理
	0	1	2	3	技能22：能照护临终老年人
	0	1	2	3	技能23：居家养老护理服务培训与管理
					服务态度
	0	1	2	3	态度1：你在服务过程中如何与雇主交流
	0	1	2	3	态度2：喜欢随时随地照顾老年人程度
	0	1	2	3	态度3：对健康和智力衰退的老年人有耐心且表示理解吗
小计：					平均级别（0-10，低级到高级）：

《居家养老护理服务知识标准评定表》

服务标准		技能评级				服务预期
		1级	2级	3级	4级	
居家养老护理服务		0	1	2	3	**家政服务员基本知识**
职业技能标准		0	1	2	3	知识1：知道家政服务员职业道德
问题总数	51	0	1	2	3	知识2：知道家政服务职业心态与服务意识
总分	153	0	1	2	3	知识3：知道家政服务社交礼仪知识
得分		0	1	2	3	知识4：知道家政服务卫生知识
		0	1	2	3	知识5：知道家政服务安全知识
计算结果：		0	1	2	3	知识6：知道家政服务相关法律知识
						居家养老护理服务专业知识
153		0	1	2	3	知识1：知道正常人体结构及功能
		0	1	2	3	知识2：知道老年人衰老生理变化：外表特征变化
		0	1	2	3	知识3：知道老年人衰老生理变化：生命体征变化
		0	1	2	3	知识4：知道老年人脏腑器官功能变化
		0	1	2	3	知识5：知道老年人人体系统功能变化
		0	1	2	3	知识6：知道老年人心理特点
		0	1	2	3	知识7：知道老年人心理护理方法
		0	1	2	3	知识8：知道老年人营养素需求及饮食原则
		0	1	2	3	知识9：知道老年人饮食种类特点及饮食困难与饮食习惯
		0	1	2	3	知识10：知道老年人主食、菜肴、汤羹的特点及制作要求
		0	1	2	3	知识11：知道与老年人相处的方法
		0	1	2	3	知识12：知道创造良好老年人生活环境的方法
		0	1	2	3	知识13：知道老年人口腔健康及清洁方法
		0	1	2	3	知识14：知道老年人头发清洁与梳理方法
		0	1	2	3	知识15：知道老年人身体清洁方法
		0	1	2	3	知识16：知道为老年人更衣
		0	1	2	3	知识17：知道卧床老年人压疮及预防方法
		0	1	2	3	知识18：知道陪伴老年人
		0	1	2	3	知识19：知道老年人排泄功能及排泄异常护理方法
		0	1	2	3	知识20：知道采集老年人的大小便标本
		0	1	2	3	知识21：知道老年人呕吐时的照护方法
		0	1	2	3	知识22：知道老年人睡眠特点、睡眠状况及提升睡眠质量方法
		0	1	2	3	知识23：知道老年人安全照护方法
		0	1	2	3	知识24：知道老年人常备药及保管方法
		0	1	2	3	知识25：知道老年人口服用药、服药要求及护理方法
		0	1	2	3	知识26：知道老年人基础护理及生活能力观察方法
		0	1	2	3	知识27：知道预防交叉感染及消毒方法
		0	1	2	3	知识28：知道老年人护理记录方法
		0	1	2	3	知识29：知道冷、热敷的作用与方法
		0	1	2	3	知识30：知道老年人皮肤生理特征及皮肤保健方法
		0	1	2	3	知识31：知道老年人意外事件的预防及救助方法
		0	1	2	3	知识32：知道老年人常见疾病特点及护理方法
		0	1	2	3	知识33：知道老年人常见冲突和压力的处理方法
		0	1	2	3	知识34：知道老年人康乐活动及照护方法
		0	1	2	3	知识35：知道老年人功能训练方法
		0	1	2	3	知识36：知道慢性病老年人照护计划的制订与实施结果评价方法
		0	1	2	3	知识37：知道老年人照护档案分类保管方法

0	1	2	3	知识38：知道识别并消除损害老年人健康的环境因素
0	1	2	3	知识39：知道老年人照护技术创新方法
0	1	2	3	知识40：知道老年人功能康复训练计划的制订与实施结果评价方法
0	1	2	3	知识41：知道制订老年人心理辅导基本方案及讲解老年人心理健康知识
0	1	2	3	知识42：知道疏导并稳定老年人的不良情绪及心理辅导效果评估方法
0	1	2	3	知识43：知道临终老年人生理反应
0	1	2	3	知识44：知道临终老年人心理反应
0	1	2	3	知识45：知道临终关怀及善后工作
小计：				平均级别（0-10，低级到高级）：

11.3 居家养老护理服务职业技能标准示例

服务技能

技能1：能制定老年人护理表格并记录护理过程与结果

a）能制定各种老年人护理表格：

1）老年人健康情况评估表；

2）老年人生活经历情况评估表；

3）老年人生活能力评估表；

4）老年人心理活动评估表；

5）老年人生活护理计划表；

6）老年人日常护理记录表：（1）饮食护理记录表；（2）翻身护理记录表；（3）大便护理记录表；（4）小便护理记录表；（5）个人卫生护理记录表；（6）特殊护理记录表；（7）交接班护理记录表；（8）家属知情告知护理记录表；

b）老年人护理记录内容；

c）填写护理记录的注意事项。

技能2：能照护老年人饮食

a）能辅助老年人正确进食：1）辅助老年人自主进餐；2）给老年人喂饭；3）提醒或辅助老年人喝水；

b）能照护患病老年人饮食：1）卧床老年人；2）吞咽困难老年人；3）视力有障碍老年人；4）能为老年病人发放治疗饮食；

c）能照护鼻饲老年人的进食；

d）能救助噎食、误吸的老年人；

e）识别老年人进食、进水困难原因；

f）能观察、记录与指导老年人健康饮食；

g）能对老年人不良饮食习惯进行健康指导；

h）照护老年人治疗饮食。

技能3：能制作老年人饮食

a）能制作普通饮食：

1）主食：（1）红薯小米稀饭；（2）蒸蔬菜杂粮糕；3）杂粮饭；

2）菜肴：（1）肉末豆腐；（2）蘑菇什锦蒸；（3）清蒸鲈鱼等；

3）汤羹：（1）粟米南瓜羹；（2）虾米蒸蛋羹；（3）鱼头豆腐汤；（4）山药排骨汤；

b）能制作软质饮食：1）熬制蔬菜粥；2）软米饭；3）面条等；

c）能制作碎食饮食：1）肉末；2）碎菜叶等；

d）能制作流质饮食：1）奶类；2）豆浆；3）米汤；4）果汁；5）菜汁等；

e）能制作半流质饮食：1）米粥；2）馄饨；3）蛋羹等；

f）能制作鼻饲饮食：1）果汁；2）无渣汤汁；3）混合奶（奶中加蛋黄、鱼泥）等；

g）能制作胃病饮食：1）消化道出血患者止血后宜多饮牛奶、豆浆，以中和胃酸；2）胃手术后的患者不宜提供易引起胀气的食物。例如 牛奶、豆浆、过甜食物，以免影响伤口愈合；

h）能制作治疗饮食：1）高热量饮食；2）高蛋白饮食；3）低蛋白饮食；4）高纤维素饮食；5）低纤维素（少渣）饮食；6）低盐饮食；7）低脂肪饮食；8）低胆固醇饮食；9）无盐、低钠饮食。

技能4：能照护老年人身体清洁与护理

a）能清洁老年人身体：1）口腔清洁：（1）刷牙法；（2）漱口法；（3）棉棒擦拭法；（4）棉球擦拭法；2）头发清洁：1）梳头法；2）坐位洗头法；3）床上洗头法：（1）洗发器洗头法；（2）马蹄形垫洗头法；扣杯洗发法；3）皮肤清洁：（1）清洁面部；（2）双手；（3）足部；4）女性老年人会阴清洁；

b）能为老年人摘戴、清洗、存放义齿；

c）能为老年人整理仪容仪表：1）修剪指（趾）甲；2）为老年男性剃须；

d）能为老年人口腔护理；

e）能为老年人头发护理；

f）能为老年人皮肤护理。

技能5：能照护老年人更衣

a）更衣前准备工作；

b）更换开襟衣服；

c）辅助老年人穿脱套头上衣；

d）辅助老年人更换裤子；

e）辅助老年人更换鞋袜；

f）能及时清洗、消毒、收纳衣物。

技能6：能更换整理老年人床单被服

a）能按计划或需要更换床单被服；

b）整理床单；

c）正常更换被服；

d）能为卧床老年人更换被服；

e）能及时清洗、消毒、收纳被服。

技能7：能照护老年人洗澡

a）淋浴；b）盆欲；c）床上擦浴。

技能8：能陪伴老年人

a）陪伴老年人散步；

b）陪伴老年人购物；

c）陪伴老年人就医；

d）陪伴老年人聊天；

e）陪伴老年人读书。

技能 9：能照护老年人排便

a）能帮助老年人正常如厕；

b）能帮助卧床老年人使用便盆排便；

c）能使用开塞露辅助老年人排便；

d）能使用人工取便的方法辅助老年人排便；

e）能照护腹泻老年人；

f）能照护便秘老年人；

g）能照护排便失禁老年人；

h）能照护结肠造瘘老年人；

i）能采集老年人的大便标本；

j）能帮助老年人养成规律排便习惯；

k）能识别老年人大便异常的原因。

技能 10：能照护老年人排尿

a）能帮助老年人正常排尿；

b）能帮助卧床老年人使用尿壶排尿；

c）能为老年人更换尿垫、纸尿裤；

d）能照护尿潴留老年人；

e）能照护尿失禁老年人；

f）能照护留置导尿管老年人；

g）能采集老年人的小便标本；

h）能帮助老年人养成规律排尿习惯；

i）能识别老年人排尿异常的原因。

技能 11：能照护老年人呕吐

a）使老年人体位舒适、安全；

b）保持呼吸道畅通；

c）注意观察病情；

d）清洁口腔；

e）保持床铺清洁、整洁；

f）及时补充液体；

g）心理护理；

h）能采集老年人的呕吐物标本；

i）能识别老年人呕吐物异常的原因。

技能 12：能照护老年人睡眠

a）能布置老年人睡眠环境：1）卧室整体布置；2）床的选择；3）床上用品选择等；

b）能识别和改善影响老年人睡眠的环境因素；

c）能辅助老年人养成好的睡眠习惯：1）指导养成好的习惯；2）能指导老年人改变不良睡眠习惯；3）睡眠忌讳事项；

d）能通过食疗促进睡眠：1）香蕉；2）菊花茶；3）温牛奶；4）蜂蜜；5）马铃薯；6）燕麦片；7）杏仁；8）核桃；9）葵花子；10）小米；11）大枣；

e）能通过适量运动或心理护理促进睡眠；

f）能照护有睡眠障碍的老年人入睡；

g）能遵照医嘱使用药物促进睡眠；

h）能观察并记录老年人异常睡眠。

技能 13：能照护老年人安全

a）协助老年人使用手杖；

b）协助老年人使用步行器；

c）协助老年人使用轮椅；

d）协助老年人变换体位；

e）平车（担架）搬运老年人；

f）老年人保护具的使用。

技能 14：照护老年人用药

a）能协助老年人服药；

b）能照护老年人眼、耳、鼻、皮肤等外用药；

c）能照护老年人进行雾化吸入：1）氧气雾化吸入；2）超声波雾化吸入；

d）能照护压疮老年人用药；

e）能煎煮中药：（1）容器；（2）用水；（3）泡药；（4）煎药；（5）榨渣取药；（6）煎煮特殊药物：①先煎；②后下；③包煎；④另煎；⑤烊化；⑥冲服；⑦泡服；

f）能照护非自理老年人口服药物；

g）能观察与记录老年人用药后反应：1）服用治疗心血管系统疾病类药物注意观察的要点；2）呼吸系统疾病类药物；3）消化系统疾病类药物；4）泌尿系统疾病类药物；5）血液系统疾病类药物；6）内分泌及代谢疾病类药物；7）风湿性疾病类药物；8）神经系统疾病类药物；

h）能处理用药后不良反应：1）胃肠道反应；2）泌尿系统反应；3）神经系统反应；4）循环系统反应；5）呼吸系统反应；6）皮肤反应；7）过敏性休克的症状；

i）能管理老年人用药及老年人家庭药箱。

技能 15：能预防交叉感染及消毒

a）能一般消毒：1）双手的清洁与消毒；2）口罩的使用；3）空气消毒；

b）能消毒家庭用具：1）食具的消毒：（1）煮沸消毒；（2）微波炉消毒；2）毛巾、墩布（抹布）、衣服、被单、床单、枕套等布类的消毒：（1）日光暴晒；（2）煮沸消毒；3）床垫、褥子、毛毯、棉被、枕头的消毒；4）盆具、痰杯、便器的消毒；5）床铺、睡床、桌椅、地面等物品的消毒：（1）湿式清扫；（2）擦拭消毒；6）排泄物的消毒：（1）健之素消毒；（2）漂白粉消毒；（3）焚烧；

c）能隔离与消毒传染病：

1）能预防传染病传播：（1）呼吸道传染性疾病的预防；（2）胃肠道传染性疾病的预防；（3）皮肤传染性疾病的预防；

2）能终末消毒：（1）对老年人的终末消毒；（2）对老年人床单和用物的消毒；（3）对居室的终末消毒；

3）能对传染病进行隔离：（1）手的消毒；（2）戴工作帽；（3）戴口罩；（4）穿脱隔离衣；（5）避污纸的使用；（6）能进行床旁隔离；

d）对老年人居室进行紫外线消毒；

e）能配制消毒液消毒老年人房间：

1）能配制常见消毒液：（1）含氯消毒液；（2）过氧乙酸消毒液；

2）能用消毒液消毒老年人房间：（1）家具表面擦拭；（2）用物浸泡；（3）地面消毒；

f）能监测老年人居室的消毒效果：

1）能监测消毒用具有效性：（1）使用中消毒液监测；（2）紫外线消毒效果监测：①日常监测；②照射强度监测；

2）能监测消毒效果：（1）空气消毒效果染菌监测：①采样时机；②采样高度；③布点方法；④采样方法；

（2）物体表面消毒效果染菌监测：①采样时机；②采样面积；③采样方法；

（3）能对标空气、物品表面细菌菌落总数卫生标准。

技能 16：能照护老年人冷热敷

a）能照护老年人使用热水袋；

b）能对老年人湿热敷；

c）能为老年人测量体温：1）腋下测温；2）口腔测温；3）直肠测温；

d）能使用冰袋为高烧老年人物理降温；

e）能使用温水擦浴为高烧老年人物理降温；

f）能对老年人皮肤观察与护理。

技能 17：能预防及救助老年人意外事件

a）能预防老年人的常见意外事件：1）走失；2）跌倒；3）坠床；4）宠物咬伤；5）噎呛；6）烫伤、触电、火灾；

b）能救助老年人的常见意外事件：1）呼吸心跳骤停的救助；2）噎食、误吸、异物卡喉的救助；3）外伤出血的救助；4）宠物咬伤的救助；5）跌倒与骨折的救助；6）休克的救助；7）晕厥的救助；8）烧伤及烫伤的救助；9）心肺复苏的救助；

c）能制订老年人安全预案。

技能 18：能照护老年人常见病

a）高血压病；b）冠心病；c）糖尿病；d）脑血管病；e）慢性心力衰竭；f）慢性支气管炎；g）老年慢性胃炎；h）上消化道出血；i）老年骨性关节炎；j）肩关节周围炎；k）帕金森病；l）癫痫；13）慢性肾功能衰竭；m）癌症；n）老年痴呆症；o）老年抑郁症；p）老年骨质疏松症；q）慢性阻塞性肺气肿；r）偏瘫。

技能 19：能照护老年人康乐活动

a）能组织指导老年人手工活动：1）日常生活类；2）布艺编织类；3）艺术类；4）手工活动示例：（1）剥豆子；（2）撒纸片作画等；

b）能组织指导老年人娱乐游戏活动：1）个案娱乐活动；2）小组娱乐活动：（1）益智类；（2）闲情娱乐类；（3）运动类；（4）学习类；（5）娱乐游戏活动示例：1）唱歌；2）听音乐、传布球。

c）能指导老年人使用健身器材：（1）常见社区用健身器材及使用方法；（2）医疗机构用健身器材及使用方法；

d）能辅导老年人健身康复操：（1）健肺操；（2）中风康复操；

e）能帮助智力障碍老年人进行康复训练：

（1）认知训练：①记忆和注意力训练；②计算训练；③思维训练；

（2）日常生活能力和社会适应能力训练。

f）带动老年人进行休闲娱乐活动：

1）能设计与带动老年人休闲娱乐活动：（1）听音乐或唱歌；（2）棋牌类活动；（3）艺术类活动；（4）阅读书刊；（5）生活技能类活动；（6）健身类活动：①打乒乓球；②保健操；③身体放松运动（摆动上肢、耸肩、活动双手、按摩头部）；（7）手指的精细活动：①活动手指的游戏；②捡拾物品或穿珠子；③手操；

2）能设计与带动不同自理程度老年人休闲娱乐活动：（1）自理老年人；（2）半自理老年人；（3）卧床老年人。

技能 20：能为老年人进行功能训练

a）能训练穿脱衣服：1）穿脱前开襟衣服：①穿法；②脱法；2）穿脱套头上衣；（3）卧位穿脱裤子；（4）坐起穿脱裤子；（5）穿脱鞋袜；

b）能帮助老年人站立、行走：

（1）从坐位向站立位转换：①从正面扶托站立；②从侧面扶托站立；

（2）扶持与行走：①扶持行走；②独立行走；③上下楼梯（上楼梯、下楼梯）；

c）能对肢体障碍老年人进行功能训练：

1）运动功能训练：（1）床上翻身；（2）桥式运动；（3）坐位训练（坐位平衡训练、坐位下患肢持重训练、由坐——站起训练、由站——坐下训练、坐位下的上肢训练）（4）站位训练（站立训练、立位下屈膝训练、膝关节稳定性控制）（5）步行训练（手杖步行、上下楼梯训练）；

2）日常生活自理能力和社会适应能力训练；

d）能帮助压力性尿失禁老年人进行功能训练：1）盆底肌肉训练；2）尿意习惯训练；

e）能制订老年人康复训练计划；

f）帮助言语障碍老年人进行言语训练：1）发音器官训练；2）语言训练；3）用语练习；4）说出物品名称训练；5）读字练习；6）会话练习；7）阅读练习；

g）帮助吞咽障碍老年人进行吞咽功能训练：

1）基础训练：①咽部冰刺激与空吞咽；②屏气——发声运动；

2）摄食训练：①体位；②食物的形态；③一口量（空吞咽与交互吞咽、侧方吞咽、点头样吞咽）；

3）摄食——吞咽障碍的综合训练；

h）能制订老年人功能康复训练计划及评价实施结果。

技能 21：能护理老年人心理

a）能观察发现老年人心理与行为变化；

b）能用语言和非语言技巧疏导老年人不良情绪和行为：1）失落；2）孤独；3）抑郁；4）恐惧；5）健忘；

c）能护理老年人心理疾病：

1）脑衰弱综合征 2）离退休综合征 3）空巢综合征 4）高楼住宅综合征；

d）能对老年人及家属进行老年人心理健康宣教；

e）能通过活动促进老年人心理健康。

技能 22：能照护临终患者

a）能照护临终患者的个人卫生：1）帮助患者保持仪态整洁；2）保持室内清洁卫生；3）做好临终患者的个人卫生；

b）能照护临终患者的心理：1）否认期心理；2）愤怒期心理；3）协议期心理；4）忧郁期心理；5）接受期心理；

c）能关爱与尊重临终患者：

1）满足患者的生理需要；

2）尊重临终患者；

3）耐心倾听和诚恳交谈与陪伴；

4）关注患者家属，做好安慰、劝导与配合工作；

5）善于运用肢体语言与临终患者沟通：（1）仪表；（2）面部表情；（3）目光接触；（4）姿态；（5）手势；（6）触摸；

d）能安慰临终患者家属：1）满足家属照顾患者的需要；2）鼓励家属表达情感；3）指导家属对患者的生活照料；4）营造家庭生活氛围；5）满足家属各项合理需求；6）转移注意力；

e）能照料遗体：

1）遗体料理的准备工作；

2）擦洗清洁遗体；

3）给死者穿寿衣；

4）做好死者的善后服务工作；

5）遗体料理中注意事项。

家政服务员基本知识（同上）

知识1：知道家政服务员职业道德

知识2：知道家政服务职业心态与服务意识

知识3：知道家政服务社交礼仪知识

知识4：知道家政服务卫生知识

知识5：知道家政服务安全知识

知识6：知道家政服务相关法律知识

居家养老护理服务专业知识

知识1：知道正常人体结构及功能

a）人体基本结构：1）细胞；2）组织；3）器官；4）系统；

b）人体各系统基本结构和功能：

1）运动系统：（1）基本结构：①骨；②关节；③骨骼肌；（2）基本功能：①运动；②支持；③保护；

2）呼吸系统：（1）基本结构：①呼吸道；②肺；（2）基本功能；

3）循环系统：（1）基本结构：①心脏；②血液；③血管；（2）基本功能：①心脏功能；②体循环功能；③肺循环功能；

4）消化系统：（1）基本结构：①消化管；②消化腺；（2）基本功能：①消化；②吸收；③排泄；

5）泌尿系统：（1）基本结构：①肾脏；②输尿管；③膀胱；④尿道；（2）基本功能；

6）生殖系统：（1）基本结构：①男性生殖系统；②女性生殖系统；（2）基本功能；

7）内分泌系统：（1）基本结构；（2）基本功能；

8）神经系统：（1）基本结构：①脑；②脊髓；③周围神经；（2）基本功能：①脑功能；②脊髓功能；③周围神经功能；④神经系统活动的基本形式；

9）感觉系统：（1）基本结构：①外感受器；②内感受器；③本体感受器；（2）基本功能；

10）免疫系统：（1）基本结构：①免疫器官；②免疫细胞；③免疫分子；（2）基本功能：

①防御功能；②稳定功能；③监护功能。

知识2：知道老年人衰老生理变化：外表特征变化

a）毛发变化；b）皮肤变化；c）骨骼变化；d）五官变化。

知识3：知道老年人衰老生理变化：生命体征变化

a）呼吸；b）体温；c）脉搏；d）血压。

知识4：知道老年人脏腑器官功能变化

a）心；b）肺；c）脾；d）肝；e）肾。

知识5：知道老年人人体系统功能变化

a）内分泌功能变化；b）消化系统功能变化；c）循环系统功能变化；d）血液系统功能变化；e）泌尿系统功能变化；f）生殖系统功能变化；g）运动系统功能变化；h）感觉系统功能变化；i）神经系统功能变化；j）呼吸系统功能变化。

知识6：知道老年人心理特点

a）衰老引起的心理变化：1）感觉与知觉衰老；2）学习与记忆力衰退；3）思维与想象力衰退；4）情绪改变；5）意志衰退；6）人格改变；7）社会适应改变；

b）疾病引起的心理变化；

c）死亡引起的心理改变：1）第一个阶段的反应是震惊；2）拒绝；3）气愤；4）讨价还价；5）悲伤；6）最后一个阶段的反应是接受；

d）家庭因素引起的心理变化：1）家庭经济状况问题；2）家庭人际关系问题；3）空巢老年人的心理表现；4）丧偶老年人的心理表现：1）震惊；2）情绪波动；3）孤独感产生；4）宽慰自我；5）重建新模式；

e）工作退休引起的心理变化：1）从职业角色转变为闲暇角色引起的心理问题；2）从主角退化为配角引起的心理问题。

知识7：知道老年人心理护理方法

a）老年人的心理问题：1）失落；2）孤独；3）抑郁；4）恐惧；5）健忘；

b）老年人心理疾病：1）脑衰弱综合征 2）离退休综合征 3）空巢综合征 4）高楼住宅综合征；

c）老年人心理问题对健康的影响：

1）什么是健康；

2）与心理问题有关的老年人常见疾病：1）头痛；2）高血压；3）冠心病；4）胃、十二指肠溃疡；5）溃疡性结肠炎；6）癌症；7）老年痴呆；

d）老年人心理护理的意义；

e）老年人心理护理的原则：1）拥有职业道德；2）具备良好的工作作风；3）掌握个性化护理方式；

f）用语言技巧疏导老年人心理：

1）语言表达技巧：（1）对老年人表达尊重；（2）语言表达适合老年人的节奏；

2）提问技巧：（1）封闭式问题；（2）开放式问题；

3）倾听技巧；

4）反应技巧：（1）重复；（2）澄清；（3）沉默；

5）不恰当的语言交流方式：（1）突然改变话题；（2）虚假的、不恰当的保证；（3）主观判断或说教；

g）用非语言技巧来疏导老年人心理：1）空间距离；2）目光与面部表情；3）身体姿势；

4）身体触摸；5）环境因素；

h）对老年人及家属进行心理健康宣教：

1）老年人心理健康标准：

（1）什么是心理健康；

（2）老年人心理健康标准：①充分的安全感；②充分地了解自己；③与外界环境保持接触；④具有一定的学习能力；⑤保持良好的人际关系；⑥能适度表达和控制情绪；⑦保持个性的完整与和谐；⑧生活目标切合实际；⑨有限度地发挥自己的才能；⑩个人基本需要得到一定程度的满足；

2）老年人心理保健的要点：

（1）养成规律的生活习惯；

（2）遵循"用进废退"的用脑原则；

（3）回归社会，发挥潜能；

（4）培养爱好，保持社交；

（5）知足常乐，善于调控情绪；

（6）正视衰老，善用补偿策略；

（7）充分利用家人的情感支持。

知识8：知道老年人营养素需求及饮食原则

a）饮食营养基本知识：

1）营养素种类；

2）营养素功能：（1）蛋白质；（2）脂肪；（3）碳水化合物；（4）维生素；（5）矿物质；（6）膳食纤维；（7）水；

b）老年人营养素需求：

1）摄取适量优质蛋白；2）减少脂肪的摄入量；3）选择多元碳水化合物；4）保证足量维生素；5）注意补充矿物质；6）补充水分要充足；7）提供丰富纤维素；

c）对老年人有益的饮品：1）白开水；2）豆浆；3）酸奶；4）红葡萄酒；5）鲜榨果汁；6）绿茶；

d）合理控制老年人饮食总热能；

e）老年人基本饮食原则。

知识9：知道老年人饮食种类、特点及饮食困难与饮食习惯

a）老年人饮食种类：1）普通饮食；2）软质饮食；3）碎食饮食；4）半流质饮食；5）流质饮食；6）治疗饮食；

b）促进老年人食欲的方法；

c）老年人进食体位：1）轮椅坐位；2）床上坐位；3）半卧位；4）侧卧位；

d）老年人进食的观察要点：

1）进食时间、频次、饮食量；2）进食速度；3）进食温度；4）进食后表现；

e）老年人进食、进水注意事项；

f）老年人吞咽困难、进食呛咳观察要点：

1）老年人吞咽困难；2）老年人进食呛咳；

g）老年人进食、进水困难的原因：

1）老年人进食、进水困难的表现：（1）咀嚼困难；（2）吞咽障碍；（3）进水困难；

2）老年人进食、进水困难的原因：（1）精神、心理因素；（2）体位因素；（3）生理因素；

（4）疾病因素：①抑郁症或痴呆；②口咽部疾病；③食管疾病；④神经、肌肉疾病；⑤全身性疾病；

3）识别老年人进食、进水困难原因的方法：

（1）观察老年人进食、进水的表现；（2）询问老年人进食、进水的情况；（3）判断原因；

h）对老年人不良饮食习惯进行健康指导：

1）老年人常见不良饮食习惯：（1）多吃少餐；（2）喜吃精粮；（3）实物一成不变；（4）偏食挑食；（5）过食肥甘；（6）嗜好烟酒；（7）喜吃泡饭；（8）饭后马上吃水果；

2）影响老年人饮食的因素：（1）生理因素；（2）心理因素；（3）疾病因素；（4）社会支持因素；

3）老年人不良饮食习惯的改善建议：（1）将老年人食物做细；（2）美化老年人饮食；（3）多餐少吃；（4）选用优质食物；（5）丰富老年人食谱；（6）控制脂肪、糖、盐的摄入；（7）控烟、控酒；（8）规范吃水果时间；

i）照护老年人治疗饮食：

1）治疗饮食概述：（1）什么是治疗饮食；（2）不同症状适宜的治疗饮食；

2）老年人治疗饮食的种类：（1）高热量饮食；（2）高蛋白饮食；（3）低蛋白饮食；（4）高纤维素饮食；（5）低纤维素（少渣）饮食；（6）低盐饮食；（7）低脂肪饮食；（8）低胆固醇饮食；（9）无盐、低钠饮食；

3）检查老年人治疗饮食落实的内容：

（1）检查老年人是否按时食用治疗饮食；

（2）检查老年人是否按要求食用治疗饮食；

（3）检查老年人食用治疗饮食后的效果；

（4）记录检查的结果。

知识10：知道老年人主食、菜肴、汤羹的特点及制作要求

a）为老年人制作饮食的要点；

b）老年人主食的特点及制作要求：1）老年人主食特点；2）老年人主食的制作要求：（1）主食的种类；（2）在食材选择上；

c）老年人菜肴的特点及制作要求：1）老年人菜肴特点；2）老年人菜肴的制作要求：（1）切肉的要求；（2）炒菜的要求；（3）肉食的制作要求；（4）鱼类的制作要求；

d）老年人汤羹的特点及制作要求：1）老年人汤羹特点；2）老年人汤羹的制作要求。

知识11：知道与老年人相处的方法

a）不让老年人感受孤独；b）理解老年人心态；c）尊重老年人的个性；d）关注老年人健康；e）照顾好老年人饮食；f）妥善解决矛盾；g）时刻保持微笑；h）说话要简洁明白；i）避免使用老年人反感的词语；j）要具有高度忍耐力；k）行为光明磊落，避免猜疑。

知识12：知道创造良好老年人生活环境的方法

a）老年人居室环境：1）老年人房间朝向选择；2）老年人房间设备的配备；3）卫生间设置；4）老年人房间及卫生间应设置呼叫器或按铃；5）老年人床具要求；6）床上用品要求；7）老年人经常活动的区域；

b）老年人居室采光：1）自然光源（即太阳光）；2）人工光源（即灯光）；

c）老年人室内温湿度。

d）老年人居室卫生要求：1）清扫整理室内卫生；2）清扫整理床铺；3）经常通风，保持室内空气清新；

e）更换老年人被服与整理床铺：1）更换床单；2）更换被罩；3）更换枕套。

知识 13：知道老年人口腔健康及清洁方法

a）老年人口腔健康的标准；

b）老年人口腔清洁的重要性；

c）保持老年人口腔健康的方法：1）坚持早晚刷牙、饭后漱口；2）选择牙刷、定期更换、正确刷牙；3）经常按摩牙龈；4）经常叩齿；5）定期到医院进行口腔检查；6）戴有假牙的老年人进食后、睡觉前应将假牙清洁干净；7）改掉不良嗜好。

d）老年人口腔清洁方法：1）自理、半自理的老年人口腔清洁方法；2）不能自理的老年人口腔清洁方法；3）具体的口腔清洁方法：（1）刷牙法；（2）漱口法；（3）棉棒擦拭法；（4）棉球擦拭法；

e）老年人义齿摘戴、清洗、存放方法：1）义齿的概念和作用；2）老年人佩戴义齿的注意事项；3）义齿的摘取与佩戴方法；4）义齿清洗、存放的原则要求。

f）为老年人口腔护理方法：1）口腔护理适用范围；2）常用漱口溶液及作用；3）老年人常见的口腔健康问题：（1）龋齿；（2）牙过敏症；（3）老年人常见病影响口腔健康；（4）义齿带来的问题。

知识 14：知道老年人头发清洁与梳理方法

a）老年人日常头发梳理；

b）老年人洗发要求；

c）老年人头发照护具体方法：1）梳头法；2）坐位洗头法；3）床上洗头法：（1）洗发器洗头法；（2）马蹄形垫洗头法；扣杯洗发法；

d）老年人头发养护方法：1）保持乐观精神；2）加强身体锻炼；3）多吃对头发有益的食品；4）经常梳头；5）经常进行头部按摩；6）尽量减少染发、烫发次数。

知识 15：知道老年人身体清洁方法

a）老年人身体清洁的目的；

b）老年人沐浴的种类：1）淋浴；2）盆浴；3）床上擦浴；

c）老年人皮肤清洁：1）清洁面部、双手；2）足部清洁；3）老年人洗脸、洗手的注意事项；

d）老年人会阴冲洗的目的；

e）老年人会阴清洁的氛围；

f）修剪指（趾）甲；

g）老年人修饰仪容仪表：1）什么是仪容仪表；2）为老年人整理仪容仪表。

知识 16：知道为老年人更衣

a）老年人选择服装应具备的特点：1）实用；2）舒适；3）整洁；4）美观；

b）老年人适宜穿着的鞋袜：1）适宜老年人穿的袜子；2）适宜老年人的鞋；

c）协助老年人更换衣裤：1）协助老年人脱、穿开襟上衣方法；2）协助老年人穿套头上衣的方法；3）协助卧床老年人脱、穿裤子的方法。

知识 17：知道卧床老年人压疮及预防方法

a）什么是压疮；

b）压疮发生的原因：1）皮肤受压；2）摩擦刺激；3）潮湿、污渍的刺激；4）营养不良；

c）压疮好发部位：1）仰卧位；2）侧卧位；3）俯卧位；

d）预防老年人压疮的物品：1）压疮垫；2）楔形垫、软枕；3）透明膜；

e）老年人压疮预防：1）身体受压部位有效减压；2）保持皮肤清洁；3）加强护肤柔润度；

4）加强营养；5）勤更换内衣及被褥；

f）预防压疮的观察要点；

g）预防老年人发生压疮的方法：1）评估情况；2）减少老年人局部受压；3）皮肤保护；4）加强营养。

知识 18：知道陪伴老年人

a）陪伴老年人散步：1）老年人外出基本常识；2）老年人外出注意事项；

b）陪伴老年人购物；

c）陪伴老年人就医；

d）陪伴老年人聊天；

e）陪伴老年人读书。

知识 19：知道老年人排泄功能及排泄异常护理方法

a）什么是排泄；

b）影响排便的环境因素；

c）老年人胃肠活动及排泄功能；

d）老年人排泄异常的观察：1）排便异常的观察：（1）便秘；（2）粪便嵌顿；（3）腹泻；（4）排便失禁；（5）肠胀气；2）排尿异常的观察：（1）尿失禁；（2）尿潴留；

e）老年人排泄异常的护理方法：1）老年人便秘的护理；2）老年人粪便嵌顿的护理；3）老年人腹泻的护理；4）老年人排便失禁的护理；5）老年人肠胀气的护理；6）尿失禁的护理；7）尿潴留的护理；

f）使用人工取便的方法辅助老年人排便：1）什么是人工取便；2）适用对象；3）人工取便的时机；4）人工取便的目的；

g）帮助伴老年人养成规律排便习惯；

h）识别老年人大小便异常的原因：

1）影响老年人排泄的因素：

（1）影响老年人排便的因素：①生理因素；②心理因素；③食物与液体摄入；④活动；⑤个人排泄习惯；⑥疾病；⑦药物；

（2）影响老年人排尿的因素：①生理因素；②心理因素；③液体和饮食摄入；④气候变化；⑤个人排尿习惯；⑥疾病；

2）老年人常见大小便异常的表现及原因；

3）老年人排便、排尿异常分析方法：

（1）了解老年人既往病史、身体状况及活动能力；

（2）观察老年人进食、进水情况；

（3）了解老年人用药情况；

（4）了解老年人心理、精神情况；

（5）了解老年人的卫生习惯。

知识 20：知道采集老年人的大小便标本

a）尿、便标本采集目的；

b）尿、便标本采集适应证；

c）标本采集原则；

d）正常大小便的性状、颜色：1）正常粪便的性状、颜色、量；2）正常尿液的性状、颜色、量；

e）老年人排泄物异常的观察：

1）粪便异常的观察：（1）排便次数；（2）形状与软硬度；（3）颜色；（4）内容物；（5）气味；

2）尿液异常的观察：（1）尿量；（2）颜色；（3）气味；

f）老年人的排泄异常的报告记录。

知识21：知道老年人呕吐时的照护方法

a）老年人呕吐时体位变换的重要性；

b）什么是恶心、呕吐；

c）老年人呕吐的照护：1）心理护理；2）使老年人体位舒适、安全；3）保持呼吸道畅通；4）注意观察病情；5）清洁口腔；6）保持床铺清洁、整洁；7）及时补充液体。

d）识别老年人呕吐物异常并及时应对方法：

1）老年人呕吐的常见原因：（1）饮食不当；（2）神经性呕吐；（3）既往患有胃肠道疾病；（4）急性心肌梗死发作；（5）药物引发呕吐；

2）呕吐物的观察与记录：（1）呕吐物的观察内容：①性状；②颜色；③气味；（2）老年人呕吐记录内容；

3）老年人呕吐的应对措施。

知识22：知道老年人睡眠特点、睡眠状况及提升睡眠质量方法

a）老年人的生理睡眠特点；

b）老年人睡眠环境要求：1）室内环境温湿度；2）声、光、色彩；3）通风；4）老年人居室内设备；5）卫生间；

c）睡眠状态：1）睡眠质量；2）睡眠障碍；3）睡眠呼吸暂停；

d）影响睡眠质量的原因：1）大脑老化；2）腿部不适；3）皮肤瘙痒；4）夜间尿频；5）慢性疾病；6）其他因素：（1）心理方面；（2）运动与活动；（3）环境因素；（4）睡眠节律及其他；

e）睡眠障碍的原因及照护方法：1）什么是睡眠障碍；2）老年人常见的睡眠障碍表现；3）老年人睡眠障碍原因；4）老年人睡眠障碍的照护方法；

f）老年人睡眠观察要点：1）一般睡眠状况；2）异常睡眠状况；3）异常睡眠记录内容。

g）老年人常见的不良睡眠习惯；

h）帮助老年人睡眠：1）了解老年人平日睡眠习惯或老年人不良睡眠习惯；2）安排舒适的睡眠环境；3）安抚睡眠：（1）身体清洁与卫生；（2）整理舒适的床铺；（3）调整好睡眠姿势；（4）心理安慰；4）药物使用；5）培养老年人良好睡眠习惯。

知识23：知道老年人安全照护方法

a）知道协助老年人使用助行器：

1）手杖的使用：（1）选取手杖；（2）自己可行走老年人的照护；（3）协助老年人行走：①三点步行；②二点步行；③利用手杖上下楼梯；

2）协助使用步行器：（1）选取步行器；（2）指导老年人使用步行器；

3）协助老年人正确使用轮椅：

（1）轮椅的构造；

（2）轮椅的选择：①普通轮椅；②特殊轮椅；

（3）轮椅的使用方法：①准备工作；②打开与收起；③扶助老年人坐轮椅；④推轮椅；⑤轮椅上下坡；⑥轮椅上下台阶；⑦轮椅上下电梯；

（4）轮椅转移方法：①轮椅与床之间的转移（从床向轮椅移动、从轮椅向床移动）；②轮椅与椅子间的转移；③轮椅与坐便器间的转移；

b）使用平车转运老年人：1）平车的结构；2）平车运送方法：（1）挪动法；（2）单人搬运法；（3）两人或三人搬运法；

c）体位移动与安全保护：

1）体位转换概述：（1）什么是体位及体位转换；（2）体位转换的目的；（3）协助体位转换的方式：①自助体位转换；②被动体位转换；（4）协助老年人变换体位：①协助老年人移向床头；②协助老年人移向床边；③协助老年人翻身侧卧；④翻身叩背排痰；⑤协助老年人坐起（至坐位的体位转换、至床边坐起的体位转换）；⑥协助老年人站立；

2）平车（担架）搬运法；

3）保护具的使用。

知识24：知道老年人常备药及保管方法

a）老年人常备药的种类：1）心血管系统应急抢救药物；2）呼吸系统常备药；3）消化系统常备药；4）抗过敏类药物；5）镇痛类药物；

b）老年人常备药的储存量；

c）定期检查药物是否过期并及时处理：1）查看有效期的方法：（1）标明有效日期；（2）标明失效日期；（3）标明有效期；2）各类过期药物处理方法；

d）药物的保管方法。

知识25：知道老年人口服用药、服药要求及护理方法

a）给药原则：1）按医嘱的要求给药；2）严格执行查对制度，即"三查七对"；3）按需要进行过敏试验；4）正确实施给药；5）临床试验用药应密切观察；6）注意药物的配伍禁忌；

b）什么是口服用药：1）常用口服药剂型；2）口服药物剂型正确服用方法：（1）口含片与舌下片；（2）口服片剂；（3）口服胶囊；（4）口服溶液；3）用药原则：（1）根据医嘱用药；（2）认真查对；（3）及时用药，做到五准确；（4）用药后的观察和记录；

c）外用药及给药方法：

1）外用药：

（1）滴入法：①滴眼剂、眼膏；②滴鼻剂；③滴耳剂；

（2）插入法：①直肠药物插入法；②阴道药物插入法；③插入法常见问题的处理与预防；

（3）皮肤用药：①涂擦法；②喷雾法；③皮肤用药常见问题的处理与预防；

2）给药方法：（1）贴膏药；（2）为老年人滴眼药；（3）协助老年人滴鼻药；（4）协助老年人滴耳药；（5）协助老年人插入用药；（6）协助老年人皮肤用药；

d）特殊给药时的照护方法：

1）为压疮老年人换药及护理方法：

（1）压疮概述：①什么是压疮；②老年人易出压疮部位：仰卧位、侧卧位、俯卧位、坐位；③压疮分期方法；

（2）引发老年人压疮的因素：①力学因素：压力、剪切力、摩擦力；②局部潮湿；③活动受限；④全身营养不良和水肿；

（3）预防压疮的方法：①皮肤护理；②正确移动老年人；③正确卧位；④减压用具的使用；⑤加强营养；

2）静脉输液时的照护；

3）吸氧时的照护：（1）鼻塞吸氧法；（2）鼻导管吸氧法；（3）面罩吸氧法；（4）氧气枕吸氧法；

4）雾化吸入给药时的照护：（1）雾化吸入给药概述：①氧气雾化吸入法；②超声波雾化吸入法；（2）雾化吸入给药的目的；（3）雾化吸入的常用药物及其作用；

5）中药煎煮方法：（1）容器；（2）用水；（3）泡药；（4）煎药；（5）榨渣取药；（6）特殊药物的煎煮方法：①先煎；②后下；③包煎；④另煎；⑤烊化；⑥冲服；⑦泡服；

f）督促、协助老年人按时服用口服药的要求：

1）不按时服药的原因分析：（1）用药方案复杂；（2）药物的剂型与规格不适宜或包装不当；（3）药物的不良反应造成老年人停用；（4）缺乏用药指导；

2）护理措施；

e）非自理老年人口服药物困难因素及护理措施：

1）药物吞咽困难的多种因素：（1）疾病因素；（2）年龄因素；（3）体位因素；（4）药物因素；2）护理措施；

g）老年人用药后反应的观察与记录方法：

1)各类口服药用药后的观察要点:（1)服用治疗心血管系统疾病类药物注意观察的要点；（2）呼吸系统疾病类药物；（3）消化系统疾病类药物；（4）泌尿系统疾病类药物；（5）血液系统疾病类药物；（6）内分泌及代谢疾病类药物；（7）风湿性疾病类药物；（8）神经系统疾病类药物；

2）用药后不良反应的观察及处理流程：

1）不良反应症状：（1）胃肠道反应；（2）泌尿系统反应；（3）神经系统反应；（4）循环系统反应；（5)呼吸系统反应；（6)皮肤反应；（7)过敏性休克的症状；2)处理流程。

知识26：知道老年人基础护理及生活能力观察方法

a）老年人生命体征观察：

1）体温的监（检）测及照护方法：（1）正常体温及生理变化与影响因素：①性别因素；②年龄因素；③昼夜因素；④情绪与运动；（2）体温计：①玻璃水银体温计；②电子数字显示体温计；（3）体温测量方法：（①腋下测温；②口腔测温；③直肠测温；（4）体温异常老年人的照护方法：①发热；②体温过低；

2）脉搏的监（检）测及照护方法：1）正常脉搏及生理变化；2）脉搏异常的种类：（1）心动过速；（2）心动过缓；（3）脉搏短绌；（4）洪脉；（5）丝脉；3）脉搏的测量方法；

3)呼吸的监(检)测及照护方法:1)正常呼吸及生理变化；2)呼吸异常：（1）频率异常；（2）深度异常；（3）节律异常；3）呼吸的测量方法；

4）血压的监（检）测及照护方法：1）正常血压及生理变化：（1）正常血压；（2）血压的生理变化；2）血压异常：（1）高血压；（2）低血压；3）血压的测量方法；4）血压异常老年人的照护方法；

b）老年人身心健康状态观察：1）性别；2）年龄；3）发育；4）营养；5）意识：（1）意识模糊；（2）谵妄；（3）昏睡；（4）昏迷；6）面容；7）视力；8）听力；9）语言；10）体位；11）姿势；12）步态；13）皮肤；14）四肢；15）体味；

c）老年人生活经历观察：1）家庭出身；2）教育程度；3）从事职业；4）个人爱好；5）经济状态；6）子女情况；7）家庭氛围；8）婚姻状况；

d）老年人生活能力观察：1）饮食；2）睡眠；3）翻身；4）行走；5）穿脱衣服；6）床单卫生；7）洗漱；8）如厕；9）洗澡；10）打电话；11）上下楼梯；12）户外活动；

13）购物；14）服药。

知识 27：知道预防交叉感染及消毒方法

a）一般消毒方法：1）双手的清洁与消毒；2）口罩的使用；3）空气消毒；

b）家庭用具的消毒：1）食具的消毒：（1）煮沸消毒；（2）微波炉消毒；2）毛巾、墩布（抹布）、衣服、被单、床单、枕套等布类的消毒：（1）日光暴晒；（2）煮沸消毒；3）床垫、褥子、毛毯、棉被、枕头的消毒；4）盆具、痰杯、便器的消毒；5）床铺、睡床、桌椅、地面等物品的消毒：（1）湿式清扫；（2）擦拭消毒；6）排泄物的消毒：（1）健之素消毒；（2）漂白粉消毒；（3）焚烧；

c）常用化学消毒剂：1）乙醇（酒精）；2）碘酒；3）碘伏；4）漂白粉；

d）传染病的隔离与消毒：

1）传染病的传播与隔离：（1）传染病的传播途径；（2）传染病的隔离；

2）预防传染病传播：（1）呼吸道传染性疾病的预防；（2）胃肠道传染性疾病的预防；（3）皮肤传染性疾病的预防；

3）终末消毒：（1）对老年人的终末消毒；（2）对老年人床单和用物的消毒；（3）对居室的终末消毒：①终末消毒类别；②终末消毒方法；

4）常用隔离：（1）隔离概述：①隔离技术使用的目的；②传染性疾病隔离种类；（2）床旁隔离概述：①什么是床旁隔离；②床旁隔离要求；（3）常用隔离技术：①手的消毒；②戴工作帽；③戴口罩；④穿脱隔离衣；⑤避污纸的使用；

e）对老年人居室进行紫外线消毒：

1）紫外线消毒的概述：（1）什么是紫外线消毒；（2）紫外线消毒应用范围；（3）紫外线消毒设备；

2）紫外线灯使用要求：（1）紫外线灯消毒范围及消毒时间；（2）消毒条件；（3）消毒计时时间；（4）加强防护；（5）做好记录；（6）保持灯管清洁；（7）定期检测灭菌效果；

f）配制消毒液消毒老年人房间：

1）消毒液消毒的原理；

2）常见消毒液的浓度及配制方法：（1）含氯消毒液；（2）过氧乙酸消毒液；

3）量杯的使用；

4）消毒液消毒房间的方法：（1）家具表面擦拭；（2）用物浸泡；（3）地面消毒；

5）消毒液消毒房间的操作注意事项；

g）监测老年人居室的消毒效果：

1）消毒监测概述：（1）消毒效果监测的意义；（2）常用消毒监测的内容；

2）消毒用具有效性的监测：（1）使用中消毒液监测；（2）紫外线消毒效果监测：①日常监测；②照射强度监测；

3）消毒效果的监测方法：

（1）空气消毒效果染菌监测方法：①采样时机；②采样高度；③布点方法；④采样方法；

（2）物体表面消毒效果染菌监测方法：①采样时机；②采样面积；③采样方法；

（3）空气、物品表面细菌菌落总数卫生标准。

知识 28：知道老年人护理记录方法

a）知道填写护理记录的注意事项；

b）老年人护理记录内容：

1）老年人健康情况评估表；

2）老年人生活经历情况评估表；

3）老年人生活能力评估表；

4）老年人心理活动评估表；

5）老年人生活护理计划表；

6）老年人日常护理记录表：（1）饮食护理记录表；（2）翻身护理记录表；（3）大便护理记录表；（4）小便护理记录表；（5）个人卫生护理记录表；（6）特殊护理记录表；（7）交接班护理记录表；（8）家属知情告知护理记录表。

知识29：知道冷、热敷的作用与方法

a）热水袋的应用：

1）取暖物品类型：（1）热水袋；（2）电热水袋；（3）暖宝宝；

2）使用热水袋可能出现的危害；

3）热水袋保健用途：1）促进伤口愈合；2）缓解疼痛；3）止咳；4）催眠；

4）热水袋的安全使用方法；

b）热敷：1）湿热敷的作用；2）湿热敷的照护方法；3）湿热敷的禁忌；4）老年人湿热敷的应用范围及温度控制：（1）应用范围；（2）温度控制；

c）冰袋的应用：（1）冰袋；（2）冰袋的使用方法；（3）冰袋使用的禁忌；

d）冷敷：1）冷敷的作用：（1）减轻局部充血或出血；（2）减轻疼痛；（3）降低体温；2）冷敷的照护方法；

e）使用冰袋进行物理降温：1）物理降温概述：（1）什么是物理降温；（2）物理降温的作用；（3）物理降温的影响因素：①用冷时间；②用冷面积；③个体差异；④环境温度；

f）使用温水擦浴进行物理降温：（1）温水擦浴；（2）温水擦浴的要求。

知识30：知道老年人皮肤生理特征及皮肤保健方法

a）正常皮肤生理结构；

b）老年人皮肤生理变化及特征：1）毛发改变；2）皮肤改变；

c）老年人皮肤异常的观察：1）老年人皮肤损伤的表现；2）老年人热敷导致皮肤损伤的观察与处理方法；

d）老年人皮肤保健方法：1）预防皮肤损伤；2）注意饮食起居；3）讲究洗浴方法；4）选择护肤品；5）警惕皮肤病恶变。

知识31：知道老年人意外事件的预防及救助方法

a）基本救助目的：1）维持生命；2）防止伤势恶化；3）促进恢复；

b）急救原则：1）保持镇静，观察老年人情况；2）立即求助；3）就地抢救与处置；4）及时送救；

c）基本救助注意事项：1）救助者的责任；2）救助者的自我保护；

d）申请"120"急救服务方法；

e）常见意外事件的预防方法：1）走失；2）跌倒；3）坠床；4）宠物咬伤；5）噎呛；6）烫伤、触电、火灾；

f）急救基本步骤：1）判断老年人意识是否存在；2）测量大动脉有无搏动；3）判断呼吸是否停止；查看老年人是否有出血、外伤等症状；

g）常见救助方法：1）呼吸心跳骤停的救助；2）噎食、误吸、异物卡喉的救助；3）外伤出血的救助；4）宠物咬伤的救助；5）跌倒与骨折的救助；6）休克的救助；7）晕厥的救助；8）烧伤及烫伤的救助；9）心肺复苏的救助；

h）老年人安全预案的制订：1）什么是老年人安全预案；2）老年人常见安全隐患；3）老年人安全预案制订要求。

知识32：知道老年人常见疾病特点及护理方法

a）老年人患病主要原因：1）衰老使组织器官功能衰退；2）衰老使免疫力降低或紊乱；

b）老年人发病特点：1）衰老和疾病并存；2）综合征多见；3）发病急而快；4）症状不典型；5）疾病反复发作；6）病程长而恢复慢；7）易合并意识和心理障碍；8）易发生药物不良反应；

c）老年人常见疾病种类及护理方法：1）高血压病；2）冠心病；3）糖尿病；4）脑血管病；5）慢性心力衰竭；6）慢性支气管炎；7）老年慢性胃炎；8）上消化道出血；9）老年骨性关节炎；10）肩关节周围炎；11）帕金森氏病；12）癫痫；13）慢性肾功能衰竭；14）癌症；15）老年痴呆症；16）老年抑郁症；17）老年骨质疏松症；18）慢性阻塞性肺气肿。

知识33：知道老年人常见冲突和压力的处理方法

a）老年人常见冲突的处理方法：

1）老年人与子女间常见冲突与处理：（1）常见冲突；（2）处理方法；

2）老年人与老年人间常见冲突与处理；

3）老年人与居家养老护理员间常见冲突与处理；

4）老年人家属与居家养老护理员间常见冲突与处理；

b）老年人常见压力的处理方法：

1）老年人惧怕衰老的压力与处理：（1）惧怕衰老的表现；（2）处理方法；

2）老年人惧怕疾病的压力与处理；

3）老年人惧怕孤独的压力与处理；

4）老年人惧怕死亡的压力与处理。

知识34：知道老年人康乐活动及照护方法

a）老年人手工活动：1）手工活动的内涵；2）手工活动的目的；3）手工活动类型：（1）日常生活类；（2）布艺编织类；（3）艺术类；4）手工活动示例：（1）剥豆子；（2）撒纸片作画等；

b）老年人娱乐游戏活动：1）娱乐游戏活动的作用：（1）增进健康；（2）健脑增知；（3）保持良好的情绪；

c）娱乐游戏活动实施方法：（1）个案娱乐活动；（2）小组娱乐活动：①益智类；②闲情娱乐类；③运动类；④学习类；

d）娱乐游戏活动示例：1）唱歌；2）听音乐、传布球；

e）指导老年人使用健身器材：1）什么是健身器材；2）健身器材分类：（1）常见社区用健身器材及使用方法；（2）医疗机构用健身器材及使用方法；3）使用健身器材的目的；4）适用对象；5）使用原则；

f）辅导老年人健身康复操：

1）健身康复操概述：（1）健肺操；（2）中风康复操；

2）健身康复操的要求：（1）动作幅度适中；（2）锻炼时间有规律，持之以恒；（3）活动量适宜，因人而异；

g）帮助智力障碍老年人进行康复训练：

1）智力障碍概述：（1）什么是痴呆；（2）老年性痴呆的表现：①记忆障碍；②对时

间和地点的定向力逐渐丧失；③计算能力障碍；④理解能力与判断力下降；⑤语言障碍；⑥思维情感障碍；⑦个性和人格改变；⑧行为障碍；⑨行动障碍；

2）智力障碍老年人康复训练的方法：

（1）认知训练：①记忆和注意力训练；②计算训练；③思维训练；

（2）日常生活能力和社会适应能力训练；

h）带动老年人进行休闲娱乐活动：

1）老年人进行休闲娱乐活动的意义；

2）适于老年人的休闲娱乐活动项目：（1）听音乐或唱歌；（2）棋牌类活动；（3）艺术类活动；（4）阅读书刊；（5）生活技能类活动；（6）健身类活动：①打乒乓球；②保健操；③身体放松运动（摆动上肢、耸肩、活动双手、按摩头部）；（7）手指的精细活动：①活动手指的游戏；②捡拾物品或穿珠子；③手操；

3）不同自理程度老年人的休闲娱乐活动：（1）自理老年人；（2）半自理老年人；（3）卧床老年人。

知识35：知道老年人功能训练方法

a）帮助老年人进行穿脱衣服训练：

1）穿脱衣服训练的目的；

2）穿脱衣服训练的方法：（1）穿脱前开襟衣服的方法：①穿法；②脱法；（2）穿脱套头上衣的方法；（3）卧位穿脱裤子方法；（4）坐起穿脱裤子方法；（5）穿脱鞋袜方法；

b）帮助老年人站立、行走：

1）老年人站立、行走的目的；

2）帮助老年人站立、行走的方法：

（1）从坐位向站立位转换的方法：①从正面扶托站立；②从侧面扶托站立；

（2）扶持与行走的方法：①扶持行走；②独立行走；③上下楼梯（上楼梯、下楼梯）；

c）老年人常见的异常步态：1）划圈步态；2）醉酒步态；3）慌张步态；4）剪刀步态；5）间歇性跛行；6）跨越步态；

d）帮助肢体障碍老年人功能训练：

1）什么是肢体障碍；

2）肢体障碍老年人的功能康复训练方法：

（1）运动功能训练：①床上翻身；②桥式运动；③坐位训练（坐位平衡训练、坐位下患肢持重训练、由坐——站起训练、由站——坐下训练、坐位下的上肢训练）④站位训练（站立训练、立位下屈膝训练、膝关节稳定性控制）⑤步行训练（手杖步行、上下楼梯训练）；

（2）日常生活自理能力和社会适应能力训练；

e）帮助压力性尿失禁老年人进行功能训练：

1）什么是压力性尿失禁；

2）压力性尿失禁功能康复训练的方法：（1）盆底肌肉训练；（2）尿意习惯训练；

f）帮助言语障碍老年人进行言语训练：

1）什么是言语障碍及言语治疗；

2）言语训练的原则：（1）及时评估；（2）早期开始；（3）循序渐进；（4）老年人主动参与；

3）言语训练常用的方法：（1）发音器官训练；（2）语言训练；（3）用语练习；（4）说出物品名称训练；（5）读字练习；（6）会话练习；（7）阅读练习；

g）帮助吞咽障碍老年人进行吞咽功能训练：

1）什么是吞咽障碍；

2）吞咽功能评定方法；

3）吞咽功能训练方法：

（1）基础训练：①咽部冰刺激与空吞咽；②屏气——发声运动；

（2）摄食训练：①体位；②食物的形态；③一口量（空吞咽与交互吞咽、侧方吞咽、点头样吞咽）；

（3）摄食——吞咽障碍的综合训练。

知识36：知道慢性病老年人照护计划的制订与实施结果评价方法

a）老年人慢性病概述：1）原因；2）特点；3）危害；

b）老年人照护计划概述：

1）照护计划制订要求；

2）照护计划制订作用：（1）督促作用；（2）提示作用；（3）理清思路的作用；（4）备案的作用；

3）照护计划的种类：（1）短期计划；（2）长期计划；

c）慢性病老年人照护计划制订方法：

1）制订计划的重点及顺序：（1）首选问题；（2）中选问题；（3）次级问题；

2）制订计划的要求；

3）熟悉《老年人健康评估表》《老年人功能独立康复程度表》

d）老年人照护计划实施结果的评价方法：

1）照护计划实施结果评价概述；

2）照护计划实施结果评价方法：（1）近期评价；（2）远期评价与定期随访计划。

知识37：知道老年人照护档案分类保管方法

a）老年人照护档案资源的重要性；

b）老年人照护档案管理的形式；

c）老年人照护档案管理的内容：1）基本资料；2）行为习惯；3）既往病史；4）主要问题目录；5）健康体检；6）健康随访；

d）老年人照护档案分类保管原则：1）建档方式；2）建档原则：（1）坚持循序渐进的原则；（2）坚持"知情同意、自愿参与、积极引导相结合"原则；（3）坚持客观性和准确性的原则；（4）坚持保密性原则；（5）坚持动态管理的原则；

e）老年人照护档案分类保管的要求：（1）建立健康档案；（2）管理和使用健康档案；（3）做好信息统计工作。

知识38：知道识别并消除损害老年人健康的环境因素

a）生活环境概述；

b）识别不利于老年人健康的环境因素：1）温湿度问题；2）空气污染问题；3）噪声问题；4）照明问题；5）地面问题：（1）地面不平、太滑或积水；（2）地面堆放障碍物；6）家具问题：（1）家具过多，且有棱角；（2）楼梯过陡或台阶过高，没有安全扶手；（3）床高度不合适，无床挡；（4）座椅不稳，无扶手、无靠背；7）洗浴、如厕问题；

c）老年人常见疾病造成的行动不便而对生活环境的要求：1）中风；2）冠状动脉粥样硬化性心脏病；3）帕金森病；4）阿尔茨海默病；

d）消除不利于健康的环境因素的方法：1）调节适宜温度；2）调节适宜湿度；3）开窗通风；

4）减少噪声；5）增亮照明；6）使用安全家具；7）保持地面平整、通道通畅等。

　　e）设计适合老年人生活环境的细节：

　　1）肢体功能障碍老年人生活环境设计细节：1）卫生间；2）地面；3）床和沙发；4）家具；5）门窗；6）灯光；7）开关；

　　2）患阿尔茨海默病老年人生活环境设计细节：1）明确标识；2）门锁；3）厨房；4）开关。

　　f）老年人生活环境优化设计：

　　1）老年人居室环境设计的原则：1）安全性；2）健康性；3）适用性；4）方便性；5）舒适性；

　　2）老年人生活环境优化设计的方法：1）功能转换；2）兼容性设计；3）活动性设计；4）预留性设计。

　　知识39：知道老年人照护技术创新方法

　　a）技术创新的基本知识：1）什么是创新；2）什么是技术创新；

　　b）照护研究的基本知识：

　　1）什么是照护研究；

　　c）照护研究的步骤：

　　1）提出问题；

　　2）查阅文献：（1）查阅文献的目的；（2）文献检索工具类型：①目录；②题录；③索引；④文摘；（3）检索方法：①工具法；②追溯法；③分段法；（4）检索途径；（5）检索步骤；

　　3）进行创新设计；

　　4）试行设计方案；

　　5）实施创新技术；

　　d）实施老年人生活照护技术创新的要求：1）尊重老年人；2）遵守有益的原则；3）知情同意；

　　e）为老年人用品提出技术改良的建议：

　　1）老年人用品技术改良的意义；

　　2）老年人用品技术改良的方法：1）问题评估；2）文献阅读；3）改良措施；4）交流论证；5）试行观察；

　　f）撰写老年人照护技术总结或论文：

　　1）什么是论文；

　　2）论文撰写格式：（1）文章题目；（2）作者署名；（3）摘要；（4）关键词；（5）正文：①前言；②照护经验或具体做法；③照护效果；④评价效果；⑤参考文献（期刊：序号、作者名、文章题目、杂志名称、年、卷＜期＞、页；书籍：序号、作者名、书名、版次、出版地、出版社、年、起至页）；

　　3）照护论文撰写方法：1）题目的书写；2）摘要书写方法；3）前言书写；4）对象与方法书写（或材料与方法书写）；5）结果描述方法；6）讨论撰写；7）结论书。

　　知识40：知道老年人功能康复训练计划的制订与实施结果评价方法

　　a）老年人功能康复训练计划概述：

　　1）什么是老年人功能康复训练计划；

　　2）老年人功能康复训练计划的范围及内容：（1）老年人活动训练范围；（2）老年人进食、进水康复训练；（3）老年人穿、脱衣训练；（4）老年人言语训练；

　　b）康复训练计划的内容及框架：

1）发音训练：（1）发音训练时间选择；（2）每次训练时间；（3）训练方法及步骤；

2）进食训练：（1）食物选择；（2）食物用具选择；（3）食物温度；（4）进食时的最佳体位；（5）进食的协助；

c）老年人功能康复训练计划制订的原则：1）针对性；2）发展性；3）顺序性；4）目标性；5）可行性；6）参与性；

d）老年人肢体活动效果评价方法：

1）什么是肢体活动效果评价；

2）肢体活动效果评价方法：（1）Bathel 指数评价量表；（2）工具性日常生活工具量表（IADL）。

知识41：知道制订老年人心理辅导基本方案及讲解老年人心理健康知识

a）老年人个体心理辅导概述：

1）什么是个体心理辅导；

2）特点：（1）针对性；（2）隐私性；（3）深入性；

3）技巧：（1）尊重；（2）热情；（3）真诚；（4）共情；（5）积极关注；（6）非言语行为的运用；

b）老年人个体心理辅导方案制订：

1）制订原则：（1）保密性原则；（2）理解与支持原则；（3）积极心态培养原则；（4）时间限定的原则；

2）制订内容：（1）收集资料；（2）评估问题；（3）确定目标；（4）设计方案；

c）老年人团体心理辅导概述：

1）什么是个团体心理辅导；

2）特点：（1）资源和观点的多样化；（2）辅导效率高，省时省力；（3）反馈和间接学习；（4）团体心理辅导类似于真实生活；

3）技巧：（1）与老年人沟通技巧；（2）促进老年人之间沟通技巧；（3）积极倾听；（4）鼓励与支持；（5）控制局面；

d）老年人团体心理辅导方案制订：

1）制订要求：（1）团体规模要适当；（2）方案设计要由浅入深；（3）活动设计要考虑老年人特点；

2）制订内容：（1）选择团体成员；（2）确定团体辅导目标；（3）设计团体辅导方案。

e）讲解老年人心理健康知识：

1）老年人心理健康知识：

（1）老年人生理年龄、心理年龄、社会年龄；

（2）心身疾病：①循环系统；②呼吸系统；③消化系统；④神经系统；⑤泌尿系统；⑥皮肤；⑦生殖系统；⑧骨骼肌肉系统；⑨恶性肿瘤；⑩内分泌系统；

（3）心理障碍；（4）神经症；（5）精神病；

2）老年人心理健康知识讲解方法：（1）讲解法；（2）讨论法；（3）角色扮演法。

知识42：知道疏导并稳定老年人的不良情绪及心理辅导效果评估方法

a）情绪概述：

1）什么是情绪；

2）情绪的维度与两极性；

3）情绪表现：（1）具有沟通功能；（2）具有言语性和非言语性；（3）情绪表现的

文化差异性；（4）情绪表现的个体差异性；

b）老年人的不良情绪：（1）失落感；（2）孤独感；（3）抑郁感；（4）恐惧感；

c）疏导老年人不良情绪的心理方法：

1）合理情绪法：（1）什么是合理情绪法；（2）ABC理论；（3）不合理信念的特征：①绝对化要求；②过分概括化；③糟糕至极；

2）放松训练法：（1）什么是放松训练法；（2）放松训练法的功能；（3）放松训练法的原理；

3）音乐疗法：（1）什么是音乐疗法；（2）音乐疗法的功能：①可改善大脑皮层功能；②能调节人的情绪；③有镇痛作用。

d）老年人心理辅导效果评估方法：

1）什么是老年人心理辅导效果评估；

2）影响心理辅导效果的因素：（1）老年人态度的影响；（2）居家养老护理员个人特征的影响；

3）老年人心理辅导效果评估的内容：（1）选择评估的时间；（2）确定评估指标；（3）确定评估维度：①老年人对辅导效果的自我评估；②老年人社会生活适应状况得到改变；③家人、朋友对老年人改善状况的评价；④老年人心理辅导前后心理测量结果的比较；⑤居家养老护理员的评价；

4）老年人心理辅导效果评估的要求：（1）主客观相结合；（2）效果的递进性；（3）多因素评估。

知识43：知道临终老年人生理反应

a）临终老年人分类：1）自然衰老；2）意外伤害；3）晚期癌症患者；4）慢性疾病终末期；b）肌张力丧失；c）胃肠道蠕动逐渐减弱；d）循环功能减退；e）呼吸功能减退；f）感知觉及意识改变；g）疼痛；h）临近死亡体征 。

知识44：知道临终老年人心理反应

a）否认期心理；b）愤怒期心理；c）协议期心理；d）忧郁期心理；e）接受期心理。

知识45：知道临终关怀及善后工作

a）什么是临终关怀；

b）临终关怀的意义：

1）临终关怀符合人类追求高生命质量的要求；

2）临终关怀是社会文明的标志；

3）临终关怀体现了崇高的医护职业道德；

4）临终关怀为临终老年人和家属提供心理关怀与安慰；

c）临终老年人的关爱与尊重：

1）满足老年人的生理需要；

2）尊重临终老年人；

3）耐心倾听和诚恳交谈与陪伴；

4）关注老年人家属，做好安慰、劝导与配合工作；

5）善于运用肢体语言与临终老年人沟通：

（1）什么是肢体语言；

（2）肢体语言的内容：①仪表；②面部表情；③目光接触；④姿态；⑤手势；⑥触摸；

（3）运用肢体语言的要求；

d）做好临终老年人的个人卫生：1）帮助老年人保持仪态整洁；2）保持室内清洁卫生；3）做好临终老年人的个人卫生；

e）安慰临终老年人家属：

1）临终老年人家属的压力：（1）个人需求的推迟或放弃；（2）家庭中角色与职务的调整与再适应；（3）压力增加，社会性互动减少；

2）安慰临终老年人家属的方法：（1）满足家属照顾老年人的需要；（2）鼓励家属表达情感；（3）指导家属对临终老年人的生活照料；（4）营造家庭生活氛围；（5）满足家属各项合理需求；（6）转移注意力；

f）善后工作的目的；

g）遗体料理方法：

1）遗体料理的准备工作；

2）擦洗清洁遗体；

3）给逝者穿寿衣；

4）做好逝者的善后服务工作；

5）遗体料理中注意事项。

以上：评定表中具体技能或知识等评级标准 （扫一扫 二维码）

11.4 居家养老护理服务职业技能标准几个问题

11.4.1 在标准内容选择上

今天已经是严重的老年化社会，积极健康养老也已经引起社会和家庭的重视，并在有的社区开始实施。那么，居家老年人的学习活动、老年教育活动要不要纳入居家养老护理服务标准内容，这将直接影响居家养老护理服务职业技能标准水平。

还有，随着生活水平提高、健康观念增强，居家老年人越来越重视养生保健与健康养老。其中，关于居家老年人养生、保健、健康管理的内容，是否要纳入居家养老护理服务标准内容，这也将直接影响居家养老护理服务标准水平。

11.4.2 在标准等级划分依据上

职业技能标准的"三级"（高级技能）中的"解决问题能力"的界定，就需要根据解决具体问题的难易程度来划分技能标准等级。那么，判断这个难易程度的依据是什么。例如，"技能17：能预防及救助老年人意外事件"中就有9种可能的意外事件，每种意外事件的预防及救助技能的难易程度是不同的，如何界定这些技能标准水平，划分的依据是什么；"技能18：能照护老年人常见病"中就有19种老年人常见病。显然，每种老年疾病的护理技能的难易程度也是不同的，有的需要较高的护理技能，有的需要一般的护理技能。那么，划分这些老年疾病的护理技能水平标准的依据是什么。这些都需要严谨对待，科学划分，不能主观随意。因为，这些问题依据什么标准来划分，将直接影响居家养老护理服务职业技能标准等级划分。

11.4.3 如何对居家老年人参与护理服务过程的行为进行标准化

在居家养老护理服务中，居家老年人在消费和享受居家养老护理服务的过程中，也直接参与居家养老护理服务的过程，会影响居家养老护理员的服务行为和服务过程。居家老年人是"半个家政服务员"，如何对居家老年人的角色和行为进行规范和标准化，是有难度的。但又不能不"积极干预"居家老年人要积极配合居家养老护理员的服务。因此，在居家养老护理服务职业技能标准化中，是否要考虑居家老年人的参与行为。

11.4.4 家庭服务机器人进入家庭将影响居家养老护理服务职业技能标准

随着科学技术进步及其科研成果在养老护理服务领域的应用,特别是人工智能、物联网、大数据在辅助老年人居家养老服务中的应用,养老护理机器人开始进入家庭。

例如,在养老护理床、轮椅车、自助餐具、洗浴辅助器具、护理服、护理鞋等养老护理器具中,应用人工智能和传感器技术,用互联网把这些养老护理器具连接起来,可以形成"物联网养老护理器具",并成为老年人家属和居家养老护理员的"眼睛、耳朵、鼻子",帮助照看和守护居家养老的老年人,特别是空巢老年人。

与此同时,还能把这些"眼睛、耳朵、鼻子"所收集的老年人居家养老的大量信息,存储到云计算中心,进行大数据的处理和分析。这样,家属和居家养老护理员,就可以非常容易地掌握居家养老的老年人的日常生活活动规律、健康信息。特别是老人夜间的睡眠、大小便次数等情况,及时有效地为居家养老的老年人提供人性化的服务。这一切都将影响居家养老护理服务职业技能标准的制定。

11.5 区块链 + 居家养老护理服务职业技能标准

11.5.1 区块链 + 居家养老护理服务的前提条件:居家养老护理服务标准化、数据化

基于区块链技术的"区块链 + 新新家政服务平台",要求居家养老护理服务职业技能标准化、数据化。

在居家养老护理过程中,居家老年人对居家养老护理员及其服务的反映和互动,将直接影响护理员的服务行为,尤其是居家老年人的身心健康水平,将直接反映居家养老护理员的服务水平或职业技能水平。因此,如何对居家老年人的行为及其健康水平进行标准化,如何采集居家老年人行为及其身心健康水平数据,对于建立区块链 + 居家养老护理服务平台,是必需的前提条件。

11.5.2 区块链 + 居家养老护理服务交易

基于区块链的智能合约技术,建立的区块链 + 新新家政服务(居家养老护理服务)交易平台,不仅要采集居家养老护理员的服务行为与服务结果数据,还要适当采集服务对象(居家老年人)的行为及其身心发展水平数据,进而保障居家养老护理服务智能合约的可靠性、一致性,让区块链 + 居家养老护理服务交易更加公平、高效。

基于区块链的 P2P 网络、智能合约技术,区块链 + 新新家政服务(居家养老护理服务)平台,实现居家养老护理服务点对点(雇主与居家养老护理员)、自动化交易,大大提升居家养老护理服务交易效率,降低服务交易成本。

11.5.3 区块链 + 居家养老护理服务培训(参见 9.5.3 章节)

11.5.4 区块链 + 居家养老护理服务生态建设 (参见 9.5.4 章节)

第12章　病患陪护服务职业技能标准

【家政政策】

序号	发文时间	发文机关	政策文件名称
	2017年7月10日	发改社会【2017】1293号	关于印发《家政服务提质扩容行动方案（2017年）》的通知
相关摘要	14. 完善标准体系，研究制定家政电商等新兴业态的服务标准和规范，鼓励制定地方标准、团体标准和企业标准，推进家政服务标准化试点示范建设，积极总结推广服务标准化经验。积极推行家政企业实施产品和服务标准自我声明公开。		

【家政寄语】

一个优秀的病患陪护员，拥有仁爱之心、同情心、处处洋溢着对生命的敬畏与热爱。

【术语定义】

病患陪护服务：依据患者病情与要求，对患者的生活照护、基础护理、康复护理、精神慰藉的过程，让患者早日康复。

【标准条款】

序号	标准编号	标准名称	主管部门
7	Q/QKL JZJS107-2020	病患陪护服务职业技能标准	
标准内容	1）职业技能标准定义； 2）职业技能标准等级； 3）职业技能标准内容：所受的教育、培训证书/课程、专业教育经历、相关生活经历、工作经验、专业技能、服务知识、服务态度等要素； 4）职业技能标准评定使用说明及计分方法； 5）《病患陪护服务职业技能标准评定表》； 6）病患陪护服务职业技能标准示例； 7）《病患陪护服务知识评定表》； 8）病患陪护服务知识示例（基本知识、专业知识）。		

【学习目标】

通过本章的学习，您将能够：

1）了解病患陪护服务职业技能标准内容；

2）掌握病患陪护服务职业技能标准等级评定方法。

12.1 什么是病患陪护服务

病患陪护服务：依据患者病情与要求，对患者的生活照护、基础护理、康复护理、精神慰藉的过程，让患者早日康复。

12.2 病患陪护服务职业技能标准评定

12.2.1 评定细则

1）病患陪护服务职业技能，是指病患陪护员在服务环境（雇主家庭或医院）中完成任务并最终达到服务预期，所具有的教育培训、工作经验、服务技能、服务知识及服务态度。每一项技能技术都是依据每一个服务标准来鉴定其合格性。

2）用数量分级表示病患陪护服务职业技能标准等级。

病患陪护服务职业技能标准分为五个级别，即实习病患陪护员（没有标准等级）、初级病患陪护员（初级标准）、中级病患陪护员（中级标准）、高级病患陪护员（高级标准）、技师、高级技师。最低为实习病患陪护员，没有技能等级，最高为高级技师。级别越高，表示病患陪护员的技能标准等级越高。

3）病患陪护服务职业技能标准评定，只适用于家政服务或提供家政服务的家政服务机构。

4）病患陪护服务职业技能标准划分原则：主要依据病患陪护员所受的教育、培训证书/课程、专业教育经历、相关生活经历、工作经验、专业技能、服务态度、服务知识等要素来划分。在评定上，职业技能标准和服务知识标准分别评定，其中，职业技能标准占60%，服务知识占40%，两项标准评定结果合计构成整个职业技能标准水平。

5）病患陪护服务职业技能标准评定表见下文，病患陪护员应逐项达标。

12.2.2 《病患陪护服务职业技能标准评定表》使用说明

A、如何计算病患陪护员的平均级别：所有在第一栏中的分数都算作是"0"分。在第二栏中的分数算作"1"分。第三栏的算作"2"分。第四栏的算作"3"分。要算出每个服务标准平均分，需将每一个栏的分数加在一起，然后将每一个栏的总分数加在一起得出那个服务标准的"你的得分"。用"你的得分"除以那个服务标准的总分。最后用所得出的数乘以"10"，即可得出平均级别。

B、在技能评级中，0代表"不适用/没有"；1代表"低"；2代表"中"；3代表"高"。其中，高一级包含低一级。

C、病患陪护服务职业技能标准分级：初级：1~3级；中级：4~7级；高级：8~9级；技师：9~10级。

D、评定表中具体技能或知识等评级标准　（扫一扫　二维码）

《病患陪护服务职业技能标准评定表》

病患陪护服务					
服务标准	技能评级				服务预期
	1级	2级	3级	4级	
病患陪护服务标准					**教育培训**
	0	1	2	3	教育1：学历　小学；中学；大专及以上
问题总数 34	0	1	2	3	教育2：证书或课程　患者照护培训学时
总分 102	0	1	2	3	教育3：患者护理证书
得分					**工作生活经验**
计算结果：102	0	1	2	3	教育4：患者照护教育年限　在家政公司或护理公司或医院担任患者照护培训

0	1	2	3	教育5：照护自己家庭患者年限
				在自己家庭照护自己家庭患者
				或者在医院照护自家患者
0	1	2	3	教育6：照护患者工作年限
				在家政公司或护理公司或医院照护患者
				服务技能
0	1	2	3	技能1：能制定患者护理表格并记录护理过程与结果
0	1	2	3	技能2：能制作患者饮食
0	1	2	3	技能3：能照护患者进食、进水
0	1	2	3	技能4：能制作药膳并照护药膳服用
0	1	2	3	技能5：能照护患者身体清洁与护理
0	1	2	3	技能6：能照护患者洗澡
0	1	2	3	技能7：能照护患者起居
0	1	2	3	技能8：能照护患者更衣
0	1	2	3	技能9：能更换整理患者床单被服
0	1	2	3	技能10：能照护患者睡眠
0	1	2	3	技能11：能照护患者安全
0	1	2	3	技能12：能照护患者排便
0	1	2	3	技能13：能照护患者排尿
0	1	2	3	技能14：能照护患者排痰
0	1	2	3	技能15：能照护患者呕吐
0	1	2	3	技能16：能测量与观察患者的病情
0	1	2	3	技能17：照护患者用药
0	1	2	3	技能18：能给患者进行热、冷疗护理
0	1	2	3	技能19：能照护常见疾病
0	1	2	3	技能20：能照护患者心理
0	1	2	3	技能21：能照护常见疾病
0	1	2	3	技能22：能照护常见传染疾病
0	1	2	3	技能23：能照护常见损伤患者
0	1	2	3	技能24：能照护临终患者
0	1	2		技能25：能给患者和自我防护感染
				服务态度
0	1	2	3	态度1：你在服务过程中如何与雇主交流
0	1	2	3	态度2：与患者相处是否有耐心和理解患者
0	1	2	3	态度3：你愿意为患者早日康复而服务吗
小计：				平均级别（0-10，低级到高级）：

《病患陪护服务知识标准评定表》

病患陪护服务					
服务标准	技能评级				服务预期
	1级	2级	3级	4级	
问题总数 54					**家政服务员基本知识**
总分 162	0	1	2	3	知识1：知道家政服务员职业道德
得分	0	1	2	3	知识2：知道家政服务职业心态与服务意识
	0	1	2	3	知识3：知道家政服务社交礼仪知识
计算结果：	0	1	2	3	知识4：知道家政服务卫生知识
	0	1	2	3	知识5：知道家政服务安全知识
162	0	1	2	3	知识6：知道家政服务相关法律知识

				病患陪护服务专业知识
0	1	2	3	知识 1：知道患者陪护方案的制订方法
0	1	2	3	知识 2：知道正常人体结构及功能
0	1	2	3	知识 3：知道患者病情观察方法
0	1	2	3	知识 4：知道常见疾病症状及化验室检查内容
0	1	2	3	知识 5：知道中医基础知识
0	1	2	3	知识 6：知道药物种类、保管和影响药物作用的因素
0	1	2	3	知识 7：知道常见疾病
0	1	2	3	知识 8：知道常见急救方法
0	1	2	3	知识 9：知道医院和住院环境及设施设备基本情况
0	1	2	3	知识 10：知道医院感染及消毒灭菌方法与隔离技术
0	1	2	3	知识 11：知道使患者感到舒适的方法
0	1	2	3	知识 12：知道患者卧位更换方法
0	1	2	3	知识 13：知道患者运送方法
0	1	2	3	知识 14：知道患者安全照护方法
0	1	2	3	知识 15：知道人体对合理营养需求及食物来源
0	1	2	3	知识 16：知道患者饮食种类特点、食物类型、适用对象及用法
0	1	2	3	知识 17：知道中医食疗知识
0	1	2	3	知识 18：知道照护患者饮食流程及进食、进水方法
0	1	2	3	知识 19：知道陪伴患者去医院就诊
0	1	2	3	知识 20：知道患者口腔清洁方法
0	1	2	3	知识 21：知道患者头发清洁与梳理方法
0	1	2	3	知识 22：知道患者身体清洁方法
0	1	2	3	知识 23：知道铺床及卧床患者床铺整理方法
0	1	2	3	知识 24：知道患者休息的作用及协助患者休息的方法
0	1	2	3	知识 25：知道患者更衣方法
0	1	2	3	知识 26：知道卧床患者压疮及预防方法
0	1	2	3	知识 27：知道患者睡眠特点及健康睡眠习惯的指导方法
0	1	2	3	知识 28：知道患者排尿的观察及照护方法
0	1	2	3	知识 29：知道患者排便的观察及照护方法
0	1	2	3	知识 30：知道排痰观察及照护方法
0	1	2	3	知识 31：知道患者呕吐时的观察及照护方法
0	1	2	3	知识 32：知道排泄物标本采集方法
0	1	2	3	知识 33：知道患者的基本心理特点及沟通技巧
0	1	2	3	知识 34：知道常见病患者的心理问题及照护方法
0	1	2	3	知识 35：知道儿童青少年患者的心理特点及护理方法
0	1	2	3	知识 36：知道中青年患者心理护理方法
0	1	2	3	知识 37：知道老年人患者心理特点及护理方法
0	1	2	3	知识 38：知道患者口服用药、服药要求及护理方法
0	1	2	3	知识 39：知道热疗法
0	1	2	3	知识 40：知道冷疗法
0	1	2	3	知识 41：知道患者疼痛观察及照护方法
0	1	2	3	知识 42：知道患者跌倒危险因素及预防跌倒的照护方法
0	1	2	3	知识 43：知道常见传染病
0	1	2	3	知识 44：知道手术前后患者的照护方法
0	1	2	3	知识 45：知道重症患者的照护方法
0	1	2	3	知识 46：知道临终患者生理反应
0	1	2	3	知识 47：知道临终患者心理反应
0	1	2	3	知识 48：知道临终关怀及善后工作
小计：				平均级别（0-10，低级到高级）：

12.3 病患陪护服务职业技能标准示例

服务技能

技能 1：能制定患者护理表格并记录护理过程与结果

a）能制定各种老年人护理表格：

1）患者健康情况评估表；

2）患者生活能力评估表；

3）患者心理活动评估表；

4）患者生活护理计划表；

5）患者日常护理记录表：（1）饮食护理记录表；（2）翻身护理记录表；（3）大便护理记录表；（4）小便护理记录表；（5）个人卫生护理记录表；（6）特殊护理记录表；（7）交接班护理记录表；（8）家属知情告知护理记录表；

b）患者护理记录内容；

c）填写护理记录的注意事项。

技能 2：能制作患者饮食

a）普通饮食：1）米饭；2）馒头；3）饺子；4）小米南瓜粥；5）炒青椒肉片；6）清蒸鱼；7）白菜豆腐汤；8）排骨莲藕汤；9）小鸡炖蘑菇；10）牛肉炖土豆；

b）软质饮食：1）软米饭；2）面条；3）小馒头；4）馄饨；5）豆制品；6）煮烂的和切碎的鸡肉、猪肉、牛肉、菜肉等；

c）半流质饮食：1）大米粥；2）小米粥；3）肉末粥；4）鸡蛋羹；5）藕粉；6）蛋花汤；7）豆腐脑；8）牛奶；9）酸奶；10）果汁；11）果泥；12）菜泥；13）菜汁；14）各种肉汤；15）泥糊状食品等；

d）流质饮食：1）牛奶及奶制品；2）蛋白粉；3）豆浆；4）米汤；5）肉汁；6）肉汤冲鸡蛋；7）西红柿汁；8）菜汁；9）果汁；10）清肉汤；11）肝汤等；

e）鼻饲饮食：1）果汁；2）无渣汤汁；3）混合奶（奶中加蛋黄、鱼泥）等；

f）胃病饮食：1）消化道出血患者止血后宜多饮牛奶、豆浆，以中和胃酸；2）胃手术后的患者不宜提供易引起胀气的食物。例如 牛奶、豆浆、过甜食物，以免影响伤口愈合；

g）治疗饮食：1）高蛋白饮食；2）低蛋白饮食；3）低热量饮食；4）高热量饮食；5）低脂肪饮食；6）低胆固醇饮食；7）低盐饮食；8）无盐低钠饮食；9）高纤维素饮食；10）少渣饮食等；

h）试验饮食：1）胆囊造影检查饮食；2）隐血试验饮食；3）吸碘试验饮食等；

i）要素饮食。

技能 3：能照护患者进食、进水

a）能照护饮食自理患者进食（水）；

b）能照护不能下床患者进食（水）；

c）能清洁、消毒患者膳食器具：1）患者餐饮用具清洁；2）患者餐饮用具消毒：（1）煮沸消毒；（2）蒸汽消毒；（3）消毒柜消毒；（4）微波炉消毒；（5）化学药物消毒；

d）能收纳患者膳食器具；

e）能照护吞咽困难患者进食（水）；

f）能照护患者鼻饲饮食；

g）能照护患者治疗饮食；

h）能照护患者试验饮食。

技能 4：能制作药膳并照护药膳服用

a）能制作药膳：1）选料：①食物；②药物；③汤汁；2）调味品；3）配料；4）火候；

b）能照护药膳的服用：1）药食同食；2）弃药渣而食；3）药膳不宜数种同食等；

c）能平衡膳食：（1）平衡膳食；（2）偏食有害；（3）合理利用；（4）食物类型：①米饭；②粥食；③汤羹；④菜肴；⑤汤剂；⑥饮料；⑦酒剂；⑧散剂；⑨蜜膏；⑩蜜饯；糖果；

d）能中医食疗：1）少儿应用；2）中年人应用；3）老年人应用；4）妇女应用。

技能 5：能照护患者身体清洁与护理

a）能清洁患者身体：1）口腔清洁：（1）刷牙法；（2）漱口法；（3）棉棒擦拭法；（4）棉球擦拭法；2）头发清洁：1）梳头法；2）坐位洗头法；3）床上洗头法：（1）洗发器洗头法；（2）马蹄形垫洗头法；扣杯洗发法；3）皮肤清洁：（1）清洁面部；（2）双手；（3）足部；4）女性不能自理患者会阴清洁；

b）能为患者摘戴、清洗、存放义齿；

c）能为患者整理仪容仪表：1）修剪指（趾）甲；2）为不能自理的男性患者剃须；

d）能为患者口腔护理；

e）能为患者头发护理；

f）能为患者皮肤护理。

技能 6：能照护患者洗澡

a）淋浴；b）盆欲；c）床上擦浴。

技能 7：能照护患者起居

a）晨间照护；b）晚间照护；c）休息照护；d）卧位更换；e）起居环境布置等。

技能 8：能照护患者更衣

a）更衣前准备工作；

b）更换开襟衣服；

c）辅助患者穿脱套头上衣；

d）辅助患者更换裤子；

e）辅助患者更换鞋袜；

f）能及时清洗、消毒、收纳衣物。

技能 9：能更换整理患者床单被服

a）能按计划或需要更换床单被服；

b）整理床单；

c）正常更换被服；

d）能为卧床患者更换被服；

e）能及时清洗、消毒、收纳被服。

技能 10：能照护患者睡眠

a）能布置患者睡眠环境：1）卧室或病房布置；2）床铺整理；

b）能识别和改善影响患者睡眠的环境因素；

c）能辅助患者养成好的睡眠习惯：1）指导养成好的习惯；2）能指导患者改变不良睡眠习惯；3）睡眠忌讳事项；

d）能通过食疗促进睡眠：1）香蕉；2）菊花茶；3）温牛奶；4）蜂蜜；5）马铃薯；6）燕麦片；7）杏仁；8）核桃；9）葵花子；10）小米；11）大枣；

e）能通过适量运动或心理护理促进睡眠；

f）能照护有睡眠障碍的患者入睡；

g）能遵照医嘱使用药物促进睡眠；

h）能观察并记录患者异常睡眠。

技能 11：能照护患者安全

a）协助患者使用手杖、拐杖；

b）协助患者使用步行器；

c）协助患者使用轮椅；

d）协助患者变换体位；

e）平车（担架）搬运患者；

f）患者保护具的使用：1）床挡；2）约束带等。

技能 12：能照护患者排便

a）能帮助患者正常如厕；

b）能帮助卧床患者使用便盆排便；

c）能使用开塞露辅助患者排便；

d）能使用人工取便的方法辅助患者排便；

e）能照护腹泻患者；

f）能照护便秘患者；

g）能照护排便失禁患者；

h）能照护结肠造瘘患者；

i）能采集患者的大便标本；

j）能识别患者大便异常的原因。

技能 13：能照护患者排尿

a）能帮助患者正常排尿；

b）能帮助卧床患者使用尿壶排尿；

c）能为患者更换尿垫、纸尿裤；

d）能照护尿潴留患者；

e）能照护尿失禁患者；

f）能照护留置导尿管患者；

g）能采集患者的小便标本；

h）能识别患者排尿异常的原因。

技能 14：能照护患者排痰

a）改善环境；b）补偿营养与水分；c）促进排痰：（1）指导有效咳嗽；（2）拍背与胸壁振荡；（3）湿化呼吸道；（4）体位引流；（5）机械吸痰；d）预防并发症；e）能采集患者的痰标本；f）能识别患者排痰异常的原因。

技能 15：能照护患者呕吐

a）使患者体位舒适、安全；

b）保持呼吸道畅通；

c）注意观察病情；

d）清洁口腔；

e）保持床铺清洁、整洁；

f）及时补充液体；

g）心理护理；

h）能采集患者的呕吐物标本；

i）能识别患者呕吐物异常的原因。

技能 16：能测量与观察患者的病情

a）能测量与观察患者体温并进行照护；

b）能测量与观察患者脉搏并进行照护；

c）能测量与观察患者呼吸并进行照护；

d）能测量与观察患者血压并进行照护。

技能 17：照护患者用药

a）能协助患者服药；

b）能照护患者眼、耳、鼻、皮肤等外用药；

c）能照护静脉输液或注射；

d）能照护患者进行雾化吸入：1）氧气雾化吸入；2）超声波雾化吸入；

e）能照护压疮患者用药；

f）能煎煮中药：（1）容器；（2）用水；（3）泡药；（4）煎药；（5）榨渣取药；（6）煎煮特殊药物：①先煎；②后下；③包煎；④另煎；⑤烊化；⑥冲服；⑦泡服；

g）能照护非自理患者口服药物；

h）能观察与记录患者用药后反应：1）服用治疗心血管系统疾病类药物注意观察的要点；2）呼吸系统疾病类药物；3）消化系统疾病类药物；4）泌尿系统疾病类药物；5）血液系统疾病类药物；6）内分泌及代谢疾病类药物；7）风湿性疾病类药物；8）神经系统疾病类药物；

i）能处理用药后不良反应：1）胃肠道反应；2）泌尿系统反应；3）神经系统反应；4）循环系统反应；5）呼吸系统反应；6）皮肤反应；7）过敏性休克的症状；

j）能管理患者用药及患者家庭药箱。

技能 18：能给患者进行热、冷疗护理

a）能给患者进行热疗：（1）协助患者使用热水袋；（2）协助患者使用烤灯：①红外线灯；②护架灯；③鹅颈灯；④立灯；（3）协助患者湿热敷；（4）协助患者热水坐浴；（5）协助患者温水浸泡；（6）硫酸镁温热敷；（7）松节油热敷；

b）冷疗法的操作：（1）协助患者使用冰枕（冰袋）；（2）新型冰袋；（3）协助患者使用冰帽或冰槽；（4）协助患者湿冷敷；（5）协助患者温水拭浴；（6）酒精擦浴；

c）能为患者测量体温：1）腋下测温；2）口腔测温；3）直肠测温；

d）能对患者皮肤进行观察与护理。

技能 19：能照护患者心理

a）重病患者；b）慢性病患者；c）传染病患者；d）外科常见病患者；e）内科常见病患者；f）儿童少年患者；g）中青年患者；h）老年患者等。

技能 20：能照护常见疾病

a）高血压患者护理；b）脑血管患者护理；c）冠心病患者护理；d）糖尿病患者护理；e）老年性痴呆患者护理；f）精神疾病护理；g）恶性肿瘤患者护理；h）偏瘫患者护理；i）褥疮预防与护理。

技能 21：能照护常见传染疾病

a）流行性感冒患者护理；b）病毒性肝炎患者护理；c）细菌性痢疾患者护理；d）肺

结核患者护理；e）带状疱疹患者护理；f）水痘患者护理；g）手足口病患者护理。

技能 22：能照护常见损伤患者

a）烧伤与烫伤患者护理；b）擦伤患者护理；c）刺伤患者护理；d）割裂伤患者护理；e）挫伤及扭伤患者护理；f）挤压伤患者护理；g）关节脱位患者护理；h）伤筋患者护理；i）骨折患者护理。

技能 23：能照护临终患者

a）能照护临终患者的个人卫生：1）帮助患者保持仪态整洁；2）保持室内清洁卫生；3）做好临终患者的个人卫生；

b）能照护临终患者的心理：1）否认期心理；2）愤怒期心理；3）协议期心理；4）忧郁期心理；5）接受期心理；

c）能关爱与尊重临终患者：

1）满足患者的生理需要；

2）尊重临终患者；

3）耐心倾听和诚恳交谈与陪伴；

4）关注患者家属，做好安慰、劝导与配合工作；

5）善于运用肢体语言与临终患者沟通：（1）仪表；（2）面部表情；（3）目光接触；（4）姿态；（5）手势；（6）触摸；

d）能安慰临终患者家属：1）满足家属照顾患者的需要；2）鼓励家属表达情感；3）指导家属对患者的生活照料；4）营造家庭生活氛围；5）满足家属各项合理需求；6）转移注意力；

e）能照料遗体：

1）遗体料理的准备工作；

2）擦洗清洁遗体；

3）给死者穿寿衣；

4）做好死者的善后服务工作；

5）遗体料理中注意事项。

技能 24：能自我防护感染

a）能消毒灭菌；b）能无菌技术操作；c）能隔离技术操作

技能 25：病患陪护服务培训与管理 （扫一扫 二维码）

家政服务员基本知识 （同上）

知识 1：知道家政服务员职业道德

知识 2：知道家政服务职业心态与服务意识

知识 3：知道家政服务社交礼仪知识

知识 4：知道家政服务卫生知识

知识 5：知道家政服务安全知识

知识 6：知道家政服务相关法律知识

病患陪护服务专业知识

知识 1：知道患者陪护方案的制订方法

a）儿童青少年患者疾病陪护方案：

1）儿童青少年疾病基本特点：（1）疾病种类与成年人差异较大；（2）疾病的表现与成年人不同；（3）反应性低下；（4）儿童病情发展特点；（5）青少年心理疾病较多；2）

儿童青少年疾病陪护基本方案；

b）中青年患者疾病陪护方案：

1）中青年患者疾病基本特点：（1）中青年患病急骤、病情严重；2）常在毫无心理准备的情况下患病；3）心理因素对中青年疾病起着重要的作用；4）疾病恢复快；2）中青年疾病陪护方案；

c）老年患者疾病陪护方案：1）老年人患者疾病基本特点：（1）患病率高；（2）多种疾病并存；（3）症状体征不典型；（4）易发生水和电解质紊乱；（5）发病快、病程短、易诱发全身衰竭；（6）易发生意识障碍与精神异常；（7）常遗漏后遗症；（8）不易恢复或恢复缓慢；（9）药物反应大；2）老年疾病陪护方案。

知识2：知道正常人体结构及功能

a）人体基本结构：1）细胞；2）组织；3）器官；4）系统；

b）人体各系统基本结构和功能：

1）运动系统：（1）基本结构：①骨；②关节；③骨骼肌；（2）基本功能：①运动；②支持；③保护；

2）呼吸系统：（1）基本结构：①呼吸道；②肺；（2）基本功能；

3）循环系统：（1）基本结构：①心脏；②血液；③血管；（2）基本功能：①心脏功能；②体循环功能；③肺循环功能；

4）消化系统：（1）基本结构：①消化管；②消化腺；（2）基本功能：①消化；②吸收；③排泄；

5）泌尿系统：（1）基本结构：①肾脏；②输尿管；③膀胱；④尿道；（2）基本功能；

6）生殖系统：（1）基本结构：①男性生殖系统；②女性生殖系统；（2）基本功能；

7）内分泌系统：（1）基本结构；（2）基本功能；

8）神经系统：（1）基本结构：①脑；②脊髓；③周围神经；（2）基本功能：①脑功能；②脊髓功能；③周围神经功能；④神经系统活动的基本形式；

9）感觉系统：（1）基本结构：①外感受器；②内感受器；③本体感受器；（2）基本功能；

10）免疫系统：（1）基本结构：①免疫器官；②免疫细胞；③免疫分子；（2）基本功能：①防御功能；②稳定功能；③监护功能。

知识3：知道患者病情观察方法

a）体温的测量与观察：

1）体温测定：（1）正常体温；（2）生理变动：①昼夜；②年龄；③性别；④运动；⑤情绪；⑥环境；⑦药物；⑧进食；（3）体温计的种类与构造；（4）体温计的检查及消毒；（5）测量体温的方法：①用物；②操作方法：口温、腋温、肛温；（6）测量体温的注意事项；

2）异常体温的判定及护理：体温过高

（1）发热程度的划分：①低热；②中等热；③高热；④超高热；

（2）发热的过程：①体温上升期；②高热持续期；③退热期；

（3）热型：①稽留热；②弛张热；③间歇热；④不规则热；

（4）高热病人的护理：①降低体温；②休息；③口腔护理；④皮肤护理；⑤饮食护理；⑥心理护理；⑦加强病情观察；

3）异常体温的判定及护理：体温过低

（1）体温过低的划分：①轻度；②中度；③重度；④致死温度；

（2）临床表现；

（3）体温过低患者的护理；

b）脉搏的测定与观察：

1）脉搏的测量：（1）正常脉搏及生理性变化：①脉率；②脉律；③脉搏的强度；（2）测量的部位；（3）测量方法；（4）注意事项；

2）诊断的意义：（1）脉率异常：①脉搏增快；②脉搏缓慢；（2）节律异常：①间歇脉；②脉搏短绌；③二联律、三联律；（3）强弱异常；（4）动脉壁的异常；

c）呼吸的测定与观察：

1）呼吸测量：（1）正常呼吸；（2）生理变化：①年龄；②性别；③活动；④情绪；⑤其他；（2）测量方法；（3）注意事项；

2）呼吸异常的观察：（1）频率异常；（2）深度异常；（3）节律异常；（4）声音异常；（5）呼吸困难；

3）呼吸异常的护理：（1）休息；（2）体位；（3）保持呼吸道畅通；（4）吸氧；（5）保持口腔的清洁湿润；（6）其他；

d）血压的测定与观察：

1）血压测量：（1）正常血压；（2）生理变化：①年龄；②性别；③昼夜变化；④环境；⑤精神状态；⑥体位；⑦身体部位；（3）血压计的种类：①水银血压计；②无液血压计；③电子血压计；（4）测量方法；（5）注意事项；

2）诊断的意义：（1）高血压；（2）低血压；（3）脉压差的变化。

知识4：知道常见疾病症状及化验室检查内容

a）常见疾病症状：

1）发热：（1）发热的分度：①低热；②中等热；③高热；④超高热；（2）发热的过程与特点：①体温上升期；②高热期；③体温下降期；2）咳嗽与咳痰；3）恶心与呕吐；4）呕血与黑便；5）水肿；6）便血；7）腹泻；8）便秘；

b）化验室常见检查内容：

1）标本采集的基本要求：（1）完整；（2）新鲜；

2）各种标本的采集：

1）血液标本的采集：

（1）采血部位：①皮肤穿刺采血；②静脉采血；

（2）血标本种类：①全血；②血浆；③血清；

（3）不合格血标本及预防措施：①高脂肪血标本；②血浆溶血标本；

（4）不同血标本采集方法：①空腹；②定时；③冰浴；④保温；⑤避光；

2）尿液标本的采集：

（1）尿液标本种类：①晨尿；②随机尿；③定时尿；④培养尿；

（2）标本保存：①冷藏；②化学法；

3）粪便标本的采集：①标本量；②部位；③容器；④温度；⑤标本来源；⑥送检时间；

4）痰液标本的采集；

c）影响检验结果的因素：1）生理因素；2）饮食因素：（1）标本采集前的影响；（2）特殊饮料和进食习惯；3）药物因素；4）其他因素。

知识5：知道中医基础知识（扫一扫　二维码）

知识6：知道药物种类、保管和影响药物作用的因素

a）药物的种类：1）内服药；2）注射药；3外用药；4）新颖剂型；

b）药物的保管；

c）影响药物作用的因素：

1）体内过程产生的影响：（1）药物的吸收；（2）药物的分布；（3）药物的代谢；（4）药物的排泄；

2）机体因素产生的影响：（1）年龄与体重；（2）性别；（3）身体状况；（4）心理因素；（5）个体差异；

3）给药方法产生的影响；

4）饮食产生的影响：（1）促进药物吸收和增强疗效；（2）干扰药物吸收和降低疗效；（3）改变尿液的 PH 值，影响疗效。

知识 7：知道常见疾病

a）常见内科疾病：1）慢性支气管炎；2）；阻塞性肺气肿；3）慢性肺源性心脏病；4）支气管哮喘；5）肺炎球菌肺炎；6）肺结核；7）呼吸衰竭；8）慢性心力衰竭；9）原发性高血压；10）慢性胃炎；11）消化性溃疡；12）肝硬化；13）急性胰腺炎；14）上消化道出血；15）慢性肾小球肾炎；16）慢性肾衰；17）缺铁性贫血；18）再生障碍性贫血；19）甲状腺功能亢进；20）糖尿病；21）类风湿性关节炎；22）病毒性肝炎；23）艾滋病；

b）常见外科疾病：1）烧伤；2）甲状腺功能亢进；3）胃癌；4）肠梗阻；5）阑尾炎；6）痔疮；7）大肠癌；8）门静脉高血症；9）原发性肝癌；10）胆囊结石；11）胆管结石；12）急性胰腺炎；13）气胸；14）肺癌；15）食管癌；

c）常见妇产科疾病：1）滴虫阴道炎；2）功能失调性子宫出血；3）子宫肌瘤；4）子宫颈癌；5）流产；6）异位妊娠；7）妊娠高血压综合症；8）胎膜早破；

d）常见儿科疾病：1）维生素 D 缺乏性佝偻病；2）小儿腹泻；3）支气管肺炎；4）先天性心脏病；5）小儿贫血；6）麻疹；7）水痘。

知识 8：知道常见急救方法

a）人工呼吸：1）口对口人工呼吸；2）口对鼻人工呼吸；

b）胸外心脏按压；

c）止血：1）出血性质的判断：①毛细血管出血；②静脉出血；③动脉出血；2）止血方法：①一般止血法；②加压包扎止血法；③指压止血法；

d）包扎：1）包扎的要求：①快；②准；③轻；④牢；2）伤口包扎前的初次处理与注意事项；3）特殊包扎法：①开放性气胸；②服部内脏脱出；③脑膨出；④异物刺入伤；⑤开放性骨折的骨断端外露；

e）固定；

f）吸氧：1）鼻导管给氧法；2）鼻塞法；3）面罩法；4）氧气头罩法；5）氧气枕法；

g）吸痰：1）评估；2）计划；3）实施；

h）洗胃：1）适应证；2）禁忌证，3）洗胃液的选择：①保护剂；②溶剂；③吸附剂；④解毒剂；⑤中和剂；⑥沉淀剂；4）洗胃原则；5）洗胃方法。

知识 9：知道医院和住院环境及设施设备基本情况

a）医院的分类：1）按功能划分：（1）综合医院；（2）专科医院：①胸科；②脑科；③妇产科；④儿童医院；⑤老年医院；⑥肿瘤医院等；（3）康复医院；（4）中医医院；2）按地区划分；3）按特定任务划分；

b）医院的结构：1）诊疗部门；2）辅助诊疗部门；3）护理部门；4）行政后勤部门；

c）病区要求：

1）病区布置和布局；

2）病区的环境要求：

（1）社会环境要求：①建立良好的照护关系；②对患者的需要及时做出反应；③尊重患者的人格；④保护患者的隐私；

（2）物理环境（病室环境）要求：①安静；②整洁；③通风；④光线；⑤温度湿度；⑥绿化；

（3）病区安全要求：①避免损伤；②预防医院内感染；

d）床单位设备。

知识 10：知道医院感染及消毒灭菌方法与隔离技术

a）什么是医院感染；

b）医院感染的形成：

1）感染源：1）已感染的患者及病原携带者；2）患者自身正常菌群；3）动物感染源；4）医院环境（环境、设备、器械、物品、垃圾、食物等）；

2）传播途径：1）接触传播；2）空气传播：①飞沫传播；②飞沫核传播；③菌尘传播；3）饮水、饮食传播；4）注射、输液、输血传播；5）生物媒介传播（动物或昆虫，如蚊子）；

3）易感宿主：①什么是易感宿主；②影响宿主易感性的因素（年龄、性别、种族及遗传；正常的防御机制是否健全；疾病与治疗情况；营养状况；生活形态；精神面貌；持续压力）；

c）医院感染的类型：1）内源性感染；2）外源性感染；

d）清洁；

e）消毒灭菌：

1）物理消毒灭菌法：

（1）热力消毒灭菌法：①干热法（燃烧法、干烤法）②温热法（煮沸消毒法、压力蒸汽灭菌法、低温蒸汽消毒法）

（2）光照消毒法：①日光曝晒；②紫外线灯管消毒法；③臭氧灭菌灯消毒法；

（3）电离辐射灭菌法：γ 射线；

（4）微波消毒灭菌法；

（5）机械除菌法：如冲洗、刷、擦、扫、抹、铲除、过滤等

2）化学消毒灭菌法：

（1）化学消毒灭菌的原理；

（2）化学消毒剂的选择；

（3）化学消毒剂的使用原则；

（4）化学消毒剂的使用方法：①浸泡法；②擦拭法；③喷雾法；④熏蒸法等；

f）无菌技术：

1）什么是无菌技术；

2）无菌技术操作要求：（1）对操作者的要求；（2）对环境的要求；（3）无菌物品的放置；（4）无菌物品的有效期；（5）无菌物品的存取；（6）无菌物品的使用；

g）隔离技术：

1）传染病区隔离单位的设置；

2）工作区域的划分：（1）清洁区；（2）半污染区；（3）污染区；

3）隔离要求；

4）隔离种类：（1）严密隔离；（2）呼吸道隔离；（3）肠道隔离；（4）接触隔离；

（5）血液、体液隔离；（6）昆虫隔离；（7）保护性隔离；

5）隔离操作：（1）使用口罩、帽子；（2）刷手及消毒手；（3）使用避污纸；（4）穿脱隔离衣。

知识 11：知道使患者感到舒适的方法

a）什么是舒适；

b）不舒适的原因：1）生理原因；2）心理原因；3）环境影响：（1）社会环境影响；（2）物理环境影响；

c）使患者感到舒适的方法。

知识 12：知道患者卧位更换方法

a）卧位的分类：

1）根据卧位的自主性分类：（1）主动卧位；（2）被动卧位；（3）被迫卧位；2）根据卧位的平衡稳定性分类：（1）稳定性卧位；（2）不稳定性卧位；

b）常见卧位的适用范围与采用：1）仰卧位：（1）去枕仰卧位；（2）凹卧位；（3）屈膝仰卧位；2）侧卧位；3）半坐卧位；4）端坐位；5）俯卧位；6）头低足高位；7）头高足低位；8）膝胸位；9）截石位；

c）更换卧位的方法：

1）协助患者翻身侧卧：

（1）操作目的；（2）操作方法：①单人协助患者翻身法；②双人协助患者翻身法；（3）注意事项；

2）协助患者移向床头。

知识 13：知道患者运送方法

a）轮椅运送方法：1）目的；2）用物准备；3）操作方法；4）注意事项；

b）助行器的运用：1）助行器的种类；2）助行器的使用；

c）平车运送法：1）单人运送法；2）多人运送法；

d）担架运送法。

知识 14：知道患者安全照护方法

a）床挡；

b）约束带：1）宽绷约束带；2）肩部约束带；3）膝部约束带；4）尼龙搭扣约束带；5）手套约束带；

c）拐杖：1）拐杖的选择；2）扶拐的使用方法；3）扶拐的步伐；4）拐杖的使用原则：（1）双拐的使用；（2）单拐的使用；5）注意事项；

d）手杖：1）选择合适手杖的标准；2）手杖正确的握法；3）注意事项；

e）支被架。

知识 15：知道人体对合理营养需求及食物来源

a）人体对营养的需求；

b）合理营养的重要性；

c）营养素的种类、功能、需要量及食物来源：

1）蛋白质：（1）动物性食物（鸡肉、牛肉、猪肉、带鱼、鲫鱼、虾等）；（2）植物性食物（花生、黄豆、红豆、绿豆、豆制品、糯米、小米、玉米、黑米、燕麦等）。

2）脂肪：（1）动物性食物：猪肉、牛肉、鸡肉、鸭肉、蛋类；（2）植物性食物：花生、花生油、豆油、芝麻油、玉米油、色拉油、核桃、松子。

3）碳水化合物：（1）蔗糖；（2）谷物（大米、小米、玉米、黑米、糯米、大麦、燕麦、高粱等）；（3）水果（西瓜、香蕉、葡萄等）；（4）坚果；（5）蔬菜等。

4）维生素：

（1）维生素 A：鸡肝、鸡心、蛋黄、鸭肝、养肝、牛肝、猪肝、乳类；胡萝卜、西兰花、芹菜叶、豌豆苗、菠菜、芥蓝、芥菜。

（2）维生素 D：牛奶、蛋黄等。

（3）维生素 E：花生油、玉米油、芝麻油、绿叶蔬菜、肉类、蛋类、奶类、鱼肝油等。

（4）维生素 K：绿叶蔬菜、奶类、肉类、牛肝、鱼肝油、蛋黄等。

（5）维生素 B1：多存在于食物种子胚芽及外皮中，黄豆、瘦肉等。

（6）维生素 B2：鸡肝、鸭肝、蛋、猪肝、猪肾、羊肾、羊肝、牛肝、瘦肉、牛奶；冬菇、香菇、蘑菇、紫菜、南瓜粉、豆腐丝、绿叶菜、干果等。

（7）维生素 B12：动物肝肾、牛肉、猪肉、鸡肉、蛋类、乳类、鱼类。

（8）维生素 C：辣椒、苦瓜、菜花、芥蓝、甜椒、豌豆苗、鲜枣、猕猴桃、山楂。

（9）维生素 B6：蛋黄、肉类、鱼类、奶类、谷物种子外皮、卷心菜等。

（10）叶酸：动物内脏、禽蛋、菠菜、西红柿、苋菜、油菜、豆类、坚果类等。

5）矿物质和微量元素：

（1）钙：虾类、海带、螺、虾酱、牛奶、奶酪；黑芝麻、芝麻酱、大豆、黑豆、青豆、豆腐干、西瓜子、花生、油菜、紫菜、海带、木耳；蛋、骨头汤等。

（2）铁：鸭肝、鸭血、鸡肉、鸡肝、鸡血、猪肝、猪血、瘦肉、牛肝、牛肉、羊肉、兔肉、黄花菜、黑木耳、黑芝麻、芝麻酱、芥菜、紫菜、蘑菇、豆制品、海带、虾米。

（3）锌：动物内脏、蛋类、山羊肉、生蚝、牡蛎、扇贝、鱿鱼干；小麦胚芽、山核桃、口蘑、松子、香菇、花生、紫菜、粗粮、芝麻等。

（4）硒：鱼、虾、乳类、动物肝脏、肉类；坚果、全粒谷物、白米、豆类。

（5）碘：带鱼、鲳鱼、干贝、海蜇、海参、龙虾；海带、紫菜。

（6）钠：盐、酱油等。

6）水；

7）膳食纤维。

知识 16：知道患者饮食种类特点、食物类型、适用对象及用法

a）普通饮食；b）软食饮食；c）半流质饮食；d）流质饮食；e）鼻饲饮食；f）治疗饮食：1）高蛋白饮食；2）低蛋白饮食；3）低热量饮食；4）高热量饮食；5）低脂肪饮食；6）低胆固醇饮食；7）低盐饮食；8）无盐低钠饮食；9）高纤维素饮食；10）少渣饮食；11）胃病饮食等；g）试验饮食；h）要素饮食；i）饮食禁忌：1）病中饮食禁忌；2）妊娠、产后饮食禁忌。

知识 17：知道中医食疗知识

a）在中医食疗中关于食物一般特点：1）食物的性、味；2）食物的归经；

b）食物的应用：

1）食物的配伍：（1）相须相使；（2）相畏相杀；（3）相恶；（4）相反；

2）平衡膳食：（1）平衡膳食；（2）偏食有害；（3）合理利用；（4）食物类型：①米饭；②粥食；③汤羹；④菜肴；⑤汤剂；⑥饮料；⑦酒剂；⑧散剂；⑨蜜膏；⑩蜜饯；糖果；

c）中医食疗的应用原则：1）少儿应用原则；2）中年人应用原则；3）老年人应用原则；4）妇女应用原则；

d）药膳的服用方法：1）药食同食；2）弃药渣而食；3）药膳不宜数种同食等；

e）药膳的制作方法：1）选料：①食物；②药物；③汤汁；2）调味品；3）配料；4）火候。

知识 18：知道照护患者饮食流程及进食、进水方法

a）患者饮食照护基本流程：1）餐前准备：（1）患者准备；（2）环境准备；2）进餐照护；3）餐后照护；

b）常用喂食方法：1）勺喂法：（1）持碗；（2）喂食；2）鼻饲法：（1）适用对象；（2）操作方法：①用物准备；②灌注；（3）注意事项；

c）清洁、消毒患者膳食器具：1）患者餐饮用具清洁；2）患者餐饮用具消毒：（1）煮沸消毒；（2）蒸汽消毒；（3）消毒柜消毒；（4）微波炉消毒；（5）化学药物消毒；

d）患者膳食器具的收纳方法；

e）协助能下床患者进食照护；

f）协助不能下床患者进食照护。

g）协助吞咽困难患者进食照护；

知识 19：知道陪伴患者去医院就诊

a）就诊前准备：

1）了解患者的健康状况：（1）了解患者的疾病情况；（2）了解患者的生活、起居情况；（3）了解患者的发病过程；

2）正确选择就诊医院：（1）了解备选医院的地理位置；（2）了解备选医院及专家情况；（3）了解门诊开放时间；（4）选择合适的就诊时间；

3）辅助物品的准备：（1）携带相关的病历资料；（2）携带相关证件；（3）携带足够的资金；

4）为患者所做的相关准备：（1）药品的准备；（2）日常用品的准备；（3）衣着的准备；（4）妆容的准备；（5）特殊检查前的准备；（6）特殊人群的准备；（7）心理准备；

5）护送患者须知；

b）门诊就诊程序及须知：1）就诊咨询及挂号；2）候诊；3）就诊；4）化验室等科室的检查与治疗；5）离院、留院观察或住院；

c）急诊就医：1）需要紧急就医的情况；2）呼叫救护车的注意事项。

知识 20：知道患者口腔清洁方法

a）患者口腔清洁的目的；

b）患者口腔清洁的重要性；

c）患者口腔清洁方法：1）自理、半自理的患者口腔清洁方法；2）不能自理的患者口腔清洁方法；3）具体的口腔清洁方法：（1）刷牙法；（2）漱口法；（3）棉棒擦拭法；（4）棉球擦拭法；

d）患者义齿摘戴、清洗、存放方法：1）义齿的概念和作用；2）患者佩戴义齿的注意事项；3）义齿的摘取与佩戴方法；4）义齿清洗、存放的原则要求。

e）为患者口腔护理方法：1）口腔护理适用范围；2）常用漱口溶液及作用；3）患者常见的口腔健康问题：（1）龋齿；（2）牙过敏症；（3）患者常见病影响口腔健康；（4）义齿带来的问题。

知识 21：知道患者头发清洁与梳理方法

a）患者日常头发梳理；

b）患者洗发要求；

c）患者头发照护具体方法：1）梳头法；2）坐位洗头法；3）床上洗头法：（1）洗发器洗头法；（2）马蹄形垫洗头法；扣杯洗发法；

d）患者头发养护方法：1）保持乐观精神；2）加强身体锻炼；3）多吃对头发有益的食品；4）经常梳头；5）经常进行头部按摩；6）尽量减少染发、烫发次数。

知识22：知道患者身体清洁方法

a）患者身体清洁的目的；

b）患者沐浴的种类：1）淋浴；2）盆浴；3）床上擦浴；

c）患者皮肤清洁：1）清洁面部、双手；2）足部清洁；3）患者洗脸、洗手的注意事项；

d）患者会阴冲洗的目的；

e）患者会阴清洁的氛围；

f）修剪指（趾）甲；

g）患者修饰仪容仪表：1）什么是仪容仪表；2）为患者整理仪容仪表。

知识23：知道铺床及卧床患者床铺整理方法

a）患者床位及设备；b）铺备用床；c）铺暂空床；d）铺麻醉床；e）卧床患者床单元整理及床单更换：1）更换的目的；2）整理方法；3）可翻身侧卧的卧床患者床单更换方法；4）病情不适合翻身侧卧的卧床患者床单更换方法。

知识24：知道患者休息的作用及协助患者休息的方法

a）什么是休息；b）休息的作用；c）良好休息的基本条件：1）充足的睡眠；2）身体舒适；3）平和、宁静的心态；4）安静、舒适的周围环境；d）协助患者休息的陪护措施。

知识25：知道患者更衣方法

a）更衣与患者的关系；

b）患者选择服装应具备的特点：1）实用；2）舒适；3）整洁；4）美观；

c）患者适宜穿着的鞋袜：1）适宜患者穿着的袜子；2）适宜患者的鞋；

d）协助患者更换衣裤：1）协助患者脱、穿开襟上衣方法；2）协助患者穿套头上衣的方法；3）协助卧床患者脱、穿裤子的方法。

知识26：知道卧床患者压疮及预防方法

a）什么是压疮；

b）压疮发生的原因：1）皮肤受压；2）摩擦刺激；3）潮湿、污渍的刺激；4）营养不良；

c）压疮好发部位：1）仰卧位；2）侧卧位；3）俯卧位；4）坐位；

d）预防患者压疮的物品：1）压疮垫；2）楔形垫、软枕；3）透明膜；

e）患者压疮预防：1）身体受压部位有效减压；2）保持皮肤清洁；3）加强护肤柔润度；4）加强营养；5）勤更换内衣及被褥；6）促进局部血液循环；7）避免局部刺激；

f）预防压疮的观察要点；

g）预防患者发生压疮的方法：1）评估情况；2）减少患者局部受压；3）皮肤保护；4）加强营养。

知识27：知道患者睡眠特点及健康睡眠习惯的指导方法

a）睡眠的需求；

b）睡眠的作用；

c）影响睡眠的因素：1）年龄因素；2）环境因素；3）疾病因素；4）心理因素；5）用药因素；6）饮食因素；7）活动与锻炼；8）生理因素；9）睡眠习惯的破坏；

d）患者的睡眠特点：1）昼夜性节律去同步化；2）睡眠减少；3）睡眠中断；4）诱发

补偿现象；

　　e）促进睡眠的照护措施：1）营造良好的睡眠环境；2）缓解患者生理上的不舒适；3）满足患者的清洁需要；4）满足患者的睡眠习惯；5）适当的心理护理；6）严格控制对患者睡眠有影响的药物：（1）中枢兴奋药物；（2）催眠、镇静药物；（3）植物性神经系统药物；7）对患者的睡眠习惯进行健康指导；8）对患者的饮食进行指。

　　知识28：知道患者排尿的观察及照护方法

　　a）尿液的观察：

　　1）正常尿液：（1）排尿次数和量；（2）尿液的颜色；（3）尿液的气味；

　　2）异常尿液：（1）次数和量：①尿频；②多尿；③少尿；④无尿；（2）颜色：①血尿；②血红蛋白尿；③胆红素尿；④乳糜尿；（3）透明度：①正常情况；②异常情况；（4）气味；（5）膀胱刺激症；

　　b）协助尿液标本采集：（1）常规标本：①晨尿；②随机尿；③餐后尿；（2）12小时或24小时尿标本采集；（3）协助尿标本采集：①操作方法；②注意事项；

　　c）排尿异常的照护：

　　1）患者如厕排泄的照护；

　　2）尿失禁患者的照护：①使用尿壶协助患者排尿；②使用便盆协助患者排尿；③协助患者更换尿布（纸尿裤）；

　　d）尿潴留患者的照护；

　　e）留置导尿患者的照护。

　　知识29：知道患者排便的观察及照护方法

　　a）大便的观察：

　　1）正常大便的观察：（1）量与次数；（2）形状；（3）颜色；（4）气味；（5）混合物；

　　2）异常大便的观察：（1）形状；（2）颜色；（3）气味；（4）混合物；

　　b）协助大便标本采集：1）常规标本；2）隐血标本；3）培养标本；

　　c）排便异常患者的照护：1）便秘患者的照护；2）大便嵌塞患者的照护；3）腹泻患者的照护；4）排便失禁患者的照护；5）肠胀气患者的照护；

　　知识30：知道排痰观察及照护方法

　　a）痰液的观察：

　　1）正常痰液的观察；2）异常痰液的观察：（1）痰量；（2）痰的颜色；（3）气味；（4）性状；

　　b）协助痰液标本采集：（1）常规标本；（2）24小时标本；（3）培养标本；

　　c）排痰的照护：

　　1）改善环境；2）补偿营养与水分；3）促进排痰：（1）指导有效咳嗽；（2）拍背与胸壁振荡；（3）湿化呼吸道；（4）体位引流；（5）机械吸痰；4）预防并发症；

　　知识31：知道患者呕吐时的观察及照护方法

　　a）患者呕吐时体位变换的重要性；

　　b）什么是恶心、呕吐；

　　c）患者呕吐的照护：1）心理护理；2）使患者体位舒适、安全；3）保持呼吸道畅通；4）注意观察病情；5）清洁口腔；6）保持床铺清洁、整洁；7）及时补充液体。

　　d）识别患者呕吐物异常并及时应对方法：

　　1）患者呕吐的常见原因：（1）饮食不当；（2）神经性呕吐；（3）既往患有胃肠道疾病；

（4）急性心肌梗死发作；（5）药物引发呕吐；

2）呕吐物的观察与记录：（1）呕吐物的观察内容：①性状；②颜色；③气味；④时间；⑤方式；⑥量；⑦伴随症状；（2）患者呕吐记录内容；

3）患者呕吐的应对措施：（1）呕吐前照护；（2）呕吐时照护；（3）呕吐后照护。

知识32：知道排泄物标本采集方法

a）尿标本采集：1）尿常规标本：①目的；②评估；③计划；④实施；⑤记录；2）尿培养标本；3）12小时或24小时尿标本；

b）大便标本采集1）目的；2）评估；3）计划：（1）用物准备；（2）患者准备；（3）环境准备；4）实施：（1）查对医嘱；（2）核对患者；（3）用屏风遮挡，请患者排空膀胱，解便于清洁便盆内；（4）收集大便标本：①常规标本；②培养标本；③寄生虫标本；（5）清洁、消毒便盆，放回原处；（6）洗手、记录、送检；

c）痰标本采集：1）目的；2）评估；3）计划；4）实施：（1）将检验单附联贴于标本容器或集痰器上，携带用物至床旁；（2）再次查对，解释留取痰液的方法和目的；（3）收集痰标本：①常规痰标本；②痰培养标本；③24小时痰标本；④根据患者需要给予漱口或口腔护理；⑤洗手，记录痰的外观和性状。24小时痰标本应记录总量；⑥送检；

d）呕吐物标本采集。

知识33：知道患者的基本心理特点及沟通技巧

a）人的基本心理活动：

1）人类心理活动的基本形式：（1）认知；（2）情感；（3）意志；

2）基本心理过程：（1）认知阶段；（2）评价阶段；（3）意志或决策阶段；

b）患者的基本心理特点：

1）感觉异常；2）心境、情绪不佳；3）被动依赖；4）敏感的自尊心；5）疑虑重重；6）焦虑、恐惧；7）孤独感；8）期待心理；9）失助、自怜；10）习惯性心理；

c）与患者沟通的重要性；

d）影响与患者沟通的因素：1）表达不当；2）态度；3）知识缺乏；4）沟通技巧；5）社会文化背景；

e）与患者沟通相处的技巧方法

1）良好的礼仪素养：（1）着装整洁，端庄大方；（2）举止端庄、得体；（3）讲究卫生；（4）礼貌待人；

2）语言沟通技巧：

（1）获得好感的说话技巧；

（2）让语言充满亲和力；

（3）语言沟通方式：①引导患者主动交流；②与患者进行开放式谈话；③认真倾听，注意反馈；④避免尴尬的谈话气氛；⑤做到以患者为中心；⑥常用敬语；⑦禁忌用语：忌用粗话、脏话；忌出言不逊；忌使用质问式语言；忌使用命令式语言；忌使用土语、习惯语、暗语和所谓的行话；忌对患者不愿回答的问题刨根究底；忌带口头禅；忌与患者谈论涉及死亡的事情。

（4）非语言沟通方式：①面部表情；②仪表；③身体姿势；④眼神；⑤肢体动作。

知识34：知道常见病患者的心理问题及照护方法

a）外科常见疾病患者的心理问题：

1）外伤患者的心理反应：（1）外伤初期的"情绪休克"；（2）外伤造成的焦虑和抑郁反应；2）外科手术后患者常见的心理反应；

b）外科患者心理问题的照护方法；

c）内科常见疾病患者的心理问题：

1）思想负担重；2）存在多种心理反应：（1）急性病期；（2）慢性病期；（3）疾病康复期；

d）内科患者心理问题的照护方法：1）急性病期患者；（2）慢性病期患者；（3）疾病康复期患者。

知识 35：知道儿童青少年患者的心理特点及护理方法

a）儿童常见的心理问题：1）心理孤独感；2）感觉统合失调；3）社会退缩行为；4）学习困难；5）注意力不集中；6）患病儿童的心理反应：（1）分离性焦虑；（2）恐惧不安；（3）反抗；（4）抑郁自卑；

b）青少年常见的心理问题：1）丧失学习兴趣；2）考试焦虑；3）性困惑；4）早恋和失恋；5）反抗心理；

c）儿童青少年患者心理护理程序：1）建立良好的关系；2）收集资料；3）分析资料；4）制订计划；5）实施陪护计划；6）评估效果；

d）儿童青少年患者心理护理措施：1）对患病儿童做好心理准备；2）患病儿童的心理护理方法；

e）注意事项。

知识 36：知道中青年患者心理护理方法

a）中青年患者的常见心理问题：

1）家庭矛盾引起的失落感和压抑感；

2）人际关系矛盾引起的紧张感；

3）不重视自身健康引起的疲倦感和焦虑感；

4）智力与体力的矛盾引起的失落感和自我价值丧失感；

b）中青年患者心理护理程序；

c）注意事项。

知识 37：知道老年人患者心理特点及护理方法

a）老年人患者的心理特点：1）孤独感；2）疑老感；3）失落感；4）怀旧；5）猜疑和不满；6）保守和固执；7）有较强的自尊心理；

b）老年人心理健康标准：1）智力正常；2）情绪健康；3）意志坚强；4）心理协调；5）反应适度；6）关系融洽；

c）老年人患者的心理护理措施：

1）与老年人患者建立良好的关系；

2）全面采集老年人患者的心理资料；

3）根据资料确定老年人患者基本的心理状态；

4）找出影响老年人患者的心理状态的主要原因和因素；

5）制定适宜的对策；

6）观察实施后的效果；

7）根据现在的情况，制订新的方案；

8）尊敬老年人患者；

9）关心老年人患者；

10）恰当的心理护理干预；

11）在精神上和物质上给予关怀；

d）注意事项。

知识 38：知道患者口服用药、服药要求及护理方法

a）给药原则：1）按医嘱的要求给药；2）严格执行查对制度，即"三查七对"；3）按需要进行过敏试验；4）正确实施给药；5）临床试验用药应密切观察；6）注意药物的配伍禁忌；

b）什么是口服用药：1）常用口服药剂型；2）口服药物剂型正确服用方法：（1）口含片与舌下片；（2）口服片剂；（3）口服胶囊；（4）口服溶液；3）用药原则：（1）根据医嘱用药；（2）认真查对；（3）及时用药，做到五准确；（4）用药后的观察和记录；

c）外用药及给药方法：

1）外用药：

（1）滴入法：①滴眼剂、眼膏；②滴鼻剂；③滴耳剂；

（2）插入法：①直肠药物插入法；②阴道药物插入法；③插入法常见问题的处理与预防；

（3）皮肤用药：①涂擦法；②喷雾法；③皮肤用药常见问题的处理与预防；

2）给药方法：（1）贴膏药；（2）为患者滴眼药；（3）协助患者滴鼻药；（4）协助患者滴耳药；（5）协助患者插入用药；（6）协助患者皮肤用药；

d）注射或静脉输液时的照护：1）注射部位的疼痛；2）注射部位硬块；3）静脉滴注中常见的问题：（1）滴入不畅；（2）注射部位肿胀；4）静脉输液时应观察的内容：（1）通畅；（2）滴速；（3）防止空气进入；（4）患者的感觉；

e）特殊给药时的照护方法：

1）为压疮患者换药及护理方法：

（1）压疮概述：①什么是压疮；②患者易出压疮部位：仰卧位、侧卧位、俯卧位、坐位；③压疮分期方法；

（2）引发患者压疮的因素：①力学因素：压力、剪切力、摩擦力；②局部潮湿；③活动受限；④全身营养不良和水肿；

（3）预防压疮的方法：①皮肤护理；②正确移动患者；③正确卧位；④减压用具的使用；⑤加强营养；

2）吸氧时的照护：（1）鼻塞吸氧法；（2）鼻导管吸氧法；（3）面罩吸氧法；（4）氧气枕吸氧法；

3）雾化吸入给药时的照护：（1）雾化吸入给药概述：①氧气雾化吸入法；②超声波雾化吸入法；（2）雾化吸入给药的目的；（3）雾化吸入的常用药物及其作用；

4）中药煎煮方法：（1）容器；（2）用水；（3）泡药；（4）煎药；（5）榨渣取药；（6）特殊药物的煎煮方法：①先煎；②后下；③包煎；④另煎；⑤烊化；⑥冲服；⑦泡服；

f）督促、协助患者按时服用口服药的要求：

1）不按时服药的原因分析：（1）用药方案复杂；（2）药物的剂型与规格不适宜或包装不当；（3）药物的不良反应造成老年人停用；（4）缺乏用药指导；

2）护理措施；

g）非自理患者口服药物困难因素及护理措施：

1）药物吞咽困难的多种因素：（1）疾病因素；（2）年龄因素；（3）体位因素；（4）药物因素；2）护理措施；

h）患者用药后反应的观察与记录方法：

1）各类口服药用药后的观察要点:（1)服用治疗心血管系统疾病类药物注意观察的要点;（2）呼吸系统疾病类药物；（3）消化系统疾病类药物；（4）泌尿系统疾病类药物；（5）血液系统疾病类药物；（6）内分泌及代谢疾病类药物；（7）风湿性疾病类药物；（8）神经系统疾病类药物；

2）用药后不良反应的观察及处理流程：

1）不良反应症状：（1）胃肠道反应；（2）泌尿系统反应；（3）神经系统反应；（4）循环系统反应；（5）呼吸系统反应；（6）皮肤反应；（7）过敏性休克的症状；2）处理流程。

知识 39：知道热疗法

a）热疗法的原理：

b）热疗法的作用：1）促进炎症消退和局限；2）解除疼痛；3）减轻深部组织充血；4）保暖；

c）热疗法的禁忌；

d）热疗法的操作：

1）热疗法的适应证及效应；

2）热疗法的方式：（1）热水袋；（2）电热毯；（3）烤灯；（4）温热敷；（5）坐浴；（6）蒸汽吸入法；

3）热敷疗法；

4）各种热疗法的温度及时间；

5）热疗法的操作：（1）协助患者使用热水袋；（2）协助患者使用烤灯：①红外线灯；②护架灯；③鹅颈灯；④立灯；（3）协助患者湿热敷；（4）协助患者热水坐浴；（5）协助患者温水浸泡；（6）硫酸镁温热敷；（7）松节油热敷；

e）热疗的应用：1）热疗的新技术；2）热疗的新方式；

f）应用热疗法的注意事项。

g）影响热疗效果的因素：1）方法；2）部位；3）时间；4）面积；5）环境温度；6）个体差异。

知识 40：知道冷疗法

a）冷疗法的原理：

b）冷疗法的作用：1）减轻局部充血或出血；2）减轻疼痛；3）控制炎症扩散；4）降低体温；

c）冷疗法的禁忌；

d）冷疗法的应用温度及时间；

e）冷疗法的操作：

1）冷疗法的方式：（1）干冷：①冰袋、冰囊；②化学冰袋；③凝胶冰袋；④低温毯；（2）湿冷：①温水拭浴；②温冷敷；③冰敷；④冰水浸泡；

2）冷疗法的操作：（1）协助患者使用冰枕（冰袋）；（2）新型冰袋；（3）协助患者使用冰帽或冰槽；（4）协助患者湿冷敷；（5）协助患者温水拭浴；（6）酒精擦浴；

f）冷疗的应用：1）局部冷疗；2）全身冷疗；3）冷疗在烧伤患者的应用；

g）应用冷疗法的注意事项；

h）影响冷疗效果的因素：1）方法；2）部位；3）时间；4）面积；5）环境温度；6）个体差异。

知识 41：知道患者疼痛观察及照护方法

a）什么是疼痛；

b）疼痛的分类：

1）根据疼痛程度分类：（1）微痛；（2）轻痛；（3）甚痛；（4）剧痛；

2）根据疼痛性质分类：（1）钝痛、酸痛、胀痛、闷痛；（2）锐痛、刺痛、切割痛、灼痛、绞痛；

3）根据疼痛形式分类：（1）钻顶样痛；（2）爆裂样痛；（3）跳动样痛；（4）撕裂样痛；（5）牵拉样痛；（6）压榨样痛；

c）导致疼痛的原因：1）温度刺激；2）化学刺激；3）物理损伤；4）病理改变；5）心理因素；

d）疼痛对人的意义；

e）疼痛的观察；

f）癌症患者的疼痛特点：1）癌症大多为爆发性疼痛，疼痛比较剧烈；2）癌症疼痛持续时间比较长；3）疼痛是一种主观感受；4）癌症疼痛具有社会性；

g）疼痛患者的照护方法：

1）一般疼痛患者的照护；2）癌症患者疼痛的照护；3）药物治疗疼痛的照护；4）疼痛患者的心理照护：（1）认真观察患者的疼痛反应，掌握患者的疼痛情况；（2）减轻患者的心理压力；（3）分散注意力。

知识42：知道患者跌倒危险因素及预防跌倒的照护方法

a）什么跌倒；

b）跌倒的危险因素：

1）内在因素：（1）生理因素：①心脑血管疾病；②神经系统疾病；③骨关节疾病；④感官系统疾病；⑤其他；2）药物因素；3）心理因素；

2）外在因素：（1）环境因素：①地面因素；②家具及设施；③穿着情况；④其他；（2）与患者活动状态有关的危险因素；

c）跌倒危险因素评估；

d）预防患者跌倒的照护措施：1）一般预防老年患者跌倒的具体措施；2）改善居住环境；3）指导日常生活：（1）穿着；（2）使用坐便器的方法；（3）夜间安全防范；（4）行动与活动；（5）搬运老年患者；（6）有精神病症状、定向力障碍、视力障碍的老年患者，行走应有人陪伴；4）运动锻炼；5）重视相关疾病的防治；6）正确用药；7）心理护理；8）健康指导；

e）患者跌倒后的处理原则；

f）住院患者跌倒危险因素评估；

g）预防住院患者跌倒的照护措施。

知识43：知道常见传染病

a）流行性感冒患者护理；b）病毒性肝炎患者护理；c）细菌性痢疾患者护理；d）肺结核患者护理；e）带状疱疹患者护理；f）水痘患者护理；g）手足口病患者护理。

知识44：知道手术前后患者的照护方法

a）手术前患者的照护：1）呼吸道准备；2）胃肠道准备；3）排便练习；4）手术区皮肤准备；5）休息与心理照护；

b）手术后患者的照护：1）体位；2）保持呼吸道畅通；3）饮食护理：（1）非腹部手术；（2）腹部手术；4）引流管的护理；5）休息与活动；

c）手术后各种管路的照护：1）胃肠减压的照护；2）"T"形管引流的照护；3）腹腔

引流管的照护。

知识 45：知道重症患者的照护方法

a）了解监护仪；

b）重症患者照护要点；

c）了解各种管路及照护要点：

1）人工气道：（1）什么是人工气道；（2）照护要点；

2）引流管：（1）什么是引流管；（2）照护要点：①留置导尿；②胃肠减压；③腹腔引流；④胸腔闭式引流；⑤心包、纵隔引流。

知识 46：知道临终患者生理反应

a）临终患者分类：1）自然衰老；2）意外伤害；3）晚期癌症患者；4）慢性疾病终末期；b）肌张力丧失；c）胃肠道蠕动逐渐减弱；d）循环功能减退；e）呼吸功能减退；f）感知觉及意识改变；g）疼痛；h）临近死亡体征

知识 47：知道临终患者心理反应

a）否认期心理；b）愤怒期心理；c）协议期心理；d）忧郁期心理；e）接受期心理。

知识 48：知道临终关怀及善后工作

a）什么是临终关怀；

b）临终关怀的意义：

1）临终关怀符合人类追求高生命质量的要求；

2）临终关怀是社会文明的标志；

3）临终关怀体现了崇高的医护职业道德；

4）临终关怀为临终患者和家属提供心理关怀与安慰；

c）临终患者的关爱与尊重：

1）满足患者的生理需要；

2）尊重临终患者；

3）耐心倾听和诚恳交谈与陪伴；

4）关注患者家属，做好安慰、劝导与配合工作；

5）善于运用肢体语言与临终患者沟通：

（1）什么是肢体语言；

（2）肢体语言的内容：①仪表；②面部表情；③目光接触；④姿态；⑤手势；⑥触摸；

（3）运用肢体语言的要求；

d）做好临终患者的个人卫生：1）帮助患者保持仪态整洁；2）保持室内清洁卫生；3）做好临终患者的个人卫生；

e）安慰临终患者家属：

1）临终患者家属的压力：（1）个人需求的推迟或放弃；（2）家庭中角色与职务的调整与再适应；（3）压力增加，社会性互动减少；

2）安慰临终患者家属的方法：（1）满足家属照顾患者的需要；（2）鼓励家属表达情感；（3）指导家属对患者的生活照料；（4）营造家庭生活氛围；（5）满足家属各项合理需求；（6）转移注意力；

f）善后工作的目的；

g）遗体料理方法：

1）遗体料理的准备工作；

2）擦洗清洁遗体；

3）给逝者穿寿衣；

4）做好逝者的善后服务工作；

5）遗体料理中注意事项。

以上：评定表中具体技能或知识等评级标准 （扫一扫 二维码）

12.4 病患陪护服务职业技能标准几个问题

12.4.1 在标准内容选择上

在病患陪护服务中，由于病患者在医院住院接受治疗，对于患者饮食制作，需要根据实际情况，酌情选择。例如："技能2：能制作患者饮食"中共有9种患者饮食需要制作。

还有，病患陪护服务标准内容的选择，还要根据患者所在场景不同而有所区别，即患者是在家还是在医院接受陪护服务。因为，如果患者是在医院住院治疗接受陪护服务，有一些对患者的"基础护理"大都是由医院的护士完成，而当患者在家接受陪护服务时，有一些"基础护理"是由病患陪护员来承担。陪护服务标准内容的选择，这都对病患陪护服务职业技能标准产生影响。例如："技能16：能测量与观察患者的病情""技能17：照护患者用药"等。这些陪护服务内容是否选择，将影响病患陪护服务标准。

12.4.2 在标准等级划分依据上 （参见11.4.2章节）

12.4.3 如何对患者参与陪护服务过程的行为进行标准化（参见11.4.3节）

12.5 区块链 + 病患陪护服务职业技能标准

12.5.1 区块链 + 病患陪护服务的前提条件：病患陪护服务标准化、数据化

基于区块链技术的"区块链 + 新家政服务平台"，要求病患陪护护理服务职业技能标准化、数据化。

在病患陪护服务过程中，患者对病患陪护员及其服务的反映和互动，将直接影响陪护员的服务行为，尤其是患者的愉悦心情、生活状态、安全等，将直接反映病患陪护员的服务水平或职业技能水平。因此，如何对患者的行为及其愉悦心情、生活状态、安全水平等进行标准化，如何采集患者行为及其愉悦心情、生活状态、安全水平等数据，对于建立区块链 + 病患陪护服务平台，是必需的前提条件。

这里，需要注意的是，患者的健康水平主要由医院治疗和患者本身的病情决定的，病患陪护员更多的是在生活上、心理上、安全上等提供陪护服务。尽管优质的病患陪护服务能够促进和有助于患者早日康复，但终究不是主要影响因素。

12.5.2 区块链 + 病患陪护服务交易

基于区块链的智能合约技术，建立的区块链 + 新家政服务（病患陪护服务）交易平台，不仅要采集病患陪护服务员的服务行为与服务结果数据，还要适当采集服务对象（患者）的行为及其愉悦心情、生活状态、安全水平等数据，进而保障病患陪护服务智能合约的可靠性、一致性，让区块链 + 病患陪护服务交易更加公平、高效。

基于区块链的P2P网络、智能合约技术，区块链 + 新家政服务（病患陪护服务）平台，实现病患陪护服务点对点（雇主与病患陪护员）、自动化交易，大大提升病患陪护服务交易效率，降低服务交易成本。

12.5.3 区块链 + 病患陪护服务培训（参见9.5.3章节）

12.5.4 区块链 + 病患陪护服务生态建设（参见9.5.4章节）

第13章　管家服务职业技能标准

第14章 涉外家政服务职业技能标准

第三篇

家政服务员工作标准

区块链 + 新家政服务

技术标准、工作标准、管理标准

标准类型	技术标准	工作标准	管理标准
标准的约束对象	家政服务产品	家政服务员	管理事项
标准的地位	核心	基础	保障
标准的作用	主体作用	实现作用	支持作用
标准的内容属性	技术性	操作性	管理性

序号	发文时间	发文机关	政策文件名称
	2014 年 12 月 24 日	人力资源社会保障部办公厅。人社部发【2014】98 号。	《人力资源社会保障部、国家发展改革委等八单位关于开展家庭服务业规范化职业化建设的通知》
相关摘要	2. 职业化建设。 （1）职业认同得到确立。家庭服务从业人员普遍树立"家政人"职业形象和职业道德，践行"把爱心送到家，把服务做到家"的理念，职业文化健康发展，家庭服务职业受到社会广泛认同和尊重。 （2）职业技能显著提高。家庭服务从业人员普遍接受职业技能培训，具备较高的职业素质和技能，能够提供专业化的家庭服务。 （3）职业队伍不断扩大。越来越多的劳动者进入家庭服务领域就业和创业，包括一大批高素质、高技能的家庭服务从业人员、专业职业培训人员和专业研究人员组成的家庭服务业职业队伍不断壮大。 （4）合法权益得到保障。劳动用工合法规范，维护家庭服务从业人员权益的法规政策进一步完善，建立多渠道权益维护机制，家庭服务从业人员劳动报酬、休息休假等权益得到保障。		

第15章　家政服务员工作标准概述

【家政政策】

序号	发文时间	发文机关	政策文件名称
	2019 年 7 月 5 日	发改社会〔2019〕1182 号	《关于开展家政服务业提质扩容"领跑者"行动试点工作的通知》
相关摘要	规范行业发展。制定或者修改完善家政服务领域规范性文件、法规、规章和标准。推广使用家政服务合同规范文本，明确家政服务三方权利义务关系。参照上海等城市的先进经验建立覆盖全域的家政持证上岗模式，统一为每一位合格的家政从业人员免费发放"居家上门服务证"。对家政企业开展考核评价并进行动态监管。发挥家政服务行业协会、消费者权益保护组织等作用，建立家政服务纠纷调解机制。建立家政服务员跟踪评价制度和信用记录管理制度，开发企业信用监管 APP，开展社会化家政服务企业评价工作。		

【家政寄语】

家政服务员工作标准化，事半功倍。

【术语定义】

工作标准：是指岗位职责及要求、操作规程、工作质量等内容规定的标准。

【标准条款】

新家政服务工作标准体系

1	Q/QKL JZGZ101-2020	家政服务员岗位职责标准	
2	Q/QKL JZGZ102-2020	家政服务员服务规范	
3	Q/QKL JZGZ103-2020	家政服务员岗位工作标准	
4	Q/QKL JZGZ104-2020	家政服务员服务操作流程标准	
5	Q/QKL JZGZ105-2020	家政服务员工作时间标准	
6	Q/QKL JZGZ106-2020	家政服务员工作质量标准	

【学习目标】

通过本章的学习，您将能够：

1）了解家政服务员工作标准内容；

2）知晓家政服务员工作标准价值。

15.1　什么是家政服务员工作标准

家政服务员工作标准，是指对家政服务员的岗位职责及要求、操作规程、工作质量等内容规定的标准。

家政服务员工作标准，在整个家政服务标准体系中，约束对象是家政服务员，处于标准的基础地位，起着标准的实现作用，在标准的内容属性上具有操作性。就也是说，为了实施家政服务标准，需要对家政服务员的服务工作，即对岗位职责、服务规范、岗位工作、操作流程、工作时间、工作质量等制定相应的标准，这样可以确保家政服务质量的稳定性、可靠性、一致性。

15.2 工作标准内容

家政服务员工作标准的主要内容：岗位职责、职务说明、服务规范、操作规程（或作业书／指导书）、工作时间、工作质量等标准。其中：

15.2.1 岗位职责标准

15.2.2 服务规范标准

15.2.3 岗位工作标准

15.2.4 操作流程标准

15.2.5 工作时间标准

15.2.6 工作质量标准

15.3 工作标准价值

15.3.1 有利于指导家政服务员开展服务工作

15.3.2 有利于确保服务质量

15.3.3 有利于提升服务效率

15.3.4 有利于提升服务安全

15.3.5 有利于服务绩效评估

15.4 区块链＋家政服务员工作标准

基于区块链的 P2P 网络、智能合约、共识机制等技术，区块链家政服务交易是"自动化"的，即"区块链＋新家政服务平台"是"去中心化"的，这就要求家政服务员的服务工作必须是标准化、数据化。

家政服务员工作标准化，规范了家政服务员的岗位职责、服务规范、岗位工作、操作流程、工作时间、工作质量，做到"可观察、可测量"，进而实现"数据化"，为编制基于区块链的家政服务智能合约提供必要的前提条件。

第16章　家政服务员岗位职责标准

【家政政策】

序号	发文时间	发文机关	政策文件名称
	2019年7月5日	发改社会〔2019〕1182号	《关于开展家政服务业提质扩容"领跑者"行动试点工作的通知》
相关摘要	提高服务质量。开展优质服务承诺，公开服务质量信息。要公开服务项目和收费标准，与消费者签订家政服务协议，明确服务内容清单和服务要求，严格执行服务内容、标准、规范，保证服务质量。要创新家政服务供给方式，积极运用互联网等信息技术提高管理和服务信息化水平。自觉接受第三方考核评价。		

【家政寄语】

家政服务平凡的岗位，饱含家政服务员深深的爱。爱生活、爱别人、爱自己。

【术语定义】

岗位职责：是指家政服务员服务工作中所包含的各项工作内容或工作任务、基本工作要求。这些工作内容是可以观察到的活动。

【标准条款】

序号	标准编号	标准名称	主管部门
1	Q/QKL JZGZ101-2020	家政服务员岗位职责标准	
标准内容	16.1 居家保洁收纳服务岗位职责 16.2 衣物洗涤收纳服务岗位职责 16.3 家庭餐制作服务岗位职责 16.4 母婴护理（月嫂）服务岗位职责 16.5 育婴服务岗位职责 16.6 居家养老护理服务岗位职责 16.7 病患陪护服务岗位职责 16.8 管家服务岗位职责 16.9 涉外家政服务岗位职责		

【学习目标】

通过本章的学习，您将能够：

1）了解家政服务"九大"细分服务业态的岗位职责；

2）明确家政服务各细分业态的具体工作内容或工作任务。

家政服务员岗位职责，又称工作职责，是指家政服务员服务工作中所包含的各项工作内容或工作任务、基本工作要求。这些工作内容是可以观察到的活动。为了便于家政服务管理者对家政服务员工作绩效进行评价，以及便于家政服务员开展服务工作，将家政服务工作岗位的工作内容细分为若干项单列的工作任务，以任务目录清单的形式将这些细分的工作任务，依照一定的顺序排列出来。只有掌握了这些信息，管理者才能确定某一位家政服务员实际完成服务工作的情况，并在多大程度上达到了每一项工作的基本要求。同时，也便于家政服务员自我评估服务工作进展情况并加以持续改进。

根据家政服务各个细分业态的服务内容不同，家政服务员工作职责：可分为居家保洁收纳服务岗位职责、衣物洗涤收纳服务岗位职责、家庭餐制作服务岗位职责、母婴护理（月嫂）服务岗位职责、育婴服务岗位职责位职责、居家养老护理服务岗位职责、病患陪护服务岗位职、管家服务岗位职责、涉外家政服务岗位职责。下面具体说明。

16.1 居家保洁收纳服务岗位职责

工作职责	工作内容（工作任务）	工作基本要求
职责一：清洁居室	1.清洁居室墙面	能够根据墙面材质分类，使用相应的清洁工具，按清洁操作流程，进行清洁。确保无尘、无污渍、无擦拭痕迹，干净，一尘不染。清洁结束后，应将清洁工具清洗、晾干、收起，以备后用。
	2.清洁居室地面	扫描本书二维码，见详细内容
	3.清洁门窗与玻璃	扫描本书二维码，见详细内容
职责二：清洁家居用品	1.清洁家用电器	扫描本书二维码，见详细内容
	2.清洁家具用品	扫描本书二维码，见详细内容
	3.清洁厨房用具	扫描本书二维码，见详细内容
	4.清洁洗手间卫生用具	扫描本书二维码，见详细内容
职责三：收纳居室	1.收纳美化客厅	扫描本书二维码，见详细内容
	2.收纳美化卧室	扫描本书二维码，见详细内容
	3.收纳美化书房	扫描本书二维码，见详细内容
	4.收纳、消毒厨房	扫描本书二维码，见详细内容
	5.收纳、消毒洗手间	扫描本书二维码，见详细内容
	6.绿化、美化庭院	扫描本书二维码，见详细内容
职责四：清洁动植物	1清洁家居宠物	扫描本书二维码，见详细内容
	2.清洁家庭绿植花卉	扫描本书二维码，见详细内容
职责五：清洁贵重物品	1.清洁艺术品	扫描本书二维码，见详细内容
	2.清洁贵重物品	扫描本书二维码，见详细内容

16.2 衣物洗涤收纳服务岗位职责

工作职责	工作内容（工作任务）	工作基本要求
职责一：洗涤衣物	1.洗涤衣物	能够识别衣物洗涤标识，根据衣物面料的质地，选择洗涤用品，采用正确的洗涤方法对衣物进行分类洗涤。同时，注意衣物关键部位的洗涤，确保衣物洗涤后干净、无破损、不褪色。洗涤后，清洗洗涤工具、擦干、放回原位，以后备用。
	2.晾晒衣物	扫描本书二维码，见详细内容
	3.消毒特殊衣物	扫描本书二维码，见详细内容
职责二：收纳衣物	1.熨烫衣物	扫描本书二维码，见详细内容
	2.折叠衣物	扫描本书二维码，见详细内容
	3.收纳衣物	扫描本书二维码，见详细内容
	4.收纳衣橱	扫描本书二维码，见详细内容
职责三：清洁鞋袜	1.清洁保养鞋	扫描本书二维码，见详细内容
	2.清洁袜子	扫描本书二维码，见详细内容
	3.收纳鞋袜	扫描本书二维码，见详细内容

16.3 家庭餐制作服务岗位职责

工作职责	工作内容（工作任务）	工作基本要求
职责一： 采购食材	1. 制定食谱	能够根据家庭成员营养需要以及口味与饮食习惯，结合营养素的食物来源，确定家庭主食、辅食、菜品的种类和量。要注意搭配合理、营养均衡、饭菜可口，食物多样，定量适宜，经济合理。同时，考虑烹饪工具的使用、烹饪方式，安排合适的饮食时间。
	2. 采购食材	扫描本书二维码，见详细内容
职责二： 加工配菜	1. 初加工新鲜蔬菜	扫描本书二维码，见详细内容
	2. 初加工家禽肉	扫描本书二维码，见详细内容
	3. 初加工常用水产品	扫描本书二维码，见详细内容
职责三： 烹制膳食	1. 制作家庭主食	扫描本书二维码，见详细内容
	2. 制作家庭菜肴	扫描本书二维码，见详细内容
	3. 制作家庭汤菜	扫描本书二维码，见详细内容
	4. 制作糕点	扫描本书二维码，见详细内容
	5. 制作家庭饮品	扫描本书二维码，见详细内容
职责三： 清洁收纳 厨房	1. 清洁厨具、灶具、餐具	扫描本书二维码，见详细内容
	2. 保洁厨房并消毒	扫描本书二维码，见详细内容
	3. 收纳厨房	扫描本书二维码，见详细内容
职责四： 饮食安全	1. 照护饮食卫生	扫描本书二维码，见详细内容
	2. 预防食物中毒	扫描本书二维码，见详细内容

16.4 母婴护理（月嫂）服务岗位职责

母婴护理服务：根据孕产妇和新生儿的特点及要求，对孕产妇的生活照护、身体健康护理、心理疏导、辅助孕产妇科学孕育胎儿与哺育新生儿，以及促进新生儿生长发育与生活照护的过程，以实现优生优育和母婴健康。

工作职责	工作内容（工作任务）	工作基本要求
职责一： 照护孕妇	1. 照护孕妇饮食	1）照护孕妇进食 （详细内容　扫描二维码　下同）
		2）制作孕妇常规饮食
		3）制作孕妇营养、滋补、催乳饮食
	2. 照护孕妇起居	1）照护孕妇盥洗、沐浴、更衣
	3. 照护孕妇孕期安全	1）照护孕妇居家生活安全
		2）照护孕妇出行安全
		3）照护孕妇运动安全
		4）指导孕妇工作安全
	4. 照护孕妇身心保健	1）护理孕妇乳房
		2）指导孕妇运动保健
		3）疏导孕妇心理健康
		4）产前保健护理
	5. 指导孕妇进行胎教	1）指导孕妇进行胎儿教育
		2）营造孕妇胎儿教育环境
	6. 护理妊娠期反应、疾病	1）护理孕妇妊娠期反应
		2）预防、护理孕妇妊娠期常见病

	7. 准备孕妇分娩	1）准备孕妇分娩物品
		2）准备新生儿在医院的物品
		3）准备新生儿回家的生活环境
		4）引导准爸准妈心理准备
职责二： 照护产妇饮食	1. 照护产妇进食	扫描本书二维码，见详细内容
	2. 制作产妇饮食（月子餐）	扫描本书二维码，见详细内容
	3）制作营养、滋补饮食	扫描本书二维码，见详细内容
	4）制作催乳饮食	扫描本书二维码，见详细内容
职责三： 照护产妇生活起居	1. 照护产妇日常盥洗	扫描本书二维码，见详细内容
	2）照护产妇沐浴	扫描本书二维码，见详细内容
	3）照护产妇着装、换洗衣物	扫描本书二维码，见详细内容
	4）照护产妇睡眠、起居环境	扫描本书二维码，见详细内容
职责四： 照护喂养新生儿	1. 照护母乳喂养新生儿	1）照护母乳喂养新生儿
		2）解决母乳喂养中的常见问题
	2. 照护人工喂养新生儿	扫描本书二维码，见详细内容
	3. 照护混合喂养新生儿	扫描本书二维码，见详细内容
职责五： 照护新生儿日常生活	1. 照护新生儿身体清洁	1）照护新生儿身体清洁
		2）照护新生儿洗浴
	2. 照护新生儿更衣	1）洗涤、消毒新生儿衣物
		2）包裹新生儿、穿脱衣物
	3. 照护新生儿睡眠	扫描本书二维码，见详细内容
	4. 照护新生儿排便	扫描本书二维码，见详细内容
职责六：新生儿保健	1. 给新生儿抚触	扫描本书二维码，见详细内容
	2. 照护新生儿游泳	扫描本书二维码，见详细内容
职责七：照护新生儿 异常情况	1. 照护新生儿常见病	扫描本书二维码，见详细内容
	2. 照护新生儿非疾病的异常情况	扫描本书二维码，见详细内容
	3. 预防新生儿意外伤害	扫描本书二维码，见详细内容
职责八： 产妇身心保健护理	1. 指导产妇形体恢复	1）指导产妇形体恢复
		2）产妇保健护理
	2. 护理产褥期产妇心理	1）护理产褥期产后抑郁
		2）护理产后抑郁症
职责九： 照护产妇异常情况	1. 照护产妇产褥期常见的异常情况	扫描本书二维码，见详细内容
	2. 照护产褥期产妇常见病	扫描本书二维码，见详细内容

16.5 育婴服务岗位职责

育婴员，是指专门从事 0—3 岁婴幼儿的生活照护、保健护理、教育及辅助家长科学养育婴幼儿的人员。

工作职责	工作内容（工作任务）	工作基本要求
职责一： 照护婴幼儿 喂养、饮食	1）照护婴幼儿母乳喂养	扫描本书二维码，见详细内容
	2）照护婴幼儿人工喂养	扫描本书二维码，见详细内容
	3）帮助婴儿妈妈催乳	扫描本书二维码，见详细内容
	4）制作婴幼儿主食、辅食	扫描本书二维码，见详细内容
	5）照护婴幼儿进食、进水	扫描本书二维码，见详细内容
职责二： 照护婴幼儿生活起居	1）照护婴幼儿出行	扫描本书二维码，见详细内容
	2）照护婴幼儿身体清洁卫生	扫描本书二维码，见详细内容

	3）照护婴幼儿大小便	扫描本书二维码，见详细内容
	4）照护婴幼儿睡眠	扫描本书二维码，见详细内容
	5）照护婴幼儿居室环境与物品清洁	扫描本书二维码，见详细内容
职责三： 婴幼儿保健与护理	1. 照护婴幼儿三浴与抚触	1）照护婴幼儿"三浴" （详细内容 扫描二维码 下同）
		2）给婴幼儿抚触
	2. 提供婴幼儿护理	1）提供婴幼儿基础护理
		2）预防与护理婴幼儿常见疾病
		3）预防与处理婴幼儿意外伤害
职责四： 婴幼儿教育	1. 训练婴幼儿动作能力	1）训练婴幼儿精细动作能力
		2）训练婴幼儿大动作能力
	2. 训练婴幼儿言语表达能力	1）训练婴幼儿发音
		2）训练婴幼儿听力
		3）训练婴幼儿口语能力
	3. 训练婴幼儿认识事物能力	1）训练婴幼儿视觉
		2）训练婴幼儿听觉
		3）训练婴幼儿触觉
		4）训练婴幼儿平衡能力
		5）训练婴幼儿数数
		6）训练婴幼儿认知能力
	4. 培养婴幼儿艺术表现能力	1）陪伴与支持婴幼儿涂鸦
		2）陪伴与支持婴幼儿手工游戏
		3）陪伴与支持婴幼儿童谣唱游
	5. 培养婴幼儿社会性行为	1）培养婴幼儿情感交流
		2）建立良好的母婴依恋关系
		3）培养婴幼儿社会性行为
		4）设计开展婴幼儿社会性游戏
职责五： 婴幼儿安全 照护	1）预防婴幼儿发生意外伤害	扫描本书二维码，见详细内容
	2）照护婴幼儿居家安全	扫描本书二维码，见详细内容
	3）照护婴幼儿外出安全	扫描本书二维码，见详细内容

16.6 居家养老护理服务岗位职责

居家养老护理服务：根据居家老年人的特点及要求，对居家老年人的生活照护、基础护理、康复护理、精神慰藉的过程，让居家老年人积极健康养老与安享晚年。

工作职责	工作内容（工作任务）	工作基本要求
职责一：照护老年人 饮食	1. 照护老年人饮食	扫描本书二维码，见详细内容
	2. 制作老年人饮食	扫描本书二维码，见详细内容
职责二： 照护老年人生活起居	1. 照护老年人清洁	1）照护老年人盥洗（详细内容 扫描二维码 下同）
		2）照护老年人更换衣物及洗涤
		3）照护老年人沐浴
		4）为老年人整理修饰仪容仪表
		5）为老年人修剪指（趾）甲
	2. 照护老年人排便	扫描本书二维码，见详细内容
	3. 照护老年人睡眠	扫描本书二维码，见详细内容
	4. 照护老年人出行	扫描本书二维码，见详细内容

职责三: 基础护理	1. 照护老年人用药	扫描本书二维码, 见详细内容
	2. 照护老年人冷热敷	扫描本书二维码, 见详细内容
	3. 老年人居室消毒防护	扫描本书二维码, 见详细内容
职责四: 康复护理	1. 照护老年人康乐活动	扫描本书二维码, 见详细内容
	2. 照护老年人功能训练	扫描本书二维码, 见详细内容
职责五: 心理护理	1. 老年人心理疏导	扫描本书二维码, 见详细内容
	2. 老年人心理保健	扫描本书二维码, 见详细内容
职责六: 安全照护	1. 照护老年人出行安全	扫描本书二维码, 见详细内容
	2. 照护老年人居家生活安全	扫描本书二维码, 见详细内容
	3. 照护老年人运动安全	扫描本书二维码, 见详细内容
	4. 预防及照护老年人意外事件	扫描本书二维码, 见详细内容
职责七: 临终照护	1. 照护临终老年人	扫描本书二维码, 见详细内容
	2. 照护临终老年人家属	扫描本书二维码, 见详细内容

16.7 病患陪护服务岗位职责

病患陪护服务:依据患者病情与要求,对患者的生活照护、基础护理、康复护理、精神慰藉的过程,让患者早日康复。

工作职责	工作内容(工作任务)	工作基本要求
职责一: 照护患者 饮食	1. 照护患者饮食	1) 照护能自理患者饮食(详细内容 扫描二维码 下同)
		2) 照护不能自理患者饮食
	2. 制作患者饮食	1) 制作患者普通饮食
		2) 制作特殊患者饮食
		3) 制作患者治疗饮食
职责二: 照护患者 生活起居	1. 照护患者清洁	1) 照护患者盥洗
		2) 照护患者更衣
		3) 照护患者洗澡
	2. 照护患者起居	扫描本书二维码, 见详细内容
	3. 照护患者睡眠	扫描本书二维码, 见详细内容
职责三: 排泄照护	1. 照护患者排便	扫描本书二维码, 见详细内容
	2. 照护患者排尿	扫描本书二维码, 见详细内容
	3. 照护患者排痰	扫描本书二维码, 见详细内容
	4. 照护患者呕吐	扫描本书二维码, 见详细内容
职责四: 给药照护	1. 协助患者口服给药	扫描本书二维码, 见详细内容
	2. 照护患者外用药	扫描本书二维码, 见详细内容
	3. 照护患者中医给药	扫描本书二维码, 见详细内容
	4. 照护患者输液或注射	扫描本书二维码, 见详细内容
	5. 照护患者其他给药	扫描本书二维码, 见详细内容
职责五: 基础护理	1. 观察患者病情	扫描本书二维码, 见详细内容
	2. 照护患者冷热敷	扫描本书二维码, 见详细内容
	3. 患者用品消毒	扫描本书二维码, 见详细内容
职责六: 疾病护理	1. 照护常见疾病	扫描本书二维码, 见详细内容
	2. 照护常见传染病	扫描本书二维码, 见详细内容
	3. 照护常见损失患者	扫描本书二维码, 见详细内容
职责七: 康复护理	1. 照护患者康复训练	扫描本书二维码, 见详细内容
	2. 常见疾病养生照护	扫描本书二维码, 见详细内容

职责八:	1. 与患者进行情感交流	扫描本书二维码，见详细内容
心理护理	2. 能疏导患者心理	扫描本书二维码，见详细内容
职责九:	1. 照护患者出行安全	扫描本书二维码，见详细内容
安全照护	2. 照护患者变换体位安全	扫描本书二维码，见详细内容
	3. 照护患者使用保护具	扫描本书二维码，见详细内容
	4. 预防患者意外事件	扫描本书二维码，见详细内容
职责十:	1. 照护临终患者	扫描本书二维码，见详细内容
临终照护	2. 患者遗体照护	扫描本书二维码，见详细内容
	3. 照护临终患者家属	扫描本书二维码，见详细内容

16.8 管家服务岗位职责（详细内容 扫一扫 二维码）

16.9 涉外家政服务岗位职责（详细内容 扫一扫 二维码）

16.10 区块链 + 家政服务员岗位职责

基于区块链的家政服务平台，实现家政服务交易自动化，要求家政服务员岗位职责标准化，有利于家政服务员按标准化岗位职责履行家政服务，为雇主确认家政服务员是否履行岗位职责提供依据，也是区块链全网节点特别是"超级节点"确认家政服务员是否履行岗位职责提供依据。

还有，当雇主与家政服务员发生服务纠纷时，标准化岗位职责也可作为调解的依据。

第17章 家政服务员服务规范

【家政政策】

序号	发文时间	发文机关	政策文件名称
	2012年12月26日	商务部 条约法律司	《家庭服务业管理暂行办法》
相关摘要	第三章 家政服务员行为规范：第十九条 家庭服务员应当如实向家庭服务机构提供本人身份、学历、健康状况、技能等证明材料，并向家庭服务机构提供真实有效的住址和联系方式。 第二十条 家庭服务员应符合以下基本要求：（一）遵守国家法律、法规和社会公德；（二）遵守职业道德；（三）遵守合同，按照合同约定内容提供服务；（四）掌握相应职业技能，具备必需的职业素质。 第二十一条 家庭服务员在提供家庭服务过程中与消费者发生纠纷，应当及时向家庭服务机构反映，不得擅自离岗。 第二十二条 消费者有下列情形之一的，家庭服务员可以拒绝提供服务：（一）不能提供合同约定的工作条件的；（二）对家庭服务员有虐待或严重损害人格尊严行为的；（三）要求家庭服务员从事可能对其人身造成损害行为的；（四）要求家庭服务员从事违法犯罪行为的。

【家政寄语】

职业道德是家政服务员的灵魂；

一个优秀家政服务员，职业道德第一，服务技能第二。

【术语定义】

职业道德：是指从事一定职业的人员在职业活动中，应该遵循的基本观念、意识、品质、行为的要求，即依靠社会舆论、传统习惯、内心信念来维持的行为准则。

服务规范：在服务行为上还要注意服务礼仪、服务安全、服务卫生、依法提供服务等行为上的约束规范。

"四自"精神：在家政服务业，家政服务员95%以上都是女性，女性是推动家政服务业发展的决定性力量。因此，全国妇联倡导的"四自精神"，即自尊、自信、自强、自立，也是家政服务员职业道德的核心内容之一。

家政服务员职业道德：敬业爱岗、诚实守信、尊老爱幼、勤劳节俭、严守家私、四自精神(自尊、自信、自强、自立)。

【标准条款】

序号	标准编号	标准名称	主管部门
2	Q/QKL JZGZ102-2020	家政服务员服务规范	

标准内容	1）职业道德基本要素: a 职业理想 b 职业态度 c 职业义务 d 职业纪律 e 职业良心 f 职业荣誉 g 职业作风 2）家政服务员职业道德: a 敬业爱岗 b 诚实守信 c 尊老爱幼 d 勤劳节俭 e 严守家私 f 四自精神: 自尊、自信、自强、自立 3）家政服务行为规范: a 服务礼仪 b 服务安全规范 c 服务卫生规范 d 依法服务

【学习目标】

通过本章的学习，您将能够:

1）了解职业道德的具体内容;

2）知晓为什么必须要讲职业道德;

3）了解我国社会主义职业道德基本体系;

4）明确什么是家政服务员职业道德;

5）理解职业道德与职业技能的关系;

6）了解家政服务员服务行为规范的具体内容。

17.1 家政服务员职业道德

众所周知,任何职业都要遵循自己的职业道德,家政服务员职业道德的重要性不言而喻。家政服务员职业道德,是家政服务员从业的必要条件,也是首要条件,其重要性甚至超过职业技能。因为一个缺乏职业道德的家政服务员,即使你的职业技能再专业再高级,雇主也不会雇佣,即使雇佣了也会辞退。不以规矩不成方圆。

遗憾的是,我国家政服务业的现实情况是,家政公司和家政服务员往往只重视家政服务职业技能的培训提高,而忽略了职业道德建设。结果导致家政服务职业道德"跛腿"现象,抑制了雇主对家政服务的需求,最终影响了家政服务员个人职业生涯,也不利于家政公司生存,甚至阻碍整个家政服务业健康发展。

实践早已证明,良好的职业道德不仅与提高职业技能不矛盾;相反,职业道德与职业技能相辅相成,是推动职业技能发展的不可或缺的必要因素。只有不断加强自身职业道德建设,家政服务员的职业技能才能快速提升,才能在激烈竞争的人才市场中立于不败之地,赢得竞争优势。

那么,什么是职业道德? 为什么要有职业道德? 家政服务员的职业道德究竟是什么? 在家政服务工作中,家政服务员如何用职业道德来规范自己的服务行为?

17.1.1 什么是职业道德

职业道德是指从事一定职业的人员在职业活动中应该遵循的基本观念、意识、品质、行为的要求。即依靠社会舆论、传统习惯、内心信念来维持的行为准则。职业道德能调节从业人员与服务对象、从业人员之间、从业人员与职业之间的关系，是职业范围内的特殊要求，是社会道德在职业领域的具体体现。

职业道德的基本要素：

17.1.1.1 职业理想

即从业人员对职业活动目标的追求和向往。一个人从事一项职业，不仅只是谋生的手段，不仅只是获得一定的劳动报酬，更大的价值是通过从事的职业劳动使自己的体力、智力、技能与知识水平不断得到发展和完善，是职业目标的精神动力。也是从业人员的世界观、人生观、价值观在职业活动中的具体体现。例如：家政服务员的职业理想是高级管家、高级技师。

17.1.1.2 职业态度

即从业人员在一定社会环境的影响下，通过职业活动和自身体验所形成的、对职业工作与工作对象的一种心理倾向与情感表达。职业态度体现了一个从业人员对职业工作的认识、精神境界、职业道德素养。职业态度将直接影响工作过程与工作结果。例如，一个尊老爱幼的家政服务员，将会受到雇主的喜欢，有利于与雇主良好互动，进而提升雇主的服务体验与满意度。

17.1.1.3 职业义务

即从业人员在职业活动中自觉地履行对职业组织、对服务对象、对他人、对社会应尽的职业责任，而不仅仅是获取劳动报酬。从业人员只有先履行职业义务，才能获得职业报酬。就家政服务而言，家政服务员严格按照雇主标准提供标准化家政服务，就是履行职业义务。

17.1.1.4 职业纪律

即从业人员在职业工作岗位中必须遵守的规章、制度、条例等职业行为准则。这些规定和要求，是从业人员做好本职工作的必要条件。例如，在家政服务中，家政服务员要严守雇主家庭的隐私，不得向外人透露，包括自己的家人，这就是家政服务员的职业纪律，必须遵守。否则，泄密雇主家庭隐私，轻的影响雇主的服务体验与满意度，重的甚至触犯法律。

17.1.1.5 职业良心

即从业人员在履行职业义务过程中所形成的对职业责任的自我认识、自我评价。换句话说，就是自己在履行职业活动过程中，是否对得起自己的良心、内心。例如：在家政服务中，家政服务员的良心是善待雇主家庭的老人和孩子，为雇主家庭节约用水用电。"老吾老以及人之老""幼吾幼以及人之幼""把雇主的家庭当作自己的家庭一样"来服务，就是家政服务员的良心。

17.1.1.6 职业荣誉

即社会对从业人员职业活动的价值所作出的肯定评价和褒奖，以及从业人员在主观上对自己的职业活动的一种自尊、自爱的荣辱评价与意向。人生活在社会中，社会对人的评价将直接影响人的行为倾向。当一个从业人员的职业行为产生社会价值，并赢得社会公认时，就会产生荣誉感、自豪感；反之，就会产生耻辱感。

就家政服务而言，我们要培养家政服务员的"四自"精神，即为自尊、自信、自立、自强，培养家政服务员的职业认同感、职业自豪感。因为，家政服务也是利国利民的爱心职业，是民生工程。

17.1.1.7 职业作风

即从业人员在职业活动中表现出来的相对稳定的工作态度和职业风格。职业作风是一种无形的精神力量，对从业人员从事职业活动具有促进与激励作用。就家政服务而言，培养家政服务员养成甘于寂寞、勤俭节约、不怕吃苦、主动服务等优良服务作风，就能赢得雇主的信任与好感，雇主服务体验好。这样，家政服务员和雇主都满意。

17.1.2　为什么必须要讲职业道德

职业道德对个人发展、对职业活动、对组织和社会都具有不可或缺的作用，主要体现在以下几个方面：

17.1.2.1　良好的职业道德，有利于个人发展。

良好的职业道德，对于个人的职业发展和自我成长至关重要。在职业活动中，良好的职业道德，能够引领职业活动的方向，确立职业目标与职业理想。特别是当一个人受利益驱使、迷失正确方向的时候，建立良好的职业道德，能使从业人员增强社会责任感，坚持走正确的道路；良好的职业道德，还能引领从业人员的职业行为符合企业发展的规范要求，确保其岗位活动不出现偏离，能集中自己的智慧与精力，推动企业沿着正确的轨道而健康地发展，进而赢得自己的事业发展与个人成功，实现企业与个人以及社会的多赢。

在职业活动中，良好的职业道德品质，主要体现在：无私、仁厚、宽容、大度、认真、担当、勇敢、无畏、忠诚、勤奋、进取、坚定等品质，这些品质有助于从业人员职业生涯发展；反之，在职业活动中，自私、狭隘、嫉妒、恶毒、推诿、懒惰、浮躁、马虎、怯懦、虚伪、固执、傲慢、贪婪等不良品性，无疑将阻碍职业生涯发展，甚至让人一事无成，严重的会让人走上违法犯罪的路上。

因此，良好的职业道德，有利于从业人员完善人格，能促进人的全面发展，是个人自我价值实现的重要保证。

17.1.2.2　良好的职业道德，有利于正确做事以及把事做正确。

良好的职业道德，对从业人员的职业活动具有规范和约束作用。因为有职业道德，可规范从业人员哪些可以做，哪些不可以做，哪些应该做，哪些不应该做。即在职业活动中，要遵守规章制度、行为规范，要求有章可循，正确做事。

另一方面，因为有职业道德，让从业人员要守住行为底线，不能越"雷池"一步，不能触碰处罚条款或做出违规的事。例如，在家政服务中，家政服务员不可泄密雇主的隐私。

17.1.2.3　良好的职业道德，有利于合作做事。

良好的职业道德，有利于企业内部不同部门之间、同一部门的不同个体之间进行协调沟通，求同存异，最大限度地消除分歧、化解内部矛盾；因为有良好的职业道德，可以自觉调节内部利益关系，追求团队精神与组织力量，促进组织向心力、凝聚力，鼓舞士气，通过合作共事，把企业命运与自己命运紧紧相连，提升企业战斗力。

17.1.2.4　良好的职业道德，有利于积极主动做事。

在职业活动中，良好的职业道德，能激励从业人员产生内在动力，能够从精神上激发从业人员的自豪感、认同感、成就感、荣誉感，更好地为顾客、为公司、为社会作出自己的贡献，实现自己的人生价值。职业道德的激励作用，可以通过教育引导、帮助其确立职业理想；可以通过榜样力量、典型示范来感召；当然，职业道德，也可通过对负面行为的"警示"来激发从业人员对物质与精神的需求，发掘内在潜力，保证其职业行为沿着企业预期的方向发展，而积极主动做事。

17.1.2.5　良好的职业道德，有利于平衡利益关系。

在职业活动中，职业关系主要包括：职业与社会的关系、企业与关联企业之间的关系、企业内部人员之间的关系、企业与员工之间的关系、职业与顾客之间的关系等，这些不同的利益相关者，都存在各自的利益需求，难免有矛盾或分歧。良好的职业道德，有利于调节这些利益关系，促进从业人员自觉处理个人与社会、个人与企业、个人与同事、个人与顾客、竞争与协作之间的关系，维系职业活动正常顺利进行。

17.1.2.6 良好的职业道德，有利于提高社会道德水平。

在职业活动中，任何职业都有自己的特殊的权利、义务和社会地位，肩负着特殊的社会责任与使命。如果每一个职业的从业人员都有良好的职业道德，遵循本职业的道德规范，就能通过职业活动促进社会道德水平的提升；反之，在职业活动中，如果从业人员违背职业道德，不讲信誉、违规操作，甚至为了追逐名利而不择手段。这种不讲职业道德行为，必然对社会道德和社会风气产生不良的负面影响，不利于正常的职业活动，也干扰正常的社会经济生活，容易形成"劣币驱逐良币"的恶性循环。

17.1.3 我国社会主义职业道德基本体系

我国是中国特色的社会主义国家，社会主义核心价值观是社会主义职业道德的核心与统领。正如习近平总书记指出的："核心价值观，其实就是一种德，既是个人的德，也是一种大德，就是国家的德、社会的德。"我国社会主义核心价值观的具体内涵是：

"富强、民主、文明、和谐是国家层面的价值目标；自由、平等、公正、法治是社会层面的价值取向；爱国、敬业、诚信、友善是公民个人层面的价值准则。"

我国社会主义核心价值观，凝聚了全社会的道德共识，包括社会公德、职业道德、个人品德。

17.1.3.1 社会主义职业道德的性质

我国社会主义经济关系，强调按劳分配、人与人之间团结、友爱、平等合作的关系。这种关系决定了社会主义职业道德不再仅仅是个人挣钱养家的道德，而是个人利益与社会利益的统一。

社会主义职业道德特别强调要消除职业关系中的尊卑贵贱观念，要抛弃个人主义、利己主义，要纠正职业活动中的虚伪、浮夸等欺诈行为，要坚决树立诚实守信、言行一致的职业作风、"人人为我，我为人人"的社会主义职业关系。

17.1.3.2 社会主义职业道德基本要求

职业道德是从业人员在职业活动中的行为准则。因为，我国是社会主义国家，有共同的理想、共同价值观念，对所有职业有着共同的要求，这决定了我国社会主义职业道德的共性。因此，我国《公民道德建设实施纲要》中明确提出了所有从业人员都应该遵循的职业道德：即爱岗敬业、诚实守信、办事公道、服务群众、奉献社会。下面具体分析：

1）爱岗敬业

爱岗敬业是职业道德最起码的要求，是从业人员必备的基本规范，是一种对待职业的态度。爱岗是指热爱与喜欢自己工作岗位，对自己的职业饱含情感，以自己从事的职业为荣；敬业是指用严肃认真、恭敬的态度对待自己所从事的职业。

爱岗敬业是一个人职业生涯发展与事业成功的必备条件。一个爱岗敬业的人，在职业活动中，就能把职业当成自己应尽的义务和责任，即使遇到困难与挫折，也不退缩，不放弃，而是更加全身心地投入，直至成功。

2）诚实守信

诚实守信是根本的职业道德，是为人处事之本。诚实是指真心实意、实事求是、不撒谎、不欺骗;守信是指讲信用、重信誉、信守承诺、不违约、不毁约。在职业活动中,特别是在市场经济中,要真实无欺,言而有信。因为,市场经济就是信用经济。

诚实守信,对个人而言,关系到自己的信用,关系到自己能否在职业活动中立足,能否与同事合作;对企业而言,关系到企业品牌形象,关系到顾客忠诚度。诚实守信是个人或企业发展的生命线。

3)办事公道

办事公道是指从业人员在职业活动办事过程中要公平、公开、公正、讲原则、不徇私情,秉公办事。不论是上下级之间、同事之间、与顾客之间、与家人之间,都要坚持职业原则,要公私分明,坚持真理,自觉抵制行业不正之风、不行贿、不受贿、不偏袒。

4)服务群众

服务群众是公民道德建设的核心,也是职业道德建设的核心。服务群众是指为群众办实事、办好事,为群众排忧解难,满足群众需求。在职业活动中,要树立服务群众的意识,以服务群众为荣,将群众的利益放在心上,立足本职岗位,最大努力服务好群众。

5)奉献社会

奉献社会是职业道德中的最高境界,是指自愿为他人、为社会付出劳动而不以获得劳动报酬的行为。在职业活动中,奉献社会意味着承担社会责任、实现人生价值与职业理想。

综上所述,社会主义职业道德的五个基本要求,相互联系、相互影响、相互作用、相互制约,缺一不可,是所有职业活动中的从业人员应当共同遵循的职业道德。

17.1.3.3 社会公德

我国公民道德建设体现在三个方面:即社会公德、职业道德、家庭美德。其中,社会公德是全体公民在社会交往和公共生活中应该遵循的行为准则,包含了人与人、人与社会、人与自然之间的关系。职业道德则涵盖从业人员与服务对象、职业与职工、职业与职业之间的关系。职业道德与社会公德是部分与整体的关系。因此,职业道德包含着许多社会公德的要求。下面几个方面,既是社会公德的要求,也是职业道德的要求。

1)文明礼貌

文明礼貌是指人的行为和精神面貌应该符合公共道德和先进文化的要求。文明是指语言美、行为美、心灵美;礼貌是指在人际交往中,相互尊重、和睦友爱、重视礼节。讲文明礼貌,是对全体社会成员的基本要求,是做人的基本道德准则,是社会公德,是构成和谐社会的前提。

一个不讲文明礼貌的人,必定是不受社会欢迎、不受社会尊敬的人,自然难以处理好与他人的关系,不利于自己的职业生涯发展。

2)勤俭节约

勤俭节约是做人的基本美德,也是治家立业的准则,是指人们应该艰苦奋斗、辛勤劳动,珍惜劳动资料与劳动成果、不浪费、不奢侈。

3)爱国为民

爱国为民是公民道德建设最基本的要求,是每个公民应当承担的法律义务和道德责任。爱国为民是指人们热爱祖国,做有益于人民的事。爱国为民就是要自觉发扬爱国主义精神,坚定民族自尊心、自信心、自豪感。在任何时候和任何情况下,每一个公民都要以热爱祖国、报效祖国为最大光荣,以损害祖国利益、民族尊严为最大耻辱。

4)崇尚科学

科学技术是第一生产力。崇尚科学是指学科学、用科学、献身科学。掌握科学知识,增强创新能力，提高劳动生产率。在职业活动中，每一个从业人员，都应该努力学习科学，增强科学素养，提高职业能力。崇尚科学，还要求人们反对迷信、不盲从。

17.1.3.4 家庭美德

作为家政服务职业道德，除了社会公德外，自然也离不开家庭美德。

所谓家庭美德，是指人们在家庭生活中处理家庭成员之间关系、解决家庭问题时所遵循的行为规范。它涵盖了夫妻、长幼、邻里之间的关系。家庭美德的内容：尊老爱幼、男女平等，夫妻和睦、勤俭持家、邻里团结等。简单分析如下：

1）尊老爱幼

"老有所终，幼有所养"。我国传统文化中一种有尊老爱幼的家庭美德。尊老就是尊重长辈、善待长辈、赡养长辈；爱幼也要爱护后代、养育后代、教育后代。谁不孝敬长辈、善待子女，谁就会被世人唾骂为"缺德"，情节严重的还会受到法律的制裁。尊老爱幼，不仅是每个公民必须遵守的道德准则，也是每个公民应尽的社会责任和法律义务。

2）男女平等

所谓男女平等，是指在家庭生活中，女子和男子人格独立、地位平等，享有同等的权利，负有同等的义务。一方面，男性要理解、尊重与支持女性；另一方面，女性应当"自尊、自爱、自信、自立、自强"。男女平等，在家庭中的具体体现是男女享有教育、就业及财产等方面的同等权利；在工作与事业上，女性要自我确立人生目标，自我选择人生道路，自我主宰命运，巾帼不让须眉，实现自我人生价值，做一名家庭与事业平衡的时代新女性。

3）夫妻和睦

夫妻是家庭关系的核心。夫妻和睦是家庭幸福的重要前提和保证。夫妻关系应以平等互爱为基础。作为夫妻，应该努力做到互敬、互爱、互信、互帮、互谅、互让、互慰、互勉。夫妻之间不存在谁侍候谁、谁主宰谁的问题，"大男子主义""妻管严"等倾向，都是要不得的。同样，要保持夫妻和睦，男女双方经过恋爱浪漫期之后步入婚姻组成家庭，应学会在平凡日常生活中巩固、培养感情，使爱情之树常青。要在互相适应对方的同时，经常寻找夫妻双方都感兴趣、都愿为之努力的共同点，使两人有共同的人生目标，使家庭生活充满活力和乐趣。这样才能避免婚姻枯燥、乏味乃至"婚姻危机"，让婚姻家庭稳定，成为人生幸福港湾。

4）勤俭持家

勤俭持家，也是我国家庭的传统美德。"勤是摇钱树，俭是聚宝盆""俭以养德"等。勤俭持家任何时代都不过时。勤俭持家是以"量力而行、量入为出、勤俭节约、适度消费"为原则。勤俭持家就是要精打细算，科学合理地安排家庭经济生活，避免浪费。勤俭持家就是要树立具有现代文明的消费观。不盲目攀比，不追求高消费；在物质条件得到基本满足之后，我们应该及时调整消费结构，把精神消费提到重要地位，购买书籍、文化学习、家庭成员继续教育上，以丰富家庭文化生活。

5）邻里团结

良好的邻里关系对人们的生活、工作、学习等各方面都大有益处。"邻里好，赛元宝""远亲不如近邻"等，"孟母三迁"的故事更是妇孺皆知。加强邻里团结，建立良好的邻里关系，着重要做到"四互"：

互尊。就是要尊重邻居的人格，尊重邻居的生活方式和生活习惯，切忌搬弄是非。还要尊重邻居的合法权益，如看电视、听音乐、唱卡拉 OK 等声音要适当，浇花、养鸟等不要给邻居带来麻烦。

互助。要破除"各人自扫门前雪，休管他人瓦上霜"的旧观念，视邻里的事情如自己的事情，视邻里的困难为自己的困难，从小事做起，积极主动地为邻居做好事。还要主动搞好公共区域的卫生工作。

互让。邻里之间长时间相处，难免会有磕磕碰碰的时候。一旦因生活琐事发生了矛盾，双方都不必斤斤计较，要讲风格、讲谦让，能解释的就解释清楚，不能解释的就让一步，互相让一让就过去了。邻里相争往往是进一步"狭路相逢"，退一步"海阔天空"。只有我们以"让"字去调剂邻里关系，就一定能使邻里和睦相处。

互谅。要了解邻居的生活习惯，理解邻居的职业，谅解邻居的苦衷。对邻居要少一点抱怨，多一点宽容；少一点指责，多一点赞扬；少一点品头论足，多一点相互学习；少一点斤斤计较，多一点热忱关怀。

17.1.3.5 集体主义的基本要求

我们知道，职业道德是调整从业人员与服务对象、从业人员之间、职业与职业之间，以及职业活动和社会之间各种关系的行为准则。职业道德涉及的这些关系，根本上是利益关系。在发生利益矛盾时，要坚持集体主义原则。

所谓集体主义，是指一切从集体出发，把集体利益放在个人利益之上，在二者发生冲突时，坚持集体利益高于个人利益的价值观念和行为准则。

在职业道德建设中，坚持集体主义原则，需要处理好三方面：

一、处理好集体利益和个人利益的关系。

在职业活动中，当个人利益与集体利益发生冲突时，首先要兼顾各方面的利益，在无法兼顾的情况下，个人利益要服从集体利益，甚至作出必要的牺牲。

二、处理好"小集体"与"大集体"的关系。

对从业人员来说，国家是"大集体"，企业是"小集体"。国家利益与企业利益是一致的，但当国家利益与企业利益发生矛盾时，应当坚持以国家利益为第一，企业利益一定要服从国家利益。因为，国家利益是长远、整体利益，企业利益是眼前的、局部利益。

因此，在职业活动中，个人利益要服从集体利益、当前利益服从长远利益，反对个人主义、损公肥私、损人利己行为。尤其要反对极端个人主义、享乐主义、拜金主义。

17.1.3.6 职业道德准则

在职业活动中，从业人员要履行职业责任、完成工作任务，需要坚守三个职业道德准则：忠诚、审慎、勤勉。

1）忠诚，是指从业人员忠诚于服务对象，并对自己的委托人认真担负职责，以及履行职责时的态度和意向。就家政服务而言，就是要忠实地为雇主服务，要让雇主满意，还要对雇主的隐私保密，当雇主家庭人身财产安全遇到危险时，要敢于承担这个危险。一个忠诚的人，在履行职责时不能有私心或以权谋私，也是一个自律的人。

2）审慎，是指选择最佳的方式方法以实现职责，达到最优效果，并努力规避各种风险。也就是说，在职业活动中，要仔细思考各种方式方法的利弊得失，尽可能地选择好的手段。要求从业人员必须很理性、很客观，要严谨地去计算怎样做效果更好，会获得更高的收益，而尽可能减少工作带来的危险和损失。一个审慎的人，做事要有计划性，不能有投资心理或侥幸心理；特别是在企业决策上，一定要有调查研究、分析比较、论证可能产生的不可后果。

3）勤勉，是指勤劳不懈，努力不懈，要求从业人员在规定的时间范围内，非常投入，集中精力做好事情，不能分心，不能偷懒，不能三心二意。一个勤勉的人，能积极主动开展工作，无论是否有人监督考核；在工作上，善始善终，不能虎头蛇尾。

17.1.4 家政服务员的职业道德是什么

根据以上关于职业道德的分析，我们提出了家政服务员的职业道德：敬业爱岗、诚实守信、尊老爱幼、勤劳节俭、严守家私、四自精神（自尊、自信、自强、自立）。这是结合家政服务业的职业特征而特别提出的，对家政服务从业人员个人发展、对家政服务职业活动、对家政组织和社会都具有不可或缺的约束与引领作用。

17.1.4.1 敬业爱岗

* 服务家庭、热爱家政。
* 微笑服务、快乐工作。
* 阳光心态、主动服务。
* 敬畏工作、自豪光荣。
* 认认真真、尽职尽责。
* 一心一意、精益求精。
* 创造价值、甘于奉献。
* 不离不弃、雇主满意。

爱岗敬业是家政服务职业道德最起码的要求，是家政服务员必备的基本规范，是一种对待家政服务业的态度。爱岗是指热爱与喜欢自己所从事的家政服务工作岗位，对自己的家政服务职业饱含情感，以自己从事的家政服务业为荣；敬业是指用严肃认真、恭敬的态度对待自己所从事的家政服务业。

爱岗敬业是一个家政服务员职业生涯发展与事业成功的必备条件。一个爱岗敬业的家政服务员，在家政服务活动中，就能把为雇主提供服务当成自己应尽的义务和责任，即使遇到困难与挫折，也不退缩，不放弃，而是更加全身心地投入，直至雇主满意。

17.1.4.2 诚实守信

* 身份真实、坦荡做人。
* 诚心诚意、将心比心。
* 遵守合同、不违约不毁约。
* 实事求是、不撒谎不欺骗。
* 重信誉、讲信义、守信用。

诚实守信是家政服务业根本的职业道德，是为人处事之本。诚实是指对雇主要真心实意、实事求是、不撒谎、不欺骗；守信是指对雇主讲信用、重信誉、信守承诺、不违约、不毁约。就家政服务而言，家政服务员尤其要信守家政服务合同，要认真履行服务合同，不能中途违约。在家政服务职业活动中，特别是在家政服务交易与提供服务中，要真实无欺，言而有信。因为，家政服务贵在诚信服务。

诚实守信，对家政服务员个人而言，关系到自己的信用，关系到自己能否在家政服务业中立足，能否与同事合作；对家政企业而言，关系到企业品牌形象，关系到雇主忠诚度。诚实守信是家政服务员或家政企业发展的生命线。

17.1.4.3 尊老爱幼

* 尊重长辈。
* 善待长辈。
* 爱护婴幼儿。
* 善待婴幼儿。

家政服务的场景是雇主家庭，服务对象主要是雇主家庭的老年人与婴幼儿（还有新生儿）。因此，尊老爱幼，必将是家政服务员的必须恪守的职业道德。

况且，"老有所终，幼有所养"。我国传统文化中一直就有尊老爱幼的家庭美德。尊老就是尊重长辈、善待长辈、赡养长辈；爱幼也要爱护后代、养育后代、教育后代。谁不孝敬长辈、善待子女，谁就会被世人唾骂为"缺德"，情节严重的还会受到法律的制裁。尊老爱幼，不仅是每个公民必须遵守的道德准则，也是每个公民应尽的社会责任和法律义务。作为家政服务员，更应该有责任与义务协助雇主照护好其家庭的老人和孩子。"老吾老以及人之老""幼吾幼以及人之幼"。

17.1.4.4　勤劳节俭

* 任劳任怨。

* 精打细算。

* 珍惜生活资料。

* 避免浪费。

家政服务是家庭事务社会化的结果，是家政服务员进入雇主家庭，用雇主家庭的生活资料，为雇主家庭提供的家庭事务服务。这就要求家政服务员要把雇主的家当成自己的"家"，要像雇主一样，勤俭持家。而不能因为用的是雇主家庭的生活资料和生活经费，不是自己的，就很随意。

家政服务员必须像在自己家一样，要恪守勤俭持家。这是我国家庭的传统美德，更是现代家政服务员的职业道德。"勤是摇钱树，俭是聚宝盆""俭以养德"。勤俭持家在任何时代都不过时。勤俭持家就是家政服务员要协助雇主以"量力而行、量入为出、勤俭节约、适度消费"为原则，辛勤劳动，勤勤恳恳，任劳任怨，为雇主家庭精打细算，科学合理地安排家庭经济生活，珍惜雇主家庭的劳动资料与劳动成果、避免浪费、不奢侈。勤俭持家就是要协助雇主家庭及时调整消费结构，把精神消费提到重要地位，以丰富家庭文化生活。

17.1.4.5　严守家私

在家政服务中，家政服务员要严格尊重雇主及家庭的隐私。尊重雇主隐私权，不仅是对雇主人格的尊敬，也是家政服务员职业道德。这样可以避免或减少许多不必要的纷扰和矛盾。我们知道，家政服务员进入雇主私人家庭从事服务工作，有的甚至24小时吃住在雇主家庭，是雇主家庭的"准成员"，与雇主及家庭成员是"零距离"接触，必然会知道雇主家庭的各种各样的隐私，包括一些家庭问题和矛盾。这就要求家政服务员在家政服务中，要严守家私，做到"四不"：不评论、不掺和、不打探、不传播。

即不评论是指对于雇主家庭问题和矛盾，家政服务员不宜评头论足；不掺和是指对于雇主家庭成员之间的矛盾，不搬弄是非、不挑拨离间，以免激化雇主家庭矛盾；不打探是指不去窥视与打听雇主家庭的隐私；不传播是指不把雇主的家事向外人包括自己的家人讲述，不泄露雇主及家庭的私人信息，尤其是那些涉及雇主人身安全与财产的信息。如果泄露雇主的隐私，造成雇主人身受到伤害或财产受到损失，不仅有违家政服务职业道德，而且还触犯了法律。可见，严守家私作为家政服务职业道德，是多么的必要。

17.1.4.6　自尊、自信、自强、自立

在家政服务业，家政服务员95%以上都是女性，女性是推动家政服务业发展的决定性力量。因此，全国妇联倡导的"四自精神"，即自尊、自信、自强、自立，也是家政服务员职业道德的核心内容之一。

1）自尊，就是尊重自己的人格，维护自己的尊严，要自爱，反对自轻自贱，反对追求

虚荣或自暴自弃。

在家政服务中，家政服务员首先要尊重与认同自己从事的家政服务职业。我们知道，家政服务业是国家认定的合法正规职业，是现代服务业的重要组成部分。家政服务员与宾馆服务员、航空服务员、医院医生护士、学校教师一样，所从事的都是社会需要的平等的光荣职业。我国合法的任何社会职业没有高低贵贱之分，家政服务员无论在人格上还是在权利、社会地位上，都与社会其他职业人员一样，是完全平等的。家政服务员同我国任何服务业的从业者一样，都是通过为别人提供服务而获得服务报酬，合理合法，值得尊重。

家政服务员在自尊的同时，也要尊重雇主。尊重雇主就是家政服务员对待雇主家庭成员要热情友好，不强人所难，不越俎代庖，不目中无人。家政服务员尊重雇主的具体体现在：

一、在服务态度上，要有尊重。家政服务员对待雇主家庭所有成员要有同等的尊重，不能厚此薄彼。这种尊重体现在家政服务员的言行举止上，体现在家政服务的每个细节上，这是家政服务员最基本的职业道德。

二、要尊重雇主家庭的生活习惯。家政服务员是应雇主聘请提供职业化家政服务。因此，家政服务员要尊重雇主家庭的生活习惯，要"入乡随俗"，要调整自己多年养成的个人生活习惯和爱好，调整自己的生活方式，以适应雇主家庭的需要，而不是要求雇主做出改变。

三、尊重雇主对家政服务的决定权。在家政服务中，家政服务员遇到涉及雇主家庭的需要做出决断的问题时，不可自作主张，不可以自己的想法或意愿去安排雇主家庭的生活。在进行家政服务之前、之中、之后的全过程中，家政服务员要尊重雇主对家政服务的决定权，多向雇主请教，多征求雇主意见，得到雇主同意后才能实施。

2）自信，就是相信自己的力量，坚定自己的信念，反对妄自菲薄。

家政服务员在与雇主及家庭成员的互动中，要克服自卑心理，不卑不亢。家政服务员与雇主及家庭成员之间，是两个平等的个体，在人格、社会地位、尊严上是平等的，这点毋容置疑。家政服务员以职业身份，按服务合同规定的要求，凭借自己专业化的职业技能为雇主家庭提供家政服务，并按服务合同获得服务薪酬。家政服务员与雇主的关系，是雇佣关系，是工作关系，是平等互助关系，不是奴仆关系。

因此，在家政服务工作中，家政服务员不需要低声下气、唯命是从；要按服务合同、服务标准、服务规范、服务流程提供家政服务。家政服务员要正确处理好与雇主及家庭成员的关系，以良好的心态和心情工作，堂堂正正为雇主服务，不自轻自贱，不走捷径。

3）自立，就是树立独立意识，体现自己的社会价值，反对依附顺从。

家政服务员通过规范化、职业化的优质家政服务，赢得雇主和社会的尊重，并获得相应的劳动报酬。这样，家政服务员就有了一定的经济收入，不仅自立，而且能够补贴自己的家庭，更好地抚养子女与赡养长辈；同时，家政服务员在家政服务中，一般都是照护雇主家庭的老年人、孕产妇与新生儿、婴幼儿、病人、残疾人等雇主家庭的弱势人群，解决了雇主的后顾之忧，提升了雇主家庭生活质量与幸福指数。总之，家政服务员通过自己诚实的服务，为雇主和自己的家庭都带来了幸福，不仅实现了自立，还创造了自己的社会价值。

4）自强，就是顽强拼搏，奋发进取，反对自卑自弱。

家政服务员首先应从自己做起，从家政服务中的每一件小事做起，坚信自我人格的独立，维护自己的尊严，坚信自己的服务信念和服务能力，培养自己的综合素质。特别是在家政服务业中，要克服自卑心理，充分发掘女性的优势和潜能；克服依附心理，坚持在发展家政服务业中实现女性的价值；克服弱者心理，在激烈的家政服务市场竞争中积极进取，逐步形成符合时代要求的健康的心理品格，增强一个家政女工的使命感和社会责任感，做一个具有"四自"精神的家政女工，为我国家政服务业"提质扩容"与高质量发展做出应有的贡献。

17.2 职业技能

实践同样证明，并将反复证明：一个人就业成功必须要具备职业道德与职业技能两种素质，无论是缺乏职业道德，还是缺乏职业技能，都难以取得就业的成功。

那么，什么是职业技能？职业技能有什么特点？作用？职业技能与职业道德有什么关系？家政服务究竟有哪些职业技能？下面来具体分析：

17.2.1 什么是职业技能

职业技能是指从业人员从事职业劳动和完成岗位工作任务应具有的业务素质，主要包括：职业知识、职业技术、职业能力。

17.2.1.1 职业知识：是指完成本职业或岗位工作任务的知识，主要包括基础知识、专业知识及职业相关知识。就家政服务职业技能而言，举例如下：

基础知识：包括安全知识、卫生知识、法律法规知识等；

专业知识：例如，家庭常用清洁用品和用具知识、家庭电器的使用方法、家庭常用清洁剂和消毒剂的使用方法；家庭常用刀工技法；洗衣机使用方法；抚触知识等；

相关知识：例如，家具知识、地板知识、家庭电器知识；食物营养知识；服装面料知识；新生儿生理发育知识等。

17.2.1.2 职业技术：是指完成本职业或岗位工作任务的技术。例如：在家政服务中，地板清洁技术、家用电器清洁技术；家庭餐制作技术；衣服洗涤熨烫技术；新生儿抚触技术等。

17.2.1.3 职业能力：是指完成本职业或岗位工作任务的能力，主要包括一般能力、专业能力、综合能力。就家政服务专业能力而言，举例如下：

一般能力：语言表达能力、人际交往能力、学习能力等；

专业能力：高档家具清洁养护的能力；举办家宴的能力；高档衣服洗涤熨烫收纳整理的能力；新生儿母乳喂养能力等。

综合能力：培训能力、管理能力、组织能力等。

综上所述，职业知识、职业技术、职业能力三者是相互联系，相互作用，密不可分，共同构成从业人员职业技能。

17.2.2 职业技能的特点

职业技能反映了职业存在与发展一般规律，是从业人员的行为准则，具有如下特点：

17.2.2.1 *发展性*

职业技能不是一成不变的。职业技能总是与时俱进，随着时代的进步而不断发展。

17.2.2.2 *专业性*

职业技能总是与特定职业和岗位密不可分，是从业人员履行特定职业责任所必备的业务素质。不同的职业需要不同的职业技能，即使是同一个职业不同的业态，也对职业技能提出不同的技能标准和要求。这点，在家政服务中体现的特别明显。

17.2.2.3 *等级性*。

职业技能的等级性是客观存在的，对家政服务员职业技能进行等级划分，也有必要性。因为，在同一个家政服务业态里，例如，母婴护理（月嫂服务），不同的职业技能等级，要求不同的技术含量与不同的服务标准要求。这种母婴护理员（月嫂）等级划分，有利于不同等级的月嫂与雇主的不同需求进行精确匹配。同时，也有利于给月嫂因为不同的技能等级而进行不同的培训、确定不同的工资级别。

再者，由于家政服务员个人天赋不同、主观努力不同、所受的教育不同、生活经验不同、职业经历不同，必然导致家政服务员职业技能差异，实现家政服务员职业技能等级化势在必行。

17.2.2.4 综合性。

家政服务本身就是一门综合性很强的生活服务。家政服务职业技能不仅仅是单一的技术技巧，而是多种素质相互影响、综合作用而形成的。通过我们12年对国内外家政服务职业技能的理论研究与实证研究发现，家政服务员职业技能是由"八个要素构成"：基础教育、培训课程、专业教育、生活经历、工作经验、职业技能、相关知识、服务态度。这八个要素相互关联、有机统一，最终决定一个家政服务员的职业技能水平。

17.2.3 职业技能的作用

17.2.3.1 职业技能是家政企业生存发展的前提与保证。

家政人都知道，家政服务员是家政企业的战略资源、核心竞争力。家政企业没有足够的、掌握一定家政服务职业技能的高素质家政服务员，即使其他条件再好，例如一流的办公设施设备、海量广告，家政企业也不可能有大的发展。因为，家政企业正常运营，物的要素是次要的，人的要素（掌握家政服务职业技能的家政服务员）是第一位的。拥有职业技能的家政服务员是不可替代的核心资源，是家政企业生存发展的前提与根本保证。

因此，家政企业要想在激烈竞争的红海市场中生存发展，保持核心竞争力，就要把家政服务员的职业技能培训，放在首位。因为，家政企业竞争，就是拥有的家政服务员职业技能的竞争。

17.2.3.2 职业技能有利于家政服务员自身发展与实现自身价值。

一个家政服务员，只有掌握了一定的家政服务职业技能，才能很容易在家政服务市场找到一个工资福利待遇相对高的家政服务工作岗位。反之，一个没有受过专业培训、缺乏专业家政服务职业技能的家政服务员，是很难找到工作的，即使找到了，工资也不会高。因为，雇主对生活品质的要求越来越高、越来越个性化、雇主家庭的家居越来越智能化。没有一定职业技能的家政服务员几乎不能适应当代雇主对高品质生活的需求。因此，职业技能也是家政服务员的核心竞争力。家政服务员为了自身的发展，为了挣钱来富裕自己的家庭，也需要不断学习与提升自己的职业技能，在家政市场中赢得更多的服务订单。

不仅如此，一个掌握高级家政服务职业技能的家政服务员，也能更好地履行自己的家政服务职责，能帮助雇主很好解决家务的后顾之忧，赢得雇主的认可与赞誉，进而提升自己的社会地位和社会价值。

社会上之所以还存在看不起家政服务员的现象，不是因为家政服务工作本身没有价值，而是家政服务员缺乏职业技能与职业素养让人们瞧不起。"三百六十行，行行出状元"，是指社会需要的任何行业，只要对社会有益，做好了，做到职业化了，照样能为社会作出自己的贡献。家政服务也不例外。家政服务被社会认为是"低端行业"，不是"天生的"，是需要我们家政人，特别是千百万家政服务员努力学习职业技能、提升职业技能，就可以改变"低端行业"的现状。面对社会的期待，我们家政人任重道远。

17.2.4 职业技能与职业道德之间的关系

职业技能与职业道德，是一个家政服务员职业生涯发展、获得服务工作成功的两个必要的基本素质。在家政服务职业活动中，我们不能"一手软、一手硬"。否则，无论是家政服务职业技能缺失，还是家政服务职业道德缺失，都难以获得家政服务工作与事业的成功。

相反，职业技能与职业道德，是相辅相成、相互促进，共同成就一个家政服务员的就业创业的核心竞争力。现在具体分析：

17.2.4.1 职业道德引领职业技能

德才兼备，是我们对人才的要求。这里的"德"是指职业道德、社会公德、私德；"才"是指知识、能力、职业技能。那么"德"与"才"是什么关系？司马光在《资治通鉴》上说："才者，德之资也；德者，才之帅也"，意思是：才能依靠德行，德行引领才能，德居主导地位。

人无德不立，做人的根本在于立德，要做到明大德、守公德、严私德。在家政服务职业活动中，一个缺乏职业技能的家政服务员不能胜任家政服务职业要求，同样，一个缺乏职业道德的家政服务员也难以做好家政服务本职工作。但是，有德无才的人，可以通过自身不断努力学习，能逐步弥补家政服务职业技能上的不足，成长为胜任家政服务工作岗位需要的人；相反，如果是一个有才无德的人，不仅不能胜任工作岗位需要，还会对工作产生负面影响，甚至出现更大的破坏力。

因此，一个家政服务员职业生涯发展是否顺利、事业能否成功，其最终的决定性因素不是职业技能水平的高低，而是其家政服务职业道德品质的好坏。

17.2.4.2 职业道德支撑职业技能

在家政服务职业活动中，一个家政服务员的职业成功，离不开职业技能，而职业技能的有效发挥需要职业道德的支撑。没有良好的职业道德的家政服务员，即使职业技能水平再高，也难以在工作岗位中取得实际的效益或职业成功。这种现象，在家政服务职业活动中屡见不鲜：在同样的工作条件下，做同样的工作，技术能力强的人的工作质量或职业贡献有时很可能不如技术能力比较低的家政服务员，原因就在于两者家政服务职业道德水平的差异，即在工作责任心、工作态度、意志品质、努力程度、职业精神等主观因素的差异。

因为，在家政服务职业活动中，人们总是不可避免地会遇到这样那样的各种困难，遇到不同程度的挫折，如果一个家政服务员缺乏职业责任感、进取心，会轻言放弃或会找各种理由或各种借口为自己开脱；反之，一个富有责任感、敬业与开拓精神的家政服务员，总会想方设法尽、尽其所能，尽一切努力履行职责与完成家政服务工作任务，不会轻言放弃。即使暂时条件不具备，也会创造条件，付出足够的时间和精力去弥补自身的不足，可谓勤能补拙啊。这样的家政服务员，即使职业技能水平暂时较低，随着时间，也会慢慢提升自己的家政服务职业技能，最终一定会出色地履行岗位职责、超额完成工作任务。

因此，职业道德、职业精神是一个家政服务员的重要精神品质，是家政企业选人、用人、提拔人的重要指标，也是首要指标。

17.2.4.3 职业道德促进职业技能

在家政服务职业活动中，良好的家政服务职业道德，能够增强家政服务员学习的积极性、主动性、创造性。这有助于家政服务职业技能的学习与提升。

因为，一个家政服务员职业技能的掌握，不是一件轻而易举的事，特别是对高级职业技能的精通，更是需要长时间的在家政服务职业活动中的积累，非一朝一夕之功。只有家政服务员具有积极进取心、责任心、意志力，在家政服务职业活动中，通过艰苦持久的努力，才能逐步加深对家政服务职业规律的认识、对家政服务职业知识的积累、对家政服务职业社会价值的认同，而逐渐形成自己的职业价值观、职业人生观，进而指导自己的职业行为，促进自己努力学习与提升家政服务职业技能。

良好的家政服务职业道德，还能够为家政服务员创造良好的学习外部环境和学习条件。其主要体现在：一个具有良好职业道德的家政服务员，能够很好融入社会、融入集体、融入雇主家庭；能够与同事友好相处、团结合作；在家政服务职业活动中，乐于分享、乐于奉献。在这样的环境与氛围中，人们就会心情舒畅、满怀激情、相互帮助、相互学习、积极进取、共同提升，自然会大大促进自己家政服务职业技能的逐步提高。

17.2.4.4 职业技能提升需要职业道德提升

职业技能的提升，离不开职业道德的提升。在家政服务职业活动中，通过提升家政服务职业道德，可以推动家政服务职业技能的提升，主要体现在以下几个方面：

一、脚踏实地。

对于家政服务员来说，首先要围绕本职工作，脚踏实地，勤奋学习，不断提升自己的家政服务职业技能。常言道："三百六十行，行行出状元"。国家认可的职业没有高低贵贱之分，家政服务员只有立足于自己的本职工作岗位，干一行，爱一行，持之以恒，才能做到学有专攻，才有可能成为家政服务行业的行家里手。离开本职工作岗位，好高骛远，是缺乏良好职业道德品质的体现，是不可能真正学到家政服务职业本领来提升自己的家政服务职业技能的。立足岗位，脚踏实地，主要体现在几个方面：

1）明确岗位职责。在家政服务职业活动中，要了解自己能够做什么，了解自己应该做什么，了解自己该如何做的。这就是要做正确的事。

2）在做中学。家政服务职业技能的掌握，需要在做中学，需要循序渐进的不断训练，在训练中达到熟能生巧。离开实践动手操作，家政服务职业理论知识再多，也是纸上谈兵。

3）注重效果。家政服务职业技能掌握的水平如何？需要通过具体的家政服务工作任务完成情况来衡量。在家政服务职业活动中，只有正确履行岗位职责，有效完成服务工作任务，才能真正提高自己的家政服务职业技能。

4）端正态度。在家政服务职业活动中，一个家政服务员要想取得成功，首先必须具有端正的服务态度。在家政服务职业活动中，要能够以平和、合作、感恩的心态，认真对待和处理服务工作中遇到的问题、纠纷与矛盾；否则，服务态度不端正，不友好，牢骚满腹，服务工作敷衍、弄虚作假、傲慢自大，是不可能做好本职工作的，自然也不可能在工作中提升自己的家政服务职业技能。要做到态度端正，就要踏实肯干、实事求是、谦虚谨慎。

二、敢想敢干。

在家政服务职业活动中，勇于进取，精益求精，追求卓越，不断提升家政服务职业道德，也能提升家政服务职业技能。

1）明确奋斗目标。树立明确的奋斗目标，不仅指明了家政服务职业活动的努力方向，也是家政服务职业技能提升的精神动力。在家政服务职业活动中，一个没有崇高职业理想追求的家政服务员，也很难成为一名优秀的家政服务员。如同，不想当将军的士兵不是好士兵一样。

2）充满自信，持之以恒。有志者事竟成。一个既没有自信心，也没有胆识与勇气，更没有意志力的家政服务员，要想在职业活动中获得成功，几乎是天方夜谭。

有自信心才有成功的可能。"天生我材必有用"。相反，那种借口年龄大、基础弱、条件差等种种理由，不愿甚至拒绝学习新知识、新技能，都是缺乏信心的表现。一个家政服务员连梦想都没有，更没有实现的可能。

明确奋斗目标后，剩下的就是行动了，贵在坚持。一分耕耘一分收获，只要功夫深铁杵磨成针。只有持之以恒，日积月累，就能水滴石穿，终获成功。

3）敢于创新。在家政服务职业活动中，要想有所作为，有所成就，就必须敢于打破常规，有敢为天下先的胆识和勇气。相反，安分守己，小富即安，取得一点成绩就骄傲自满，是不可能在家政服务工作上不断取得进步的。因此，要敢于超越自我，不能甘于平庸，更不能自命不凡，要为追求远大的目标而不谢奋斗；还要擅于竞争，不迷信权威、不盲信前人与他人，要敢于向传统和权威挑战。

三、与时俱进。

在移动互联网时代，随着人工智能、物联网、大数据走进人们的工作和生活，生活方式和生产方式随之发生了深刻的变革，家政服务职业技能也要与时俱进。

1）紧跟时代，知识技能迭代加速。按照国家《标准化法》，"标准"的复审周期一般不超过五年。可见，家政服务职业技能从来就不是一成不变的，总是随着时代科技进步以及社会发展而不断迭代的，而且迭代的速度在加快。这对家政服务员职业技能的提升提出了更高的要求。

在家政服务职业活动中，家政服务职业技能的学习掌握，如逆水行舟，不进则退。家政服务员应该有紧迫感、危机感，紧跟时代步伐，追踪科技前沿，不断更新自己的家政服务职业技能水平。

2）面向世界，家政服务职业技能无国界。在家政服务职业领域中，我国与世界先进家政服务职业技能还有一定的差距，高级职业技能人才还相对匮乏，需要我们有世界眼光，向世界最先进的家政服务职业技能学习借鉴，来提升我们自己的家政服务职业技能水平。例如，向英国管家、向菲律宾的菲佣学习。

3）面向未来，永无止境。在家政服务职业技能快速迭代与国际化背景下，家政服务员要树立终身学习的理念，活到老，学到老，与时俱进。因为，科技进步永无止境，家政服务工具不断创新，雇主的服务需求也不断提升。

17.2.5 家政服务有哪些职业技能

根据以上分析，我们认为，家政服务的职业技能是一门综合性的生活技能，不是单一技能。家政服务职业技能按服务内容或服务业态划分，主要可以划分为九大职业技能，每个业态又可以划分为具体的服务技能，来独立承担本服务业态的服务内容，而且，这些业态职业技能都是具有不同等级水平的，是相互联系的、相互影响的，具有结构性、系统性，不是随机的罗列的。也就是说，家政服务职业技能是可以标准化的，也需要标准化。

17.2.5.1 家居保洁收纳服务职业技能

17.2.5.2 衣物洗涤收纳服务职业技能

17.2.5.3 家庭餐制作服务职业技能

17.2.5.4 母婴护理（月嫂）服务职业技能

17.2.5.5 育婴服务职业技能

17.2.5.6 居家养老护理服务职业技能

17.2.5.7 病患陪护服务职业技能

17.2.5.8 管家服务职业技能

17.2.5.9 涉外家政服务职业技能

17.3 家政服务员服务行为规范

除了家政服务职业道德对家政服务员服务行为进行规范外，家政服务员在服务行为上还要注意服务礼仪、服务安全、服务卫生、依法提供服务等行为上的约束规范。唯有如此，才能有效地提供标准化、高质量的家政服务，让雇主的服务体验好、满意度高。下面具体分析：

17.3.1 服务礼仪

家政服务员不仅要有良好的家政服务职业道德、过硬的家政服务职业技能水平，还要有良好的服务礼仪。这是家政服务最直接的"有形展示"，不仅代表一个家政服务员的素质水平，也是家政企业的品牌形象的直接"代言人"。因此，加强家政服务员服务礼仪修养，是家政企业和家政服务员必修课。家政服务礼仪主要包括：

17.3.1.1 仪容仪表

17.3.1.2 言谈举止

17.3.1.3 服务礼仪

17.3.1.4 生活习俗

17.3.1.5 家庭人际交往礼仪

17.3.1.6 待客礼仪

17.3.2 服务安全规范

17.3.2.1 服务安全

17.3.2.2 自我防护

17.3.2.3 安全救护

17.3.3 服务卫生规范

17.3.3.1 个人卫生

17.3.3.2 饮食卫生

17.3.3.3 环境卫生

17.3.4 依法服务

17.3.3.1 《劳动法》相关知识

17.3.3.2 《劳动合同法》相关知识

17.3.3.3 《消费者权益保护法》相关知识

17.3.3.4 《妇女权益保障法》相关知识

17.3.3.5 《老年人权益保障法》相关知识

17.3.3.6 《未成年人保护法》相关知识

17.3.3.7 《社会保险法》相关知识

17.4 区块链＋家政服务员服务规范

基于区块链的家政服务平台，实现家政服务交易自动化，要求家政服务员服务规范标准化，有利于家政服务员按服务规范提供标准化家政服务，为雇主确认家政服务员服务行为提供依据，也是区块链全网节点特别是"超级节点"确认家政服务员服务行为提供依据。还有，当雇主与家政服务员发生服务纠纷时，标准化服务规范也可作为调解的依据。

第18章　家政服务员岗位工作标准

【家政政策】

序号	发文时间	发文机关	政策文件名称
	2019年6月16日	国务院办公厅。国办发〔2019〕30号	《国务院办公厅关于促进家政服务业提质扩容的意见》
相关摘要	（三十一）加快建立家政服务人员持证上门制度。政府通过多种方式，逐步实现统一为每一位合格的家政从业人员免费发放"居家上门服务证"，并在公共信息平台上实施诚信监管。鼓励各地参照上海等城市的先进经验，探索建立覆盖全域的家政持证上岗模式。		

序号	发文时间	发文机关	政策文件名称
	2019年6月16日	国务院办公厅。国办发〔2019〕30号	《国务院办公厅关于促进家政服务业提质扩容的意见》
相关摘要	（二十）分类制定家政服务人员体检项目和标准。研究制定科学合理的家政服务人员体检项目和标准，育婴员、养老护理员等职业应实行更加严格的岗前健康体检，其他从业人员上岗前应按所从事家政服务类别进行体检。（二十一）更好为家政服务人员提供体检服务。从事体检的医院或体检机构要明示收费标准，做好体检记录，缩短体检报告制作时间。		

【家政寄语】

雇主才是家政服务质量的决定者，而不是家政企业管理者或家政服务员。

家政服务的一切工作，如果基于"雇主中心"理念展开，将会提升雇主服务体验，进而让雇主满意，培养雇主忠诚度；反之，如果基于"企业中心"理念展开，虽然有可能提升服务工作效率，但是以损害雇主服务体验、雇主满意、雇主忠诚为代价，将得不偿失。

【术语定义】

岗位工作标准：是指家政服务员提供家政服务的过程步骤及基本要求。其主要包括：持证上岗、确认雇主服务需求、建立家政服务雇主标准、提供服务、服务投诉处理、服务终止或续用。

上岗证：即"上门服务证"，是一种能够快捷有效识别家政服务员身份信息、从业信息，具有可查询、可追溯、可评价功能的一种证件或标识。同步配有"电子化上岗证"。

顾客期望：是指顾客在搜寻和决策是否接受家政服务之前，对于家政服务的一种预期，或服务预期。这种预期不仅包括对服务结果或服务质量（即家政企业提供什么品质的家政服务）的预期，也包括对服务过程或服务流程（家政企业如何提供家政服务）的预期。即顾客对家政服务的过程与结果的预期。

顾客满意度：是对顾客满意程度的衡量指标。顾客满意程度主要包括：完美的服务、规范化服务、基于经验的服务、可接受的期望、最低容忍度期望。

顾客需求：是指顾客的目标、需要、期望。

向上沟通：是指公司高级管理者获取或掌握公司第一手资料的过程。

顾客定义的服务质量标准：即企业运营标准的设定是由顾客自我定义的重要需求来决定的。这些标准要经过精挑细选才能符合顾客期望，并且还要通过顾客能够理解的、看到的表达方式对其进行标准化。

雇主标准：是指雇主所要求的家政服务任务和服务水平，也是雇主的风格和偏好，也指在雇主家中"何时、以什么方式"进行家政服务。即把雇主的服务预期转化成确切的服务质量标准。

【标准条款】

序号	标准编号	标准名称	主管部门
3	Q/QKL JZGZ103-2020	家政服务员岗位工作标准	
标准内容	18.1 持证上岗 18.2 确认雇主服务需求 18.3 建立家政服务雇主标准 18.4 提供服务 18.5 服务投诉处理 18.6 服务终止或续用		

【学习目标】

通过本章的学习，您将能够：

1）了解什么是上岗证及其持证上岗管理；

2）识别雇主服务需求（服务期望）；

3）掌握建立家政服务雇主标准的方法；

4）知晓建立家政服务雇主标准的注意事项；

5）了解家政服务员岗位工作标准内容；

6）了解家政服务九大细分业态的雇主标准示例。

18.1 持证上岗

家政服务事关雇主家庭的人身安全与财产安全，而且是家政服务员一个人在雇主家庭这样一个封闭的私人场所提供服务，现场缺乏有效的监督。这对家政服务员的诚信水平、技能水平提出了更高的要求。为了提升家政服务安全与诚信服务水平，家政服务员持证上岗是最基本的前提条件，是家政服务员岗位工作的首要标准。否则，服务隐患很多。

18.1.1 家政服务员持证上岗及作用

家政服务员所持的"上岗证"或"上门服务证"，是一种能够快捷有效识别家政服务员身份信息、从业信息，具有可查询、可追溯、可评价功能的一种证件或标识。同步配有"电子化上岗证"，支持下载到手机等移动终端设备。

1）可查询。上岗证采用"一人一证一码（二维码）"的原则，提供网站、电话、微信、二维码等查询方式。

2）可追溯。可追溯家政服务员真实身份，追溯家政服务机构的服务资质，追溯家政服务员的服务行为。

3）可评价。家政服务员和家政服务机构可进行评价。

18.1.2 上岗证信息内容

上岗证信息登记主要涉及五个方面的内容：

1）家政服务员基本信息：姓名、身份证、居住证（可选填）、联系方式、现住地址等身份基本信息；服务业态及特长、学历、培训情况、健康体检、保险信息、所属家政服务机构、承诺书等从业基本信息。

2）所属家政服务机构信息：登记信息包括工商登记信息（法人身份证、企业负责人身份证、工商营业执照或民办非企业单位登记证书、税务登记证等）、家政服务企业诚信承诺书、经营地址房屋租赁合同复印件、家政服务企业相关资质证明。

3）家政服务员诚信信息。由相关家政服务机构负责登记并定期上传系统更新。

4）服务行为信息：主要由家政服务机构登记上传所属家政服务员的签单日期、服务业态、服务合同或协议时间、合同履行情况等服务行为信息登记。

5）服务评价信息：支持客户评价、家政服务机构评价等。服务评价要依据家政服务员职业技能标准、雇主标准进行，服务投诉由家政服务机构负责解决。

18.1.3　上岗证管理

统一制作上岗证（含电子上岗证）和信息监管，制定《上岗证管理办法》，规范家政服务员"上岗证"的登记、培训、制作、申领、发放、更换、补发、注销等管理，由家政服务员所属家政服务机构署名。

上岗证的管理模块：

1）上岗证的制作：实物证件的制作，电子证件的制作。

2）上岗证的管理：培训发证、遗失补证、变更注销、更新换证。

3）上岗证的查询：网站查询、微信查询、电话查询、二维码扫描查询。

4）上岗证的信息维护：家政服务员信息、家政服务机构信息、家政服务员诚信信息维护，客户评价信息检索。

18.1.4　上岗证培训

1）上岗证培训对象：家政服务员、家政服务机构管理人员。

2）上岗证培训内容：上岗证的功能介绍、申请流程、条件、资格、出具材料、上岗证的使用、管理、注销；持证家政服务员的职业道德、文明礼仪、与家政服务相关的法律知识、卫生知识、人际交往知识、安全知识、所从事的家政服务业态职业技能等内容。

3）上岗证培训流程：培训报名→培训计划→培训实施→培训考核。

（1）培训报名：远程客户端报名，直接录入家政服务机构信息、家政服务员信息、上传照片及身份证、健康证等。

（2）培训审核：对家政服务员提供的资料进行审核，或家政服务机构提供的资料进行审核，审核通过后，则在系统内予以反馈，同时，将报名学员转入培训流程。

（3）信息登记：根据"学员信息""机构信息"，在系统内建立家政服务员和家政服务机构数据库，进行建档保存。

（4）培训计划：审核通过的学员，在系统内进行分期或分班培训，指定培训教师和培训部门或机构，确定培训日期，编排培训计划。

（5）培训督查：远程监控督导（微信远程模式）与不定期的现场抽查模式相结合。

（6）培训考核：监督考核过程，对试卷进行存档。

18.2　确认雇主服务需求

家政服务员持证上岗前或上岗后，首先要做的第一件事是确认雇主服务需求。对家政服务员和家政服务公司来说，如果不精确把握雇主的服务需求、服务期望，甚至误解雇主的服务需求，就不可能提供雇主满意的家政服务。

因为，雇主满意与雇主需求、服务期望之间密切相关。雇主满意与否取决于实际体验的服务质量与需求、期望的服务质量之间的比较或差距。实际上，顾客在购买或接触家政服务之前，对家政服务就已经形成了一种需求、一种期望。这也是人之常情。如果雇主所感知的实际服务符合自己所期望的服务，雇主就会感到满意；如果雇主感知到的服务超越所期望的服务，雇主就会感到惊喜；如果雇主感知到的服务低于所期望的服务，雇主就会产生不满。

因此，家政服务员和家政企业想要向雇主提供满意的服务，就必须要了解"顾客需求、顾客期望"服务水平是什么，并想方设法通过各种服务措施或服务策略，来满足或超越"顾客需求、顾客期望"，进而提升雇主对服务质量的感知水平，即使雇主所感知的服务质量或服务绩效高于"顾客需求、顾客期望"，自然会提升雇主满意度

然而，仍然有许多家政服务员和家政公司管理者在雇主需求上"想当然"：他们自认为知道雇主想要什么，并且自以为是地提供家政服务产品，结果没有发现雇主真正想要什么。这种情况发生时，家政服务员和家政公司提供的服务便无法满足顾客的期望，提供的服务水平便是低下的。原因就是家政服务员和家政公司所提供的服务很少有清楚的界定和明确的提示，或者说没有顾客决定的"雇主标准"。

这对于家政服务员或家政企业来说，如果它不了解顾客期望、顾客需求，或者误解了顾客需求，而它的竞争对手却能正确地把握顾客期望与需求，并提供正确的服务。那么，对于这个家政服务员和这家公司来说，就意味着失去雇主及其业务，也意味着它在雇主并不在意的事情上浪费资金、时间、人力资源、办公资源等，甚至意味着在竞争激烈的家政市场中无法生存。

为此，家政公司首先要帮助家政服务员确认雇主服务需求、确认雇主标准。这是家政服务员工作岗位标准制定与管理的必须前提。

18.3 建立家政服务雇主标准

在家政服务中，家政公司或家政服务员在确认雇主服务需求和服务预期后，紧接着就是建立家政服务雇主标准。所谓雇主标准，就是把家政雇主的服务预期转化成确切的服务质量标准。这里，雇主服务预期，是指在家庭环境中雇主所要求的服务水平以及特定的家政服务任务和服务项目，是一个家庭的独特的个性和偏好，也指在家庭中"何时、以什么方式"将家中事务如何完成。

雇主标准，是管理工具，用来评估每一个服务标准里的每一个服务预期，证明其合格性，做到量化，可帮助雇主和家政服务员衡量每一个服务标准的水平，是否合格或将每一个服务标准与家政服务员和家庭环境相匹配。

一旦雇主标准被确立后，把它与家政服务员的"职业技能标准等级"相互关联，来确认与家政服务员职业技能水平相适应的服务预期水平，进而提升雇主与家政服务员的精准匹配度。

与家政服务员职业技能标准等级相匹配，我们在衡量每一个雇主标准时，也是按照五个标准进行级别评定，分别是：五级、四级、三级、二级、一级。每一级分别对应家政服务员职业技能标准的五级。五级最低，一级最高，高级涵盖低级。

那么，雇主标准的划分依据是什么？或者说，如何做到雇主服务预期标准化？同样，伴随着我们经过 12 年对家政服务员职业技能标准的研究，我们也同步开展对雇主标准的研究，并得出了关于"雇主标准"的研究成果。

在我们看来，雇主标准主要依据雇主的"六项需求"：服务对象数量及类型、服务任

务及服务项目、服务特殊要求及偏好、服务期望水平、服务时间及服务频率、服务方式及服务工具等来进行划分。下面具体介绍：

18.3.1 服务对象数量及类型

服务对象数量，是指雇主家庭成员人数及其使用的家居家具数量，如是三口之家，还是四口之家、五个人、六个人等；服务对象类型，是指雇主家庭成员中是老年人、婴幼儿、孕产妇与新生儿、残疾人、病人等不同类型及其健康程度以及使用的家居家具种类。我们知道，不同服务对象数量、不同服务对象类型及健康程度，对家政服务员提出不同的服务要求，需要不同的家政服务职业技能，有的甚至差别很大。

因此，服务对象数量及类型是衡量雇主服务预期的一个有效的客观指标，是衡量雇主标准的一个重要维度。举例说明：

◇ 一、家居保洁收纳服务的雇主标准举例：

☑　雇主室内可清洁的地面面积，是 80 ㎡以下、80 ㎡–120 ㎡、120 ㎡–160 ㎡、160 ㎡–200 ㎡、200 ㎡–300 ㎡等，不同的室内可清洁地面面积，对家政服务员的保洁时间、保洁频率、保洁服务方式等都将产生大的影响；

☑　可清洁的大的家具的数量，如沙发数量、大的家用电器数量、厨房餐具的数量等，这些都将直接影响家政服务员的保洁时间；

☑　贵重家具家饰的类型，如高级真皮沙发、古董级别的"花瓶"、名人字画等。这些都要求家政服务员具有相应的保洁收纳服务职业技能，没有经过特别专业训练，是不可以随便清洁这些贵重物品的。

◇ 二、衣物洗涤收纳服务的雇主标准举例：

☑　雇主家庭成员人数，将影响家政服务员的洗衣时间、洗衣方式；

☑　雇主家庭成员衣物类型，如面料类型，特别是高级面料，也要求家政服务员具有一定的洗衣专业技能；衣物服装款式，如高级西服、真丝女士旗袍等，也将影响家政服务员的洗衣时间与洗衣专业技能。

◇ 三、家庭餐制作服务的雇主标准举例：

☑　雇主家庭成员人数对家政服务员制作家庭餐的时间与频率，将产生直接影响。三口人之家的家庭餐制作时间与六口人之家的家庭餐制作时间，是差异很大的。不仅制作时间上有差异，就是制作精细程度上，也是有差异的；

☑　在家庭餐制作类型上，不同的家庭餐菜系（是一般家常菜，还是川菜或粤菜等）及其数量（如三口之家，是制作三菜一汤，还是五菜一汤。）、不同的主食、辅食及其数量等，对家政服务员的家庭餐制作时间、烹饪技能都将提出不同的要求，这些都是家庭餐制作服务的雇主标准的评估依据。

◇ 四、母婴护理（月嫂）服务的雇主标准举例：

☑　在服务数量上，照护一个新生儿，与照护双胞胎新生儿，其照护难度是非常不同的；

☑　在服务对象类型上，照护正常出生的正常体重的新生儿，与照护早产儿或超重儿，其难度是不同的；照护正常健康自然分娩的产妇与剖腹产产妇、高龄产妇、糖尿病产妇或高血压产妇等，其护理难度与护理技能也是有显著差异。这些都是雇主标准的评估指标之一。

◇ 五、育婴服务的雇主标准举例：

☑　在服务数量上，是照护 1 个婴儿，还是 2 个婴幼儿；

☑　在服务对象类型上，是照护 1 岁以内的、还是 1 岁到 2 岁、2 岁到 3 岁的婴幼儿，其照护所需的专业技能也有很大的不同；

☑ 照护六个月龄以内的婴儿，还必须要育婴员掌握母乳喂养或人工喂养的专业技能，掌握在不同的月龄添加不同的辅食，不能出错；而照护 2 岁到 3 岁的婴幼儿，需要育婴员掌握婴幼儿各种游戏，包括认知发展游戏、建立同伴关系的社会化游戏等。这些对育婴员提出不同要求，也是雇主标准的评估指标之一。

◇ 六、居家养老护理服务的雇主标准举例：

☑ 在服务数量上，是照护 1 个老年人，还是一对老年夫妇，甚至有的雇主家庭有 3 到 4 个老年人需要照护；

☑ 在服务对象类型上，即使是居家老年人，也有 60-70 岁、70-80 岁、80-90 岁、90 岁以上等不同年龄的老年人；还有健康老年人、慢性病老年人、重症老年人；还有老年人在生活能力上有能自理的、半自理的、完全不能自理的区别。这都对居家养老护理员提出了不同护理要求，也是雇主标准评估指标之一。

◇ 七、病患陪护服务的雇主标准举例：

☑ 在服务对象类型上，即使是病人，也有 60-70 岁、70-80 岁、80-90 岁、90 岁以上等不同年龄的病人；还有一般病人、重症病人、临终病人；有生活能自理的、半自理的、完全不能自理的病人等区别。这都对病患陪护员提出了不同陪护要求，也是雇主标准评估指标之一。

同样，服务对象数量及类型，也是管家服务的雇主标准、涉外家政服务的雇主标准的评估指标之一。

18.3.2 服务任务及服务项目

在家政服务实际中，不同的服务对象数量及类型，对应不同的服务任务及服务项目，即对应不同的服务内容。而不同的服务内容，决定不同的服务职业技能和服务形式，因为"内容决定形式"。这样，雇主家庭需求的服务内容千差万别，就意味着雇主标准千差万别。这就要求家政服务员应具备与服务任务及服务项目相匹配的家政服务职业技能，才能提供有针对性的家政服务，进而满足雇主的服务需求。这是确认雇主标准的价值所在，也是主要评估指标之一。现结合"九大家政服务细分业态"举例说明：

◇ 一、家居保洁收纳服务的服务任务及服务项目举例：

☑ 要进行雇主家庭房间功能分区。如客厅区、卧室区、书房区、烹饪区、就餐区、卫生洗浴区、储物区等；

☑ 要确认各个功能区需要保洁的家具、地面、墙壁、门窗、装饰品、家庭花卉等。

◇ 二、家庭餐制作服务的服务任务及服务项目举例：

☑ 要确认雇主家庭成员一日三餐具体内容：早餐，主食种类、饮料种类、小菜种类；中餐，主食种类，三菜一汤，还是四菜一汤或五菜一汤等；晚餐，主食种类，三菜一汤，还是四菜一汤或五菜一汤等；夜晚是否加餐。

◇ 三、衣物洗涤收纳服务的服务任务及服务项目举例：

☑ 确认雇主家庭成员要洗涤的衣服；

☑ 要洗涤床上用品；

☑ 需要熨烫的衣物；

☑ 需要洗涤的鞋类等。

◇ 四、母婴护理（月嫂）服务的服务任务及服务项目举例：

☑ 产妇需要护理：生活起居照护，乳房护理，产科修复，制作月子餐等；

☑ 新生儿需要护理：生活照护，母乳喂养，人工喂养，新生儿游泳等。

◇ 五、育婴服务的服务任务及服务项目举例：

☑ 婴幼儿生活照料；

☑ 婴幼儿家庭教育；

☑ 婴幼儿健康保健等。

◇ 六、居家养老护理服务的服务任务及服务项目举例：

☑ 老年人日常生活照料；

☑ 老年人健康保健；

☑ 老年人文化活动及上老年大学等。

◇ 七、病患陪护服务的服务任务及服务项目举例：

☑ 患者生活照料；

☑ 患者康复护理；

☑ 患者保健护理等。

同样，管家服务、涉外家政服务的服务任务及服务项目，也是雇主标准评估指标之一。

18.3.3 服务特殊要求及偏好

雇主对家政服务需求，除了常规的共同的服务需求外，也常常显示不同的特殊要求，有不同的偏好。例如，有的雇主特别注重家庭餐制作服务，非常在意色香味俱佳的健康饮食；有的雇主注重家庭干净整洁，要求家居家具一尘不染，整洁排放，要精心收纳；有的雇主十分注重衣服的熨烫与收纳，要求出门前必须熨烫衣服，讲究衣饰形象；有的雇主非常注重婴幼儿早期教育，要求提前进行智力开发，有的要求育婴员用英语与婴幼儿对话；有的雇主重在老年人安享晚年，要求积极健康居家养老等。

即使同样注重家庭餐制作服务的雇主，有的雇主偏好川菜，有的偏好粤菜，有的偏好湘菜，其他细分服务业态也是如此，进一步提出个性化的服务需求。甚至，即使同样偏好川菜的雇主，有的更喜欢酸菜鱼，有的更喜欢鱼香肉丝，有的更喜欢宫保鸡丁。

总之，雇主家庭都有自己的服务特殊要求及偏好，这是家政服务员提供家政服务时要特别注意的，要能够针对不同雇主家庭的服务特殊要求及偏好提供定制化、个性化服务，这也是雇主标准评估不可或缺的指标之一。举例说明：

◇ 一、雇主对家居保洁收纳服务的服务特殊要求及偏好举例：

☑ 雇主对重点保洁物品、保洁程序、保洁工具、保洁时间、清洁剂的香味种类、保洁程度等的特殊要求及偏好；

☑ 有的女性雇主要求卧室一尘不染，床上或地面不能有头发丝；

☑ 要求卫生间除清洁外要有淡淡的柠檬香味；

☑ 特别要求每天对厨房进行深度保洁等。

◇ 二、雇主对衣物洗涤收纳服务的服务特殊要求及偏好举例：

☑ 要求衣物洗涤后精心熨烫，特别是每次出门要熨烫衣服；

☑ 要求床上用品也要每天熨烫整齐摆放；

☑ 要求衣橱和床上用品保持某一种清香味等。

◇ 三、雇主对家庭餐制作服务的服务特殊要求及偏好举例：

☑ 雇主特别对食材的来源、菜品的风味、烹饪方式、食品的种类、盛装食品餐具及摆放等有特殊要求及偏好；

☑ 特别要求煲汤、炖菜；

☑ 喜欢清蒸；

☑ 喜欢麻辣香味、有的喜欢小炒、有的偏好餐后甜点、水果等；

☑ 要求每餐都要特别制作不同的饮料。

◇ 四、雇主对母婴护理（月嫂）服务的服务特殊要求及偏好举例：

☑ 雇主在母乳喂养、月子餐、产后康复、乳房护理、新生儿人工喂养、新生儿游泳、新生儿洗澡、新生儿抚触等服务方面有特殊要求及偏好；

☑ 有的产妇特别在意产后修复，身体体形恢复；

☑ 有的产妇特别要求月嫂精心制作月子餐；

☑ 有的产妇特别注重母乳喂养；

☑ 有的雇主偏好新生儿游泳；

☑ 有的雇主要求每天对新生儿进行 1 到 2 次抚触等。

◇ 五、雇主对育婴服务的服务特殊要求及偏好举例：

☑ 雇主对婴幼儿在生活照护、智能开发、保健等方面的特殊要求及偏好；

☑ 要求对婴幼儿每天饮食特别料理；

☑ 对婴幼儿每天户外活动时间及活动范围有特别要求；

☑ 要求婴幼儿每天坚持"三浴"；

☑ 要求婴幼儿的衣物要手洗，并用特别的洗涤剂；

☑ 要求对婴幼儿进行早期智能开发；

☑ 要求对婴幼儿进行语言能力培养，用英语与婴幼儿交流；

☑ 要求培养婴幼儿的生活自理能力等。

◇ 六、雇主对居家养老护理服务的服务特殊要求及偏好举例：

☑ 雇主对居家老年人生活照护、健康保健、文化教育、心理健康等方面，有特殊要求及偏好；

☑ 要求对老年人的饮食要特别料理，要专门针对老年人的身体健康情况，制作专门饮食。例如，专门为糖尿病老年人制作专门饮食；

☑ 对居家老年人每天户外活动时间和活动范围有特别要求；

☑ 要求陪伴老年人学习、读书、看报、读老年大学；

☑ 要求对居家老年人每天进行保健按摩；

☑ 要求特别关注老年人的心理健康等。

◇ 七、雇主对病患陪护服务的服务特殊要求及偏好举例：

☑ 雇主对患者生活照料、身体康复、心理健康等方面的特殊要求及偏好；

☑ 要求对患者饮食要特别制作，专门制作治疗饮食或流质食物；

☑ 要求患者每天户外活动时间及活动范围有特别要求；

☑ 要求陪伴患者学习、读书、看报等；

☑ 要求对患者每天进行保健按摩；

☑ 要求特别关注患者的心理健康等。

同样，管家服务、涉外家政服务的服务特殊要求及偏好，也是雇主标准评估指标之一。

18.3.4 服务期望水平

在家政服务实际中，不同的雇主对家政服务水平要求不同。这与雇主支付的服务价格与服务需求水平不同相关。一般来说，雇主支付的服务价格越高，对服务水平要求就越高。还有就是雇主的服务期望水平不同，有的雇主服务期望水平较高，有的雇主对服务的期望水平一般，有的雇主服务期望水平较低。

　　雇主期望就是雇主对家政服务的过程与结果的一种预期。雇主期望水平是评估雇主满意度、家政服务员服务绩效的一个参照点。因此，家政服务员和家政企业在给雇主提供服务之前，一定要事先确认雇主的服务期望水平，所提供的服务

　　一定要能够达到雇主的期望水平，只有这样才能让雇主满意。那么，在家政服务实际中，雇主的服务期望水平是什么？有什么不同？一般来说，雇主期望水平主要可分为：

　　1.完美的服务："所有人都说这家家政公司提供的家政服务员堪称英国管家或菲佣，服务质量一流。"即"理想的服务"，是雇主盼望获得的服务水平。

　　2.规范化服务："如此贵的家政服务员或家政公司应提供出色的服务。"即家政服务员或家政公司提供的服务是标准化、职业化的，家政服务员都是经过严格的培训且具有职业技能标准资格。

　　3.基于经验的服务："多数情况下该家政服务员或家政公司很好，忙的时候服务水平降低。"

　　4.可接受的期望："我希望这个家政服务员和这家家政公司以适当的方式提供服务。"即对于雇主来说是可接受的最低服务水平。

　　5.最低容忍度期望："我没有期望这个家政服务员或这家家政公司服务好，雇佣其服务是因为价格低。"

18.3.5 服务时间及服务频率

　　服务时间及频率，是指雇主对服务任务及服务项目的服务时间及服务频率的要求。在家政服务中，雇主雇佣的就是拥有职业化家政服务技能的家政服务员的服务时间。服务时间无论是对雇主还是对家政服务员而言，都是有价值的。同样，服务频率，不仅与服务时间相关，对于家政服务员而言，还意味着服务劳动强度。因此，服务时间及频率是评估雇主标准的一个重要指标之一。举例说明：

　　◇ 一、雇主对家居保洁收纳服务的服务时间及频率要求举例：

　　☑ 有的雇主要求家政服务员用 2 个小时完成对 120 平方米的家居家具进行保洁收纳服务；有的雇主则要求家政服务员用 3 个小时完成同样的保洁收纳服务；

　　☑ 有的雇主要求各个家庭的功能区域分别有清洁频率；有的雇主要求每天清洁 1 次，1 周深度保洁 1 次等。

　　◇ 二、雇主对衣物洗涤收纳服务的服务时间及频率要求举例：

　　☑ 要确认雇主家庭成员洗衣频率：例如，外衣洗衣频率是 1 天 1 洗、2 天 1 洗、3 天 1 洗等；

　　☑ 床上用品洗涤频率：是 1 周 1 洗、2 周 1 洗、1 个月 1 洗等。

　　◇ 三、雇主对家庭餐制作服务的服务时间及频率要求举例：

　　☑ 要确认雇主家庭成员就餐的频率。例如，是一日二餐、三餐、还是一日四餐，加不加夜餐等。

　　◇ 四、雇主对母婴护理（月嫂）服务的服务时间及频率要求举例：

　　☑ 服务时间是 24 小时，还是白天 12 小时或夜晚 12 小时；

　　☑ 雇主要求产妇就餐频率：1 日 4 餐，1 日 5 餐，还是每 2 个小时要进餐；

　　☑ 要求产妇和新生儿的床上用品是 1 天 1 洗、2 天 1 洗还是 3 天 1 洗；

　　☑ 给新生儿洗澡是 1 天 1 洗、2 天 1 洗还是 3 天 1 洗；

　　☑ 给新生儿抚触是 1 天 1 次、有的 1 天 2 次，有的 2 天 1 次等；

　　◇ 五、雇主对育婴服务的服务时间及频率要求举例：

☑ 要求婴幼儿饮食 1 日 3 餐，1 日 4 餐，还是白天每 3 个小时要进餐；

☑ 给婴幼儿洗澡是 1 天 1 洗、2 天 1 洗还是 3 天 1 洗；

☑ 要求婴幼儿户外活动 1 天 1 次，1 天 2 次，且每次不少于半个小时或 1 个小时等；

☑ 给婴幼儿游戏活动 1 天 1 次，1 天 2 次，且每次不少于半个小时等。

◇ 六、雇主对居家养老护理服务的服务时间及频率要求举例：

☑ 要求老年人饮食 1 日 3 次，1 日 4 次，还是每 3 个小时进餐 1 次等；

☑ 要求老年人洗澡是 1 天 1 洗、2 天 1 洗、3 天 1 次等；

☑ 要求老年人床上用品洗涤是 2 或 3 天 1 洗、1 周 1 洗、2 周 1 洗；

☑ 要求陪伴老年人的户外活动时间是 1 天 1 次，1 天 2 次，1 天 3 次，且每次不少于半个小时或 1 个小时等。

◇ 七、雇主对病患陪护服务的服务时间及频率要求举例：

☑ 要求患者饮食 1 日 3 次，1 日 4 次，还是每 3 个小时进餐 1 次等；

☑ 有的雇主要求患者洗澡是 1 天 1 洗、2 天 1 洗、3 天 1 次等；

☑ 要求照护患者康复训练是 1 天 1 次，1 天 2 次，1 天 3 次等。

同样，管家服务、涉外家政服务的服务时间及服务频率，也是雇主标准评估指标之一。

18.3.6 服务方式及服务工具

服务方式及服务工具，是指雇主要求家政服务员用什么服务工具提供服务。服务工具不同，对家政服务员服务技能水平要求就不同，还将影响家政服务员的服务时间与服务效率。此外，服务工具还与家政服务员的服务劳动强度直接相关。例如，手工洗衣与洗衣机洗衣的区别是很大的。因此，服务方式及服务工具也是评估雇主标准的指标之一。现举例说明：

◇ 一、家居保洁收纳服务的服务方式及服务工具举例：

☑ 雇主要求家政服务员用什么清洁工具进行保洁：手工拿毛巾清洁地面、用拖把清洁地面、还是用吸尘器、清洁服务机器人清洁地面；

☑ 用高温高压蒸汽水气枪清洁厨房，还是用钢丝球、百洁布等清洁厨房；

☑ 用擦玻璃器清洁窗户玻璃，还是人工用百洁布清洁玻璃。

不同的服务工具，家政服务员所用的服务时间、需要的服务技能、劳动强度等都将会有很大的差异。这些都是雇主标准的评估指标之一。

◇ 二、衣物洗涤收纳服务的服务方式及服务工具举例：

☑ 要求用手工洗衣物、洗衣机洗衣物，还是把衣服送到洗衣店干洗；

☑ 要求用挂烫机熨烫衣服，还是用传统的熨斗熨烫衣服。

◇ 三、家庭餐制作服务的服务方式及服务工具举例：

☑ 用智能电炒锅炒菜、蒸锅、炖锅、煎锅、电烤箱、豆浆机、果汁机、洗碗机，还是用普通的炒锅、电饭锅；

☑ 用消毒柜消毒，还是用水煮消毒、消毒液消毒；

很显然，不同的烹饪器具，需要家政服务员具有不同的烹饪技能与不同的烹饪时间。这些也是雇主标准的评估指标之一。

总之，家政服务是综合性应用性很强的生活服务。家政服务员仅凭几块不同颜色的清洁毛巾、几把不同功能的刷子、水桶、吸尘器、清洁剂、消毒液等家政服务工具，就可以到雇主家庭从事家居保洁服务？至于母婴护理、育婴服务、居家养老护理等，家政服务员大都是"赤手空拳"来到雇主家庭从事家政服务。这种简单的粗放式的家政服务，不是职业化服务，已经满足不了雇主对高品质家政服务的需求。职业化的、高质量的家政服务，家政服务员必须要学会使用专业化的服务工具：硬件工具、软件工具。家政服务工具的缺乏，将制约着家政服务员的服务效率与服务品质，也制约着家政公司的运营效率与服务品牌。这是当下我国家政服务员服务品质低和家政公司经营效率低的一个重要原因之一。遗憾的是，服务方式及服务工具的先进性与重要性，还没有引起家政服务员和家政公司的高度重视。

18.3.7 关于建立家政服务雇主标准的几个问题

18.3.7.1 明确服务可变因素

我们知道，雇主家庭千差万别，每一个雇主都有自己与众不同的服务需求。所谓服务可变因素，是指每一个雇主标准所涉及的因素。例如，雇主需要服务的家庭人数？雇主家宅面积多少？每天需要准备几顿饭？等等，这些因素对服务目标的达成、对家政服务员提供的服务等都有直接的影响。这些因素将决定服务需要多少小时？需要提供什么样的服务？甚至需要派遣多少服务员？

理解服务可变因素，需要计算服务时间，这样便于家政服务员制订服务日程与服务工作任务清单，提供精准服务，或者，便于家政公司管理者制订出一个定制化的服务提供方案。因此，意识到服务可变因素，有利于我们制订雇主标准，制订服务工作任务清单。下面结合"九大家政服务标准"来具体举例说明：

◇ 一、家居保洁收纳服务的服务可变因素举例：

雇主家居有多少面积需要清洁？雇主家居需要保洁的区域除了日常的家宅功能区（客厅、卧室、书房、储藏室、厨房、卫生间等）外，还有没有需要清洁的任务或区域。例如：需要特别清洁的艺术藏品与装饰品、地下室、车库或私家车、家庭室内游泳室、家庭茶室或咖啡室；还有雇主家庭的花卉、宠物等要不要定期清洁？雇主家庭的汽车是否需要清洁等？

◇ 二、衣物洗涤收纳服务的服务可变因素举例：

要水洗还是干洗？哪些衣物需要手洗，哪些衣物需要洗衣机洗？要水洗、烘干、折叠多少衣物？多少需要熨烫？多少衣物需要护理？多少衣物需要修补？

◇ 三、家庭餐制作服务的服务可变因素举例：

雇主每天需要准备几顿饭？采购食物频率？婴幼儿、老年人、病人、孕妇产妇或宾客的饭，是否需要专门制作？是否需要采购食物、制定菜单、为特别活动烹饪？是否需要送餐到学校给孩子？送餐到公司给雇主等？

◇ 四、母婴护理（月嫂）服务的服务可变因素举例：

产妇是高龄产妇，还是适年产妇？是剖腹产产妇还是自然分娩产妇？新生儿是早产儿、超重儿还是正常体重的新生儿？是单胞胎还是双胞胎？是母乳喂养，还是人工喂养？

◇ 五、育婴服务的服务可变因素举例：

需要照护婴幼儿的人数，是1个还是2个？是正常体重的婴幼儿还是超重或超轻的婴幼儿？是1岁以内的婴儿、还是1岁至2岁、2岁至3岁的婴幼儿？

◇ 六、居家养老护理服务的服务可变因素举例：

需要照护老年人的人数，是1个还是2个或3个老年人？是能自理的、半自理、完全不能自理的老年人？是60-70岁、70-80岁、80-90岁、90岁以上的老年人？是健康老年人、慢性病老年人、重症老年人？

◇ 七、病患陪护服务的服务可变因素举例：

患者是能自理的、半自理、完全不能自理的？患者是儿童、中青年、老年人？

同样，也要明确管家服务、涉外家政服务中的"服务可变因素"，也是雇主标准的评估指标之一。

18.3.7.2 计算服务时间

在服务可变因素中，计算服务时间是一项极其重要的指标。在家政服务中，直接影响雇主服务预期的主要是两个核心要素：一个是家政服务员的职业技能标准等级，一个就是服务时间。事实上，雇主购买的也就是拥有职业化服务技能的家政服务员的服务时间。因为，很多家政服务是按"服务技能"和"服务时间"计价收费的。因此，核定服务时间，是满足雇主服务预期的不可或缺的要素，也是雇主标准履行的关键因素。

为此，根据我们对家政服务的实证研究，总结出了家政服务雇主标准中的一些计算服务时间的基准公式。

现举例列表说明如下：

服务标准	可变因素	基准公式	备注
家居保洁收纳服务	家居保洁时数	按照平均标准，花费 3 个小时清洁 120 平方米室内家居。	
衣物洗涤收纳服务	洗涤量	需要 1 小时 40 分钟完成洗涤、洗刷、烘干，15 分钟熨烫，5 分钟摆叠收纳	
家庭餐制作服务	每天准备实际餐数	按照将近 2 小时为 4 口之家准备食材、制作、饭后清洁，1 日 1 顿主餐	
母婴护理（月嫂）服务	母婴照护时数，包括产妇照护时数、新生儿照护时数。	24 小时随时照护产妇、新生儿；或，16 小时随时照护产妇、新生儿；或，根据产妇与新生儿健康状况确定照护时间。	
育婴服务	婴幼儿每天照护时数	24 小时随时照护婴幼儿；或，16 小时随时照护婴幼儿；或，根据婴幼儿健康状况确定照护时间。	
居家养老护理服务	居家老年人照护时数	24 小时随时照护居家老年人；或，16 小时随时照护居家老年人；或，根据老年人健康状况确定照护时间。	
病患陪护服务	患者每天照护时数	24 小时随时照护患者；或，16 小时随时照护患者；或，根据患者健康状况确定照护时间。	
管家服务			
涉外家政服务			

《九大家政服务雇主标准》工作描述及所需服务时间参照样本举例之一

《家居保洁收纳服务雇主标准》举例

地点 / 房间	工作描述	大约所需时间
卧室	打开门窗帘，巡视卧室，测算卧室保洁需要的时间，整理床铺，清洁卧室物品，收拾杂物，收拾脏衣物放置好，清洁地面、墙壁和门窗，收拾垃圾等。 ☑ 物品归类 2 分钟 （睡衣、拖鞋和准备洗涤的衣物，梳妆台、卧室柜、床头柜上的物品） ☑ 整理床铺（床被、枕头、床罩）3 分钟 ☑ 清洁卧室物品 5 分钟 （床头板、穿衣镜、衣柜、床头灯、床垫等） ☑ 卧室地面 15 分钟 ☑ 清洁卧室墙壁、壁橱、卧室门窗 5 分钟	30 分钟

18.3.8　建立家政服务雇主标准的价值

在家政服务中，建立雇主标准意义重大，其价值主要体现在以下几个方面：

1）雇主需求标准化，有利于精准匹配家政服务员。

在家政服务中，是否精准匹配家政服务员，将直接关系到家政服务能否成功交易的关键。通常情况下，家政公司没有标准来评估雇主的服务需求，只是通过雇主需求陈述，来判断雇主需要什么样的家政服务员。这种粗放式的匹配家政服务员，在家政服务实际运行中，往往会导致三个结果：

一、雇主实际服务需求超过家政服务员服务预期与服务技能。这样就会引起雇主与家政服务员双方都不满意，服务纠纷与服务摩擦不断。

二、雇主实际服务需求低于家政服务员服务预期与服务技能。这样会造成家政服务员服务资源浪费，不利于家政服务员提高或凭借服务技能获得更高的服务薪酬；当然，这种情况，对雇主也是一种浪费，本来雇主可以雇佣服务预期与服务技能相对低一点的家政服务员提供服务，一来少付服务薪酬，二来可提升家政服务员满意度与忠诚度。

三、雇主实际服务需求与家政服务员服务预期与服务技能是精准匹配。这是比较理想的结果，有利于双方满意度提升，实现双赢。但是，这种匹配方式，如果缺乏雇主需求标准化，在实际执行中往往充满随机性，这也是制约家政服务运行效率的主要原因之一。

因此，将雇主需求标准化，就会大大提升匹配家政服务员精准度，进而提升家政服务交易成功率与交易效率。当然，前提是家政服务员职业技能也要同步实行标准化。这样，家政服务员职业技能标准等级与雇主需求标准等级才能实现精准匹配。

2）雇主需求标准化，有利于家政服务员提供个性化定制服务。

通过雇主需求标准化，可以精准评估雇主服务对象数量及类型、服务任务及服务项目、服务特殊要求及偏好、服务水平、服务时间及频率、服务方式及服务工具等。这样可以为精准匹配的家政服务员提供个性化定制服务提供依据。事实上，每个雇主家庭在服务需求上是千差万别的。家政服务员掌握的标准化服务职业技能，不可能完全包含或适用如此千差万别的雇主家庭的服务需求。为了解决这个矛盾，有效的策略就是通过雇主需求标准化，确认雇主服务需求的标准内容与等级，有针对性地提供适合雇主个性化需求的服务，即定制服务，就能提升雇主的满意度，减少家政服务摩擦与服务纠纷。

3）雇主需求标准化，有利于减少家政服务摩擦、减少服务纠纷。

我们知道，家政服务质量主要是由雇主的主观认识决定的，而雇主的主观认识会往往随着时间、空间、心情的改变而不同。这样，雇主感受到的家政服务质量就会呈现异质性。这不利于家政服务员提供相对稳定、有确定性服务质量的家政服务。这也是家政服务摩擦、服务纠纷不断的一个重要原因。

为了解决家政服务"异质性"这个矛盾，尽量减少雇主对家政服务质量的主观感知的异质性，一个有效策略就是将雇主需求标准化。通过雇主需求标准化，将雇主需求的家政服务质量内容及水平明确、具体化，这样在家政服务之前，雇主与家政服务员都清晰明了将要进行的家政服务内容与质量水平，有一个彼此双方都认可的服务质量标准，就可以大大减少"公说公有理、婆说婆有理"的服务摩擦与服务纠纷。即使服务过程中免不了发生了一些摩擦与纠纷，也有个标准化的评判依据可以参照，能够尽量公平公正地维护雇主与家政服务员双方合法权益，促进家政服务健康发展。

4）雇主需求标准化，有利于家政服务员绩效评价与工资发放。

我们知道，在现行的家政服务业，家政服务员绩效与工资，一直是粗放式管理，难以有效激励家政服务员努力提高服务绩效。至于家政服务员工资等级水平，也没有很好反应家政服务质量优劣。究其原因是什么？不是家政公司不愿意按照家政服务员的绩效发放工资，而是家政公司缺乏评估家政服务员绩效的方法或手段。也就是说，家政服务员的服务质量如何有效评估，或家政服务员的服务绩效如何评估，一直是家政服务的一个难题。因为家政服务质量优劣主要是雇主主观感知决定的，有很大的异质性。

现在，将雇主需求标准化，就给雇主评价家政服务质量提供了规范与依据。这样，也就对家政服务员服务绩效的评价、工资薪酬，提供了规范与依据，让家政服务员清楚明白雇主需求满足的程度，以及自己在满足雇主需求的过程中自己的服务职业技能的优势与不足。通过雇主需求标准化，促进家政服务员科学合理的绩效评价与薪酬制定，将激励家政服务员努力提升自己的服务职业技能与服务绩效。

5）雇主需求标准化，有利于提升家政服务企业效能，有利于降低家政服务企业运营成本。

传统的家政服务企业运营效率低、利润率低，一直困扰与阻碍家政服务产业快速健康发展。一个重要原因是家政企业粗放式经营发展的模式，最典型体现在家政服务员与雇主的服务交易是粗放式的、缺乏精准匹配或者匹配效能低，结果造成了家政服务交易的"简单速成"之后的很多服务摩擦、服务纠纷。这不仅给家政服务员和雇主都带来不好的服务体验与不满意度，严重的将直接导致雇主解约、家政服务员流失。当雇主因为家政公司匹配的家政服务员不合适，要求重新派遣家政服务员或雇主干脆直接解约，或家政服务员要求重新安排上岗或干脆直接流失。这都将造成家政公司财务与人类资源的很大浪费，如果就单个雇主或家政服务员的收入与成本进行独立核算（包括招聘成本、培训成本、营销成本、运营成本、投诉处理成本、时间成本、公司信誉成本等），这单笔交易是亏损的，至少是微利的或不盈利的。更可怕的是，这样的事，在传统的家政公司是家常便饭，是常态，不是个案。

因此，家政公司必须要改变传统的粗放式经营发展模式，否则没有出路。家政公司要改变或创新发展策略之一就是：实行雇主需求标准化，同时，结合家政服务员职业技能标准化。唯有如此，才能在家政服务交易中，实现雇主与家政服务员精准匹配，减少家政服务摩擦与服务纠纷，进而减少家政服务运营成本，有利于提升家政公司运营效率与盈利能力。

18.4 提供服务

确认雇主标准后，家政服务员应严格依据雇主标准为雇主提供服务。在家政服务提供过程中，应做到：

1）按照签订的服务合同建立的雇主标准提供服务；

2）按照服务合同与雇主标准，制定雇主家庭《服务工作任务清单》与《服务日程表（日、周、月）》，报请雇主审核同意后，正式提供服务；

3）所有服务严格执行公司规定的服务标准、服务规范、服务流程；如果有大的改变，要先报请公司同意后实施，并且备案；

4）所有服务过程，按照公司统一规定的表格，做好服务记录；

5）在服务过程中，发生特殊情况或意外时，要及时告知雇主和家政公司，并按照公司规定的方式进行处理。允许在公司授权范围内自行处置服务中发生的标准与规范之外的事情；

6）在服务过程中，可以根据雇主家庭实际情况，实时调整雇主标准、服务清单，并告知雇主；

7）在力所能及的情况下，不断改进服务或适当提供增值服务；

8）在服务过程中，定期或不定期回到公司或向雇主学习家政服务技能；

9）因个人原因需请假时，提前与雇主及家政公司协商，征得同意后方可请假；

10）因个人原因需提前中止服务合同时，提前15天告知雇主及家政公司，待家政公司安排新的家政服务员接替后，方可中止。

18.5 服务投诉处理

家政服务员在家政服务过程中，不可避免会存在服务失误。如果遇到雇主投诉，家政服务员应做到：

1）首先要以开放的态度对待投诉。即欢迎、鼓励与接受雇主的投诉行为，"如果雇主有不满意的地方，请随时告诉我，我愿意改正或改进"。

2）收集并记录雇主的投诉。

3）如果不是当面接收，收到投诉后，应立即告诉雇主，已收到投诉。

4）评估投诉的有效性、可能造成的影响。

5）尽可能快地解决投诉，进行服务补救，或做进一步调查，然后决定如何处理并尽快进行服务补救。即纠正服务失误并防止其再次发生。如果投诉不能立即解决，应尽快制定具体有效的服务补救方案。

6）告知雇主准备处理投诉的具体做法或服务补救方案，并评估顾客的反应。拟采取的措施会使雇主满意吗？如果回答是肯定的，尽快按顾客合理的期望采取服务补救，还应考虑对家政公司的影响。

7）当对投诉进行了所有可能的处理或服务补救之后，将结果及时通知雇主并记录。如果投诉的服务补救仍未使雇主满意，应对决定或结果进行说明，并提供所有可能的替代措施，直至达到雇主满意。

8）在家政服务过程中，家政服务员要定期评估雇主的投诉，确定是否存在某些趋势或能够改正或改进的明显问题，通过改正或改进，防止类似投诉的发生，改进雇主服务工作，使雇主更加满意。

9）通过雇主的投诉，家政服务员要主动接受有针对性的家政培训或自我学习提升。

18.6 服务终止或续用

服务终止，是家政服务员最后的"关键时刻"，应引起家政服务员的重视，并应做到：

1）接受雇主终止服务。

2）及时核对服务合同、雇主标准、服务清单。

3）协助公司办理服务交接手续、核对服务账单。

4）核对雇主家庭与家政服务员相关的财物、家政服务员离雇主家庭时自我检查，并以适当方式请雇主确认。

5）离开雇主家庭之前，最后一次对雇主家庭进行保洁收纳服务，把一个整洁干净温馨的雇主家庭环境留给雇主。

6）邀请雇主评估本次服务，填写服务满意度调查表。

7）如果终止服务，把服务合同归档。

8）如果续用服务，提供或修订服务合同。

9）征求雇主意见，清楚了解雇主终止或续用的原因。

10）将雇主家庭的钥匙、门禁卡等雇主家庭相关出入物品证件留下，并请雇主签收。

11）与雇主道别时，感谢雇主给予自己和公司的关照；回答家政公司后，立即致信（微信或手机短信）或致电雇主报平安到达，并再次感谢雇主给予的关照。正式结束本次服务。

12）及时撰写本次服务的总结报告，并接受相关职业技能提升家政培训。为接下来的服务作准备。

18.7 区块链＋家政服务员岗位工作标准

基于区块链的家政服务平台，实现家政服务交易自动化，要求家政服务员岗位工作标准化、透明化，有利于家政服务员按标准化过程步骤及基本要求提供岗位工作，为雇主确认家政服务员岗位工作过程步骤及其要求提供依据，也是全网节点特别是"超级节点"确认家政服务员岗位工作过程步骤及其要求提供依据。

还有，当雇主与家政服务员发生服务纠纷时，岗位工作标准化也可作为调解的依据。

18.8 家政服务雇主标准实践示例

《家政服务雇主标准评定表》使用说明：

1）家政服务按细分业态雇主需求分级评定"雇主标准"，提供定制化家政服务。家政服务细分业态为"九大业态"，分别制定雇主标准。

2）雇主标准，是指雇主所要求的家政服务任务和服务水平，也是雇主的风格和偏好，也指在雇主家中"何时、以什么方式"进行家政服务。即把雇主的服务预期转化成确切的服务质量标准。

3）雇主标准，是管理工具，可帮助雇主和家政公司衡量每一个家政服务员服务标准的水平是否合格，把它与每一个家政服务员的《家政服务职业技能标准》相匹配，来确认定制化家政服务。

4.用数量分级表示家政服务"雇主标准"等级。分为五个级别，即一级、二级、三级、四级、五级客户标准。最低为一级，最高为五级。以此详细说明"雇主标准"的水准。其中：

（1）"五级：对应"完美的服务"："所有人都说这个家政服务员或这家家政公司提供的家政服务员堪称英国管家或菲佣，服务质量一流。"即"理想的服务"，是顾客盼望获得的服务水平。

（2）"四级"对应"规范化服务"："如此贵的家政服务员或家政公司应提供出色的服务。"即家政服务员或家政公司提供的服务是标准化、职业化的，家政服务员都是经过严格的培训且具有职业技能标准资格。

（3）"三级"对应"基于经验的服务"："多数情况下该家政服务员或家政公司很好，忙的时候服务水平降低。"

（4）"二级"对应"可接受的期望"："我希望这个家政服务员或这家家政公司以适当的方式提供服务。"即对于顾客来说是可接受的最低服务水平。

（5）"一级"对应"最低容忍度期望"："我没有期望这个家政服务员或这家家政公司服务好，雇佣其服务是因为价格低。"

5.以下评定表的具体评级标准 （扫一扫 二维码）

18.8.1 家居保洁收纳服务雇主标准

A、《家居保洁收纳服务雇主标准评定表》

雇主标准	技能评级				服务预期
	1级	2级	3级	4级	
					服务对象数量及类型
家居保洁收纳	0	1	2	3	标准1：室内可清洁地面面积
雇主标准	0	1	2	3	标准2：室内清洁程度
问题总数 36	0	1	2	3	标准3：墙壁和门窗保洁
总分 108	0	1	2	3	标准4：需要清洁的地面材质
得分	0	1	2	3	标准5：家具保洁、保养材质
	0	1	2	3	标准6：家居宠物清洁种类
计算结果：					**服务任务及服务项目**
	0	1	2	3	标准7：家用电器保洁、消毒、保养
108	0	1	2	3	标准8：客厅保洁、收纳、美化
	0	1	2	3	标准9：卧室保洁、收纳、美化
	0	1	2	3	标准10：书房保洁、收纳、美化
	0	1	2	3	标准11：厨房（餐厅）保洁、消毒、收纳
	0	1	2	3	标准12：卫生间保洁、消毒、收纳
	0	1	2	3	标准13：居室、庭院养护、美化
	0	1	2	3	标准14：家居艺术品保洁
					服务特殊要求及偏好
	0	1	2	3	标准15：服务特殊要求
	0	1	2	3	标准16：服务偏好
					服务期望水平
	0	1	2	3	标准17：信誉度（家政服务员值得信任、诚实）
	0	1	2	3	标准18：安全感（服务中没有危险、风险与怀疑）
	0	1	2	3	标准19：可接近性（家政服务员易于与方便联系）
	0	1	2	3	标准20：有效沟通（能够倾听顾客，用顾客能够理解易懂的语言进行交流）
	0	1	2	3	标准21：理解顾客（理解顾客的需求与服务预期）
	0	1	2	3	标准22：可靠性（准确可靠地履行所承诺的服务）
	0	1	2	3	标准23：响应性（积极主动、及时为顾客提供服务）
	0	1	2	3	标准24：能力（拥有完成家政服务所要求的服务技能与服务知识）
	0	1	2	3	标准25：礼仪（在接待顾客或提供服务时仪容仪表）
	0	1	2	3	标准26：可接触性（是服务的有形实物特征）
					服务时间及服务频率
	0	1	2	3	标准27：家具保洁、保养频率
	0	1	2	3	标准28：家用电器保洁、消毒、保养频率
	0	1	2	3	标准29：墙壁和门窗保洁频率
	0	1	2	3	标准30：客厅保洁、收纳频率
	0	1	2	3	标准31：卧室保洁、收纳频率
	0	1	2	3	标准32：书房保洁、收纳频率
	0	1	2	3	标准33：厨房保洁、收纳频率
	0	1	2	3	标准34：卫生间保洁、收纳频率
	0	1	2	3	标准35：庭院养护频率
					服务方式及服务工具
	0	1	2	3	标准36：需要使用家居保洁工具种类
总计：					平均级别（0-10，低级到高级）：

B、家居保洁收纳服务雇主标准示例

服务对象数量及类型

标准1：室内可清洁地面面积

a）80平方米；b）80-120平方米；c）120平方米以上。

标准2：室内清洁程度

a）室内整洁；b）基本清洁但杂乱；c）脏乱。

标准3：墙壁和门窗保洁量

a）80平方米；b）80-120平方米；c）120平方米以上。

标准4：需要清洁的地面材质

a）涂料墙面（水溶性涂料、溶剂型涂料、乳胶漆、油漆、刷浆材料等）；b）壁纸墙面；c）墙布墙面；d）木胶合板墙面；e）瓷砖类墙面；f）玻璃和金属类墙面；g）石材墙面；h）；硅藻泥墙面；i）多彩喷塑墙面。

标准5：家具保洁、保养材质

a）原木家具；b）板式家具；c）藤艺家具；d）金属家具；e）聚氨酯漆面家具；f）布艺家具；g）皮质家具；h）高级红木家具；i）古董家具。

注：家具种类：1）餐桌；2）书桌；3）椅子；4）沙发；5）茶几；6）电视机台（柜）；7）装饰柜；8）酒柜；9）屏风；10）鞋柜；11）衣帽柜；12）衣橱；13）床；14）床头柜。

标准6：家居宠物清洁种类

b）宠物狗；b）宠物猫；c）宠物兔；d）宠物龟；e）观赏鸟；g）观赏鱼等。

服务任务及服务项目

标准7：家用电器保洁、消毒、保养

a）电视机；b）音响设备；c）电话机；d）小型灯具；e）空调；f）饮水机；g）加湿器；h）热水器；i）洗衣机；j）电脑；k）大型灯具。

标准8：客厅保洁、收纳、美化

a）清洁消毒客厅家具：

1）衣帽柜；2）鞋柜；3）桌椅；4）沙发；5）茶几；6）酒柜；7）装饰柜；8）装饰镜面；9）电视机台（柜）；10）屏风等。

b）保洁保养客厅家具、收纳客厅

1）保洁保养客厅家具；2）准备客厅收纳必备品；3）对客厅功能分区与物品归类；4）不让杂物重回桌面；5）鞋柜收纳；6）茶几收纳；7）衣帽柜收纳；8）沙发收纳；9）桌面和椅子收纳；10）酒柜收纳；11）装饰柜收纳；12）电视柜收纳；13）儿童玩具收纳；14）媒体产品收纳。

c）用环保方法保洁保养客厅家具、美化客厅

1）能用环保方法保洁保养客厅家具；

2）了解雇主的身份或喜好对客厅进行布置；

3）建议根据客厅大小选择沙发的款式、大小、颜色；

4）沙发对面墙壁装饰，比如文化墙；

5）沙发背后墙壁装饰，比如名人或主人墨宝；

6）建议客厅色彩应明朗；

7）建议选择绿色环保家具；

8）建议选择绿色节能照明；

9）建议选择和摆放净化室内空气的绿色植物。

标准 9：卧室保洁、收纳、美化

a）清洁卧室物品：1）床头板、床沿；2）床垫；3）衣柜；4）床头柜；5）床头灯；6）穿衣镜；7）书桌；8）台灯（落地灯）；9）梳妆台等。

b）保洁、收纳卧室：1）整理卧室地面；2）物品归类（睡衣、拖鞋、准备洗涤的衣物、电子和媒体产品等）；3）整理床铺（床被、枕头、床罩）；4）梳妆台收纳：5）床头柜收纳；6）电视柜收纳；7）床下收纳。

c）美化卧室、衣柜收纳：1）美化卧室（根据雇主身份、需求、家具环境：选择插花材料；插花的保鲜和养护；建议家具摆放；建议摆放饰品；建议摆放盆景绿植；建议悬挂字画等）；2）建议衣柜规划与配置；3）利用各种收纳工具；4）衣架选择与活用；5）衣物分类；6）衣物折叠；7）衣物分类存放。

标准 10：书房保洁、收纳、美化

a）需要清洁书房物品：1）书橱；2）书桌椅；3）台灯（落地灯）；4）文具；5）电脑、6）书柜；7）相框；8）沙发等。

b）需要保洁书房物品并收纳：1）书房工艺品、饰品、花卉绿植保洁；2）书柜图书整理；3）书桌桌面收纳：4）电子与媒体产品整理；5）学习工具整理；6）家庭文件整理；7）书房地面清洁、收纳。

c）需要美化书房：1）建议书房墙壁悬挂名人或主人字画；2）书桌上放置文房四宝或艺术雕塑品或一角放置淡雅花瓶和鲜花；3）书桌侧面可或后面可放置花架或翠绿青松；4）书柜里可放置文化内涵的小饰品或古玩或家人照片。

标准 11：厨房（餐厅）保洁、消毒、收纳

a）需要清洁厨具、灶具、餐具

1）厨具；2）灶具；3）餐具。

b）需要保洁厨房并消毒

1）厨具；2）灶具；3）餐具；4）厨房操作台；5）厨房墙面；6）厨房门窗；7）厨房灯具；8）厨房地面；9）厨房墙面和门窗；10）厨房去味：去除厨房油烟味、排水管的疏通、去除垃圾桶异味、去除下水道异味；11）厨房垃圾处理。

c）需要收纳厨房（餐厅）

1）准备厨房收纳必备品；2）对厨房进行功能分区与物品归类；3）不让杂物重回桌面或台面；4）厨房操作台收纳；5）橱柜（吊柜）规划与收纳；6）冰箱规划与收纳；7）餐厅收纳；8）酒柜收纳；9）厨房餐厅地面收纳。

标准 12：卫生间保洁、消毒、收纳

a）需要清洁卫生洁具

1）洗面设备（台面、洗面盆、水龙头、毛巾架、皂液盒）；2）便器设备（坐便器、坐垫、厕纸架）；3）淋浴设备（浴缸、喷淋头、水龙头）；4）镜子；5）毛巾及牙刷；6）梳洗柜；7）淋浴房；8）热水器等。

b）需要保洁卫生间并消毒

1）洗面设备；2）便器设备；3）淋浴设备；4）镜子；5）毛巾及牙刷；6）卫生间地面；7）卫生间墙面和门窗；8）卫生间用品；9）卫生间去味：去除卫生间大小便臭味、排水管的疏通、去除垃圾桶异味、去除下水道异味；10）垃圾处理。

c）需要收纳卫生间

1）准备卫生间收纳必备品；2）对卫生间功能分区与物品归类；3）不让杂物重回台面；4）台面收纳；5）梳妆台（柜）收纳；6）卫生间地面收纳。

标准 13：居室、庭院养护、美化

a）能识别和选择家庭常见花木绿植（至少3种以上）：1）文竹；2）吊兰 3）米兰；4. 龙柏；5）龟背竹；6）水仙等。

b）能养护家庭常见花木：1）光照；2）浇水；3）修剪；4）施肥；5）清洁花木绿植与花盆；6）防治病虫害。

c）能四季护理家庭常见花木并美化居室、庭院：1）春季花木养护；2）夏季花木养护；3）秋季花木养护；4）冬季花木养护。

标准 14：家居艺术品保洁

a）木雕工艺品；b）金属饰品；c）摆饰；d）像瓷质饰品；e）挂饰；f）墙上照片；g）织物饰品；h）花瓶；i）石膏；j）字画（贵重除外）等。

服务特殊要求及偏好

标准 15：服务特殊要求 （扫一扫 二维码）

标准 16：服务偏好 （扫一扫 二维码）

服务期望水平

标准 17：信誉度（家政服务员值得信任、诚实）

a）家政服务员个人品牌；

b）家政服务员获得的各种荣誉；

c）与雇主接触的家政服务员的诚实度；

d）家政服务员的服务承诺。

标准 18：安全感（家政服务中没有危险、风险与怀疑）

a）雇主家庭成员的人身安全；

b）雇主家庭财产安全；

c）雇主家庭隐私保护；

d）没有服务工伤事故；

e）家政公司为家政服务员购买家政保险。

标准 19：可接近性（指家政服务员易于联系、方便联系）

a）家政服务员的微信便于顾客搜索，容易浏览；

b）顾客通过热线电话，很方便地了解家政服务员信息；

c）顾客通过微信与家政服务员联系，会第一时间得到及时反馈；

d）顾客很容易联系到家政服务员所在的公司或其家人。

标准 20：有效沟通（能够倾听顾客，用顾客能够理解易懂的语言进行交流）

a）介绍家政服务项目及其服务内容；

b）介绍家政服务项目服务价格；

c）介绍家政服务与费用的性价比；

d）向顾客确认存在的问题，并能够有效解决。

标准 21：理解顾客（努力去理解顾客的需求与服务预期）

a）了解《雇主标准（即雇主服务预期）》；

b）了解顾客的特殊需求与服务禁忌；

c）提供个性化、定制化的关心；

d）能够识别忠诚顾客。

标准 22：可靠性（能够准确可靠地履行所承诺的服务）

a）首次为顾客提供的家政服务就及时、正确；

b）遵守承诺，按《服务合同》提供服务；

c）能提供稳定的家政服务质量。

标准 23：响应性（愿意积极主动、及时为顾客提供服务）

a）能迅速回复雇主打来的电话；

b）能及时提供服务；

c）当顾客通过微信或电话联系家政服务员时，能够及时互动反馈；

d）当顾客服务抱怨投诉时，能第一时间迅速给予解决。

标准 24：能力（拥有完成家政服务所要求的服务技能与服务知识）

a）应具备家政服务技能与服务知识；

b）应具备一般能力与家政服务相关知识；

c）应具备学习家政服务技能与服务知识的能力。

标准 25：礼仪（在接待顾客或提供服务时的仪容仪表）

a）能够做到礼貌、尊重、周到、友善；

b）能为顾客的利益着想；

c）注重个人言行举止、仪容仪表；

d）在接待顾客热线电话或微信互动时，也注重语言美与礼貌用语。

标准 26：可接触性（也是有形性，是服务的有形实物特征）

a）家政服务员个人形象；

b）家政服务员上岗证；

c）获得的各种职业资格证证书；

d）提供家政服务时所使用的服务工具和设备。

服务时间及服务频率

标准 27：家具保洁、保养频率

a）每周 1 次；b）每周 2~3 次；c）每天 1 次。

标准 28：家用电器保洁、消毒、保养频率

a）每周 1 次；b）每周 2~3 次；c）每天 1 次。

标准 29：墙壁和门窗保洁频率

a）每月 1 次；b）每月 2~3 次；c）每周 1 次。

标准 30：客厅保洁、收纳频率

a）每周 1 次；b）每周 2~3 次；c）每天 1 次。

标准 31：卧室保洁、收纳频率

a）每周 1 次；b）每周 2~3 次；c）每天 1 次。

标准 32：书房保洁、收纳频率

a）每周 1 次；b）每周 2~3 次；c）每天 1 次。

标准 33：厨房保洁、收纳频率

a）每周 1 次；b）每周 2~3 次；c）每天 1 次。

标准 34：卫生间保洁、收纳频率

a）每周 1 次；b）每周 2~3 次；c）每天 1 次。

标准35：庭院养护频率

a）每季度1次；b）每月1次；c）每月2次。

服务方式及服务工具

标准36：需要使用家居保洁工具种类

a）清扫类工具：1）扫帚；2）鸡毛掸等；

b）擦拭类工具：1）抹布；2）百洁布；3）吸水毛巾；4）钢丝球；5）拖把；

c）专业清洁工具：1）吸尘器；2）洗地机；3）多功能刷洗机；4）空气净化器等；

d）智能清洁工具：清洁服务机器人等。

C、家居保洁收纳服务雇主标准示例问题

家居保洁服务雇主标准示例问题	确定标准： ○ 家居可清洁的面积是多少？ ○ 考虑清洁风格（断舍离）、清洁用品、清洁方式等？ ○ 家居清洁区划分区域、制定任务表、及每日的服务时间安排？ ○ 物品清洁是否要做到使"雇主感到舒服"？ ○ 每日清洁，是否不危害环境？ ○ 清洁用品是什么香味？ ○ 每天或每周需要清洁的物品及清洁频率？深度保洁的频率？ ○ 列出收藏品及艺术品等贵重物品清单。 ○ 家庭花卉是否需要清洁及清洁频率？ ○ 家庭宠物是否需要清洁及清洁频率？

D、家居保洁收纳服务雇主标准需求服务说明

家居保洁收纳服务雇主标准 （按照平均标准每次清洁120平方米需用2个半小时）	
需求服务	说 明
1 家居保洁风格（断舍离）	
2 分区和任务单	
3 保洁日程表	
4 气味和专门清洁产品	
5 特殊照料物	
6 服务计时	
7 雇主床铺整理偏好	
8 家居植物花卉保洁的特别要求	
9 家居宠物保洁的特别要求	
10 古董和字画艺术品的保洁要求	
11 精美特别家具保洁要求	
12 精美地毯护理	
13 家居保洁工具、服务方式	

18.8.2 衣物洗涤收纳服务雇主标准

A、《衣物洗涤收纳服务雇主标准评定表》

服务标准	需求评级				服务预期
	1级	2级	3级	4级	
					服务对象数量及类型
衣物洗涤收纳服务雇主标准	0	1	2	3	标准1：家庭需要洗涤衣物的人数
	0	1	2	3	标准2：家庭衣物修补量
问题总数 26					**服务任务及服务项目**
总分 78	0	1	2	3	标准3：需要洗涤的衣物面料种类
得分	0	1	2	3	标准4：需要熨烫面料衣物种类
	0	1	2	3	标准5：需要熨烫不同款式衣物
计算结果：	0	1	2	3	标准6：需要收纳存放不同衣物种类
	0	1	2	3	标准7：需要清洁、保养鞋种类
78					**服务特殊要求及偏好**
	0	1	2	3	标准8：需要洗涤消毒的家庭特殊衣物
	0	1	2	3	标准9：衣物洗涤收纳的偏好
					服务期望水平
	0	1	2	3	标准10：信誉度（家政服务员值得信任、诚实）
	0	1	2	3	标准11：安全感（服务中没有危险、风险与怀疑）
	0	1	2	3	标准12：可接近性（家政服务员易于与方便联系）
	0	1	2	3	标准13：有效沟通（能够倾听顾客，用顾客能够理解易懂的语言进行交流）
	0	1	2	3	标准14：理解顾客（理解顾客的需求与服务预期）
	0	1	2	3	标准15：可靠性（准确可靠地履行所承诺的服务）
	0	1	2	3	标准16：响应性（积极主动、及时为顾客提供服务）
	0	1	2	3	标准17：能力（拥有完成家政服务所要求的服务技能与服务知识）
	0	1	2	3	标准18：礼仪（在接待顾客或提供服务时仪容仪表）
	0	1	2	3	标准19：可接触性（是服务的有形实物特征）
					服务时间及服务频率
	0	1	2	3	标准20：衣服洗涤频率
	0	1	2	3	标准21：家庭被褥洗涤频率
	0	1	2	3	标准22：家庭衣橱除螨频率
	0	1	2	3	标准23：家庭被褥除螨频率
	0	1	2	3	标准24：家庭窗帘洗涤频率
					服务方式及服务工具
	0	1	2	3	标准25：需要手洗衣物种类
	0	1	2	3	标准26：需要使用洗衣机洗涤衣物种类

B、衣物洗涤收纳服务雇主标准示例

服务对象数量及类型

标准1：家庭需要洗涤衣物的人数

a）1~3人；b）4~5人；c）6人或以上。

标准2：家庭衣物修补量

a）1人衣物；2~3次衣物；c）4人或以上衣物。

服务任务及服务项目

标准3：需要洗涤的衣物面料种类

ej植物纤维（棉织品、麻织品等）；

fj动物纤维（毛纺织品：羊毛、兔毛、驼毛；丝织品：蚕丝）；

gj人造纤维（人造毛、人造棉、人造丝等）；

ｈｊ合成纤维（涤纶、腈纶、氨纶、丙纶等）；

e）皮革（真皮、再生皮、人造革）。

标准 4：需要熨烫面料衣物种类

b）棉、麻衣物；b）化纤类衣物；c）混纺衣物；d）毛料衣物；e）丝绸衣物；f）绒面皮服装；g）皮革服装。

标准 5：需要熨烫不同款式衣物

b）西服衣裤；b）衬衫；c）领带；d）裙类服装；e）旗袍。

标准 6：需要收纳存放不同衣物种类

a）棉织物；b）合成纤维服装；c）羊毛服装；d）丝绸服装；e）皮革服装；g）裘皮服装。

标准 7：需要清洁、保养鞋种类

a）旅游鞋；b）运动鞋；c）布鞋；d）凉鞋；e）胶鞋；f）翻毛皮鞋及马靴；g）皮鞋。

服务特殊要求及偏好

标准 8：需要洗涤消毒的家庭特殊衣物

a）老年人衣物；b）婴儿衣物；c）客人衣物；d）普通病人衣物；e）传染病人衣物等。

标准 9：衣物洗涤收纳的偏好　（扫一扫　二维码）

服务期望水平

标准 10：信誉度（家政服务员值得信任、诚实）

a）家政服务员个人品牌；

b）家政服务员获得的各种荣誉；

c）与雇主接触的家政服务员的诚实度；

d）家政服务员的服务承诺。

标准 11：安全感（家政服务中没有危险、风险与怀疑）

a）雇主家庭成员的人身安全；

b）雇主家庭财产安全；

c）雇主家庭隐私保护；

d）没有服务工伤事故；

e）家政公司为家政服务员购买家政保险。

标准 12：可接近性（指家政服务员易于联系、方便联系）

a）家政服务员的微信便于顾客搜索，容易浏览；

b）顾客通过热线电话，很方便地了解家政服务员信息；

c）顾客通过微信与家政服务员联系，会第一时间得到及时反馈；

d）顾客很容易联系到家政服务员所在的公司或其家人。

标准 13：有效沟通（能够倾听顾客，用顾客能够理解易懂的语言进行交流）

a）介绍家政服务项目及其服务内容；

b）介绍家政服务项目服务价格；

c）介绍家政服务与费用的性价比；

d）向顾客确认存在的问题，并能够有效解决。

标准 14：理解顾客（努力去理解顾客的需求与服务预期）

a）了解《雇主标准（即雇主服务预期）》；

b）了解顾客的特殊需求与服务禁忌；

c）提供个性化、定制化的关心；

d）能够识别忠诚顾客。

标准 15：可靠性（能够准确可靠地履行所承诺的服务）

a）首次为顾客提供的家政服务就及时、正确；

b）遵守承诺，按《服务合同》提供服务；

c）能提供稳定的家政服务质量。

标准 16：响应性（愿意积极主动、及时为顾客提供服务）

a）能迅速回复雇主打来的电话；

b）能及时提供服务；

c）当顾客通过微信或电话联系家政服务员时，能够及时互动反馈；

d）当顾客服务抱怨投诉时，能第一时间迅速给予解决。

标准 17：能力（拥有完成家政服务所要求的服务技能与服务知识）

a）应具备家政服务技能与服务知识；

b）应具备一般能力与家政服务相关知识；

c）应具备学习家政服务技能与服务知识的能力。

标准 18：礼仪（在接待顾客或提供服务时的仪容仪表）

a）能够做到礼貌、尊重、周到、友善；

b）能为顾客的利益着想；

c）注重个人言行举止、仪容仪表；

d）在接待顾客热线电话或微信互动时，也注重语言美与礼貌用语。

标准 19：可接触性（也是有形性，是服务的有形实物特征）

a）家政服务员个人形象；

b）家政服务员上岗证；

c）获得的各种职业资格证证书；

d）提供家政服务时所使用的服务工具和设备。

服务时间及服务频率

标准 20：家庭衣服洗涤频率

a）每周 1 次；b）每周 2~3 次；c）每天 1 次。

标准 21：家庭被褥洗涤频率

a）每月 1 次；b）每月 2~3 次；c）每周 1~2 次。

标准 22：家庭衣橱除螨频率

a）每月 1 次；b）每月 2~3 次；c）每周 1~2 次。

标准 23：家庭被褥除螨频率

a）每月 1 次；b）每月 2~3 次；c）每周 1~2 次。

标准 24：家庭窗帘洗涤频率

a）每季度 1 次；b）每季度 2~3 次；c）每月 1~2 次。

服务方式及服务工具

标准 25：需要手洗衣物种类

a）棉、麻衣物；b）化纤类衣物；c）混纺衣物；d）毛料衣物；e）丝绸衣物；f）绒面皮服装；g）皮革服装。

标准 26：需要使用洗衣机洗涤衣物种类

a）棉、麻衣物；b）化纤类衣物；c）混纺衣物；d）毛料衣物；e）丝绸衣物；f）绒面皮服装。

C、衣物洗涤收纳服务雇主标准示例问题

衣物洗涤收纳服务雇主标准示例问题	确定标准： ○ 雇主所喜爱展示出的形象及穿衣风格？ ○ 所有衣服是在家中清洗和熨烫的吗？ ○ 哪些衣物是手洗？哪些是干洗或机洗？ ○ 哪些衣物需要特别洗涤、晾干、熨烫？ ○ 每周清洗几次衣服及洗涤频率？ ○ 床上用品洗涤频率及是否熨烫？ ○ 衣物用挂烫机或蒸汽熨斗熨烫？ ○ 衣橱及床上用品是否需要除螨及除螨的频率？ ○ 依据什么标准收纳整理衣柜？ ○ 哪些衣服需要护理与修补？ ○ 过季的衣服放在何处储藏？ ○ ……

D、衣物洗涤收纳服务雇主标准需求服务说明

衣物洗涤收纳服务雇主标准 （完成一桶衣物的洗涤，烘干和晾晒需 1 小时 45 分钟。熨烫男士衬衫需 15 分钟。）	
需求服务	说明
1 衣物风格	
2 哪些衣物需要干洗、水洗、手洗	
3 洗涤数量及频率	
4 清洗剂、香味	
5 自然晾干、烘干	
6 挂烫机或熨斗熨烫	
7 皮革护理	
8 鞋类护理	
9 床上用品洗涤及频率、熨烫	
10 餐桌等桌布洗涤及频率、熨烫	
11 窗帘洗涤及频率	
12 特殊衣物	
13 衣物修补	
14 专门衣物护理，包括运动和晚礼服套装	
15 衣橱整理、衣物收纳存储	

18.8.3　家庭餐制作服务雇主标准

A、《家庭餐制作服务雇主标准评定表》

服务标准	需求评级				服务预期
	1 级	2 级	3 级	4 级	
					服务对象数量及类型
家庭餐制作服务	0	1	2	3	标准 1：需要照料家庭饮食的人数
雇主标准	0	1	2	3	标准 2：需要制作家庭饮食种类
问题总数　35					**服务任务及服务项目**
总分　105	0	1	2	3	标准 3：早餐主食和辅食
得分	0	1	2	3	标准 4：中餐主食和辅食
	0	1	2	3	标准 5：晚餐主食和辅食
计算结果：	0	1	2	3	标准 6：家庭食品原料需要初加工
	0	1	2	3	标准 7：家庭需要制作的水产品
105	0	1	2	3	标准 8：家庭需要制作的中式糕点
	0	1	2	3	标准 9：家庭需要制作的西式点心
	0	1	2	3	标准 10：需要制作家宴
	0	1	2	3	标准 11：厨房（餐厅）保洁、消毒、收纳
					服务特殊要求及偏好
	0	1	2	3	标准 12：家庭需要的食品原料加工精细程度
	0	1	2	3	标准 13：家庭偏好的菜系口味
	0	1	2	3	标准 14：家庭需要制作的主食种类
	0	1	2	3	标准 15：家庭需要制作的冷菜种类
	0	1	2	3	标准 16：家庭需要制作的热菜种类
	0	1	2	3	标准 17：家庭需要制作的汤菜种类
	0	1	2	3	标准 18：家庭需要调配的菜肴味道
	0	1	2	3	标准 19：家庭需要调制的家庭饮品种类
	0	1	2	3	标准 20：家庭饮食的特殊要求及偏好
					服务期望水平
	0	1	2	3	标准 21：信誉度（家政服务员值得信任、诚实）
	0	1	2	3	标准 22：安全感（服务中没有危险、风险与怀疑）
	0	1	2	3	标准 23：可接近性（家政服务员易于与方便联系）
	0	1	2	3	标准 24：有效沟通（能够倾听顾客，用顾客能够理解易懂的语言进行交流）
	0	1	2	3	标准 25：理解顾客（理解顾客的需求与服务预期）
	0	1	2	3	标准 26：可靠性（准确可靠地履行所承诺的服务）
	0	1	2	3	标准 27：响应性（积极主动、及时为顾客提供服务）
	0	1	2	3	标准 28：能力（拥有完成家政服务所要求的服务技能与服务知识）
	0	1	2	3	标准 29：礼仪（在接待顾客或提供服务时仪容仪表）
	0	1	2	3	标准 30：可接触性（是服务的有形实物特征）
					服务时间及服务频率
	0	1	2	3	标准 31：采购食品原料量
	0	1	2	3	标准 32：家庭餐制作频率
	0	1	2	3	标准 33：采购食品原料的频率
	0	1	2	3	标准 34：家宴制作的频率
					服务方式及服务工具
	0	1	2	3	标准 35：需要照料的家庭成员用餐方式
总计：					平均级别（0-10，低级到高级）：

B、家庭餐制作服务雇主标准示例

服务对象数量及类型

标准 1：需要照料家庭饮食的人数

a）爷爷；b）奶奶；c）外公；d）外婆；e）男雇主；f）女雇主；g）儿；h）女；i）孙子；j）孙女；k）外孙子；1）外孙女。

标准 2：需要制作家庭饮食种类

a）婴幼儿饮食；b）中青年正常饮食；c）老年人饮食；d）病人饮食；e）孕产妇饮食等。

服务任务及服务项目

标准 3：早餐主食和辅食

a）1 主食 +1~2 菜 +1 粥或汤或饮料；

b）1 主食 +3 菜 +1 粥或汤或自制饮料；

c）2 主食 +1~2 菜 +1 粥或汤或自制饮料；

d）2 主食 +3~4 菜 +1 粥或汤或自制饮料。

主食：1）炒饭；2）馒头；3）包子；4）炒面；5）煎饼；6）饺子；7）花卷；8）炸油条或春卷等；

早餐菜：1）糖醋黄瓜；2）辣味咸鸭蛋；3）香芹花生米；4）韩式辣泡菜；5）腌水晶萝卜；6）皮蛋豆腐；7）肉酱小葱；8）海苔花生米；9）小葱拌豆腐；10）凤梨泡菜等；

粥或汤或饮料：1）各种粥；2）各种汤；3）面条；4）馄饨；5）牛奶；6）豆浆；7）各种果汁；8）茶等；

标准 4：中餐主食和辅食

a）1 主食 +2 菜 +1 汤或饮料；

b）1 主食 +3~4 菜 +1 汤或自制饮料；

c）1~2 主食 +5~6 菜 +1 汤或自制饮料。

主食：1）米饭；2）馒头；3）包子；4）炒面；5）烙饼；6）饺子；7）花卷等；

中餐菜：1）糖醋排骨；2）酸菜豆芽；3）清蒸鱼；4）辣子鸡丁；5）蒜苗炒萝卜；6）辣味土豆片；7）生炒油麦菜；8）干豆角小炒肉；9）泡椒蒸鱼头；10）土豆炖牛肉等；

汤或饮料：1）白菜豆腐汤；2）口蘑豆腐汤；3）榨菜肉丝汤；4）莲藕排骨汤；5）菠菜竹笋虾丸汤；6）豆浆；7）各种果汁；8）茶；9）酒等。

标准 5：晚餐主食和辅食

a）1 主食 +2 菜 +1 粥或汤或饮料；

b）1 主食 +3~4 菜 +1 粥或汤或自制饮料；

c）1~2 主食 +5~6 菜 +1 粥或汤或羹或自制饮料。

主食：1）农家菜和饭；2）葱香千层饼；3）豆沙包子；4）小葱煎饼；5）松茸菌炒面；6）三鲜饺子；7）扬州炒饭等；

晚餐菜：1）青椒臭干；2）花肉茄子煲；3）豆豉蒸鲫鱼；4）虾露什锦菜；5）肉末炒酸豆角；6）葱香猪肝；7）凉拌洋葱；8）杭椒辣子鸡；9）腊味蒸娃娃菜；10）双菇豆腐锅 11）耗油西芹；12）丝瓜炒腊肉等；

粥：1）牛奶红薯粥；2）百合莲子粥；3）南瓜粥；4）猪肝绿豆粥；5）香菇鸡肉粥；6）香芋西米粥；7）山楂糯米粥等；

汤或羹：1）银鱼蛋汤；2）榨菜肉丝汤；3）冬瓜羊肉汤；4）鱼头补脑汤；5）虾仁冬瓜羹；6）红柿豆腐羹；7）草菇蛋白羹等；

饮料：1）豆浆；2）各种果汁；3）茶；4）酒等。

标准 6：家庭食品原料需要初加工

a）新鲜蔬菜的初加工；b）常用水产品的初加工；c）家禽的初加工。

标准 7：家庭需要制作的水产品

a）鱼；b）虾；c）蟹类；d）藻类；e）贝类。

标准 8：家庭需要制作的中式糕点

a）包子类：1）鲜肉包；2）菜肉包；3）豆沙包；4）水晶包；5）叉烧包等；

b）水饺类：1）三鲜水饺；2）猪肉水饺；3）鱼肉水饺；4）茴香水饺等；

c）麦类制品：1）馒头；2）蒸饺；3）锅贴；4）花卷；5）银丝卷等；

d）米粉制品：1）年糕；2）发糕；3）凉糕；4）炸糕等；

e）不同成形方法的制品：1）包法（烧麦、粽子）；2）捏法（鸳鸯饺、四喜饺、蝴蝶饺）。

标准 9：家庭需要制作的西式点心

a）面包类；b）蛋糕类；c）清酥类；d）混酥类。

标准 10：需要制作家宴

a）需要制作 2 种不同菜系的菜肴；

b）需要制作 5 道西餐；

c）需要制作 3 种以上点心；

d）需要制作水果拼盘；

e）能煮制咖啡。

标准 11：厨房（餐厅）保洁、消毒、收纳

a）能清洁厨具、灶具、餐具：1）厨具；2）灶具；3）餐具。

b）能保洁厨房并消毒：1）厨具；2）灶具；3）餐具；4）厨房操作台；5）厨房墙面；6）厨房门窗；7）厨房灯具；8）厨房地面；9）厨房墙面和门窗；10）厨房去味：去除厨房油烟味、排水管的疏通、去除垃圾桶异味、去除下水道异味；11）厨房垃圾处理。

c）能收纳厨房（餐厅）：1）准备厨房收纳必备品；2）对厨房进行功能分区与物品归类；3）不让杂物重回桌面或台面；4）厨房操作台收纳；5）橱柜（吊柜）规划与收纳；6）冰箱规划与收纳；7）餐厅收纳；8）酒柜收纳；9）厨房餐厅地面收纳。

服务特殊要求及偏好

标准 12：家庭需要的食品原料加工精细程度

a）切丁：1）小方丁；2）中方丁；3）大方丁。

b）切段或条：1）小段；2）中段；3）大段。

c）切块：1）正方块；2）长方块；3）菱形块；4）排骨块；5）滚刀块。

d）切片：1）月牙片；2）菱形片；3）柳叶片；4）夹刀片；5）抹刀片。

e）切丝。

f）切茸。

标准 13：家庭偏好的菜系口味

a）川菜；b）鲁菜；c）粤菜；d）闽菜；e）苏菜；f）浙菜；g）湘菜；h）徽菜；i）北京菜；j）上海菜。

标准 14：家庭需要制作的主食种类

a）蒸。例如：米饭、馒头、蒸包、蒸饺、花卷等；

b）煮。例如：粥、手擀面、饺子、馄饨、面条、汤圆等；

c）炸。例如：炸馒头片、炸油条、炸元宵、春卷等；

d）煎。例如：锅贴、南瓜饼、煎包、葱油饼等；

e）烘（烤）。例如：面包、蛋糕、烧饼等；

f）烙。例如：烙馅饼等；

g）复合加热法。例如：炒面、炒饭、炒粉、炒饼等。

标准 15：家庭需要制作的冷菜种类

a）拌；b）腌；c）卤；d）酱；e）冻；f）炝；g）油炸卤浸；h）拼盘：1）垫底、围边、装面；2）双拼；3）三拼等。

例如：海米拌黄瓜、蒜泥白肉、炝西兰花、麻辣肚丝、酸辣黄瓜条、卤鸭、水晶鸡、酱鸭、酱牛肉、油爆虾、醉蟹等。

标准 16：家庭需要制作的热菜种类

a）炒；b）煮；c）蒸；d）炸；e）煎；f）炖；g）烩；h）烧；i）焖；j）氽；k）烤；l）熘；m）爆；n）扒；o）煨；p）多种方法合成制作鱼、虾、鸡类等茸胶菜品。

例如：清蒸武昌鱼、回锅肉、莲藕炖排骨、小鸡炖蘑菇、干煎黄花鱼、水煮鱼片、麻婆豆腐、清炒土豆丝、氽丸子、香菇蚝油烩菜心、红烧肉、醋焖酥鱼、烤羊肉串、滑熘里脊、爆羊肉、扒肉条、小米煨海参等。

标准 17：家庭需要制作的汤菜种类

a）素汤：（1）香菇汤；（2）口蘑汤；（3）黄豆芽汤；（4）鲜笋汤等；

b）肉汤：（1）冬瓜羊肉汤；（2）菠菜猪肝汤；（3）花生炖牛肉等；

c）海鲜汤：（1）虾皮豆腐汤；（2）黑豆海带肉丁汤；（3）鱿鱼萝卜汤等；

d）高汤：（1）素高汤；（2）海鲜高汤；（3）鸡高汤；（4）猪棒骨高汤等。

标准 18：家庭需要调配的菜肴味道

a）基本味：1）咸；2）酸；3）甜；4）辣；5）香；6）鲜；7）苦。

b）复合味：1）鱼香味 2）麻辣味 3）椒麻味 4）酸辣味 5）怪味；

c）调味工艺：1）挂糊、上浆 2）兑汁 3）勾芡。

标准 19：家庭需要调制的家庭饮品种类

a）茶；b）果汁；c）豆浆；d）玉米汁；e）咖啡。

标准 20：家庭饮食的特殊要求及偏好

a）需要制作腌肉；

b）需要拍粉处理食物原料；

c）需要制作复合水果原料拼盘；

d）需要研磨咖啡豆、冲泡与煮制咖啡；

服务期望水平

标准 21：信誉度（家政服务员值得信任、诚实）

a）家政服务员个人品牌；

b）家政服务员获得的各种荣誉；

c）与雇主接触的家政服务员的诚实度；

d）家政服务员的服务承诺。

标准 22：安全感（家政服务中没有危险、风险与怀疑）

a）雇主家庭成员的人身安全；

b）雇主家庭财产安全；

c）雇主家庭隐私保护；

d）没有服务工伤事故；

e）家政公司为家政服务员购买家政保险。

标准23：可接近性（指家政服务员易于联系、方便联系）

a）家政服务员的微信便于顾客搜索，容易浏览；

b）顾客通过热线电话，很方便地了解家政服务员信息；

c）顾客通过微信与家政服务员联系，会第一时间得到及时反馈；

d）顾客很容易联系到家政服务员所在的公司或其家人。

标准24：有效沟通（能够倾听顾客，用顾客能够理解易懂的语言进行交流）

a）介绍家政服务项目及其服务内容；

b）介绍家政服务项目服务价格；

c）介绍家政服务与费用的性价比；

d）向顾客确认存在的问题，并能够有效解决。

标准25：理解顾客（努力去理解顾客的需求与服务预期）

a）了解《雇主标准（即雇主服务预期）》；

b）了解顾客的特殊需求与服务禁忌；

c）提供个性化、定制化的关心；

d）能够识别忠诚顾客。

标准26：可靠性（能够准确可靠地履行所承诺的服务）

a）首次为顾客提供的家政服务就及时、正确；

b）遵守承诺，按《服务合同》提供服务；

c）能提供稳定的家政服务质量。

标准27：响应性（愿意积极主动、及时为顾客提供服务）

a）能迅速回复雇主打来的电话；

b）能及时提供服务；

c）当顾客通过微信或电话联系家政服务员时，能够及时互动反馈；

d）当顾客服务抱怨投诉时，能第一时间迅速给予解决。

标准28：能力（拥有完成家政服务所要求的服务技能与服务知识）

a）应具备家政服务技能与服务知识；

b）应具备一般能力与家政服务相关知识；

c）应具备学习家政服务技能与服务知识的能力。

标准29：礼仪（在接待顾客或提供服务时的仪容仪表）

a）能够做到礼貌、尊重、周到、友善；

b）能为顾客的利益着想；

c）注重个人言行举止、仪容仪表；

d）在接待顾客热线电话或微信互动时，也注重语言美与礼貌用语。

标准30：可接触性（也是有形性，是服务的有形实物特征）

a）家政服务员个人形象；

b）家政服务员上岗证；

c）获得的各种职业资格证证书；

d）提供家政服务时所使用的服务工具和设备。

服务时间及服务频率

标准 31：采购食品原料量

a）不采购或少量采购；b）日常食材采购；c）全部身材采购。

标准 32：家庭餐制作频率

a）早晚二餐或晚餐；

b）早中晚三餐或再加夜餐；

c）早中晚三餐之间加二次餐、加夜餐。

标准 33：采购食品原料的频率

a）每周采购 1 次；b）每周采购 2 次；c）每天采购。

标准 34：家宴制作的频率

a）每季度 1~2 次；b）每月 1~2 次；c）每周 1~2 次。

服务方式及服务工具

标准 35：需要照料的家庭成员用餐方式

a）家庭成员全部自理用餐；

b）家庭成员有半自理用餐；

c）家庭成员有完全不能自理用餐。

C、家庭餐制作服务雇主标准示例问题

家庭餐 制作服务 雇主标准 示例问题	确定标准： ○ 家庭成员用餐人数是多少？ ○ 家庭的口味或喜欢的菜系是什么？ ○ 家庭喜爱的食品和习惯口味是什么？ ○ 家庭要求的烹饪工具、加工方式及烹饪方式是什么？ ○ 食品蔬菜水果是否需要采购及采购频率？ ○ 食品是有机的、还是高蛋白或清淡？ ○ 晚饭喝饮料吗？喝红酒、啤酒、白酒或果汁、豆浆、红茶？ ○ 早餐、午餐，还是只有早餐提供什么饮料吗？ ○ 早餐、午餐、晚餐，每餐需要需要什么主食及多少个（种）菜？ ○ 除了早餐、午餐、晚餐外，是否需要制作专门餐、夜餐？ ○ 厨房如何保洁、消毒、收纳？ ○ 有没有特别要求去除厨房的气味？ ○ 午饭送到办公室或工作场所吗？ ○ 雇主对肉类和鱼的烹调有什么特别喜好？ ○ 喜欢新鲜烤制的面包和甜点吗？ ○ 喜欢正式用餐方式还是什么就餐方式？ ○ 需要制作西餐及制作频率？ ○ 需要制作家宴及家宴频率？ ○ 要求食品如何冷藏及食品储存？ ○ 家庭餐制作还有什么特别要求？ ○ ……

D、家庭餐制作服务雇主标准需求服务说明

家庭餐制作服务雇主标准（每餐需用平均 2 小时制作和餐后清洁。）	
需求服务	说 明
1 烹饪风格	
2 就餐频率	
3 每餐主食及菜品种类	
4 采购食材频率	
5 饮食习惯、口味、菜系	

6	安慰食物	
7	专门食材	
8	制作专门食品	
9	特别烹饪活动	
10	饭后清洁消毒	
11	食物存储	
12	饮料种类及采购或自制	
13	宴会及频率	
14	烹饪与食品禁忌	
15	烹饪工具、烹饪方式	

18.8.4 母婴护理（月嫂）服务雇主标准

A、《母婴护理（月嫂）雇主标准评定表》

服务标准	需求评级				服务预期
	1级	2级	3级	4级	
母婴护理服务雇主标准					**服务对象数量及类型**
	0	1	2	3	标准1：产妇年龄大小
	0	1	2	3	标准2：产妇分娩方式
问题总数 40	0	1	2	3	标准3：产褥期产妇心理健康程度
总分 120	0	1	2	3	标准4：新生儿健康水平
得分					**服务任务及服务项目**
	0	1	2	3	标准5：需要准备分娩物品、迎接新生儿
计算结果：	0	1	2	3	标准6：需要制作产妇膳食（即月子餐）
	0	1	2	3	标准7：产妇需要催乳
120	0	1	2	3	标准8：产妇需要保健护理
	0	1	2	3	标准9：产妇乳房需要护理
	0	1	2	3	标准10：产妇需要形体恢复
	0	1	2	3	标准11：需要洗涤与消毒新生儿衣物
	0	1	2	3	标准12：需要照护新生儿身体
	0	1	2	3	标准13：需要给新生儿洗浴
	0	1	2	3	标准14：需要照护新生儿睡眠
	0	1	2	3	标准15：需要照护新生儿排便
	0	1	2	3	标准16：需要给新生儿抚触
					服务特殊要求及偏好
	0	1	2	3	标准17：产褥期产妇异常情况
	0	1	2	3	标准18：产褥期产妇常见病症
	0	1	2	3	标准19：新生儿非疾病的异常情况
	0	1	2	3	标准20：新生儿常见病症
	0	1	2	3	标准21：新生儿喂养方式
					服务期望水平
	0	1	2	3	标准22：信誉度（家政服务员值得信任、诚实）
	0	1	2	3	标准23：安全感（服务中没有危险、风险与怀疑）
	0	1	2	3	标准24：可接近性（家政服务员易于与方便联系）
	0	1	2	3	标准25：有效沟通（能够倾听顾客，用顾客能够理解易懂的语言进行交流）
	0	1	2	3	标准26：理解顾客（理解顾客的需求与服务预期）
	0	1	2	3	标准27：可靠性（准确可靠地履行所承诺的服务）
	0	1	2	3	标准28：响应性（积极主动、及时为顾客提供服务）
	0	1	2	3	标准29：能力（拥有完成家政服务所要求的服务技能与服务知识）

0	1	2	3	标准30：礼仪（在接待顾客或提供服务时仪容仪表）
0	1	2	3	标准31：可接触性（是服务的有形实物特征）
				服务时间及服务频率
0	1	2	3	标准32：产妇面部清洁、床上擦浴频率
0	1	2	3	标准33：产妇衣物清洗频率
0	1	2	3	标准34：产妇身体清洁护理频率
0	1	2	3	标准35：产妇饮食频率
0	1	2	3	标准36：新生儿身体清洁频率
0	1	2	3	标准37：新生儿洗浴频率
0	1	2	3	标准38：新生儿抚触频率
0	1	2	3	标准39：新生儿户外活动频率
				服务方式及服务工具
0	1	2	3	标准40：新生儿睡眠照护方式
总计：				平均级别（0-10，低级到高级）：

B、母婴护理（月嫂）雇主标准示例

服务对象数量及类型

标准1：产妇年龄大小

a）30岁以下；b）30~35次岁；c）35岁以上。

标准2：产妇分娩方式

a）自然分娩；b）会阴侧切或会阴撕裂伤重度缝合；c）剖腹产。

标准3：产褥期产妇心理健康程度

a）心理健康型；b）紧张焦虑型；c）产后忧郁；d）产后抑郁症。

标准4：新生儿健康水平

a）正常儿；b）高危儿；c）先天性异常儿。

服务任务及服务项目

标准5：需要准备分娩物品、迎接新生儿

a）需要准备产妇物品：1）产前资料；2）产妇衣物；3）生活用品；

b）需要准备新生儿物品：1）新生儿衣物；2）在医院用的生活用品；3）在家用的生活用品；

c）需要准备新生儿生活环境：1）新生儿房间卫生要求；2）新生儿房间温度、湿度要求；3）新生儿房间光照要求；4）新生儿房间声音要求；5）新生儿房间色彩、装饰要求；

d）需要帮助准爸爸准妈妈心理准备。

标准6：需要制作产妇膳食（即月子餐）

b）需要制作产褥期饮食：1）产后第1天；2）产后第2—3天；3）分娩一周；4）分娩一周后；例如，产后第1天饮食：

早餐：豆浆、面包、煮鸡蛋；上午加餐：麦片、蛋糕；午餐：米饭、清蒸鱼、小白菜炖豆腐；下午加餐：挂面卧鸡蛋；晚餐：猪肉白菜馅包子、玉米面粥；晚上加餐：牛奶、面包。

b）需要制作产妇营养配餐：例如1）猪蹄汤；2）排骨海带汤；3）熘肝尖；4）红烧牛肉；5）清蒸鱼；6）牛奶卧鸡蛋；7）红枣小米粥；8）南瓜饭等。

c）需要制作产妇滋补食品：例如1）枸杞炖羊肉；2）葱烧海参；3）陈皮牛肉；4）鸡丁烧鲜贝；5）凤尾菇清炖鸡；6）红枣土鸡汤；7）双红饭；8）鸡汁粥等。

d）需要制作产妇催乳食品：例如1）药膳乌鸡汤；2）虫草花黑头鱼汤；3）桂圆花旗参乳鸽汤；4）黄氏虾仁汤；5）猪蹄鸡骨汤；6）鲫鱼炖鸡蛋；7）海参花胶肉骨汤；8）花生粳米粥等。

标准 7：产妇需要催乳

a）需要指导产妇促进母乳分泌：1）早吸吮；2）母婴同室；3）频繁吸吮，按需哺乳；4）产妇生活安排，指导产妇正确饮食和休息。

b）需要制作催乳饮食：例如 1）通草鲫鱼汤；2）丝瓜仁鲢鱼汤；3）猪骨通草汤；4）木瓜花生大枣汤；5）甜醋猪脚姜汤；6）栗子冬菇焖鸽；7）猪蹄或乳鸽催乳汤。

c）需要按摩催乳：（1）气血虚弱型缺乳；（2）肝郁气滞型缺乳；（3）乳汁淤积；（4）乳头凹陷。

d）需要用心理方法催乳：1）心理护理；2）帮助产妇适应母亲角色；3）纠正错误观念；4）减轻新妈妈的育儿压力；5）创造和谐家庭关系；6）正确母乳喂养指导；7）产后抑郁调节。

标准 8：产妇需要保健护理

a）在医院分娩后保健护理；b）出院后第一周保健护理；c）剖腹产产妇保健护理；d）会阴保健护理；e）侧切伤口护理；f）子宫恢复观察与保健护理。

标准 9：产妇乳房需要护理

a）清洁乳房；b）制作月子餐实现均衡饮食；c）正确按摩；d）乳房保健护理；e）乳房健美操指导。

标准 10：产妇需要形体恢复

a）指导合理饮食；b）指导母乳喂养；c）训练产后七日恢复操；d）训练产后简捷身心活动操。

标准 11：需要洗涤与消毒新生儿衣物

a）选择新生儿衣物；b）清洗衣服；c）清洗尿布；d）衣物消毒。

标准 12：需要照护新生儿身体

a）皮肤护理；b）囟门；c）护理眼部护理；d）耳朵护理；e）鼻子护理；f）口腔护理；g）臀部护理；h）女新生儿阴部护理；i）脐带护理。

举例：a）皮肤护理；b）囟门；c）护理眼部护理；d）耳朵护理；e）鼻子护理；f）口腔护理；g）臀部护理；h）女新生儿阴部护理；i）脐带护理。

标准 13：需要给新生儿洗浴

a）洗浴前准备工作：1）物品准备（必备物品、备用物品）2）环境准备 3）洗澡水准备 4）洗澡后物品准备（新生儿专用浴巾、换洗衣服、尿布或纸尿裤、包被、新生儿粉等）。

b）洗浴步骤与方法：脱衣——洗脸——洗头——洗前身（自上而下）——洗后身（自上而下）——洗会阴部——脐部、皮肤皱褶处、臀部护理。

c）洗浴时，与新生儿的"微笑""对话"。

d）洗浴注意事项。

标准 14：需要照护新生儿睡眠

a）营造新生儿适宜的睡眠条件；b）选择新生儿正确睡姿；c）安抚新生儿入睡：1）会唱或播放摇篮曲；2）会哄睡新生儿；3）试着给新生儿传达日、夜信息；d）新生儿睡眠安全照护；e）入睡后观察；f）会辨别不正确的哄睡方法；g）新生儿睡眠注意事项。

标准 15：需要照护新生儿排便

a）大便护理；b）小便护理；c）会使用新生儿纸尿裤；d）会使用、清洁、消毒、晾晒棉织品尿布；e）能试着养成新生儿大小便习惯。

标准 16：需要给新生儿抚触

a）能做好抚触前准备；

b）能按顺序抚触：头部——胸部——腹部——上肢——下肢——背部——臀部；

c）能给新生儿各部位抚触：1）头部抚触：（1）抚触前额；（2）抚触下颌；（3）抚触头顶；2）鼻胸部抚触；3）腹部抚触；4）上肢抚触；5）手部抚触；6）下肢抚触；7）足部抚触；8）背部抚触；9）臀部抚触；

d）抚触注意事项。

服务特殊要求及偏好

标准17：产褥期产妇异常情况

a）产后血晕；b）产后发热；c）产后恶露不尽；d）子宫复旧不全；e）产后腹痛； f）产后头痛；g）产后身痛；h）产后排尿异常；i）产后自汗盗汗。

标准18：产褥期产妇常见病症

a）乳头凹陷；b）乳头皲裂；c）乳腺炎；d）产褥感染；e）产褥中暑；f）产后便秘；g）痔疮。

标准19：新生儿非疾病的异常情况

a）啼哭：1）饥饿式啼哭；2）冷暖式啼哭；3）刺激性啼哭；4）疲倦性啼哭；5）疼痛性啼哭；b）饮食；c）睡眠；d）早醒；e）夜醒；f）夜啼；g）睡眠昼夜颠倒；h）便溺；i）精神状态；j）呼吸；k）生理性体重下降；l）脐疝；m）生理性黄疸；n）乳房肿胀；o）新生女婴阴道出血；p）打嗝；q）粟粒疹；r）褶烂；s）体温不稳定；t）头总是向一边歪；u）蜕皮。

标准20：新生儿常见病症

a）呕吐护理；b）腹泻护理；c）便秘护理；d）脐炎护理；e）湿疹护理；f）红臀护理；g）黄疸护理；h）鹅口疮护理；i）乳腺肿大护理；j）新生儿结膜炎护理。

标准21：新生儿喂养方式

a）纯母乳喂养；b）混合喂养；c）人工喂养。

服务期望水平

标准22：信誉度（家政服务员值得信任、诚实）

a）家政服务员个人品牌；

b）家政服务员获得的各种荣誉；

c）与雇主接触的家政服务员的诚实度；

d）家政服务员的服务承诺。

标准23：安全感（家政服务中没有危险、风险与怀疑）

a）雇主家庭成员的人身安全；

b）雇主家庭财产安全；

c）雇主家庭隐私保护；

d）没有服务工伤事故；

e）家政公司为家政服务员购买家政保险。

标准24：可接近性（指家政服务员易于联系、方便联系）

a）家政服务员的微信便于顾客搜索，容易浏览；

b）顾客通过热线电话，很方便地了解家政服务员信息；

c）顾客通过微信与家政服务员联系，会第一时间得到及时反馈；

d）顾客很容易联系到家政服务员所在的公司或其家人。

标准25：有效沟通（能够倾听顾客，用顾客能够理解易懂的语言进行交流）

a）介绍家政服务项目及其服务内容；

b）介绍家政服务项目服务价格；

c）介绍家政服务与费用的性价比；

d）向顾客确认存在的问题，并能够有效解决。

标准 26：理解顾客（努力去理解顾客的需求与服务预期）

a）了解《雇主标准（即雇主服务预期）》；

b）了解顾客的特殊需求与服务禁忌；

c）提供个性化、定制化的关心；

d）能够识别忠诚顾客。

标准 27：可靠性（能够准确可靠地履行所承诺的服务）

a）首次为顾客提供的家政服务就及时、正确；

b）遵守承诺，按《服务合同》提供服务；

c）能提供稳定的家政服务质量。

标准 28：响应性（愿意积极主动、及时为顾客提供服务）

a）能迅速回复雇主打来的电话；

b）能及时提供服务；

c）当顾客通过微信或电话联系家政服务员时，能够及时互动反馈；

d）当顾客服务抱怨投诉时，能第一时间迅速给予解决。

标准 29：能力（拥有完成家政服务所要求的服务技能与服务知识）

a）应具备家政服务技能与服务知识；

b）应具备一般能力与家政服务相关知识；

c）应具备学习家政服务技能与服务知识的能力。

标准 30：礼仪（在接待顾客或提供服务时的仪容仪表）

a）能够做到礼貌、尊重、周到、友善；

b）能为顾客的利益着想；

c）注重个人言行举止、仪容仪表；

d）在接待顾客热线电话或微信互动时，也注重语言美与礼貌用语。

标准 31：可接触性（也是有形性，是服务的有形实物特征）

a）家政服务员个人形象；

b）家政服务员上岗证；

c）获得的各种职业资格证证书；

d）提供家政服务时所使用的服务工具和设备。

服务时间及服务频率

标准 32：产妇面部清洁、床上擦浴频率

a）每天 1~2 次；b）每天 3 次；c）每天 4 次及以上。

标准 33：产妇衣物清洗频率

a）2~3 天 1 次；b）1 天 1~2 次；c）1 天 3 次及以上。

标准 34：产妇身体清洁护理频率

a）每天 1~2 次；b）每天 3~4 次；c）每天 5 次及以上。

标准 35：产妇饮食频率

a）早中晚正常饮食；b）早中晚三餐及之间各加 1 次餐；c）早中晚三餐及之间各加 1

次餐后、夜间还要加餐 1~2 次。

标准 36：新生儿身体清洁频率

a）2-3 天 1 次；b）1 天 1 次；c）1 天 2 次及以上。

标准 37：新生儿洗浴频率

a）2-3 天 1 次；b）1 天 1 次；c）1 天 2 次及以上。

标准 38：新生儿抚触频率

a）2-3 天 1 次；b）1 天 1 次；c）1 天 2 次及以上。

标准 39：新生儿户外活动频率

a）2-3 天 1 次；b）1 天 1 次；c）1 天 2 次及以上。

服务方式及服务工具

标准 40：新生儿睡眠照护方式

a）与妈妈一起睡眠；b）自己独立睡眠；c）与月嫂一起睡眠。

C、母婴护理服务雇主标准示例问题

母婴护理 雇主标准 示例问题	确定标准： ○ 产妇有什么特别喜欢的护理方式？ ○ 产妇健康状况如何？ ○ 产妇分娩方式是什么？ ○ 产妇饮食方式、就餐频率？ ○ 产妇需要什么月子餐？ ○ 新生儿健康状况如何？ ○ 母婴对生活起居照料有什么要求？ ○ 新生儿喂养方式？ ○ 产妇需要什么特殊护理？例如形体恢复、乳房护理等。 ○ 新生儿需要什么特殊护理？例如游泳、户外活动等。 ○ 母婴有什么特别安全要求？

D、母婴护理服务雇主标准需求服务说明

母婴护理服务雇主标准		
	需求服务	说明
1	产妇隐私	
2	产妇喜好	
3	产妇母乳喂养	
4	产妇饮食	
5	产妇起居护理	
6	产妇衣物清洗	
7	产妇形体恢复	
8	产妇乳房护理	
9	产妇心理护理	
10	新生儿母乳喂养、人工喂养	
11	新生儿身体清洁	
12	新生儿洗浴	
13	新生儿衣物清、消毒	
14	新生儿抚触	
15	新生睡眠	
16	新生儿户外活动	

17	新生儿安全照料	
18	产妇禁忌	
19	母婴特殊要求	
20	母婴护理服务方式、工作要求	
21	母婴护理日程表	

18.8.5 育婴服务雇主标准

A、《育婴服务雇主标准评定表》

服务标准	需求评级				服务预期
	1 级	2 级	3 级	4 级	
					服务对象数量及类型
育婴服务	0	1	2	3	标准 1：婴幼儿月龄大小
雇主标准	0	1	2	3	标准 2：婴幼儿健康程度
问题总数　52					**服务任务及服务项目**
总分　156	0	1	2	3	标准 3：婴儿妈妈需要催乳
得分	0	1	2	3	标准 4：需要照护婴幼儿进食、进水
	0	1	2	3	标准 5：需要清洁、消毒、收纳婴幼儿餐饮用具
计算结果：	0	1	2	3	标准 6：需要制作婴幼儿主食
	0	1	2	3	标准 7：需要制作婴幼儿辅食
156	0	1	2	3	标准 8：需要照护婴幼儿穿、脱衣服、包裹婴儿
	0	1	2	3	标准 9：需要照护婴幼儿出行
	0	1	2	3	标准 10：需要清洁、消毒婴幼儿物品
	0	1	2	3	标准 11：需要清洁、消毒、收纳婴幼儿居室环境
	0	1	2	3	标准 12：需要照护婴幼儿身体清洁与卫生
	0	1	2	3	标准 13：需要给婴幼儿沐浴、擦浴
	0	1	2	3	标准 14：需要照护婴幼儿排便
	0	1	2	3	标准 15：需要照护婴幼儿睡眠
	0	1	2	3	标准 16：需要照护婴幼儿"三浴"
	0	1	2	3	标准 17：需要给婴幼儿抚触
	0	1	2	3	标准 18：需要对婴幼儿进行基础护理
	0	1	2	3	标准 19：需要处理与预防婴幼儿意外伤害
	0	1	2	3	标准 20：需要照护婴幼儿计划免疫
	0	1	2	3	标准 21：需要训练婴幼儿大动作能力
	0	1	2	3	标准 22：需要训练婴幼儿精细动作能力
	0	1	2	3	标准 23：需要训练婴幼儿言语表达能力
	0	1	2	3	标准 24：需要培养婴幼儿认识事物能力
	0	1	2	3	标准 25：需要培养婴幼儿艺术表现能力
	0	1	2	3	标准 26：需要应对婴幼儿情绪情感与积极情感培养
	0	1	2	3	标准 27：需要应对与培养婴幼儿社会性行为
	0	1	2	3	标准 28：需要照护婴幼儿安全
					服务特殊要求及偏好
	0	1	2	3	标准 29：婴儿喂养方式
	0	1	2	3	标准 30：需要预防与护理婴幼儿营养性疾病
	0	1	2	3	标准 31：婴幼儿常见病症
					服务期望水平
	0	1	2	3	标准 32：信誉度（家政服务员值得信任、诚实）
	0	1	2	3	标准 33：安全感（服务中没有危险、风险与怀疑）
	0	1	2	3	标准 34：可接近性（家政服务员易于与方便联系）

0	1	2	3	标准35：有效沟通（能够倾听顾客，用顾客能够理解易懂的语言进行交流）
0	1	2	3	标准36：理解顾客（理解顾客的需求与服务预期）
0	1	2	3	标准37：可靠性（准确可靠地履行所承诺的服务）
0	1	2	3	标准38：响应性（积极主动、及时为顾客提供服务）
0	1	2	3	标准39：能力（拥有完成家政服务所要求的服务技能与服务知识）
0	1	2	3	标准40：礼仪（在接待顾客或提供服务时仪容仪表）
0	1	2	3	标准41：可接触性（是服务的有形实物特征）
				服务时间及服务频率
0	1	2	3	标准42：婴幼儿户外活动时间及频率
0	1	2	3	标准43：婴幼儿物品清洁、消毒频率
0	1	2	3	标准44：婴幼儿居室卫生清洁频率
0	1	2	3	标准45：婴幼儿身体清洁频率
0	1	2	3	标准46：给婴幼儿沐浴、擦浴频率
0	1	2	3	标准47：婴幼儿衣物清洗频率
0	1	2	3	标准48：婴幼儿"三浴"频率
0	1	2	3	标准49：婴幼儿抚触频率
				服务方式及服务工具
0	1	2	3	标准50：需要制订婴幼儿食谱
0	1	2	3	标准51：婴幼儿家人白天陪伴婴幼儿时间
0	1	2	3	标准52：婴幼儿睡眠照护方式
总计：				平均级别（0-10，低级到高级）：

B、育婴服务雇主标准示例

服务对象数量及类型

标准1：婴幼儿月龄大小

a）18各月及以上；b）6个月～18个月；c）2个月～6个月。

标准2：婴幼儿健康程度

a）健康型；b）超重或低体重婴幼儿；c）疾病型。

服务任务及服务项目

标准3：婴儿妈妈需要催乳

a）需要指导婴儿妈妈促进母乳分泌：1）早吸吮；2）母婴同室；3）频繁吸吮，按需哺乳；4）婴儿妈妈生活安排，指导婴儿妈妈正确饮食和休息。

b）需要制作催乳饮食：例如1）通草鲫鱼汤；2）丝瓜仁鲢鱼汤；3）猪骨通草汤；4）木瓜花生大枣汤；5）甜醋猪脚姜汤；6）栗子冬菇焖鸽；7）猪蹄或乳鸽催乳汤。

c）需要按摩催乳：（1）气血虚弱型缺乳；（2）肝郁气滞型缺乳；（3）乳汁淤积；（4）乳头凹陷。

d）需要用心理方法催乳：1）心理护理；2）帮助婴儿妈妈适应母亲角色；3）纠正错误观念；4）减轻新妈妈的育儿压力；5）创造和谐家庭关系；6）正确母乳喂养指导；7）产后抑郁调节。

标准4：需要照护婴幼儿进食、进水

a）照护婴幼儿进食：1）餐前准备；2）照护就餐；3）餐后整理；

b）照护婴幼儿进水；

c）照护特殊婴幼儿的进食与进水：比如生病时、残疾、肥胖；

d）需要及时处理婴幼儿呛食、呛水；

e）需要创造良好的进食环境；

f）培养婴幼儿良好的饮食习惯：

1）养成婴幼儿良好饮食习惯：

（1）进食要定时、定位、专心：①定时、定位；②专心；（2）不偏食、不挑食，吃一口、咽一口：①增进食欲；②减少关注；③育婴员态度一致；④采用"饥饿疗法"；⑤父母示范；

（2）训练婴幼儿使用餐具的要点；

2）需要根据婴幼儿不同月龄饮食习惯变化进行培养：（1）0~6个月；（2）7~12个月；（3）13~24个月；

3）训练婴幼儿咀嚼、使用小匙：1）训练婴幼儿自己手抓食物咀嚼；2）训练1周岁的婴幼儿自己拿着小匙练习吃饭。

标准5：需要清洁、消毒、收纳婴幼儿餐饮用具

a）需要清洁婴幼儿餐饮用具：1）奶瓶；2）奶嘴；3）水瓶；4）奶具；5）食具；6）餐具；

b）需要消毒婴幼儿餐饮用具：1）煮沸消毒；2）蒸汽锅消毒；3）其他消毒；4）注意事项；

c）需要收纳婴幼儿餐饮用具。

标准6：需要制作婴幼儿主食

a）肉末菜粥；b）小蒸包；c）小水饺；d）鸡蛋面片汤；e）牛肉龙须面；f）什锦蔬菜饼；g）馄饨；f）豆腐米饭；h）胡萝卜米饭；i）香菇鸡肉烂饭等。

标准7：需要制作婴幼儿辅食

（1）米糊；（2）蔬菜汁；（3）水果汁；（4）菜泥（菠菜、胡萝卜、南瓜、土豆、草莓、芋头、山药等）；（5）果泥（苹果、梨子、桃子、西瓜、木瓜、香蕉、猕猴桃等）；（6）蛋黄；（7）鱼泥；（8）肉泥；（9）肝泥；（10）什锦蛋羹；（11）嫩菜粥；（12）三色菜粥；（13）红薯粥（南瓜粥、山药粥、胡萝卜粥等）；（14）肉粥（鸡肉粥、猪肉粥、鱼肉粥、虾肉粥、海参粥等）等。

标准8：需要照护婴幼儿穿、脱衣服、包裹婴儿

a）需要为婴幼儿选择与更换合适的衣服和鞋袜；

b）需要给婴幼儿穿、脱前开衫衣服；

c）需要给婴幼儿穿、脱套头衫衣服；

d）需要给婴幼儿穿、脱连衣裤；

e）需要包裹婴儿；

f）需要及时洗涤、收纳婴幼儿衣服。

标准9：需要照护婴幼儿出行

a）需要背、抱（抱起、抱住、抱稳、放下婴儿）、领婴幼儿；

b）需要使用婴幼儿童车辅助婴幼儿出行；

c）需要使用车载儿童座椅辅助婴幼儿出行；

d）需要为婴幼儿出行准备常用物品：1）准备食品；2）准备出行的衣服、尿布；3）准备其他用品：（1）洗护用品；（2）常用药品；（3）玩具、图书；（4）生活辅助用品；（5）婴儿推车或婴儿背袋等；

e）需要根据不同月龄婴幼儿出行准备物品：

1）6个月之内的婴儿；2）6~12个月的婴儿；3）12~24个月的婴幼儿；4）24~36个月的婴幼儿；

f）不同季节婴幼儿出行准备物品：1）春季出行；2）夏季出行；3）秋季出行；4）冬季出行。

g）需要确保婴幼儿出行安全。

标准 10：需要清洁、消毒婴幼儿物品

a）需要清洁、消毒婴幼儿餐具、奶具、毛巾；

b）需要清洁、消毒婴幼儿玩具：1）塑料玩具；2）布制玩具；3）木制玩具；4）泡沫海绵玩具等；

c）需要清洁、消毒婴幼儿家具、卧具：1）婴幼儿床等家具；2）床上用品；

d）需要清洁、消毒婴幼儿尿布、便器。

标准 11：需要清洁、消毒、收纳婴幼儿居室环境

a）需要定期对婴幼儿居室环境进行清洁、消毒；

b）需要保持婴幼儿居室环境空气清新、光线充足、温度与湿度适宜；

c）需要定期对婴幼儿物品进行收纳；

d）需要根据婴幼儿心理发展特点布置婴幼儿居室环境并经常变换。

标准 12：需要照护婴幼儿身体清洁与卫生

a）需要照护婴幼儿身体清洁与卫生：1）清洗口腔、牙齿；2）清洗眼、耳、鼻腔；3）洗脸；4）洗头；5）洗手；6）洗脚；7）清洗臀部；8）女婴幼儿阴部清洗；

b）需要给婴幼儿剪指甲、剪趾甲；

c）在照护婴幼儿身体清洗过程中适当抚触。

标准 13：需要给婴幼儿沐浴、擦浴

a）沐浴、擦浴前准备；

b）需要给 6 个月大以内婴儿沐浴、擦浴；

c）需要给 6 个月至 12 个月婴儿沐浴、擦浴；

d）需要给 1 岁到 3 岁幼儿沐浴、擦浴；

e）需要给患感冒的婴幼儿擦浴；

f）不能给发热、腹泻、呕吐、烫伤、荨麻疹、刚吃完奶或空腹、生病或退热不足两天的婴幼儿沐浴，可酌情擦浴。

标准 14：需要照护婴幼儿排便

a）需要选择、使用、更换、洗涤、晾晒、消毒婴儿尿布（纸尿裤）；

b）需要辅助婴幼儿排便：1）训练婴幼儿使用便器；2）专心排便；

c）需要为婴幼儿进行便后清洁：1）女婴便后清洁；2）男婴便后清洁；

d）需要清洁、消毒婴幼儿便器；

e）需要照护婴幼儿便溺；

f）需要培养婴幼儿良好排便习惯：1）何时可以培养；2）怎样培养。

标准 15：需要照护婴幼儿睡眠

a）需要创造良好的婴幼儿睡眠条件：

1）需要营造适宜睡眠的环境：（1）空间；（2）室内温度；（3）通风；（4）光线；（5）装修；（6）气味；

2）需要安置婴幼儿寝具：（1）婴幼儿寝具的选择：①婴儿床的选择；②婴幼儿床上用品的选择；③枕头的选择；（2）婴儿床的放置；

b）需要安抚婴幼儿入睡：1）制订相对固定的睡前程序；2）尽早培养婴幼儿独自睡觉的习惯；3）注意睡前饮食；4）不强怕恐吓婴幼儿入睡；5）入睡后注意观察；

c）需要注意婴幼儿睡眠安全：1）防止婴幼儿坠床；2）防止婴幼儿窒息；3）防止婴

幼儿受凉；

　　d）需要判断婴幼儿睡眠充足与否并有明确标准；

　　e）需要有意识帮助婴幼儿变换睡眠姿势：1）仰卧；2）侧卧；3）俯卧交替进行；

　　f）需要训练婴幼儿按时入睡。

　　标准 16：需要照护婴幼儿"三浴"

　　a）空气浴照护；

　　b）日光浴照护；

　　c）水浴照护；

　　标准 17：需要给婴幼儿抚触

　　a）抚触前准备工作；

　　b）抚触顺序；

　　c）抚触各部位抚触方法；

　　d）抚触过程中的语言与心理慰藉。

　　标准 18：需要对婴幼儿进行基础护理

　　a）需要测量婴幼儿体温：1）腋下体温测量；2）肛门体温测量；

　　b）需要照护婴幼儿口服药物；

　　c）需要照护婴幼儿眼、耳、鼻滴药物；

　　d）需要监测婴幼儿体重、身高、头围、前囟、胸围；

　　e）需要护理婴幼儿皮肤；

　　f）需要护理婴幼儿尿布皮炎：1）尿布皮炎的预防要点；2）轻度尿布皮炎的护理：（1）一般护理方法；（2）暴露法；3）重度尿布皮炎的护理；

　　g）需要照护婴幼儿就医。

　　标准 19：需要处理与预防婴幼儿意外伤害

　　a）表皮擦伤；b）肌腱和软组织损伤；c）出血；d）眼异物；e）呼吸道异物；f）外耳道异物；g）咽、食管异物；h）鼻腔异物；f）四肢骨折；g）溺水；h）触电；i）烫伤；j）动物咬伤；k）心肺复苏；l）休克。

　　标准 20：需要照护婴幼儿计划免疫

　　a）知道婴幼儿何时计划免疫；

　　b）做好免疫前的准备工作；

　　c）需要免疫后照护。

　　标准 21：需要训练婴幼儿大动作能力

　　a）需要训练婴幼儿粗大动作能力：1）抬头；2）翻身；3）坐起；4）爬行；5）蹲站；6）行走；7）跑；8）跳；9）投；

　　b）需要训练婴幼儿体操：1）被动操；2）主被动操；3）模仿操；

　　c）需要根据婴幼儿粗大动作发展特点，设计大动作训练游戏：1）翻身游戏 2）爬行游戏 3）走的游戏 4）球的游戏等；

　　d）需要选择与设计婴幼儿大动作游戏：

　　（1）需要根据婴幼儿情绪选择游戏种类；

　　（2）需要根据婴幼儿月龄特点选择与设计婴幼儿粗大动作发展游戏：

　　①0~6 个月婴儿粗大动作游戏选择与设计："照镜子""滚来滚去翻个身""摇啊摇"；

　　②7~12 个月婴儿粗大动作游戏选择与设计："宝宝学爬""我站起来了""走走走"；

③ 13~18个月婴幼儿粗大动作游戏选择与设计："追人游戏""爬楼梯""钻山洞"；

④ 19~36个月婴幼儿粗大动作游戏选择与设计："直线走路""跳起来""红绿灯"；

（3）需要根据婴幼儿自身动作发展情况设计游戏难易程度；

e）需要利用婴幼儿生活环境和设施设备训练婴幼儿粗大动作：1）能创设婴幼儿粗大动作训练情境：（1）温馨；（2）趣味；（3）安全；（4）积极向上；2）能运用婴幼儿生活环境和设施设备。

标准22：需要训练婴幼儿精细动作能力

a）需要训练婴幼儿精细动作：1）"塞"的动作；2）"舀"的动作；3）"倒"的动作；4）"夹"夹子的动作；5）"穿"的动作；6）"切"的动作；7）"拧"的动作；8）"剥"的动作；9）"拾"积木的动作；10）"按"的动作；11）嵌板的游戏；12）"卷"的动作；13）"贴"的动作；

b）需要训练婴幼儿手指操：1）0~6个月婴儿；2）7~12个月婴儿；3）13~18个月婴幼儿；4）19~36个月婴幼儿；

c）需要根据婴幼儿年龄特点，设计精细动作训练游戏：1）抓物训练；2）投掷游戏；3）搭积木。

d）需要选择与设计婴幼儿精细动作游戏：

（1）需要根据婴幼儿情绪选择游戏种类；

（2）需要根据婴幼儿月龄特点选择与设计婴幼儿精细动作发展游戏：

① 0~6个月婴儿精细动作游戏选择与设计："手指游戏""抓一抓""敲敲打打"；

② 7~12个月婴儿精细动作游戏选择与设计："抓球游戏""拾拾倒倒""撕纸"；

③ 13~18个月婴幼儿精细动作游戏选择与设计："挤海绵""摘果子""储蓄罐"；

④ 19~24个月婴幼儿精细动作游戏选择与设计："婴幼儿自己吃饭""抽屉游戏""钓鱼"；

⑤ 25~36个月婴幼儿精细动作游戏选择与设计："美丽的项链""画影子""垒高游戏"；

（3）需要根据婴幼儿自身动作发展情况设计游戏难易程度；

e）需要利用婴幼儿生活环境和设施设备训练婴幼儿精细动作：1）能创设婴幼儿精细动作训练情境：（1）温馨；（2）趣味；（3）安全；（4）积极向上；2）能运用婴幼儿生活环境和设施设备。

标准23：需要训练婴幼儿言语表达能力

a）需要引导、训练婴儿发音：1）会逗婴儿发出笑声；2）能模仿婴儿发音；3）尽早给婴儿说话：（1）简单音节；（2）连续音节；

b）需要训练婴幼儿口语：1）说单词；2）说双词；3）说完整句；

c）需要帮助婴幼儿理解言语：1）演示动作说话2）指认实物说话：（1）指认身体各部位；（2）指认日常用品、生活用品；（3）指认常见食品；（4）指认自然事物；（5）指认家庭成员；3）看图片、图书说话；

d）需要根据婴幼儿言语发展特点训练婴幼儿听、说能力：1）伴随照护活动说话；2）看图片、图书讲故事；3）与婴幼儿进行语言交流（我问你答）；4）读唱儿歌、童谣；5）有声读物；6）通过听说游戏；7）通过节律游戏；

e）需要选择与设计婴幼儿听说游戏：

（1）需要根据婴幼儿情绪选择游戏种类；

（2）需要根据婴幼儿月龄特点选择与设计婴幼儿听说能力发展游戏：

①0~6个月婴儿听说游戏选择与设计："找妈妈""练习发音""大声叫喊，小声嘀咕"；

②7~12个月婴儿听说游戏选择与设计："什么声音在响""自问自答"；

③13~18个月婴幼儿听说游戏选择与设计："做手势""模仿声音""拍手歌"；

④19~24个月婴幼儿听说游戏选择与设计："接话游戏""一问一答""猜猜是谁的声音"；

⑤25~36个月婴幼儿听说游戏选择与设计："说说自己的照片""打电话""听儿童文学作品"；

（3）需要根据婴幼儿自身听说能力发展情况设计游戏难易程度；

f）需要利用婴幼儿生活环境和设施设备训练婴幼儿听说能力：1）能创设婴幼儿听说能力训练情境：（1）温馨；（2）趣味；（3）安全；（4）积极向上；2）能运用婴幼儿生活环境和设施设备；

g）需要指导婴幼儿阅读：1）边听边阅读；2）共同阅读；3）自由阅读；

h）需要观察、记录、分析婴幼儿听说能力：

1）需要按婴幼儿月龄观察婴幼儿听说能力发展：（1）0~6个月；（2）7~12个月；（3）13~18个月；（4）19~24个月；（5）25~36个月；

2）需要记录与分析婴幼儿听说能力发展：1）日记记录法；2）轶事记录法。

标准24：需要培养婴幼儿认识事物能力

a）需要训练婴幼儿视觉：1）注视活动；2）追视活动；3）照镜子；4）与爸妈或育婴员对视；5）迷你手电筒法；

b）需要训练婴幼儿听觉：1）熟悉语言；2）追声寻源；3）音乐训练；4）亲子阅读（朗读、讲故事、读童谣）；5）呼喊婴幼儿名字；6）常常和婴幼儿说话；7）给婴幼儿一个有声的环境；

c）需要训练婴幼儿触觉：1）皮肤触摸；2）触摸自然物；3）触摸婴幼儿自己生活用品；

d）需要训练婴幼儿平衡能力：1）脚尖站立；2）单脚站立；3）简单平衡游戏；4）平衡木；5）倒着走；6）跳弹簧；

e）需要训练幼儿数数；

f）需要训练幼儿综合认识能力：1）认识自己、爸妈、外公外婆及其相互关系；2）能训练幼儿对事物进行分类；3）能训练幼儿配对；4）能训练婴幼儿排序；

g）需要选择与设计并训练婴幼儿认知游戏：例如1）分类游戏；2）感知觉训练游戏；3）模仿游戏；4）藏找游戏；5）指认游戏；6）数形空间游戏；7）假想游戏等；

h）需要创设环境训练婴幼儿认知能力：

1）需要创设婴幼儿认知环境：（1）利用婴幼儿生活活动场景；（2）创设安静活动的场地并准备适量的玩具和材料；

2）运用活动箱来拓展空间：（1）感i）毛绒玩具活动箱；（6）电话和成人物品活动箱；

3）和婴幼儿说话；

i）需要观察、记录、分析婴幼儿认知能力发展

1）设计一个婴幼儿愿意参与的认知游戏活动；

2）设计一份游戏中婴幼儿认知行为、能力记录表单；

3）记录观察婴幼儿的活动行为；

4）根据记录分析婴幼儿的认知能力，设计促进认知能力发展的游戏活动。

标准25：需要培养婴幼儿艺术表现能力

a）需要陪伴与支持婴幼儿涂鸦：1）多利用生活用品，提供涂鸦材料；2）可为婴幼儿

或协助婴幼儿添加涂鸦材料；3）可做正确使用工具的方法示范；4）用欣赏的眼光看待婴幼儿的涂鸦行为和作品，注意留存作品；

b）需要设计与开展婴幼儿艺术表现能力的游戏：例如1）泥工游戏；2）纸工游戏；3）涂鸦游戏等；

c）需要陪伴与支持婴幼儿童谣唱游：1）读唱童谣；2）听音乐；3）律动唱游；4）敲敲打打；

d）需要按照月龄陪伴与支持婴幼儿童谣唱游发展：1）0~3个月：例如（1）伴随生活的"父母语"；（2）伴随婴儿照护的音乐、童谣；（3）自然界的声音等；2）4~6个月；3）7~9个月；4）10~12个月；5）13~18个月；6）19~24个月；7）25~36个月。

标准26：需要应对婴幼儿情绪情感与积极情感培养

a）需要应对婴幼儿基本情绪情感：1）辨析哭声；2）笑；3）恐惧；4）依恋；

b）需要在婴幼儿照护中渗透情感交流：1）温柔舒适的拥抱与抚触，特别是肌肤接触；2）温柔的注视；3）在温柔的注视中用温柔的言语与婴幼儿亲切地交流；4）在婴幼儿照护中与婴幼儿谈话；5）母乳喂养时尽量与婴儿肌肤相亲；6）用温暖的表情与柔和的动作与婴幼儿交流；

c）需要建立良好的母婴依恋关系；

d）需要在婴幼儿一日生活中渗透情感交流：1）早晨醒来；2）喂哺；3）睡眠；4）洗澡；5）换尿布；6）户外活动；

e）需要观察、记录、分析、指导婴幼儿情绪、情感发展；

f）需要促进婴幼儿情绪、情感发展：

1）良好环境刺激婴幼儿的舒适情绪；

2）积极回应、满足婴幼儿的信任需要：①试图去理解婴幼儿所发出的信息；②安慰；③改进育婴服务技巧；④把活动与情感联系起来；⑤形成习惯；

3）亲子游戏丰富婴幼儿积极的情绪体验。

标准27：需要应对与培养婴幼儿社会性行为

a）需要应对婴幼儿社会性行为：1）认生与害羞；2）模仿行为；3）反抗行为；4）利他行为；5）攻击行为；

b）需要培养婴幼儿社会性：1）冲突比回避好；2）示范比说教好；3）等待比强制好；4）避免做"电视婴幼儿"；

c）需要设计与开展婴幼儿社会性游戏：例如1）娃娃家；2）交换礼物；

d）需要观察、记录、分析婴幼儿社会性发展；

e）需要促进婴幼儿社会性发展：

1）良好的亲子关系促进婴幼儿情感形成与社会化；

2）同伴交往机会促进婴幼儿社会性；

3）丰富的家庭与社会活动激发与培养婴幼儿社会性。

标准28：需要照护婴幼儿安全

a）需要重视婴幼儿容易发生意外伤害的时间；

b）需要照护婴幼儿选穿衣物的安全；

c）需要照护婴幼儿玩玩具的安全；

d）需要照护婴幼儿面对家庭宠物的安全；

e）需要能照护婴幼儿戏水的安全；

f）需要照护婴幼儿在游戏区的安全；

g）需要照护婴幼儿在庭院的安全；

h）需要照护婴幼儿在公共场所的安全；

i）需要照护婴幼儿居家安全；

j）需要照护婴幼儿在厨房的安全；

k）婴幼儿交通安全。

服务特殊要求及偏好

标准29：婴儿喂养方式

a）纯母乳喂养；b）混合喂养；c）人工喂养。

标准30：需要预防与护理婴幼儿营养性疾病

a）需要预防婴幼儿营养性疾病：1）合理安排饮食；2）补充食品多样化；3）科学喂养婴幼儿；4）合理安排婴幼儿的生活起居；

b）护理常见婴幼儿营养性疾病：1）佝偻病；2）缺铁性贫血；3）营养不良；4）单纯性肥胖症；5）各类维生素缺乏、微量元素缺乏；6）维生素中毒。

标准31：婴幼儿常见病症

a）呕吐；b）腹泻；c）便秘；d）脐眼；e）湿疹；f）红臀；g）黄疸；h）鹅口疮；i）乳腺肿大；j）腹痛；k）婴幼儿病理性啼哭；l）食欲异常；m）睡眠异常；n）便溺异常；o）感冒；p）发绕护理；q）咳嗽（普通感冒引起的咳嗽、冷空气刺激引起的咳嗽、流感引起的咳嗽、咽喉炎引起的咳嗽、过敏性咳嗽、气管炎性咳嗽、支气管炎性咳嗽、其他疾病所致咳嗽、百日咳、异物吸入、肺炎、肺结核）；s）麻疹；t）手足口病；u）哮喘；v）w）流行性腮腺炎、流行性脑脊髓膜炎、流行性乙型脑炎、脊髓灰质炎；x）猩红热；y）传染性肝炎；z）细菌性痢疾。

服务期望水平

标准32：信誉度（家政服务员值得信任、诚实）

a）家政服务员个人品牌；

b）家政服务员获得的各种荣誉；

c）与雇主接触的家政服务员的诚实度；

d）家政服务员的服务承诺。

标准33：安全感（家政服务中没有危险、风险与怀疑）

a）雇主家庭成员的人身安全；

b）雇主家庭财产安全；

c）雇主家庭隐私保护；

d）没有服务工伤事故；

e）家政公司为家政服务员购买家政保险。

标准34：可接近性（指家政服务员易于联系、方便联系）

a）家政服务员的微信便于顾客搜索，容易浏览；

b）顾客通过热线电话，很方便地了解家政服务员信息；

c）顾客通过微信与家政服务员联系，会第一时间得到及时反馈；

d）顾客很容易联系到家政服务员所在的公司或其家人。

标准35：有效沟通（能够倾听顾客，用顾客能够理解易懂的语言进行交流）

a）介绍家政服务项目及其服务内容；

b）介绍家政服务项目服务价格；

c）介绍家政服务与费用的性价比；

d）向顾客确认存在的问题，并能够有效解决。

标准 36：理解顾客（努力去理解顾客的需求与服务预期）

a）了解《雇主标准（即雇主服务预期）》；

b）了解顾客的特殊需求与服务禁忌；

c）提供个性化、定制化的关心；

d）能够识别忠诚顾客。

标准 37：可靠性（能够准确可靠地履行所承诺的服务）

a）首次为顾客提供的家政服务就及时、正确；

b）遵守承诺，按《服务合同》提供服务；

c）能提供稳定的家政服务质量。

标准 38：响应性（愿意积极主动、及时为顾客提供服务）

a）能迅速回复雇主打来的电话；

b）能及时提供服务；

c）当顾客通过微信或电话联系家政服务员时，能够及时互动反馈；

d）当顾客服务抱怨投诉时，能第一时间迅速给予解决。

标准 39：能力（拥有完成家政服务所要求的服务技能与服务知识）

a）应具备家政服务技能与服务知识；

b）应具备一般能力与家政服务相关知识；

c）应具备学习家政服务技能与服务知识的能力。

标准 40：礼仪（在接待顾客或提供服务时的仪容仪表）

a）能够做到礼貌、尊重、周到、友善；

b）能为顾客的利益着想；

c）注重个人言行举止、仪容仪表；

d）在接待顾客热线电话或微信互动时，也注重语言美与礼貌用语。

标准 41：可接触性（也是有形性，是服务的有形实物特征）

a）家政服务员个人形象；

b）家政服务员上岗证；

c）获得的各种职业资格证证书；

d）提供家政服务时所使用的服务工具和设备。

服务时间及服务频率

标准 42：婴幼儿户外活动时间及频率

a）每天户外活动 1 次，每次不少于半小时；b）每天户外活动 2 次；c）每天户外活动 3 次及以上。

标准 43：婴幼儿物品清洁、消毒频率

a）每周清洁 1 次；b）每周清洁 2~3 次；c）每天清洁 1 次及以上。

标准 44：婴幼儿居室卫生清洁频率

a）每周清洁 1 次；b）每周清洁 2~3 次；c）每天清洁 1 次及以上。

标准 45：婴幼儿身体清洁频率

a）每天 1 次；b）每天 2 次；c）每天 3 次及以上。

标准 46：给婴幼儿沐浴、擦浴频率

a）每周 1 次；b）每周 2~3 次；c）每天 1 次及以上。

标准 47：婴幼儿衣物清洗频率

a）每周清洗 2~3 次；b）每天清洗 1 次；c）每天清洗 2 次及以上。

标准 48：婴幼儿"三浴"频率

a）每周 2~3 次；b）每天 1 次；c）每天 2 次及以上。

标准 49：婴幼儿抚触频率

a）每周 2~3 次；b）每天 1 次；c）每天 2 次及以上。

服务方式及服务工具

标准 50：需要制订婴幼儿食谱

a）按月龄制订食谱：1)1~3 个月一日膳食；2)4~6 个月一日膳食；3)7~12 个月一日膳食；4）13~18 个月一日膳食；5）19~24 个月一日膳食；6）25~36 个月一日膳食；

b）按时间周期制订食谱：1）一日食谱；2）周食谱；3）月食谱。

食谱可参照：1.婴幼儿生长发育时间；2.食品名称；3.辅食添加；4.食物功能；5.食物用量；6.食物制作方法。

标准 51：婴幼儿家人白天陪伴婴幼儿时间

a）每天平均 4 小时及以上；b）2~4 小时；c）2 小时及以下。

标准 52：婴幼儿睡眠照护方式

a）婴幼儿与妈妈或家人一起睡眠；b）婴幼儿独立睡眠；c）与育婴员一起睡眠。

C、雇主标准示例问题

育婴服务雇主标准示例问题	确定标准： ○ 婴幼儿月龄是多少？ ○ 婴幼儿健康状况是什么？ ○ 雇主的婴幼儿养育教育价值观是什么？ ○ 婴幼儿喂养方式？ ○ 婴幼儿饮食方式、频率？ ○ 婴幼儿饮食有什么特别要求？ ○ 婴幼儿生活照料特别要求？ ○ 婴幼儿需要什么特别照料？例如"三浴"、户外活动、抚触、游泳。 ○ 婴幼儿教育要求是什么？ ○ 婴幼儿玩具、卧具如何清洁？ ○ 婴幼儿安全要求？ ○ ……

D、育婴服务雇主标准需求服务说明

育婴服务雇主标准 （根据婴幼儿月龄，每日照料时间 2-24 小时不等）	
需求服务	说明
1　雇主关于婴幼儿养育教育价值观	
2　婴幼儿母乳喂养	
3　婴幼儿人工喂养	
4　婴幼儿饮食（包括特殊饮食、安慰实物等）	
5　婴幼儿户外活动（特殊玩具、同伴群体、喜欢的公园、喜欢的运动、游泳等）	

6	婴幼儿家人陪伴	
7	婴幼儿睡眠	
8	婴幼儿衣物清洗、消毒 （喜爱的毛毯和衣物、玩具、卧具、鞋类等）	
9	婴幼儿"三浴"与抚触	
10	婴幼儿身体清洁（敏感物、保洁频率）	
11	婴幼儿居室卫生	
12	婴幼儿洗澡	
13	婴幼儿语言表达能力	
14	婴幼儿动作能力	
15	婴幼儿生活自理能力	
16	婴幼儿认识事物能力	
17	婴幼儿社会交往能力	
18	婴幼儿父母喜好	
19	婴幼儿特别护理	
20	特殊安全措施	
21	育婴服务方式、工作要求	
22	婴幼儿日程表（每日、每周、每月、每季度）	

18.8.6 居家养老护理服务雇主标准

A、《居家养老护理服务雇主标准评定表》

服务标准	需求评级				服务预期
	1级	2级	3级	4级	
					服务对象数量及类型
居家养老	0	1	2	3	标准1：需要护理的老年人年龄
护理服务	0	1	2	3	标准2：需要护理的老年人数量
雇主标准	0	1	2	3	标准3：老年人生活能力
问题总数　43					**服务任务及服务项目**
总分　129	0	1	2	3	标准4：需要照护老年人饮食
得分	0	1	2	3	标准5：需要制作老年人饮食
	0	1	2	3	标准6：需要照护老年人身体清洁与护理
	0	1	2	3	标准7：需要照护老年人更衣
计算结果：	0	1	2	3	标准8：需要更换整理老年人床单被服
	0	1	2	3	标准9：需要照护老年人洗澡
129	0	1	2	3	标准10：需要陪伴老年人
	0	1	2	3	标准11：需要照护老年人排便
	0	1	2	3	标准12：需要照护老年人排尿
	0	1	2	3	标准13：需要照护老年人呕吐
	0	1	2	3	标准14：需要照护老年人睡眠
	0	1	2	3	标准15：需要照护老年人安全
	0	1	2	3	标准16：需要照护老年人用药
	0	1	2	3	标准17：需要预防交叉感染及消毒
	0	1	2	3	标准18：需要照护老年人冷热敷
	0	1	2	3	标准19：需要预防及救助老年人意外事件
	0	1	2	3	标准20：需要照护老年人康乐活动
	0	1	2	3	标准21：需要为老年人进行功能训练

0	1	2	3	标准 22：需要护理老年人心理
				服务特殊要求及偏好
0	1	2	3	标准 23：老年人常见病
0	1	2	3	标准 24：老年人的服务特殊要求
0	1	2	3	标准 25：老年人的服务偏好
				服务期望水平
0	1	2	3	标准 26：信誉度（家政服务员值得信任、诚实）
0	1	2	3	标准 27：安全感（服务中没有危险、风险与怀疑）
0	1	2	3	标准 28：可接近性（家政服务员易于与方便联系）
0	1	2	3	标准 29：有效沟通（能够倾听顾客，用顾客能够理解易懂的语言进行交流）
0	1	2	3	标准 30：理解顾客（理解顾客的需求与服务预期）
0	1	2	3	标准 31：可靠性（准确可靠地履行所承诺的服务）
0	1	2	3	标准 32：响应性（积极主动、及时为顾客提供服务）
0	1	2	3	标准 33：能力（拥有完成家政服务所要求的服务技能与服务知识）
0	1	2	3	标准 34：礼仪（在接待顾客或提供服务时仪容仪表）
0	1	2	3	标准 35：可接触性（是服务的有形实物特征）
				服务时间及服务频率
0	1	2	3	标准 36：老年人饮食频率
0	1	2	3	标准 37：老年人身体清洁卫生与护理频率
0	1	2	3	标准 38：老年人更衣及清洗的频率
0	1	2	3	标准 39：更换整理老年人床单被服频率
0	1	2	3	标准 40：照护老年人洗澡频率
0	1	2	3	标准 41：需要消毒的频率
0	1	2	3	标准 42：老年人需要康复训练的频率
				服务方式及服务工具
0	1	2	3	标准 43：居家养老护理的服务方式及服务工具
总计：				平均级别（0-10，低级到高级）：

B、居家养老护理服务雇主标准示例

服务对象数量及类型

标准 1：需要护理的老年人年龄

a）65 岁以内；b）66 岁~80 岁；c）81 岁及以上 。

标准 2：需要护理的老年人数量

a）1 个；b）2 个；c）3 个及以上。

标准 3：老年人生活能力

a）自理；b）半自理；c）不能自理。

服务任务及服务项目

标准 4：需要照护老年人饮食

a）需要辅助老年人正确进食：1）辅助老年人自主进餐；2）给老年人喂饭；3）提醒或辅助老年人喝水；

b)需要照护患病老年人饮食: 1)卧床老年人；2)吞咽困难老年人；3)视力有障碍老年人；4）能为老年病人发放治疗饮食；

c）需要照护鼻饲老年人的进食；

d）需要救助噎食、误吸的老年人；

e）需要识别老年人进食、进水困难原因；

f）需要观察、记录与指导老年人健康饮食；

g）需要对老年人不良饮食习惯进行健康指导；

h）需要照护老年人治疗饮食。

标准5：需要制作老年人饮食

a）需要制作普通饮食：

1）主食：（1）红薯小米稀饭；（2）蒸蔬菜杂粮糕；3）杂粮饭；

2）菜肴：（1）肉末豆腐；（2）蘑菇什锦蒸；（3）清蒸鲈鱼等；

3）汤羹：（1）粟米南瓜羹；（2）虾米蒸蛋羹；（3）鱼头豆腐汤；（4）山药排骨汤等；

b）需要制作软质饮食：1）熬制蔬菜粥；2）软米饭；3）面条等；

c）需要制作碎食饮食：1）肉末；2）碎菜叶等；

d）需要制作流质饮食：1）奶类；2）豆浆；3）米汤；4）果汁；5）菜汁等；

e）需要制作半流质饮食：1）米粥；2）馄饨；3）蛋羹等；

f）需要制作鼻饲饮食：1）果汁；2）无渣汤汁；3）混合奶（奶中加蛋黄、鱼泥）等；

g）需要制作胃病饮食：1）消化道出血患者止血后宜多饮牛奶、豆浆，以中和胃酸；2）胃手术后的患者不宜提供易引起胀气的食物。例如 牛奶、豆浆、过甜食物，以免影响伤口愈合；

h）需要制作治疗饮食：1）高热量饮食；2）高蛋白饮食；3）低蛋白饮食；4）高纤维素饮食；5）低纤维素（少渣）饮食；6）低盐饮食；7）低脂肪饮食；8）低胆固醇饮食；9）无盐、低钠饮食。

标准6：需要照护老年人身体清洁与护理

a）需要清洁老年人身体：1）口腔清洁：（1）刷牙法；（2）漱口法；（3）棉棒擦拭法；（4）棉球擦拭法；2）头发清洁：1）梳头法；2）坐位洗头法；3）床上洗头法：（1）洗发器洗头法；（2）马蹄形垫洗头法；扣杯洗发法；3）皮肤清洁：（1）清洁面部；（2）双手；（3）足部；4）女性老年人会阴清洁；

b）需要为老年人摘戴、清洗、存放义齿；

c）需要为老年人整理仪容仪表：1）修剪指（趾）甲；2）为老年男性剃须；

d）需要为老年人口腔护理；

e）需要为老年人头发护理；

f）需要为老年人皮肤护理。

标准7：需要照护老年人更衣

a）更衣前准备工作；

b）更换开襟衣服；

c）辅助老年人穿脱套头上衣；

d）辅助老年人更换裤子；

e）辅助老年人更换鞋袜；

f）需要及时清洗、消毒、收纳衣物。

标准8：需要更换整理老年人床单被服

a）需要按计划或需要更换床单被服；

b）整理床单；

c）正常更换被服；

d）需要为卧床老年人更换被服；

e）需要及时清洗、消毒、收纳被服。

标准 9：需要照护老年人洗澡

a）淋浴；b）盆欲；c）床上擦浴。

标准 10：需要陪伴老年人

a）陪伴老年人散步；

b）陪伴老年人购物；

c）陪伴老年人就医；

d）陪伴老年人聊天；

e）陪伴老年人读书。

标准 11：需要照护老年人排便

a）需要帮助老年人正常如厕；

b）需要帮助卧床老年人使用便盆排便；

c）需要使用开塞露辅助老年人排便；

d）需要使用人工取便的方法辅助老年人排便；

e）需要照护腹泻老年人；

f）需要照护便秘老年人；

g）需要照护排便失禁老年人；

h）需要照护结肠造瘘老年人；

i）需要采集老年人的大便标本；

j）需要帮助老年人养成规律排便习惯；

k）需要识别老年人大便异常的原因。

标准 12：需要照护老年人排尿

a）需要帮助老年人正常排尿；

b）需要帮助卧床老年人使用尿壶排尿；

c）需要为老年人更换尿垫、纸尿裤；

d）需要照护尿潴留老年人；

e）需要照护尿失禁老年人；

f）需要照护留置导尿管老年人；

g）需要采集老年人的小便标本；

h）需要帮助老年人养成规律排尿习惯；

i）需要识别老年人排尿异常的原因。

标准 13：需要照护老年人呕吐

a）使老年人体位舒适、安全；

b）保持呼吸道畅通；

c）注意观察病情；

d）清洁口腔；

e）保持床铺清洁、整洁；

f）及时补充液体；

g）心理护理；

h）能采集老年人的呕吐物标本；

i）能识别老年人呕吐物异常的原因。

标准 14：需要照护老年人睡眠

a）需要布置老年人睡眠环境：1）卧室整体布置；2）床的选择；3）床上用品选择等；

b）需要识别和改善影响老年人睡眠的环境因素；

c）需要辅助老年人养成好的睡眠习惯：1）指导养成好的习惯；2）能指导老年人改变不良睡眠习惯；3）睡眠忌讳事项；

d）需要通过食疗促进睡眠：1）香蕉；2）菊花茶；3）温牛奶；4）蜂蜜；5）马铃薯；6）燕麦片；7）杏仁；8）核桃；9）葵花子；10）小米；11）大枣；

e）需要通过适量运动或心理护理促进睡眠；

f）需要照护有睡眠障碍的老年人入睡；

g）需要遵照医嘱使用药物促进睡眠；

h）需要观察并记录老年人异常睡眠。

标准 15：需要照护老年人安全

a）协助老年人使用手杖；

b）协助老年人使用步行器；

c）协助老年人使用轮椅；

d）协助老年人变换体位；

e）平车（担架）搬运老年人；

f）老年人保护具的使用。

标准 16：需要照护老年人用药

a）需要协助老年人服药；

b）需要照护老年人眼、耳、鼻、皮肤等外用药；

c）需要照护老年人进行雾化吸入：1）氧气雾化吸入；2）超声波雾化吸入；

d）需要照护压疮老年人用药；

e）需要煎煮中药：（1）容器；（2）用水；（3）泡药；（4）煎药；（5）榨渣取药；（6）煎煮特殊药物：①先煎；②后下；③包煎；④另煎；⑤烊化；⑥冲服；⑦泡服；

f）需要照护非自理老年人口服药物；

g）需要观察与记录老年人用药后反应：1）服用治疗心血管系统疾病类药物注意观察的要点；2）呼吸系统疾病类药物；3）消化系统疾病类药物；4）泌尿系统疾病类药物；5）血液系统疾病类药物；6）内分泌及代谢疾病类药物；7）风湿性疾病类药物；8）神经系统疾病类药物；

h）需要处理用药后不良反应：1）胃肠道反应；2）泌尿系统反应；3）神经系统反应；4）循环系统反应；5）呼吸系统反应；6）皮肤反应；7）过敏性休克的症状；

i）需要管理老年人用药及老年人家庭药箱。

标准 17：需要预防交叉感染及消毒

a）需要一般消毒：1）双手的清洁与消毒；2）口罩的使用；3）空气消毒；

b）需要消毒家庭用具：1）食具的消毒：（1）煮沸消毒；（2）微波炉消毒；2）毛巾、墩布（抹布）、衣服、被单、床单、枕套等布类的消毒：（1）日光暴晒；（2）煮沸消毒；3）床垫、褥子、毛毯、棉被、枕头的消毒；4）盆具、痰杯、便器的消毒；5）床铺、睡床、桌椅、地面等物品的消毒：（1）湿式清扫；（2）擦拭消毒；6）排泄物的消毒：（1）健之素消毒；（2）漂白粉消毒；（3）焚烧；

c）需要隔离与消毒传染病：

1）需要预防传染病传播：（1）呼吸道传染性疾病的预防；（2）胃肠道传染性疾病的预防；（3）皮肤传染性疾病的预防；

2）需要终末消毒：（1）对老年人的终末消毒；（2）对老年人床单和用物的消毒；（3）对居室的终末消毒；

3）需要对传染病进行隔离：（1）手的消毒；（2）戴工作帽；（3）戴口罩；（4）穿脱隔离衣；（5）避污纸的使用；（6）能进行床旁隔离；

d）对老年人居室进行紫外线消毒；

e）需要配制消毒液消毒老年人房间：

1）需要配制常见消毒液：（1）含氯消毒液；（2）过氧乙酸消毒液；

2）需要用消毒液消毒老年人房间：（1）家具表面擦拭；（2）用物浸泡；（3）地面消毒；

f）需要监测老年人居室的消毒效果：

1）需要监测消毒用具有效性：（1）使用中消毒液监测；（2）紫外线消毒效果监测：①日常监测；②照射强度监测；

2）需要监测消毒效果：（1）空气消毒效果染菌监测：①采样时机；②采样高度；③布点方法；④采样方法；

（2）物体表面消毒效果染菌监测：①采样时机；②采样面积；③采样方法；

（3）需要对标空气、物品表面细菌菌落总数卫生标准。

标准 18：需要照护老年人冷热敷

a）需要照护老年人使用热水袋；

b）需要对老年人湿热敷；

c）需要为老年人测量体温：1）腋下测温；2）口腔测温；3）直肠测温；

d）需要使用冰袋为高烧老年人物理降温；

e）需要使用温水擦浴为高烧老年人物理降温；

f）需要对老年人皮肤观察与护理。

标准 19：需要预防及救助老年人意外事件

a）需要预防的常见意外事件：1）走失；2）跌倒；3）坠床；4）宠物咬伤；5）噎呛；6）烫伤、触电、火灾；

b）需要救助的常见意外事件：1）呼吸心跳骤停的救助；2）噎食、误吸、异物卡喉的救助；3）外伤出血的救助；4）宠物咬伤的救助；5）跌倒与骨折的救助；6）休克的救助；7）晕厥的救助；8）烧伤及烫伤的救助；9）心肺复苏的救助；

c）需要制订老年人安全预案。

标准 20：需要照护老年人康乐活动

a）需要组织指导老年人手工活动：1）日常生活类；2）布艺编织类；3）艺术类；4）手工活动示例：（1）剥豆子；（2）撒纸片作画等；

b）需要组织指导老年人娱乐游戏活动：1）个案娱乐活动；2）小组娱乐活动：（1）益智类；（2）闲情娱乐类；（3）运动类；（4）学习类；（5）娱乐游戏活动示例：1）唱歌；2）听音乐、传布球。

c）需要指导老年人使用健身器材：（1）常见社区用健身器材及使用方法；（2）医疗机构用健身器材及使用方法；

d）需要辅导老年人健身康复操：（1）健肺操；（2）中风康复操；

e）需要帮助智力障碍老年人进行康复训练：

（1）认知训练：①记忆和注意力训练；②计算训练；③思维训练；

（2）日常生活能力和社会适应能力训练。

f）需要带动老年人进行休闲娱乐活动：

1）需要设计与带动老年人休闲娱乐活动：（1）听音乐或唱歌；（2）棋牌类活动；（3）艺术类活动；（4）阅读书刊；（5）生活技能类活动；（6）健身类活动：①打乒乓球；②保健操；③身体放松运动（摆动上肢、耸肩、活动双手、按摩头部）；（7）手指的精细活动：①活动手指的游戏；②捡拾物品或穿珠子；③手操；

2）需要设计与带动不同自理程度老年人休闲娱乐活动：（1）自理老年人；（2）半自理老年人；（3）卧床老年人。

标准 21：需要为老年人进行功能训练

a）需要训练穿脱衣服：1）穿脱前开襟衣服：①穿法；②脱法；2）穿脱套头上衣；（3）卧位穿脱裤子；（4）坐起穿脱裤子；（5）穿脱鞋袜；

b）需要帮助老年人站立、行走：

（1）从坐位向站立位转换：①从正面扶托站立；②从侧面扶托站立；

（2）扶持与行走：①扶持行走；②独立行走；③上下楼梯（上楼梯、下楼梯）；

c）需要对肢体障碍老年人进行功能训练：

1）运动功能训练：（1）床上翻身；（2）桥式运动；（3）坐位训练（坐位平衡训练、坐位下患肢持重训练、由坐——站起训练、由站——坐下训练、坐位下的上肢训练）（4）站位训练（站立训练、立位下屈膝训练、膝关节稳定性控制）（5）步行训练（手杖步行、上下楼梯训练）；

2）日常生活自理能力和社会适应能力训练；

d）需要帮助压力性尿失禁老年人进行功能训练：1）盆底肌肉训练；2）尿意习惯训练；

e）需要制订老年人康复训练计划；

f）需要帮助言语障碍老年人进行言语训练：1）发音器官训练；2）语言训练；3）用语练习；4）说出物品名称训练；5）读字练习；6）会话练习；7）阅读练习；

g）需要帮助吞咽障碍老年人进行吞咽功能训练：

1）基础训练：①咽部冰刺激与空吞咽；②屏气——发声运动；

2）摄食训练：①体位；②食物的形态；③一口量（空吞咽与交互吞咽、侧方吞咽、点头样吞咽）；

3）摄食——吞咽障碍的综合训练；

h）需要制订老年人功能康复训练计划及评价实施结果。

标准 22：需要护理老年人心理

a）需要观察发现老年人心理与行为变化；

b）需要用语言和非语言技巧疏导老年人不良情绪和行为：1）失落；2）孤独；3）抑郁；4）恐惧；5）健忘；

c）需要护理老年人心理疾病：

1）脑衰弱综合征 2）离退休综合征 3）空巢综合征 4）高楼住宅综合征；

d）需要对老年人及家属进行老年人心理健康宣教；

e）需要通过活动促进老年人心理健康。

服务特殊要求及偏好

标准 23：老年人常见病

a）高血压病；b）冠心病；c）糖尿病；d）脑血管病；e）慢性心力衰竭；f）慢性支气管炎；g）老年慢性胃炎；h）上消化道出血；i）老年骨性关节炎；j）肩关节周围炎；k）帕金森病；l）癫痫；13）慢性肾功能衰竭；m）癌症；n）老年痴呆症；o）老年抑郁症；p）老年骨质疏松症；q）慢性阻塞性肺气肿；r）偏瘫。

标准24：老年人的服务特殊要求　（扫一扫　二维码）

标准25：老年人的服务偏好　（扫一扫　二维码）

服务期望水平

标准26：信誉度（家政服务员值得信任、诚实）

a）家政服务员个人品牌；

b）家政服务员获得的各种荣誉；

c）与雇主接触的家政服务员的诚实度；

d）家政服务员的服务承诺。

标准27：安全感（家政服务中没有危险、风险与怀疑）

a）雇主家庭成员的人身安全；

b）雇主家庭财产安全；

c）雇主家庭隐私保护；

d）没有服务工伤事故；

e）家政公司为家政服务员购买家政保险。

标准28：可接近性（指家政服务员易于联系、方便联系）

a）家政服务员的微信便于顾客搜索，容易浏览；

b）顾客通过热线电话，很方便地了解家政服务员信息；

c）顾客通过微信与家政服务员联系，会第一时间得到及时反馈；

d）顾客很容易联系到家政服务员所在的公司或其家人。

标准29：有效沟通（能够倾听顾客，用顾客能够理解易懂的语言进行交流）

a）介绍家政服务项目及其服务内容；

b）介绍家政服务项目服务价格；

c）介绍家政服务与费用的性价比；

d）向顾客确认存在的问题，并能够有效解决。

标准30：理解顾客（努力去理解顾客的需求与服务预期）

a）了解《雇主标准（即雇主服务预期）》；

b）了解顾客的特殊需求与服务禁忌；

c）提供个性化、定制化的关心；

d）能够识别忠诚顾客。

标准31：可靠性（能够准确可靠地履行所承诺的服务）

a）首次为顾客提供的家政服务就及时、正确；

b）遵守承诺，按《服务合同》提供服务；

c）能提供稳定的家政服务质量。

标准32：响应性（愿意积极主动、及时为顾客提供服务）

a）能迅速回复雇主打来的电话；

b）能及时提供服务；

c）当顾客通过微信或电话联系家政服务员时，能够及时互动反馈；

d）当顾客服务抱怨投诉时，能第一时间迅速给予解决。

标准33：能力（拥有完成家政服务所要求的服务技能与服务知识）

a）应具备家政服务技能与服务知识；

b）应具备一般能力与家政服务相关知识；

c）应具备学习家政服务技能与服务知识的能力。

标准34：礼仪（在接待顾客或提供服务时的仪容仪表）

a）能够做到礼貌、尊重、周到、友善；

b）能为顾客的利益着想；

c）注重个人言行举止、仪容仪表；

d）在接待顾客热线电话或微信互动时，也注重语言美与礼貌用语。

标准35：可接触性（也是有形性，是服务的有形实物特征）

a）家政服务员个人形象；

b）家政服务员上岗证；

c）获得的各种职业资格证证书；

d）提供家政服务时所使用的服务工具和设备。

服务时间及服务频率

标准36：老年人饮食频率

a）早中晚1日3次；b）早中晚1日3次加夜间餐1次；c）早中晚1日3次与上午、下午、夜间各加餐1次。

标准37：老年人身体清洁卫生与护理频率

a）老年人身体2~3天需要辅助清洁1次；

b）老年人身体每天需要辅助清洁1次；

c）老年人身体每天需要辅助清洁2次及以上。

标准38：老年人更衣及清洗的频率

a）每周1次；b）每周2~3次；c）每天1次及以上。

标准39：更换整理老年人床单被服频率

a）每月更换1次；b）每2周更换1次；c）每周更换1次及以上。

标准40：照护老年人洗澡频率

a）每周1次；b）每周2~3次；c）每天1次及以上。

标准41：需要消毒的频率

a）每周1次；b）每周2~3次；c）每天1次及以上。

标准42：老年人需要康复训练的频率

a）每天1次，在家庭进行康复护理；

b）每天2次，或在家庭，或在室外；

c）每天3次及以上，或在家庭，或室外，或医院。

服务方式及服务工具

标准43：居家养老护理服务方式及服务工具（扫一扫 二维码）

C、居家养老护理服务雇主标准示例问题

	确定标准：
居家养老护理 服务 雇主标准 示例问题	○ 居家老年人特别喜欢的护理风格、沟通礼节是什么？ ○ 老年人健康状况是什么？生活自理能力如何？ ○ 老年人是否与子女住在一起？ ○ 老年人饮食方式、饮食频率是什么？ ○ 老年人是否需要专门制作的特别饮食？ ○ 老年人生活起居有什么特别要求？ ○ 老年人行走、活动方式是什么？ ○ 老年人心理健康状况是什么？是否老年痴呆？ ○ 老年人保健、锻炼方式是什么？ ○ 老年人文娱教育生活需求是什么？ ○ 老年人其他特殊要求是什么？ ○ 老年人对隐私有什么特别偏好？ ○ 老年人特别安全要求是什么？

D、居家养老护理服务雇主标准需求服务说明

居家养老护理雇主标准 （根据老年人健康及身体状况，每日照料时间 2-24 小时不等）	
需求服务	说明
1	居家老年人的生活价值观、习惯喜好	
2	老年人健康情况（疾病情况、用药情况等）	
3	老年人生活自理能力	
4	老年人身体清洁要求	
5	老年人敏感物或特殊气味	
6	老年人饮食要求（安慰食物，特殊饮食，频率）	
7	老年人衣物洗涤要求	
8	老年人睡眠照料	
9	老年人洗浴要求	
10	老年人的出行要求（例如：轮椅、步行器等）	
11	老年人排泄要求	
12	老年人心理健康护理要求	
13	老年人康复护理要求	
14	老年人安全护理要求	
15	老年人特殊要求	
16	老人护理服务方式、工作要求	
17	居家老年人护理日程表	

18.8.7 病患陪护服务雇主标准

A、《病患陪护服务雇主标准评定表》

服务标准	需求评级				服务预期
	1级	2级	3级	4级	
病患陪护服务 雇主标准					**服务对象数量及类型**
	0	1	2	3	标准 1：患者年龄
	0	1	2	3	标准 2：患者病情种类
问题总数 42	0	1	2	3	标准 3：患者病情程度
总分 126					**服务任务及服务项目**
得分	0	1	2	3	标准 4：需要制作患者饮食
	0	1	2	3	标准 5：需要照护患者进食、进水
计算结果：	0	1	2	3	标准 6：需要制作药膳并照护药膳服用
	0	1	2	3	标准 7：需要照护患者身体清洁与护理
	0	1	2	3	标准 8：需要照护患者洗澡
129	0	1	2	3	标准 9：需要照护患者起居
	0	1	2	3	标准 10：需要照护患者更衣
	0	1	2	3	标准 11：需要更换整理患者床单被服
	0	1	2	3	标准 12：需要照护患者睡眠
	0	1	2	3	标准 13：能照护患者安全
	0	1	2	3	标准 14：需要照护患者排便
	0	1	2	3	标准 15：需要照护患者排尿
	0	1	2	3	标准 16：需要照护患者排痰
	0	1	2	3	标准 17：需要照护患者呕吐
	0	1	2	3	标准 18：需要测量与观察患者的病情
	0	1	2	3	标准 19：需要照护患者用药
	0	1	2	3	标准 20：需要给患者进行热、冷疗护理
	0	1	2	3	标准 21：需要照护患者心理
					服务特殊要求及偏好
	0	1	2	3	标准 22：需要照护常见疾病
	0	1	2	3	标准 23：需要照护常见传染疾病
	0	1	2	3	标准 24：需要照护常见损伤患者
	0	1	2	3	标准 25：患者的服务特殊要求
	0	1	2	3	标准 26：患者的服务偏好
					服务期望水平
	0	1	2	3	标准 27：信誉度（家政服务员值得信任、诚实）
	0	1	2	3	标准 28：安全感（服务中没有危险、风险与怀疑）
	0	1	2	3	标准 29：可接近性（家政服务员易于与方便联系）
	0	1	2	3	标准 30：有效沟通（能够倾听顾客，用顾客能够理解易懂的语言进
	0	1	2	3	行交流）
	0	1	2	3	标准 31：理解顾客（理解顾客的需求与服务预期）
	0	1	2	3	标准 32：可靠性（准确可靠地履行所承诺的服务）
	0	1	2	3	标准 33：响应性（积极主动、及时为顾客提供服务）
	0	1	2	3	标准 34：能力（拥有完成家政服务所要求的服务技能与服务知识）
	0	1	2	3	标准 35：礼仪（在接待顾客或提供服务时仪容仪表）
	0	1	2	3	标准 36：可接触性（是服务的有形实物特征）
					服务时间及服务频率
	0	1	2	3	标准 37：患者饮食频率
	0	1	2	3	标准 38：患者身体清洁卫生与护理频率
	0	1	2	3	标准 39：照护患者洗澡频率
	0	1	2	3	标准 40：患者更衣及清洗的频率
	0	1	2	3	标准 41：更换整理患者床单被服频率
					服务方式及服务工具
	0	1	2	3	标准 42：病患陪护的服务方式及服务工具
总计：					平均级别（0-10，低级到高级）：

B、病患陪护服务雇主标准示例

服务对象数量及类型

标准 1：患者年龄

a）65 岁以内；b）66 岁 ~ 80 岁；c）81 岁及以上 。

标准 2：患者病情种类

a）高血压；b）脑血管；c）冠心病；d）糖尿病；e）老年性痴呆；d）精神疾病；e）恶性肿瘤；f）偏瘫；g）褥疮；h）骨折；i）烧伤与烫伤；j）传染性疾病。

标准 3：患者病情程度

a）一般疾病；b）癌症；c）重症监护、临终疾病。

服务任务及服务项目

标准 4：需要制作患者饮食

a）普通饮食：1）米饭；2）馒头；3）饺子；4）小米南瓜粥；5）炒青椒肉片；6）清蒸鱼；7）白菜豆腐汤；8）排骨莲藕汤；9）小鸡炖蘑菇；10）牛肉炖土豆；

b）软质饮食：1）软米饭；2）面条；3）小馒头；4）馄饨；5）豆制品；6）煮烂的和切碎的鸡肉、猪肉、牛肉、菜肉等；

c）半流质饮食：1）大米粥；2）小米粥；3）肉末粥；4）鸡蛋羹；5）藕粉；6）蛋花汤；7）豆腐脑；8）牛奶；9）酸奶；10）果汁；11）果泥；12）菜泥；13）菜汁；14）各种肉汤；15）泥糊状食品等；

d）流质饮食：1）牛奶及奶制品；2）蛋白粉；3）豆浆；4）米汤；5）肉汁；6）肉汤冲鸡蛋；7）西红柿汁；8）菜汁；9）果汁；10）清肉汤；11）肝汤等；

e）鼻饲饮食：1）果汁；2）无渣汤汁；3）混合奶（奶中加蛋黄、鱼泥）等；

f）胃病饮食：1）消化道出血患者止血后宜多饮牛奶、豆浆，以中和胃酸；2）胃手术后的患者不宜提供易引起胀气的食物。例如 牛奶、豆浆、过甜食物，以免影响伤口愈合；

g）治疗饮食：1）高蛋白饮食；2）低蛋白饮食；3）低热量饮食；4）高热量饮食；5）低脂肪饮食；6）低胆固醇饮食；7）低盐饮食；8）无盐低钠饮食；9）高纤维素饮食；10）少渣饮食等；

h）试验饮食：1）胆囊造影检查饮食；2）隐血试验饮食；3）吸碘试验饮食等；

i）要素饮食。

标准 5：需要照护患者进食、进水

a）需要照护饮食自理患者进食（水）；

b）需要照护不能下床患者进食（水）；

c）需要清洁、消毒患者膳食器具：1）患者餐饮用具清洁；2）患者餐饮用具消毒：（1）煮沸消毒；（2）蒸汽消毒；（3）消毒柜消毒；（4）微波炉消毒；（5）化学药物消毒；

d）需要收纳患者膳食器具；

e）需要照护吞咽困难患者进食（水）；

f）需要照护患者鼻饲饮食；

g）需要照护患者治疗饮食。

标准 6：需要制作药膳并照护药膳服用

a）需要制作药膳：1）选料：①食物；②药物；③汤汁；2）调味品；3）配料；4）火候；

b）需要照护药膳的服用：1）药食同食；2）弃药渣而食；3）药膳不宜数种同食等；

c）需要平衡膳食：（1）平衡膳食；（2）偏食有害；（3）合理利用；（4）食物类型：

①米饭；②粥食；③汤羹；④菜肴；⑤汤剂；⑥饮料；⑦酒剂；⑧散剂；⑨蜜膏；⑩蜜饯；糖果；

　　d）需要中医食疗：1）少儿应用；2）中年人应用；3）老年人应用；4）妇女应用。

　　标准7：需要照护患者身体清洁与护理

　　a）需要清洁患者身体：1）口腔清洁：（1）刷牙法；（2）漱口法；（3）棉棒擦拭法；（4）棉球擦拭法；2）头发清洁：1）梳头法；2）坐位洗头法；3）床上洗头法：（1）洗发器洗头法；（2）马蹄形垫洗头法；扣杯洗发法；3）皮肤清洁：（1）清洁面部；（2）双手；（3）足部；4）女性不能自理患者会阴清洁；

　　b）需要为患者摘戴、清洗、存放义齿；

　　c）需要为患者整理仪容仪表：1）修剪指（趾）甲；2）为不能自理的男性患者剃须；

　　d）需要为患者口腔护理；

　　e）需要为患者头发护理；

　　f）需要为患者皮肤护理。

　　标准8：需要照护患者洗澡

　　a）淋浴；b）盆欲；c）床上擦浴。

　　标准9：需要照护患者起居

　　a）晨间照护；b）晚间照护；c）休息照护；d）卧位更换；e）起居环境布置等。

　　标准10：需要照护患者更衣

　　a）更衣前准备工作；

　　b）更换开襟衣服；

　　c）辅助患者穿脱套头上衣；

　　d）辅助患者更换裤子；

　　e）辅助患者更换鞋袜；

　　f）需要及时清洗、消毒、收纳衣物。

　　标准11：需要更换整理患者床单被服

　　a）需要按计划或需要更换床单被服；

　　b）整理床单；

　　c）正常更换被服；

　　d）需要为卧床患者更换被服；

　　e）需要及时清洗、消毒、收纳被服。

　　标准12：需要照护患者睡眠

　　a）需要布置患者睡眠环境：1）卧室或病房布置；2）床铺整理；

　　b）需要识别和改善影响患者睡眠的环境因素；

　　c）需要辅助患者养成好的睡眠习惯：1）需要指导养成好的习惯；2）需要指导患者改变不良睡眠习惯；3）睡眠忌讳事项；

　　d）需要通过食疗促进睡眠：1）香蕉；2）菊花茶；3）温牛奶；4）蜂蜜；5）马铃薯；6）燕麦片；7）杏仁；8）核桃；9）葵花子；10）小米；11）大枣；

　　e）需要通过适量运动或心理护理促进睡眠；

　　f）需要照护有睡眠障碍的患者入睡；

　　g）需要遵照医嘱使用药物促进睡眠；

　　h）需要观察并记录患者异常睡眠。

标准 13：能照护患者安全

a）协助患者使用手杖、拐杖；

b）协助患者使用步行器；

c）协助患者使用轮椅；

d）协助患者变换体位；

e）平车（担架）搬运患者；

f）患者保护具的使用：1）床挡；2）约束带等。

标准 14：需要照护患者排便

a）需要帮助患者正常如厕；

b）需要帮助卧床患者使用便盆排便；

c）需要使用开塞露辅助患者排便；

d）需要使用人工取便的方法辅助患者排便；

e）需要照护腹泻患者；

f）需要照护便秘患者；

g）需要照护排便失禁患者；

h）需要照护结肠造瘘患者；

i）需要采集患者的大便标本；

j）需要识别患者大便异常的原因。

标准 15：需要照护患者排尿

a）需要帮助患者正常排尿；

b）需要帮助卧床患者使用尿壶排尿；

c）需要为患者更换尿垫、纸尿裤；

d）需要照护尿潴留患者；

e）需要照护尿失禁患者；

f）需要照护留置导尿管患者；

g）需要采集患者的小便标本；

h）需要识别患者排尿异常的原因。

标准 16：需要照护患者排痰

a）改善环境；b）补偿营养与水分；c）促进排痰：（1）指导有效咳嗽；（2）拍背与胸壁振荡；（3）湿化呼吸道；（4）体位引流；（5）机械吸痰；d）预防并发症；e）能采集患者的痰标本；f）能识别患者排痰异常的原因。

标准 17：需要照护患者呕吐

a）使患者体位舒适、安全；

b）保持呼吸道畅通；

c）注意观察病情；

d）清洁口腔；

e）保持床铺清洁、整洁；

f）及时补充液体；

g）心理护理；

h）需要采集患者的呕吐物标本；

i）需要识别患者呕吐物异常的原因。

标准 18：需要测量与观察患者的病情

a）需要测量与观察患者体温并进行照护；

b）需要测量与观察患者脉搏并进行照护；

c）需要测量与观察患者呼吸并进行照护；

d）需要测量与观察患者血压并进行照护。

标准 19：需要照护患者用药

a）需要协助患者服药；

b）需要照护患者眼、耳、鼻、皮肤等外用药；

c）需要照护静脉输液或注射；

d）需要照护患者进行雾化吸入：1）氧气雾化吸入；2）超声波雾化吸入；

e）需要照护压疮患者用药；

f）需要煎煮中药：（1）容器；（2）用水；（3）泡药；（4）煎药；（5）榨渣取药；（6）煎煮特殊药物：①先煎；②后下；③包煎；④另煎；⑤烊化；⑥冲服；⑦泡服；

g）需要照护非自理患者口服药物；

h）需要观察与记录患者用药后反应：1）服用治疗心血管系统疾病类药物注意观察的要点；2）呼吸系统疾病类药物；3）消化系统疾病类药物；4）泌尿系统疾病类药物；5）血液系统疾病类药物；6）内分泌及代谢疾病类药物；7）风湿性疾病类药物；8）神经系统疾病类药物；

i）需要处理用药后不良反应：1）胃肠道反应；2）泌尿系统反应；3）神经系统反应；4）循环系统反应；5）呼吸系统反应；6）皮肤反应；7）过敏性休克的症状；

j）需要管理患者用药及患者家庭药箱。

标准 20：需要给患者进行热、冷疗护理

a）需要给患者进行热疗：（1）协助患者使用热水袋；（2）协助患者使用烤灯：①红外线灯；②护架灯；③鹅颈灯；④立灯；（3）协助患者湿热敷；（4）协助患者热水坐浴；（5）协助患者温水浸泡；（6）硫酸镁温热敷；（7）松节油热敷；

b）需要给患者进行冷疗：（1）协助患者使用冰枕（冰袋）；（2）新型冰袋；（3）协助患者使用冰帽或冰槽；（4）协助患者湿冷敷；（5）协助患者温水拭浴；（6）酒精擦浴；

c）需要为患者测量体温：1）腋下测温；2）口腔测温；3）直肠测温；

d）需要对患者皮肤进行观察与护理。

标准 21：需要照护患者心理

a）重病患者；b）慢性病患者；c）传染病患者；d）外科常见病患者；e）内科常见病患者；f）儿童少年患者；g）中青年患者；h）老年患者等。

服务特殊要求及偏好

标准 22：需要照护常见疾病

a）高血压患者护理；b）脑血管患者护理；c）冠心病患者护理；d）糖尿病患者护理；e）老年性痴呆患者护理；f）精神疾病护理；g）恶性肿瘤患者护理；h）偏瘫患者护理；i）褥疮预防与护理。

标准 23：需要照护常见传染疾病

a）流行性感冒患者护理；b）病毒性肝炎患者护理；c）细菌性痢疾患者护理；d）肺结核患者护理；e）带状疱疹患者护理；f）水痘患者护理；g）手足口病患者护理。

标准 24：需要照护常见损伤患者

a）烧伤与烫伤患者护理；b）擦伤患者护理；c）刺伤患者护理；d）割裂伤患者护理；e）挫伤及扭伤患者护理；f）挤压伤患者护理；g）关节脱位患者护理；h）伤筋患者护理；i）骨折患者护理。

标准 25：患者的服务特殊要求 （扫一扫　二维码）

标准 26：患者的服务偏好 （扫一扫　二维码）

服务期望水平

标准 27：信誉度（家政服务员值得信任、诚实）

a）家政服务员个人品牌；

b）家政服务员获得的各种荣誉；

c）与雇主接触的家政服务员的诚实度；

d）家政服务员的服务承诺。

标准 28：安全感（家政服务中没有危险、风险与怀疑）

a）雇主家庭成员的人身安全；

b）雇主家庭财产安全；

c）雇主家庭隐私保护；

d）没有服务工伤事故；

e）家政公司为家政服务员购买家政保险。

标准 29：可接近性（指家政服务员易于联系、方便联系）

a）家政服务员的微信便于顾客搜索，容易浏览；

b）顾客通过热线电话，很方便地了解家政服务员信息；

c）顾客通过微信与家政服务员联系，会第一时间得到及时反馈；

d）顾客很容易联系到家政服务员所在的公司或其家人。

标准 30：有效沟通（能够倾听顾客，用顾客能够理解易懂的语言进行交流）

a）介绍家政服务项目及其服务内容；

b）介绍家政服务项目服务价格；

c）介绍家政服务与费用的性价比；

d）向顾客确认存在的问题，并能够有效解决。

标准 31：理解顾客（努力去理解顾客的需求与服务预期）

a）了解《雇主标准（即雇主服务预期）》；

b）了解顾客的特殊需求与服务禁忌；

c）提供个性化、定制化的关心；

d）能够识别忠诚顾客。

标准 32：可靠性（能够准确可靠地履行所承诺的服务）

a）首次为顾客提供的家政服务就及时、正确；

b）遵守承诺，按《服务合同》提供服务；

c）能提供稳定的家政服务质量。

标准 33：响应性（愿意积极主动、及时为顾客提供服务）

a）能迅速回复雇主打来的电话；

b）能及时提供服务；

c）当顾客通过微信或电话联系家政服务员时，能够及时互动反馈；

d）当顾客服务抱怨投诉时，能第一时间迅速给予解决。

标准 34：能力（拥有完成家政服务所要求的服务技能与服务知识）

a）应具备家政服务技能与服务知识；

b）应具备一般能力与家政服务相关知识；

c）应具备学习家政服务技能与服务知识的能力。

标准 35：礼仪（在接待顾客或提供服务时的仪容仪表）

a）能够做到礼貌、尊重、周到、友善；

b）能为顾客的利益着想；

c）注重个人言行举止、仪容仪表；

d）在接待顾客热线电话或微信互动时，也注重语言美与礼貌用语。

标准 36：可接触性（也是有形性，是服务的有形实物特征）

a）家政服务员个人形象；

b）家政服务员上岗证；

c）获得的各种职业资格证证书；

d）提供家政服务时所使用的服务工具和设备。

服务时间及服务频率

标准 37：患者饮食频率

a）早中晚 1 日 3 次；b）早中晚 1 日 3 次加夜间餐 1 次；c）早中晚 1 日 3 次与上午、下午、夜间各加餐 1 次。

标准 38：患者身体清洁卫生与护理频率

a）患者身体 2~3 天需要辅助清洁 1 次；

b）患者身体每天需要辅助清洁 1 次；

c）患者身体每天需要辅助清洁 2 次及以上。

标准 39：照护患者洗澡频率

a）每周 1 次；b）每周 2~3 次；c）每天 1 次及以上。

标准 40：患者更衣及清洗的频率

a）每周 1 次；b）每周 2~3 次；c）每天 1 次及以上。

标准 41：更换整理患者床单被服频率

a）每月更换 1 次；b）每 2 周更换 1 次；c）每周更换 1 次及以上。

服务方式及服务工具

标准 42：病患陪护的服务方式及服务工具 （扫一扫 二维码）

C、病患陪护服务雇主标准示例问题

病患 陪护服务 雇主标准 示例问题	确定标准： ○ 患者在意的护理风格是什么？ ○ 患者健康状况是什么？ ○ 患者给药方式是什么？ ○ 患者生活自理能力如何？ ○ 患者饮食方式、饮食频率是什么？ ○ 患者是否需要专门制作的特别饮食？ ○ 患者生活起居有什么特别要求？ ○ 患者行走、活动方式是什么？ ○ 患者心理健康状况是什么？ ○ 患者保健、锻炼方式是什么？ ○ 患者其他特殊要求是什么？ ○ 患者对隐私有什么特别偏好？ ○ 患者特别安全要求是什么？

D、病患陪护服务雇主标准需求服务说明

病患陪护服务雇主标准 （根据健康及身体状况，每日照料时间 2-24 小时不等）	
需求服务	说明
1　患者的生活价值观、习惯喜好	
2　患者健康情况（疾病情况、用药情况等）	
3　患者生活自理能力	
4　患者身体清洁要求	
5　患者敏感物或特殊气味	
6　患者饮食要求（安慰食物，特殊饮食，频率）	
7　患者衣物洗涤要求	
8　患者睡眠照料	
9　患者洗浴要求	
10　患者的出行要求（例如：轮椅、步行器等）	
11　患者排泄要求	
12　患者心理健康护理要求	
13　患者康复护理要求	
14　患者安全护理要求	
15　患者特殊要求	
16　患者陪护服务方式、工作要求	
17　患者护理日程表	

18.8.8 管家服务雇主标准（详细内容 扫一扫 二维码）

18.8.9 涉外家政服务雇主标准 （详细内容 扫一扫 二维码）

第19章　家政服务员服务操作流程标准

【家政政策】

序号	发文时间	发文机关	政策文件名称
	2014年12月24日	人力资源社会保障部办公厅。人社部发【2014】98号	《人力资源社会保障部、国家发展改革委等八单位关于开展家庭服务业规范化职业化建设的通知》
相关摘要	标准服务，顺畅对接。家庭服务标准体系完备，家庭服务企业（单位）依据家庭服务标准提供家庭服务，推行服务承诺、服务公约、服务规范，努力创建服务品牌，不断提高服务质量。家庭服务业公益性信息服务平台普遍建立，健全供需对接、信息咨询、服务监督等功能，实现家庭与家庭服务企业（单位）顺畅对接。		

【家政寄语】

优化的家政服务操作流程，不仅能提高服务效率，更能减少服务失误，确保服务安全。

【术语定义】

服务对象：即服务内容，是指在家政服务员岗位职责标准中的某一项具体的服务内容或服务任务或服务活动。服务对象不仅仅是雇主及其家庭成员，而且是服务于雇主及其家庭成员的一件事，是一项可观察的具体的独立的服务行为或服务任务或服务活动。

服务操作流程：是指家政服务员在提供服务时，为确保服务工作质量、完成达标标准必须遵循的程序或步骤。

【标准条款】

序号	标准编号	标准名称	主管部门
4	Q/QKL JZGZ104-2020	家政服务员服务操作流程标准	
标准内容	19.1 服务对象 19.2 达标标准 19.3 工具材料 19.4 操作程序 19.5 注意事项		

【学习目标】

通过本章的学习，您将能够：

1）了解家政服务员服务操作流程；

2）明确家政服务对象、达标标准、服务工具、操作程序的具体内容。

在家政服务中，由于家政服务的无形性、异质性，导致家政服务质量"看不见、摸不着"且具有不稳定性。即家政服务质量会随着不同的家政服务员、不同的顾客、不同的服务时间、在不同的服务地点，甚至同一个家政服务员在不同的服务时间或面对不同的顾客，其服务质量也不相同，存在异质性。因此，为了解决家政服务中这些"先天"不足，确保家政服务员提供稳定的、可靠的服务质量，其中最有效的方法，就是对家政服务员的"服务操作流程"进行标准化，进而约束和规范家政服务员的服务行为、服务过程、服务预期，以尽量减少家政服务过程中的不确定性、差异性。即不会因为家政服务员个体差异而采取不同的服务。

家政服务员服务操作流程标准，主要包括：服务对象、达标标准、工具材料、操作程序、注意事项。通过对家政服务员的这些服务行为、服务过程、服务预期进行标准化，就可以大大减少家政服务过程中的不确定性、差异性。"过程正确"会导致"结果正确"。家政服务质量是过程质量与结果质量的结合，两者相辅相成，不可或缺。

19.1 服务对象

所谓服务对象，也称服务内容，是指在家政服务员岗位职责标准中的某一项具体的服务内容或服务任务或服务活动。服务对象不仅仅是雇主及其家庭成员，而且是服务于雇主及其家庭成员的一件事，是一项可观察的具体的独立的服务行为或服务任务或服务活动。

明确"服务对象"很重要。因为，不同的服务对象或服务内容，具有不同的服务工具材料、不同的操作程序与注意事项，当然也有不同的达标标准或服务预期。因为，"内容决定方法"。遗憾的是，在家政服务中，家政服务员和家政公司管理者往往把"服务对象"简单化，笼统称为雇主及其家庭成员。这样粗放式的管理"服务对象"，将阻碍家政服务员对服务细节、服务品质的追求，也很难精细化服务产品与服务过程，不利于服务质量的精进与提升。当然，也很难提供高品质的家政服务。关于"服务对象"的举例说明：

◇ 一、居家保洁服务的"服务对象"有：

☑ 地毯的清洁；

☑ 燃气灶清洁；

☑ 布艺沙发清洁；

☑ 卧室收纳整理。

◇ 二、衣物洗涤收纳服务的"服务对象"有：

☑ 丝绸类衣物的洗涤及晾晒；

☑ 衬衫的熨烫。

19.2 达标标准

所谓达标标准，也称雇主服务预期、雇主标准或家政服务员服务目标，是指雇主对服务对象数量及类型、服务期望水平、服务特殊要求及偏好、服务时间及服务频率、服务方式及服务工具等方面的具体要求和期望。

达标标准或雇主服务预期，是家政服务员服务工作目标、工作指南。只有家政服务员的服务工作达到雇主标准或达标或超过雇主标准，雇主才满意，家政服务员的服务工作质量才合格。否则，如果服务没有达标，尽管家政服务员付出了辛勤劳动，也得不到雇主的认可。

可见，家政服务员在服务之前，一定要明确"达标标准"，要"胸中有数"，服务结束后，要自觉对照检查本次服务是否达标或超标。这里需要特别提醒的是，达标标准不是家政公司或家政服务员制定或肯定的就是达标，这个达标标准是雇主制定、认可的才有效。因此，在家政服务中，当确定"服务对象"后，家政服务员和家政企业管理者，要确认雇主服务预期，作为本次服务的达标标准，而不是相反。

19.3 工具材料

所谓工具材料，也称"操作准备"或"准备工作"，是指在提供家政服务之前，先准备好服务工具和相关辅助物品。这些服务工具与物品材料，是完成服务任务或顺利开展服务活动的前提物质条件，是满足雇主服务预期、实现达标准必备的、不可或缺的物质保障。"巧妇难为无米之炊"，要想高品质提供服务，就必须要有先进的服务工具、必要的辅助物品。"工欲善其事，必先利其器"。家政服务员在进行一项服务前，要做好充分的准备工作，不能到时候手脚忙乱，影响服务工作质量与雇主服务体验。

19.4 操作程序

所谓操作程序，是指家政服务员在提供服务时，为确保服务工作质量、完成达标准必须遵循的程序或步骤。这些程序或步骤，在时间顺序上不能颠倒，先做什么、后做什么，都有明确与严格的规定要求，不能随意改变。否则，服务没有章法，流程混乱，轻者会造成雇主服务体验不好，服务失误频发，影响服务质量；重者甚至会导致服务事故。

可见，正确的服务操作程序，对于提供正确的服务，是必需的。再者，正确的服务操作程序，是科学实践总结的结果。按照正确的操作程序提供服务，不仅会少出现服务失误，提升服务质量，还能提升服务效率。因此，在家政服务中，要求家政服务员和家政企业管理者，要强化家政服务操作程序的培训与服务监督考核。家政服务质量是过程质量与结果质量的结合，两者相辅相成，不可或缺。

19.5 注意事项

所谓注意事项，是指在按照既定的服务操作程序提供标准化家政服务的过程中，在特别的服务关键点或服务环节，必须给予特别关注，或者强调某个正确服务行为或程序的重要性，或者一些错误的服务行为必须要禁止或避免，以预防可能发生的服务意外情况，或者意外情况发生时需要的及时服务补救。

总之，"注意事项"是对家政服务标准化的一个必要补充完善，是确保家政服务质量的一个特别提醒与最后的监督。因此，家政服务员和家政企业管理者，在执行家政服务操作流程标准中，要不断完善和改进"注意事项"，并将"注意事项"中经常反复出现的内容，列入家政服务员标准化培训教材中，变成"正式"内容，减少日常服务中例外发生的频率，提升服务效率。

19.6 区块链＋家政服务员服务操作流程标准

基于区块链的家政服务平台，实现家政服务交易自动化，要求家政服务员服务操作流程标准化、透明化，有利于家政服务员按标准化服务操作流程提供家政服务，为雇主确认家政服务员按服务操作流程进行服务提供依据，也是全网节点特别是"超级节点"确认家政服务员按服务操作流程进行服务提供依据。

还有，当雇主与家政服务员发生服务纠纷时，服务操作流程标准化也可作为调解的依据。

第20章　家政服务员工作时间标准

【家政政策】

序号	发文时间	发文机关	政策文件名称
	2019年6月16日	国务院办公厅。国办发〔2019〕30号	《国务院办公厅关于促进家政服务业提质扩容的意见》
相关摘要	（七）灵活确定员工制家政服务人员工时。家政企业及用工家庭应当保障家政服务人员休息权利，具体休息或者补偿办法可结合实际协商确定，在劳动合同或家政服务协议中予以明确。		

【家政寄语】

是否依法保障家政服务员正常休息权利，是判断家政服服务是否"员工制"的标尺，也是家政服务业能否吸引优秀从业人员的"试金石"。

劳逸结合，正常休息时间不仅能减轻疲劳，更能放松心情，提升服务效率。

【术语定义】

休息权：即休整权、休假权、休闲权、安宁权。作为一项法定权利，休息权具体是指家政服务员享有的使自己的体力和脑力得到恢复，以及得到闲暇以享受生活和获得充实与发展的、不受非法干涉和骚扰的权利。

【标准条款】

序号	标准编号	标准名称	主管部门
5	Q/QKL JZGZ105-2020	家政服务员工作时间标准	
标准内容	20.1 日工作日程 20.2 周工作日程 20.3 月工作日程 20.4 季度工作日程 20.5 年度工作日程		

【学习目标】

通过本章的学习，您将能够：

1）了解家政服务员工作时间标准内容；

2）理解家政服务员正常休息权利的必要性。

家政服务是家政服务员一个人到雇主家庭提供服务，缺乏同事及其他人在场提醒与监督服务行为，再加上家务事一般都是日常事务，甚至是小事，往往容易导致家政服务员"丢三落四"，遗漏一些家务事。为此，制定家政服务工作日程与服务任务清单，就显得非常必要。

家政服务员工作日程标准，就是用来计划、展示、记录家政服务员的每日具体服务工作的每日日程安排。它以时间为导向，列出一位家政服务员每日工作从大约开始时间到服务结束时间，每个时间段或时间节点，所做的家务事。

需要注意的是，"家政服务员工作时间标准"，不是为了记录已经发生的，而是下一天或下一周或下一个月等即将发生的服务工作。每周五完成下一周的《家政服务员工作时间标准》，交给雇主确认、参考、并作出及时的反馈建议，返回给你进行修改，之后再执行。

家政服务员工作时间标准，是家政服务员的岗位职责的具体落实，是家政企业管理者评估家政服务员工作绩效的依据◇一、也是雇主了解家政服务员所需要做的服务工作。它实际地展示出家政服务工作的管理形式。当然，在完成《家政服务员工作时间标准》后，还要记住：这些是一天或一周的工作安排，也会根据实际情况进行适当调整。

这里，有必要进一步明确什么是家政服务员的"休息权"：

休息权。即休整权、休假权、休闲权、安宁权。休息权是家政服务员在"新员工制"家政企业模式里，在履行劳动义务的同时依法享有的休息、休养的权利。作为一项法定权利，休息权具体是指家政服务员享有的使自己的体力和脑力得到恢复，以及得到闲暇以享受生活和获得充实与发展的、不受非法干涉和骚扰的权利。赋予家政服务员休息权，其目的是保证家政服务员的疲劳得以解除，体力和精神得以恢复和发展，以保证家政服务员有条件进行业余进修和有一定的时间料理自己家庭和个人的事务。

结合家政服务职业特点，休息权的主要内容如下：

①休整权。即家政服务员在连续工作一定时间（半个或者一个工作日以上）后所享有的暂停工作，进行歇息和整理的权利。它包括劳动者工作一定时间后吃饭、睡觉、临时歇息，以及处理临时个人事务的权利。它是家政服务员在一天的工作期间内（非假期）的休整。这里需要指出的是，家政服务员的"工作时间"或"一个工作日"标准时间究竟是多少？

我国《劳动法》第三十六条【标准工作时间】规定："国家实行劳动者每日工作时间不超过八小时、平均每周工作时间不超过四十四小时的工时制度"。

《劳动法》第四十一条【延长工作时间】规定："用人单位由于生产经营需要，经与工会和劳动者协商后可以延长工作时间，一般每日不得超过一小时；因特殊原因需要延长工作时间的，在保障劳动者身体健康的条件下延长工作时间每日不超过三小时，但是每月不得超过三十六小时。"

《劳动法》第四十三条【用人单位延长工作时间的禁止】规定："用人单位不得违反本法规定延长劳动者的工作时间。"

基于家政服务的特殊性，家政服务员的工作时间可以做出适当调整，但不可出入太大，毕竟家政服务工作也是正式的社会工作，要参照社会工作时间标准。

②休假权。即家政服务员在连续工作一段时间（一周或更长时间）后所享有的停止工作一日以上，以休闲、处理自己家务及个人事务或参加进修、学习等的权利，是连续工作一段时间后较长时间的休整。

我国《劳动法》第三十八条【劳动者的周休日】规定："用人单位应当保证劳动者每周至少休息一日"；

《劳动法》第三十九条【其他工时制度】规定："企业因生产特点不能实行本法第三十六条、第三十八条规定的，经劳动行政部门批准，可以实行其他工作和休息办法"；

《劳动法》第四十条【法定休假节日】规定："用人单位在下列节日期间应当依法安排劳动者休假：（一）元旦；（二）春节；（三）国际劳动节；（四）国庆节；（五）法律、法规规定的其他休假节日。"

③休闲权。即"休养权"，是指家政服务员通过积极的活动或者消极的静养等方式享

受闲暇的权利，其以休整权特别是休假权为前提和基础。

④安宁权。即指居民的休息以及个人生活不受他人非法干涉和骚扰的权利。家政服务员享有此项权利，是为劳动力再生产所必需。

下面具体列出一些家政服务员细分业态的具体工作时间标准，供大家参考：

20.1 日工作日程

例如：家政服务员一日服务工作日程安排举例（仅供参考）

时　间	工作内容安排
6：00—6：30	起床、整理个人卫生
6：30—7：00	做早餐
7：00—7：30	协助小孩起床、洗漱
7：30—9：00	协助小孩吃早餐、送小孩上学、之后买菜
9：00—11：00	清洁卫生、洗衣服
11：00—12：00	做午餐
12：00—13：00	午餐时间、餐后清洁餐具、收纳厨房
13：00—14：00	午休或督促小孩养成午休习惯
14：00—16：00	按计划分区域进行卫生清洁
16：00—17：00	接小孩放学回家、督促小孩完成家庭作业
17：00—18：00	做晚餐
18：00—19：00	晚餐时间
19：00—19：30	餐后清洁餐具、收纳厨房
19：30—20：30	安排小孩洗漱、整理学习用品、辅导学习
20：30—21：00	衣物熨烫、收纳
21：30—21：30	当天生活垃圾清理，检查门窗、水电、煤气等安全
21：30—22：00	自己洗澡、就寝

注：在实现"工作岗位分享"的新员工制家政企业运营模式时，由 2 个家政服务员共同承担一个全职 24 小时雇主家庭事务。雇主只需支付 24 小时全职家政服务员的费用，由这 2 个家政服务员分配。

例如：育婴员关于 7~12 个月婴儿一日生活照护日程安排举例（仅供参考）

时　间	生活照护安排
6：30—7：00	喂婴儿母乳或配方奶
7：00—7：30	起床、大小便、洗手、洗脸
7：30—8：45	室内或室外活动、主动操
8：45—9：15	喂婴儿母乳或配方奶、吃点辅食
9：15—11：15	睡眠
11：15—11：45	起床、洗手、洗脸、进午餐
11：45—13：00	室内或室外活动，做小游戏
13：00—15：00	睡眠
15：00—15：30	起床、大小便、洗手、洗脸、吃点辅食
15：30—18：00	室内或室外活动，做游戏
18：00—18：30	洗手、进晚餐
18：30—20：30	亲子游戏或玩乐、休息
20：30—21：00	大小便、洗手、洗脸、喂婴儿母乳或配方奶
21：00—次日凌晨 6：30	安排婴儿入睡、进入夜间深度睡眠

20.2 周工作日程

例如：居家老年人一周饮食安排或健康食谱（仅供参考）

时间	餐别/时段	食品安排
周一	早餐	馒头、牛奶或豆奶、煮鸡蛋1个、酱红萝卜
	水果	梨子或番茄1个
	中餐	红豆大米饭、香菇菜心、糖醋带鱼、豆腐血旺、白萝卜清汤
	晚餐	绿豆粥、白菜猪肉包子或饺子、虾皮冬瓜
周二	早餐	玉米面窝窝头、牛奶或豆奶、咸鸭蛋（半个）、1/4豆腐乳
	水果	香蕉或苹果1个
	中餐	米饭（高粱米与大米）、肉末茄子、干煸四季豆、紫菜汤
	晚餐	小米红枣粥、菜包或豆沙包、青椒肉丝、清炒芹菜
周三	早餐	鲜肉包或饺子、牛奶或豆奶、卤五香茶蛋1个、素炒莴笋
	水果	猕猴桃1至2个
	中餐	绿豆米饭、黄豆炖牛肉、清炒包菜、金针菇蛋汤
	晚餐	猪肝黑木耳手擀面、清炒菠菜、蒜苗炒肉丝
周四	早餐	花卷或春饼、牛奶或豆浆、鹌鹑蛋2个、酱黄瓜
	水果	梨子或香蕉1个
	中餐	米饭（小米大米）、香菇黑木耳肉片、清蒸武昌鱼、海带汤
	晚餐	红枣小米稀饭、葱花煎饼或煎饺子、芹菜炒豆腐丝或肉丝
周五	早餐	酱肉包、牛奶或豆奶、素炒胡萝卜、卤蛋1个
	水果	苹果或香蕉1个
	中餐	红薯米饭、排骨炖莲藕、青椒炒花菜、猪肝泡菜汤
	晚餐	芹菜猪肉包子或饺子、西红柿炒鸡蛋、肉末豆腐
周六	早餐	面包、牛奶或豆奶、煎荷包蛋1个、卤五香豆腐干
	水果	草莓5至6个或西红柿1个
	中餐	红豆米饭、红烧鱼、红萝卜丝炒豆芽、骨头海带汤
	晚餐	小米玉米红枣粥、鸡蛋发糕、酸菜鱼
周日	早餐	芝麻花卷、牛奶或豆奶、煮鸡蛋1个、凉拌豆腐丝
	水果	梨子或香蕉
	中餐	米饭（玉米、大米）、土豆炖鸡、醋炒白菜、绿豆南瓜汤
	晚餐	韭菜羊肉或猪肉饺子、蒜泥烧茄子、肉末蒸蛋

20.3 月工作日程 （扫一扫 二维码）

20.4 季度工作日程 （扫一扫 二维码）

20.5 年度工作日程 （扫一扫 二维码）

20.6 区块链 + 家政服务员工作时间标准

基于区块链的家政服务平台，实现家政服务交易自动化，要求家政服务员工作时间标准化、透明化，有利于家政服务员按标准化工作时间提供规定的家政服务，为雇主确认家政服务员按标准化工作时间完成规定的服务提供依据，也是全网节点特别是"超级节点"确认家政服务员按标准化工作时间完成规定的服务提供依据。家政服务员工作时间标准化是编制家政服务智能合约的前提条件之一。

还有，当雇主与家政服务员发生服务纠纷时，工作时间标准化也可作为调解的依据。

第21章　家政服务员工作质量标准

【家政政策】

序号	发文时间	发文机关	政策文件名称
	2019年7月5日	发改社会〔2019〕1182号	《关于开展家政服务业提质扩容"领跑者"行动试点工作的通知》
相关摘要	提高服务质量。开展优质服务承诺，公开服务质量信息。要公开服务项目和收费标准，与消费者签订家政服务协议，明确服务内容清单和服务要求，严格执行服务内容、标准、规范，保证服务质量。要创新家政服务供给方式，积极运用互联网等信息技术提高管理和服务信息化水平。自觉接受第三方考核评价。		

【家政寄语】

家政服务员工作质量的关键，在于家政服务员与雇主建立良好的合作关系。

【术语定义】

工作质量标准：将依据雇主感知的服务质量的基本内容，主要有10个方面的指标，也可归纳为5个维度：有形性、可靠性、响应性、安全性、移情性。即从家政服务员个人角度来衡量服务质量。

【标准条款】

序号	标准编号	标准名称	主管部门
6	Q/QKL JZGZ106-2020	家政服务员工作质量标准	
标准内容	21.1 家政服务员工作质量标准 21.2 服务质量特征 21.3 影响雇主满意度的因素		

【学习目标】

通过本章的学习，您将能够：

1）了解家政服务员工作质量标准内容；

2）知晓服务质量特征；

3）识别影响雇主满意度的因素。

21.1 家政服务员工作质量标准

家政服务员工作质量标准，将依据雇主感知的服务质量的基本内容，主要有10个方面的指标，也可归纳为5个维度：有形性、可靠性、响应性、安全性、移情性。即从家政服务员个人角度来衡量服务质量。下面具体列出：

家政服务员工作质量的10项指标：

1）信誉度：家政服务员值得信任、诚实。与信誉度有关的包括：

（1）家政服务员的职业技能等级证书；

（2）家政服务员获得的各种荣誉；

（3）与雇主接触的家政服务员的诚实度；

（4）家政服务员的服务承诺；

（5）在与顾客互动中，看看推销家政服务的困难程度。

2）安全感：在家政服务中，顾客没有危险，没有风险与怀疑，使顾客感到放心。包括：

（1）顾客家庭成员的人身安全；

（2）顾客家庭财产安全；

（3）顾客家庭隐私保护；

（4）没有服务工伤事故；

（5）家政公司为家政服务员购买家政保险等。

3）可接近性：家政服务员易于联系、方便联系。包括：

（1）顾客通过微信与家政服务员联系，会第一时间得到及时反馈；

（2）顾客很容易联系到家政服务员所在的家政公司管理者等。

（3）顾客很容易联系到家政服务员家庭的特定直系亲属等。

4）有效沟通：家政服务员能够倾听顾客，用顾客能够理解易懂的语言进行交流。包括：

（1）介绍家政服务项目及其服务内容；

（2）向顾客确认存在的问题，并能够有效解决。

5）理解顾客：家政服务员努力去理解顾客的需求与服务预期。包括：

（1）了解《雇主标准（即雇主服务预期）》；

（2）了解顾客的特殊需求与服务禁忌；

（3）提供个性化、定制化的关心；

（4）能够识别忠诚顾客。

6）可靠性：家政服务员能够准确可靠地履行所承诺的服务。包括：

（1）首次为顾客提供的家政服务就及时、正确；

（2）遵守承诺，按《服务合同》提供服务；

（3）家政服务员在不同的服务时间或地点均提供相同的家政服务质量。

7）响应性：家政服务员愿意积极主动、及时为顾客提供服务。包括：

（1）能迅速回复顾客打来的电话；

（2）能准确告知顾客服务实施的时间；

（3）能及时提供服务；

（4）总是愿意帮助顾客；

（5）绝不会因为太忙而不理会顾客的请求；

（6）当顾客服务抱怨投诉时，能第一时间迅速给予解决。

8）能力：家政服务员拥有完成家政服务所要求的服务技能与知识。包括：

（1）具备家政服务职业技能与专业知识；

（2）能与顾客进行正常的人际交流。

9）礼仪：在接待顾客或提供服务时的仪容仪表。包括：

（1）能够做到礼貌、尊重、周到、友善；

（2）能为顾客的利益着想；

（3）注重个人言行举止、仪容仪表；

（4）在接待顾客热线电话或微信互动时，也注重语言美与礼貌用语。

10）有形性，即家政服务员的仪表

（1）能注重个人形象：外表整洁；

（2）能持证上岗。

总之，家政企业可以根据以上10项家政服务质量指标，来评估家政服务员工作质量。在实际工作中，家政企业可以结合自己企业实际，编制家政服务员工作质量守则，对家政服务员进行培训与监督管理，提升家政服务员工作质量。

21.2 服务质量特征

家政服务员工作质量概念是逐步发展和完善的，雇主的需求和对家政服务质量的追求也在不断发展变化，如何在动态过程中始终保持让雇主满意的服务质量，是家政服务员和家政公司应该时刻关注的。为此，要清晰家政服务员工作质量或服务质量特征。

21.2.1 服务质量是主观感知质量

例如，在家政服务中服务过程的"可靠性"，就是一个非常重要的家政服务员服务质量要素，但是不同的雇主，甚至是同一个雇主在不同的时段，对同一个家政服务员的服务质量可能会产生不同的感知。这是家政服务的四个特性（无形性、不可分性、异质性、不可储存性）决定的。因此，在对家政服务员的工作质量进行监控和评估时，要特别加以注意。

21.2.2 服务质量具有较大的差异性

由于服务质量是主观感知质量，再加上服务提供和服务消费过程中都涉及"人"的因素，即雇主、家政服务员、家政公司管理人员、雇主的家庭成员等，这些人的文化素养、价值观、审美观、兴趣爱好、性格特征、服务经历等存在很大的差异，自然会导致服务质量的差异性。因为，每一个人都会从自己的角度和感知来评价家政服务员的工作质量。

21.2.3 服务质量是互动质量

因为家政服务的不可分性，即家政服务提供与家政服务消费的不可分性、同时性，雇主直接参与家政服务员的服务过程，自然会对家政服务员的服务工作产生影响。有积极的正面促进作用，也有消极的负面阻碍影响。这就要求家政服务员和家政公司，要积极地与雇主多沟通交流，特别是要用规范化、标准化的家政服务来"教育"雇主，影响雇主对正确家政服务的感知并规范和约束雇主自己的参与行为。这样，在雇主与家政服务员和家政公司的正向积极互动中，提升家政服务员的工作质量。

21.2.4 强调服务过程质量

由于服务质量是互动质量，服务过程自然在服务质量形成过程或服务结果形成过程中，起着不可或缺的重要作用。服务过程质量是服务质量的重要组成部分。因此，在家政服务中，我们在评估家政服务员的工作质量时，既要评估家政服务员的服务结果质量，毕竟服务结果是雇主购买家政服务的目的所在，也要评估家政服务员的服务过程质量。因为，服务过程将直接影响雇主的服务体验，影响雇主对家政服务员工作的感知。所以，服务过程质量与服务结果质量是相辅相成、不可或缺，共同构成家政服务员的服务工作质量。

这就要求家政服务员在家政服务工作中，要强化与雇主建立长期的合作关系，进而发展为伙伴关系，最终与雇主建立持久的人际关系，这是家政服务员工作质量的最好体现。

21.3 影响雇主满意度的因素

雇主满意度是评估家政服务员工作质量的一个重要指标。那么，什么决定雇主满意度？

了解这些，有利于提升家政服务员工作质量。在家政服务中，服务产品的特质、顾客对服务质量的感知、顾客个人因素如顾客的心情或情绪状态以及环境因素如顾客家庭成员的意见等也会影响顾客满意度。

21.3.1　家政服务产品的特质

顾客对家政服务的满意度会受到他们对服务产品特质评价的重大影响。对于家政服务产品，其重要服务特质主要包括：家政服务员的服务技能水平、家政服务员对顾客的友好程度与诚信程度、家政服务员针对顾客提供个性化的定制服务程度、家政服务价格水平、家政服务工具先进程度等。顾客通常会根据所需服务类型和服务的重要性，对这些服务特质进行权衡或评估。

因此，家政服务员和家政企业要通过某种方法或手段（例如，"焦点小组""顾客访谈"）明确地找出其家政服务有什么重要的特质和属性，对顾客很重要。尤其是与顾客零距离接触的家政服务员，要在平时服务的过程中，多留心、多观察、多记录、多总结那些对顾客满意度提升或不满意的服务细节，持续加以改进。

21.3.2　顾客情感

顾客的情感同样可以影响其对服务产品的满意的感知。这些情感可能是稳定的、事先存在的。有的顾客处在积极的情感：例如幸福、愉快、兴高采烈、温暖人心的感觉。这些非常愉快的、健康的情绪和积极的思考方式，会导致顾客对家政服务员服务工作质量产生良好的服务体验或服务感知；反之，当顾客处在一种消极的情感：例如悲伤、难过、后悔以及生气时，这种消极的情绪将被带进对家政服务员服务工作的反应，这将使任何小小的问题或服务失误都会出现反应过度过强或感觉失望。因此，在家政服务过程中，家政服务员要善于"察言观色"地为顾客提供服务。

还有，顾客享受家政服务的过程本身中催生的一些特定情感，也会影响顾客对家政服务员服务工作的满意度。这就要求家政服务员在家政服务过程中，要保持良好的情绪情感状态，这种情感也会"传染"给顾客而提升满意度；反之，就会降低满意度。

21.3.3　服务成功或失败的归因

归因，是对事件的感知原因，也影响着对满意的感知。当顾客被一种服务结果（服务比预期的好太多或坏太多）震惊时，他们总是试图寻找原因，而他们对原因的评估，也影响其满意度。在家政服务中，如果出现了服务失误，当顾客认为家政服务员很努力工作，只是家政公司没有提供很好的家政培训导致的，顾客就会原谅家政服务员；同样的服务失误，当顾客认为这是家政服务员故意的或不负责任所致，就会非常不满意。

可见，在家政服务中，家政服务员要多和顾客沟通，尽量让顾客参与家政服务过程当中，了解服务过程，甚至也承担一部分服务任务或职责。这样，即使出现了服务失误，顾客也会把部分原因归因为自己没有尽到责任，而减轻对家政服务员的不满。

21.3.4　对公平的感知

顾客的满意度同样会受到对公平感知的影响。在家政服务实际中，顾客常常会问自己：与别的顾客相比，我是不是被平等对待了？别的顾客得到更好的待遇、更合理的服务价格、更优质的服务了吗？我为这项家政服务所花的钱值得吗？与我花费的钱和精力相比较，我是不是自己来做家务？

总之，在家政服务员服务失误后，顾客是否满意在很大程度上取决于顾客是否感知到被公平地对待。当顾客感知到不公平时，就会对家政服务员的服务失误很不满意；当顾客感知到公平且被友好对待时，就会对服务失误持宽容态度。因此，家政企业管理者和家政服务员要公平对待每一个顾客,尽量与顾客建立友好关系,切实关心顾客的利益而不是敷衍。

21.3.5 其他消费者、家庭成员或同事

除了服务产品的特质、顾客的个人情感和认知外,雇主的满意度也常常受到他人的影响。在家政服务中,雇主家庭成员的情绪与感知,也影响雇主对服务的满意度。因此,家政服务员与家政企业也要与雇主的家人建立良好的关系。此外,雇主的邻居、同事、家庭客人,甚至包括其他顾客,都对家政服务员的评价也影响雇主的满意度。

21.4 区块链 + 家政服务员工作质量标准

基于区块链的家政服务平台,实现家政服务交易自动化,这就要求家政服务员工作质量标准化、透明化,有利于家政服务员按标准化工作质量提供家政服务,为雇主确认家政服务员是否按标准化工作质量完成服务提供依据,也是全网节点特别是"超级节点"确认家政服务员按标准化工作质量完成服务提供依据。家政服务员工作质量标准化是编制家政服务智能合约的前提条件之一。

还有,当雇主与家政服务员发生服务纠纷时,工作质量标准化也可作为调解的依据。

第四篇

家政服务管理标准

区块链 + 新家政服务

技术标准、工作标准、管理标准

标准类型	技术标准	工作标准	管理标准
标准的约束对象	家政服务产品	家政服务员	管理事项
标准的地位	核心	基础	保障
标准的作用	主体作用	实现作用	支持作用
标准的内容属性	技术性	操作性	管理性

第22章　家政服务管理标准概述

【家政政策】

序号	发文时间	发文机关	政策文件名称
	2017年7月10日	发改社会【2017】1293号	关于印发《家政服务提质扩容行动方案（2017年）》的通知
相关摘要			14.完善标准体系，研究制定家政电商等新兴业态的服务标准和规范，鼓励制定地方标准、团体标准和企业标准，推进家政服务标准化试点示范建设，积极总结推广服务标准化经验。积极推行家政企业实施产品和服务标准自我声明公开。

【家政寄语】

粗放式管理，必然导致家政公司服务纠纷不断、效率效益低下；

只有实施标准化管理，家政公司才有可能迎来阳光明媚的春天。

【术语定义】

管理标准：是指以管理家政企业事项为对象所制定的企业管理概念、战略与定位、人力资源、服务市场营销、企业运营、服务质量、雇主需求与客户关系、服务投诉、服务安全等方面的标准。即对家政企业服务提供过程全程进行规范化、标准化管理。

【标准条款】

新家政服务管理标准体系

序号	标准编号	标准名称	主管部门
1	Q/QKL JZGL101-2020	家政服务信息管理标准	
2	Q/QKL JZGL102-2020	家政服务工作环境标准	
3	Q/QKL JZGL103-2020	家政服务人力资源管理标准	
4	Q/QKL JZGL104-2020	家政服务市场营销管理标准	
5	Q/QKL JZGL105-2020	家政服务企业运营管理标准	
6	Q/QKL JZGL106-2020	家政服务质量管理标准	
7	Q/QKL JZGL107-2020	家政服务顾客需求与客户关系管理标准	
8	Q/QKL JZGL108-2020	家政服务投诉与服务补救管理标准	
9	Q/QKL JZGL109-2020	家政服务网络管理标准	
10	Q/QKL JZGL110-2020	家政服务诚信管理标准	
11	Q/QKL JZGL111-2020	家政服务安全与应急管理标准	
12	Q/QKL JZGL112-2020	家政服务数据管理标准	

【学习目标】

通过本章的学习，您将能够：

1）了解家政服务管理标准；

2）明确家政服务管理标准内容；

3）知晓家政服务管理标准价值。

22.1 什么是家政服务管理标准

家政服务管理标准，是指以管理家政企业事项为对象所制定的企业管理概念、战略与定位、人力资源、服务市场营销、企业运营、服务质量、雇主需求与客户关系、服务投诉、服务安全等方面的标准。即对家政企业服务提供过程全程进行规范化、标准化管理。

家政服务管理标准，在整个家政服务标准体系中，是以家政企业管理事项为对象，为家政服务产品和家政服务员工作提供支持和保障的标准，在标准的内容属性上具有管理性，即"管理标准"为"技术标准"与"工作标准"提供支持作用，处于保障地位。

22.2 管理标准内容

家政服务管理标准的主要内容：家政服务信息管理标准、工作环境标准、人力资源管理标准、服务市场营销管理标准、企业运营管理标准、服务质量管理标准、顾客需求与客户关系管理标准、服务投诉与服务补救管理标准、网络管理标准、服务诚信管理标准、服务安全与应急管理标准、数据管理标准等。

22.2.1 家政服务信息管理标准
22.2.2 家政服务工作环境标准
22.2.3 家政服务人力资源管理标准
22.2.4 家政服务市场营销管理标准
22.2.5 家政服务企业运营管理标准
22.2.6 家政服务质量管理标准
22.2.7 家政服务顾客需求与客户关系管理标准
22.2.8 家政服务投诉与服务补救管理标准
22.2.9 家政服务网络管理标准
22.2.10 家政服务诚信管理标准
22.2.11 家政服务安全与应急管理标准
22.2.12 家政服务数据管理标准

22.3 管理标准价值

22.3.1 有利于指导家政企业管理人员开展规范化标准化管理工作
22.3.2 有利于提升家政企业管理质量
22.3.3 有利于提升家政企业管理效率
22.3.4 有利于确保家政企业安全
22.3.5 有利于评估家政企业员工绩效
22.3.6 有利于提升雇主服务满意度与服务体验

22.4 区块链 + 家政服务管理标准

基于区块链的 P2P 网络、智能合约、共识机制等技术，区块链家政服务交易是"自动化"的，即"区块链 + 新家政服务平台"是"去中心化"。作为去中心化的分布式自治企业的"区块链 + 新家政服务平台"，给传统的中小微家政公司的运营管理模式、家政服务培训模式，将带来重大变革甚至重构，其主要体现以下几个方面：

22.4.1　在家政服务交易上

传统的家政公司主要是靠人工在家政实体店进行家政服务交易，即使是通过第三方家政网络平台进行服务交易，也是要在最后通过"人工"来确认。总之，是人工主导的服务交易。

但在区块链家政服务平台上，所有的家政服务交易是通过区块链里部署的"智能合约"自动进行的，是去中介的、去中心的。也就是说，家政公司要改变传统的服务交易模式，由依靠实体店的人工交易转变为依靠区块链上的智能合约代码或计算机程序"自动交易"。

为了能够在区块链家政服务平台上自动进行服务交易，就必须要对家政服务进行标准化、数据化。这就将对家政公司运营管理模式产生重大影响。例如，对家政公司的市场营销管理、家政服务质量管理等进行变革，以确保家政服务交易标准化，进而实现数据化。

22.4.2　在家政服务培训上

基于区块链的不可篡改和可追溯、公开透明、隐私安全保障等特性，可以有效保护家政服务培训知识产权；再加上"区块链+通证（Token）"激励机制，将颠覆传统家政培训模式，特别是将破解家政培训师不足问题、家政培训资源不均衡问题、优质家政培训资源分享等。为了建立"区块链+新家政培训平台"，首先必须对传统家政公司的人力资源管理模式进行变革，实行家政培训管理标准化、数据化、产权化。

22.4.3　在家政服务诚信上

基于区块链的不可篡改和可追溯、公开透明、隐私安全保障等特性，可以有效保护家政服务雇主和家政服务员隐私，可以对家政服务进行溯源管理，确保家政服务诚信。因此，区块链+新家政服务平台，要求强化家政服务信息管理、诚信管理、数据管理等，进而实行标准化、数据化。

22.4.4　在家政服务运营管理上

基于区块链的"区块链+新家政服务平台"，可以实现家政服务自动交易、家政服务链上培训、确保家政服务诚信等。但对于家政公司而言，在家政服务运营管理上，仅仅依靠区块链家政服务平台是不够的，还需要强化家政服务的"链下"管理。例如：家政服务工作环境管理、家政服务企业运营管理、家政服务顾客需求与客户关系管理、家政服务投诉与服务补救管理、家政服务安全与应急管理、家政服务网络管理等。只有实行"链上""链下"整合，家政服务运营管理实现标准化，再结合区块链+新家政服务平台优势，才能真正提升家政企业管理能力与效益。

第23章 家政服务信息管理标准

【家政政策】

序号	发文时间	发文机关	政策文件名称
	2019年6月16日	国务院办公厅。国办发〔2019〕30号	《国务院办公厅关于促进家政服务业提质扩容的意见》
相关摘要	（二十四）建立家政服务信用信息平台系统。中央财政通过服务业发展资金支持家政服务领域信用体系建设。依托全国信用信息共享平台，全量归集家政企业、从业人员、消费者的基础信息和信用信息，并按规定向相关部门及家政企业充分共享金融、税务、司法等可公开信用信息。探索建立全国家政企业和从业人员社会评价互动系统。		

【家政寄语】

家政数据信息是有价值的数据资产；要确保家政服务信息安全。

【术语定义】

家政服务信息：是在家政服务过程中关于家政服务员、雇主、家政公司的各种数据与记录。

【标准条款】

序号	标准编号	标准名称	主管部门
1	Q/QKL JZGL101-2020	家政服务信息管理标准	
标准内容	23.1 家政服务信息管理标准 23.2 家政服务员信息管理 23.3 雇主信息管理 23.4 家政服务公司信息管理 23.5 家政服务信息安全管理		

【学习目标】

通过本章的学习，您将能够：

1）了解家政服务信息内容；

2）掌握家政服务信息管理方法。

23.1 家政服务信息管理标准概述

家政服务信息管理标准，主要是指家政服务员信息管理、雇主信息管理、家政服务公司信息管理、家政服务信息安全管理标准。

我们知道，家政服务信息内容、信息量、信息真伪将直接关系到家政服务溯源管理、家政服务隐私管理、服务诚信管理。因为家政服务的"无形性"特征，给雇主购买家政服务前评估家政服务品质或家政服务员服务水平时带来困难。

此时，家政服务信息就是雇主评估家政服务或家政服务员的水平的重要依据。家政服务信息越丰富、越规范、可追溯，就越有利于雇主实施评估。因此，实行家政服务信息管理标准，将有利于提升雇主的购买体验与购买力。

23.2 家政服务员信息管理

23.2.1 家政服务员基本信息：1）姓名；2）身份证；3）民族；4）居住证；5）联系方式；6）现住址；7）家庭直系亲属紧急联系人及联系方式等身份基本信息；

23.2.2 家政服务员健康信息：1）健康体检；2）社保与保险信息；3）以往病史；4）心理健康记录；5）是否重症精神病人；6）是否吸毒人员和制贩毒人员；7）有无犯罪或受到治安管理处罚记录；

23.2.3 家政服务员培训与技能信息：1）学历；2）技能资质证书；3）职业技能等级水平；4）特长与爱好；5）培训经历；6）培训合同；

23.2.4 家政服务员服务行为信息：1）从业经历；2）所签订的劳动合同、服务合同；3）所从事的家政服务业态类型；4）所属家政服务机构；5）所属家政服务机构评价；6）雇主投诉信息；7）雇主评价记录；

23.2.5 家政服务员诚信信息：1）服务承诺书；2）诚信记录（经家政服务协会审核，根据登记服务业态，分别由相关家政服务机构或家政服务信用信息平台，负责登记并定期上传系统更新）；3）各种奖励记录。

23.3 雇主信息管理

23.3.1 雇主基本信息：1）姓名；2）身份证；3）民族；4）家庭地址；5）联系方式等身份基本信息；

23.3.2 雇主家庭健康信息：1）家庭成员身体健康信息；2）雇主家庭成员心理健康信息；3）是否购买雇主责任险；4）雇主家庭成员有无犯罪记录；

23.3.3 雇主用工信息：1）雇佣家政服务经历；2）所签订的服务合同；3）所雇佣的家政服务业态类型；4）雇主需求信息；5）雇主特殊要求信息；

23.3.4 雇主诚信信息：1）雇主诚信记录；2）家政服务机构评价；3）家政服务员评价。

23.4 家政服务公司信息管理

23.4.1 企业基本信息：1）统一社会信用代码；2）名称；3）企业类型；4）地址；5）业务范围；6）法定代表人；7）企业状态等

23.4.2 商务主管部门的行政信息：1）商务执法处罚记录等；

23.4.3 其他部门的行政信息：1）违法违规记录；2）奖励表彰情况；3）政府部门认定的企业信用等级等；

23.4.4 企业诚信信息：1）诚信承诺书；2）雇主评价信息；3）家政服务员评价信息；4）员工评价信息；5）家政服务业协会评价信息等；

23.4.5 企业内部经营管理信息：1）人力资源管理信息；2）服务市场营销信息；3）运营管理信息；4）财务管理信息；5）服务产品及其研发信息等；

23.4.6 企业外部与企业发展相关信息：1）政府相关家政服务业发展政策；2）家政服务业行业协会信息；3）家政服务市场信息；4）家政服务业发展相关信息等。

23.5 家政服务信息安全管理

23.5.1 信息安全管理：通过维护信息的机密性、完整性、可用性等，来管理和保护信息资产。

23.5.2 信息使用安全。

23.5.3 信息存储安全。

23.5.4 信息传输安全。

23.6 区块链 + 家政服务信息管理

基于区块链的密码学技术以及不可篡改和可追溯、公开透明、隐私安全保障等特性，可以有效保护家政服务信息安全，尤其是雇主和家政服务员隐私信息，可以对家政服务进行溯源管理，确保家政服务诚信。因此，区块链 + 家政服务，要求家政服务信息管理标准化、数据化，从而安全保护家政服务信息。

第24章 家政服务工作环境标准

【家政政策】

序号	发文时间	发文机关	政策文件名称
	2019年6月16日	国务院办公厅。国办发〔2019〕30号	《国务院办公厅关于促进家政服务业提质扩容的意见》
相关摘要	（十七）积极推动改善家政从业人员居住条件。各地应将符合条件的家政从业人员纳入公租房保障范围，有条件的地方可集中配租，家政从业人员通过市场租房居住的，政府对符合条件的给予租赁补贴。支持各地采取多种方式帮助解决家政从业人员改善居住条件的需求。		

【家政寄语】

家政服务工作环境不是小问题。家政服务工作是有尊严的体面劳动，理应得到雇主的尊重；家政公司必须为家政服务员工作环境做出努力，不能轻视；家政服务员在住宿和饮食上尽量不要打扰雇主，要尽力自理。

【术语定义】

工作环境：是指家政服务员从事服务的物质与人文心理条件。

【标准条款】

序号	标准编号	标准名称	主管部门
2	Q/QKL JZGL102-2020	家政服务工作环境标准	
标准内容	24.1 家政服务工作环境标准 24.2 家政服务员住宿 24.3 家政服务员饮食 24.4 雇主家庭文化心理环境 24.5 家政服务员工作环境安全		

【学习目标】

通过本章的学习，您将能够：

1）了解家政服务员工作环境；

2）掌握家政服务员标准工作环境。

24.1 家政服务工作环境标准概述

家政服务工作环境标准，主要包括家政服务员住宿、家政服务员饮食、雇主家庭文化心理环境、家政服务工作环境安全等。

家政服务工作环境具有特殊性。家政服务工作环境随雇主家庭不同而千差万别，其状况将直接影响家政服务员的服务心情、服务状态、可持续性。实施家政服务工作环境标准化，将有利于保障和促进家政服务员提供优质的家政服务。

24.2 家政服务员住宿

在提供住家服务的家政企业运营模式中，家政服务员（女性）的住宿条件，是家政服务员工作环境的一个非常重要的问题，并没有引起家政企业管理者、雇主应有的重视。尽管住家的家政服务员十分关注其住宿条件，但由于没有住家家政服务员住宿标准，因而在实际中，家政服务员的住宿问题一直没有一个合理的解决方案或方法，而是由雇主家庭住宿情况随机确定。因此，制定住家家政服务员住宿标准，很有必要，其主要标准有：

24.2.1 家政服务员住宿条件基本相当于雇主家庭成员居住条件。

24.2.2 家政服务员住宿应是具有相对独立的可以关门上锁的独立房间，或者与雇主家庭女性成员或不超过3岁的婴幼儿同居一室，也是可以关门上锁的房间。家政服务员的住宿要确保家政服务员隐私安全、能够安静休息与睡眠。

这里需要提醒的是，如果雇主让家政服务员住在杂物间、楼梯间、走廊或客厅，都是侵犯家政服务员的合法权益，对家政服务员人格不尊重。家政服务员都有权拒绝雇主的侵权行为并维护自己的合法权益。因为，雇主提供住家家政服务员正常的基本住宿条件，是住家家政服务员正常的合法的工作环境的一部分。

24.3 家政服务员饮食

如果是住家的家政服务员，家政服务员的饮食也需要一定的标准，这也是家政服务工作环境标准的重要内容之一。其主要标准有：

24.3.1 家政服务员饮食条件或水平基本相当于雇主家庭成员生活条件或水平，或者相当于一个正常的服务工人的饮食水平。

24.3.2 要确保家政服务员基本饮食并得到一个正常劳动者或成年人的基本健康与营养需求。

这里需要提醒的是，如果雇主经常让家政服务员吃剩饭剩菜，不管是什么形式的剩饭剩菜，雇主的这种行为都是侵害家政服务员的合法权益，对家政服务员人格不尊重。家政服务员有权拒绝雇主的侵权行为并维护自己的合法权益。因为，雇主提供住家家政服务员正常的基本饮食，是住家家政服务员正常的合法的工作环境的一部分。

24.4 雇主家庭文化心理环境

家政服务员工作环境除了住宿与饮食条件外，雇主家庭文化心理环境也是家政服务员的重要工作环境之一。一个和睦温馨、尊老爱幼、民主的雇主家庭文化心理环境，有利于家政服务员减轻心理压力、减少焦虑，带着愉悦的积极心态从事家政服务，能提升服务工作的持久性；反之，一个争吵不断、家长制严重的不和睦、不民主的雇主家庭文化，不利于家政服务员安心、愉悦提供服务，也影响家政服务员服务工作的可持续性，是导致家政服务员离职的主要原因之一。

雇主家庭文化心理环境，应引起家政公司和雇主的重视，建立雇主家庭文化心理环境标准，有现实意义。

24.5 家政服务员工作环境安全

24.5.1 防火、防盗、防意外；

24.5.2 用电、用气安全；

24.5.3 自我保护。

24.6 区块链+家政服务工作环境标准

基于区块链的智能合约技术，即区块链+新家政服务平台，实现家政服务交易自动化，这也要求雇主家庭提供标准化的家政服务工作环境，这是家政服务智能合约的重要内容之一。雇佣双方或三方（雇主、家政服务员、家政公司）达成的家政服务工作环境标准化，再进行数据化，便于写入智能合约。同时，也便于全网节点或超级节点依据智能合约进行家政服务交易有效性确认。

第 25 章　家政服务人力资源管理标准

【家政政策】

序号	发文时间	发文机关	政策文件名称
	2019 年 7 月 5 日	发 改 社 会〔2019〕1182 号	《关于开展家政服务业提质扩容"领跑者"行动试点工作的通知》
相关摘要	1. 完善培训体系。要主动参加"家政培训提升行动"。参与编制家政服务培训标准及大纲，将在岗人员回炉培训纳入员工日常管理，将职业道德培养、法治教育等纳入培训课程。职业技能课程重点向老年服务、病患护理、母婴照料等领域倾斜，适度拓展心理学、医学、营养学、沟通技巧等基础知识。符合条件的家政企业积极创办家政服务类职业院校。		

序号	发文时间	发文机关	政策文件名称
	2019 年 6 月 16 日	国务院办公厅。国办发〔2019〕30 号	《国务院办公厅关于促进家政服务业提质扩容的意见》
相关摘要	一、采取综合支持措施，提高家政从业人员素质： （一）支持院校增设一批家政服务相关专业。原则上每个省份至少有 1 所本科高校和若干职业院校（含技工院校，下同）开设家政服务相关专业，扩大招生规模。开展 1+X 证书制度试点，组织家政示范企业和职业院校共同编制家政服务职业技能等级标准及大纲，开发职业培训教材和职业培训包，支持家政服务相关专业学生在获得学历证书的同时，取得家政服务类职业技能等级证书。 （二）市场导向培育一批产教融合型家政企业。到 2022 年，全国培育 100 家以上产教融合型家政企业，实现城区常住人口 100 万以上的地级市家政服务培训能力全覆盖。各地要以较低成本向家政企业提供闲置厂房、社区用房等作为家政服务培训基地，共享职业院校、社区教室等培训资源。 （三）政府支持一批家政企业举办职业教育。将家政服务列为职业教育校企合作优先领域，打造一批校企合作示范项目。支持符合条件的家政企业举办家政服务类职业院校，各省（区、市）要设立审批绿色通道，简化流程优化服务。推动 30 家以上家政示范企业、50 所以上有关院校组建职业教育集团。对符合条件的家政类产教融合校企合作项目，优先纳入中央预算内投资支持范围。 （四）提高失业保险基金结余等支持家政培训的力度。将家政服务纳入职业技能提升行动工作范畴，并把灵活就业家政服务人员纳入培训补贴范围。所需资金按规定从失业保险基金支持职业技能提升行动专项资金中列支。地方各级政府要加大筹资力度，积极使用就业补助资金、地方人才经费和行业产业发展经费等支持家政服务培训。 （五）加大岗前培训和"回炉"培训工作力度。对新上岗家政服务人员开展岗前培训，在岗家政服务人员每两年至少得到 1 次"回炉"培训。组织 30 所左右院校和企业引进国际先进课程设计和教学管理体系。组织实施巾帼家政服务专项培训工程，开展家政培训提升行动，确保到 2020 年底前累计培训超过 500 万人次。		

序号	发文时间	发文机关	政策文件名称
	2019 年 6 月 16 日	国务院办公厅。国办发〔2019〕30 号	《国务院办公厅关于促进家政服务业提质扩容的意见》

相关摘要	（二十七）建立家政服务城市与贫困县稳定对接机制。把家政服务作为劳动力输出地区各类职业技能实训基地重要培训内容，在中西部人口大省重点打造一批家政服务人才培训基地。 （二十八）建立健全特殊人群家政培养培训机制。对困难学生、失业人员、贫困劳动力等人群从事家政服务提供支持。推进"雨露计划"。为去产能失业人员、建档立卡贫困劳动力免费提供家政服务培训。

【家政寄语】

招聘合适的家政服务员是家政公司的第一要务。

"做学教合一"是家政培训天然的有效方法。

优秀的家政服务员是家政公司的核心竞争力资源，不可复制。

【术语定义】

内部营销：是指企业通过能够满足企业内部员工的需求，来吸引、发展、刺激、保留能够胜任的员工，进而能够更好地在外部市场为外部顾客提供优质服务。

职业生涯发展规划：是指从业人员经历一系列职业阶段而进步的过程，每个职业阶段都有不同的任务、活动、关系。就家政服务而言，家政服务员职业生涯发展的四个阶段：择业阶段、就业阶段、维持阶段、离职阶段。家政服务员所处不同的职业阶段，会有不同的需求、态度、工作行为。

劳动关系：是指雇员与雇主之间在劳动过程中形成的社会经济关系的统称。我国劳动法所调整的劳动关系，是指用人单位招录劳动者为其成员，劳动者在用人单位的管理下提供劳动而产生的权利义务关系。

做学教合一：是指事怎么做，就怎么学；怎么学，就怎么教；教的方法，要依据学的方法；学的方法，要依据做的方法；也就是说，做的方法，决定学的方法；学的方法，决定教的方法。做是中心，做就是生活。做学教是一件事，就是家庭生活，不是三件事；是一件事的三个方面。这件事，就是家庭生活。

角色扮演：是"做学教合一"家政培训方法的一种变式，是一种在培训活动中，参与者在假定的场景中，通过角色的演扮进行互动，并要求其按照角色的要求，表现自己的行为，对其进行观察、记录，评价角色扮演的行为，评价角色接近程度或胜任力，获得快乐、体验以及宝贵的经历。

【标准条款】

序号	标准编号	标准名称	主管部门
3	Q/QKL JZGL103-2020	家政服务人力资源管理标准	
标准内容	25.1 家政服务人力资源管理标准 25.2 家政服务员招聘管理 25.3 家政服务员培训管理 25.4 家政服务员薪酬福利管理 25.5 家政服务员绩效管理 25.6 内部营销管理 25.7 家政服务员劳动关系管理 25.8 家政服务员心理管理 25.9 家政服务员职业生涯规划管理		

【学习目标】

通过本章的学习，您将能够：

1）识别不合适的家政从业人员；

2）明确招聘合适的家政从业人员；

3）掌握发现优秀的家政服务员候选人的方法；

4）掌握家政服务培训管理方法；

5）知晓家政服务培训的重要内容：健康生活；

6）掌握编写家政培训课程教材的方法；

7）了解谁是有效的家政培训师；

8）掌握有效的家政培训方法；

9）理解家政服务员薪酬并会设计薪资方案；

10）理解家政服务员绩效并会对家政服务员进行绩效考核；

11）掌握有效激励家政服务员的方法；

12）知晓内部营销并实行内部营销；

13）明确家政服务员劳动关系；

14）理解家政服务员心理；

15）认识家政服务员职业生涯规划。

25.1 家政服务人力资源管理标准概述

家政服务人力资源管理标准，主要包括：

1）家政服务员招聘管理

2）家政服务员培训管理

3）家政服务员薪酬福利管理

4）家政服务员绩效管理

5）内部营销管理

6）家政服务员劳动关系管理

7）家政服务员心理管理

8）家政服务员职业生涯规划管理

我们知道，家政服务员尤其是优秀的家政服务员，是家政公司的核心竞争力资源、战略资源。建立家政服务人力资源管理标准，有利于提升家政公司人力资源管理能力与效率，有利于家政服务员成长发展，能促进家政服务员职业生涯发展规划，这样就能吸引更多优秀的家政从业人员加入公司，有效解决"招工难""保姆荒"，也能留住优秀的家政服务员，减少家政服务员的流失率。家政服务人力资源管理标准化，是家政公司最核心的管理标准◇一、对于以"人"为主的家政服务业发展，意义重大。反之，没有家政服务员的成长发展，家政公司就没有竞争力、没有可持续发展能力。

25.2 家政服务员招聘管理

"谚语'人是你最重要的财富'是错误的，只有合适的人才是你最重要的财富"，"错误的人常常是难以摆脱的债务"。

25.2.1 招聘不合适的从业人员

如果一个欲从事家政服务的人员非常看重"多样性"、喜欢新鲜和惊喜、享受面对新问题、新事件、新地方和新的人。那么，这样的从业人员就不适合从事家政服务业。因为，家政服务则是"常规性、可预测性或重复性"的工作，是否适合你？一个从业人员到底是喜欢"多样性"的职业，还是"常规性、可预测性或重复性"的工作？这在家政服务员的招聘时，要严格区分，避免招聘不合适的从业人员。

同样，一个欲从事家政服务的人员，平常很少在自己的家庭做家务事，也不喜欢或者没有兴趣做家务事，即使她因为要找一份挣钱的工作而来做家政服务，也是不合适从事家政服务业。

还有，一个不诚实的人、一个不勤劳的懒惰的人、一个不善于与人正常交流的木讷的人、一个不愿意虚心学习新东西的人等，这些人都不适合从事家政服务业。

总之，如果招聘了以上不合适的人做家政服务员，尽管在上岗前，也进行了家政培训。这样的人，即使上岗了，在家政服务的实际工作中，频繁跳槽几乎是不可避免。

25.2.2 招聘合适的人

选择合适的欲从事家政服务的员工，是一个预防家政服务员频繁跳槽跳单的一个好的开始。那么，如何招聘合适的家政服务员？

25.2.2.1 做个受欢迎的雇主

为了能筛选并雇佣最合适最好的员工，员工首先需要向你申请工作，然后接受你的邀请而不是别人的（好的家政服务员都是被家政公司选择的）。这意味着，家政公司首先需要在家政人才市场上参与竞争，即"人才的战争"。因为，家政服务员是家政公司的核心资产、核心竞争力。

在家政人才市场上竞争，就意味着需要有吸引一流家政服务员的价值主张，包括良好的家政公司品牌形象、为客户家庭提供优质家政服务、家政服务员职业生涯发展规划等，这些都会使家政服务员为其工作而自豪。

对于家政服务员工资福利待遇，总薪酬不能低于平均水平，而拔尖的人则需要高于平均的待遇。当薪酬达到整个薪酬市场的 65%-80% 之间的水平时，一流的家政企业方可以吸引一流的家政服务员来担任某个服务岗位。

但是，如果其他重要的价值主张也很诱人的话，家政公司就未必需要支付最高的薪酬。例如，实行"员工制"运营管理模式；例如，安置夫妻共同就业、住宿、子女就学等。

简言之，作为雇主的家政公司，首先要了解你心目中的家政服务员的需要，确立正确的价值主张。这是招聘合适家政服务员的第一步。

25.2.2.2 选择合适的家政服务员

没有完美的家政服务员。不同的岗位应该由不同技能、风格、性格的人担任。例如，母婴护理需要月嫂对母亲角色的敬畏、热爱新生儿、掌握母婴护理知识与技能技巧等；育婴服务需要育婴员具有活泼开朗的性格、喜欢孩子、掌握婴幼儿教育与生活照料的知识与技能技巧等；居家养老护理需要养老护理员孝敬老年人、理解老年人、性格随和、善于沟通、办事稳健、掌握居家老年护理知识与技能技巧等。在家政服务员的招聘过程中，我们要善于甄别欲从事家政服务的人员到底具有什么技能素质和性格特征，适合哪个家政服务细分业态，不能盲目招聘。一个家政服务员一般情况下，不可能同时胜任母婴护理与居家养老护理两个业态。因为不同的家政服务业态对家政服务员素质性格技能都有不同的要求，且差异显著。

是什么使优异的家政服务员与众不同呢？

往往都是无法通过培训来教会的东西，是每个人内在的品质，是她们将带给每一个雇主的品质。

一项针对表现优异的家政服务员的研究发现：服务工作中的活力是没有办法学到的，只能通过雇佣来得到。魅力、注重细节、职业道德、爱干净整洁等特质也同样如此。有些品质可以通过工作培训或奖励得到加强，但是总的来说，这些品质都是与生俱来的。

另外，人力资源经理发现，优雅的举止、微笑和目光接触是可以传授的，但是热情是无法教会的。唯一现实的解决方式，就是确保家政服务公司的招募标准是依据那些天性热情的应聘者而制定的。

合理的结论就是，家政企业需要投入大量的精力去吸引和雇佣正确的人。

25.2.3 如何发现优秀的候选人

优秀的家政服务公司有很多方法用于在众多候选人中寻找最合适的人选。这些方法包括：观察他（她）们的行为、进行性格测试、面试、观摩现实的家政服务工作场景等。

25.2.3.1 观察行为

作出最终雇佣决定不是看候选人自己说什么，而是靠面试官自己的观察。"不要告诉我你能做什么，做给我看一看。光说不练的人比比皆是。"

面试官可以通过行为刺激或测评中心的测试，直接或间接地观察行为，在测试中，面试官会观察候选人在标准家政服务场景中作出的行为，是否符合家政公司顾客的期望。

同时，过去的行为，是对未来行为最好的预测：那些获得过优秀服务奖励、收到过很多感谢信、得到原雇主较高评价的人应该被雇佣。

25.2.3.2 进行性格测试

使用与家政服务特定工作相关的性格测试，考察应聘者是否能礼貌地对待顾客和其他同事、体贴周到、机智、理解顾客需求，并有能力准确而友好地交流。以这些测试为基础的雇佣决定将会更合理。

通过测试，所选的家政服务员都是依据他（她）们在家政服务环境下所展现出来的自然的服务工作倾向。与生俱来的性格，例如爱微笑，乐于助人，以及同时处理多项服务工作的能力，使他（她）们拥有无须培训的技能。

最好是雇佣乐观快乐的人，因为如果家政服务员很满足，顾客对他（她）们的服务也会更满意。

除了大量基于面试的心理测试，高效的网络测试也很好。候选人填写网络上试卷，雇主收到测试结果分析、候选人是否合适的评价、雇佣推荐。也可以和专业的人力资源公司或心理咨询公司合作，外包此项业务。

25.2.3.3 使用多重的结构化面试

为了更准确地作出雇佣决定，资深的招聘者喜欢使用基于家政服务工作要求而设计的结构化面试，使用多个面试官。当知道自己和别人要同时评价一个候选人的时候，人们都会更加审慎。

使用两个或两个以上的面试官还有一个好处，这样可以减少"和我很像"的偏见，因为我们都喜欢和我们很像的人。

25.2.3.4 让候选者预览实际家政服务工作

在招募的过程中，家政服务公司应当让候选人知道家政服务工作的实际状况，因此应当给他（她）们"体验家政服务工作"的机会看看自己是否合适。

同时，面试官还可以观察候选人对实际家政服务工作是如何反应的。这种方法会使一些候选人发现家政服务工作并不适合他（她）们而自动放弃申请。同时，家政公司可以调整新员工对工作的期待。

很多家政服务公司都使用这种方法。他们安排应聘者做两天的带薪工作，就当作最终的面试。家政经理可以观察候选人，候选人也可以考虑是否喜欢家政服务这个工作和环境。

25.3 家政服务员培训管理

招聘到合适的欲从事家政服务的从业人员之后，接下来，就是家政培训。家政服务员岗前培训是必需的。家政服务员上岗前，必须要拿到"上岗合格证"才能上岗为雇主家庭提供家政服务。

否则，家政培训不合格，没有通过严格地培训考试考核，即没有拿到正规"合格证"（当然，通过用钱购买而获得的"合格证"，也是如同没有合法的"合格证"），家政服务员即使上岗了，也很难胜任家政服务。结果必然导致雇主体验不好、不满意，这也是家政服务员频繁跳槽跳单的主要原因之一。

正确地积极地培训家政服务员。如果一家家政公司已经选择了合适的员工，培训的投资可以产生显著的成效。出色的家政服务企业都非常重视员工培训，无论在嘴上、在投资上还是在行动上都有明显体现。吸引多样化和有竞争力的家政服务候选人来申请，使用有效的方法从这群人中选择最合适的人选，并且大力培训这些人，你就会成为任何一个家政服务市场上的佼佼者。

总之，对家政服务员的培训和开发，会产生巨大的收益。为家政服务员设计出良好的职业生涯发展规划，会使家政服务员感觉自己受到重视和关怀，作为回报，家政服务员会努力工作，满足顾客需求，提升顾客满意度、忠诚度，并最终为家政公司带来源源不断的利润。

25.3.1 家政培训价值

家政培训的价值毋庸置疑，主要体现在：

一是我国家政服务员整体素质较低。

二是家政公司经理人普遍缺乏职业管理能力。

三是家政培训师严重缺乏。

四是社会公众对家政服务还缺乏应有的正确认识。

遗憾的是，家政培训一直是我国家政公司的短板◇一、主要原因是：

一、"小、散、弱、乱"的中小家政公司，由于实行"中介制"，不重视家政服务员的培训，也没有相应的投入；再加上家政服务员的流动性强、稳定性差，很难留住，也不愿意在家政服务员培训上下功夫。所以我国家政服务职业培训也呈现"小、散、弱、乱"的局面。

二、有的中小家政公司意识到家政培训的必要性与价值，但又没有相应的培训能力，即使是专门的家政培训机构，也因为没有合格的家政培训师而导致培训效能十分有限。以至于我国至今尚没有一家在社会上或是家政行业形成口碑的家政培训领军学校或品牌家政培训学校，甚至包括国家扶持的新设立的家政高职和本科院校，也因为家政专业师资缺乏，而举步维艰，进退两难。

三、虽然政府大力扶持家政培训，投入巨资，但是家政培训机构自身能力不足，而没有发挥应有的作用。很多都是流于形式，在教室"黑板"上学"家务"，纸上谈兵，似乎成了"发证"（家政服务员职业技能证书）机构，而遭社会诟病。

总之，我国家政培训价值并没有得到体现、并没有得到真正发挥。家政培训更多是流于形式，"套取"政府的培训资金补贴。

25.3.2 家政培训场景

我国家政培训的基本场景是家政公司或家政培训学校。无论是家政公司或家政培训学校，主要是班级授课制为主，辅之以简单的教学道具。例如：保洁工具、衣物熨烫工具、婴幼儿教学模型等，这些教具也只是用来简单模拟，很少像真实家庭生活场景的服务工具一样用来实际操作。

当我们在家政公司（一般是办公用房）或培训学校（一般是教室）进行家政培训时，即使我们有的布置了简单的"模拟家庭场景"，但也只是"道具"，"中看不中用"，即只能观摩，不能进行实践操作。例如"模拟家庭"没有真实的自来水、下水道，不是真实的"卫生间""厨房"，更没有货真价实的家具和家用电器等，这样的家政培训场景，如何切实有效培训家政服务员的动手操作技能？

其实，最好的家政培训场景，就是原生态的真实家庭。在一个相对精装的、各种现代化时尚家具、各种现代的家用电器、种植家庭花卉、饲养宠物的真实现代家庭，生活本身就是培训。从这个意义上说，"家庭即学校""生活即培训""雇主即培训师"。我们要创设这样一个家政培训场景。

家政服务员只有在这样一个真实的家庭中，对家庭生活涉及的各种事务进行现场培训，并亲自动手实践，这样的家政培训才是有效的培训，是有价值的培训，而不是"黑板上种庄稼"。

25.3.3 家政培训痛点

通过以上分享，我们不难发现，我国家政培训的痛点主要有三个：

25.3.3.1 培训师资缺乏

我们要不拘一格发现或培养家政培训师。无论是资深的家政服务员，还是拥有"一技之长"的雇主；无论是生活服务类专业资深从业人员，例如餐饮店的高级厨师、洗衣店的高级洗衣师、家具店的各种家具技师、植物园的园艺工程师、宠物店的兽医师，当然更包括妇幼保健机构的专业医护人员、老年医院或福利院的医护人员等，包括教育机构的幼儿教师、心理咨询师等，也包括就业部门的职业指导师、法律部门的公益律师等。他（她）们都是我们的"家政培训师"。

果真如此，我们可以从根本上解决家政师资短缺问题，并在实践中，有意识组建和打造自己的专兼职相结合的家政培训师团队。

25.3.3.2 培训内容落后

面对培训内容落后于家政实践，我们可以通过家政服务的"问题导向"，来选择家政培训的内容。同时，兼顾家政服务职业技能培训的系统性。总之，我们要采用最先进的生活理念与生活技能，来培训我们的家政服务员。这里，雇主的需求，就是最好的培训内容。当然，如果我们还能够引领雇主的生活品位与生活方式，不仅是提升雇主体验的良方，也是不可或缺的家政培训内容。

为此，我们要紧跟时代经济、科技、人文、社会发展的步伐，把最新的与家庭生活息息相关的发展成果，及时有意识地运用于我们的家政服务实践中，一定会受到事半功倍的效果。

25.3.3.3 缺乏培训场景

关于家政培训场景痛点，除了创造条件配备家政服务专用的实操训练室、添置实操设备器材外，我们要利用现有的中高端精装家庭，作为家政服务职业技能培训场景，这是天然的家政培训室。在真实的中高端精装家庭，不仅场景符合家政培训要求，就是在功能上，也能实现家政培训课程目标。唯一不足的是，由于真实的家庭场景空间的限制，一次性培训的人数会受到限制。这要求在培训时间安排上灵活机动。

当然，如果有条件创建一个功能完整的"模拟家庭"，并且配置各种家具和家用电器等设备，用于家政培训，那是最理想的家政培训场景。

　　除此之外，我们建议家政服务员还要善于利用雇主家庭的真实场景，按照实操培训内容，进行自我训练，并请雇主及家庭成员做"培训老师"，指导与监督自己的"培训"，在"做中学"，也是破解家政服务培训场景缺乏的有效良策。

25.3.4　家政培训内容

25.3.4.1　我国家政培训内容存在的问题

　　除了家政培训师严重缺乏、不专业外，我国家政培训内容也落后于家政服务实践需求，主要体现在以下几个方面：

　　1）家政培训内容缺乏科学性、系统性

　　我们知道，家政服务是综合性与应用性都强的生活技能服务。每个服务业态都有独立的服务对象与服务内容，分别涵盖家居保洁、衣物洗涤收纳、家庭餐制作、母婴护理（月嫂）、育婴、居家养老护理、病患陪护、高级管家、涉外家政服务等。每个服务业态又包括职业道德、职业技能、专业知识、服务态度等，这些内容都有一定的逻辑体系，彼此之间相互联系、相互作用、相互影响，都要自己的独有的标准与服务规范。

　　因此，家政培训内容要分门别类，根据每个业态的标准与规范进行系统培训。但现实的情况是，现在的家政培训内容更多的是列举式的经验总结型的"以老带新"培训（尽管有较强的实用性）。因为没有科学标准的系统化培训教材，所以在整体上，家政培训内容"零散"、缺乏系统性；因为是"经验型"，导致科学性不足。家政培训内容上的"短板"，直接影响家政服务员职业技能的提升。

　　2）家政培训内容与实践脱节

　　随着社会经济与科技的飞速发展，家庭的生活方式正在发生深刻的变化。例如，随着生态文明建设上升到国家发展战略，人们在物质需求满足以后，对于生态、环境的要求越来越高，"绿色生活""绿色家庭"开始进入普通百姓家庭；同样，随着人工智能、物联网、大数据在生活中的广泛应用，"智能家居""智慧家庭"开始改变人们的生活方式。例如，清洁机器人参与家庭保洁，服务机器人参与居家老年人护理，智能烹饪电炒锅、智能电冰箱等对家庭餐制作的影响，这些都是家政服务员应该掌握的，理应是家政培训的内容。

　　然而，现在的家政培训仍然停留在传统的"一块抹布"做保洁的服务方式；家庭餐制作，仍然停留在依靠家政服务员的经验能力基础之上，缺乏通过"智能"手段，获取雇主家庭成员的健康信息数据，自动生成家庭成员的"科学食谱"，并能通过智能烹饪电炒锅，按照设定好的计算机程序，在规定的时间进行自动的"智能烹饪"，真正做到"色香味俱全、营养科学搭配"。因此，家政培训内容也要与时俱进，跟上实践的步伐，走在实践的前头，引领实践，更好为雇主提供高品质的新家政服务，让雇主享受时代进步带来的更美好的家庭生活体验。

　　3）家政培训重职业技能培训，轻职业道德培训

　　在现在的家政培训中，相对来说，比较重视家政服务员职业技能培训。其体现在有技能培训教材、有技能培训教师（尽管这些都还达不到合格要求），有的地方甚至还配备了专业的实操教室，有一定的培训课时，有考试有证书。但在职业道德培训上，仅仅是讲授：如何与客户签单、如何与客户相处、如何获得客户的好感等一些成功的"宝贵的经验"，缺乏规范化的系统化的职业道德培训教材、缺乏合格的职业道德培训教师。在培训学时上也是严重不足，更不要说还要对职业道德培训的成果进行考核（因为职业道德本身也是较难考核的）。总之，现阶段的家政培训中"职业道德"的培训更多是流于形式，没有真正起到规范、约束、引领家政服务员服务行为的目的。

然而，我们必须要知道，职业技能与职业道德，是一个家政服务从业人员职业生涯发展、获得服务工作成功的两个必要的基本素质。在家政职业活动中，我们不能"一手软、一手硬"。否则，无论是职业技能缺失，还是职业道德缺失，都难以获得家政服务工作与事业的成功。相反，职业技能与职业道德，是相辅相成、相互促进，共同成就一个家政服务员的就业创业的核心竞争力。因此，在家政培训中，我们不能"一重一轻"，而是"两手都要硬"，甚至，在某种程度上，家政服务职业道德比家政服务职业技能对一个家政服务员的职业生涯发展更重要、更关键。

4）忽视家政服务员的心理健康培训

首先，由于家政服务员是在一个封闭的隐私的相对狭小的空间（100~300平方米）里，为固定的人数（大约3到5个人）的雇主家庭提供服务。其工作压力、心理压力比开放式的工作环境的人的心理压力大的很多；第二，家政服务员与雇主在身份、经济水平、知识能力水平上客观存在的巨大差距，也是造成家政服务员心理压力大的因素之一；第三，家政服务员是一个人为雇主家庭提供服务，工作服务现场没有工作伙伴可以商量或排解心理压力。事实上，这些也都是家政服务员工作稳定性差、容易流失的主要原因。

因此，在家政服务培训中，一定要增加家政服务员心理健康内容的培训，提升家政服务员自我心理调节能力，保持积极健康的心态提供家政服务，非常必要。遗憾的是，现有的家政培训在家政服务员心理健康培训上是空白。

5）家政培训重知识讲授，轻服务技能实操

在现有的家政培训中，还有一个普遍存在的问题：就是重家政服务知识讲授，轻服务技能实操，是"黑板上种庄稼""纸上谈兵"。很显然，经过这样的家政培训，家政服务员是"眼高手低"，动手能力欠缺。为什么普遍存在"重知识、轻技能"的家政培训，主要原因不是家政培训机构不知道"服务技能实操训练"的价值，而是缺乏必要的实操培训场地、培训设备、培训师资、培训教材等。

因此，家政培训机构要创造条件，强化服务技能实操训练，也只有在实操训练中、在"做"中才能真正提升家政服务员的职业技能。

25.3.4.2 家政培训内容具体是什么？

25.3.4.2.1 家政服务员最核心品质：家政服务职业道德

要开展家政培训，要因材施教，才能提升培训质量与效率。

首先，要明确家政培训对象是谁？不同的家政服务细分业态，有不同的培训内容。例如，家居保洁收纳、家庭餐制作、衣服洗涤收纳、居家养老护理、母婴护理（月嫂）、育婴、病患陪护、管家、涉外家政等。

其次，要明确培训对象的水平等级，因材施教。即使是同一服务业态，例如，母婴护理（月嫂），也要根据家政服务员（月嫂）的职业技能标准等级，进行与标准等级对等的家政培训。例如，五级（初级）月嫂与三级（高级）月嫂的培训内容是不同的，而且差异很显著。因此，在家政培训之前，要对家政服务员先进行职业技能标准等级鉴定，再进行有针对性培训，提升培训效能。

第三，要明确家政服务员最核心品质并优先重点培训。即便是不同细分业态的家政服务员，无论是月嫂、育婴员还是居家养老护理员、病患陪护员等，都有最核心品质，那就是家政服务员职业道德，即敬业爱岗、诚实守信、尊老爱幼、勤劳节俭、严守家私、四自精神（自尊、自信、自强、自立）。为什么？

因为，家政服务职业技能与家政服务职业道德，是一个家政从业人员职业生涯发展、获得服务工作成功的两个必要的基本素质。但是，职业道德引领、支撑、促进职业技能发展。具体分析如下：

1）职业道德引领职业技能

德才兼备，是我们对人才的要求。这里的"德"是指职业道德、社会公德、私德；"才"是指知识、能力、职业技能。那么"德"与"才"是什么关系？司马光在《资治通鉴》上说："才者，德之资也；德者，才之帅也"，意思是：才能依靠德行，德行引领才能，德居主导地位。

因此，一个家政服务员职业生涯发展是否顺利、事业能否成功，其最终的决定性因素不是职业技能水平的高低，而是其职业道德品质的好坏。

2）职业道德支撑职业技能

在家政职业活动中，一个家政从业人员的职业成功，离不开职业技能，而职业技能的有效发挥需要职业道德的支撑。没有良好的职业道德的家政服务员，即使职业技能水平再高，也难以在服务工作岗位中取得实际的效益或职业成功。这种现象，在家政职业活动中屡见不鲜：在同样的工作条件下，做同样的工作，技术能力强的家政服务员的服务工作质量或职业贡献，有时很可能不如技术能力比较低的家政服务员，原因就在于两者职业道德水平的差异，即在服务工作责任心、工作态度、意志品质、努力程度、职业精神等主观因素的差异。

因此，职业道德、职业精神是一个家政服务员的重要精神品质，是家政企业选人、用人、提拔人的重要指标，也是首要指标。

3）职业道德促进职业技能

在家政职业活动中，良好的职业道德，能够增强个人学习的积极性、主动性、创造性。这有助于职业技能的学习与提升。

良好的家政服务职业道德，还能够为家政从业人员创造良好的学习外部环境和学习条件。其主要体现在：一个具有良好职业道德的家政服务员，能够很好融入社会、融入集体、融入雇主家庭；能够与雇主家庭成员、同事友好相处、团结合作；在家政职业活动中，乐于分享、乐于奉献。在这样的环境与氛围中，人们就会心情舒畅、满怀激情、相互帮助、相互学习、积极进取、共同提升，自然会大大促进自己职业技能的逐步提高。

25.3.4.2.2 家政企业文化、目标、战略

在家政培训中，对于新员工而言，培训的最佳起点是员工特别是一线家政服务员，对家政企业核心战略和核心文化的情感认同。例如，服务理念、服务态度、服务规范、服务质量、服务承诺等。

特别是雇佣新人，要注意对公司的核心战略产生情感上的责任。增强核心价值。例如，对优质服务的责任感、响应、团队精神、互相尊重、诚实、正直。让新员工关注"什么""为什么""怎么样"，而不是关注特定的工作。例如，让员工了解企业的创业史，企业的使命、愿景等。同时，让员工知道自身的价值与企业的价值的统一。

我们知道，家政企业服务文化是企业的核心竞争力◇一、是企业基业长青的秘密武器，更是卓越企业的成功秘诀。企业竞争的最高境界是文化竞争，文化的成功是成功的根本。因此，家政企业的家政培训内容，必须要包括家政企业服务文化的培训。那么，家政企业服务文化的内容是什么？

1）服务理念

基于家政服务的特殊性，在家政服务文化中，服务理念是企业服务文化的核心。所谓家政服务理念，就是一套经由企业多数一线家政服务员一致同意的共同价值观。其主要包

括服务宗旨、服务使命、服务目的、服务理想、服务目标、服务要求、服务原则等内容。当然，家政企业的创办发展历史，就是家政服务理念的具体体现，应放在家政培训的开篇中。不忘企业初心，牢记企业使命。

在定义家政服务理念时，还需要包含：提高家政服务员自尊，增强家政服务员满意度，加快自我发展，提高家政服务灵活性、积极主动性、创造性等内容。家政服务企业在要求家政服务员提高对顾客尊重程度的时候，首先要求家政服务员增强自尊，增强家政服务员对服务工作的满足感。所以家政服务企业的服务理念，在满足顾客需求的同时，还要满足家政服务员需求。

家政企业在定义服务理念时，还必须保持家政服务系统中"前台"和"后台"的一致性。单纯地考虑前台的需要，而忽略了后台要求的服务理念，绝不是成功的理念；反之亦然。

除了上述因素之外，家政服务理念还要能明确地表达出家政企业需要家政服务员提供什么标准的服务，消费者可以期望获得什么标准的服务。

2）服务态度

家政服务态度，是指家政服务员在家政服务过程中，在一言一行中所表现出来的一种情感心理状态。最典型的就是"微笑服务"。服务态度是家政企业服务文化最直接的呈现形式，是服务行为文化。

家政服务态度的内容包括：诚恳、礼貌、亲切、友好、尊重、谅解、同情心、任劳任怨等。反之，在家政服务过程中，不能把负面的情感情绪状态表现给雇主及其家庭成员。

满意的服务是从良好的服务态度开始的。良好的服务态度，会使雇主及其家庭成员产生朴实感、真诚感、亲切感、被尊重，良好的家政服务态度主要表现在以下六点：

（1）微笑服务。微笑是一种生活态度。微笑服务作为一种无声的服务语言，微笑服务可展现家政服务员的礼仪修养；是提高家政服务质量与服务体验的最有效途径。因为，微笑可以融洽家政服务员与雇主及其家庭成员的关系；微笑服务是化解家政服务员与患雇主之间矛盾的润滑剂。

真心的微笑，可以收获令人意想不到的效果。微笑是一种奉献，更是一种力量，是一种可以创造效益的不可忽视的力量，可以满足雇主及其家庭成员的精神需求，带来愉悦的心情。微笑服务会产生社会效益、经济效益。

（2）主动。在家政服务中，家政服务员总是自觉地做家务事，"眼中有活"，能站在雇主的立场，时时为雇主着想，事事做在雇主提出要求之前，很勤快，不偷懒，能主动想办法解决家务事上遇到的困难。

（3）热情。在家政服务过程中，把雇主家庭当作自己的家庭，把雇主及其家庭成员当成自己的亲人，态度和蔼可亲，语言有亲和力；遇到困难事，不急不躁不烦，能以友好的态度面对，积极、主动加以解决；能主动地关心、帮助雇主家庭成员，解决其在家务事上的后顾之忧。

（4）认真。家务事无小事，在家政服务中，无论事情大小，都能认认真真对待，一丝不苟，做好每一件事，让雇主满意；急雇主之所急，想雇主之所想，把雇主交代的每一件办好；即使是雇主没有交代的事，也能力所能及想办法解决，让雇主满意。

（5）耐心。家务事琐碎庞杂，但总是认真对待，一件一件办好，不急不躁；特别是对雇主家庭的老人、病人、残疾人、孕产妇与新生儿、婴幼儿等，总是用心照料，而不厌其烦；对待雇主家庭成员，都能体贴入微，面面俱到。

（6）文明礼貌。家政服务员要十分注重自己的仪容仪表、言行举止。尊重雇主家庭每个成员，尊老爱幼，以礼相待；待人接物，语言和蔼可亲，多用敬语，从不说不文明的话。

作为家政服务员，自己要特别注意养成良好的个人卫生习惯：例如，身体与衣物无异味；做到早、晚饭后勤刷牙；入睡起床要洗脸、洗脚；经常洗头又洗澡；讲究头发整洁和勤更衣等个人卫生。

在家政服务过程中，不要在雇主及其家庭成员面前打扫雇主家庭卫生；更不可在雇主及其家庭成员面前剔牙齿、掏鼻孔、挖耳屎、修指甲、搓泥垢等，这些行为都应该避开他人进行。否则，不仅不雅观，也不尊重他人。

与雇主及其家庭成员谈话时，应保持一定距离，声音最好不要太大，也不要太小，语速与声量适中，更不可口沫四溅。交谈时，首先正视对方、学会倾听、不能东张西望、面带倦容、哈欠连天。否则，会给人心不在焉、无理等不礼貌的印象。

在雇主家庭接待来访客人时，不要与客人握手，目光注视对方，微笑致意即可，以示对客人的尊重、礼貌。不可心不在焉、左顾右盼。当然，也要不卑不亢。

3）服务规范

家政服务场景的封闭性、服务方式的"个别性"，导致家政服务过程，缺乏监控，服务质量很不稳定。这就要求，家政公司要强化服务规范，来确保服务质量稳定可控。同时，通过服务规范来确保家政服务安全。因此，家政服务规范是家政企业服务制度文化，也是不可或缺的、必需的。

那么，家政服务规范有哪些？家政公司可以根据自己企业实际，确定具体内容，但主要包括以下几个方面：

（1）家政服务身份信息管理规范；

（2）家政服务员服务手册；

（3）家政服务员安全服务须知；

（4）家政服务员培训管理规范；

（5）家政服务员服务质量评价管理规范；

（6）家政服务员合同管理规范；

（7）家政服务员职业生涯发展管理规范；

（8）家政服务员工资福利保险保障管理规范；

（9）雇主身份信息管理规范；

（10）雇主管理规范或雇主须知；

（11）雇主投诉管理及服务补救规范；

（12）家政公司管理人员管理规范；

（13）家政服务风险管理及应急管理预案等。

4）服务质量

我们知道，家政服务特性（无形性、异质性、不可分性、不可储存性），使家政服务质量很难评估。因此，在家政企业服务文化中，要不断强化服务质量文化，通过服务质量文化来规范与约束每个家政服务员与管理人员，进而保持服务质量的稳定性、可靠性。因为，服务质量文化是服务文化的载体。作为家政企业，很有必要制定《家政服务质量管理手册》。

家政企业服务质量文化的具体内涵是什么？

我们知道，家政服务质量是由雇主的主观感知决定的。因此，家政企业服务质量要站在雇主的角度，来思考与制定。雇主感知的服务质量的基本内容，主要有10个方面的指标，归纳为5个维度：有形性、可靠性、响应性、安全性、移情性。具体内容是：

雇主用于评估服务质量的 10 项指标：

（1）信誉度：是指家政企业值得信任、诚实。

（2）安全感：在家政服务中，没有危险，没有风险与怀疑。

（3）可接近性：是指家政公司和家政服务员易于联系、方便联系。

（4）有效沟通：能够倾听顾客，用顾客能够理解易懂的语言进行交流。

（5）理解顾客：努力去理解顾客的需求与服务预期。

（6）可靠性：能够准确可靠地履行所承诺的服务。

（7）响应性：员工愿意积极主动、及时为顾客提供服务。

（8）能力：员工特别是一线家政服务员拥有完成家政服务所要求的服务技能与知识。

（9）礼仪：在接待顾客或提供服务时的仪容仪表。

（10）可接触性：也是有形性，是服务的有形实物特征。

这 10 个方面的具体指标，就是雇主对服务质量的期望，归纳起来主要有五个方面的维度：有形性、可靠性、响应性、安全性、移情性。其中：

（1）有形性

家政服务的有形性，是指家政服务产品的"有形部分"。例如：家政服务的家政服务员的形象、各种服务工具、各种服务标牌等。家政服务公司要强化家政服务的有形展示，尽量让顾客感知公司所提供的优质家政服务。

（2）可靠性

家政服务的可靠性，是指家政企业准确、可靠地提供所承诺的家政服务的能力。即家政公司派遣不同的家政服务员，在不同的服务时间，不同的服务家庭，都能提供标准化的家政服务，保证家政服务质量的稳定性。许多品牌家政服务企业都是以优质的稳定的、可靠的家政服务质量来建立自己的声誉。

（3）响应性

家政服务的响应性是指家政企业愿意积极主动帮助顾客，能及时为顾客提供必要的服务。

（4）安全性

家政服务的安全性，是指顾客对家政公司特别是一线家政服务员的产生信任感，并感受到服务安全。顾客认为自己找对了家政公司与家政服务员，获得了信心与安全感。这对家政公司建立顾客忠诚意义重大。

（5）移情性

家政服务的移情性，是指家政公司给予顾客特别的关心和个性化的服务。家政服务的移情性，让顾客感受到自己是唯一的、特殊的，感受到家政公司对自己的理解与关注。这样，有利于顾客与家政公司建立特殊的偏好关系。

综上所述，这雇主评估家政服务质量的 10 个标准维度，是家政公司服务质量文化的具体体现。通过服务文化对每个家政服务员与管理人员的"浸透"，使家政服务员与管理人员在家政服务中，浸透着极其强烈的责任感、服务质量精神、服务质量意识。

5）服务承诺

在家政服务中，我们一直倡导"顾客导向""服务导向"的家政服务文化。而"顾客导向"的家政服务企业，越来越多地向雇主提供服务承诺，即将专业的雇主抱怨投诉处理和有效的服务补救进行制度化、公开化。这将给作出"服务承诺"的家政企业带来很多好处。因为，这些家政企业认识到，服务承诺不仅是作为一种服务营销工具，也是保证和实现家政服务质量的有力工具。一个有效的家政服务承诺对于市场竞争日益激烈的家政企业的作用，将是显著的，主要有以下几点：

＊ 服务承诺促使家政企业关注雇主需求。家政企业要确立一个有效的服务承诺，首先必须明确家政雇主想要的是什么、服务期望的是什么？雇主的服务价值观是什么？这是家政企业发展的立足点。

＊ 服务承诺确定了家政企业的服务标准。服务承诺告诉了雇主，也告诉了企业员工特别是一线家政服务员，企业的服务标准是什么？即什么是对员工的期望，也要求企业管理者围绕"服务承诺"来建立企业服务文化。服务承诺将成为家政企业管理者和一线家政服务员识别、提高家政服务质量的管理工具。

＊ 服务承诺能够给企业提供快捷的、更有代表性的、有价值的雇主的反馈。

＊ 服务承诺有利于服务补救。快速的服务补救，能够在很长时间内既能令雇主满意，又有助于维持雇主忠诚。

＊ 服务承诺有助于服务持续改进。服务承诺有助于建立机制来倾听雇主的声音，满足雇主的需求，即有利于强化雇主与家政企业和家政服务员之间的反馈联系。

＊ 服务承诺有助于降低雇主购买风险、建立忠诚。这样，就提升了家政企业的营销能力。

＊ 服务承诺有助于建立积极的家政服务文化。对家政企业来说，服务承诺有助于建立雇主的理解和忠诚、正面的口碑宣传。这都间接地促进企业积极的服务文化的建立，进而能够间接地减少员工包括一线家政服务员的流动性，培育员工忠诚。

6）爱心事业、民生工程

众所周知，在我国，家政服务业首先是一项民生工程。其主要体现在家政服务业提供了很多"公共产品"：一、家政服务业解决了很多农民女工特别是贫困地区的女工、城市女工特别是下岗女工、大学毕业生特别是困难大学毕业生的就业；二、家政服务业有助于缓解我国老年化社会居家老年人的养老服务需求。我们知道，我国是一个有 2.47 亿老年人口的大国，老年人需要生活照料服务已是严重的社会问题。因此，发展家政服务业无疑是大的民生工程。

家政服务业还是爱心事业。家政服务对象主要是雇主家庭的相对弱势人群：居家老年人、病人、残疾人、孕产妇与新生儿、婴幼儿等，这就要求家政企业和家政服务员要拥有爱心、善良之心、同情心，才能服务好这些需要关爱的弱势服务对象。

家政服务业既是民生工程，又是爱心事业，这都要求家政企业和家政服务员不仅要有责任感，还要有爱心。这些都是家政服务文化的重要内容，也是家政服务培训的重要内容。

25.3.4.2.3　人际交往能力、工作交流能力

家政服务业是与人打交道的职业。对家政服务员而言，人际交往技能是必需的，还需要基本的工作能力。即家政服务员要能够胜任家政服务工作，需要基本的服务能力。

所谓家政服务员最基本能力，是指完成家政服务职业或岗位工作任务的一般能力。即：语言表达能力、人际交往能力、学习能力等。家政服务员在学习和掌握家政服务必备的职业知识和职业技能时，所需具备的基本能力和潜力。家政服务员的基本能力主要包括以下要素：

1）一般智力：是指基本学习能力，即获取、领会和理解外界信息的能力，以及基本分析、推理和判断的能力。这是家政服务员学习掌握家政服务职业知识与职业技能的必要条件。

2）表达能力：以语言或文字方式有效地进行交流、表达的能力。家政服务员要口齿清楚、会讲普通话。这是家政服务员与雇主或家政公司管理者进行正常交流的基本能力。

3）计算能力、辨别颜色的能力、动手能力等。

这其中，一般智力、计算能力、辨别颜色的能力是相当稳定的，不是短期培训可以大幅提升的；动手能力需要在实践操作中不断获得提升。

4）人际交往能力：懂得各种场合的礼仪、礼节，善于待人接物，善于处理人际关系；在人际交往活动中，要热情、自信、注意仪表、举止、面带微笑、运用温和语言处理事务；在人际交往活动中，应对领导、同事、合作者和其他相关人员表示关心和尊重。就家政服务而言，要懂得家庭礼仪，处理好与雇及其家庭成员主、家政公司、同事等人际关系。特别是处理好与雇主及家庭成员甚至包括雇主的客人的人际关系。

但是，表达能力、人际交往能力，是有技巧的，是可以通过强化的科学训练，通过情景模拟、角色扮演训练，通过心理干预，是可以在短时间内受到比较好的培训效果。一般来说，人际关系技巧，成为普通的交流服务工作，包括个人的视觉交流技巧，例如眼神交流、专心倾听、肢体语言、面部表情；技术技巧，包含服务过程的所有需要知道的知识（例如，如何处理顾客的投诉）、服务工具使用以及与顾客服务过程有关的标准和规则。技术技巧和人际关系技巧都是必需的，无论缺少哪一个对于最佳的工作表现都是不够的。

更为重要的是，家政服务过程是一种家庭背景下的特殊人际交往过程，即家政服务员与雇主及其家庭成员的人际交往过程。家政服务质量好坏、雇主对家政服务体验如何？很大程度上取决于雇主的主观感受、主观认识。因此，在家政服务过程中，如果家政服务员能够很准确地表达自己的服务过程、所使用的服务技能、雇主需要提供的一些条件或帮助，并与雇主及其家庭成员建立良好的人际关系，就能提升家政服务质量、服务体验。所以，在家政培训中，要特别重视家政服务员的表达能力、人际交往能力的培训。这样，家政培训就会收到事半功倍的培训效果。

25.3.4.2.4 服务产品、服务技能、服务知识

家政服务质量的关键，是家政服务员必须熟悉家政服务产品、服务技能、服务知识。只有这样，家政服务员才能为顾客提供可靠的、稳定的、可预期的家政服务，并在服务中能够解决顾客的问题。

1）服务产品

所谓家政服务产品，是指家政公司的价值主张，也即家政公司的服务理念，主要包括三大要素：核心产品、附加性服务、传递流程。这三大要素构成了一个完整的家政服务产品。新的家政服务员，来家政公司后，首先要明白：向雇主提供何种服务？如何向雇主提供这些服务？其中：

（1）核心产品，是雇主要寻找的、能解决雇主问题或痛点的服务。在我国现阶段家政服务中，主要是"九大家政服务"：

☑ 家居保洁收纳服务

☑ 家庭餐制作服务

☑ 衣物洗涤收纳服务

☑ 母婴护理（月嫂）服务

☑ 育婴服务

☑ 居家养老护理服务

☑ 病患陪护服务

☑ 管家服务

☑ 涉外家政服务

（2）附加性服务，是增强核心产品功能。所谓附加性服务，是指能增强核心产品的相关服务，在促进核心产品功能与效率的同时，强化核心产品的价值与吸引力。

附加性服务的范围和层次，通常在核心产品与相似产品竞争中扮演重要角色，它能有效地区分与定位家政服务产品。

附加性服务总是扮演以下两种角色：

☑ 支持性附加服务：通常在传递或者使用核心服务的流程中起重要作用。支持性服务有：信息服务、订单服务、账单服务、付账服务；

☑ 增强性附加服务：则能为雇主带来额外的价值。增强性服务有：咨询服务、接待服务、保管服务、特殊服务。

（3）传递流程是指提供核心产品与各项附加性服务的流程，也就是如何有效向雇主提供服务。

所谓家政服务流程，从雇主角度看，是指雇主购买、享受家政服务时所要经历的一系列程序或过程。此时，服务是体验；从家政公司角度看，是指家政公司提供核心产品和各项附加性服务的一系列程序或过程，即家政公司如何有效向雇主提供家政服务。此时，服务就是创造雇主体验的过程。

说到底，服务接触中最关键的是顾客对事件的看法。

家政服务流程就是家政服务的基本框架。家政服务流程描述了家政服务提供系统工作的方法和顺序，详细指明它们是怎样贯彻在一起，来创造顾客价值，即为顾客提供核心产品和附加性服务。

在家政服务中，顾客本身就是家政服务不可分割的一部分，家政服务流程就是他们（顾客）的经历。

家政服务最显著的特征◇一、是顾客参与家政服务的生产和传递过程。但是更多的时候，家政公司或家政服务员在设计和操作家政服务时会忽略顾客的看法，间断地处理每一个步骤而不是一个完整、连贯的流程。

家政服务流程，无论是从雇主角度，还是从家政公司角度，都是一回事，是一个事情的两个方面，不是两件事。

在家政服务实践中，一个优质的服务流程设计，可以提升雇主服务体验与满意度、提升家政服务员的满意度、提升家政公司运营效率。反之，一个拙劣的服务流程设计，是缓慢的、令人沮丧、质量低劣的服务，使得一线家政服务员难以很好地完成服务，导致服务效率降低、服务失误的风险增加，进而会惹怒雇主。

由此可见，家政公司设计和编制一个优质的家政服务流程是必需的。

明确了家政服务产品后，一个家政服务员要获得职业生涯发展、获得服务工作成功，还需要相应的职业技能与专业知识。这里，需要指出的是，职业技能与专业知识是相互影响、相互促进。

2）服务技能

职业技能，是指从业人员从事职业劳动和完成岗位工作任务应具有的业务素质。职业技能是主要包括：职业功能、工作内容、技能要求、相关知识要求四项内容。其中：

☑ 职业功能，是家政从业人员所要实现的工作目标，或是家政服务的主要方面。可按照家政服务细分业态领域、服务项目、服务程序、服务对象、服务成果等进行分解。

☑ 工作内容，是指完成职业功能所应做的工作，是职业功能的细分，可按工作种类划分，也可按照工作程序划分。就家政服务而言，具体要求是：

（1）每个服务内容都应是：有清楚的开始和结尾；能观察到的具体服务单元；都会完成一项服务或产生一种结果。

（2）通常情况下，每项职业功能应该包含2个或2个以上的工作内容。

技能要求，是指完成每一项工作内容应达到的结果或应具备的能力，是工作内容的细分。具体要求为：

（1）技能要求的内容应是家政从业人员自己可独立完成的。

（2）技能要求的规范表达形式为："能（在……条件下）做（动词）……"。

就家政服务而言，家政服务职业技能，举例如下：

☑ 能运用蒸、炒、煮、炸烹饪技法分别制作3种以上菜肴；

☑ 能熨烫西服衣裤；

☑ 能清洁、养护皮革类家居用品；

☑ 能指导产妇母乳喂养新生儿；

☑ 能及时发现并应对新生儿异常情况；

☑ 能训练婴幼儿坐、爬、站立、行走；

☑ 能进行婴幼儿语言训练；

☑ 能护理患湿疹的婴幼儿；

☑ 能照料老年人沐浴、更衣；

☑ 能与老年人进行情感交流；

☑ 能清洁、消毒病人膳食器具；

☑ 能照护患压疮的病人；

☑ 能依据家宴方案准备家宴用品；

☑ 能依据家宴方案制作西餐等。

3）服务知识

服务知识，是指完成本职业或岗位工作任务的知识，主要包括基础知识、专业知识及职业相关知识。就家政服务职业技能而言，举例说明如下：

（1）基础知识：

☑ 安全知识；

☑ 卫生知识；

☑ 相关法律法规知识等。

（2）专业知识：

◇ 一、家居保洁收纳服务：

☑ 地板知识；

☑ 家庭电器知识；

☑ 家庭电器的使用方法；

☑ 家庭常用清洁用品和用具知识；

☑ 家庭常用清洁剂和消毒剂的使用方法；

☑ 家庭常用刀工技法。

◇ 二、衣服洗涤收纳服务：

☑ 服装面料知识；

☑ 洗衣机使用方法。

◇ 三、母婴护理知识：

☑ 母乳成分与价值；

☑ 新生儿生理发育知识；

☑ 母乳喂养方法。

◇ 四、育婴服务知识：

☑ 食物营养知识；

☑ 婴幼儿身心发展的基本特点；

☑ 婴幼儿饮食特点。

◇ 五、居家养老护理知识：

☑ 老年人营养知识；

☑ 老年人常见病知识；

☑ 病人饮食特点；

☑ 冷、热敷护理知识。

◇ 六、管家服务知识：

☑ 宴会礼仪知识；

☑ 常见西餐制作方法等。

总之，知识丰富的家政服务员是家政服务质量的关键因素。他（她）们会有效地解释家政服务产品的特点，并且会正确地处理。还要引导家政服务员如何在雇主的脑海中就家政服务产品进行"画画"。

当然，家政培训必须要使家政服务员服务行为发生显著的变化。如果家政服务员不能将他（她）们的所学付诸实践，整个投入就失败了。培训学习的目的，不仅仅是家政服务员变得更聪明，而且还要改变服务行为方式，作出更好的决策。为了达到这个效果，需要不断地训练和强化。

家政公司部门主管应起到必不可少的作用，那就是要经常与家政服务员交流，获知他（她）们的学习目标。例如：

☑ 帮助家政服务员从最近收到的投诉和表扬中总结经验教训。

☑ 培训和学习可以使一线家政服务员更加专业化,改变这些人的自我印象（自我意识）。因为他（她）们往往觉得自己从事的家政服务工作无关紧要。经过良好培训的家政服务员会感到并且事实上也的确成为专业家政从业人员。

☑ 对家政服务及如何有效地与顾客（即使是抱怨的顾客）沟通等知识非常熟悉的家政服务员，会感到自己很专业，心中充满了自尊，从而得到雇主的尊敬。

☑ 培训可以有效地减轻家政服务中"自我 / 角色冲突"的压力。

综上所述，服务知识与职业技能，在家政培训中，是具有不同价值的，即具有不同的比重的。家政培训的主要内容应该是职业技能的实操培训，是家政服务员亲自动手在家政操作教室进行操作训练，而不是培训老师照本宣科的"班级授课"式的知识讲授，台下家政服务学员不动手而专心听讲记笔记。这是家政培训特别要引起注意和改进的。

25.3.5 家政培训内容重点强调：健康生活

25.3.5.1 什么是健康生活

"世界卫生组织"明确指出："健康不仅仅指一个人身体没有出现疾病或虚弱现象，而是指一个人生理上、心理上、社会适应上、道德方面的良好状态"。这就是现代关于健康的较为完整的科学概念。

所谓健康生活方式，是指有益于健康的个人及其家庭的日常活动方式，包括衣、食、住、行、养育、休闲娱乐等。从这定义上看，健康生活方式与家政服务内容是高度重叠的。健康生活方式的主要内容：合理膳食、适量运动、控烟限酒、心理健康、健康居住环境、健康养育、健康休闲娱乐等。

25.3.5.2 健康生活的具体内容

健康生活具体到家庭生活实际中，主要体现在健康生活方式：

健康生活方式 1：绿色能源

绿色生活从家庭开始。我们使用能源的活动：清洁、取暖、吃饭、做饭以及休息娱乐，都在我们的雇主家庭生活、家政服务中每天不断重复进行着。这里，涉及家政服务的主要是家庭能源和水的使用。家庭能源主要是指绿色能源。

所谓绿色能源，是指清洁能源，即不排放污染物、能够直接用于生产生活的能源。因此，在家庭生活中，作为家政服务员，要了解使用天然气或液化气的效率比用电效率高，所产生的温室气体仅为电网的三分之一。因此，在家政服务中，要尽量使用绿色能源。

此外，作为职业家政服务员，也要建议雇主选购家用设备时，要注意家用设备能源评级标签。所谓家用设备能源标签制度旨在向公众提供家用设备的耗能信息。家用设备能源效率越高，完成同样的工作耗能越少。

评级标签还标明了家用设备根据标准测定的每年耗电度数。评级制度的范围包括：洗碗机、洗衣机、冰箱、冰柜、烘干机、空调机、热水设备等。选购具有较高能源效率的家用设备，每次使用的时候，既省了钱，又省了能源。这就是职业化家政服务员的应有素质。

健康生活方式 2：水

生命离不开水，生活离不开水，家政服务员也每天与水打交道。我们每天拧开水龙头，水就哗哗地流出来，好像取之不尽用之不竭。一个家政服务员好像用不着为水操心，那是雇主的事。其实，事实并非如此，一个家政服务员，一定要用绿色生活理念来指导自己的家政服务，一定要学会在家政服务中正确"用水"，要节约用水。这不仅是家政服务的职业道德，也是家政服务员应尽的劳动义务和工作职责。为什么这么说？因为，我们的家政服务员每天必须与水打交道，水是我们家庭生活必须要使用和享用的生活资源。不仅家庭使用需要付费，而且对整个城市而言是紧缺资源。每天与水打交道的家政服务员必须要认识到水的重要性，学会"节约用水"。这是现代家政服务员必须具备的素质之一。

据科学家计算，地球上总共约有 138500 万立方千米水，地球表面接近四分之三的面积被水覆盖。既然地球上有那么多的水，为什么还要大张旗鼓地倡导节约用水？

其实，对我们人类来说，水的问题在于：虽然地球表面的绝大部分面积被水覆盖，但其中 97% 都是不能饮用的咸水，还有 2% 虽为淡水却常年受困于雪山和冰山之中。更多的淡水资源深藏在地下，根本无法汲取，或者开采难道大、成本高。剩下可供人类利用的淡水——地表水、地下水、土壤含水、水蒸气和云雨只占地球总水量的区区 0.003%。

也许，你已经习惯于随意用水，觉得城市不缺水，缺水的只是干旱的农村地区，因为城市没有实行限水措施，就意味着供水充足。而实际上，我国很多城市严重缺水，除非储水严重不足，否则城市的生活用水不会实行限水措施。为了保障我们的城市永远不缺水，每一个家政服务员有义务有职业责任在雇主家庭主动自觉时时注意节约用水。

那么，家政服务员在雇主家庭究竟怎样节约用水？

首先，我们要清楚雇主家庭的用水量是多少？主要用水在什么地方？一般来说，一个普通家庭每天用水几百公斤。由于雇主的房屋面积（有的包括庭院）大小、家庭成员人数、当地气候等方面的差异，不同家庭的用水量有很大差异。但家庭的浴室和厕所用水量几乎占到家庭用水总量的一半。因此，作为家政服务员，我们要在提供家政服务的过程中，节约雇主家庭用水：

1）改变用水习惯。例如：刷牙时注意关上水龙头、浇灌花园适可而止。

2）在有些情况下可是收集和使用雨水代替自来水，作为保洁用水或冲洗厕所或浇花等。

3）再利用洗漱污水。例如，用洗菜的水，冲洗厕所或浇花等。

其实，节约用水，就是提高用水效率：巧妙地用水，减少用水量、减少水污染。建议雇主选购省水的产品：洗碗机、洗衣机、水龙头、坐便器、喷淋头及小便器等。选购这些产品的时候都要看有没有节水评级标签或标牌。作为职业化的家政服务员，生活服务专业人员，我们应该有科学绿色生活能力，不仅要为雇主提供高品质的生活服务，还要有意识引导雇主科学绿色生活。

健康生活方式3：绿色厨房

有关厨房、浴室和洗衣间的环保建议，都是家务，是家政服务员的主要工作内容，也是现代职业家政服务员的基本职责。

提到厨房，自然涉及食物：食物的品种选择、生产、包装、洗切、烹饪以及事后的清理等，如何做到环保绿色？下面具体分析：

1）健康绿色食品

首先，家政服务员要知道：食物是怎么来的？就是一个普普通通的面包，种麦子要用土壤、水、化肥、农机等，将麦子磨成面粉要用能源，将面粉做成面包要用更多的能源和水，运送面包要用燃料等。为生产我们日常家庭生活食物，都要耗用一定量的土地、水和能源，并产生污染。至于超市里供应的经过许多中间环节加工过的食品耗用的资源更多，产生的垃圾和污染更多，而鸡蛋、水果、蔬菜、鱼、肉和家禽等鲜活的食品耗用的资源较少。

那么，在家政服务中，如何进行绿色健康饮食？下面是一些具体建议：

（1）选购当地出产的时令食物。

选购当地出产的时令蔬菜水果（包括肉类家禽、鱼类）。当地的蔬菜水果应时采摘，味道鲜美，营养价值也高。当地时令食物可能种类有限，作为家政服务员要尽情使用不同的烹饪方法，同时勤跑菜市场，每次不要买得太多，这样雇主总能吃到新鲜的蔬菜水果。

相反，随着采摘、保存、包装、运输方法技术的进步，一个地方的新鲜果蔬不再只是供应当地居民。各种各样的水果蔬菜在成熟之前就被摘下来，以便进行长途运输，在途中慢慢成熟。采摘和运输的时间，根据以往长时间的经验，都经过严谨的推算。这样，水果蔬菜最终在商店柜台摆放的时候正是果蔬颜色最鲜艳的时候。然而，这些食物经过长途运输耗用了大量的燃料，但它们的营养价值和味道，反而还不如当地的产品鲜美。这就是从超市或菜市场买来的西红柿和黄瓜，吃起来又干（缺乏水分）又没有食物本味的原因。

（2）少吃加工食品。

食品加工是将食物煮熟、切碎、加入添加剂或防腐剂，通常需要耗用更多的能源和水。为使稻子或麦子等粮食变得更白、更软，可能会将其中的某些纤维成分（精华部分）去除。经过加工的食物可以保存更长的时间。可惜的是，加工过程也能使食物丧失一定的营养价值。作为家政服务员，要尽量给雇主家庭用新鲜的食材做新鲜食品，而不是图省事采购加工食品。

（3）不吃含有多种添加剂的食品。

选购食品的时候，要看看食品包装上列出的成分，不要买那些列有一大串添加剂、人造色素和香精的食品。因为，色素可使食品更加诱人，增白剂可使面粉等食品变得更白，防腐剂可延长食品的保存期限。一些特别的添加剂还能使色拉油中的油和水保持充分混合，或者防止粉状香料结块。

各种添加剂既能增强食品的香味和口味、改变食品的颜色甚至人为地提高的营养价值，也能引起人体过敏反应、不易消化，不利于人体健康。

（4）使用滤水器。使用滤水器或净水器滤除饮用水中的杂质和添加的化学物质。定期更换过滤筒。

（5）从新鲜食物而不是保健品中摄取维生素和矿物质。有些食品添加剂如维生素 C 对人体有益。不过，这些成分通常在自然状态下更容易被人体吸收。经常服用保健品，可能使人体习惯于从浓缩的制剂中摄取这些维生素和矿物质，从而影响人体从食物中摄取养分的自然能力。

（6）吃有机肥料培育的食物。传统的耕作方法，使这类表面覆盖面积较大的作物存留有大量的杀虫剂或其他化学试剂的残留物。

施用有机肥料耕种作物的过程中并不使用人工杀虫剂或人工肥料。有机肥料培育的作物中不含人工肥料、杀虫剂、荷尔蒙、助长素、抗生素、添加蜡质或刨光剂或者其他化学成分。

（7）不吃辐射食品。食品还可经过辐射处理。辐射就是将食品曝露在放射性物质发出的 X 射线和伽马射线之下，杀灭食物中的病菌或者抑制病菌的繁殖，又称低温巴式灭菌法。有人发现辐射会降低人体必需的维生素 A、维生素 E、维生素 K 以及一些能够溶解脂肪、具有防癌作用的维生素的含量。

（8）购买放养类及吃有机饲料的动物产品。例如，购买放养鸡产的绿色鸡蛋，而不要购买养鸡场饲养的食用含有激素和动物内脏饲料的鸡产的蛋。

总之，家政服务员要为雇主采买、制作绿色食品，让雇主健康绿色饮食。

2）利用绿色能源烹饪

家庭产生的温室气体中，有 3% 左右来源于做饭产生的废气。因此，在家庭中，如何使用绿色能源烹饪？首先，要保证用于做饭的器具是节能的、而非耗能大且效率低的类型；其次，是保证使用做饭器具的方法是节能的。即使没有更换做饭器具，同样可以通过使用节能的做饭方法节省能源和金钱。

烤箱、加热炉及烹饪器具。在家庭生活中，使用天然气生热要比使用电生热更便宜更节能，无论是取暖、烧水还是做饭。小型的电器产品，例如炸锅、电煎锅，由于所需加热的空间及材料更少而更节能。同用电做饭相比，使用燃气更有利于环保，而且通常更廉价。当然，如果决定使用电做饭，就选择一款节能的电热板。

厨房中的烹饪器具并非只有烤箱和加热炉。当然还有电炒锅、电水壶、煎锅、电饭煲、瓷锅、面包加热机、炸锅、烤面包机、果汁机、压力锅、微波炉、电冰箱、洗碗机等。作为家政服务员，要正确使用这些烹饪器具，既做到节能环保，又提升工作效率。一个优秀的家政服务员一定是一个擅用服务工具的人。这些都是职业化家政服务员的基本技能。下面是烹饪中节能环保、提升效率的具体做法：

＊用小型器具如烤面包机或微波炉制作或加热少量的食物。

＊通过把冷冻食品放在冰箱冷藏室内或厨房操作台上的方法而非用微波炉或烤箱的解冻功能解冻食物，这样可减少能源的使用。

＊用烤面包机而非烤肉机烤面包、面饼或松糕。

＊做饭用锅的大小要和加热板大小相匹配。

＊煮东西时，水量没过食物即可。不要在加热多余水分上浪费能源。

＊用蒸锅或双层煮锅可同时烹饪多种蔬菜。

＊关上烤箱的门。当打开烤箱门时，热量也被放出，这就要耗用更多的能源重新加热。

＊使用煤气炉时，保证火苗适中。如果发现火苗的边缘溢出锅底边缘，那就是在浪费能源。

＊避免吃买的做好的现成品，自己动手从头开始做。现成的、包装好的食品所耗能源较多：从加工、再制作、包装到运输，都比自己动手做饭耗能多。

＊如果可能，同时做几种菜以充分利用烤箱的空间。

＊考虑使用压力锅做饭，这能减少 50%-70% 的能源使用量。

＊再烹饪结束前几分钟关闭烤箱，并关上门，以用尽烤箱内的剩余热量。

＊保持烹饪器具表面的洁净以确保热能的最大传递量。

3）厨房使用绿色机器

4）食品包装

5）如何处理厨房废弃物

6）清洁厨房

健康生活方式 4：绿色起居室　（扫一扫 二维码 下同）

健康生活方式 5：绿色卧室

健康生活方式 6：绿色浴室

健康生活方式 7：绿色洗衣间

健康生活方式 8：绿色家庭花卉

健康生活方式 9：绿色购物

健康生活方式 10：绿色美容

健康生活方式 11：绿色饮食

健康生活方式 12：绿色起居

健康生活方式 13：绿色出行

健康生活方式 14：拥有健康宝宝

健康生活方式 15：积极健康养老

健康生活方式 16：健康心境

25.3.5.3 科技进步推动家庭健康生活方式变革

随着现代科技的高速发展，出现了智能家居、智慧家庭，即家庭生活充满科技含量，高度效率化、自动化、数字化、智能化。具体体现在家庭生活的衣、食、住、行、养育、娱乐，甚至家庭人际交流、家庭服务工具等家庭生活的方方面面。作为职业化家政服务员，必须主动了解现代科学技术应用于家庭生活，是如何改善家政服务质量？是如何提升家庭生活品质？

一、要了解常用家用电器及其功能并正确使用。

由于科学技术发展，发明了各种各样的常用家用电器，应用于家庭生活的各个方面。这些家用电器产品按功能与用途可分为八大类：

＊制冷电器，又称冷冻电器：用于物品（主要是食物）的冷冻、冷藏，包括家用冰箱、冷饮机等。

＊空气调节电器，又称空调电器：用于调节室内空气流动、温度、湿度以及清除空气中的灰尘，包括房间空气调节器、电扇、换气扇、冷热风器、空气去湿器等。

＊清洁电器：用于织物清洗、保养和室内环境与设备的保养，包括洗衣机、干衣机、电熨斗、吸尘器、地板打蜡机等。

*厨房电器：用于食物配制、烹调及厨房卫生，包括微波炉、电磁灶、电烤箱、电饭锅、洗碗机、电热水器、食物加工机等。

*电暖器具：用于生活取暖，包括电热毯（垫）、电热被、电热服、空间加热器等。

*整容保健电器：用于理发、颜面清洁和家庭医疗护理，包括电动剃须刀、电吹风、整发器、超声波洗面器、电动按摩器、空气负离子发生器等。

*声像电器：用于家庭文娱生活，包括电视机、收音机、摄像机、照相机、智能手机、组合音响等。

*其他电器：例如，烟火报警器、电铃等。

二、智能家居走进家庭。（扫一扫 二维码）

三、科学的家庭饮食。

家庭餐制作是家政服务的主要内容之一。"民以食为天"，一日三餐关注人的健康，家庭饮食是家庭生活的重要组成部分，是家庭生活品质的重要体现。为雇主家庭提供色香味营养俱佳的一日三餐，自然是家政服务员每天的重要职责。因此，家政服务员除了了解家庭食物营养与家庭饮食制作的基础知识，掌握一定的烹饪技能技术外，还要掌握现代科学的健康的家庭饮食理念。例如，绿色烹饪。

所谓绿色烹饪，就是烹饪过程中所使用的原料应当是安全可靠、符合生态环保要求的，烹饪方法尽量使用绿色能源、少用易产生对人体不利因素的、且符合环保要求的烹饪方法，同时，注意食品食用的安全剂量。

1）选择食物

选择食物时，应选择对雇主来说的有机食品、无公害食品、绿色食品等。

*有机食品：也称生态食品，是指国际上对无污染天然食品比较统一的提法，根据有机食品种植标准和生产加工技术规范而生产的、经过有机食品认证组织认证并颁发证书的食品和农产品。我国有机食品主要是包括粮食、蔬菜、水果、畜禽产品（包括乳蛋肉及相关加工制品）、水产品及调料等。

*无公害食品：是指产地环境、生产过程和产品质量符合国家有关标准和规范的要求，经认证合格获得认证证书，并允许使用无公害农产品标志的，未经加工或者初加工的食用农产品。无公害农产品生产过程中允许使用农药和化肥，但不能使用国家禁止使用的高毒、高残留农药。其实，普通食品都应该是安全的无公害食品。

*绿色食品：绿色食品是指产自优良生态环境、按照绿色食品标准生产、实行全程质量控制并获得绿色食品标志使用权的安全、优质食用农产品及相关产品。绿色食品认证依据的是农业部绿色食品行业标准。许可使用绿色食品标志是无污染、优质、营养类食品。绿色食品在生产过程中允许使用农药和化肥，但对用量和残留量的规定通常比无公害标准要严格。

这里需要指出的是，有机食品与无公害食品、绿色食品的最显著区别是，有机食品在生产和加工过程中绝对禁止使用农药、化肥、除草剂、合成色素、激素等人工合成物质，而无公害食品与绿色食品则允许有限制地使用这些物质。因此，有机食品的生产要比其他食品的生产难得多，自然价格也就更高一些。所以，家政服务员在为雇主家庭购买食材时，需要认准有机食品、无公害食品、绿色食品的标志。

2）使用绿色能源（见上文）

3）选择环保烹饪方法

在家庭餐制作过程中，不同的烹饪方法，对人体健康的影响不同。众所周知，烹饪就是将食材经过清洗清洁、加工后,将切配的净料,添加调味品,通过加热而制成菜肴的一种方法。常见的烹饪方法有炸、炒、熘、爆、烩、煎、焖、炖、烧、煨、熬、烤、拌、扒、熏、卤、酱、腌、拔丝、挂霜、蜜汁等二十九种。

作为家政服务员,应该尽量选择对人体健康有益的烹饪方法。例如,蒸煮炖焖烹饪方法。

所谓蒸煮炖焖,是指利用水及水蒸气作为热的传导介质,温度一般不会超过100℃,这样使营养素的损失较少,而且蛋白质充分变性,碳水化合物完全糊化,有利于机体的消化吸收。这样的烹饪过程,不会产生有害健康的物质,是首选的烹饪方法。

以油脂为介质来加工食材,可获得较高的温度,烹饪出色香味俱佳的食物。热炒,用油量少,大量原料入锅后油温就降下来了,旺火快炒,时间短,营养素的损失也不大。

但油煎油炸时,油温高达二三百摄氏度,维生素等营养物质损失极大,过度的加热和很高的含油量使食物不易消化。更为糟糕的是高温油炸时,会形成多种杂环胺等胺类化合物。它们在体内转变为致癌、致畸的有害物质,严重影响健康。因此,油炸食物不宜过多食用。同样,烧烤和烟熏也是不良的烹饪方法,尽量不要采用。还有,虽然腌制是一种古老的保存食物方法,提供了别有风味的腌腊食品,如泡菜、腊肉、火腿等,但亚硝酸盐含量很高,在体内能转变为亚硝基化合物,有害健康,只可偶尔食之,调换口味。

4)养成平衡饮食习惯

家政服务员要为雇主家庭制订平衡饮食计划。

以粮食、蔬菜和水果为主要摄入量,每个成年人每类食物每天各摄入500克左右,以瘦肉、鱼肉、鸡蛋、牛奶、豆制品为次之,成人应将总量控制在每天200—300克,其中,牛奶必须每天喝,鱼肉每周应为3—4次;以油脂、糖、调料最少,每个成年人控制在一天20—30克即可。

四、科学的洗衣和保养。

随着面料技术、纺织技术、服装制作技术的飞速发展,高档服装进入寻常百姓家庭,特别是服装面料与纺织的科技含量越来越高、种类也越来越多。这就要求家政服务员在衣服洗涤熨烫过程中,要识别各种各样的面料,根据不同的面料特质运用不同的洗涤、熨烫、保养的方法。否则,方法不当,就容易造成高档服装品质损坏。

1)识别服装面料

伴随着科学技术的发展,服装技术的发展经历了手工作业、机械化、自动化、智能化的发展趋势,特别是服装原材料的生产技术及服装生产设备的突破性发展,尤其是特殊功能面料及服装智能化发展。例如:

针对皮肤细嫩、易擦伤、感染的婴幼儿,服装科技专家用丝绵、废丝研制出纯丝绵无纺布,生产婴儿系列服装用品,不仅轻柔滋润皮肤,而且有防菌止痒的作用。

针对运动的年轻人,服装科技专家研制出环保快干、吸湿排汗、挺括抗皱、抗紫外线功能的功能性面料。

针对行动不便的老年人,服装科技专家成功研制出老人防撞服装,包括防撞帽、防撞外衣,均为膨胀式。防撞帽中装有计算机防撞器,当人体头部倾斜失常时,计算机就指挥防撞器张开,调整倾斜度,老人就会感到头部像有人扶着一样,即使因倾斜速度快,防撞器来不及反应也不要紧,老人的头部会因有防撞弹簧张力所支撑而不致受伤。

总之,作为现代家政服务员,我们应该识别各种服装面料。例如,现在流行的面料是新型人造纤维素纤维,不但柔软,且环保,不会引起不良反应,还有全棉、毛、真丝、棉麻、绵丝等混纺系列等,特别是功能性的智能化的特殊面料,只有识别这些面料,才能按照面料的要求，进行正确的洗涤。

2）正确的洗涤方法

在识别了服装面料性能之后，要根据衣物的面料选择洗涤剂。

首先，要查看衣物的水洗标签。对于高档服装，还要查看产品的使用说明书。要查看服装布料（面料、里料、填充料等）采用的材质组成描述；要查看服装有无洗涤方法的信息，这对高档服装的清洗保养很关键。

其次，根据水洗标签和面料，选择合适的洗涤剂。我们还要了解洗涤剂的性能和使用说明。

例如，洗衣粉属于碱性洗涤剂，适用于化纤面料衣物及棉麻面料衣物洗涤。但是，洗衣粉主要成分是三磷聚酸钠、硅酸钠、烷基苯磺酸钠、荧光增白剂等化学原料。这些成分对人体的神经系统、循环系统、免疫系统、生殖系统、皮肤均有一定的危害，甚至是诱发癌症的一种因素，用过的洗衣粉溶液进入下水道对环境也会造成污染。因此，使用洗衣粉尽可能漂洗干净，避免残留。现在市场上已经有了绿色环保的无磷洗衣粉。家政服务员在选购洗衣粉的时候要注意包装上的标注。

再例如，洗衣液属于中性洗涤剂，它性能温和，适用面广，特别适合高档丝毛面料，且不含磷、铝、碱等，不刺激皮肤，不损伤衣物，洗后衣物不褪色，可以替代洗衣粉使用。

真丝类服装洗涤时不能用洗衣机，一般用冷水手工轻柔洗涤，采用专用的"丝毛洗涤剂"或"丝绸洗涤剂"等中性优质洗涤剂洗涤，污渍部位只能用手或软毛刷轻轻刷洗，加入3%食用白醋浸泡2—3分钟再清洗。

毛呢毛绒服装产品按标注的洗涤方法洗涤，一般不宜水洗，最好的选择洗涤质量好的品牌干洗店干洗。即使标注可机水洗或手工水洗的羊毛产品，洗涤时间要短，洗涤速度处在缓和洗涤状态。手洗时，冷水浸泡时间不超过15分钟，洗涤剂和清洗方法与丝绸服装相同，洗后不能拧绞，只能挤压。

皮革服装只能请专业人员专业干洗和加脂、上光处理。纯粘纤薄料服装，也建议用手工轻揉水洗，不要机洗，因为粘纤布料在水中强力下降较大，机洗时面料易受损坏。

当然，一般的绵、麻、各种化纤服装，都可以机洗，待洗涤剂充分搅拌均匀后再放入衣物，并注意洗涤时深浅衣服要分开洗涤，以防异色污染。

总之，使用洗涤剂洗涤有颜色衣服时，要尽量避免增白、漂白作用明显的洗涤剂，以防洗后衣服明显褪色。

3）正确的晾晒及熨烫

衣服洗涤之后，还要根据面料的特质，选择正确的晾晒及熨烫方法，也是家政服务员科学洗衣必备的基本功。例如：

真丝类服装，适宜在阴凉处滴干（反面朝外），采用反面、中温熨烫，这样可保持颜色鲜艳，减少褪色。

毛呢毛绒服装，适宜在阴凉通风处吹干，待半干状态时需要进行平整整形，并蒸汽熨烫，温度不超过200℃。

皮革类服装，一般都必须晾干，不得曝晒。

其他绵、麻、各种化纤服装，一般应避免阳光直射、曝晒。

4）服装保养

科学的清洗完成后，所有服装在收藏收纳保管之前，一定要清洗干净（干洗或水洗）、保持干燥后，再收纳存放，其中，丝绸、毛呢绒、皮革服装最好悬挂在衣柜中，并放入防蛀剂，确保这些服装安全存放。而白色衣物、真丝面料衣物、合成纤维衣物，不要使用樟脑丸等防蛀剂。

五、科学的居家。（扫一扫 二维码）

六、科学的设备配置。（扫一扫 二维码）

25.3.5.4 家庭休闲娱乐与出行旅游成为常态（扫一扫 二维码）

综上所述，我们之所以不厌其烦地描述家政服务内容或家政培训内容，是因为随着家务的社会化，也就是说家庭生活事务本来主要是由家庭成员自己承担的，现在通过市场机制，让社会上专业家政服务员来承担。这就必然要求家政服务内容或家政培训内容也要"现代化、智能化、职业化"，而不是简简单单的传统家政服务的"洗衣做饭搞卫生带孩子"，尤其是在 2019 年底全社会突然受到新冠肺炎疫情猛烈冲击，重点强调"健康生活""绿色生活"的家政服务内容或家政培训内容就显得更加重要、更加必要。

25.3.6 如何编写家政培训课程教材

目前，家政市场上，有各种版本的家政培训课程教材，很多课程教材都是家政服务知识介绍，很难应用于家政服务实践操作。也有的家政培训教材，在家政服务职业技能操作上具有可操作性，但内容与结构过于复杂，体系过于庞大，尤其对于中小家政企业而言，真是"望书兴叹"。

对此，我们建议家政企业可以针对自己公司的实际情况，编写适合自己需要的培训课程教材，提升家政培训的针对性与培训效能。也许，你希望这样做，但不知道如何编写？不知道自己的家政公司有没有这个能力？本节就是要帮助家政公司如何科学编写出适合自己需要的家政培训课程教材。下面具体介绍：

25.3.6.1 组建课程教材编写小组

第一步：组建家政培训课程教材编写小组

该小组主要成员：家政企业总经理、家政企业培训老师、家政企业销售经理、家政服务员、家政雇主、相关职业技术专业人员等。

其中，家政雇主、相关职业技术专业人员为兼职小组成员，其余为编写小组专职人员。"相关职业技术专业人员"可来源于一线专业资深工作者。例如：饭店的高级厨师、洗衣店的高级洗衣师、保洁公司的资深保洁员或四星级以上酒店的保洁主管、四星级以上酒店的服务主管、妇幼保健院的妇产科或新生儿科的护士长或资深保健医生、老年医院或大的福利院的护士长与护理部主管等。此外，如果有条件，还可以聘请一位资深的妇女心理健康方面的专业工作者、法律维权公益律师等。

第二步：确定编写小组召集人、统稿人、审定人

其中，小组召集人由总经理助理出任，统稿人由家政培训主管出任，审定人由家政公司总经理出任。

由这些人组成的家政培训课程教材编写小组，就可以着手编写家政培训课程教材了。编写小组在本书介绍的科学方法指导下，合理分工，紧密合作，有了组织保障，就有能力编写出适合自己企业自身需要的课程教材。

25.3.6.2 制定编写计划

课程教材编写小组确定之后，紧接着，就是制定编写计划。编写计划主要包括：

☑ 确定需要培训的家政服务细分业态（例如，家居保洁收纳服务、衣物洗涤收纳服务、家庭餐制作服务、母婴护理服务、育婴服务、居家养老护理服务、病患陪护服务等，从中选择一个自己公司开展服务的细分业态）；

☑ 小组成员分工；

☑ 确定家政培训目标即培训课程教材目标；

☑ 根据培训目标选择培训内容；

☑ 确定编写体例；

☑ 分工编写；

☑ 小组成员内部评估；

☑ 再组织新的小组，进行二次评估；

☑ 试用课程教材培训；

☑ 修改迭代等。

每项计划内容按小组成员进行分工、确定任务完成时间节点，按时间表定期召开小组会议进行集体讨论，跟踪项目进度，形成每一个阶段性项目总结报告。

25.3.6.3 根据"家政服务职业技能标准"确定课程教材目标

按照编写计划，首先讨论制定课程教材目标。在家政培训中，课程教材目标就是"家政服务职业技能标准"（具体内容见本书"第二篇 家政服务技术标准"，相关章节），即培训目标，其主要内容包括：

1）基本要求：

☑ 职业道德：职业道德基本知识、职业守则。

☑ 基础知识：安全知识、卫生常识、社交礼仪、相关法律法规知识。

2）工作要求：

职业功能、工作内容、技能要求、相关知识要求等四项内容。

职业功能	工作内容	技能要求	相关知识要求
1.××××	1.1 ××××	1.1.1 ×××× 1.1.2 ××××	1.1.1 ×××× 1.1.2 ××××
	1.2 ××××	1.2.1 ×××× 1.2.2 ××××	1.2.1 ×××× 1.2.2 ××××
2.××××	2.1 ××××	2.1.1 ×××× 2.1.2 ××××	2.1.1 ×××× 2.1.2 ××××
	2.2 ××××	2.2.1 ×××× ……	2.2.1 ×××× 2.2.2 ××××
3.××××	3.1 ××××	……	……
	……	……	……
……	……	……	……

其中：

☑ 职业功能：就是家政服务员所要实现的工作目标。

☑ 工作内容：完成职业功能所应做的工作，是职业功能的细分。

☑ 技能要求：完成每一项工作内容应达到的结果或应具备的能力，是工作内容的细分。

☑ 相关知识要求：达到每项技能要求必备的知识。即完成职业活动所需掌握的技术理论、技术要求、操作规程和安全知识、卫生知识、相关法律知识等知识点。这里，相关知识要求与技能要求对应，应指向具体的知识点，而不是广泛的知识领域。

25.3.6.4 依据"标准"选择课程教材内容

课程教材目标确定之后，就要围绕课程教材目标选择课程教材内容。内容主要来源：一、首先是雇主需求的家政服务内容，这是主要的内容；二、相关行业业态的专业内容。例如，烹饪行业、洗衣行业、妇幼保健院、儿童教育行业、福利院、医疗行业等；三、资深相关业态的家政服务员的经验总结，由家政服务员自己整理或者口述等；四、参考（仅供参考）已经出版的家政行业的相关书籍内容，例如：《家政服务员》《钟点工》《家居保洁》《母婴护理（月嫂）》《育婴员》《居家养老护理员》《病患陪护员》等。

总之，这些内容的选择，要坚持以下几个原则：

1）科学性。作为课程教材内容，第一要求是内部本身的正确性、科学性，不能出现错误内容。因此，所选的内容要反复核实其科学性。

2）可操作性。作为家政服务职业技能培训课程教材内容，要把重点放在职业技能的操作上，放在"如何做"？"用什么工具怎么做"？"按照什么程序或步骤做"？而主要不是职业相关知识的介绍、陈述，即"是什么"？也不是职业技能的重要性上，即"为什么做"？至于，相关专业知识、职业技能作用，可以适当介绍，但只是辅助性质的，不能作为主要内容，主要内容还是要放在可操作性上。

3）针对性。家政公司自身编写的家政培训课程教材，一定要结果企业自身的实际情况，不能盲目追求"大而全""高大上"，要讲究"实事求是"，要讲究"实用性"，能针对自己家政服务员素质情况进行有针对性培训，因材施教，就能受到应有的事半功倍的培训效果。

25.3.6.5　确定编写体例

家政培训，是职业技能培训，强调应用性、可操作性。因此，家政培训课程教材编写体例要重在家政服务职业技能训练，编写体例格式应为：服务对象、达标标准、工具材料、操作程序、注意事项。其中：

☑ 服务对象：也称服务内容，是指在家政服务员岗位职责标准中的某一项具体的服务内容或服务任务或服务活动。服务对象不仅仅是雇主及其家庭成员，而且是服务于雇主及其家庭成员的一件事，是一项可观察的具体的独立的服务行为或服务任务或服务活动。

☑ 达标标准：也称雇主服务预期、雇主标准或家政服务员服务目标，是指雇主对服务对象的数量及类型、服务期望水平、服务特殊要求及偏好、服务时间及服务频率、服务方式及服务工具等方面的具体要求和期望。

☑ 工具材料：也称"操作准备"或"准备工作"，是指在提供家政服务之前，先准备好服务工具和相关辅助物品。这些服务工具与物品材料，是完成服务任务或顺利开展服务活动的前提物质条件，是满足雇主服务预期、实现达标标准必备的、不可或缺的物质保障。

☑ 操作程序：是指家政服务员在提供服务时，为确保服务工作质量、完成达标标准必须遵循的程序或步骤。这些程序或步骤，在时间顺序上不能颠倒，先做什么、后做什么，都有明确与严格的规定要求，不能随意改变。否则，服务没有章法，流程混乱，轻者会造成雇主服务体验不好，服务失误频发，影响服务质量；重者甚至会导致服务事故。

☑ 注意事项：是指在按照既定的服务操作程序提供标准化家政服务的过程中，在特别的服务关键点或服务环节，必须给予特别关注，或者强调某个正确服务行为或程序的重要性，或者一些错误的服务行为必须要禁止或避免，以预防可能发生的服务意外情况，或者意外情况发生时需要的及时服务补救。

25.3.6.6　组织编写

确定了课程教材目标、选择了相关内容素材、确定了编写体例后，就可以组织小组成员分工编写了。在编写过程中，要注意以下几个原则：

1）语言要规范；

2）语言要通俗易懂；

3）简洁明了；

4）用事实事例。

25.3.6.7 组织编写小组成员对编写的初稿自评

培训课程教材初稿完成后，编写小组要立即开展对初稿进行自评。自评方式有：交叉试读、评估；小组集体讨论评估等，并写出自评修改意见报告，发给各个编写人，为下一步课程教材修改提供依据。

25.3.6.8 组织新的小组评估新编培训课程教材

初稿完成后，除了编写小组对初稿进行自评外，要立即组建一个临时新的小组，来试读、评估新编写的培训课程教材。临时小组成员，可参照正式课程教材编写小组成员的规格邀请，同时，增加培训对象即相关服务业态家政服务员的人数。

通过临时评估小组评估，提出修改意见报告，提交原编写人为其修改提供依据。

25.3.6.9 统稿与审定

各个编写人完成自己的编写任务并经过自评、他评而修改之后，形成正式初稿，提交统稿人；再由统稿人统一修改，形成送审稿；将送审稿提交审定人，审定之后，家政培训课程教材就算完成编写任务。可以交付家政培训试用了。

25.3.6.10 试用课程教材培训并不断修改迭代

家政培训老师接到审定后的家政培训课程教材后，就可以着手进行试用了。在今后的家政培训实践中，还要根据培训实践中发生的问题或发现新的有效的有价值的培训经验后，随时补充完成课程教材，不断进行迭代，最终形成了家政企业自己的培训特色、培训品牌。进而打造家政公司自己的高素质家政服务员队伍、管理人员队伍。这里需求强调的是，家政公司千万不要迷信那些只会纸上谈兵的"伪家政专家"，那些在办公室里靠"剪刀浆糊"和网上"百度"的家政培训教材大都"误人子弟"，只有鲜活的家政实践才是充满生命力的。

25.3.7 谁是家政培训师

清华大学老校长梅贻琦先生曾经说过一句经典的名言："大学之大，非大楼之大，乃大师之大。"这句话用在今天的我国家政教育培训上，仍是一语中的。为什么我国家政培训师资严重缺乏？

25.3.7.1 我国家政教育起步较晚。（详细内容 扫一扫 二维码）

25.3.7.2 家政培训是一门综合性强的应用技能培训。

我国家政培训，除了需要开发有针对性、可操作性的培训课程教材外，家政培训师资建设也是刻不容缓。家政师资匮乏，已经制约家政培训效能，进而成为制约家政服务员职业技能提升、家政服务质量提升的瓶颈。

那么，我国目前家政培训师资现状究竟如何？通过调查研究，我们知道，我国当下家政培训师资主要有三个来源：

一、来自家政服务工作一线的家政服务员或家政经理人。老家政服务员"传帮带"新家政服务员，注重经验传授，内容碎片化，缺乏服务标准，科学性不强；即使是家政经理人，很多由于没有家政服务从业经验，也有的本来就是家政服务员，这些经理人也是不能胜任家政培训师的。

二、与家政服务有关的行业外相关专业人士。例如医院医生护士、饭店的厨师、星级宾馆的服务主管等。不足的是授课内容与家政服务员的实际工作联系不够紧密，针对性差；

三、家政类高职或大专本科家政专业院校毕业生担任家政培训师，最大不足是没有家政实际工作经验，照本宣科，缺乏操作性。

总之，不管是以上三类师资中的任何一类，无论是师资数量还是师资能力水平，能够胜任家政职业培训的师资还是严重不足。例如：真正合格的家居保洁收纳培训师就非常短缺。

那么，在家政培训中，究竟如何组建一支有能力的实用的家政培训师资队伍？或者说，在现有条件下，谁是最好的家政培训师？

1）雇主

我们知道，家政服务是综合性强的生活技能服务。家政服务职业技能的提升，离不开长期的家务实践。常言道"熟能生巧"，日常生活中，很多家政雇主，都不同程度地精通或擅长几样家务技能，甚至很专业。还有，雇主一般都知道自己的家庭需要什么样的家政服务，需要用到什么样的服务工具，并对服务结果有一个基本清晰的服务预期。这都为家政服务员提供了服务标准与服务方法。

更为重要的是，雇主心目中对家政服务员的职业道德也有明确的要求或期待，并且，雇主通常会通过自己的言行举止来传导这种道德品质。这对家政服务员而言，是天然的最实用的职业道德教育。

同时，在与雇主及其家庭成员还有雇主家庭来访客人的人际交往中，领会了人际交往与社交礼仪的奥秘。

这些在雇主家庭"做中学"，都是天然的家政培训。难能可贵的是，只要我们的家政服务员能虚心诚恳请教，我们的绝大多数雇主都乐意"教"我们的家政服务员，会宽容我们家政服务员的"职业技能不足"，允许我们的家政服务员在"做中提升"。这里需要提醒的是，我们的家政服务员，要感恩雇主对我们家政服务职业技能不足的宽容与对我们虚心诚恳学习家务职业技能的支持，而不是认为雇主"理所当然"。这种"做中学"就是最好的家政培训。因为，家政培训效果如何？最终体现在家政服务质量上，是雇主说的算。既然雇主愿意"培训"我们家政服务员，自然是最有效的、有价值的家政培训。

从这个意义上说，雇主家庭就是最好的家政培训学校，雇主就是最好的家政培训老师。当然，为了报答雇主的培训之恩，我们的家政服务员应该用更加优质的家政服务来回报我们的雇主。

2）家政服务员同伴

对家政服务员职业技能成长影响最深刻的，除了雇主，就是家政服务员同伴。

毫无疑问，每个家政服务员都有自己擅长的某一方面的家政服务技能，有自己某一方面的成功的家政服务实践与心得体会，也有自己失败的经验教训。每一个家政服务员的服务经历、服务收获、服务体验不仅是自己的宝贵财富，也是其他家政服务员宝贵的间接经验、是一面镜子。再加上在身份上同为家政服务员，彼此之间没有地位上、心理上的隔阂。彼此之间是平等的，也没有直接的利益冲突。因此，家政服务员同伴之间彼此分享家政服务经验、分享家政服务技能，分享与雇主交往之道，将是最有效率的。

而且，家政服务员之间的这种分享，将是随时随地的，不受时空限制，彼此之间的分享效能将十分显著。

还有，家政服务员同伴这种彼此之间的分享，其分享经费成本是非常小的，如果借助免费网络，分享资金成本就变成了零。

从这个角度上看，家政服务员同伴之间的相互分享，就是彼此之间的"相互学习""相互培训"，就是"同伴学习"。为了从机制上落实"同伴学习"，最好的、最有效的方法，就是在家政公司按服务业态建设"同伴学习群"，通过引导、奖励"同伴学习群"，来解决家政培训师资不足、家政培训效能不高的问题，提升家政培训效能。

3）企业总经理

4）家政专家或培训专家

5）竞争对手

6）家政培训师

其实，在区块链家政及分享家政平台时代，雇主就是最好的培训师；其次是家政服务员同伴就是好的培训师。家政服务员同伴之间的相互交流，也是非常有效的家政培训模式。因为，区块链家政及分享家政平台，通过"点对点"方式，进行定制培训，因材施教，可以从根本上破解家政培训师资不足、不专业的问题。因为，只要在家政服务方面有真正的"一技之长"，就可以通过区块链家政与分享家政平台，分享给需要的任何家政服务员，同时，还可以有效保护"一技之长"者的知识产权，可以通过家政服务技能与知识分享，获得相应的报酬。这是解决家政培训师资不足、不专业的根本出路。除此之外，别无他法。

25.3.8 如何家政培训最有效

家政培训是典型的职业技能培训。职业技能培训典型特征就是重视职业技能操作性训练，强调在职业场景下的动手实践，而不是简单的班级授课与口头讲授。

那么，什么样的家政培训方式方法最有效？

25.3.8.1 班级授课制培训

我国当下，大多数家政培训是班级授课培训，效能低下，甚至是政府购买的家政培训项目，更是如此，形式主义严重。所谓班级授课制培训，就是将欲从事家政的人员（一般20人到50人之间），集中在一个排列着课桌椅的教室，听授课教师讲授家政服务的过程，所用的教具主要是黑板或白板，有的还有少量的人体模型，例如塑胶娃娃等。

这种家政培训，对家政服务相关知识的讲授，或许是有效的。但在家政服务职业技能培训上，甚至在家政服务职业道德培训上，是很难起到实际的效果。原因很明确：家政服务职业技能培训，需要在家政服务真实场景或模拟家庭场景中，运用家政服务工具和真实的家具，进行实际动手操作训练。培训现场能看到通过家政服务技能运用，看到实际的服务效果或成果，能亲身感受服务体验。并在这个家政服务技能运用的过程中，介绍用到的相关的家政服务知识。而且，家政服务知识的介绍只能是辅助性质的，重点在服务技能训练上。这种家政培训才是有效能的，是班级授课制家政培训很难得到的。

不仅在家政服务职业技能训练上不能采用班级授课制，就连家政职业道德培训，也要在家政服务场景中，进行角色扮演模拟训练。将家政服务过程中的"良好"职业道德行为、"不良"职业道德行为等，通过学员角色扮演这些"行为"，现场体验到家政服务职业道德的价值。并结合现场家政学员的体验分享，会给学员带来心灵与行为触动，而不是简简单单的空洞说教。空洞说教式的职业道德教育，收效甚微，更多是流于形式，很少能"触动"家政学员已有的观念与服务行为举止。

总之，班级授课制培训方式，不适用于家政培训。有效的家政培训需要在家庭场景或模拟家庭场景中进行。

25.3.8.2 家庭即学校

通过上文介绍，我们知道，家政培训最理想的场景是家庭或模拟家庭。

因为，家庭是家政服务员工作的主要场景：家庭中的各种家具就是家政培训的道具；家庭雇主及其家庭成员就是家政培训需要的"角色"；雇主家庭成员之间的关系就是家政培训中关于家庭人际交往关系需要讲授的；雇主家庭及其成员的衣、食、住、行、休闲、娱乐、家庭教育等各种家庭生活，就是家政培训的各种内容；家庭空间大小就是家政培训的场景等。

家庭就是家政培训的学校。在家庭这个场景中，对家政服务学员进行家政服务培训，让家政服务学员有"身临其境"的体验。在家庭这个学校场景中，家政服务学员能"学"到、"体验"到：如何使用"家具"？如何与雇主家庭成员"相处"？如何"照料"雇主家庭的"衣、食、住、行、休闲、娱乐、家庭教育"等各种家庭生活？

同样，在家庭这个"学校"场景中，家政服务学员，也能较好地学会自己如何适应雇主家庭生活。

家庭即学校，要求我们的家政培训机构或家政公司要选择真实的家庭或创建模拟家庭，在家庭这个学校中，对家政服务员开展培训，一定事半功倍。

25.3.8.3 生活即培训

家庭即学校，相伴随的就是"生活即培训"。在家庭这个学校里，家庭生活本身就是"教育""培训"，家庭生活内容就是家政培训内容。

雇主家庭的"衣、食、住、行、休闲、娱乐、家庭教育"等各种家庭生活，就是家政培训的各种内容：在雇主及其家庭成员的"穿衣"生活中，培训衣物洗涤熨烫与收纳；在"食"的生活中，培训家庭食品采购、家庭餐制作等；在"住"的生活中，培训家具保洁、家庭美化、家庭园艺、家庭宠物饲养等；在与"婴幼儿相处"的生活中，培训照料婴幼儿生活起居、婴幼儿教育等育婴服务技能；在"陪伴老年人"的生活中，培训照料老年人的"衣、食、住、行"等居家养老服务技能。

同样，健康的家庭生活，就是健康的家政培训；科学的家庭生活，就是科学的家政培训；智慧的家庭生活，就是智慧的家政培训；艺术的家庭生活，就是艺术的家政培训；和睦幸福的家庭生活，就是和睦幸福的家政培训；卫生的家庭生活就是清洁收纳的家政培训。反之，不科学的家庭生活，就是不科学的家政培训；不卫生的家庭生活，就是不卫生的家政培训；不环保的家庭生活，就是不环保的家政培训；不健康的家庭生活，就是不健康的家政培训。

这就要求我们，在家政培训中，要尽可能营造"真实"的生活，在"生活"中进行家政培训。这样的家政培训效能会大大提升，而不是在"黑板上过生活"。

25.3.8.4 做学教合一

家庭即学校、生活即培训，方法就是"做学教合一"。做学教合一，既是生活的方法，也是家政培训的方法。

◇ 一、什么是做学教合一

所谓做学教合一，是指家务事怎么做，就怎么学；怎么学，就怎么教；教的方法，要依据学的方法；学的方法，要依据做的方法；也就是说，做的方法，决定学的方法；学的方法，决定教的方法。做家务事是中心，做就是生活。做学教是一件事，就是做家务事，即家庭生活，不是三件事；是一件事的三个方面。这件事，就是家庭生活。

在做家务这件事上，即在家庭生活上，或者在做学教合一方法上，对家务这件事（指家庭生活）而言，是做；对自己（家政服务员）而言，是学；对他人影响而言，是教。

也就是说，在家政培训中，做学教合一的方法，要求我们的家政服务员在"做中学"，而不是一味地"听培训老师讲"；同时，也要求我们的家政培训教师，不要仅仅依靠"口头讲授"，更多的是带领家政学员在"做"中学习、在"做"中培训。这才是真正的家政职业技能培训方法。除此之外，其他方法，将会是事倍功半。

◇ 二、"做学教合一"培训方法变式：角色扮演法

1）什么是角色扮演

所谓角色扮演，是"做学教合一"家政培训方法的一种变式，是一种在培训活动中，参与者在假定的场景中，通过角色的演扮进行互动，并要求其按照角色的要求，表现自己的行为，对其进行观察、记录，评价角色扮演的行为，评价角色接近程度或胜任力，获得快乐、体验以及宝贵的经历。角色扮演，是一种综合性、创造性的互动活动，人们通过进行角色扮演活动，可以分享和感知体验与心得。

在家政服务培训中，角色扮演形式主要有：实景练习、表演、心理引导、自我思考等。

在这类互动扮演活动中，所有参与人会达成共识：我们要做什么？怎么做？确定共同期许和规则；每个成员都会有一个身份、角色，进行交流互动。欢笑、辩论、指挥、执行……，成员之间通过这种面对面方式，交流互动、创新创造、增进感情。

在角色扮演中，成员在活动中的身份，分为两种：扮演者、主持人。

☑ 扮演者：参与活动的所有成员都是扮演者，通过扮演各自的角色参与活动。例如，有的扮演雇主夫妻、有的扮演雇主家庭不同成员（雇主父母、雇主儿女）、有的扮演雇主家庭的客人、有的扮演家政服务员、有的扮演雇主家庭邻居、有的扮演家政公司的管理人员、有的扮演家政服务员同事等。

☑ 主持人：部分活动中需要的，特殊的扮演者。其职责：创设场景情境、创作剧本、扮演剧中人、主持活动进行、主持活动分享。

2）角色扮演法的价值

角色扮演法，作为一种家政服务培训方法，被越来越多的家政培训者所采用。在家政培训中，有些服务理念很抽象。例如，家政服务中的"角色转换"服务理念。培训师如果采用传统班级课堂讲授法很枯燥，家政学员理解起来也比较困难；如果采用"角色扮演法"来教学这个理念，学员就很容易理解，而且印象深刻，也会影响学员的现有观念和今后的服务行为。不仅如此，角色扮演法，还有利于充分调动家政学员在学习过程中的积极性、主动性、创造性，使学员真正成为培训的主人。毕竟，家政学员都是成年人，都拥有一定的生活服务经验，对家政培训内容并不陌生。这就要求家政培训师把家政学员看作是培训的"合作者""参与者"，而不是"被动"的接收者。

角色扮演法，通过家政服务中各种"角色"扮演，有利于家政学员认识到家政服务中"角色冲突"及其不利影响，进而化解角色冲突。

我们知道，在家政服务中，家政服务员有两个角色或两个身份，一个是"自然人（自我）"角色，一个是家政公司的员工或"代理人（公司）"角色。

在家政服务中，必然要求家政服务员肯定不能以"自我"角色或自己的经验和想法，为顾客提供家政服务，而必须以顾客服务期望的要求提供家政服务，这就是家政公司角色。这种"自我角色"与"公司角色"的转换，是一个家政服务员必须要做到的。遗憾的是，在家政服务中"双重角色"引起的服务纠纷、服务矛盾是普遍存在的。

因为，绝大多数家政服务员在没有经过严格的家政服务培训之前，都是带着"朴素"的情感来从事家政服务，很难做到放弃"自己本人"那个角色，很难"忘我"，不会进行"角色转换"，很难进入家政公司给她们规范的"角色"。家政服务员的"自我"角色自觉不自觉干扰家政公司要求的"角色"，最终导致家政服务员"好心没有把事办好"的窘境。

那么，在家政服务中，家政公司及家政服务员如何实现这"双重角色"转换？化解"角色冲突"？最有效的方法，就是要训练家政服务员的"角色意识"，要培训家政服务员养成"顾客导向""服务导向"的家政服务文化，要培训家政服务员按"雇主标准"（顾客服务预期）

提供标准化服务。这种家政培训方法，就是"角色扮演法"。

3）如何实行角色扮演法

在家政培训中，一个有效的角色扮演法，主要包括以下几个方面：

（1）设计好培训主题及场景。角色扮演，首先要有适合角色扮演的主题及场景，才有可能达到预想的效果。所选培训主题要尽量设计为家政服务员在雇主家庭，与家政服务员提供家政服务有关。尽量让家政学员有话可说，有事可做；给学员的任务既不能太难，也不能太容易，要适当超出学员的生活常识与一般生活能力，使学员有一种挑战，有一种成就感。这样，有利于激发学员学习兴趣和激发热情，有利于家政学员体会家政服务员"角色定位""角色冲突""角色转换"。这就要求家政培训师要有一定的设计能力，不能出现角色扮演简单化、表面化、虚假化现象。

（2）选好学员"角色"。要根据培训主题及场景，选好扮演的"角色"。首先，要向学员详细介绍扮演的各个角色。培训师要明白，参与角色扮演的家政学员的性格、是否具有表演欲望、表演才能以及参与人数等，对角色扮演活动的效果都有较大的影响。有的学员，由于自身的性格原因，不乐意接受扮演的角色，而又没有明确的拒绝，即使勉强参与了角色扮演，也不能够充分地表现出"角色"行为；而有的学员，参与意愿较强，但表演能力不足或与"角色"不符，也很难扮演出"角色"效果；有的角色扮演的"角色"人数不够或不全，也影响"角色"行为的整体效果。

因此，挑选什么类型的家政学员、挑选多少学员，安排她们扮演哪些角色，都需要家政培训师认真挑选，选定扮演者、分配角色。角色的扮演者可由培训师指定，也可通过小组推荐、抽签或依据个人意愿等方式确定。一个角色可以分配给数名学员，以便重演时更换，更重要的是让更多的学员有机会来认识与体验这个"角色"。培训师一般不扮演任何角色，是整个角色扮演过程的设计者、组织者、仲裁者。一般情况下，若要开展角色扮演培训课，可提前几天布置主题及场景，让学员们事先做好充分的准备，有利于提高角色扮演活动的培训质量。

（3）准备好场景与道具。角色扮演法是在一种模拟家庭场景中进行的，模拟家庭场景尽可能要逼真。场景中的设施设备必须应与现实的雇主家庭情景相似，使演示过程中具有家政服务的真实性，从而提高家政学员对演示的兴趣，激发学员的表演欲望、切实体验家政服务员的"角色转换"。

所以，家政培训师应该主动根据雇主家庭情景所需的设施设备，在课前做好充分的准备，尽量让演示的现场具有真实性、可靠性。另外，还要准备角色扮演活动评估表。评估表是根据学员演示的内容所制订出来的，能够让未参与演示的学员（相对于"观众"）专注于情景模拟角色，使学员有"任务"在身，带着"目的"仔细观察，用心思考、体验、评估。

（4）表演与有限卷入。有效的角色扮演培训方式，需要家政培训师精心策划与组织。培训师的重要作用，就在于注意调控表演进程，如何促使学员自己把握"角色扮演"表演与讨论的尺度。角色扮演培训活动的一个主要目的，就是让学员充分发挥其主动性、积极性，通过表演、互动活动来学习。学员以自己的角色开始演出，这种演出不同于戏剧，无须先排练，而是每个参加者以这个角色的立场来"表现"，或直接阐述自己的观点，也可以反驳他人的观点；或站在自己所扮演角色的角度，来体验角色在这种场景中的感受。

"有限卷入"意味着学员有时可能超出培训师预先设计制定的讨论提纲，甚至完全脱离培训计划展开讨论，超越了培训课程标准的范畴。然而，这些超出预定培训计划、课程标准的角色扮演培训活动，对于学员来说却是十分有趣的，对于她们关于家政服务"角色转换"认识，也是十分有价值的。

（5）总结评价。角色扮演法的目的，就是通过创造性的互动活动，评价角色扮演的行为，评价角色接近程度或胜任力，进而分享和感知体验与心得。这就要求，总结评价，不仅是培训师对角色扮演活动给出反馈和评价，更重要的是学员们自己的讨论与分享。

在角色扮演活动中，无论是"演员"还是"观众"，在每个人对"角色"的观察、认识、理解、体验存在很大的差异。因此，培训师要鼓励、引导学员自由、真诚地分享自己的看到的、想到的、体验到的。通过彼此之间的讨论与分享，最后，培训师和学员们一起比较分析、归纳整理，获得对扮演的角色行为的认识、解决问题的策略。角色扮演的表演和讨论评价过程，可以反复进行，直至达到预期目的为止。

25.3.8.5 移动互联网＋家政服务培训 （详细内容 扫一扫 二维码）

25.3.9 雇主投诉

在家政培训，还有一个重要的方面，那就是"雇主投诉"。我们通常说"用户中心""用户思维"，在家政培训中，更是如此。

家政培训更多的是预防、预测性质的。我们假设雇主需要家政服务员应该掌握这样的家政服务职业技能，于是就围绕雇主的"服务预期"，开设培训课程，并展开家政培训。这样做是有风险的，在家政培训之前，一定要充分调研雇主的真实需求，而不是"想当然"，更不能盲目培训。

除了调研雇主的真实需求外，一个最直接有效的培训内容来源，就是"雇主投诉"的内容，这是最有价值的培训内容。雇主之所以投诉我们的家政服务员，一定是我们的家政服务员在家政服务过程中，存在这样那样的"不足"，没有解决雇主的问题，满足不了雇主的需要。这恰恰暴露了我们家政服务员的不足。

根据雇主投诉的内容，我们可以分类归纳整理，并提出具体切实可行的解决方案。这些解决方案，集中起来加以汇编，就是我们家政培训的内容。这就是用户的需要决定我们的家政培训内容。

与"雇主投诉"相反，根据雇主的"定制服务"的"订单"，组织开展家政培训，也是明智的、有效的家政培训。

25.4 家政服务员薪酬福利管理 （扫一扫 二维码）

25.4.1 家政服务员薪酬福利概述

25.4.2 薪酬形式

25.4.3 薪酬目标

25.4.4 家政公司薪酬策略：良性循环与恶性循环

25.4.5 如何制定家政服务员薪资水平

25.4.6 薪资水平对家政服务员影响

25.4.7 家政服务员薪资方案

25.4.8 针对家政服务员个人的奖励和认可计划（包括兼职服务营销工作）

25.4.8.1 如何激励家政服务员

在家政服务企业，一旦招聘了合适的家政服务员，培训她们，授权给她们，把她们组建成一个有效的服务团队，如何才能保证她们能够提供优质服务呢？

奖励她们、激励她们、提拔她们，就是最有效的措施。因为，员工绩效是由能力和动机决定的，而员工的能力和动机虽然得益于有效的雇佣、培训、授权、团队力量，但是，奖励体系、激励她们是关键。

家政企业必须给员工传递这样的观念：只要她们能提供优质服务，就会获得奖励；如果付出的努力没有得到认可和奖励，即使那些有着内在动机和能力去传递优质服务的家政服务员，也会最终变得灰心丧气，并开始留意跳槽机会；如果晋升的员工确实是出色的服务提供者，而且被解雇的家政服务员的确是不能提供服务让雇主满意的人，员工自然会振作精神努力提供优质服务。因此，激励和奖励提供优质服务者是将她们留住的最有效的方法，也是防止或减少她们"跳槽""跳单"的最有效的方法。

遗憾的是，今天发展不好的家政服务公司不能有效地使用所有的奖励手段是主要原因。

很多家政公司把金钱当作奖励，其实这并非最有效的奖励方式。获得一份合理报酬仅仅是一种基本的因素，但并非激励的因素。提供较高的报酬只有短时间的激励作用，很快就会消失。

另一方面，奖金基于绩效而一次一次得到，因而它的作用会持续更久。其实，效用更长久的奖励还是工作内容本身、对工作的认可、反馈以及目标实现。

1）工作内容

当家政服务员知道自己的工作干得好时，雇主满意了，就会受到激励和感到满足。有了好的服务工作体验，会更加有动力。她们对自己感觉很好，而且希望强化这种感觉，进而形成自我发展的良性循环。

尤其是在家政服务工作中，服务不同的家庭，接触相对高端的不同雇主及其家庭成员；会得到明确的清晰的服务工作成果；能够对雇主家庭的生活质量提升产生有价值的正面影响。这就是服务工作内容本身的奖励，是成功的体验。

再加上，家政服务工作有一定的自主性、灵活性；在提供合格的服务之后，还能获得雇主的感激、公司的肯定与奖励。这些都是服务工作内容本身的激励，其作用是持久的。

2）反馈和认可

人是社会人，都属于某个组织，她们从顾客、同事或老板那里得到认可和反馈，并表现出个体特征。如果家政服务员因为优质的服务而得到认可和感谢，她们就有愿望传递这样的服务。

3）目标实现

目标使人们能集中精力。如果目标比较明确、有一定难度，但仍可以实现，那么就能更好地激励家政服务员创造更高的绩效。与此相对的是没有目标，或者目标很模糊（例如"尽力做好"），或者目标根本无法实现。

简言之，目标就是一种有效的激励。

以下为有效地设定目标的重要方面：

（1）当目标非常重要的时候，完成目标本身就是奖励；

（2）目标的完成就是奖励的基础，包括薪酬、反馈、认可。同事的反馈和认可，可能比薪酬来得更快、廉价、有效，而且还能满足家政服务员的自尊感。

（3）那些为家政服务员设定的明确且艰巨的目标，应当被公示出来让人接受。虽然目标必须明确，但有时也可以是无形的，例如提高员工的礼仪水平。

（4）如果要满足家政服务员的尊严，就应当将完成目标的进展（反馈）及其圆满实现（认可）公开示人。

（5）完成目标的途径不一定需要很明确。完成目标期间的进展反馈能起到矫正的作用。如果目标明确、有一定困难，但是可以完成，并被人们接受，那么对目标的追求本身也会达成目标的实现，哪怕并没有其他奖励。

成功的家政服务公司都认识到家政服务员管理的复杂性。为什么有些家政公司在竞争激烈的家政服务行业长久生存并获得成功，而它们并不具备准入障碍或自有独特技术等竞争优势。结论是：

这些家政公司的成功并不在于打赢人才争夺战（虽然它们极其用心地寻找合适的人才），而是因为它们使现有家政服务员都能人尽其才，并激活她们的一切能量。

（4））职业生涯发展

另一个帮助组织招聘和留住家政服务员的机制，就是设立一个明确的家政服务员职业生涯发展规划与通道。

职业生涯发展，指一种使员工能够看到她们的工作生命在特定组织内可能如何发展。对家政服务员个人在家政组织内应该能获得什么，对职位提升标准是什么，都应给予明确的陈述，让家政服务员知道朝什么方向发展。

此外，创建和使用内部劳动力市场（如通过开展咨询活动、发布服务工作岗位空缺的信息）也是非常重要的。

家政公司还可以引入股权或分红或以年龄或任期为基础的报酬和提升计划，来帮助留住核心家政服务员。特别是家政服务业，如果要招募和留住优秀的家政服务员，提供详细的家政服务员职业生涯路径是必不可少。这也是家政服务企业的核心竞争力。

5）劳资关系和工会作用

工会和优质服务两者之间似乎并不相容。其实，很多成功的家政服务公司，管理良好，事实上都拥有完善的工会组织。

家政服务公司中的工会并不会妨碍优质服务和创新，除非长期存在猜疑、宿怨、互相对抗。公司管理层与工会代表的磋商和谈判是必要的，尤其是在希望员工接受新的想法的时候。问题是如何与工会合作，减少冲突，创造良好的服务环境。

建立完善的工会组织也是家政服务营销的内容，可以增强家政服务员的凝聚力和认同感，减少家政服务员的流失。

25.4.9 家政服务员小组奖励计划 （扫一扫 二维码）

25.4.10 家政服务员福利

25.5 家政服务员绩效管理（扫一扫 二维码）

25.5.1 家政服务员绩效管理概述

25.5.2 绩效管理对家政公司的影响：贡献与危害

25.5.3 家政服务员服务绩效的界定及衡量方法

25.5.4 家政服务员绩效工资

25.5.5 家政服务小组绩效考核方法

25.5.6 家政服务员绩效考核结果运用

25.6 内部营销管理

25.6.1 内部营销：家政公司发展战略问题

家政服务员"跳槽""跳单"是家政服务企业及其经理人最头痛、最无奈的问题之一。更多的家政服务企业竟然把家政服务员"跳槽""跳单"，归罪于家政服务员不讲诚信、不负责任（当然，的确也有这样的家政服务员），而不去反思自己企业的不足。这里，我们必须要明确一个道理：家政服务员"跳槽""跳单"说明家政企业自身存在"问题"，特别是在家政服务员管理上存在问题。其实质就是家政服务企业没有意识到：家政服务员是家政服务公司的"第一个顾客"，是家政服务公司的"内部顾客"，即家政服务公司的"内部营销"问题，家政服务员的有效管理问题。这是家政服务公司发展的一个战略问题，不容忽视。家政服务员频繁"跳槽""跳单"只是问题的表现而已。下面让我们来具体分析。

我们知道，在家政服务中，服务的完成依赖于雇主与家政服务员的直接接触，这种接触能够直接影响雇主对家政服务质量的感知。因此，家政服务员与雇主之间良好的互动很重要。家政服务质量，或家政服务企业的成功，将有赖于企业全体员工，特别是与雇主直接接触的一线家政服务员的努力。从这个意义上说，家政服务员对任何家政服务企业来说都是一种战略资源。

如果家政服务企业的员工包括一线家政服务员没有获得充分的尊重与培训、充分的信任与授权、其对工作、内部顾客、外部顾客态度就会恶劣，或者一线家政服务员无法得到来自内部系统、技术、内部服务提供者、经理、公司创始人的足够支持与认可，家政服务员的"跳槽""跳单"将不可避免。这样的家政服务企业将根本没有办法获得成功。因此，家政服务企业的"内部营销"，依然是一个战略问题。

那么，什么是内部营销？

所谓内部营销，是指企业通过能够满足企业内部员工的需求，来吸引、发展、刺激、保留能够胜任的员工，进而能够更好地在外部市场为外部顾客提供优质服务。结合家政服务实际，对于"内部营销"这个概念的理解要注意以下几点：

25.6.1.1 内部营销是一种将员工视为顾客的管理理念

家政企业既有外部市场，也有内部市场。对于企业的家政服务产品和外部营销来说，员工构成了企业应该关注的第一个市场，即内部市场，员工主要是一线家政服务员就是内部市场的顾客。

在家政服务中，家政服务企业为外部顾客所提供的一切，首先要经过公司内部人员的感知和评估，尤其是家政服务员的感知和评估。如果员工（尤其是一线的家政服务员）不相信公司在外部营销活动中做出的承诺，对如何在服务过程中使用家政服务职业技能一知半解，也就会觉得自己没有能力兑现公司的外部承诺，或者不会接受公司做出的承诺。

因此，家政企业需要把为外部市场顾客服务的观念，运用到内部市场顾客上，即运用到员工尤其是一线家政服务员上。即企业要像为外部顾客提供服务那样，为员工提供内部服务。承认内部顾客的存在，并认为对待内部顾客的方式要和对待外部顾客一样，这对家政企业的内部关系建设至关重要。

员工尤其是一线家政服务员在公司内部最好不要接受延迟的、漫不经心的、粗心的内部支持或服务，如果发生这种情况，这些员工为企业外部顾客提供优质服务并创造高的顾客感知服务质量的能力，就会大打折扣。

因此，首先要满意内部员工的需求，只有满意的员工，才有满意的外部顾客。在家政服务中，这是家政服务员为什么要频繁"跳槽""跳单"的深层次原因，也是雇主服务体验不好、不满意的原因所在。

25.6.1.2 成功进行内部营销的前提

若将内部营销活动仅视为一个活动，甚至将它视为几个专家的职责，该活动有可能在家政服务公司起不到任何作用。

在组织结构和企业战略上，家政服务公司必须要建立服务文化。如果员工想在内部营销中履行他们的职责，管理手段、经理、主管领导及管理风格也必须提供积极支持。

成功进行内部营销需要有 3 个前提：

1）内部营销应被视为公司战略管理的组成部分；

2）内部营销过程不能与企业组织结构相冲突，也不能缺少管理部门的支持；

3）高层管理者必须持续地为内部营销过程提供积极的支持。

为了获得成功，内部营销必须从高层管理者开始。然后，中层经理和主管必须愉悦地承担他们在内部营销中的工作。最后，其他员工特别是一线家政服务员也必须参与进来。

与顾客接触的员工（包括一线家政服务员）：是内部营销理所当然的目标市场。他们直接与顾客接触，但他们必须从其他员工或企业的其他部门那里得到支持。

支持人员：必须以"顾客导向"的方式为"内部顾客"提供服务，他们也是兼职营销员，尽管他们的顾客是内部的而非外部的。因而支持员工也应该被视为内部营销的目标顾客。

总之，内部营销的 4 个主要目标群体：

1）高层管理者

2）中层经理和主管

3）与顾客接触的员工（包括一线家政服务员）

4）支持人员

应该提到的是，同一个人可能有多种角色。如，支持人员有时可能也是与顾客接触的员工。

25.6.1.3 内部营销是外部营销的先决条件

内部营销的重点，在于公司各个层级之间应建立良好的内部关系，即创造、维护、强化公司中员工（不管他们是与顾客接触的员工尤其是一线家政服务员、支持人员、还是团队领导、主管、经理）之间良好的内部关系。

只有在员工感觉彼此信任，并首先信任公司及管理层可以持续以"顾客导向"和"服务导向"提供他们所需的物质和思想支持，此类内部关系才可以实现。这种信任即"心理契约"，以管理者和员工之间、支持人员和顾客接触的员工之间明确的协议的方式存在。这些人可以感知彼此在内部关系中的付出和收获。

这样，在与顾客接触的员工（包括一线家政服务员）、参与内部服务过程的支持员工、团队领导、各级经理的头脑中，才会有"服务导向"（即服务意识）和"顾客导向"（即顾客意识）思维，即确保员工积极主动地以"服务导向"的方式、自己的工作存在于支持顾客的意识中行事。同时，还要有足够的沟通技能和支持系统。也就是说，内部营销需要公司员工之间加强沟通，也需要员工不断地进行沟通上的努力。让员工知道家政公司发生的全部事情包括存在的发展困境与努力方向，这样才能有效、高效地完成服务工作任务。要让全体员工必须了解大局，知道什么是能做的，什么是不能做的。

由于内部营销的努力，才使外部顾客得到更好的服务，成为家政公司的"老顾客""回头客"。家政公司的顾客多了，收入增加了，又进一步促进了家政服务员的成就感、忠诚度，降低了家政服务员的"跳槽率""跳单率"。内部营销工作越彻底，企业于员工就越有吸引力。

25.6.1.4 内部营销的目标

家政公司的重心是外部市场，不是内部市场。

内部营销的目的，是赢得外部市场。如果内部营销并不能使外部的雇主获得优良的服务，使外部的雇主满意，在内部营销上所花费的精力、时间、经费都将毫无意义。因此，内部营销只是手段。家政公司不仅要明白内部顾客即员工的需求，更要明白外部顾客的需求。

在家政公司具体实际中，内部营销要求关注公司的每一个员工。如果把大量的时间花在处理"前台"（一线家政服务员）工作上，只关注一线家政服务员的工作，而忽略了"后台"工作，只在需要后勤支持时才关注"后台"是一种普遍存在的现象。在家政公司里，往往与雇主直接打交道的员工（包括一线家政服务员）有较高的地位，后勤部门的人员则得不到重视。因此，内部营销要求统筹兼顾公司的"前台"与"后台"的工作，关注并满足其员工的需求。

还有，在今天的移动互联网时代，许多家政服务公司都建立并开通了微信公众号、线上网络平台，再加上员工（特别是一线家政服务员）的私人微信，雇主与公司各个部门和所有员工的互动都变得更加便利，在这种新的情况下，进行企业"内部营销"就显得尤为重要。因为，传统营销部门不再像之前那样，享有与雇主联系的独有权。专职的营销人员并不是营销工作中唯一的人力资源，有时甚至不是最重要的。在家政服务中，每个部门、每个员工（包括一线家政服务员）都必须具备"顾客导向"和"服务导向"的意愿。公司的每一个员工既是服务提供者，又是服务"营销者"，也是服务品牌的"代言人"。

从这个角度上看，"内部营销"的确是家政服务公司一个战略问题。

这里，还需要明确的是，人力资源管理和内部营销并不是一回事。

人力资源管理，提供内部营销使用的工具，例如聘用、培训、职业发展规划；

内部营销，提供如何使用这些工具的指导，通过能够满足企业内部员工的需求，来吸引、发展、刺激、保留能够胜任的员工，进而能够更好地在外部市场为外部顾客提供优质服务。

成功地实施"内部营销"要求营销和人力资源管理工作齐头并进。内部营销最新的发展，对企业人力资源管理带来了新的影响：将内部市场中的个体视为关系伙伴。

强调企业不要将员工（主要指家政服务员）视为下属，而是以双赢的观点来看待员工，要让员工认为他们在为公司工作的同时，自己也得到了某种回报，例如发展机会、成长环境、来自团队的信息和认可、可观的收入等。

25.6.1.5　内部营销战略

当家政服务企业开始规划和实施内部营销战略的时候，应该注意事项：

首先，管理层必须能够识别并完全接受内部营销。如果员工（包括一线家政服务员）能够参与到工作目标制定、服务产品研发、服务流程设计、服务管理规范、企业发展规划等一系列企业管理工作中来，他们会认为管理层对他们的重视是真实的，而不是在做表面文章。当员工意识到他们可以着手改善某些对自己重要的事情时，他们对企业和内部营销战略的归属感就会增强。例如，家政服务员参与企业家政服务职业标准与管理规范的制订工作，就能更加自觉地履行家政服务标准与规范。

第二，永远不要忘记内部营销战略和过程的重点：每个员工在外部营销中的影响，即增强员工的"顾客意识"和"服务意识"。这是内部营销的最终目标。

第三，如果把内部营销过程单纯视为是简单的战术行为，并只包括与顾客接触的员工（包括一线家政服务员），那么它注定要失败。只有企业中建立起家政服务文化，而且全员参与。内部营销要从高层管理层开始。

最后，内部营销是一个持续的过程，家政企业需要管理层对此持续加以关注。将家政企业文化改造成"服务导向文化"需要时间。企业家政服务文化的形成是时间积淀的结果，没有时间的累积，一切无从谈起。

总之，内部营销是破解家政服务员"跳槽""跳单"的一剂良方，也是提升雇主服务体验与满意度的灵丹妙药。家政服务企业要想发展，唯有如此，别无他法。

25.6.2 如何实行内部营销

实施内部营销，家政服务公司必须注重两个方面的策略：沟通策略、培训策略。其最终目的就是以员工满意为出发点，吸引与留住好员工，确保员工的"顾客导向""服务导向"，确保在家政公司内部提供"顾客导向"式的内部服务，并为家政服务员提供充足的管理和技术上的支持。

25.6.2.1 沟通策略

我们知道，沟通包括三个基本要素：信息的发送者、信息的接收者、媒介。一个有效的沟通策略，需要做到以下三个方面：

一、确定沟通目标。

好的建设性的沟通目标，应以目标受众为导向，以企业或组织目标为最终目标，而不是也不应该以领导的好恶为导向。一旦沟通的目标与受众确定之后，沟通就变成了任务与渠道相匹配的过程，不同的任务适用于不同的渠道。

在家政公司日常沟通中，有大大小小的会议，有正式的企业汇报，有非正式的集会活动等，尤其是在今天信息技术发达的移动互联网时代，利用信息化的沟通渠道，例如，手机微信，可以实现随时随地沟通，也可以实现一对一、一对多、多对多、多对一等各种形式的沟通，也可以实现文字、图片、语音、视频等多媒体沟通。沟通媒介的丰富多样，大大增强了沟通的效率。

因此，在内部营销的沟通管理中，经理、主管、与顾客接触的员工尤其是一线家政服务员、支持人员就需要借助各种沟通媒介，通过沟通掌握各种信息以完成他们的工作。

这些信息包括：服务工作规定、服务产品和服务特征、服务工具、对顾客的承诺（如在广告中做出的承诺、销售人员做出的承诺）等。员工（尤其是一线家政服务员）同样需要与管理层就其需要、要求、对提高业绩的看法、顾客需要等内容进行沟通。这就是内部营销的沟通管理。

如果家政企业想有良好的业绩，有效的沟通管理是必需的。

遗憾的是，传统的家政服务企业开展沟通管理时经常是单向的：企业会给员工派发内部宣传品和小册子，并举办内部会议，在会上给与会者口头或文字的信息，或者在微信群中群发信息和通知，但基本上没有什么沟通。经理和主管并不认为员工有必要进行反馈、双向式沟通、对员工认同或鼓励。员工虽然接到了许多信息，但其中很少有鼓励。当然，这意味着员工接收的大量信息对他们本身没有什么重要的影响。家政企业组织内部缺乏态度上的必要转变、缺乏针对优质服务及顾客意识的激励措施。因此，员工也就无法得到有益的信息。

二、强化内部培训。

为了提升大规模团队的沟通效率，减少因沟通形式单一与媒介多种多样而导致的信息损耗与信息摩擦，强化内部培训就是有效的沟通策略之一。通过内部培训可在家政企业内部建立一种统一的服务理念、服务标准、服务流程、服务规范与行为模式，并获得全体员工的认可。

三、变革领导模式。

为了有效沟通，在内部营销中，家政企业高层领导必须转变传统的思维模式、行为模式、管理模式：即建立服务型组织，成为公仆型领导。纠正以往颐指气使的形象，不能让所有的员工都围着自己的想法意图转，不能成为信息独裁者。而是，要求企业领导以身作则，为员工树立优质服务的榜样；要求家政企业为员工（主要是一线家政服务员）服务，而不是员工为管理者服务。要让内部顾客感觉被尊重。

在这种实施内部营销的服务型组织中，组织要尽量满足内部顾客的需求，提高员工的满意感，最终达到员工忠诚，自然就会减少员工"跳槽""跳单"现象。

25.6.2.2 培训策略

在家政服务企业中，员工缺乏对企业战略、服务产品标准与规范、内部与外部兼职营销职责、企业服务文化的理解等现象，比比皆是。存在这种现象的原因是：企业对员工多种角色的认识不足，对员工冷漠和消极的态度。因此，通过培训，可以克服这种现象，改变对员工的态度。

在内部营销中，培训可以是内部培训和外部培训，最常用的是内部营销互动培训。

培训员工的主要目的，是展示给员工清晰的职业定位与岗位职责，让员工尽快适应工作、减少服务中的错误或失误，增强员工对组织的凝聚力、向心力，让员工受到关注与重视，在家政服务中减少抱怨，降低员工"跳槽""跳单"率，帮助员工融入企业服务文化之中。

有效的培训策略，主要有以下几个特点：

1）以企业战略、企业定位为导向。让员工理解企业服务战略与服务定位、理解"顾客导向""服务导向"，并在与其他员工、外部顾客合作中，认识到自己的地位和角色。

2）注重企业的核心需求，培养与强化员工之间的沟通、交流、服务技巧。

3）坚持全员参与培训、共同分享培训成果；注重员工的个人发展与职业生涯规划。

4）当需要向员工介绍新产品、新服务、外部营销计划或活动、新服务技能、新系统或服务过程时，要强化培训。

在家政企业规划和推出新服务、新产品或营销活动时，如果没有在内部员工中做足够的推广工作；如果员工无法知道企业发生了什么，对新产品、新服务或营销活动不甚了解，或员工要从公司网站、微信公众号、网络平台广告甚至顾客那里才能得知企业新服务及广告活动时，无论是与顾客接触的员工（包括一线家政服务员）还是支持员工都无法表现良好。

有利于新产品、新服务、外部营销活动及过程的内部营销目标包括：

（1）使员工意识到并接受即将开发以及推向市场的新产品和新服务；

（2）使员工意识到并确保接受新的外部营销活动；

（3）使员工意识到并接受新方式，即应用新的服务技能、新的系统、新的程序是如何影响公司内部关系和外部关系及公司营销业绩。

25.6.3 内部营销活动

家政公司中几乎所有的活动或公司行为，对公司组织的内部关系、员工的服务意识、员工的顾客意识，都将产生影响，特别是对员工的满意度、忠诚度将产生影响。家政公司稍有不慎，就有可能导致员工"跳槽""跳单"。我们必须首先将"内部营销"视为一种管理内部关系的哲学。因此，有关内部营销的活动就需要特别设计。

我们知道，沟通策略与培训策略，是成功的内部营销的主要措施。除此之外，有效的内部营销实施还有一些典型的具体活动：管理支持与内部对话、内部大规模沟通与信息支持、人力资源管理、外部大规模沟通、系统与技术支持、内部服务补救、市场研究与市场细分等。下面将具体分析：

25.6.3.1 管理支持和内部对话

在内部营销过程中，仅有培训项目是不够的。经理、主管、团队领导们必须展示自己清新的领导风格：多鼓励、多沟通、建立信任、讲究亲和关系、善于放权，有时给予劝服和解释，而不单单是管理、监督、控制。

管理支持的具体表现为：

1）通过每日的管理活动，来持续正式的培训计划与培训项目，如晨会制度；

2）多倾听、多鼓励、多表彰，将其视为日常管理任务的一部分；

3）提升参与感、归属感、主人翁意识，让员工参与公司计划和决策过程；

4）及时给员工反馈，并在正式或非正式的信息交流中实现双向沟通、互动；

5) 建立开放性、鼓励性、支持性、参与性的内部文化。

经理、主管、领导，应该鼓励员工（包括一线家政服务员）实施新的想法，创造新的服务产品，并在工作中创造条件帮助员工完成这些活动。赞赏或鼓励是管理支持中不可或缺的。经理、主管、领导日常表现出的管理风格，对工作环境和内部气氛有直接的影响。因而，管理风格也是内部营销的内容。

让员工参与，与员工共同计划和决策，是创造员工归属感的好方法。与顾客接触的员工拥有的关于顾客需求和愿望的信息很有价值，让他们参与到新服务产品开发、公司决策过程中有助于提高决策质量。

25.6.3.2 内部大规模沟通和信息支持

开发多种支持工具，可以帮助员工了解公司新服务战略、新服务标准、新服务规范流程以及在内部与外部服务过程中所采用的新方法。

在今天移动互联网的信息化时代，手机微信、APP、公共网络平台等现代网络多媒体，就可以实现公司内部大规模沟通和信息支持。当然，传统的宣传册、内部公告、内部刊物、视频录像等其他沟通材料，也可以在内部营销中应用，提升内部大规模沟通效率。

25.6.3.3 人力资源管理

雇佣和留住企业所需要的员工（主要是一线家政服务员）是家政企业成败的关键。成功的内部营销要从招聘开始，这就要求有恰当的工作描述，并承认与顾客接触的员工和支持人员的兼职营销职责。

家政企业可以用工作描述、招聘程序、职业生涯规划、工资、福利系统、激励计划以及其他人力资源管理工具，实现内部营销的目标。

同时，在传统的管理手段中，还必须改变员工是成本的错误观念，要把员工特别是一线家政服务员视为企业利润的来源。更何况，但在家政服务业，家政服务员除了提供家政服务外，还可以是家庭生活用品的直销员。

奖励员工所提供的良好服务，也是十分重要的内部营销工具。应该清楚企业需要优质服务，而且应该在奖励系统中对员工提供的优质服务予以承认。

在许多家政服务企业中，许多雇主购买的家政服务，由那些新来的、没有受到充分培训或培训不合格的家政服务员承担，企业把他们雇来充当临时工。他们的薪水不高，服务技巧也不纯熟，工作也很单调，家庭钟点工保洁员就是如此。在这种环境中，临时家政服务员和雇主之间无法建立积极的关系，尽管此类员工在顾客对服务质量的感知方面有很大影响，他们对企业利润的影响是非常大的。如果公司面临竞争对手的服务竞争，这种状况对于管理客户关系来说，也是很危险的。

另一种没有效益的战略，是将那些在家政服务中有丰富经验的员工提拔到经理的位置，其实在这里，这些有丰富经验的资深家政服务员的才能，根本无法得到发挥，让他们做经理或主管根本就是不如让他们做家政服务员更有效。

25.6.3.4 外部大规模沟通

外部大规模沟通，对家政公司内部员工的影响没有被充分认识到。但是，员工包括一线家政服务员，常常是对广告活动、外部沟通、其他大规模沟通方式感兴趣并积极回应的人。

因此，在企业的广告活动、宣传册及对外发布活动之前，必须先将这些信息和活动介绍给员工特别是一线家政服务员。在家政服务员的协助下开展这些活动，这样可以让家政服务员在必要的时候，兑现企业在广告中作出的承诺，同时，减少员工在服务雇主的时候遭受的困扰和混淆。

25.6.3.5　系统与技术支持

家政公司通过开发 APP、微信公众号、顾客信息数据库、提供有效内部服务的系统和技术，来让与顾客接触的家政服务员提供优质服务，这是内部营销的重要目标。

如果缺乏此类支持，即使最具备顾客导向和服务意识的员工，最终也会感到困惑，并失去作为一个合格的兼职营销人员的兴趣。

通过 APP、微信、网址、电子邮件、QQ、微博、数据库等，员工包括一线家政服务员与顾客可快速并可靠地联系起来。每个人都会由于彼此间的相互依赖而产生归属感，这种和别人相互依赖的情感，对公司内部关系有积极的影响。

但是，应用电子信息手段和内部网络有另一个风险，它们使公司管理层的员工丧失了与雇主面对面的交流的机会，而变得不善于社交。如果过分依赖网络就会强化此种弊病。因此，从内部营销的角度看，要尽量避免。如有必要，应亲自介入。

25.6.3.6　内部服务补救

与顾客接触的员工（特别是一线家政服务员）或支持人员，要经常面对服务失误的情况，或者必须和那些充满怨气的顾客互动。

对于与顾客接触的员工特别是一线家政服务员来说，这种环境可能让人感到气恼，有时甚至会感到羞辱。他们得到的授权越小，就越会觉得自己在这种无奈的环境中无能为力。从情绪上看，雇主有时会不安、受挫、甚至愤怒。

内部顾客通常也会有这种情绪。

那些必须处理这些问题的与顾客接触的员工（特别是一线家政服务员）需要得到帮助，以便使他们从服务接触中所产生的精神压力中解脱出来，家政企业必须主动帮助员工解决此类问题，即内部服务补救。

经理、主管、领导们在处理这种内部服务补救情况中有决定性的作用。

来自整个工作群体的支持，对那些在工作环境中饱受精神压力之苦的员工尤其是一线家政服务员，非常有帮助，管理层或许需要创造一个系统，来确保有一个支持网络的运作。

25.6.3.7　市场研究和市场细分

家政公司还可以用在内部和外部进行市场研究，来发现对兼职营销职责和"服务导向"业绩的态度。市场细分可以为公司组织中的某些位置或岗位聘用合适的人才。例如，接待顾客的客服人员或前台员工的岗位。

除了掌握内部营销的具体活动外，我们还需要了解内部营销中的价值创造、内部营销导向。这样才能在家政企业实践中，更好地实施内部营销。下面章节将具体分析。

25.6.3.8　内部营销中的价值创造

从某种角度上看，内部营销也可看做是"知识更新""知识转化"的过程。通俗地说，就是在内部营销的过程中，如何把员工尤其是一线家政服务员个人的服务体验、服务收获、服务智慧即个人知识与经验，转化为公司全体员工集体的智慧、公开的知识、大家的知识。为什么要这样讲？

因为，与雇主接触的员工（主要是一线家政服务员）不断积累关于雇主行为、偏好的知识以及如何以最佳方式为雇主服务，进而创造良好的雇主感知到的家政服务质量的方法。

但是，这些知识以隐性的形式（即作为员工个人认识、个人私人知识）存在，并没有以正式的文件形式记载，甚至不为管理层所知。也许并不是每名家政服务员都了解这些知识，而且也未在公司中广泛运用于家政服务。这些知识，或是被有效运用，或是由于公司政策、奖励体系、管理制度的制约，而未被使用。若为后者，那么就很有可能会使员工有挫败感，并且对员工的"服务导向"和"顾客导向"产生负面作用。

如果这些隐性知识有益于公司，那么就可以将其编码或加工整理，进而使其成为可在公司中传播的显性知识（即公司员工公开使用的知识、公共知识），以便每名员工都可以利用它更好地为内、外部顾客服务。

如果在考虑了公司组织战略、成本 – 收益后，这些知识仍被证明是有效的，那么被显性化的隐性知识，就可能会改变企业的政策。

最佳的结果是，关于如何为顾客服务的新的显性知识和被编码的隐性知识，成为企业文化的一部分，从而达到引导员工态度和行为的目的。这就是一线员工尤其是家政服务员为企业做的创造性的成果与贡献，可大大增强员工的自豪感、归属感、忠诚度。

那么，员工的隐性知识（个人知识）是如何变成显性知识（大家的公共知识）？这个知识转化、更新过程主要包括4个阶段：

1）催化阶段：发掘一般知识（探索隐性知识）；

2）解码阶段：发现新知识（将隐性知识转化为显性知识）；

3）授权阶段：考虑成本 – 收益、公司政策等因素，将那些有利用价值的显性化的隐性知识在实际中应用；

4）扩散阶段：将新的显性知识与企业文化、服务行为进行整合（将新的显性知识在公司组织中进行传播）。

1）催化阶段

第一阶段，催化阶段。员工们聚集在一起讨论顾客服务、与为顾客服务的各种方法以及在该过程中遇到的障碍和挑战。这些障碍来源于各个方面，例如，服务技能、服务标准、服务规范、公司氛围、公司政策、薪酬体系、管理控制方面的障碍等。

员工尤其是家政服务员之间定期会面，并进行自由讨论。在本阶段，并不一定会产生结论或建议。与此同时，每名员工所持有的隐性知识被挖掘出来，这是一个社会化（把个人知识转化为大家知识）的过程。在该过程中，参与会议的员工应该积极地向其他员工传递自己在工作中的知识与经验。员工之间要相互信任，在团队友好、民主的氛围中进行，否则讨论和知识转移就会受到限制。

本阶段和下一阶段要运用"角色扮演"与"团队对话"的方法。也可运用"对比法"和能使知识、思想显性化（公开化）的其他方法。

2）解码阶段

催化阶段过后，随即而至的是解码阶段。在本阶段，员工尤其是家政服务员之间已彼此熟悉，并且相互信任，其主要任务是发掘基于各个服务业态或家政服务小组的家政服务员实际工作经验的知识，并且有可能的话会运用这些知识。破解原来的编码，并挖掘新的机会。

这样，各个服务业态或小组成员所持有的隐性知识被转化成为显性知识。共同的责任感，会推动并保证参会员工积极研发新的为顾客服务的方式、新的服务标准、新的服务流程、新的服务规范等。

3）授权阶段

在授权阶段，要从企业政策和成本 - 收益的角度，分析各服务业态小组讨论的成果和建议。除了一些特殊问题（如最终的分析决策）要由管理层制定外，本阶段的分析任务在某种程度上也由各服务业态的小组讨论完成。

当然，也要根据企业的实际战略来考虑预算约束及其管理方面的问题。这是一个将隐性知识，进一步发展成为在企业组织内部应用的外部知识，即显性知识。

有些讨论成果和建议，可能没有被转化为新的服务流程、服务标准、服务规范。这可能是由于这些建议与现代的成本 - 收益、公司战略、公司政策相冲突，而管理层又恰好认为不能更改已有的战略和政策。

4）扩散阶段

知识更新、知识转化过程的最后一个阶段是扩散阶段。在这一阶段，要通过制定新的组织设计、支持体系、程序、培训计划，运用新的管理方法和领导方式，将全新的授权知识与企业文化进行整合。

这样做的目的，不仅是向企业中的相关人员传达新的知识和变革，也是为了能够提升员工尤其是一线家政服务员对组织的忠诚度。这样显性知识又转化为隐性知识，并潜移默化地指导着组织中员工特别是一线家政服务员的行为。这就是"从群众中来""到群众中去"。企业的服务产品与服务品牌，就这样不断获得提升，进而赢得竞争优势。

内部营销过程中的投入，来源于员工关于市场信息个人知识，而产出则是使企业组织具有更强的顾客意识、及随后产生的改良的顾客感知的服务质量、企业提高的市场绩效。从这个意义说，内部营销也是一个服务质量自我提升的过程。

25.6.3.9 内部营销导向

内部市场导向包括 4 个行为维度：正式信息的产生、非正式信息的产生、非正式的信息扩散、响应性：

☑ 正式信息的产生：是指企业评价员工尤其是一线家政服务员的顾客导向、工作态度、工作满意度、员工的需要的正式方法。正式信息产生体现为两种方式：即书面方式搜集信息与面对面的互动获取信息。

☑ 非正式信息的产生：指管理人员对员工尤其是一线家政服务员的工作态度、工作需要、感觉、随之产生的工作绩效的评价。

☑ 非正式的信息扩散：指管理者定期向员工包括一线家政服务员通知企业的重大事件以及与员工工作条件有关的问题。这些问题不仅包括员工的工作环境问题，还包括公司组织问题。管理者定期召开的用于讨论顾客对产品和服务的满意度、顾客利益以及公司组织的目标和战略问题的会议等。

☑ 响应性：是员工含家政服务员能够感觉到管理者对他们的工作有所关注，包括对工作设计、薪酬、激励、奖金、管理培训、工作环境中社会问题的关注。

管理者不仅要关注企业竞争地位和顾客满意度，还要对员工的工作态度、员工保留、员工对组织规章的遵守情况进行全面关注。

25.6.4 授权、真正给家政服务员权力

25.6.4.1 为什么要授权？

首先，我们必须清晰，在家政服务过程中，要不要给家政服务员授权？或者说，家政服务员授权有没有必要？在我们多年的实证研究与理论研究看来，真正明确地给家政服务员授权是非常明智的选择。

因为，给家政服务员授权与"生产线"的方法（管理者制定好一个相对标准的体系，而员工严格遵守该体系来完成工作。）各有自己的优点与不足，而且分别都有自己适用的情况。关键是要选择既可以满足雇主又可以满足家政服务员的管理方法。拿就要看家政服务是不是符合以下几个特征：

1）公司的经营战略是基于具有竞争力的差异化、提供个性化的定制服务；

2）与公司客户保持长期联系而不仅仅是短期的交易；

3）公司的家政服务职业技能技术特点比较复杂，很难标准化；

4）工作环境无法预测，并常有意外之事；

5）公司经理很乐于让员工为了公司和顾客独立地开展工作；

6）员工很希望在工作环境中增长和增强技能，愿意与他人相处。

通过以上六个特征分析来看，家政服务非常切合以上六个特征。家政服务企业非常适合使用授权的方法，来管理员工特别是一线家政服务员。我们知道，在家政服务中，一线家政服务员常常是自己一个人在雇主家庭提供服务，与雇主及其家庭成员面对面，缺乏第三者在场监督，即使家政企业经理也很难控制家政服务员的行为。因此，授权家政服务员就显得异常重要。

同时，我们也必须注意到，并非所有家政服务员都希望得到授权，很多员工在工作中并不追求个人发展，他们喜欢被动地听从指示而不是自己去发挥主动。毕竟，权力和责任总是相伴而生的。既然想拥有权力，就要承担相应的责任。当然，授权的意识也不是天生就有的，也是需要去学习、培养、磨合的。

25.6.4.2 什么是授权?

那么，什么是授权？所谓授权，是指给予与顾客接触的员工做出决策并采取行动的权力。在家政服务中，要真正做到对雇主需求及时反映，就必须授权给一线家政服务员，使其能对雇主需求作出灵活且有针对性反应，并在出现服务差错时或雇主不满时及时服务补救。

授权不是简单地把解决问题、决定雇主利益的权力交给一线家政服务员，这样的授权是远远不够。如果家政企业单纯告诉家政服务员"你现在有权做任何可以使雇主满意的事"。那么，这种授权是很难成功的。因为，真正的授权，意味着赋予家政服务员分享服务信息、服务技能、服务工具、奖励和权力，即授予家政服务员一定的信息、资金等资源支配权，并允许家政服务员遵照自己认为最好的方式行使权力。如果家政服务员没有受过相关的服务标准、服务规范、服务工具等培训与指导，他们通常不清楚"做任何可以使顾客满意的事"到底意味着什么。还有，在有的家政公司组织等级森严或有官僚作风的情况下，家政服务员通常也不相信授权能真正得到执行。

为了真正授权，授权的范围可能会有所限制，管理层必须谨慎地考虑该范围。例如，对那些牵涉法律问题或大的资金支持决策的问题，必须由高层管理者做出决策。管理者必须对与雇主接触的员工如一线家政服务员服务补救范围，做出清晰和可接受的界定。重要的是让雇主接触的员工或支持人员清晰自己的职责，并且鼓励他们以更加有效的和顾客导向的方式去关注、去解决。

授权要求管理层和员工之间持续地培养信任关系。经理们必须表现出他们尊重员工所处的环境和进行决策的权力。

25.6.4.3 真正给员工权力

内部营销除了"授权"以外，要真正给员工包括一线家政服务员权力。这意味着员工能获得在家政服务过程中有效地独立决策所需的支持。没有这种支持，就没有给员工授权的适宜环境。

真正给员工权力包括：

1）管理支持：在必要的时候，主管和经理给员工提供信息并将决策权交给员工，不干扰他们的决策；

2）知识支持：使员工拥有分析情况和做出恰当的决策的技术和知识；

3）支持人员、系统、技术和数据库提供的技术支持：可以使与雇主接触的员工处理情况时，拥有信息和所需要的其他服务。

也就是说，授权并不是让一线员工放任自流，或者抛弃规章制度。授权要求公司具备一定的条件，例如：

（1）通过组建员工小组来进行管理与质量控制（自我管理）；

（2）企业绩效（经营成效和竞争绩效）；

（3）奖励基于企业效益进行，例如奖金、分红；

（4）相关知识使员工能够理解绩效并为之贡献力量（如处理问题的技巧）。

必须意识到：不充分的授权会给员工带来更多的困惑和挫折感。那些被要求对顾客负责却没有权力的员工会感到无所适从、挫折感及愤怒感，他们可能会做出很糟糕的决策。

内部营销以开发管理支持、知识和技术支持为目的，以便保证被授权的员工获得所需的工具支持，并使其感到自己可以因有效的服务工作而受到激励。

25.6.4.4　授权的收益

作为内部营销过程的一部分，如果授权实施得当，会对员工工作满意度产生决定性的影响。授权对利润也有积极的影响。

对一线员工授权的益处：

1）在家政服务过程中，可以对雇主需求更快速、更直接地予以回应。而不是雇主通常要等到公司主管出现，才会得到自己想要的决策结果，从而避开冗长的解决问题与决策时间。同时，雇主会感到员工特别是一线家政服务员是在自发、自愿地提供帮助。这有助于改善服务体验、提升感知服务质量。

2）在服务补救过程中，更快、更直接地回应不满雇主。一旦家政服务过程中出现了服务差错，雇主会希望家政公司或家政服务员立刻采取服务补救措施。被授权的员工特别是一线家政服务员当场及时进行补救，可使不满的雇主能够谅解，甚至成为公司的忠诚客户。

3）授权会提高员工的工作满意度，自我感觉也更好。给予员工解决问题、决策权与控制力，让员工凭借自己的判断力（并培训他们如何正确使用判断力）可使他们当场提供更好的服务，而不是事事都要向上级请示。这样会使员工感到更有责任，并使员工对雇主的满意度拥有自主权。因为他们有权处理直接的工作，并能和其他员工彼此信任。同时，也会减少缺勤和跳槽现象。

4）员工会以更加饱满的热情提供服务。由于员工被授权后，责任感、主人翁感增强，有更强烈的服务动机，对自我与工作感觉更加良好。他们会将这种良好情感带到服务过程中，并反映在与雇主的互动中，提升了雇主的服务体验、服务满意度。

5）被授权的员工是新服务、新产品、新流程的宝贵源泉。员工得到授权后会对服务产生责任感、主人翁感，进而会提出许多创新服务。因为他们直接与雇主接触，在家政服务一线过程中，可以观察到各种机会和问题以及雇主的需求、愿望、预期、价值。被授权员工更倾向于关注具体问题和机会，并与他们的主管和经理们分享他们的发现、分享他们关于服务的创新想法。

6）被授权员工在创造好的服务口碑和提高雇主保持率、忠诚度方面极有价值。家政企业可以期待他们以"顾客导向""服务导向"的方式快速、纯熟地提供服务，这会让雇主感到惊喜，并倾向于重复消费和传播有利于家政企业的口碑。在今天移动互联网时代，口碑是最好的营销。

当然，授权并不是意味着经理、主管、领导的管理职责变小了，恰恰相反，经理们要转变领导风格与管理模式。因为，这两者职责的实质不同，经理们的职责中有更多的"领导导向"（例如，成就导向型领导、指导型领导、支持型领导、参与型领导、服务型领导、赋能型领导等）而不是单纯的管理监督，更多的独立判断而不是通过各种手册进行管理控制。

25.6.4.5 授权的成本

授权给企业带来收益的同时，也会产生一定的成本。授权产生的成本主要有：

1）在员工招聘、培训方面会增加投入。首先，企业要招聘符合在授权环境中胜任的员工。例如，愿意接受被授权的员工，具有较强的独立性、主动性、创新性，成就动机较强，而不是循规蹈矩、墨守成规；其次，授权不是简单的下放权力，还要培训被授权的员工熟悉家政服务业务（即服务标准、服务规范、服务质量）、独立解决问题的能力、人际交往的能力、处理雇主投诉与抱怨的能力等，还要培训被授权的员工善于使用提升服务的各种支持系统与支持工具等。这些都会增加公司的成本支出。

2）潜在的迟缓服务或服务提供不一致。在家政服务过程中，如果被授权的家政服务员因为雇主的不满意而调整预先规划设计的服务，自然会延缓服务时间，这对按计时收费的钟点工服务，就是成本的增加；同样，授权还意味着，如果雇主满意度交由一线家政服务员通过个人判断来决定，服务实际执行水平可能会因家政服务员不同而不同，这样也会影响家政企业的服务质量标准。

3）员工可能担心"丢失客户"或做出错误的决策（成本高）。担心被授权的员工做出一些费用高的、公司无法承受的决策。虽然这种事情可能发生，但有效的培训和服务标准与服务规范，有利于避免这些事情的发生。

授权给员工的确会产生某些多余成本，因为这要求企业追加额外的员工培训成本，而且企业还要为获得授权的员工增加工资等。但一般来说，授权和真正给员工权力产生的收益，远大于它造成的多余成本。另外，减少缺勤和降低员工流失率也会削减成本，特别是可以减少家政服务员的"跳槽""跳单"而给公司造成的损失。

综上所述，有效实施内部营销的家政公司有几个指导原则：

1）首先要力争雇佣到优秀的员工；

2）提供一个可以说明工作目的和意义的愿景；

3）确保员工有适当的技能和知识；

4）创造彼此提供支持的团队；

5）最大限度地给员工以自由；

6）通过绩效衡量和奖励手段的设计与变革来激励员工；

7）将工作设计建立在科学研究的基础之上。

因为，大多数员工认为自由思考、分析、决策和行动是更好的激励。如果他们想达到这种效果就要有更多的知识和技术，这样他们就可以在被授权的位置上感到安全，进而提升员工提供优质服务的动力。

25.7 家政服务员劳动关系管理　（详细内容 扫一扫 二维码）

25.8 家政服务员心理管理　（详细内容 扫一扫 二维码）

25.9 家政服务员职业生涯规划管理

序号	发文时间	发文机关	政策文件名称
	2019 年 6 月 16 日	国务院办公厅。国办发〔2019〕30 号	《国务院办公厅关于促进家政服务业提质扩容的意见》
相关摘要	（十八）畅通家政从业人员职业发展路径。引导家政企业将员工学历、技能水平与工资收入、福利待遇、岗位晋升等挂钩。支持家政从业人员通过高职扩招专项考试、专升本等多种渠道提升学历层次。		

　　家政服务员的职业生涯发展，应该被提到家政企业发展的重要议事日程。理由很简单，因为家政服务员是家政企业的战略资源，是家政企业的核心竞争力。家政企业的竞争，就是高素质高技能家政服务员的竞争。

　　遗憾的是，家政服务员的职业生涯发展与规划，并没有引起家政企业甚至整个家政产业界的足够重视。最典型的现象就是"招工难""家政服务员流失率高"。特别是，社会上高素质、高学历的想从事家政服务业的人才并没有进入家政服务业。例如大学毕业生，尤其是家政专业或相关专业如护理专业的大学毕业生。这不是因为家政服务业的工资待遇问题，一个重要的原因是，家政服务员职业生涯发展与规划缺失，看不到家政职业未来发展前景，让这些人才望而却步。

　　对家政公司而言，如果不能有效地鼓励家政服务员进行职业生涯规划，创造条件促进家政服务员职业生涯发展，将会导致出现"保姆荒"时找不到合适的家政服务员来填补岗位空缺，给雇主服务体验和忠诚度带来消极影响。

　　那么，家政服务职业生涯发展与规划现状究竟如何？我们如何解决家政服务职业生涯发展问题？如何规划家政服务员职业生涯？现在来具体分析：

25.9.1 什么是职业生涯发展

　　职业生涯发展，是指从业人员经历一系列职业阶段而进步的过程，每个职业阶段都有不同的任务、活动、关系。就家政服务而言，家政服务员职业生涯发展的四个阶段：择业阶段、就业阶段、维持阶段、离职阶段。家政服务员所处不同的职业阶段，会有不同的需求、态度、工作行为。

25.9.1.1 择业阶段

　　从业人员在试图进入家政服务业之前，要先认清自己感兴趣的工作类型，也要考虑自身的兴趣、价值观、工作偏好，并从伙伴、亲戚、同乡、朋友和家庭成员那里搜集关于家政服务的就业行情、服务业态、职业内容、职业生涯等信息。一旦她（他）们找到了自己感兴趣的工作或职业类型，她（他）们就会开始接受必需的岗前职业教育或培训。

　　在这个阶段，欲从事家政服务的从业人员：一、一定要多参加当地政府组织的就业安置和职业技能培训。它是由当地政府出资对需要就业的农民工、城镇下岗职工、刚毕业的大毕业生等提供免费服务和免费家政培训的；二、到各地合法和正规的劳动力市场或职业介绍机构求职。各地人力资源和社会保障部门都设有正规的职业介绍中心，并经常举办各种类型的招聘会，具体举办时间、地点会刊登在当地的人才市场报或相关报纸、电视、官方网站、官方微信公众号等媒体上。

　　在这个阶段，欲从事家政服务的从业人员，在如何择业上，要根据自己的个人实际情况、家庭情况与市场行情，加以综合考虑，没有必要与别人攀比。同时，要认真对待岗前职业技能培训，为正式就业做好准备。

25.9.1.2 就业阶段

当欲从事家政服务的从业人员找到了一个合适的服务职位或工作岗位，开始正式从事家政服务时，这个阶段又可分为三个子阶段：尝试子阶段、稳定子阶段、中期职业危机子阶段。

在尝试子阶段，即进入了就业阶段的适应期或尝试期。在这个子阶段中，人们不断地测试自己的知识水平、技能水平、能力和抱负是否与最初的职业选择相匹配。也就是说，在这一时期，人们要确定自己当初选择的家政服务领域是否适合自己：如果不合适，可能需要在哪几个方面作出改变；或者，觉得自己实在不合适，就选择离开家政服务业。因此，在这个阶段，家政公司要针对刚就业的家政服务员提供心理支撑、服务适应性指导、适应能力培训等，进行就业早期干预，尽量缩短与帮助家政服务员度过适应期，提升刚就业的家政服务员就业成功率。

在稳定子阶段，人们会确定自己在家政企业中的职业目标，制定更为明确的职业生涯发展规划，以确定晋升的先后顺序、职位的变动以及对实现这些目标而接受一系列的教育培训活动。特别是在这个阶段，家政企业一定要协助家政服务员制定可操作的、通过努力可以实现的职业目标，并提供尽可能的支持，尤其是不间断的教育培训。让家政服务员在不断提升中保持职业稳定性。

在中期职业危机子阶段，人们常常会根据自己当初的职业发展抱负和目标，对自己所取得的进步进行重新评估。她（他）们可能会发现，自己的梦想（例如成为高级家政师或家政技师或高级家政企业管理者）可能无法实现，或者已经实现了，或者她（他）们当初的梦想并不是自己想要的。那么，在这个阶段，人们不得不第一次面临艰难抉择：自己真正想要的是什么？自己真正能够实现的是什么？要实现这些目标自己必须作出多少牺牲？因此，在这个阶段，家政企业还要帮助家政服务员总结职业发展中的优势、劣势、未来发展需要提升的地方，更重要的是，企业能够为家政服务员实现职业生涯发展创造什么支持条件，增强家政服务员对职业目标实现充满信心。

25.9.1.3 维持阶段

在职业维持阶段，许多人都会渐渐地从稳定子阶段平滑地进入维持阶段。这时，人们通常已经在工作上或家政公司里占据了一席之地。因此，这时的大多数人努力都是要巩固自己已经获得的成就。在这个阶段，家政公司要适时对维持阶段的家政服务员，提出新的挑战性的职业目标，并创造条件促使其实现，以延长维持阶段的时间。例如，家政公司在这个时候，或者安置高级家政服务员通过"以老带新"的"师徒制"，并建立奖励机制，鼓励高级家政服务员不断培养新的家政服务员。同时，在师徒制的过程中，因为教学相长，也促使维持阶段的高级家政服务员技能创新，成长为家政技师、高级家政技师。还有，也可以安置维持阶段的高级家政服务员，进入企业行政管理序列，成为企业管理者，进一步延长维持阶段的时间，为企业、也为自己创造更大的价值。

25.9.1.4 离职阶段

随着退休年龄的临近，人们进入离职阶段，或者进入衰退阶段。在这个阶段，会有一个减速期。这时，很多人面临着这样的前景：不得不接受权力和责任的不断下降，并且学会接受和扮演新的角色，即作为年轻人的导师和知己，接下来可能就该退休了。在退休之后，人们可能会希望找到其他的时间用途，从而把过去化在事业上的时间和精力用在其他事情上。

对家政服务职业而言，这个阶段，恰恰是离职阶段的高级家政服务员的又一个职业"黄金时代"的来临，那就是居家养老服务。家政公司要及时发挥这些"离职"的高级家政服务员的技能优势与职业意识优势，开展力所能及的养老护理服务，哪怕是被安置去"陪伴"居家的空巢老年人"聊天话家常"，也是衰退期家政服务员价值的增值。还有，在这个阶段，还可以返聘这些高级家政服务员、家政技师、高级家政技师，作为家政公司的家政服务督导或培训教师，发挥她们的职业优势。

25.9.2　了解自我

欲从事家政服务的从业人员，在进入家政服务业之前，首先要了解自我。问问自己到底适不适合从事家政服务？或者，适合从事家政服务哪种服务业态？这是家政服务员职业生涯发展的前提。那么，家政服务员该如何了解自我？下面我们将从三个因素：工作价值观、兴趣、职业技能，来具体分析：

25.9.2.1　工作价值观

所谓工作价值观，是指从业人员在决定选择进入家政服务业之前，首先要问问自己工作重要吗？即家政服务是不是自己非常看重的工作？还是更为看重自己的家庭生活、与配偶或孩子的关系？还是看重其他更重要的工作，家政服务只是权宜之计、暂时的工作？还是在乎休闲和娱乐，或者是在意学习和深造？这些问题的不同回答将影响自己对职业的正确选择。下面让我们从八个方面来深入讨论：

1）高收入

首先要问问自己是否期待通过家政服务获得高收入？显然是不现实的。即使月嫂（母婴护理员）的收入较高，也是要在一个月内每天有15个小时以上的服务时间，甚至每天24个小时都很难安稳休息，随时为产妇和新生儿提供服务。当然，家政服务员工资也不是最低收入。家政服务员工资收入相当于社会平均收入，可以通过家政服务工资收入来维持自己家庭正常生活水平。

2）社会声望

今天的家政服务尽管还存在一定的歧视现象，人民群众对家政服务质量还有很多不满意，但其社会声誉正在逐步提升，且越来越受到社会的广泛尊重。就在2019年6月16日《国务院办公厅关于促进家政服务业提质扩容的意见》国办发〔2019〕30号文件中，就明确指出：

"表彰激励优秀家政从业人员。五一劳动奖章、五一巾帼标兵、三八红旗手（集体）、城乡妇女岗位建功先进个人（集体）、青年文明号等评选表彰要向家政从业人员倾斜，对获得上述奖励以及在世界技能大赛和国家级一类、二类职业技能大赛中获奖的家政从业人员，纳入国家高技能人才评定范围，并在积分落户等方面给予照顾。加大家政服务业典型案例宣传力度。"还有，在家政服务员队伍中还涌现了一批全国党代表、人大代表、政协委员、全国劳动模范等。可见家政服务员的社会声望是较高的，家政服务员和教师、医护人员一样，是光荣的受尊敬的。

3）独立性

与其他职业相比，家政服务业给予家政服务员更多自由来自己作出服务决策，而较少在他人的监管或指导下工作，具有相对独立性，且是一个人为雇主家庭提供服务。这是家政服务业的特征之一。对于欲从事家政服务的人员来说，是喜欢在集体环境中接受监督与指导下工作，还是能耐得住寂寞、在没有现场指导下一个人主动提供服务？这是需要欲从事家政服务的从业人员结合自身情况认真考虑的，自己合适那种情形？不要盲目选择。

4）帮助他人

你是否想要把"帮助他人"作为你职业的主要内容？在何种程度上，你愿意投入到帮助人们改善生活质量、生活品质的家政服务工作中？我们知道，家政服务的直接对象是雇主家庭的老人、孕产妇、新生儿、婴幼儿、病人、残疾人等，他们是社会和家庭的弱势人群，这就要求家政服务员要有帮助他人的爱心善心。"老吾老以及人之老""幼吾幼以及人之幼"，否则是做不好家政服务的，即使勉强进入了家政服务业，职业稳定性也不会高，容易流失。

5）稳定性

在"稳定"的职业中，你无须担心失业以及收入。你的工作有一定的任期，你不会轻易被解雇（除非你严重违背服务合同，给雇主造成较大的损失）。即使遇到经济衰退，就业率仍然高，也没有季节性的高低起伏。你的收入总体来说非常稳定且可以预知，不会因为经济低潮而消失。你的职业不会被机器人、自动化或其他技术进步所淘汰。家政服务业就是这样相对"稳定"的职业，这是家政服务业的一个明显的优势。

6）多样性

拥有"多样性"的职业会包含许多不同类型的活动，要解决各种不同问题，工作地点常常变化，常常遇到新面孔。

与"多样性"相对的是常规性、可预测性或重复性。如果你非常看重"多样性"，那么你可能喜欢新鲜和惊喜、享受面对新问题、新事件、新地方和新的人。

而家政服务则是"常规性、可预测性或重复性"的工作，是否适合你？你到底是喜欢"多样性"的职业，还是"常规性、可预测性或重复性"的工作？

7）领导

你喜欢领导他人、告诉他们怎样做并且为他们的表现负责吗？看重"领导"这一价值观的人通常希望拥有控制事件的权力。很显然，家政服务业是服务性工作，而且是一个人提供服务。喜欢领导他人的人，恐怕在为雇主提供家政服务时没有"用武之地"。当然，如果是一个非常优秀的高级家政服务员，又喜欢领导他人，适合在家政公司从事管理工作。

8）休闲

你的职业所允许的业余时间的数量的多少对你有多重要？"休闲"包括工作时间短、假期长，或是有机会选择下班时间。你特别看重"休闲"吗？一般来说，家政服务，特别是住家家政服务，可供休闲的业余时间相对不多。家政服务是工作时间相对较长的服务业，除非是提供"钟点工"家政服务。因此，你在选择进入家政服务业之前，一定要好好想一想，自己看重"休闲"吗？

综上所述，以上八个方面，基本上可以评估出你的工作价值观，评估出你将要从事的家政服务职业是否适合你？对你是否"重要"？这样就大大减少了你选择家政服务职业的盲目性，做到科学规划自己的职业生涯发展。

25.9.2.2 兴趣

在明确了自己的工作价值观之后，接下来就是要分析一下自己的兴趣类型。也就是说，要判断自己对家政服务感不感兴趣？是真的感兴趣，还是一种假象？如何判断自己对家政服务是否感兴趣，可以从以下几个方面来进行评估：

☑ 偏好的活动和职业：你是不是喜欢从事帮助他人的活动？是不是喜欢通过人际交往服务于他人？

☑ 价值观；是不是喜欢增进他人的福祉？喜欢提供社会服务？

☑ 对自己的看法：是不是富有同情心和耐心？是不是有人际交往技能？缺乏机器操作

能力？

☑ 他人的看法：是不是善于照顾人？是不是宜人（使人舒适、给人温暖）？是不是外向性格的？

☑ 避免：是不是尽量避免机器操作或技术活动？

☑ 要求：是不是有人际交往能力？是不是有指导教育他人的能力？

☑ 行为和表现：是不是富有同情心？是不是有人道主义情怀？是不是和蔼可亲、友善？

☑ 个人的风格：是不是喜欢关心他人的福祉？

☑ 职业环境：是不是喜欢以帮助或促进的方式同他人合作开展工作？

总之，通过以上九个问题的回答，如果你大部分选择了肯定的回答，你就可以推断出你对家政服务感兴趣，得分越多，兴趣越浓厚，越适合从事家政服务业。反之，你对家政服务缺乏兴趣，即使从事了家政服务，也很难做好。

25.9.2.3　职业技能

除了工作价值观、兴趣外，了解自己的职业技能对职业选择也是很重要的。也就是说，你要清晰"你能做什么？"你究竟具备哪些职业技能？或者说，你有没有具备掌握这些职业技能的能力倾向？关于职业技能的评估与分析，上文有详细论述，在此不必多言。这里需要指出的是，如果你对家政服务业有正确的工作价值观、有浓厚的兴趣，职业技能是可以通过学习训练、在做中学而习得的。

总之，在家政服务职业生涯规划早期的"了解自我"的过程中，从业人员如何更好地了解自我？

一、要正确看待过去的经验或经历。不要过于相信过去经验中不好的经历，无论是成功的或者失败的体验，面对新职业生涯选择，要重新认识，过去的经验仅供参考。

二、要当心过于依赖他人对我们职业生涯选择相关的工作价值观、兴趣、职业技能的看法。当这个人（例如：家人、过去领导、老师甚至是职业咨询师）具有很高的声望或社会影响力时，更是如此。要相信自己的判断力，听从自己内心的想法，他人的看法仅供参考。

三、要避免在处于某种情绪危机时作出职业生涯抉择。例如，有的女性从业人员正赶上与自己的丈夫闹离婚准备分居，想赶快离开家去城里打工，正好遇到有家政公司或雇主招聘家政服务员，就匆匆忙忙入户到雇主家庭提供住家服务。这样可一举两得，既有住的地方，又有工作和工资收入。可自己根本就不喜欢做常规性、重复性的工作，也不善于人际交往。这个人是不可能做好家政服务的，离职只是早晚的事。因为，当你处在高度情绪化的状态时，你几乎不可能对所有与职业生涯决策相关的工作价值观、兴趣、职业技能的相关信息进行全面认真考虑。

四、要认识到一个人的工作价值观、兴趣、职业技能是相互关联、相互影响、相互促进的。不能片面地只看到某一个方面的不足或优势。还有，也必须认识到，人的职业生涯的选择、自我了解，是一个终生的过程，不会一成不变，会随着自己的工作价值观、兴趣、职业技能的变化而变化。从长远来看，这恰恰是人的职业生涯发展规划的价值所在。

25.9.3　灵活多样的工作方式

家政服务作为现代服务业态，其灵活多样的新型工作方式是家政服务业特征之一。这里，首先需要知道的是"家政服务工作"是从何而来的？明白这点，对欲从事家政服务的从业人员意义很大。实际上，今天的家政服务之所以产生，成为国家和社会重视的朝阳产业，是因为人们的家庭消费者急切需要，而不是我们从业者需要。当人们对孕产妇、婴幼儿、老人、病人、残疾人等的照护以及保洁、烹饪等服务的需求增加时，这些服务的提供者（可以是家政公司，也可是家政服务员个人）就会采取必要的行动步骤来增加服务的供给量。供给者通常通过两个基本步骤实现增产：要么延长现有工作者每周工作的小时数或天数来增加其工作量，要么通过创造新的工作机会招聘雇佣更多的工作者，即增加人手，更多的人进入家政服务业。

在今天，全职从事家政服务的从业人员越来越多。同时，从事非全职工作的临时工或钟点工，增长也越来越快，家政服务业进入既是"准时"就业又是"零库存"生产的灵活多样就业新时代。

1）全职工作

家政服务业最普通的工作方式是每天 24 小时常规的住家服务，或者是每周 48 小时（每周工作 6 天，每天工作 8 小时）或 36 小时（每周工作 6 天，每天工作 6 小时）等的不住家的白天服务。虽然是全职服务，也不是终身制，但还是相对稳定的，除非家政服务员确实干得很糟糕或者主动选择离职（更多的是家政服务员找各种理由辞职），一般不会被解雇。

处于全职工作的家政服务员有的是家政公司的员工，为家政公司效力。这些家政服务员通常享有除工资之外的一定的福利待遇：医疗保险、养老保险、工伤保险、法定节假日的福利、一年内的休假、还有享受免费的在职培训等；如果是家政服务员个人直接给雇主提供全职工作，不属于任何家政公司或者组织机构，以上各种福利待遇都将没有。当然，雇主支付的工资都将全额给家政服务员本人。

24 小时住家服务的全职工作，家政服务员休闲时间相对较少，而且无法向其他全职工作员工一样，每天都可以照顾自己的家庭。当然，每周 48 小时或 36 小时的白天服务的全职工作，有正常的休闲时间，可以照顾自己的家庭。

2）非全职工作

非全职工作是指每周工作 1—25 个小时，这种可供选择的工作方式，将可能成为我国家政服务工作方式中最广泛使用的方式，与其他各种兼职工作者相比，采用这种工作方式的员工数量将会越来越多。非全职工作，也叫"钟点工"。

非全职工作是雇主对家政服务员的个性化、多样化需求、并结合家庭自身条件相适应的一种有效的用工方式。对于欲从事家政服务的从业人员来说，非全职工作也可以兼顾自己的家庭或其他工作，也是一种令人喜欢的工作方式。

非全职工作的优点是有定期收入，但它将失去各种社会保险与福利待遇。

3）弹性工作时间

弹性工作时间，在家政服务业中正广泛应用。最常见的一种做法是根据雇主的临时需求确定自己的工作日程与工作时间。"弹性"的方式很多，举例说明：

* 每周六或周日。

* 节假日。

* 每周工作 3 天，每次 3 小时。

* 每周工作一天，每天 6 小时。

* 工作时间从上午 9:00 到下午 3:00。

* 雇主家庭宴会、聚会。

* 每天晚餐时间。

家政公司或家政服务员个人提供这样的弹性工作时间，有助于家政服务员个人履行自己的家庭责任，照顾自己的家人。或者，有利于家政服务员从事另一份其他工作，以增加自己的经济收入。

弹性工作时间，对住家家政服务员也是有利的。例如，可以在一个月或几个月之内，连续工作不休息，即把每周一天的休息时间集中起来一起连休，这样可以集中时间做一些其他的事务或更好的陪陪家人等。

4）兼职或多重职业

家政服务业灵活多样的工作方式，有利于家政服务的从业人员从事兼职或多重职业。兼职工作可以采用以下几种形式：

* 承担两份兼职工作。

* 在从事一份全职工作的基础上再加一份兼职工作。

* 从事一份以上的全职工作。

兼职工作从业人员通常来自中低水平收入家庭，或家庭主妇，或提前退休的人员，或在校大学生等。从事兼职职业是一个人增加收入、学习从事一门新工作而积累经验，或者有时间照顾自己家庭成员的最好选择。这也是家政服务业灵活多样工作方式的优势。

综上所述，随着移动互联网与人们的生活方式、工作方式深度融合，借助于移动互联网技术，家政服务灵活多样的工作方式，将会越来越受到从业人员和雇主的喜欢。这些新型工作方式，又称"家政零工"模式，又将推动从业人员掌握多种职业技能和建立自己的个人诚信品牌，进而在灵活多样的工作方式中受益。这是从业人员职业生涯发展的一个新的机遇。

25.9.4　工作与家庭角色的平衡

家政服务业的一个重要的特殊性之一就是"工作内容"与"生活内容"的同质性。区别在于工作内容是指为雇主家庭提供服务，而生活内容是指为自己个人或自己家庭服务。这给家政服务员造成工作与生活的角色不清，甚至是角色错乱。

更重要的是，在家政服务中，女性家政服务员占家政服务员的95%以上，而女性家政服务员在自己家庭中担当多种"角色"：母亲、妻子、儿媳等，每一个角色都事关自己家庭成员的幸福。例如：

作为工作中的"母亲、妻子、儿媳"，毫无疑问，是通过辛勤工作，挣得稳定的工资收入，来供养自己的家庭。然而，毋庸置疑的是，家政服务员，特别是住家服务的家政服务员，尚需要解决的最大难题是：作为在工作中的"母亲"，自己家庭的儿童照管问题？作为工作中的"儿媳"，自己家庭的父母或祖父母，谁来照料？作为工作中的"妻子"，又是如何与自己的丈夫相互照应？

以上问题，当然不仅仅是女性的问题，它们同样也属于男性、家庭和社会问题，但作为工作中的女性家政服务员，还要面对这样的抉择：是要兼顾发展个人职业生涯和照顾好自己的家庭成员，平衡几种生活与工作角色，还是以职业为主，或以职业—家庭为主？就后者而言，这些女性家政服务员也许会改变自己的工作时间表，或以职业生涯目标来适应照顾自己家庭成员的需要，通常会通过选择弹性工作时间转为非全职、改变职业路径、在一段时期中完全放弃工作或自己开家政小型公司来做到这一点。

其实，家政服务业的工作方式，恰恰适合女性以"职业—家庭"为主，能够做到工作与家庭角色的平衡，有利于自己的家庭，也有利于社会。

还有，家政服务员的职业生涯发展，还受到许多因素的影响，包括低薪、压力、传统的性别角色期望、职业刻板印象、玻璃天花板效应、性骚扰、职业技能水平、工作场所的局限性等，其中，底薪是最重要的影响因素。这里有必要分析一下。

低薪。家政服务员的工资从数额上看，与当地的平均工资水平相当，有的地区甚至比平均工资水平还高一点，好像家政服务员的工资是较高的。其实不然，因为家政服务员的工作时间相对较长，住家家政服务员的平均工作时间在 12 小时以上，而且每周只休息一天，即使是家政钟点工，虽然是按时间付工资，但单位时间的工作量是相对大的，劳动强度至少高于平均工资水平相对应的劳动强度。从这个角度上看，家政服务员的单位时间内的工资水平还是较低的。低薪，给家政服务员在处理工作与家庭角色的平衡时，带来了一定的难度。

25.9.5 职业高原问题

在家政服务员的职业生涯发展中，存在非常容易被忽视的职业高原问题。这是家政服务业发展的一个难题，也是高素质人才没有进入家政服务业的一个重要原因之一。需要家政企业创业经理人给予重视并有效解决，强化家政服务业人力资源建设。

所谓职业高原，是指家政服务员已经不大可能得到晋升和承担更多的任务。对于家政服务员来说，达到职业高原也不一定都是坏事。达到职业高原的家政服务员可能不希望承担更多的工作责任，其工作绩效可能会达到最低的标准要求。而当家政服务员感到工作受阻和缺乏个人发展的空间时，达到职业高原就会使人变得情绪易波动。这种受挫感可能会导致工作态度恶劣、缺勤率上升及工作绩效不佳等。

那么，是什么因素导致家政服务员到达职业高原？有以下几个因素：

* 年龄、性别等方面的歧视。
* 缺乏培训。
* 能力不够。
* 对成就感的需求不强烈。
* 分配不公或加薪不合理。
* 工作责任混淆不清。
* 家政公司的低成长性导致发展机会减少。

通过以上分析，我们知道，引起家政服务员职业高原问题的，有家政公司的原因，也有家政服务员自身的原因。如果职业高原是由服务绩效问题引起的，那么家政服务员就应该进行深入反省，并努力改正自己的不足。

对于到达职业高原的家政服务员，可采取的补救措施有：

* 家政服务员要真正理解到达职业高原的原因。
* 鼓励家政服务员参与职业培训与提升活动。
* 鼓励家政服务员寻求职业生涯发展咨询。
* 家政服务员对其解决问题的方案在实际工作中体验到成就感。

特别是对家政公司而言，应当创造条件，鼓励到达职业高原的家政服务员积极参与各项提升活动。例如：培训课程、岗位轮换、短期任职等，以使其有机会运用其专业技能与专业知识。参与提升活动可使家政服务员在现有岗位上接受更具挑战性的任务，或有资格调任新的职位。例如：安排到达职业高原的家政服务员，或做家政服务员管理岗位，或做雇主客户关系管理岗位，或做家政服务员培训教师等岗位。通过这些"解决问题的方案"，让到达职业高原的家政服务员又有新的职业生涯发展动力，进而作出新的贡献，在提升活动中"体验"到价值感、成就感。

当然，如果有条件，还可鼓励到达职业高原的家政服务员，到专门的职业生涯发展咨询机构，接受就业创业的咨询师专业的指导，以便更好更快地解决职业高原问题。

25.9.6 家政服务技能老化

今天是移动互联网时代，科技迭代速度加快，特别是随着智能家居、智慧家庭进入普通百姓家庭，家政服务员的职业技能老化现象就越来越明显，成为家政服务员职业生涯发展的又一个难题。

所谓家政服务技能老化，是指家政服务员在完成初始教育后，由于缺乏对新的服务工作流程、服务技能和技术知识的了解，而导致的服务能力下降。

在职业活动中，所有的员工都会面临技能老化问题。家政公司也不例外，甚至家政服务技能老化速度更快。原因是科技的飞速发展都将对人们的生活产生或多或少的影响。因此，家政公司面对家政服务员技能老化，要成为"学习型组织"，要关注与重视自己公司家政服务员的技能老化问题。因为，家政服务员的家政服务技能老化，会对雇主的服务质量产生不利影响，尤其是家政服务员的技能老化，将导致家政公司不可能再为雇主提供新服务，因而会逐渐丧失竞争优势。

那么，家政公司应该采用什么措施来避免家政服务员技能老化？

我们研究发现，家政公司企业文化对鼓励家政服务员服务技能提升有着深远的影响。即通过创造一种"终身学习"的氛围，鼓励家政服务员参与职业技能培训课程学习、参观考察、各种家政研讨会、各种家政大赛等，来要求家政服务员思考如何将日常服务工作做得更好。技能老化还可以通过以下几种方式来避免：

* 为家政服务员提供沟通信息、交流思想、切磋技能的机会或平台。

* 在家政服务员职业生涯发展的早期，让其承担富有挑战性的工作。

* 安排的工作富有挑战性，能促使家政服务员不断拓展其服务技能。

* 对得到技能提升的行为（如参与课程学习）、建议及创新的服务给予奖励。

* 鼓励家政服务员免费或补助其参加家政服务专业培训、会议，订阅家政服务专业期刊，参加正规的家政学院、家政高职院校、政府举办的公益培训班；以及家政协会与社区中心组织的短期家政课程学习等。

* 鼓励家政服务员到其他家政公司或雇主家庭进行实际考察学习等，并积极探讨家政服务问题和提出新的服务想法。

当然，一年一度的"带薪休假"是家政公司帮助家政服务员避免服务技能老化的一种特别有效的方式，特别是对住家家政服务员与月嫂。

所谓带薪休假，是指暂时离开公司来更新或提升服务技能。休假期内家政服务员的薪资和福利不会有任何减少（当然是对"员工制"的家政公司）。休假有利于家政服务员缓解住家服务的工作压力，并有时间与机会掌握新的服务技能，了解新的服务知识。同时，家政服务员还可以有更充裕的时间来做自己的事情和照顾自己的家庭。这也有利于家政服务员对公司的忠诚，增强职业自豪感。

25.9.7 老年家政服务员问题

从 1983 年开始，中国第一家家政服务机构——北京市妇联创办的"北京三八家政服务中心"到今天，我国家政服务业发展已走过 37 年春秋。我国第一代家政创业人与第一代家政服务员，都已经陆续进入了退休年龄。老年家政服务员问题开始凸显。

有的家政公司，开始担心能否找到有能力的接班服务员缺乏信心。因为，这第一代家政服务员不仅服务技能熟练且有丰富的工作经验。更重要的是，这第一代家政服务员特别能吃苦，又很勤劳。为此，有的家政公司正在尝试延长老员工的工作年限，为老员工提供了弹性的工作时间，包括兼职工作、返聘退休员工。总之，老年家政服务员问题应该引起我们的重视。

那么，我们该如何解决老年家政服务员的问题？

25.9.7.1 满足老年家政服务员的需求

在员工制的家政公司中，家政公司可以采用以下几种方式来满足老年家政服务员的需求。

一、应为老年家政服务员安排弹性的工作时间，以让其有时间照顾老伴、参加新技能新知识培训、外出旅行或者缩短工作时间。例如，兼职工作，或非全职工作等。在具体工作安排上，可以将那些即将退休且技能技术水平高的家政服务员，被要求担任指导者和"培训师"、咨询师的角色，从而把高超的服务技能技术、服务雇主的宝贵经验传授给其他家政服务员，特别是新的家政服务员和年轻的家政服务员。

二、随着家政服务员年龄的增长，公司要确保让老年家政服务员获得必要的培训，以避免服务技能老化，并为新服务新技能新技术新知识的运用创造条件。

三、老年家政服务员需要获得医疗和养老方面的相关资源和援助。

四、还应为老年家政服务员提供心理咨询与职业测评，让其可以循环到新的职业生涯发展阶段，或者接受风险较大的职位，承担并未清楚指明的责任。

五、还要确保让老年家政服务员消除有关老年员工的陈旧观念（例如：认为学新技能新技术新知识是年轻人的事，老年人掌握不了等）。其实，终身学习贯穿人的一生，活到老，学到老。

25.9.7.2 做好老年家政服务员的退休工作

作为员工制的家政公司，有责任与义务帮助老年家政服务员做好退休准备。可以强调以下几个方面：

* 退休的心理调节，如培养个人的兴趣爱好等。
* 日常起居，包括对于交通、生活费用和医疗保健问题的考虑。
* 退休后的健康状况，包括营养配餐和体育锻炼。
* 财务规划、保险和投资。
* 从社会保险、公司的养老金中获得的受益。

当然。有的老年家政服务员到了退休年龄后，就离开服务工作岗位进入不再工作的生活状态。也有的老年家政服务员，退休意味着离开目前的公司，重新找一份全职或兼职工作。

随着家政服务员队伍的老龄化以及老年家政服务员退休的到来，员工制家政公司首先要满足老年家政服务员的需求，并采取措施，让老年家政服务员退休做好准备，同时，保证老年家政服务员不会因为退休而受到任何歧视。

当然，家政公司还要允许老年家政服务员自愿选择是否提前退休。

总之，关于老年家政服务员问题，要引起重视，并提前做好准备。这不仅事关老年家政服务员切身利益，将影响未来家政服务员对企业的忠诚、也将影响欲从事家政服务业的从业人员对家政服务的抉择。

25.9.8 双重职业生涯路径

在家政公司或家政服务业中，家政服务员的职业生涯发展路径，主要有两种：

一种是，沿着技术类职业生涯路径发展，即从实习家政服务员、初级家政服务员、中级家政服务员、高级家政服务员、技师、高级技师的五个技术等级路径，从低级到高级逐级发展。其中，高一级家政服务员可以指导与培训低一级家政服务员。

一种是，转入管理类职业生涯路径发展，即从小组长、指导老师、项目经理、部门经理、总经理助理、总经理、董事长。

在家政公司实践中，我们可以基于一个家政服务员的工作绩效、任职资格、和业务需要，就可以创造条件,让技术类职业生涯路径发展的家政服务员转入管理类职业生涯路径发展。这样的家政服务员既擅长技术,又有管理才能。一方面,有利于吸引和留住优秀的家政服务员;一方面,也有利于让内行专家进行管理,进而保证服务质量。

因此,家政公司要从薪资、地位、岗位职责、晋升、奖励等,设计与制订好家政服务员双重职业生涯发展路径,最大限度地发挥家政服务员发展潜力,为家政企业可持续发展奠定人才基础和竞争优势。

25.10 区块链+家政服务人力资源管理标准

基于区块链技术的家政服务人力资源管理,主要包括以下几个方面:

25.10.1 家政服务溯源管理

基于区块链的 P2P 网络、分布式账本技术、密码学技术等,可以实现家政服务溯源管理,建立家政服务及其家政服务员诚信。在区块链上,家政服务员的身份信息、培训信息、职业技能证书信息、上岗信息、薪酬信息、服务绩效及雇主评价信息、服务合同与劳动关系信息、心理健康信息、职业经历信息等,都记录在区块链上,并且带有"时间戳",不可篡改、可追溯。这样,通过家政服务员服务信息溯源,就可以确认家政服务诚信。

25.10.2 区块链+家政服务培训

基于区块链技术的"区块链+新家政服务培训平台":一、可有效保护家政服务培训知识产权;二、可实现点对点"定制化"家政培训;三、有利于促进优质家政培训资源共享。再加上"区块链+通证(Token)"激励机制,可以有效促进家政服务员参与家政培训的积极性、主动性,促进家政培训师创作优质家政培训课程、课件的积极性、主动性,从整体上推动家政培训"提质扩容"、高质量发展。

因此,通过家政服务人力资源管理标准化,进而数据化,建立家政服务溯源管理、区块链+新家政服务培训平台,是家政服务"提质扩容"又一重要变革。

第26章　家政服务市场营销管理标准

【家政政策】

序号	发文时间	发文机关	政策文件名称
	2019年7月5日	发改社会〔2019〕1182号	《关于开展家政服务业提质扩容"领跑者"行动试点工作的通知》
相关摘要	1. 营造良好市场环境。试点地区要以供给侧结构性改革为主线，深入推进"放管服"改革。推动家政进社区，促进居民就近享有便捷服务。与贫困县、大城市或家政龙头企业签订劳务对接协议。把家政服务纳入产教融合实训基地重点培训内容。实施品牌战略，培育一批家政服务知名品牌。推动家政服务业与相关产业融合发展。		

【家政寄语】

家政服务市场营销的关键，在家政公司内部，把家政服务员当内部顾客，首先让家政服务员满意；满意的家政服务员，才会为外部顾客提供满意的服务，进而提升顾客满意度与忠诚度，赢得市场竞争优势。

【术语定义】

4P营销：是产品（Product）、价格（Price）、渠道（Place）、促销（Promotion），构成一个营销组合，即指市场需求或多或少的在某种程度上受到这四个"营销要素"的影响。

4C营销：是指顾客（Customer）、成本（Cost）、便利（Convenience）、沟通（Communication），相比4P营销，4C营销更强调以市场为起点，挖掘顾客需求，一切以适应顾客为核心，满足大规模定制的市场要求。

4R营销：相比4P营销重视服务产品本身，4C重视顾客需求，4R强调的是关系营销，注重双方持续的互动，从而建立顾客忠诚。4R是指关联（Relativity）、反应（Reaction）、关系（Relation）、报酬（Retribution），平衡了企业利益和顾客需求两个因素，运用整合的思想去创造需求，形成与顾客间独特的联系。

7P营销：在4P营销的基础上，考虑服务特征，建立了7P营销，新增加的三项分别为：人（People）、流程（Process）、有形展示（Physical evidence）。

服务特性：是指服务区别于有形产品的特征。家政服务有四大特性：服务的无形性、不可分性、异质性、不可储存性。服务特性是影响家政服务标准、服务流程、服务规范、服务产品、服务培训、服务营销、服务管理的一条主线，贯串始终。

【标准条款】

序号	标准编号	标准名称	主管部门
4	Q/QKL JZGL104-2020	家政服务市场营销管理标准	

标准内容	26.1　家政服务市场营销管理标准 26.1.1　4P 营销 26.1.2　4C 营销 26.1.3　4R 营销 26.1.4　7P 营销 26.2　家政市场分析 26.3　家政服务市场细分 26.4　目标市场选择 26.5　家政营销渠道 26.6　家政服务定价管理 26.7　家政营销沟通与顾客教育 26.8　多媒体整合营销 26.9　基于家政"服务特性"的营销策略 26.9.1　基于家政服务"无形性"的营销策略 26.9.2　基于家政服务"不可分性"的营销策略 26.9.3　基于家政服务"异质性"的营销策略 26.9.4　基于家政服务"不可储存性"的营销策略 26.9.5　"服务特性"带来了显著的家政服务营销挑战

【学习目标】

通过本章的学习，您将能够：

1）了解服务营销组合：4P、4C、4R、7P 营销；

2）掌握家政服务市场分析方法并进行家政服务市场细分；

3）熟悉家政服务目标市场选择；

4）了解家政服务营销渠道；

5）掌握家政服务市场定价方法；

6）熟悉家政服务营销沟通与顾客教育方法；

7）采用多媒体整合营销进行家政服务营销；

8）理解基于服务特性的家政服务营销策略。

26.1 家政服务市场营销管理标准概述

26.1.1 4P 营销

所谓 4P 营销，是产品（Product）、价格（Price）、渠道（Place）、促销（Promotion），构成一个营销组合，即指市场需求或多或少的在某种程度上受到这四个"营销要素"的影响。我们知道，影响家政企业市场营销活动的各种因素（变数）可以分为两大类：一是家政企业不可控因素，即营销者本身不可控制的家政服务市场；营销环境，包括微观环境和宏观环境；二是可控因素，即营销者自己可以控制的产品、商标、品牌、价格、广告、渠道等，而 4P 就是对家政市场营销各种可控因素的归纳总结。4P 营销实际上是从管理决策的角度来看待家政服务市场营销问题。

1）产品，是营销组合中最重要也是最基本的要素。在家政服务中，服务的要素主要包括：服务内容、服务质量、服务水平、服务品牌、服务承诺等。家政服务产品，主要包括核心服务、附加性服务、服务流程。核心服务是家政企业为顾客提供的最基本、最重要的服务，是顾客要寻找的、能解决雇主问题或痛点的服务；附加性服务是增强核心产品功能；传递流程是指提供核心产品与各项附加性服务的流程，也就是如何有效向雇主提供服务。

因此，在家政服务中，如何实现家政服务产品化，是家政企业最基本、最重要的工作。家政企业如何面向目标市场，开发出在家政服务市场上具有核心竞争力的家政服务产品，以及如何有形展示家政服务产品，是家政企业赢得竞争优势的第一位工作。

2）价格，与家政服务市场密切相关，将直接影响顾客需求和家政企业利润。为了有效地开展家政服务市场营销、增加销售收入、提高利润，家政企业不仅要在了解服务产品成本、市场需求、竞争对手状况下制定服务定价策略，还要根据不同的市场定位，制定不同的价格策略。也就是说，企业的合理利润、顾客的可接受程度、定价是否符合公司的竞争策略，都是需要考虑的，而且服务定价还要不断进行修正，来实现营销目标。

当然，在具体定价策略上，家政服务价格，要结合家政服务员职业技能标准等级，采用等级差异定价；同时，还要结合家政服务企业的品牌与信用级别进行定价。

3）渠道，是指服务产品从服务提供者转移到消费者的途径和方式，主要包括分销渠道。在家政服务中，分销渠道主要包括：家政公司门店、"线上"网络渠道，特别是家政服务员、家政服务雇主。家政服务的特征◇一、就是家政服务的生产（服务提供）与服务消费（雇主享用）是不可分的，家政服务员既是服务的生产者，也是服务的销售者，是"兼职"营销者。当然，雇主对家政公司和家政服务员的口碑，在今天自媒体网络时代，是最有效、最经济的渠道，值得家政企业好好"用力"。

4）促销，是指企业通过各种营销手段或营销活动，例如广告、人员推销、免费或优惠服务体验、服务展示、公共关系、网络营销等，将家政服务产品传递给消费者，刺激消费者购买欲望，以促成顾客购买家政服务，来实现其营销目标。

在4P营销中，产品是4P营销组合的核心要素，家政企业的服务产品要想赢得竞争优势，就必须推出高品质、低成本的标准化、定制化家政服务，才能赢得顾客。当然，4P营销，是以企业为核心的营销，围绕着企业如何将服务产品卖出去而开展营销要素的组合设计。

26.1.2 4C营销

所谓4C营销，是指顾客（Customer）、成本（Cost）、便利（Convenience）、沟通（Communication），相比4P营销，4C营销更强调以市场为起点，挖掘顾客需求，一切以适应顾客为核心，满足大规模定制的市场要求。

1）顾客，主要指顾客的需求。家政企业必须首先了解和研究顾客，根据顾客的需求来提供服务产品，不仅仅是4P中强调服务产品本身的设计细节，更重要的是由此产生的客户价值，以追求企业与顾客的双赢为目标。在以往，市场是服务提供的终点，而现在，则是服务提供过程的起点。

在家政服务中，只有瞄准目标顾客，只有探究到消费者真正的需求，并据此进行规划设计服务，才能确保定制服务的最终成功。由于雇主的生活经历、受教育程度、工作性质、家庭结构各不相同，每个家庭或每一个人对家政服务内容与品质需求的侧重点也大不相同。因此，要了解并满足雇主的服务需求并非易事。4C营销认为：了解并满足雇主的服务需求，不能仅表现在一时一处的热情，而应始终贯穿于家政服务产品开发与提供的全过程。

2）成本，不单是企业的服务成本，或者说4P营销中的价格，还包括顾客的购买成本。购买成本既包含可用金钱度量的顾客的货币支出，还包括顾客为购买家政服务而耗费的隐性的时间成本、搜索成本、体力与精力消耗以及选择家政服务时承受的心理压力、造成的风险等。因此，家政企业在服务定价时，应该是既低于顾客的心理价格，亦能够让企业有所盈利。这是需求精心设计的。

3）便利，即为顾客提供最大的购买和使用便利。对应于4P中的渠道。4C营销强调企业在制订分销策略时，要更多地考虑顾客的方便，而不是企业自己方便。要通过好的售前、售中和售后服务，来让顾客在购买家政服务的同时，也享受到了便利。便利是客户价值不可或缺的一部分。

在家政服务中，客服人员、销售人员、一线的家政服务员都是与雇主接触、沟通的一线主力。他们的服务心态、知识素养、信息掌握量、言语交流水平，对顾客的购买决策都有着重要影响。因此，家政企业需要以顾客为中心，精心设计途径、选择方法，让顾客购买和使用家政服务更加便利，降低购买与使用家政服务成本，让顾客达到满意的服务体验。

4）沟通，对应于4P营销中的促销。4C营销强调企业应通过与顾客进行积极有效的双向沟通，来建立基于共同利益的新型顾客关系。这不再是4P营销中企业单向的促销和劝导顾客。沟通的目的是在信息共享中，使得企业掌握并预测顾客心理，甚至比顾客更了解顾客；同时，在家政服务中，顾客也参与到家政服务中，这不仅搭建起企业和家政服务员与顾客间有效的互动关系，也帮助企业和家政服务员更好地完善家政服务产品，提升顾客的服务体验。

26.1.3　4R营销

所谓4R营销，相比4P营销重视服务产品本身，4C重视顾客需求，4R强调的是关系营销，注重双方持续的互动，从而建立顾客忠诚。4R是指关联（Relativity）、反应（Reaction）、关系（Relation）、报酬（Retribution），平衡了企业利益和顾客需求两个因素，运用整合的思想去创造需求，形成与顾客间独特的联系。真正做到了低成本、高需求的双赢。

1）关联，当企业与顾客建立起某种稳定的关联，在一定程度上可认为企业与顾客是一个命运共同体。企业在倾听并挖掘顾客需求时，在满足顾客需求的同时，也培养了顾客的忠诚度。在家政服务中，顾客参与了家政服务过程，企业通过与顾客彼此之间的互动、互助，强化了彼此之间的合作，为企业减少了顾客的流失，建立并发展与顾客之间的长期关系是企业经营的核心理念，也是最重要的工作。

2）反应，是指提高市场的反应速度。在相互影响的家政服务市场中，对家政企业来说，最现实的问题不在于如何制定、实施与管控商业计划，而在于如何站在顾客的角度及时倾听并及时改进家政服务产品与服务流程。因此，家政企业不仅需要具备敏锐的洞察力，及时寻找、发现和挖掘顾客对家政服务的渴望、不满及可能发生的变化趋势；同时，家政企业还需要及时动态调整内部组织结构、人员分工、资源配置，根据顾客需求的变化，建立快速反应机制，以应对变化的市场而及时做出反应，为顾客提供量身定制的个性定制化家政服务产品。

3）关系，是指家政企业应有一个良好的顾客关系。4R营销强调抢占市场的关键是与顾客要建立长期友好而稳固的合作关系。与此相适应产生了5个转向：从一次性服务交易转向强调建立长期友好合作关系；从着眼于短期利益转向重视长期利益；从顾客被动适应企业单一销售转向顾客主动参与到家政服务过程中来；从相互的利益冲突转向共同的和谐发展；从管理营销组合转向管理企业与顾客的互动关系。这种关系营销，是家政服务营销最有效、最重要的营销策略◇一、也是家政服务营销的必然要求。因为，家政服务的生产（提供）与消费（顾客享用）具有不可分的特征，顾客天然地参与家政服务过程，顾客与家政公司特别是一线家政服务员天然地"零距离"联系在一起，建立良好的合作关系是应有之义。

4）报酬，在家政服务营销中，给企业一定的合理回报是营销的出发点和落脚点；家政企业通过培养长期顾客关系，了解顾客需求而减少交易成本、服务成本，让利给顾客，也是对顾客的一种回报；家政企业通过满足顾客需求，为顾客创造价值，解决顾客对家政服务的刚性需求，来建立与顾客的长期稳定的合作关系，也将获得必要的市场回报。回报是维持市场关系的必要条件；追求回报是营销发展的动力，营销的最终价值在于其是否给企业带来短期或长期的收入能力。

总之，4R营销，着眼于家政企业的长期利益，追求与顾客建立互动与双赢的关系。在今天家政市场不断成熟、竞争日益激烈的形势下，强调互动与双赢，不仅能积极地满足顾客的需求，而且主动地创造需求，通过关联、关系、反应等形式，与顾客一起开发家政服务产品、监督家政服务过程、充分发挥顾客的主动性与创造性，进而与顾客建立独特的关系，把企业与顾客联系在一起，形成顾客黏性，尤其在今天移动互联网时代，这种黏性，就构成了家政企业独特的竞争优势，特别是对家政服务互联网平台，更是不可或缺。

26.1.4 7P营销

我们知道，家政服务营销不同于实物产品营销。传统的实物产品营销，只是为了卖出企业的产品，赚取差价。而服务营销，特别是家政服务营销，家政企业为了满足雇主需要，在营销过程中，会采取一系列活动。因为，家政服务不仅是一种产品，也是一种营销手段。由于服务的无形性特征，服务营销的特点体现在差异化的雇主需求以及对服务人员即一线家政服务的高要求等。服务营销是以顾客为中心，是通过满意的服务来塑造良好的企业形象，赢得顾客的满意的评价。

那么，在家政服务中，获取顾客满意评价的关键，在于总顾客价值与总顾客成本的比较。总顾客价值包括：核心服务产品价值、附加性服务价值、服务流程价值、人员价值、形象价值、品牌价值等；总顾客成本包括：购买服务的货币价格、时间成本、投入的精力成本、到家政公司的交通成本、购买服务时的焦虑与面临的风险成本等。价值最高、成本最低是顾客选择的原则。因此，家政企业要提供更优质的服务，才能给顾客带来收益更大、体验更好。顾客自然更倾向于根据无形的要素，即个人感知服务质量、服务体验来选择消费。

所以，在4P营销的基础上，考虑服务特征，建立了7P营销，新增加的三项分别为：人（People）、流程（Process）、有形展示（Physical evidence）。

1）人（People），即服务人员与顾客，由于服务生产（提供）与消费（服务享用）的不可分性，家政服务员和顾客都参与到家政服务整个产品生命周期的多个环节中来，这是7P营销组合很重要的一个观点。在7P营销中，家政服务员的素质、服务技能、服务行为，以及与顾客之间的交流，不仅影响服务产品质量，也会影响服务营销的效果。还有，家政服务员的形象，也很重要，属于服务有形展示的一部分。总之，在7P营销中，家政服务员和顾客都应得到企业的足够重视。

2）流程（Process），是指服务流程，就是如何把家政服务有效、快捷地传递给雇主。好的服务流程，对提高服务质量、提升雇主满意度、提升雇主服务体验、忠诚度都具有重要意义；反之，不好的服务流程，会造成雇主的服务体验不好而流失。

3）有形展示（Physical evidence），是指将无形的家政服务有形化，让顾客感知服务质量。例如，可以通过服务工具、家政服务员、家政培训实操室、家政培训课程教材、培训设备、家政公司办公场所、员工服装、各种公司荣誉证书、家政服务员职业资格证书等有形展示，来让顾客能从中感知到可触及的线索，去体认家政公司或家政服务员所提供的服务质量。因此，最好的服务是将无法触及的东西变成有形的服务，让顾客感知并愉快体验。

总之，4P与7P之间的差别主要体现在7P的后三个P上。从总体上来看，4P侧重于早期营销对产品的关注上，是实物营销的基础；而7P则侧重于后来所提倡的服务营销。

从营销过程上来讲，4P注重的是宏观层面上的营销过程，是从产品的诞生到价格的制定，然后通过营销渠道和促销手段使产品最终到达消费者手中。这样的过程是粗略的，并没有考虑到营销过程中的细节；相比较而言，7P 则是在宏观的层面上，增加了微观的元素，开始注重营销过程中的一些细节。因此，7P 比 4P 更加细致，也更加具体，考虑到了顾客在购买服务时的"服务等候"、顾客本身的消费知识以及顾客对于消费过程中所接触的人员的要求。

从所处的立场来说，4P 可以说是站在了企业者的角度所提出的，而 7P 则更倾向于消费者的一面。站在企业者的这一面，往往会忽略掉顾客的一些需求，有时候这种忽略是致命的；7P 完善了企业者的这种忽略，虽然不是完整的，起码给企业者一个提醒：顾客的需求是不容忽视的。

26.2 家政市场分析（扫一扫　二维码）

26.2.1 家政市场规模

26.2.2 增长率

26.2.3 顾客心理

26.2.4 顾客行为

26.2.5 供求关系

26.2.6 购买力

26.2.7 家政服务产品质量

26.2.8 顾客满意度

26.2.9 市场竞争

26.2.10 主要提供者（家政公司）

26.2.11 主要消费者（家政顾客）

26.2.12 市场机会

26.2.13 价值创造与价值沟通

26.2.14 家政服务发展趋势

26.3 家政服务市场细分　（扫一扫　二维码）

26.3.1 市场聚焦

26.3.2 家政顾客需求

26.3.3 细分标准

26.3.4 细分市场的规模、潜力、购买力

26.3.5 细分市场的潜在顾客

26.3.6 相关家政市场

26.3.7 市场细分的甄别：1）地理环境；2）人口和社会经济；3）消费者心理；4）消费行为；5）顾客收益；6）服务要素

26.3.8 细分市场依据

26.4 目标市场选择　（扫一扫　二维码）

26.4.1 评估细分市场规模与潜力

26.4.2 评估细分市场盈利能力

26.4.3 评估细分市场结构吸引力

26.4.4 评估家政公司目标和资源

26.4.5 细分市场进入模式

26.4.6 选择专业化

26.4.7 整体市场

26.4.8 家政市场涵盖战略

26.4.9 市场定位

26.5 家政营销渠道 （扫一扫 二维码）

26.5.1 家政服务传递模式

26.5.2 家政服务传递的地点与时间

26.5.3 加盟连锁

26.5.4 多媒体渠道

26.6 家政服务定价管理 （见后文 27.6 节）

26.6.1 顾客对服务价格的了解

26.6.2 非货币成本

26.6.3 有效定价

26.6.4 家政服务定价方法

26.6.5 收益管理

26.6.6 家政服务定价策略

26.7 家政营销沟通与顾客教育 （扫一扫 二维码）

26.7.1 营销沟通战略

26.7.2 沟通的目标

26.7.3 营销沟通组合：1）生产渠道；2）营销渠道；3）组织外部

26.7.4 形象设计

26.7.5 收益管理

26.7.6 多媒体网络营销

26.8 多媒体整合营销 （扫一扫 二维码）

26.8.1 微信

26.8.2 微博

26.8.3 公共网络平台

26.8.4 搜索引擎

26.8.5 APP

26.8.6 网站

26.8.7 线上与线下整合

26.9 基于家政"服务特性"的营销策略

我们知道，服务特性，是指服务区别于有形产品的特征。家政服务有四大特性：服务的无形性、不可分性、异质性、不可储存性。服务特性是影响家政服务标准、服务流程、服务规范、服务产品、服务培训、服务营销、服务管理的一条主线，贯串始终。

◇ 一、服务的无形性

服务无形性是服务区别于有形产品的第一个特征。一切服务本质上都是无形的、抽象的。例如，家政服务，医院护理服务、餐饮、美容等。

服务无形性的一个表现是服务与实物所有权无关。一切服务交易实质上都不发生服务者本身实物所有权的转移，因为无形的东西只能享用，不能占有。

服务无形性的另一表现是服务的主观体验性。一切服务的质量和效果都离不开消费者主观体验，具有很强的心理色彩。服务质量是顾客对服务的期望与对服务的实际感知之间的差距。顾客对服务的期望心理和感知心理决定服务的质量。

◇ 二、服务的不可分性

服务不可分性是服务区别于有形产品的第二个特征。服务的不可分性是指服务的生产与消费是同时进行的，是分不开的，也称服务的同时性。例如，家政服务中的被照料的老人或被照料的产妇、新生儿的生活（消费）过程，就是家政服务员服务（生产）的过程。

服务不可分性的一个主要表现，是顾客对服务过程的参与。例如，被照料的老人、产妇也配合或参与家政服务过程等。

服务不可分性的另一个主要表现，就是服务的核心价值在家政服务员与顾客的接触中产生。例如，家政服务中老人或产妇新生儿得到精心照料就是在家政服务员与老人或产妇新生儿的接触中产生。

服务的不可分性意味着服务提供完全离不开服务消费。因此，服务的不可分性意味着一切服务天然具有市场营销的作用。而服务业一刻也不能脱离顾客的消费。服务具有天然的营销性。

◇ 三、服务的异质性

服务异质性也即易变性或不稳定性，是服务区别于有形产品的第三个特征。服务的异质性是，指服务的质量是多变或易变的，是随不同的服务交易而变的，缺乏一致性和稳定性。

第一，服务的异质性，表现在服务质量可能随服务交易的地点而变。例如，在不同的客户家庭，有的家政服务员是面带微笑服务，而在另外的客户家庭，有的家政服务员很压抑像个刻板的机器人在服务。

第二，服务的异质性，表现在服务质量可能随服务交易的时间而变。例如，家政服务中家居保洁服务在周六、日的服务质量一般要比其他时段差。因为，周六日的客户订单多。即使是同一个家政服务员，在上午与下午的服务质量也不同。

第三，服务的异质性，表现在服务质量可能随着服务人员而变。同一服务岗位的不同服务员提供的服务质量是有差异的。家政服务更是如此。

第四，服务异质性，表现在服务质量可能随着顾客而变。不同顾客对同样的服务的感知可能不同，而服务质量取决于顾客的感知。例如，同一个家政服务员到不同的顾客家庭服务，客户的评价是不同的。

服务的异质性与服务的无形性之间是有内在联系的，它是无形性引起的必然结果。服务的无形性，使得服务业难以用语言或其他符号对服务标准加以精确的描述，和以此对服务员的行为加以精确地控制。

换言之，任何家政服务产品本质上都是非标准的和难以精确控制的，而一个没有标准和无法精确控制的系统必然存在"误差"或波动。有的是随机波动，有的是人为的或系统性波动。无论何种波动，服务质量永远是波动的。服务质量的波动性就是服务的异质性。

可见，服务的无形性必然导致服务的异质性。

服务的异质性，也是服务的不可分性引起的结果。服务的不可分性决定着服务系统是一个有顾客参与的开放的系统。服务质量包括顾客因素在内，而顾客在性质上属于不可控（至少是难以精确控制）因素。就是说，服务质量总是包含不可控因素。因此，服务质量的波动性或异质性也就在所难免。好的服务质量可能是对顾客因素加以一定程度的管理，或者顾客在参与过程中有较强的自控性。

一切服务的质量都是易变的，但不同服务的易变性的程度有高低。第一，复杂或无形性强的服务的易变性程度较高。例如，月嫂服务；简单或无形性弱的服务的易变性程度较低。例如，保洁服务。第二，服务易变性程度的高低与不可分性程度的高低之间是正相关的。

◇ 四、服务的不可储存性

服务不可储存性是服务区别于有形产品的第四个特征。服务的不可储存性，是指服务的不可再生性和浪费性。

第一，服务的不可储存性，表现为服务的不可再生性。服务不能再生，就像人不能再生一样。服务员永远不会完全重复以前做过的服务。例如家政服务，第一次服务与第二次服务是不一样的。一、客户就不一样，即使还是原来的客户家庭成员，但家庭成员的心态、对家政服务员的感知与评价也不会与第一次完全一样；二、家政服务员的工作状态不一样；三、客户家庭的环境和氛围也不会完全相同。

第二，有形产品可以库存，而且库存是有形产品制造业一个重要的供求调节手段。而服务无法储存，服务业没有库存。因此，服务业比制造业少了重要的供求调节手段。许多服务业常常因为难于很好地调节供求矛盾而出现较大的生产波动。例如，家政服务在周六日特别是春节的"保姆荒"现象。换言之，经常的供求不平衡或忙闲不均，也是服务不可储存性的一个重要表现。

服务无法储存，因为服务是人的活劳动。而一切储存都是时间的凝固、变化的中止，而人是活的，永远处于变化流动之中。因此，活劳动不能储存。家政服务员因为工作量不饱和而流失，就是例证。

第三，服务的不可储存性，还表现在服务供过于求时资源的浪费性。制造业可以动用闲置的资源生产库存产品，以留作以后使用和避免资源的浪费。服务业无法生产库存产品以调节供过于求。因此，常常只能让闲置的资源白白浪费。例如，家政服务员因工作量不饱和而浪费人力资源，这也是家政服务员流失的原因之一。为了减少家政服务员因工作量不饱和而造成的人力资源浪费，有的家政公司也在探索在家政服务的同时，增加其他计件工作，例如手工编织等。当然，现代服务业也在引进服务连锁超市，来平衡供求矛盾，避免服务资源浪费。

服务的不可储存性与服务的无形性、不可分性和异质性之间也是相联系的。

服务的不可储存性实际上就意味着服务的无形性，因为一切有形的物质都具有不灭性，即时间上的长存性。

服务的不可储存性又意味着服务的不可分性。因为服务生产的资源只有投入消费（使用）才不会流逝或浪费。就是说，只有让服务的生产与消费同时进行才可能不浪费服务资源。

服务的不可储存性还意味着服务的异质性。因为服务的不可储存性就是不可再生性或不可重复性。因此，同一种服务在不同的时间、空间或由不同的人来提供和享受，服务的质量是不可能完全重复的，即总是有差异的。

总之，家政服务的四大特性之间是有内在联系的。这都直接导致了家政服务管理与服务营销的特殊性。通过以上分析，我们知道，家政服务特性对家政服务的影响具有双重性。一方面，服务特性给家政服务的服务产品开发、管理与营销带来很多负面影响；另一方面，服务特性也给家政服务产品创新、服务管理、服务营销带来积极的正面影响。下面将具体分析：

26.9.1 基于家政服务"无形性"的营销策略

26.9.1.1 服务无形性对家政服务的负面影响

1）家政服务质量较难控制

相比实物有形产品的可精确、可量化，家政服务的无形性，使得服务质量较难用语言、数字或图形等加以精确地描述。因此，家政服务质量较难制定标准。许多家政服务企业制定的服务质量标准实际上都是含糊的、不清楚的，只是对家政服务活动的描述。控制标准的含糊性影响着服务质量控制的有效性。因为，标准是控制的依据。

服务无形性，在服务质量上表现是服务的主观体验性。一切家政服务的质量和效果都离不开雇主的主观体验，具有很强的心理色彩。服务质量是雇主对服务的期望与对服务的实际感知之间的差距。雇主对服务的期望心理和感知心理决定家政服务的质量。而雇主对家政服务的期望与感知心理，是易变的，较难控制的。因此，家政服务质量即雇主感知的服务质量，也较难控制。

另外，服务无形性程度越高，服务质量就越难控制。例如，母婴护理服务比家居保洁服务更难控制服务质量。

2）家政服务中间商的服务容易走样

因为服务的无形性，家政服务质量较难控制，导致家政服务中间商所专递的服务很难精确地达到家政服务原产者的要求。相比之下，实物有形产品通过中间商到达消费者手里一般不会走样，而服务中间商的家政服务容易走样，因为家政服务本来就没有可以精确、可量化描述的"样"，即家政服务标准缺失。

中间商家政服务的走样，使得家政服务原产者必须加强对服务中间商的管理与培训，这就加大了家政服务企业的管理成本、培训成本、营销渠道的成本。这也是家政服务企业难以实现规模化、加盟连锁化发展的原因之一。

3）家政服务创新优势难以保持

因为服务的无形性，家政服务创新很难精确地、可量化地表达，即无法真正分清新的服务和旧的服务。因此，服务创新难以用专利加以保护。事实上，专利的前提是明确新的与旧的之间的界线。这在家政服务标准的制定上，就可以得到充分的体现：很难确定家政服务标准化的量化指标，只能对家政服务的内容或服务流程进行描述，很难精确地表达。

由于服务的无形性，服务不仅没有专利，服务品牌也较难注册成为商标，因为商标无法保护无形的产权。有的家政公司在全国的加盟连锁，即使注册的商标也只是名称或LOGO品牌而已，保护的也只是名称或LOGO品牌的使用权，其实并没有保护创新的家政服务技能。

服务之所以不受产权的保护，归根结底是因为服务与实物所有权的无关性。在家政服务中，家政服务员为雇主提供家政服务，但家政服务员或家政公司与雇主之间并无实物所有权的转让，家政服务员提供的只是服务技能、服务时间。服务技能与服务时间是无形的，不受产权保护。

既然服务及服务创新难以被保护，服务创新和由此产生的差异化竞争优势就难以保持。可以看到，服务业的许多创新，都很快地被竞争对手所模仿而由此失去竞争优势。这也是很多家政服务公司不愿意投入时间、精力、资本来研发家政服务技能标准与服务规范的重要原因之一。因为你投入巨大的成本研究制定的家政服务标准与规范，别的家政公司很容易就会模仿，几乎很少花费成本。

服务的无形性不仅使得家政服务创新的优势难以保持，而且使得服务创新比产品创新更难推广。因为，家政雇主在购买前对家政新服务的了解比对新实物产品的了解更加困难。服务消费者的"守旧"与服务创新之间的矛盾，比实物产品消费领域更明显。

总之，服务的无形性，不利于家政服务创新优势的持续维护。

4）家政服务的沟通促销比较困难

通常情况下，在家政服务营销中，我们总是通过家政服务的"有形展示"来进行营销。例如，展示家政公司各种获奖证书、公司创始人照片、着工作服装的家政服务员提供服务时的场景照片、公司办公场所、家政服务工具设备等，以此来证明公司提供的家政服务是什么水平。这一切，都是因为家政服务的无形性，导致服务的沟通、促销比较困难。

相比较实物产品的广告、展示和人员推销，直接涉及产品形象的沟通促销手段与方式方法，在家政服务业难以有效地采用。

家政服务广告难做。我们知道，广告的第一功能是让消费者识别产品的形象特征。但家政服务本身没有形象，因此很难在广告上让雇主认识不同家政服务的区别。所以，家政公司只能在服务广告中介绍家政服务环境中的人、设备、工具和物品。并非家政服务本身。再例如，航空公司的广告做的是空中小姐、乘客、飞机的外观和机舱，而飞行服务本身很难做广告。

家政服务展示难做。展示的要素是真实，而真实的要素是实物或有实物形象的照片、录像等，而家政服务本身不是实物。因此，许多所谓的家政服务展示与家政服务广告一样，实际上就是展示家政服务环境中的人、设备、工具和物品等实体因素。当然，家政公司也可以在现场展示家政服务员的服务，让雇主先体验家政服务。

家政服务的人员推销也难做。推销员如何向雇主介绍这个家政服务员提供的家政服务比那个家政服务员更好？这个家政公司提供的家政服务比那个家政公司提供的服务更优质？这个推销员的依据是什么？家政雇主凭什么相信你的推销？这一切，都是源于家政服务的无形性。

5）家政服务定价缺乏成本依据

我们知道，产品定价的依据是成本。而家政服务的无形性使得服务成本难以计算：一、服务成本计算单位的模糊性；二、服务成本难以核算；三、成本与价值不对称。例如，在家政服务中，通常是服务时间"小时"为成本计算单位，但问题是，一个高级技能的家政服务员与一个初级技能的家政服务员，在"单位小时"内的"服务产出"是不同的，雇主的服务体验也是完全不同的。同样，如果以"服务技能等级标准"作为成本计算单位，那就更加模糊。因为，"服务技能等级标准"本身就很模糊，不可测量、很难精确。因此，家政服务定价缺乏成本依据，服务定价更多地依赖市场行情。这一点会增加家政服务交易的成本：

1）家政服务购买者要比实物产品购买者更加难于判断价格的合理性，为了了解合理的服务价格需要花费更大的信息成本。例如，在家政市场上进行"比价"，由于缺乏家政服务标准，况且这种"文本"上的家政服务标准能否转化为家政服务员的真实服务技能水平，都具有不确定性。因此，这种比价更是不可靠。

2）家政服务卖者在定价时要比产品卖者更多了解市场行情，不仅要了解家政服务产品市场的价格，也要了解家政服务人力资源市场的价格。因此家政服务卖者的交易成本也比较大。例如，在家政服务中，家政公司在决定服务收费定价时，不仅要了解家政市场收费行情，也要了解家政人才劳务市场上家政服务员的聘用价格即家政服务员的工资水平。

26.9.1.2　减弱服务无形性负面影响的营销策略：是服务的有形化

减弱服务无形性负面影响的营销策略：是服务的有形化。

家政服务的有形化，是指家政公司提供服务的有形线索，以帮助顾客识别和了解家政服务，并由此促进家政服务营销。服务的有形线索，也称服务的有形提示，是指家政服务过程中能被顾客直接感知和提示服务信息的有形物。

家政服务员在正式上岗服务之前，顾客是看不到家政服务本身，但能看到家政公司的办公环境、服务工具、服务设施、家政服务员、服务信息资料、服务价目表、服务中的其他顾客等有形物，这些有形物就是顾客了解家政无形服务的有形线索。

家政服务的有形线索还包括家政服务品牌、服务广告（服务承诺）等。

每一种有形线索都是家政服务有形化维度的子维度。如果加以归类，那么，家政服务有形化维度主要包括4个子维度：

* 家政服务环境，包括家政服务员、服务工具、服务用品、服务信息资料、家政顾客等

* 家政服务品牌

* 家政服务承诺，包括服务广告

* 家政服务价格

家政服务有形化营销：是服务的环境营销、品牌营销、承诺营销、价格营销。

◇一、家政服务环境营销

家政服务环境，是家政服务有形化营销的一个重要维度。服务环境是服务内涵和质量的一种有形展示。服务环境可以是服务的物质性有形展示（或有形展示物），也可以是服务的信息性有形展示。例如，品牌、服务承诺（包括广告、海报等）、服务价格等，因为，信息性有形展示通常也有物质载体。例如，广告牌、服务价格牌等。

1）什么是家政服务环境营销

所谓家政服务环境营销，是指家政企业为展示、承诺家政服务质量，而提供良好的有形服务环境。家政服务环境，也称为"家政服务包装"，其主要包括：家政公司办公地点场地、办公设施设备、家政培训场地、培训设施设备、服务设施、服务工具、公司官网、公司微信公众号、公司APP、公司宣传册、服务卡、家政服务员上岗证、公司交通工具、顾客停车场、家政服务员与顾客信息资料库、家政服务员、工作服装、服务合同、收费单据、顾客、办公氛围与公司文化（办公室气味、灯光、音响、办公室布置、员工的精神面貌、同事关系、与顾客的关系等）、各种荣誉证书奖牌锦旗、家政服务员的职业资格书等有形展示物。

家政服务环境的这些有形展示，都起到提示家政服务质量、影响顾客感知服务质量的作用。但根据提示的价值大小不同，可分为：

* 核心有形展示物。即指家政公司拥有，而顾客不拥有的有形展示物。例如，家政公司办公场所、培训设施设备、服务工具、家政服务员等。对顾客来说，核心有形展示物，对家政服务质量的提示的价值高，即顾客主要是根据核心有形展示物的提示，来感知家政服务质量。

* 表层有形展示物。即指家政公司提供，而顾客能拥有的有形展示物。例如，公司名片、服务传单、服务卡片、宣传折页或小册子、微信公众号、公司APP、服务合同、收费单据、

优惠券、小礼品等，都是表层有形展示物。对顾客来说，表层有形展示物是送给（或可以网上下载）顾客的一种物品或产品。对家政服务质量的提示的价值不高，顾客通常不依靠这些促销物的提示，来感知家政服务质量。

但是，这些表层有形展示物，对家政服务质量的提示价值不高，不等于没有营销价值。在家政服务营销实践中，已经证明，表层有形展示物，如果加以精心设计、注意印制质量、有效管理，也会使顾客对服务质量产生某种联想，会提升顾客的服务体验，是能够起到一定营销作用的。

2）家政服务环境营销价值

家政服务环境，作为家政服务有形展示，其营销价值主要是：提示家政服务质量、提供部分使用价值。

❉一、提示家政服务质量。

家政服务环境的一个主要作用，就是向顾客提示家政服务质量。因为，家政服务环境中的每一个有形展示物，都与服务质量有一定程度不同的联系，多少都含有家政服务质量的信息。顾客可以根据这些提示或信息，对无形的家政服务质量进行感知与评估。举例说明：

家政公司办公环境的整洁、整齐、一尘不染的有形展示，就能提示家政服务员的保洁收纳服务质量水平一些信息；

同样，家政服务培训设施设备、服务工具等有形展示，就能提示家政服务员的职业技能水平一些信息；

家政服务员的形象、工作服装、上岗证、健康证、职业资格证书等有形展示，就能提示家政服务员的服务能力水平等；

公司官网、公司微信公众号、公司APP等有形展示，就能提示家政公司的技术水平等；

家政公司的办公氛围、家政服务文化、同事之间的关系等的有形展示，也能提示家政服务员的服务态度、职业道德的一些信息等；

甚至，家政公司为顾客来访而准备的停车场，也能提示家政公司为顾客着想的"顾客导向"服务文化等。

❉二、提供部分使用价值。

家政服务环境的有形展示物，有的本身也是一种服务，为顾客创造价值，使家政服务增值。例如，为顾客来访而准备的停车场。

3）如何实行家政服务环境营销

进行家政服务环境营销，就是对家政服务环境进行设计或"包装"，主要包括体现家政服务质量、体现家政服务理念、体现家政服务特色、体现家政服务创新、进行环境营销、改善顾客关系、提示服务体验等。

❉一、体现家政服务质量。因为，家政服务的无形性，服务质量较难被顾客感知，那么，家政服务环境作为一种"包装"，可以提示家政服务质量，增强顾客的识别度。

❉二、体现家政服务理念。家政服务环境的设计或包装，需要体现家政服务理念。因为，服务环境是服务理念的"具体化""凝固化"。例如，家政服务员的形象、职业技能展示，就是服务理念的展示。当然，家政企业也能利用服务环境设计或包装的变化，来展示家政服务创新变化。

❉三、体现家政服务特色。家政服务环境的设计或包装，要体现家政服务特色。例如，家政服务细分业态特色、顾客特色、服务技能特色、家政服务员特色等。母婴护理服务特色，就不同于居家养老护理服务特色；家居保洁收纳服务特色，就不同于家庭餐制作服务特色等。

✽四、体现家政服务创新。家政公司在推出家政创新服务产品时，要重新设计或包装服务环境，即环境创新设计。例如，通过推出新的家政服务员服装，来发布新的家政创新服务，还有要重新设计与印制新的家政创新服务宣传册等。

✽五、环境促销。家政服务文化包装，家政服务品牌包装，就是家政服务环境促销。即要依靠家政服务环境设计或包装，来营造家政服务文化或品牌。例如，在家政服务各种有形展示物上印制公司"二维码"，展示家政公司的"家政服务员形象、服务技能"、展示公司的各种荣誉证书等。

✽六、改善顾客关系。良好的家政公司办公环境设计，界面友好的家政公司官方网站、微信公众号、公司APP的设计，都要有利于与顾客良好的互动。让顾客感受到"宾至如归""体贴入微""温馨可人"。

✽七、提升服务体验。良好的家政服务环境设计或包装，能提升顾客的服务体验。让顾客在家政服务环境的"细节"中，体验"顾客导向""服务导向"的服务体验。例如，家政公司为顾客来访而准备的停车场。

◇ 二、家政服务品牌营销

1）什么是家政服务品牌营销

所谓家政服务品牌营销，是指家政企业建立家政服务品牌、利用品牌，来促进家政服务营销，并发挥家政服务品牌在家政服务营销中的作用。

这里的家政服务品牌，主要是指家政公司、服务产品、家政服务员等的名称。家政服务品牌，经注册后，就成为家政服务商标。

家政服务品牌的种类：

* 家政公司品牌。即指家政企业的名称。例如，北京三八家政公司、甘肃"陇原妹"家政公司等。

* 服务产品品牌。即指家政企业或组织提供的服务产品品牌。例如，山西省吕梁市推出的"吕梁山护工""大连好月嫂"、广西"壮家女"（家政服务员）等。

* 家政服务员品牌。即指家政企业的家政服务专家、家政服务技师（高级技师）、家政服务技术能手、家政服务模范的人名。例如，全国劳动模范家政服务员鲍凤珍等。

当然，还有"家政服务名牌"。在家政服务中，服务品牌不一定是"服务名牌"。家政服务名牌，是指有较高市场知名度、市场占有率、市场信誉度的服务品牌。例如，"吕梁山护工""大连好月嫂"、广西"壮家女"就是"家政服务名牌"。家政服务名牌，通常按知名度所覆盖的范围，可分为世界名牌（例如，英国管家、菲佣）、中国名牌、地区名牌等。

2）家政服务品牌营销价值

家政服务品牌营销价值，主要是：体现家政服务理念、提示家政服务特色、保护家政服务产权、有利于内部营销、展示市场地位等。

✽一、体现家政服务理念。家政服务品牌是家政服务理念的一种传播和表达形式，特别是家政服务文化品牌、家政服务员品牌，承载着家政服务理念。

✽二、提示家政服务特色。在家政服务"同质化"现象很严重的情况下，家政服务品牌，就能非常显著地向顾客、向市场提示家政企业的服务特色。因为，家政服务的无形性，顾客通过服务品牌，就很容易辨识家政服务质量水平与服务特色。

✽三、有利于保护家政服务产权。我们知道，家政服务职业技能、家政服务创新、家政服务产权都难以用"专利权"加以保护。因此，把家政服务品牌注册成"服务商标"，就对家政服务品牌所代表的服务技能和服务创新的产权，起到保护作用。

❋四、有利于内部营销。一般来说，家政服务品牌，都是顾客认可的服务产品，有一定的市场占有率与信誉度。因此，家政服务品牌对企业内部，有利于员工统一家政服务理念、家政服务文化。同时，也可以激励家政服务员为维护服务品牌，而努力提供符合品牌要求的家政服务。

❋五、有利于展示家政服务市场地位。家政服务品牌一旦确立，就可以衡量一个家政企业的市场份额、市场地位。

当然，家政服务品牌，还有利于家政服务品牌转让，拓展家政服务营销渠道，有利于家政服务关系营销、沟通促销等。

3）如何实行家政服务品牌营销

家政服务品牌营销，就是家政服务"创牌""保牌"营销，主要有以下几种实行途径：

❋一、不断提升家政服务质量。家政服务质量是家政服务品牌的基石。要实行家政服务品牌营销，就必须不断提升家政服务质量。低质量的家政服务品牌是没有价值的。

❋二、不断打造家政服务特色。家政服务品牌的生命力在于家政服务特色。家政企业要实行家政服务品牌营销，就必须不断创新、坚持家政服务特色，通过家政服务差异化，来"创牌""保牌"。

❋三、不断培养品牌家政服务员。家政企业要实行家政服务品牌营销，需要不断培养或发现品牌家政服务员。通过家政服务"名人效应""专家效应""服务技能人才效应"，来传播品牌家政服务。

❋四、积极参与家政服务评奖评级。家政服务品牌营销，还有一个有效途径，就是家政企业和家政服务员要积极参与各种形式、各种层次的家政服务评奖评级活动。通过公开的评比活动，可以向市场、向顾客传播家政服务品牌。

❋五、家政服务品牌延伸。家政服务品牌延伸，是指将家政服务品牌延伸到与家政服务相关的服务领域。家政服务品牌延伸，除了扩大传播家政服务品牌外，还可以利用这个品牌的知名度和美誉度，来拓展新的服务领域。例如，可以将家政服务品牌延伸到家庭生活用品销售上，提升家政服务品牌的含金量。

当然，家政服务品牌取名，也影响家政服务品牌营销。好的家政服务品牌名称，要适合大众口头传播，通常是比较通俗易懂，或新异奇特，或念起来容易上口的名称，能反映家政服务产品特色，能贴近顾客的服务需求，能符合目标市场的服务定位和服务特点。这样的品牌名称，就是好的品牌名称。

◇三、家政服务承诺营销

1）什么是家政服务承诺营销

所谓家政服务承诺营销，是指家政企业通过各种广告、营销人员等沟通促销手段，向顾客预示家政服务质量、对家政服务质量提出一定的保证、兑现承诺，并发挥服务承诺在家政服务营销中的作用。

在家政服务承诺中，仅仅预示家政服务质量的承诺，是不完全承诺；预示家政服务质量，且提出服务质量保证的承诺，是完全承诺。

2）家政服务承诺营销价值

家政服务承诺的营销价值，主要体现在：调节顾客服务期望、降低顾客风险、强化顾客对家政服务质量的监督、促进内部管理等。

❋一、调节顾客服务期望。在家政服务中，当家政服务细分业态市场火爆，或竞争不激烈、没有遇到较强的竞争对手时，家政企业可以减少家政服务承诺的内容和力度，以此调低顾客对家政服务质量预期或"胃口"；反之，当家政服务细分业态市场出现低迷，或竞争激烈、遇到较强的竞争对手时，家政企业要增加家政服务承诺的内容和力度，以此来吸引顾客对高质量家政服务的关注，提升顾客服务预期、顾客购买力，进而提高家政企业竞争力。

✣二、降低顾客风险。家政服务承诺，是向顾客保证所提供的家政服务质量，让顾客感知到家政服务质量的可靠性、稳定性、安全性，会降低顾客购买、使用家政服务的风险。通过家政服务承诺，可靠、稳定、安全的家政服务，是有营销吸引力的。

✣三、强化顾客监督。在家政服务中，家政服务质量的异质性、服务失误总是难以避免。为了监督家政服务质量，家政企业提出公开的家政服务承诺，就为顾客监督家政服务质量、面对家政服务质量异质性与服务失误时，提供了评判依据，进一步提升了顾客对家政服务质量的信心。

✣四、有利于家政企业内部管理。家政服务承诺，不仅对外部顾客有价值，对家政企业内部员工包括一线家政服务员也有价值。家政服务承诺，提出的家政服务质量标准，是对全体员工特别是一线家政服务员的具体要求。如果家政企业和家政服务员的服务工作，达不到服务承诺的质量标准，家政企业就要按服务承诺提供必要的理赔。这也将对企业员工的工作绩效产生负面影响。因此，家政服务承诺，也有利于强化家政企业内部管理，督促员工按照服务承诺提供服务，并通过员工特别是一线家政服务员兑现服务承诺。

3）如何实行家政服务承诺营销

家政服务承诺营销，主要包括：设计家政服务承诺、履行家政服务承诺等。

✣一、设计家政服务承诺。家政服务承诺，是对家政服务质量标准的承诺。有效的家政服务承诺，应该是简单而没有任何附加条件。反之，空洞的、很难实行的家政服务承诺，对顾客而言是没有意义的，也起不到服务承诺的作用。

* 服务承诺的彻底性。家政服务承诺无论承诺了什么，都必须是完全无条件的，不应该给顾客带来任何意外的内容，不应该留有向顾客"讨价还价"的余地。在服务承诺的文件中应该没有"如果、而且、但是"这些限制条件。附有一大堆附加条件的服务承诺一般是没有用的。彻底的、无条件的家政服务承诺，显示了家政服务质量的可靠性、稳定性、保证性，也显示了家政企业对自己提供的服务质量的信心，对顾客有吸引力。相反，有些家政服务承诺之所以缺乏吸引力，就是因为它是"不完全承诺"、空洞不具体、留有一定的"讨价还价"余地。

* 服务承诺的明确性。有效的家政服务承诺，应当是明确的，应该方便顾客援引，而不是模棱两可而产生歧义，不引起顾客误解。反之，不明确的承诺，难以真正兑现，等于没有承诺。

* 服务承诺的规范性。易于理解与沟通。服务承诺应该让顾客容易理解、便于沟通，使顾客能够清楚地知道他们可以从服务承诺中获得的好处与保证。因此，服务承诺除了具体明确、不能含糊其辞、空洞无物，还有具有规范性，即家政服务承诺要与家政服务标准、服务规范、服务流程有效接轨。

* 服务承诺的利益性。对顾客是有意义的。在家政服务中，有吸引力的服务承诺，应当针对顾客的期望和要求，给顾客带来实实在在的利益。即服务承诺的内容，是对顾客很重要的事情，也是顾客最担心的、最关心的事情。当服务失误发生时，赔偿应该多于弥补服务失误所造成的损失。

* 服务承诺的真诚性。便于兑现承诺，如果发生服务失误，顾客能够简单方便、没有

障碍地要求家政企业兑现服务承诺。

＊服务承诺的可靠性。家政公司做出的"服务承诺"是严肃的、可信的，说到做到。做不到的服务承诺，或过头的服务承诺，是不可靠的服务承诺。反之，有了服务承诺而不兑现，给企业带来的伤害与负面影响会更大。因此，企业不要轻易做出"服务承诺"，一旦承诺，就要一诺千金。

✽二、履行家政服务承诺。

家政企业不仅要敢于、善于提出服务承诺，更重要的是要切实履行服务承诺。但是，家政服务承诺的履行要涉及家政企业的管理人员、一线家政服务员，甚至还有顾客的参与。因此，履行家政服务承诺，要加强有关人员沟通协调。

＊一线家政服务员。在家政服务承诺中，家政企业是服务承诺者，一线家政服务员是服务承诺履行者。如果承诺者与履行者之间缺乏必要的沟通和协调，就容易造成服务实践与服务承诺之间的脱节。因此，家政企业要强化培训与沟通协调，来促使家政服务员履行承诺。

＊家政企业管理人员。也即二线人员。家政服务承诺的履行，也需要家政企业的管理人员包括支持性服务人员密切配合与支持一线家政服务员。尽管这些二线人员与顾客接触较少，对顾客的服务期望与服务需求了解不如一线家政服务员多，有可能影响二线人员在履行服务承诺中的执行力度。因此，要强化二线人员与一线家政服务员、与顾客的沟通，要建立二线人员的工作制度，来保证服务承诺得到履行。

＊顾客。家政服务承诺的履行，也需要顾客积极配合与支持。如果顾客不配合支持，家政服务承诺也难以有效履行。因此，也要开始顾客教育，强化与顾客的沟通与协调。

◇四、家政服务价格营销。见本书相关内容。

26.9.1.3 服务无形性对家政服务的正面影响

1）家政服务有吸引人的神秘性

因为无形产品的家政服务，雇主看不见、摸不着。但能感觉到、享受到、体验到，这多少带有神秘性。这种神秘性是家政服务所特有的吸引力或魅力，这对家政服务营销是有积极作用。家政服务神秘性的来源在于家政服务员的个性特质、服务态度、服务技能技巧、服务心理、服务语言、人际交往能力等。其中，家政服务员的服务技能技巧总是具有"只可意会，不可言传"的私密性成分、个人化特点；如果这种个人化、私密性的家政服务技能技巧一旦被破译，即变成公开的、可言传的、标准化的信息，这就是家政"服务标准"。

当"服务标准化"后，家政服务就"产品化"了，当家政服务成为一种"产品"时，家政服务就可复制了，家政服务的神秘性就消失了，其实这很难做到。所以，家政服务员的无形的技能技巧是家政服务吸引家政雇主的一个独特的来源。家政服务企业要善于把握家政雇主的消费心理，强化雇主的服务体验。雇主的服务体验好了，满意度就高了，自然对家政企业的忠诚度就高了。这就是家政服务企业运营与营销的奥秘之一。

2）推动家政服务技能技术营销

无形的家政服务没有专利，只有专有技能技术（即技术诀窍）或服务技能技巧。家政服务技能技巧包括专有的服务的技能、技术、知识、态度等，这是家政服务业吸引家政雇主的核心竞争力。例如，拥有专业家居保洁收纳技能技巧的家庭保洁员，可以清洁家居、美化家庭，让家居真皮沙发焕然一新；拥有厨艺高超的家庭厨师，可以制作一顿色香味俱佳、营养均衡的家庭餐，让雇主家庭成员在自己的家庭天天享用美食；同样，一个月嫂高超的护理技术，可以使产妇在家享受高级月子餐、产后体型恢复与乳房护理、母乳喂养新生儿；

一个育婴师的高级技能,可以使婴幼儿在家享受身心健康的科学喂养与早期智能开发;还有,一个拥有高级服务技能的居家养老护理员,可以使居家老年人积极健康养老,安享晚年。

事实上,既然家政服务的创新的优势难以保持,家政服务公司就会加强服务的技能技巧,并靠高级的家政服务技能技巧这种无形的竞争优势来开拓自己的家政服务市场。如果说,制造业是专利技术的用武之地,那么家政服务业就是专有家政服务技能技术的用武之地。这种家政服务技能技巧越是精细化、越是专业化,甚至家政服务技能技术做到了极致,就越有竞争力,越有神秘感。

因为,在家政服务营销中,服务的技术性与服务的神秘性之间是正相关的。家政服务技能技术越是高级,其服务就越有神秘性。家政服务技能技术是家政服务神秘性的来源或内在原因。因此,在家政服务营销中,要想增强家政服务神秘性对雇主所产生的吸引力,就要不断增强家政服务技能技巧的精细化、专业化,甚至到了极致程度。这就是最好的家政服务营销。

3)推动家政服务员营销

家政服务的无形性,推动家政服务技能技术营销,无形技能技巧的有形载体是家政服务员。因此,家政服务技能技术的营销也是"家政服务员"(的素质、形象、技能技术、专业知识、态度等)的营销。

人的素质因素在服务营销中的作用,比在实物产品营销中更直接、更重要。在家政服务营销中,要增强家政服务员形象,来提升市场吸引力,就要不断增强家政服务员的服务技能技术能力。因为,家政服务员的形象与家政服务员的服务技能技术能力之间,也是正相关的。家政服务员的形象是家政服务员素质的反映,其核心就是家政服务员服务技能技术能力。

因此,家政服务营销的关键是家政服务员本身的素质。家政服务员整体素质的高低,将直接决定家政服务营销的成败。从这个意义上说,家政服务企业的竞争,其实就是家政服务员整体素质的竞争。家政服务员无疑是家政企业的核心资源、战略资源。

4)推动家政服务品牌营销

因为服务的无形性,将促使服务营销比实物产品营销更重视品牌的作用。服务品牌比实物产品品牌具有更大的营销作用。

事实上,对家政雇主来说,因为家政服务的无形性,雇主对家政服务员的素质、技能技术、专业知识等,看不见、摸不着。消费者对服务的了解比对实物产品的了解更难。大多数家政雇主就是依靠家政服务品牌来选择家政服务提供者。

因为,品牌具有信息功能,服务消费者比实物产品消费者更重视从品牌中了解服务企业与服务信息。其中,特别是家政服务品牌与家政服务技能技术之间是正相关。家政服务品牌知名度、信誉度越高,其家政服务技能技术就强。家政服务技能技术是家政服务品牌的前提基础,家政服务品牌是家政服务技能技术的标志。还因为,品牌的形成与树立,非一朝一夕,就如同家政服务员服务技能技术的掌握非一朝一夕一样。

还有,服务品牌比实物产品品牌更能垄断市场或锁定消费者。消费者对服务品牌的忠诚度一般高于对实物产品品牌的忠诚度。品牌的识别、信息、承诺、情感、市场定位、市场激励、价值等功能,在服务营销中比在实物产品营销中更明显。因此,在家政服务营销中,推动家政服务品牌营销,将是最有效的策略之一。

26.9.1.4 增强家政服务无形性正面影响的营销策略:技巧化营销

增强家政服务无形性正面影响的营销策略:家政服务的技巧化。

家政服务技巧化，主要包括4个子维度：服务技能、服务知识、服务专业化、服务文化。家政服务技巧化营销：家政服务的技能营销、知识营销、专业化营销、文化营销。

◇ 一、家政服务技能营销

1）什么是家政服务技能营销

所谓家政服务技能营销，是指家政服务员在家政服务提供、服务交易中，充分展示、利用家政服务员的职业技能标准水平来吸引、满足顾客，并发挥家政服务员职业技能因素在家政服务营销中的作用。

在家政服务中，家政服务员的职业技能水平，都是家政服务营销的主要卖点。因为，家政服务员是家政企业的核心战略资源，家政服务员的服务技能是家政企业的核心竞争力；家政企业的竞争，就是家政服务员的竞争，是家政服务员的服务技能的竞争。

我们知道，依据《家政服务员国家职业技能标准》水平划分，家政服务员的职业技能设立五个级别，由低到高分别为：五级（初级技能）、四级（中级技能）、三级（高级技能）、二级（技师）、一级（高级技师）。很显然，一个家政公司，拥有多少数量高级职业技能水平家政服务员，将决定一个家政企业的竞争力。例如，一个母婴护理公司，拥有母婴护理技师或高级技师，无疑将标志这个母婴护理公司能够达到的护理水平，也将带动整个母婴公司其他护理服务员的护理水平。就如同，一个大学拥有多少院士一样，标志着一个大学的科研教学水平。

因此，在家政服务营销中，因为家政服务的无形性特征，而突出强调家政服务员的服务技能水平，无疑是一个非常有效的营销方法。

2）技能营销价值

因为家政服务的无形性，家政服务技能营销，在家政服务营销中，主要有几个方面的价值：

一、支撑家政服务承诺

我们知道，服务承诺是即将专业的雇主抱怨投诉处理和有效的服务补救进行制度化、公开化。这将给作出"服务承诺"的家政企业带来很多好处。因为，服务承诺不仅是作为一种服务营销工具，也是保证和实现家政服务质量的有力工具。但是，服务承诺的前提条件：是家政服务员拥有高水平的服务职业技能做保证。否则，服务承诺很难兑现，服务承诺就起不到应有的作用。因此，服务技能营销，就是支撑服务承诺营销。

二、强化家政服务品牌

家政服务品牌的核心之一是家政服务产品质量品牌。其主要体现在：家政服务标准化，即家政服务品牌应有标准化的服务规范；家政服务个性化，即家政服务品牌必须能提供优质的定制化、个性化服务内容，来传达个性化的服务品牌理念；顾客体验，即家政服务品牌是在家政顾客长期的家政服务体验、家政企业与顾客的反复沟通中树立的，家政服务品牌建设的核心在于顾客体验。例如，感官体验、参与体验、情感体验等。

家政服务品牌这三个特征，其中，核心或根本是家政服务员拥有高级职业技能水平，即家政服务员品牌或服务技能品牌。因此，在家政服务营销中，家政服务技能营销，将促进或强化家政服务品牌营销。

三、体现家政服务差异化

在家政服务中，家政服务差异化是顾客多元化、个性化需求的必然结果。这就要求家政公司要拥有多元化的家政服务员，即家政服务领域中不同细分业态服务技能的家政服务员。即使是同一个细分家政服务业态，顾客的需求水平或需求内容也有很大的差异，这都要求不同服务技能水平、服务特长的家政服务员与之相匹配。因此，家政服务技能营销，体现了家政服务差异化、特色化，有利于把家政企业及家政服务员的服务特色或服务创新，较好地展示给顾客。即家政服务技能营销，也将促进家政服务差异化营销、服务特色营销。

四、获得家政服务溢价

高级家政服务技能是家政服务市场的优质资源，也是家政市场的稀缺资源，会带来家政服务溢价。因为，高水平的家政服务技能，能够给顾客不仅带来超出市场平均服务标准的"物有所值"的家政服务，还能提供超值的额外服务或增值服务，让顾客获得"物有超值"的服务体验，顾客当然愿意为这样的高品质服务支付更高的价格，而且这些顾客对提供高品质服务的家政公司也更加忠诚。

因此，家政公司进行服务技能营销，实事求是地向顾客展示家政服务员高超的服务技能，也能够获得家政服务溢价。但是，这样的服务技能展示或服务技能承诺，反过来对家政服务员是一种动力、压力，是鞭策，也是激励，必将促使家政公司创造条件强化家政培训，提升家政服务员服务技能水平。

3）如何实行家政服务技能营销

既然家政服务技能营销，具有支撑家政服务承诺、强化家政服务品牌、促进家政服务差异化营销、获得家政服务溢价，有这么多的好处。那么，家政公司如何进行家政服务技能营销？下面具体分析：

一、家政服务技能展示

我们知道，在家政服务蓝图中，有一条"可视线"。这条线把顾客能看到的服务活动与看不见的服务活动分隔开来。我们知道，家政公司的员工行为，有的是顾客能看到的，有的顾客看不到的。

要分析有多少员工的服务活动在可视分界线以上发生（即可视行为），多少员工服务活动在可视分界线以下发生入手（即不可见行为），就可以很轻松地一目了然得出是否向顾客提供了较多服务以及提供什么样服务。

在家政公司里，接待人员、市场人员的服务活动，在"可视线"以上，是顾客可视的行为；而家政培训人员、网络技术人员的服务活动，在"可视线"以下，是顾客不可见的行为。

还有，一线家政服务员在上岗前接受家政服务培训、到医院进行健康体检是不可见的"后台工作"，上岗后在雇主家庭为雇主直接提供家政服务，是可视的"前台工作"。

因此，在家政服务营销中，为了影响雇主对家政服务的认知心理，要有意识进行家政服务的"有形展示"，通过调节家政服务的"能见度"，来提高家政服务技能营销的吸引力。

（1）强化家政服务有形展示

对于家政服务技能技术含量较高的服务技能，要适当地扩大有形展示，提升能见度，以便增强顾客对家政服务的接近度、参与度，在顾客参与中增强对家政服务的信任度。这都将有助于提高服务技能营销吸引力。例如，高级母婴护理师的护理技能展示、高级居家养老护理员的护理技能展示、高级保洁员的保洁收纳技能展示、高级家庭烹饪师的烹饪技能展示、高级收纳师的收纳技能展示等。

还有，也可以把在家政服务蓝图中，原来顾客"看不见"的家政服务专业培训、家政服务网络技术系统等技术含量高的服务支持系统，可以有意识让顾客"看见"，进行有形展示，间接强化顾客对家政服务技能营销的吸引力。

（2）减弱家政服务有形展示

对于家政服务技能技术含量较低的服务技能，要尽量减少有形展示。通过减少能见度，来增强顾客对家政服务的神秘感，进而提升对家政服务技能营销的吸引力。

二、家政服务技能定价

一般来说，顾客对家政服务价格相对比较敏感。因此，在家政服务技能营销中，可以根据家政服务员职业技能标准等级实行区别性定价。

（1）服务技能差价。即不同的职业技能标准等级【依据《家政服务员国家职业技能标准》水平划分，家政服务员的职业技能设立五个级别，由低到高分别为：五级（初级技能）、四级（中级技能）、三级（高级技能）、二级（技师）、一级（高级技师）】，对应不同水平的服务价格，实行优质优价，差价收费，以满足顾客不同消费层次需求。同时，也能促进家政服务员努力提升自己的职业技能标准等级水平，获得更多的收益。在家政服务中，按服务技能标准等级不同，进行差价营销，是家政服务营销的非常重要的有效方式。

（2）服务技能调价。所谓服务技能调价，是指按照家政服务员职业技能水平的提升来调节服务价格。我们知道，随着家政服务员服务实践经验的不断丰富，且不断参加家政培训，家政服务员的职业技能标准水平，也会不断升级。随着服务技能升级，服务价格也会上调。再通过服务技能差价营销，推动家政服务消费升级。

三、展示家政服务技能培训

家政服务员职业服务技能是无形的，如何让顾客感知到家政服务员具有职业化的家政服务技能？一个有效的方式，就是向顾客展示：家政服务员接受家政服务技能培训的家庭模拟教室、培训师资、培训课程教材、培训工具、家政服务员进行实际操作训练等有形培训场景或照片或视频，来间接说明家政服务员掌握职业化的服务技能。

再加上家政服务员培训结束后，经严谨考核后获得国家职能部门或行业组织颁发的家政服务职业技能证书，直接证明家政服务员的服务技能水平。

这就是通过展示家政服务技能培训，来达到家政服务技能营销的目的。

四、家政服务技能竞赛

在国家大力扶持家政服务业"提质扩容"的政策背景下，全国各地开展的家政服务技能竞赛如火如荼。这是家政服务业和家政企业向全社会彰显家政服务员精神风貌、服务技能的最好舞台。因此，家政企业要积极参与各种形式的家政服务技能大赛，来展示自己公司家政服务员的服务技能，这是家政服务技能营销的有效途径◇一、受众面广、信任度高，而且营销成本较低。尤其是对在各种各样家政服务竞赛中得奖的家政公司与家政服务员，几乎是免费的高价值营销广告。

当然，举办家政服务技能竞赛，可以是全国、省、市、区等举办的各个级别的技能大赛，也可以是家政公司内部举办的家政服务技能大比武，即可向顾客展示家政公司家政服务员的服务技能风采，也能有效促进家政服务员"以赛代练"，提升服务意识与服务技能。

◇二、家政服务知识营销

1）什么是家政服务知识营销

所谓家政服务知识营销，是指强调家政服务的知识化程度，用家政服务相关专业知识来吸引和满足顾客对美好生活的需求，进而发挥知识在家政服务营销中的作用。这里，家政服务相关知识主要包括：

☑生活科学知识：即人的衣、食、住、行、休闲娱乐、家庭教育等知识；

☑职业道德基本知识、职业守则；

☑安全知识、卫生知识；

☑社交礼仪知识、家庭人际关系知识；

☑ 绿色生活、环保知识；

☑ 与家政服务相关的法律、法规知识等。

今天，我国综合国力已经从富起来向强起来迈进，人们已经把对美好生活的向往作为奋斗目标。家政服务消费已经走进寻常百姓家庭，成为人们提升生活品质的不可或缺的部分。"知识型保姆"越来越受到家政服务市场的欢迎。例如，家政顾客不仅需要基本的家庭餐制作服务，还要求科学烹饪、营养均衡、色香味俱佳、吃的卫生、健康、环保；再例如，需要母婴护理服务（月嫂）的顾客，不仅需要提供孕产妇与新生儿的基本生活起居料理，产妇还要求乳房护理、产后修复、产妇心理疏导，新生儿还需要游泳、抚触等，特别是要求母乳喂养新生儿。

由此可见，一个没有文化知识的家政服务员是很难胜任现代家政服务工作。一个拥有高学历、专业生活科学知识、高素质、知书达理、遵纪守法的现代家政服务员，已经越来越受到顾客的喜爱与竞相聘请。因此，在今天的家政服务营销中，要充分发挥家政服务知识营销的作用。

2）家政服务知识营销价值

家政服务知识在家政服务营销中的价值，主要体现：

一、服务知识支撑服务技能

我们知道，家政服务员的知识水平与服务技能呈正相关。一个有丰富的家政服务相关知识的家政服务员，能够较快地学习和掌握家政服务技能；在家政服务中，也能够更好地领会顾客的服务需求，能够更加从容地应对顾客家庭的人际关系，较好地适应家政服务工作岗位。因此，在家政服务营销中，强调家政服务员的服务知识，会促进家政服务技能营销，让顾客更加信任家政服务员提供的服务。

二、服务知识能增强顾客信任感

在家政服务中，家政服务质量是由顾客的感知决定的。一个有丰富家政服务知识的家政服务员，也会很快习得家政服务职业技能，会根据顾客的服务预期，尽量领会与满足顾客的心理需求，进而提供稳定的家政服务质量。不仅如此，一个有家政服务知识的家政服务员，还能够在家政服务承诺中，增强顾客的信任感。因此，在家政服务营销中，家政服务知识营销有助于建立顾客信任。

3）如何实行家政服务知识营销

在家政服务中，最能体现家政服务知识营销价值的是：顾客教育、家政服务信息咨询。下面就来具体分析：

一、顾客教育

服务的不可分性，决定了家政服务生产与消费同时发生，顾客参与家政服务过程，顾客是"半个家政服务员"，是家政服务生产的合作者。这就要求在家政服务过程中或服务之前，顾客教育的重要性。因为，如果顾客能够与家政服务员建立良好的合作关系或人际关系，家政服务员就能够按照顾客的服务预期、服务标准、服务规范提供服务，即使发生了服务失误，也能够及时提供服务补救，最终让顾客享受良好的服务体验；反之，如果雇主不配合家政服务员，甚至人为"干扰"家政服务员正常提供的服务，最终会影响家政服务质量，影响雇主的服务体验。

因此，家政公司和家政服务员要善于利用家政服务知识，及时实行"顾客教育"：即把家政公司的企业服务文化、服务内容、服务方式、服务标准、服务规范、服务流程、服务工具、顾客须知、家政服务员职业技能标准、服务投诉与服务补救等，尽可能地通过各种形式特别是借助移动互联网社交媒体等手段，告诉顾客，让顾客熟悉家政服务提供过程，进而建立良好的合作关系。这是家政服务知识营销的最常用的方法。

二、提供家政服务信息咨询

在家政服务中，顾客的需求以及在家政服务员提供服务时所产生的问题，都是多种多样、千差万别的。对此，家政公司及家政服务员要利用其掌握的丰富的家政服务知识，及时向顾客提供服务信息咨询，是极其必要的。

这样，可以减少顾客与家政公司及家政服务员之间的信息不对称、信息不透明，减少彼此之间可能产生的误解甚至服务摩擦、服务冲突，增强彼此之间的信任感。这对无形性的家政服务来说，至关重要。这不仅可以降低服务交易成本（因服务摩擦会增加服务管理成本），更有利于建立顾客的信任感、忠诚度。这就是家政服务知识营销的价值。

在向顾客提供家政服务信息咨询时，除了面对面的直接提供信息咨询外，更应该强化微信、APP、免费热线电话等现代信息技术手段，特别是移动互联网社交媒体手段，来提升服务信息咨询效能。

◇ 三、家政服务专业化营销

1）什么是家政服务专业化营销

所谓家政服务专业化营销，是指用经过培训、认证、达到社会公认的家政服务职业技能标准来吸引顾客的服务营销，并充分发挥家政服务职业资格证书和专业人才在家政服务营销中的作用。通常以获得国家（地方）或行业权威机构颁发的家政服务职业资格证书为标志。当然，在家政服务实践中，也的确存在有的家政服务专业人才没有"职业资格证书"。但通过严格培训、严格认证（没有弄虚作假）而获得家政服务"职业资格证书"的人，自然是家政服务专业化人才，能够提供专业化服务。

2）家政服务专业化营销价值

通过家政服务专业化营销，可以增强顾客信任感，减少服务营销成本。其价值主要体现在以下几个方面：

一、有利于家政服务标准化、规范化营销。拥有家政服务"职业资格证书"的家政服务员或家政服务专业人才，她们在家政服务标准化、服务规范化、家政服务职业道德上，是得到社会和顾客认可和接受的。专业化的家政服务员比非专业化的家政服务员，更能提供家政专业化服务，对顾客的吸引力大，顾客的服务体验更好，更容易赢得顾客的信任。这就是家政服务专业化营销的价值。

二、有利于家政服务品牌营销。家政服务员职业资格证书或家政专业人才，本身就是值得信任的家政服务品牌。家政公司拥有家政专业人才越多，越能提供专业化家政服务，越能赢得顾客的好口碑，其家政服务品牌的含金量也就越高。

三、有利于家政服务质量承诺。家政服务专业人才，拥有标准化的家政服务技能、专业化的家政服务知识、良好的家政服务职业道德，能够提供专业化的家政服务，其服务质量将稳定、可靠，对顾客承诺的服务质量将能够实现，有助于减轻和打消顾客对家政服务质量的焦虑。

四、有利于内部营销。因为家政服务专业化营销，在家政服务营销中具有较大价值，自然凸显了家政服务员"职业资格证书"和专业人才的价值，这将对家政公司内部的家政服务员具有激励作用。如果家政公司能够制定有效的激励机制，来奖励家政服务员成为家政专业人才，为顾客提供专业化的家政服务，就是家政公司积极的内部营销，最终会在家政公司、家政服务员、顾客之间形成良性循环和多赢局面。

3）如何实行家政服务专业化营销

家政服务专业化营销，主要包括：家政服务员职业资格营销、专业人才营销、专业化传播。具体分析如下：

一、家政服务员职业资格营销。家政公司要实行家政服务员职业资格证制度，支持和鼓励家政服务员积极取得家政服务职业资格证书，在招聘家政服务员时也重视有无职业资格证书，并要求持证上岗。在家政服务营销中，要充分展示拥有职业资格书的家政服务员，提升顾客的信任感。这就是家政服务职业资格营销。

二、专业人才营销。在家政服务中，家政专业人才，一直是顾客竞相聘请的对象，是家政公司的优质资源，更是家政公司提供专业化服务的形象代言人，也是家政服务员模仿学习的对象。因为，家政专业人才不仅能够提供专业化服务，还能解决家政服务中遇到的各种各样的棘手服务难题，能创新家政服务方式方法、服务标准、服务流程，有能力培训与管理家政服务员。因此，在家政服务营销中，要向顾客充分展示家政专业人才的价值，来吸引顾客。当然，也能吸引家政服务员加入。

还有，在专业人才营销中，还能对家政专业人才，实行优质优价，差异化定价，实行家政服务差异化营销。一来为了满足顾客的不同水平的消费需求；二来也是为了肯定专业化人才的价值；三来能够带动一般家政服务员努力提升自己的专业化水平。

三、专业化传播。在家政服务专业化营销中，要善于运用专业化传播手段，来营销专业化家政服务。例如，举办各种各样的家政服务技能大赛，就是展示家政专业化人才的最好方式；举办各种各样的家政专业化论坛、专业人才评选奖励活动；内部或公开出版家政专业人才先进事迹宣传册、在家政公司官网、APP、公司微信公众号上创建家政专业人才个人网页或个人微信公众号等，都是家政服务专业化传播最有效的途径，无论是对顾客，还是对家政服务员，都可以起到家政服务营销事半功倍的营销效果。

◇ 四、家政服务文化营销

1）什么是家政服务文化营销

所谓家政服务文化营销，是指用家政公司的家政服务文化来吸引、影响顾客的营销活动，并充分发挥家政服务文化在家政服务营销中的作用。

家政服务文化，主要是"顾客导向""服务导向"的公司文化，具体体现在家政公司的办公场所、办公环境、家政培训设施设备、服务工具、家政服务员工作服装等有形展示的物质层面，即物质文化；也体现在家政公司的各种运营管理制度、人力资源管理制度、服务营销制度、顾客投诉与服务补救制度、服务合同、劳动合同等公司制度层面，即制度文化；更体现在家政公司的使命宗旨、服务标准、服务规范、服务承诺等公司精神层面，即精神文化。

总之，家政服务文化营销，在家政公司服务营销中占有重要地位。

2）家政服务文化营销价值

在家政服务中，家政服务文化营销价值，主要体现在：

一、有利于家政服务品牌营销。

家政服务文化，本身就是家政服务品牌的重要组成部分。开展家政服务文化营销，就是家政服务品牌文化内涵营销，可以增强顾客对家政服务品牌的兴趣、理解，进而促进顾客对家政服务品牌的喜欢、偏好。

二、有利于家政服务情感营销。

文化可以潜移默化地影响人的心灵与情感。家政公司如果持续地进行家政服务文化营销，就可以促进顾客对家政服务公司特别是一线家政服务员产生情感，进而在家政服务交易中淡化交易色彩，在家政服务过程中给予家政服务员更多的人文关怀。这种家政服务中的情感力量，有助于顾客建立良好的服务体验，也有助于家政服务员在愉快和受尊重的心情下尽力提供更好的家政服务。

三、有利于家政服务合作营销。

持续的文化熏陶，除了建立情感与友谊外，还有利于彼此间思想观念沟通交流。在家政服务中，持续的家政服务文化营销，容易引起家政服务利益相关者对家政服务的兴趣、关注、理解，有利于促成家政服务利益相关者彼此之间达成共识，开展合作营销，实行双赢。

四、有利于家政服务情境营销。

毫无疑问，环境影响人。精心创设的家政服务情境或环境，不仅能影响顾客对家政服务的心情与感知，也能激发家政服务员对家政服务的情感。这都是家政服务文化营销的价值。

3）如何实行家政服务文化营销

实行家政服务文化营销，具体做法主要有：

一、家政服务文化建设。

在家政公司里，就是塑造家政服务文化环境或氛围，即从家政服务文化的物质层面、制度层面、精神层面，来创建家政服务文化，特别是要用"顾客导向""服务导向"来要求家政公司的所有员工包括一线家政服务员，为顾客提供富有文化含量的家政服务，来吸引家政服务的目标顾客。而且，家政公司一旦形成自己独立的家政服务文化，就具有持久的核心竞争力。因为，家政服务文化是其他家政公司很难模仿的。当然，家政服务文化建设，非一蹴而就，需要家政公司全体人员从董事长到一线家政服务员，大家共同建设。

二、家政服务文化促销。

在家政服务营销中，家政服务文化促销，最常见的也是最有效的方法，就是举办家政服务文化节。通过家政服务文化节，凝聚社会对家政服务的共识，特别是顾客、家政公司、家政服务员之间的共识，共同建设和谐的家政服务文化，促进家政服务业健康可持续发展，造福社会，造福大家。

关于家政服务文化节的举办，需要注意以下几点：

（1）现实性。家政服务文化节，要展现真实的健康的家政服务文化生态，提供真实的家政公司办公场景、家政服务员服务场景，展示真实的家政服务员实际使用的服务技能，而不是"作秀"。也就是说，要在家政服务文化节上呈现家政服务原生态。即家政公司真实的家政服务交易、运营管理、家政服务员培训、"互联网 + 家政"支持系统、家政服务员与顾客的互动等。如果能够在家政服务文化节上，进行现场家政服务签约交易，那就更好。总之，举办家政服务文化节不能"华而不实"。否则，会适得其反。

（2）共识性。举办家政服务文化节的目的，是凝聚共识。这就要求举办者将邀请家政服务利益相关者共同举办，既有各种各样的家政公司，不分企业规模大小，也有家政教育培训机构、家政服务协会、与家政服务相关的家庭生活用品商家、家政服务工具生产厂家、政府主管部门、与家政服务相关的社会公益组织、社会媒体等，特别是邀请家政雇主、家政服务员出席家政服务文化节活动。大家共聚一堂，就是为了在家政服务业发展上凝聚共识，推动家政服务业提质扩容，实现可持续健康发展，满足人们对美好生活的向往。

（3）参与性。举办家政服务文化节，不是少数企业、更不是所谓的龙头家政企业唱独角戏，而是所有参与者，大家共同展示自己对家政服务文化的理解与行动，可以是家政服务技能现场演示，可以是家政服务论坛，可以是家政服务信息咨询，可以是家政服务现场交易，可以是家政专家现场主题演讲，也可以是与家政服务相关的家庭用品、服务工具的使用展示等，不拘一格。只有大家的广泛参与，才能在最大程度上达成共识。

（4）交流性。举办家政服务文化节，就是为了创建一个平台，让所有家政服务利益相关者，大家相互学习交流，相互借鉴，取长补短，共同发展。特别是家政雇主、家政公司、家政服务员之间的广泛深入交流沟通，进而达成共识。

（5）社会性。举办家政服务文化节，就是为了在全社会倡导尊重家政服务员辛勤劳动的社会舆论氛围，倡导诚信家政服务，特别倡导家政雇主、家政公司、家政服务员三者之间，要彼此理解、诚信，和谐相处，共同培育积极向上的家政服务文化。

26.9.2 基于家政服务"不可分性"的营销策略

26.9.2.1 服务不可分性对家政服务的负面影响

1）家政服务员需要兼任营销

家政服务的提供与消费之间的不可分性，意味着家政服务的交易也是服务提供和消费同时进行的，因为交易是服务提供与消费的中介。就是说，家政服务营销与服务提供是家政服务员的同一个活动过程：边服务，边交易。这个活动的主体就是家政服务员。

家政服务员既是服务提供者又是营销人员。制造业的生产与营销工作是分开的，营销工作是专职的，而家政服务业的营销工作实质上大量地是由家政服务员兼任的。当然，家政公司也有专职的市场营销人员，只不过家政服务员兼任营销，其效率是高的、营销成本几乎是零。这是服务营销不同于制造业实体产品营销的一个重要特点。家政公司要充分认识到这个特点。

在家政服务过程中，家政服务提供和营销的双重责任，增加了家政服务员的心理负担和工作负担。事实上，许多家政服务员是缺乏营销意识的，她们可能认为营销是家政公司管理层的事，是公司市场部门的事，而她们的职责是提供服务。

例如，"顾客是上帝"是最直白的营销意识，但许多家政服务员并不认同，她们更接受与雇主之间的平等关系。因此，家政服务员主观上不愿意承担营销责任，与客观上她们需要承担这个责任之间是矛盾的。这种矛盾的心理会形成一种负担并影响家政服务营销。无论家政服务员是否愿意承认或承担兼任营销工作，家政服务员的服务行为都具有营销作用。这也是家政服务公司必须面对的问题。

2）家政服务接触存在负面效应

家政服务的不可分性，意味着在家政过程中"服务接触"的重要性。家政服务质量只有在家政公司尤其是一线的家政服务员与雇主的接触中才会被感知。然而，服务接触有负面效应，即个别服务接触给雇主带来不良的感知，会影响雇主对整个家政服务质量的感知。服务接触的负面效应特别表现在：

一、服务接触存在"一着不慎，全盘皆输"的风险。家政服务质量形成于家政服务员与雇主双方接触的一个个"真实的瞬间"或关键事件。例如，雇主第一次与家政服务员见面的"关键十分钟"，或者家政服务员第一次到雇主家庭上门服务的"前十分钟"。在服务接触中，只要有一件事情（一个事件）或一个环节产生负面效应，例如，家政服务员在服务过程中不小心打破雇主家庭的一个花瓶，那么就可能破坏雇主对家政服务的整体感知。也就是说，雇主对家政服务质量的感知和评价可能采取"一票否决制"。家政公司特别是一线家政服务员始终存在由于某一接触环节"得罪"雇主而丢失雇主的风险。

不过，风险也是机会，风险较大意味着机会也较多。就是说，服务接触环节较多，改进服务质量和改善雇主感知的机会也比较多。雇主在参与家政服务过程中，也会实时给予指导与现场评价，这就要求家政服务员在服务过程中要不断征求雇主的意见与反馈，不断调整或改进自己的服务。在家政服务过程中，这样的"服务接触"环节平均150个左右。因此，改进家政服务质量和改善雇主服务感知的余地还是很大。这也是家政服务有吸引力的一个"秘密"。好的家政服务品牌何尝不是如此精心打磨而成？

二、家政服务接触存在反差较大的风险。有的正效应较强，有的负效应较强，那么就出现较大的服务质量反差。例如，在同一家政公司在服务接触的环节中，家政公司的接待人员表现得非常热情、诚恳，给雇主的印象很好，但家政公司派遣上门服务的家政服务员却表现得不好，与接待人员判若两家公司的人。这时，雇主就会对该家政公司感到迷惑，会感到该家政公司不可靠。

3）家政服务的整体配合比较难

服务的不可分性，意味着家政公司与雇主之间的全面接触。这就在客观上要求家政公司的全体人员特别是一线家政服务员或所有部门之间进行整体配合和协调，但人员（管理人员与家政服务员）或部门主观上不一定愿意配合和协调，而且这种不配合、不协调有可能暴露在雇主面前。一、"前台"一线服务部门或人员之间可能不配合、不协调；二、"后台"支持部门或人员可能不很好地支持"前台"一线服务。

在家政服务中，家政公司的管理人员与家政服务员之间的配合与协调就是比较难。好的家政公司开展角色互换和服务体验，特别是要求家政公司的管理人员一个月内有一天"入户"提供家政服务，以提升公司整体运作能力。有的家政公司开展"内部营销"（把一线家政服务员作为"内部顾客"），就是为了整体配合来更好地服务外部顾客即真正的雇主。

4）雇主参与使家政服务过程变得复杂

服务不可分性的一个主要表现是雇主对家政服务过程的参与。雇主是不可控因素，他们的参与使得家政服务过程变得复杂和可控性的降低。

一、有的雇主对自己在家政服务中的角色定位不清楚，他们的行为容易不符合家政服务的要求。例如，有的雇主不知道《雇主须知》，不清楚：家政服务员与雇主之间的关系是服务提供者与被服务者之间的工作关系，在人格尊严上是平等的。但有的雇主认为，既然家政服务员是我花钱雇佣的，我就可以对家政服务员随意使唤甚至不礼貌不尊重，这样显然是不可以的。

二、有的雇主不积极配合家政服务员，因而达不到预定的服务效果。例如，有的居家老年人不按照居家养老护理员的要求，吃适合老年人的清淡、均衡饮食，而是喜欢吃偏咸、油炸食物，自然得不到老年人健康饮食护理效果。

三、有的雇主不懂怎么配合家政服务。例如，在母婴护理（月嫂服务）中，有的产妇不懂母乳喂养新生儿或不懂如何催乳。这就要求产妇要积极配合母婴护理员（月嫂）的科学指导，在产妇的饮食、心情、睡眠、喂养新生儿的方式、乳房护理等方面进行调整，才能得到正常的母乳喂养新生儿效果。

四、有的雇主不善于与家政服务员沟通、交流。例如，有的雇主不把家庭每个成员的饮食习惯告诉家政服务员，就会影响家庭餐制作效果。

五、家政服务员与雇主的关系、雇主与家政公司的管理人员的关系，也会对家政服务营销有很大影响。例如，家政服务员与雇主、雇主与管理人员具有不同的社会特征（如年龄、性别、受教育水平、社会地位、社会心理、民族、宗教、文化背景等），家政服务效果会也受到不利的影响。特别值得提醒的是，家政服务员是相对弱势的人群，雇主是相对强势的人群，在心理上存在较大差异；家政服务员很多是来自农村，习惯了乡村生活，而雇主是城市白领阶层，习惯都市生活，在生活方式存在巨大差异；家政服务员是文化知识相对较少的，大都是初中文化程度，而雇主一般是大学以上文化程度，很多是硕士博士阶层，在思维方式上存在差异。这些都会影响家政服务效果。

因此，在家政服务过程中，或在家政服务之前，要进行"雇主教育"，引导雇主如何参与家政服务过程，如何与家政服务员相处，尽量降低雇主对家政服务的不利影响。

5）家政服务规模受到限制

因为家政服务提供与消费的同时性，家政公司要扩大预定时间内的家政服务供给规模，就要扩大这段时间内相应的家政服务需求规模，而需求是家政公司不可控的因素，扩大预定时间内相应的需求规模很难做到。

因此，家政公司往往按照平均的家政服务需求预期确定服务的供给规模，平均的需求预期直接限制了服务供给的规模。由于服务的提供规模受到限制，服务业与制造业相比，更难达到最优规模。这也是服务业比制造业更难提高生产率的一个重要原因。这也是家政服务规模化发展的一个难题。

26.9.2.2 减弱服务不可分性负面影响的营销策略：服务的可分化

减弱服务不可分性负面影响的营销维度，是服务的可分化。家政服务的可分化维度，主要包括3个子维度：家政服务自助化（自助服务）、服务渠道（服务中间商）、服务网络化（网络服务）。家政服务可分化营销，就是家政服务的自助营销、渠道营销、网络营销。

◇ 一、家政服务自助营销

1）什么是家政服务自助营销

所谓家政服务自助营销，是指家政服务自助化或自助服务，就是家政公司向顾客提供某些服务设施、工具，或者完成部分服务工作，让另外部分服务由顾客自行完成。即家政服务员一定程度地"离开"顾客，部分地从家政服务过程中"隐退"，以便家政服务员与顾客之间实现一定程度上的"分离"。

例如，在家庭餐制作服务中，家政服务员准备好各种食材、并对食材清洗、加工、准备好各种调味品等佐料、炊具、餐具等，只把"点火烹调"环节留给顾客"自助掌勺、装盘"，即"自助服务"。剩下的工作包括端盘上菜、照料就餐、餐后清洗、收纳餐具、炊具等事，还是由家政服务员承担。

例如，在育婴护理服务中，如果是人工喂养2到4个月龄大的婴儿，育婴员可以每次按要求对奶瓶清洁消毒，用适宜温度的开水将婴儿奶粉冲调好，同时，准备婴儿吃奶时清洁需要的干净毛巾等，只把"喂奶"环节留给妈妈自助完成，即"自助护理"。剩下的工作包括奶瓶清洁消毒、婴儿喂奶后"拍隔"等工作还是由育婴员承担。

2）家政服务自助营销价值

家政服务自助营销价值，主要体现在：增强服务供给能力、增强顾客的自主性和责任感、降低顾客财务成本、有利于服务有形化展示、强化顾客关系等。

（1）增强家政服务供给能力。因为，家政服务的不可分性，家政服务只能"一对一"地提供服务，这就限制了家政服务供给能力。家政服务的"等候"现象，特别是节假日"保姆荒"，就是如此。如果在家政服务过程中，适当增加"自助服务"，把部分家政服务留给顾客来自助完成，就可以提升家政服务供给能力。把"节约"的服务时间或人力资源，用来做其他家政服务，就可以减少服务"等候"现象。

（2）增强顾客的自主性和责任感。我们知道，家政服务员提供服务与顾客消费服务的不可分性，可知，顾客参与了家政服务过程中，顾客是家政服务生产的"合作伙伴"，是"半个家政服务员"。因此，在家政服务中，留下一些顾客自助服务，其实是等于向顾客"授权"，让顾客自己承担部分服务任务。这样会增强顾客参与服务的自主性，会提升顾客对家政服务的兴趣、服务体验、成就动机；同时，在顾客自助服务的过程中，增强了对家政服务员服务过程的了解，增强了对服务结果的感知，提升了自我责任感。这些都有利于家政服务营销。

（3）有助于降低顾客财务成本。在家政服务中实行一些顾客自助服务，或减少了家政服务员的服务时间，或提升了家政服务员的服务效率。因为顾客自助服务，家政服务员利用节约的服务时间，为顾客做更多的需要做的家政服务。对顾客来说，这都降低了顾客服务财务成本支出，因为家政服务员的服务时间就是成本。但自助服务，让顾客付出了服务劳动力成本、增加了顾客时间成本。因此，在顾客自助服务时，要注意平衡成本的增减关系。

（4）有助于家政服务有形展示。在有的家政顾客自助服务中，家政公司提供家政服务必需的服务设备或服务工具，让顾客在自助服务中使用，这些都是家政服务的有形展示。有利于家政服务有形化营销。

（5）强化顾客关系。顾客在家政服务员留下的自助服务中，会加深对家政服务员服务工作的理解，密切了与家政服务员的合作关系、增强了自助服务成果后的情感体验，这都有利于强化顾客关系与顾客忠诚。

3）如何实行家政服务自助营销

家政服务自助营销，主要包括：顾客管理、提供服务设备与工具等。

（1）强化顾客管理。在家政服务顾客自助服务中，为了确保顾客自助服务质量，真正让顾客在自助服务中受益，家政公司和家政服务员要强化顾客管理，主要包括：顾客教育、服务引导等。

✻一、顾客教育。家政服务毕竟是一项有一定职业技能技术含量的生活服务。因此，为了确保家政顾客自助服务受到良好效果，或者说，确保顾客自助服务质量，家政公司和家政服务员要提升顾客教育。其主要内容包括：教会顾客参与自助服务的那部分职业化服务技能、教会顾客正确使用参与自助服务的那些家政服务设备、服务工具、教会顾客注意自助服务安全等。总之，强化顾客教育，有助于提升顾客参与自助服务的兴趣、服务能力。

✻二、家政服务引导。在顾客自助服务过程中，家政公司和家政服务员不能“不管不问”，要实时对顾客加以引导，直到顾客掌握了自助服务技能，能够胜任自助服务。毕竟顾客不是训练有素的职业化家政服务员。家政自助服务，在一定程度上主要是提升顾客服务体验的一种有效方式，要珍惜顾客参与自助服务。

（2）提供服务设备和服务工具。在家政服务中，随着服务技能职业化水平不断提升，需要一些先进的专业的家政服务设备、服务工具。例如，很多先进的家居保洁收纳服务工具、母婴护理方面辅助工具、居家养老护理方面的护理工具等。新家政服务工具的使用，可以节省服务者体力，提升家政服务质量、服务效率与服务体验。而这些家政服务设备、服务工具，有的价格昂贵，顾客家庭没有必要购买。这时，为了便于开展家政顾客自助服务，家政公司和家政服务员就可以为自助顾客提供相应的服务设备、服务工具。

◊二、家政服务渠道营销

1）什么是家政服务渠道营销

所谓家政服务渠道营销，是指家政企业通过服务中间商向终端顾客提供服务。家政服务中间商，主要有特许家政服务公司、家政服务经纪人、家政零工等。

* 特许家政服务公司，又称“连锁加盟公司”，是指接受某个家政公司的家政服务特许权的家政服务公司。其中：

☑ 特许方：提供或转让家政服务特许权的家政服务公司。

☑ 接受方：即加盟者，接受家政服务特许权的特许家政服务公司。

在家政服务中，家政服务特许权的种类，主要有"家政服务品牌使用权""家政服务模式使用权"。这两种家政服务特许权，可以一起向接受方转让。

家政服务品牌特许权转让：特许方是名牌家政公司，接受方购买的是特许方的服务标准、服务模式、服务品牌、知名度、美誉度等。

* 家政服务经纪人，是指接受某个家政公司的委托与顾客签订服务合同的个人。家政服务经纪人，有的代表家政服务公司，有的代表顾客。

* 家政零工，是指接受某个家政公司的派遣、本人直接为顾客提供家政服务的个人。家政零工不是家政公司的员工，与家政公司的关系是合作关系。家政零工是拥有一技之长的独立的家政服务自由职业者。

2）家政服务渠道营销价值

家政服务渠道营销价值，主要体现在：抢占家政服务市场、增强竞争优势、提升品牌知名度、降低经营成本和风险、促进关系营销等。

（1）抢占家政服务市场。通过家政企业特许经营，特许方就可以借助特许渠道，快速进入接收方所在地区的家政服务市场，进而扩大家政服务市场的占有率和销售额。因为，相对而言，寻找家政服务加盟公司比较容易，特许方在较短的时间内进入加盟公司所在地区家政市场，也是比较容易的。然而，家政服务特许经营，要真正做到能够盈利，并持续发展，绝非易事，其实难度很大。也就是说，家政服务规模化发展是极其困难的。这里，有几个问题需要特别注意：

✽一、愿意加盟成为接受方的家政公司，一般都是当地中小家政公司，缺乏规范，没有品牌，面临生存发展压力。

✽二、特许渠道，不仅涉及家政服务品牌使用权的转让，还涉及转让方的具有核心竞争力的家政服务标准体系、管理体系、运营模式、培训体系等的转让。这样，就涉及这些转让的家政服务标准、各种模式、各种体系的泄密风险，增大被模仿、被复制的风险。因为，家政服务业的知识产权与服务创新很难保护。保护的只是家政服务"品牌商标"的使用权。

✽三、特许渠道，转让方转让的只是家政服务品牌、家政服务标准、管理、培训、运营模式体系等，家政服务中真正有价值的核心资源即家政服务员是无法转让的。拥有一定素质与服务技能、职业道德的家政服务员决定家政公司的成败。也就是说，特许渠道价值发挥受制于是否拥有家政服务员。

（2）增强竞争优势。我们知道，家政企业特许方通常都是有竞争优势的品牌企业，有独特的服务产品、运营管理模式，通过特许经营，要求加盟企业按照这套服务产品、管理模式进行运营，这样就把特许方在家政服务市场的竞争优势得以保持。同时，又通过特许经营，把竞争优势扩大到加盟企业所在的区域。这就是家政服务渠道营销的价值。

（3）提升家政服务品牌知名度。家政服务特许经营，前提是家政企业要有良好的品牌知名度、美誉度；反过来，特许经营，通过渠道营销，也将家政企业品牌传播到加盟公司所在的区域，进一步扩大了家政服务品牌影响力、知名度。因此，特许经营与品牌之间存在正相关，渠道营销是手段。

（4）降低经营成本和风险。在家政服务市场，家政服务规模化发展面临三个痛点，主要是财务压力、风险管控、家政服务员招聘培训管理压力等。家政服务特许经营，在一定程度上缓解了以上三个压力。特许经营使特许方家政企业可以利用加盟公司的资金、人力资源、市场资源、区域优势等，来开拓新的家政市场，而不必像自己亲自开直营店那样，面临较大的资金、人力资源、运营管理、风险管控等压力。通过特许经营，可以将区域家政市场服务转让给加盟公司来做，同时，也将压力、风险一起转让给加盟公司。对加盟公司而言，可以借助知名品牌快速进入区域市场，是责权利相统一；对特许方而言，就降低了经营成本和风险，尤其是分担了家政服务员招聘、培训、管理的压力与风险。因为，家政服务员是区域性很强的家政公司战略资源。

（5）促进家政服务关系营销。特许经营，还有一个价值就是加盟公司对区域家政市场比较熟悉，拥有一定的人力资源、客户资源优势。加盟后，特许方就可以充分利用这种营销关系，快速建立和发展当地家政服务市场与顾客的关系。

3）如何实行家政服务渠道营销

家政服务渠道营销，主要包括：选择优质的渠道加盟公司、管理加盟公司等。

（1）选择优质的渠道加盟公司。在特许经营中，选择优质的渠道加盟公司，加盟就成功一半了。特许方可以从以下几个方面对加盟公司进行考察：

❈一、资金实力。首先是加盟公司要具备相应的人财物等经济实力，这是加盟成功的最基本的物质保障。巧妇难为无米之炊。

❈二、家政服务业务素质。除了资金实力外，还要求加盟公司具备一定的家政服务业务素质。可以不优秀，但一定要"在行"，要有一定的家政企业运营经验，要基本掌握家政服务运营规律。否则，即使加盟了，在沟通上也会出现过多摩擦。

❈三、加盟者管理素质。家政企业运营的难点是对人的管理。不仅要管理个性化的、属于中产阶层及以上的顾客，还要管理相对弱势的家政服务员，更要管理顾客与家政服务员这两个很不相同的群体之间的互动关系，其难度之大不可小视。尤其，对家政服务员的招聘、培训、管理将决定一个家政企业的成败。这都要求家政公司加盟者要具备一定的管理素质。否则，很难加盟成功。

❈四、加盟者心理素质。加盟是一种合作关系。成功的加盟还需要特许方与接受方之间形成密切的合作关系，减少合作过程中的不信任与摩擦。更重要的是，家政公司是以管理人、培训人为主的服务公司，是整天与人打交道的公司。这都要加盟者要具备一定的心理素质，不仅要与特许方良好合作沟通，更要与顾客、家政服务员进行良好的互动。这都是对家政加盟者的要求与挑战。

（2）管理加盟公司。

特许方对渠道伙伴即加盟公司的管理策略主要有：管控、赋能、授权、合作。

❈一、管控。家政特许经营，一个重要的策略就是严格管控家政服务质量，尽量减少家政服务质量的异质性，不能因为区域环境变化，家政服务质量也随着变化，这样的家政加盟就很难成功。这就要求加盟公司严格执行加盟合同，按照加盟合同中规定的家政服务标准、服务规范、服务流程、管理模式来运营家政企业，从而保证家政服务质量符合甚至超过特许方承诺的服务质量。如果发现加盟公司违背加盟合同规定，经过多次协调沟通后，仍无法整改，依据加盟合同，可以采取撤销合同，或不续签合同，或限制资源使用等措施来强化加盟公司管控。

当然，这也对特许方提出了更高的要求，特许方只有拥有核心竞争力、自主家政服务知识产权（例如，家政服务企业标准）和独特的资源优势，才能令加盟公司配合，进而对加盟公司实施有效管控。

❈二、赋能。家政特许经营，除了严格管控外，更多的是给加盟公司"赋能"。培训加盟公司管理团队、有条件的情况下再培训家政服务员，至少为加盟公司培训一批优秀的家政服务员带头人。通过赋能，从整体上提升加盟公司的管理能力、服务能力。这是家政特许经营成败的关键。

✤三、授权。在特许经营过程中，特许方要充分信任加盟公司，敢于与善于给加盟公司授权，让加盟公司在一定的范围内，灵活创造性运用特许方提供的家政服务标准、规范、流程、管理模式等，毕竟区域社会经济文化环境不同，家政顾客的需求也有区域差异，适当授权是需要的，也有利于发挥加盟公司的积极性、创造性。反过来，也促进特许方不断改进家政服务品质。

当然，在授权之前，特许方需要对加盟公司关于授权本身做出规范、并加以培训。同时，提供管理支持，让加盟公司正确运用授权。

✤四、合作。特许经营，本质上是合作经营。这就要求特许方要与加盟公司建立良好的合作关系，彼此建立互信机制、合作机制：

＊ 建立共同发展目标。例如，建立共同的市场目标、财务目标、人力资源目标、顾客目标等。

＊ 强化决策过程合作。特许方邀请加盟公司参与家政服务创新决策，共同研发家政服务标准、服务规范、服务流程、管理模式等。

◇ 三、家政服务网络营销

1）什么是家政服务网络营销

所谓家政服务网络营销，是指家政公司以互联网特别是移动互联网为主要营销手段，进行家政服务营销活动，并充分发挥互联网特别是移动互联网在家政服务营销中的作用。

家政服务网络营销，使家政服务营销进入全时间、全空间时代、进入家政服务"数字化营销"时代，也是"互联网＋家政""家政＋互联网"时代。

家政服务网络营销，主要手段包括：搜索引擎营销、搜索引擎优化、电子邮件营销、微信营销、抖音营销、快手营销、微博营销、QQ营销、博客营销、视频营销、软文营销、O2O立体营销、自媒体营销、APP营销、小程序营销、专业互联网平台营销等。

2）家政服务网络营销价值

家政服务网络营销价值，具有自助营销和渠道营销所具有的价值，且更加具有优势，主要体现在：

（1）顾客更强的参与感。家政服务网络营销的主动权，掌握在顾客（网络用户）手里，顾客可全时空搜索家政服务信息、进行家政服务交易、服务支付、服务投诉等。可谓"一网打尽"。

（2）更低的营销成本。成本低、速度快、更灵活，网络营销制作周期短，即使在较短的周期进行投放，也可以根据客户的需求很快完成制作。而传统广告制作成本高，投放周期固定；可以有效降低家政企业营销、信息传播的成本；网络销售无店面租金成本。而且，很多的网络营销几乎是免费的。例如，最有影响力的微信营销。

（3）更高的广告效率。

一、受众面大。网络媒介具有传播范围广、速度快、无时间地域限制、无时间约束、内容详尽、多媒体传送、形象生动、双向交流、反馈迅速等特点。现在几乎是人人都有智能手机，可以上网搜寻、浏览信息；

二、更具有针对性。通过众多的免费服务软件，一般都能建立完整的家政服务用户数据库，包括用户的地域分布、年龄、性别、收入、职业、婚姻状况、爱好等；

三、具有可重复性和可检索性。网络营销可以将文字、声音、图画、照片、视频结合之后供用户主动检索，重复观看。而与之相比电视广告、报纸杂志广告却是让广告受众被动地接受广告内容。

四、具有交互性和纵深性。它不同于传统媒体的信息单向传播，而是信息互动传播。通过链接，用户只需简单地点击鼠标，就可以从家政公司的相关站点中得到更多、更详尽的信息。另外，用户可以通过广告位直接填写并提交在线家政服务表单信息，家政公司可以随时得到宝贵的用户反馈信息，进一步减少了用户和家政企业、品牌之间的距离。同时，网络营销可以提供进一步的产品查询需求。

五、多维营销，或多媒体营销。纸质媒体是二维的，而网络营销则是多维的。它能将文字、图像、声音、视频有机的组合在一起，传递多感官的信息，让顾客如身临其境般感受家政服务。网络营销的载体基本上是多媒体、超文本格式文件，广告受众可以对其感兴趣的家政服务信息进行更详细的了解，使顾客能亲身体验家政服务与品牌。

六、家政网络营销缩短了媒体投放的进程。家政公司在传统媒体上进行市场推广一般要经过三个阶段：市场开发期、市场巩固期和市场维持期。在这三个阶段中，家政公司要首先获取注意力，创立品牌知名度；在消费者获得品牌的初步信息后，推广更为详细的产品信息；然后是建立和消费者之间较为牢固的联系，以建立品牌忠诚。而互联网将这三个阶段合并在一次广告投放中实现：消费者看到网络营销，点击后获得详细信息，并填写用户资料或直接参与家政公司的市场活动甚至直接在网上实施购买家政服务行为。

3）如何实行家政服务网络营销

家政服务网络营销，主要包括：网络媒体建设、线上与线下整合、安全管理、网络支付等。

✳一、网络媒体开发。家政服务网络营销，第一步是选择与开发以下网络媒体：搜索引擎营销、搜索引擎优化、电子邮件营销、微信营销、抖音营销、快手营销、小程序营销、微博营销、QQ营销、博客营销、视频营销、软文营销、O2O立体营销、自媒体营销、APP营销、专业互联网平台营销等。这个过程，不是一步到位，而是一步一步，先易后难，结合自己企业的实际，量力而行。

✳二、组建网络营销团队。网络营销需要懂互联网多媒体技术的专业人才，也需要懂互联网思维的网络运营人才。除此之外，家政服务网络营销，更需要全体家政公司的员工参与，特别是一线家政服务员的参与。网络营销不仅是服务营销部门的事，需要全体用户之间的互动，特别是一线家政服务员与顾客之间的互动。如果顾客参与了家政公司的网络营销，通过顾客口碑传播，那就是最有效的网络营销。因此，家政公司组建网络营销团队时，一定要动员全体一线家政服务员和热心的忠诚的顾客参与。这样，家政服务网络营销将事半功倍。

✳三、线上与线下整合营销。家政服务网络营销，要坚持线上与线下整合营销，又称O2O立体营销。即把"线上"购买带动"线下"经营和"线下"消费。O2O营销通过家政服务价格优惠、提供家政服务信息、服务预订等方式，把线下家政公司的交易与活动消息，推送给互联网"线上"用户。然后，再将互联网"线上"用户转换为自己的"线下"客户。这种O2O整合营销，可以大大提升家政服务营销效率。

✳四、安全管理。家政服务网络营销，具有虚拟性、公开性，容易诱发不诚信、不道德、甚至欺诈行为等安全风险。尤其是顾客的身份信息、隐私权，家政服务员的身份信息、隐私权等，容易被不法者盗用。因此，家政公司在开展网络营销时，一定要注意网络安全管理，保护顾客和家政服务员的私人信息不得泄露。

※五、网络支付。今天的网络支付已经十分普及、便捷。例如，微信支付、支付宝支付、网银支付等。这就要求家政企业要开通网络支付功能，同时，确保网络支付安全和顾客的隐私保护。

26.9.2.3 服务不可分性对家政服务的正面影响

1）提供营销的原动力

家政服务的提供与消费不可分，这在客观上形成了一种压力，促进服务提供者特别是一线家政服务员不断地直接地关心和满足雇主的需要。因为雇主如果不满意而流失，家政服务就无法进行。

因此，家政服务具有一种营销的原动力，这种原动力是由家政服务不可分性产生的压力转化而来的。家政服务员既是服务提供者，又是兼职的服务营销者，从这个意义上说，所有的真正的家政服务都是天然的营销。真可谓"服务即营销"。

2）形成互动营销

家政服务的不可分性、雇主的参与性、家政服务过程中家政服务员与雇主之间的相互接触性，使得家政服务营销成为家政服务员与雇主之间的互动营销。

不仅家政服务员影响雇主的行为，雇主也影响家政服务员的行为；不仅雇主从家政服务员的服务中得到满足、体验到幸福，家政服务员也从雇主对服务的认可、评价中得到支持与激励。受到认可与激励的家政服务员，又进一步改善对雇主的服务。这样就形成一种互动的良性循环。家政服务互动接触产生了正面效应：雇主对感觉良好的接触会有深刻的印象，培养了雇主对家政企业的忠诚。

反之，服务互动接触也会有恶性循环、也有负面效应。雇主对服务接触的感觉不好，会影响家政服务员的服务积极性，也会对家政企业留下不好的印象，影响雇主的忠诚度。

总之，家政企业要尽力促进家政服务员与雇主之间的良性循环，避免恶性循环。

3）推动关系营销

家政服务的不可分性或雇主的参与性，推动家政服务营销者维护和改善与雇主的长期关系。雇主不仅参与家政服务的交易，而且参与家政服务过程。在参与家政服务过程中，家政服务员与雇主之间会建立一种生产协作关系，包括互相配合、家政服务员指导、雇主学习，以及互相交流和建立感情等。这是一种"交易性专用性资产"，是一种"沉没成本"（是指以往发生的，但与当前决策无关的费用），即如果关系中断，这个资产就报废。为了不浪费这个资产，家政服务员和雇主都有长期相处和保持关系的需要。因此，家政服务营销具有更大的关系营销的动力。换言之，家政服务更适合关系营销。

家政服务提供与服务交易的同时性，使得服务生产关系冲淡了服务交易关系，即服务营销看上去更像是一种关系的营销，而不是一种交易的营销。

一、服务的不可分性，有利于关系营销的一个重要表现，是雇主对家政服务品牌的忠诚度，与家政服务员和雇主之间的关系相关。而这种"关系"就是家政服务的不可分性造成的。制造业的顾客由于没有参与产品生产，因此对产品品牌的忠诚度，就缺乏像服务过程中参与者那样的感情基础。在这种意义上说，在家政服务中，家政服务员与雇主之间的人际交往，或者说，家政服务员的人际交往能力甚至比家政服务技能更重要。理解这点，对于确定家政服务员的培训内容具有指导意义。

二、服务的不可分性，有利于关系营销的表现，是雇主有时能原谅家政服务员的服务失误，或愿意承担部分服务过错。因为雇主参与了家政服务过程，且与家政服务员建立了一定程度的情感。

三、服务的不可分性，有利于关系营销的表现，是雇主与家政公司双方对服务价格的敏感性程度，一般低于对产品价格的敏感性。因为，家政服务过程中互动关系或人际关系和由此产生的情感、偏好、态度等心理价值一般会冲淡双方对价格的敏感性。

4）推动内部营销

所谓内部营销，是指家政公司把内部员工包括一线家政服务员当作"顾客"，像对待外部顾客一样对待内部员工。即通过服务、培训、激励、报酬等提高员工对公司的满意度，由此提高顾客对员工的满意度。内部营销是外部营销的一个必要条件。

家政服务的不可分性，是推动内部营销的一个重要因素。在服务营销中，家政公司向顾客提出服务承诺，这是外部营销。由于服务的不可分性，家政公司的服务承诺只有在家政服务员同顾客的接触（互动营销）中即家政服务过程中才能兑现，从而取得外部营销的成功。

然而，家政公司要让家政服务员在服务中兑现家政公司对顾客的承诺，就要让家政服务员能接受和代理家政公司对顾客的服务承诺，而家政服务员代理家政公司对顾客的服务承诺的必要条件，是家政公司内部对家政服务员提出和兑现承诺：用内部承诺换取外部服务承诺的兑现，这就是内部营销。

没有内部营销，家政公司的家政服务员，就不能很好地在互动营销中接受家政公司的委托，去代理和兑现家政公司对顾客的服务承诺，外部营销就难以成功。

总之，由于家政服务的不可分性，家政服务的外部营销要求家政服务的互动营销，而家政服务的互动营销要求家政服务的内部营销。

5）推动口碑营销

家政服务的不可分性推动关系营销和内部营销，而关系营销和内部营销的一种重要沟通方式还是口碑。口碑常常是衡量家政公司的顾客关系和员工关系的一个主要尺度。尤其在今天"互联网＋家政"时代，通过移动互联网媒体，口碑营销是最快捷、最有效、最经济的家政服务营销手段。

家政公司在现有顾客中的口碑是未来顾客了解该家政公司关系营销成绩的一个主要信息来源。由于家政服务的不可分性，顾客只有亲身参与家政服务过程才能了解真实的家政服务信息，而在没有亲身经历的情况下，顾客认为有亲身经历的其他顾客专递的家政服务信息，比广告等媒体信息更可靠。再加上家政服务的无形性特征，进一步凸显口碑营销的价值。

同样的道理，家政公司在现有的家政服务员中的口碑，是新家政服务员了解该家政公司内部营销成绩的一个主要信息来源。

值得注意的是，这两种口碑可能互相影响：家政公司在顾客中良好的口碑有助于改善子家政服务员中的口碑，有良好口碑的顾客对家政公司更加忠诚，而忠诚的顾客也会影响家政服务员对公司的忠诚，反之亦然。因此，家政服务的不可分性，推动家政服务业的口碑营销，使得口碑营销比在制造业具有更大的作用。

6）推动短渠道营销

家政服务的不可分性，要求家政公司尽量接近或直接接触顾客，这就促使家政公司缩短营销渠道，更多地采用直销渠道（零渠道）、特许经营、零售渠道（一级渠道）等比较短的渠道。这无疑增加了家政服务公司的管理成本、营销成本，也还是家政企业难以规模化发展的一个重要原因。

当然，短渠道具有接近顾客、减少渠道成本、便于市场信息的反馈等优势。短渠道的这些营销优势可以在服务营销中比在产品营销中得到更好的发挥。这也要求家政公司要贴近社区，围绕社区建立家政服务站（点），发挥家政服务短渠道优势，方便顾客，也方便家政服务员就近提供家政服务。

26.9.2.4　增强家政服务不可分性正面影响的营销策略：关系化营销

增强家政服务不可分性正面影响的营销策略，是家政服务的关系化。

家政服务的关系化，主要包括3个子维度：服务接触（互动）、服务关系、内部营销。与此相应，家政服务关系营销：家政服务的互动营销、关系营销、内部营销。下面具体分析：

◇ 一、家政服务关系营销

1）什么是家政服务关系营销

所谓家政服务关系营销，是指家政公司吸引、维护、深化与顾客相关的营销。为了理解什么是"关系营销"，我们可以先看看，什么是交易营销？所谓交易营销，是指为了达成交易而开展的营销活动。而关系营销，是为了建立和保持与顾客的长期关系而交易。由此可见，家政服务关系营销与传统的家政服务交易营销，有着本质的区别，具体分析如下：

比较内容	营销类型	
	交易营销	关系营销
营销获利的期限	短期	长期
顾客关系时间性	短暂、间断	长期、持续
营销手段	4P、卖方主动	4C、买卖双方互动
营销的重点	结果	过程
营销适合的市场	非耐用消费品	耐用消费品、服务

通过上图，我们可以知道：

（1）交易营销追求短期的一次性利益。交易结束，关系随之结束；

关系营销追求长期的、可持续的利益。交易结束后，与顾客的关系随之开始，而且这种顾客关系是可持续的，甚至是伴随顾客终生的。

（2）在交易营销中，顾客是营销者4P（即产品、价格、渠道、促销）营销手段被动的接受者；在关系营销中，顾客是营销者运营活动的参与者或合作者，营销者与顾客之间是互动的关系。关系营销的手段是4C（即顾客的需求与欲望、顾客的成本、顾客的便利、营销者与顾客的沟通）。顾客在关系营销中处于相对主动的地位。即在关系营销中，买卖双方主动、互动。

（3）交易营销是产出（结果）的营销；

关系营销是过程的营销。关系营销更适合于过程性明显的营销。例如，家政服务营销。因为，在家政服务中，服务营销与服务的生产（提供）和消费是同时性的、不可分的。家政服务生产（提供）与消费的过程性，决定着服务营销的过程性。因此，家政服务适合关系营销，而不适合交易营销。

（4）交易营销对价格非常敏感，讨价还价是交易营销的主要特征；

关系营销对价格不是十分敏感。在关系营销中，除了价格外，还有关系价值、情感价值存在，可以淡化交易双方对价格的敏感心理。

总之，家政服务关系营销与家政服务交易营销相比，主要具有：长期性、互动性、过程性、价格非敏感性等特点。家政服务营销适合关系营销，不适合交易营销。理解家政服务关系营销的特点，对于家政服务营销实践具有重要指导意义。

2）家政服务关系营销价值

既然是关系营销，那一定是双赢的良好的关系，无论是对家政公司还是对顾客，都是有价值的。具体分析如下：

一、对顾客有好处

（1）创造更多的顾客价值。

毫无疑问，顾客并不是天生就与家政企业或家政服务员建立良好关系。家政企业必须给顾客一个理由，让他们和企业保持良好的关系，并从企业持续地购买家政服务。这就需要家政企业首先为顾客创造价值。即顾客从家政企业中"得到"（服务质量、服务体验、满意度、特殊利益）超过"付出"（货币、非货币成本如投入时间、精力、焦虑担心、搜索成本等）时，顾客才有可能购买服务；当家政企业不断从顾客的需求出发提供价值时，顾客才能够持续地购买，从而保持这种关系，并建立顾客信任。这就是家政服务关系营销价值。

（2）顾客除了从家政企业获得应有的服务价值和超值利益外，还能在与家政企业保持长期关系中获益：最重要的利益是信任利益，其次是社会利益，最后是特殊待遇利益。

＊信任利益

所谓信任利益，是指顾客对家政企业和家政服务员充满信心与信任感。顾客在购买服务时，顾客感知服务质量的风险降低，减少使用家政服务时的焦虑，认为家政企业和家政服务员提供的服务肯定不会有问题，即使遇到的服务低于服务预期，也相信企业会进行服务补救，所提供的服务质量仍然会是高水平的。

对获得信任利益的顾客，不会轻易更换家政企业或家政服务员。因为转换成本通常较高，即要花费转换家政服务的货币成本、心理成本、时间成本等。当顾客与家政企业和家政服务员建立信任并维持这种关系时，顾客可以节省很多转换成本，特别是时间成本。

＊社会利益

所谓社会利益，是指顾客与家政企业特别是家政服务员之间，在家政服务过程中形成的亲密的社会关系，包括知道对方彼此的姓名、年龄、家庭成员情况以及彼此之间建立的友谊，甚至彼此把对方当成"家人"。这种亲密的社会关系，使顾客很少更换家政企业和家政服务员，即使顾客得知一个竞争者（对手家政企业）可能提供更好的服务质量或更低的服务价格。

还有，在长期的顾客与家政服务员之间的亲密关系中，家政服务员实际上可能成为雇主的社会支持系统的一部分，成为知心朋友、成为不是亲人的"亲人"。与家政服务员这种亲密的社会关系，对于提高顾客的生活质量有着重要作用，甚至得到或超过家政服务技能技术所带来的利益。这样的顾客关系自然造就忠诚顾客。

这种亲密的顾客关系，也有一个弊端。当一个有价值的家政服务员离开家政企业后，会带走她的顾客，使家政企业存在失去顾客的风险。

＊特殊待遇利益

所谓特殊待遇利益，是指包括其他顾客所无法获得的服务价格优惠、折扣、额外的服务，或者是当顾客在等待服务的时候享受到的优先接受服务的保障等。特别是节假日尤其是春节"保姆荒"期间，顾客关系良好的老顾客就会享受到家政服务的保障。

二、对家政公司有好处

（1）顾客服务成本越来越低

在家政服务关系营销中，对家政企业来说，良好的顾客关系导致的一个经济利益就是顾客服务成本越来越低。顾客在同一家政企业购买服务的经验越丰富，他们的家政服务需求就越清晰，他们不必再进行家政服务信息搜寻和寻求家政企业帮助，在重复购买中轻车熟路，对家政企业服务生产率的提升也会起到促进作用。

还有，吸引新顾客需要更多的启动成本：包括广告成本和其他促销成本、了解熟悉新顾客的时间成本、新顾客的建档立卡的管理运营成本等。这些初始基本费用，会超过从新顾客那里期望获得的销售收入，短期内很难收回成本。所以，建立长期的良好的顾客关系，对于家政企业来说，毫无疑问是非常有利的。

（2）推荐其他顾客所带来的利润

有良好顾客关系的顾客对家政企业的贡献，不仅仅在于他们对企业的直接财务影响，推荐和好口碑，是能够给家政企业带来利润的免费广告。企业只有收益，没有成本付出。

良好顾客关系的顾客的好口碑，一般是通过面对面交流或者微信等社交媒体，为提供服务的家政企业做强有力的口头宣传，其效果远胜过各种形式的付费广告。

除了口碑效应外，良好顾客关系的顾客还有一个行为，就是愿意向自己的朋友、同事、亲戚、邻居等推荐自己享用的家政服务，甚至充当新顾客在搜寻家政服务时的顾问。因为长期的顾客有丰富的购买与使用家政服务的经验。

（3）长期顾客有利于员工职业发展。我们知道，在家政服务中，顾客参与家政服务过程，是"半个家政服务员"。长期的顾客在家政服务员提供家政服务的过程中会提供帮助，会提出很多服务改进的意见，也会宽容服务失误，会给服务补救的机会。同样，面对越有经验的良好顾客关系的顾客，家政服务员的服务工作也会比较轻松。长期的顾客对家政公司的服务标准、服务规范、服务流程比较熟悉，因而会对家政公司提供的家政服务有着更加现实的预期。良好顾客关系的顾客，有利于家政服务员的职业发展。

（4）长期顾客还有利于促进员工忠诚。在家政服务中，家政企业有稳定的长期顾客，更容易保留员工特别是一线家政服务员。家政服务员更愿意为有着满意而长期的顾客的家政公司工作，并且有更多的时间来培养与顾客的关系而不是寻找另外的顾客，家政服务员将对顾客和家政公司更加忠诚。同样，作为回报，良好顾客关系的顾客会更加满意更加忠诚。由于家政服务员长期在良好顾客关系的顾客家庭中提供服务，自然对顾客家庭的服务需求很清晰，服务质量将不断得到提升。长期的顾客与忠诚的家政服务员就形成了一种相互促进的良性循环，家政企业的管理成本将降低，企业因此获得更多利益。

3）如何实行家政服务关系营销

家政服务关系营销，主要包括：关系分层营销、关系管理。

一、关系分层营销

在家政服务中，家政服务关系营销所面对的顾客关系，主要有3种不同层次的关系：财务性关系、社交性关系、结构性关系。在家政服务营销中，要针对不同层次的关系，采用不同的关系营销策略。

策略层次	关系层次	营销导向	关系程度	营销要素	竞争潜力
1	财务性关系	无个性顾客	低	价格	小
2	社交性关系	有个性顾客	中	人际交流	中
3	结构性关系	有个性顾客	高	服务过程	高

（1）财务性关系营销。又称经济关系营销，是指家政企业用财务即经济手段来建立、维护顾客关系。常用的财务手段有服务价格优惠、服务时间优惠等。财务关系营销的特点：把顾客看做无个性的"经济人"，认为用价格优惠就能建立、维护顾客关系。其缺点是：容易被竞争对手模仿，这种价格优惠的竞争优势容易较快消失。因此，仅凭财务手段来维

持顾客关系是不够的。

当然，家政服务财务关系营销，有利于保持现有顾客关系。即把财务关系营销的重点放在现有顾客上，向现有顾客倾斜，有利于激励顾客忠诚。

（2）社交性关系营销。社交性关系营销，是指将财务手段和社交手段结合使用于建立、维护顾客关系。例如，在家政服务中，家政公司通过微信群发放家政服务优惠券，就是一种社交性关系营销。其中，服务优惠券是财务手段，而微信群是一种社交手段。家政公司通过微信群建立起社交平台，让顾客和家政公司建立社交关系。

社交性关系营销特点：把顾客看做既是无个性"经济人"，又是有个性"社会人"，在家政服务关系营销中，既要用服务价格优惠的经济手段，也要用社交情感手段来建立、维护顾客关系。

在社交性关系营销中，常用的方式是建立顾客微信群。通过顾客微信群运营，进行组织化社群营销，有利于顾客与家政公司建立和维护互动的顾客关系，有利于培养顾客忠诚。这种社交性关系一旦形成一个生态系统，就很难被竞争对手所模仿，进而获得竞争优势。

（3）结构性关系营销。结构性关系营销，也称"整合性关系营销"，是指将顾客整合到家政服务过程中，来建立、维护顾客关系。例如，在家政服务中，家政服务的不可分性，使得家政服务的生产与消费同时进行。顾客参与了家政服务过程，是"半个家政服务员"。据此，家政公司可以有效实施"顾客教育"，设计多种形式，让顾客配合或参与或监督家政服务员服务过程，就是结构性关系营销。

结构性关系营销特点：顾客间接或直接参与了家政服务过程，与家政公司及家政服务员是利益共同体。顾客行为将影响家政服务质量，并承担小部分责任。这样建立的顾客关系，超越了一般的财务关系、社交关系，产生了利益关系。这种结构性关系，将更加有利于顾客获得最大的利益，也有利于家政公司及家政服务员及时根据顾客需求调整服务，提供更加符合顾客服务预期的优质服务。

在结构性关系营销中，顾客与家政公司及家政服务员之间建立与维护的结构性关系，这种整合手段或技术性手段，对于顾客而言，具有很难替代的依赖性；对家政公司而言，竞争对手最难以模仿复制。这种结构性关系，可持续时间最长、最稳定，具有持久的竞争优势。

二、关系管理

在家政服务关系营销中，关系管理主要有：顾客数据信息管理、顾客抱怨投诉管理。

（1）顾客数据信息管理。在今天"互联网＋家政"时代，特别是大数据、人工智能、物联网进入家政服务时代，顾客数据信息就是家政企业的核心资源◇一、顾客数据信息管理，将是家政服务关系营销的重要内容。

顾客数据信息管理，主要包括：

＊顾客基础身份数据信息：姓名、年龄、学历、职业、职务、住址、联系方式（手机号码、微信、固定电话）等；

＊顾客服务交易数据信息：购买渠道、购买服务的种类、购买数量、购买金额、购买频率、购买决策人信息等；

＊顾客服务需求数据信息：服务内容、服务方式、服务预期、服务偏好、服务禁忌、服务特别要求等；

＊顾客服务反馈数据信息：服务抱怨投诉内容、投诉方式、服务补救、顾客流失原因等。

总之，顾客数据信息管理，不仅是家政服务关系营销的重要内容，更是家政企业管理的重要内容，甚至是企业核心竞争力优势所在。

（2）顾客抱怨投诉管理。在家政服务中，服务失误发生总是不可避免，如何管理不满意顾客的抱怨投诉，将直接影响家政服务关系营销的效果。

＊鼓励顾客积极投诉。对家政公司发展而言，顾客抱怨投诉是一件好事。因为，顾客投诉可以让家政公司及家政服务员及时发现家政服务存在的问题，进而不断改进家政服务，提升家政服务品质。同时，有机会及时进行服务补救，以挽回不满意的顾客，提升顾客服务体验。反之，如果顾客不抱怨投诉，家政企业及家政服务员将失去改进服务的机会，严重的甚至会造成顾客流失。因此，家政公司要建立机制，鼓励和奖励顾客积极投诉。

＊第一时间进行服务补救。当顾客抱怨投诉时，家政公司及家政服务员要在第一时间提供服务补救，及时解决顾客抱怨投诉的问题。家政公司及家政服务员在解决顾客投诉时，态度要诚恳，要站在顾客立场理解与接受顾客投诉的问题，不能与顾客辩解，更不得争吵，也不能相互推诿，不能拖延，直至顾客满意为止。良好的服务补救，可以弥补顾客不良服务体验，重新赢得顾客忠诚。

＊给一线家政服务员授权。在家政服务中，服务失误难以避免，但关键是要及时提供服务补救。这就要求家政公司要在提供家政服务之前，就要依据"家政服务蓝图"，提前发现可能存在的"服务失误点"，做好服务补救应急预案，提供给在一线提供家政服务的家政服务员，防患于未然。同时，还要按照一定的程序规则授权给一线家政服务员，依据程序规则与家政服务预案有权自主进行服务补救。因为，顾客抱怨投诉的问题千差万别，再好的服务补救预案也不可能涵盖所有服务问题。当然，家政服务员也需要服务补救专门培训。确保服务补救一次性正确，不能再次出现服务补救失误。否则，顾客流失将不可避免。

◇二、家政服务互动营销

1）什么是家政服务互动营销

所谓家政服务互动营销，又称"实时营销"或"接触性营销"，是指一线家政服务员与顾客之间发生的实际的相互接触中的关系营销，是一种实时现场的关系营销。

在家政服务互动营销中，首先要明确家政服务员的身份角色是什么？我们知道，家政服务互动营销，是在家政服务过程中进行，在形式上也是一种自然人之间的人际交流。这里，需要特别提醒的是，在家政服务过程中，在与顾客的人际交流中，家政服务员有两个身份角色：一个是家政公司的员工或代理人角色，代表家政公司为顾客提供家政服务，并兼职进行家政服务营销，是代理人角色与顾客之间进行的人际交流或互动营销；一个是自然人角色，与顾客进行的是两个自然人之间的人际交往。明确这个角色区别很重要。

由此可见，在家政服务互动营销中的人际交流或互动，是代理人角色与顾客之间的人际交流或互动，而不是两个自然人之间的人际交流或互动。这两种人际交流或互动有本质的区别。

在家政服务营销中，很多互动营销或服务关系营销或服务营销失败，一个重要原因就是没有意识到这两种不同的人际交流或互动，所采用的方式和产生的结果是有很大区别。或者说，采用代理人角色进行人际交流或互动，与采用自然人角色进行人际交流或互动，其结果是很不一样的。因为，在日常的家政服务中，一位家政服务员会遇到各种各样的顾客，有喜欢的、有不喜欢的，这都很正常。问题是，如果遇到不喜欢的顾客，这个家政服务员以"自然人"身份角色与不喜欢的顾客互动，那么，互动成功的可能性就很小。但如果这个家政服务员以"代理人"身份角色与同样的顾客互动，互动成功的可能性将很大。因为，不同的角色有不同的价值主张，自然人之间的互动，可以凭个人主观好恶来随意取舍；但代理人与顾客之间的互动，就不能凭个人主观好恶来随意取舍，其目的必须是要满足顾客的需求，为顾客创造价值，让顾客喜欢，让顾客服务体验好。这才是真正的成功的互动营销。

当然，互动营销中的人际交流，除了面对面的直接交流外，还有很多间接交流途径或互动方式，主要包括：通过微信、热线电话、APP、网络平台、电子邮件、手机短信等。特别是在"互联网＋家政"时代，在移动互联网社交媒体时代，家政公司及家政服务员要善于运用社交媒体与顾客进行互动。同样，在"线上"互动，也要以"代理人"身份角色与顾客进行互动，这样成功的概率会大大提高。

2）家政服务互动营销价值

我们知道，家政服务互动营销，也是一种实时营销、接触性营销，是一种实时现场的关系营销，自然拥有家政服务关系营销价值。前文已有详细分析。但除此之外，家政服务互动营销价值，还主要体现在：

一、有利于顾客感知家政服务质量。

因为，在家政服务现场，顾客与家政服务员之间的互动，有利于顾客在一个个"真实的瞬间"或"服务接触点"及时体验服务。如果顾客现场实时提出服务需求或服务改进意见，家政服务员会第一时间提供顾客需求的服务或进行服务改进或服务补救，这样会提升顾客感知的服务质量。这是家政服务互动营销的价值。

二、有利于提升家政服务员的人际交往能力。

在家政服务中，顾客与家政服务员的良性互动，有利于家政服务员在真实的人际交往中领会人际交往的礼仪、礼节，能注意自己的仪表、举止，能面带微笑、运用温和的方式处理事务，注意交往的技巧、方法，知道待人接物，会处理家庭及社会的人际关系，以及在人际交往活动中如何应对领导、同事、顾客等。特别是良好的互动关系能潜移默化地培养家政服务员的积极情感、自信。这都是家政服务互动营销带来的价值。

3）如何实行家政服务互动营销

在家政服务中，家政服务互相营销，主要包括：家政服务员角色定位、角色营销、顾客参与。

一、家政服务员角色定位。

在家政服务中，互动营销的操作者或执行者，是一线家政服务员。家政服务员在提供家政服务过程中，与顾客零距离面对面接触，与顾客的互动时时处处都在发生，家政服务员的角色定位将影响家政服务互动营销效果。那么，在家政服务中，家政服务员究竟扮演哪些角色？

* 家政服务员是家政服务提供者。家政服务员的首要角色，是向顾客直接提供家政服务。在提供家政服务过程中，与顾客零距离接触，并进行互动。如果家政服务员没有给顾客提供家政服务，就失去了与顾客频繁零距离接触的机会，即使有一些其他互动，这种互动的效果也是非常有限的。所有，在分析家政服务员角色定位时，首先要确认家政服务员是家政服务的直接提供者。有了这个角色，才有互动营销的可能性。

* 家政服务员是家政公司代理人。家政服务员作为家政服务提供者，如果不是家政自由职业者即"家政零工"，就是家政公司的员工。作为家政零工，自然只是代表自己与顾客互动；如果是家政公司的员工，那就是家政公司的代理人，是家政公司派遣家政服务员到顾客家庭提供家政服务。这时，家政服务员的形象、素质、职业道德、服务技能、服务知识、服务态度等一言一行，都将代表家政公司的形象与品牌，而不是家政服务员个人行为。作为代理人的家政服务员与顾客的互动，就不是两个自然人之间的互动，代理人的一言一

行都要符合家政公司的规范与宗旨，不得违背。

　　* 家政服务员是兼职营销员。由于家政服务的不可分性，即家政服务生产与消费的同时性，也就是说，家政服务员提供服务的过程就是顾客享用服务、消费服务的过程。这在客观上证明了家政服务员不仅是服务"生产者"或"提供者"，也是服务的"营销者"，虽然不是家政公司的全职营销人员，但至少是"兼职"营销人员。不管这个"兼职营销人员"的角色是不是家政公司任命的，也不管家政服务员自身是否意义到自己所具有的"双重角色"。

　　客观上，在家政服务过程中，家政服务员已经起到"服务营销者"的角色作用。因为，如果家政服务员提供了顾客满意的服务，甚至是超值的服务，顾客就会持续地重复购买该家政公司和家政服务员提供的服务，如果家政服务员提供的服务让顾客不满意，即使家政公司继续向顾客销售其他家政服务员提供的服务，顾客也很难再继续购买该公司的服务或信任其他家政服务员提供的服务。这就说明，家政服务员在客观上也是兼职营销员。这就要求家政公司建立机制来激励家政服务员做好"兼职"服务营销员，这就是互动营销。

　　在互动营销中，家政服务员只有提供顾客满意的优质家政服务，才能实行有效的互动营销。那么，家政服务员提供什么样的服务，才算是顾客期望的优质家政服务？这里，主要有5个方面的指标，来评估家政服务员提供的服务品质：

　　（1）家政服务员的有形展示：仪容仪表、言行举止得体，具有亲和力；

　　（2）家政服务员的素质、服务技能及相关服务知识能胜任顾客的服务预期；

　　（3）家政服务员的人际交往能力、灵活应对能力能理解、适应顾客需求；

　　（4）家政服务员的心理健康、良好职业道德能确保服务质量稳定可靠；

　　（5）家政服务员的诚信、同情心、主动性能确保顾客获得良好的服务体验。

　　* 家政服务员也是一个自然人。毫无疑问，家政服务员无论是在家政服务工作岗位上，还是在生活上，仍然是一个自然人、一个现实中的社会人，有自己的喜怒哀乐，有自己的价值观、人生观、世界观，只要是合法的、健康的，都是无可厚非的。无论是家政公司还是顾客，都要尊重和维护作为自然人、社会人的家政服务员的独立人格、合法公民应该享有的合法权益。在家政服务互动营销中，明确这一点，也是非常必要的。不能因为公司的利益或顾客的利益，就损害家政服务员的合法权益。当然，家政服务员在享受权益的同时，也必须要履行应尽的合法义务，同样不能损害顾客和家政公司的合法权益。这是家政服务互动营销必须守住的底线。

　　二、角色营销。

　　所谓角色营销，是指家政公司要求一线家政服务员在家政服务过程中，或与顾客交流中，"忘我"地进入角色，即以家政公司员工角色，而不是以自然人自我身份，为顾客提供服务或交流，将家政服务中互动关系变成"角色关系"。

　　这种"角色"主要体现在：

　　（1）家政服务员的仪容仪表、一言一行符合家政公司规定的角色规范要求；

　　（2）家政服务员在家政服务中必须"忘我"，即服务中排除"自我"干扰，严格按照"角色"规范要求自己；

　　（3）家政服务员要引导顾客也进入角色，明确顾客在家政服务过程或服务关系中的角色定位。

　　总之，在家政服务中，实行角色营销或服务角色化，一个关键是处理角色与自我之间的矛盾。一方面，家政服务员角色要求她代表家政公司为顾客提供服务，但她潜意识中又代表自我与顾客交流。这种"双重角色"：公司角色与自我角色，经常会有"角色冲突"或"心理冲突"。这是家政服务业必须面对的一个固有难题，也是困扰家政服务业发展的一个"瓶颈"之一。

例如，在家政服务中，家政服务员常常自觉不自觉地用自己的生活方式或生活习惯，来为顾客提供家政服务，这显然是不合适的。因为顾客的生活方式或生活习惯与家政服务员的生活方式或习惯，一定有巨大的差异。

从总体上看，家政服务员主要来自农村，习惯乡村生活方式，而顾客主要习惯都市白领阶层生活方式；家政服务员家庭经济水平相对薄弱，属于欠发达地区，而顾客家庭生活水平相对富裕，属于中产阶层；等等。

从个体差异上看，每个人的生活方式或生活习惯，更是千差万别。例如，有的人习惯吃家乡土菜，有的人喜欢吃清淡的均衡、绿色、健康饮食；有的人爱吃川菜，有的人爱吃淮扬菜；有的人讲究衣物出门必须熨烫有形，有的人只要干净就好；有的人要求家具一尘不染、收纳整齐，有的人并不讲究，差不多就可；有的习惯早睡早起，有的习惯晚睡晚起；有的人习惯说话轻声细语，有的人习惯说话大嗓门；等等。

总之，在家政服务中的这些差异，必然要求家政服务员肯定不能以"自我"角色为顾客提供家政服务，而必须以顾客服务期望的要求提供家政服务，这就是家政公司角色。这种"自我角色"与"公司角色"的转换，是一个家政服务员必须要做到的。遗憾的是，在家政服务中"双重角色"引起的服务纠纷、服务矛盾是普遍存在的。因为，绝大多数家政服务员在没有经过严格的家政服务培训之前，都是带着"朴素"的情感来从事家政服务，很难做到放弃"自己本人"那个角色，很难"忘我"，不会进行"角色转换"，很难进入家政公司给她们规范的"角色"。家政服务员的"自我"角色自觉不自觉干扰家政公司要求的"角色"，最终导致家政服务员"好心没有把事办好"的窘境。

那么，在家政服务中，家政公司及家政服务员如何实现这"双重角色"转换？化解"角色冲突"？最有效的方法，就是强化家政服务员培训。要训练家政服务员的"角色意识"，要培训家政服务员养成"顾客导向""服务导向"的家政服务文化，要培训家政服务员按"顾客标准"（顾客服务预期）提供标准化服务，要求家政服务员通过培训获得"家政服务员职业资格"，要求家政公司按服务标准、服务规范、服务流程来指导、监督、考核家政服务员全程服务等。

三、顾客参与。

在家政服务互动营销中，顾客参与必不可少。那么，顾客是如何参与家政服务的互动营销？

（1）顾客参与家政服务过程。

家政服务的不可分性，即家政服务的生产（家政服务员提供服务）与消费（顾客享用家政服务）之间的不可分、同时发生。可以知道：顾客多少参与了家政服务过程，是家政服务的"合作生产者"，是"半个家政服务员"。顾客参与，必将影响家政服务质量与服务生产率。

在家政服务实际中，经常会出现：同一个家政公司和同一个家政服务员提供同样的家政服务，对不同的顾客却产生不同的服务质量与效率。其主要原因：是顾客参与程度不同，具体体现在以下几个方面：

❋一、与顾客本身的个性有关。有的顾客积极主动参与家政服务员的服务过程，提供服务指导和力所能及的帮助；有的顾客消极被动，认为提供家政服务是家政服务员的事，顾客不应该参与。这两种顾客，将导致不同的服务结果。毫无疑问，顾客积极主动参与，与家政服务员良好合作，会提供家政服务质量与服务效率。

❋二、与家政服务标准化水平有关。在家政服务中，家政服务标准化程度越高，对喜欢参与家政服务的顾客来说，反倒可能失去吸引力，参与家政服务的程度相对较低；反之，家政服务标准化程度越低，顾客参与程度则相对较高。

关于顾客参与家政服务程度，要正确看待。如果顾客与家政服务员双方能够建立良好的合作关系，顾客参与程度越高，对提升家政服务质量与效率越有利；反之，如果双方没有建立好的合作关系，顾客的参与将必然降低家政服务过程的可控性，进而对家政服务质量与效率产生负面影响。由此可见，顾客在家政服务过程中，是影响家政服务质量与效率的一个重要的不可控因素。

因此，为了减轻顾客参与对家政服务过程与服务结果的"干扰"，提升家政服务质量的稳定性与可靠性，家政公司要大力提高家政服务标准化水平，在家政服务中推行服务标准化，就是一个有效的服务质量管控手段。当然，良好的家政服务互动营销，可以弥补家政服务标准化水平的不足。

❋三、与家政服务的自助程度有关。在家政服务中，如果家政公司和家政服务员能够设计一些服务内容，或提供一些服务设备和服务工具，让顾客自主、自助地完成服务，就意味着顾客参与。服务内容自助化程度越高，顾客参与服务的程度就越高。

例如，在家庭餐制作中，家政服务员可以事先征求顾客的意见：是自己制定菜谱，还是请顾客代为制定菜谱；之后，家政服务员自己去市场采购食材，还是请顾客代为采购；接下来，家政服务员要按菜谱对食材进行初加工，并清洁、准备好各种炊具、餐具，开始烹调，在这个时候，可以邀请顾客来亲自掌勺，仅限于掌勺。之后，接下来的就餐照料等事务都是由家政服务员承担。这其中，顾客参与的环节（例如，制定菜谱、采购食材、掌勺），就是顾客"服务自助行为"，是有意设计的。如果设计得当，顾客愿意参与，就能让顾客享受非常好的服务体验。这就是家政服务互动营销。

❋四、与顾客的投入程度有关。在家政服务中，低度参与的顾客，有的只管支付家政服务员的服务费，其他投入相对较少；而高度参与的顾客，投入的不仅是家政服务员的工资，还要提供家政服务员食宿，还要投入时间、精力来指导家政服务员提升服务技能、关心家政服务员成长等。投入越多的顾客，参与家政服务程度就越高。因此，在家政服务互动营销中，家政公司和家政服务员要关注顾客的投入程度，尽力配合高度投入的顾客参与，提供更多超值服务；对于低度参与的顾客，要尽力提供标准化服务，满足顾客的服务预期。

（2）顾客参与对家政服务质量的影响

在家政服务中，顾客的参与行为，将直接影响家政服务质量与满意度。特别是顾客的有效参与行为，将显著提升家政服务质量与满意度。顾客要想达到理想的服务预期，就要有效参与家政服务过程，与家政公司和家政服务建立良好的合作关系。那么，在家政服务中，顾客是如何有效参与家政服务？

❋一、顾客要了解家政服务员在"做什么""如何做"。顾客参与家政服务过程，首先要清楚家政服务员在"做什么""如何做"？如果顾客能够明确家政服务标准、服务规范、服务流程，就知道自己在家政服务过程中该"做什么""如何做"？这就是顾客能否有效参与的核心问题。只有顾客与家政服务员有效合作，才能确保家政服务质量满足或超过顾客的服务预期。

❋二、顾客对家政服务质量有责任感。如果顾客能意识到自己参与了家政服务过程，参与了家政服务生产，也要承担一部分责任。这样的顾客，就能积极主动与家政服务员有效合作，从而确保家政服务质量稳定和可靠，符合服务预期。即使当家政服务员发生服务失误时，对服务质量有责任感的顾客也会对服务失误产生自责，对服务失误的不满意程度也会相对减轻。

当然，顾客的责任感与家政公司和家政服务员的责任感是相辅相成的。首先是家政公司和家政服务员要拥有高度的责任感，受其影响，顾客的自我责任感也会产生。这时高质量家政服务的有效成功经验，也是家政服务互动营销努力实现的目标。

❋三、顾客积极投诉。顾客积极投诉是一种重要的顾客参与，也是顾客责任感的一种体现，对家政服务质量提升与服务改进具有重要意义。因此，家政公司和家政服务员要认可顾客投诉，真诚欢迎和鼓励顾客投诉，而不是"敌视"顾客投诉，更不能与投诉的顾客辩解、争吵，不能"为难"顾客。当顾客投诉时，家政公司和家政服务员要第一时间采取服务补救，不能相互推诿，要在服务补救后确保顾客满意。这是最好的鼓励顾客参与的家政服务互动营销。

（3）影响顾客参与的因素

在家政服务中，顾客参与有效性如何？不仅与家政公司和家政服务员有关，也与顾客本身有关，顾客的素质、顾客的参与兴趣、顾客之间的关系等都将影响顾客有效参与家政服务。

❋一、顾客的素质影响顾客参与。在家政服务中，高素质的顾客，即顾客的人格、学历、能力、事业成就等较高的顾客，能有效参与家政服务，能尊重家政服务员的辛勤劳动，能理解、指导家政服务，甚至宽容家政服务员的服务失误；反之，素质较低的顾客，有效参与程度较低，甚至出现不配合家政服务现象。因此，在家政服务互动营销中，要针对不同素质的顾客，采用不同的互动营销策略。

❋二、顾客参与兴趣影响顾客参与。顾客参与的有效性，还与顾客对家政服务的兴趣有关。从事服务业或从事与家政服务业相关职业的顾客，或拥有家政服务相关背景知识的顾客，一般对家政服务业的兴趣较大，这类管控的参与行为就越有效，越能与家政公司和家政服务员建立良好的合作关系。这是家政服务互动营销需要重视和利用的宝贵资源，来提升顾客的有效参与程度，创造更好的顾客服务体验。

❋三、顾客之间的关系影响顾客参与。在家政服务中，顾客家庭成员之间的关系，也影响顾客有效参与。顾客家庭成员之间关系越和谐、家庭越和睦，顾客有效参与家政服务的程度就越高；反之，顾客家庭成员之间不和睦，就降低顾客的有效参与，甚至出现相互矛盾的顾客参与行为，让家政服务员左右为难。因此，在家政服务互动营销中，要尽力避免后者的消极影响，努力促成前者和睦家庭顾客成员有效参与。这对家政公司和家政服务员是一个挑战。

◇三、家政服务内部营销

1）什么是家政服务内部营销

所谓家政服务内部营销，是指家政公司把内部员工（包括一线家政服务员）当成"内部顾客"，向对待外部顾客一样对待内部员工即内部顾客，向内部员工提供良好的服务，让内部员工满意，进而通过内部员工向外部顾客提供优质服务。实际上，内部营销就是家政公司管理者与内部员工之间的关系营销、互动营销。

家政公司的内部营销主要包括：

（1）家政公司的员工包括一线家政服务员，是公司的内部顾客；家政公司的管理者是内部服务提供者，特别是最高管理者。公司内部员工受到管理者提供的良好的服务之后，向外部顾客提供优质的服务。也就是说，在家政公司，家政服务员满意度高，就能提升顾客满意度。

（2）家政公司的所有员工包括一线家政服务员，能够一致地认同公司的家政服务文化、使命宗旨、工作岗位职责与目标任务，并在对顾客的家政服务中成为公司的忠实代理人，能够维护公司与顾客的利益，提升顾客的服务体验，实现公司的可持续发展。

这里，需要提醒的是，内部营销不同于"内部管理"。这不是文字上的差异，而是管理思想观念的差异。内部管理强调刚性管理，即把公司与员工的关系当作封闭的管理关系，强调用规章制度来管理员工，员工是被管理者；内部营销强调柔性管理，即把公司与员工的关系当作开放的市场关系，员工是市场的顾客，用激励与市场手段来管理内部员工。这是两种不同的管理模式，内部管理适用于实物产品制造业员工管理，而内部营销适用于服务业员工管理，尤其是家政服务业家政服务员的管理，因为家政服务员在家政服务中的作用和满意度，将直接决定顾客的满意度。这就是内部营销的价值。

2）家政服务内部营销价值

家政服务内部营销的价值，主要是促进外部营销。在家政服务关系营销中，内部营销的价值，就是促进关系营销。即通过改善员工包括一线家政服务员的关系，来改善顾客关系。那么，内部营销是如何通过改善员工满意度来提升顾客满意度？

（1）激励家政服务员提升服务水平。内部营销的目的：就是为家政服务员提供很好的生活和工作上的保障与服务，努力解决家政服务员遇到的各种问题，尽量让家政服务员满意。这就在客观上，为家政服务员提升服务水平创造了条件。反之，如果家政服务员在享受很好的内部营销带来的好处后，不能为顾客提供优质的服务，这样的家政服务员是不受公司欢迎的。因此，真正的内部营销能够激励家政服务员不断提升自己的服务水平，为公司创造更大的价值，自己也达到发展。

（2）支撑家政服务承诺。在家政服务中，服务承诺对家政公司品牌营销具有重要意义。但家政公司对顾客的服务承诺，需要一线家政服务员在家政服务现场去兑现服务承诺。如果家政服务员没有很好领会、执行家政公司要求的一系列服务标准、服务规范、服务流程，或者家政服务员不满意公司，是很难代表公司兑现服务承诺的。而内部营销就是解决这个问题，公司先兑现对家政服务员的各种承诺，进而要求家政服务员代表公司兑现对顾客的服务承诺。

（3）促进家政服务文化营销。内部营销，也是在员工包括一线家政服务员中，进行的家政服务文化营销。家政服务员通过内部营销习得了家政服务文化，便于更好地向外部顾客传递公司的家政服务文化。

（4）促进家政服务创新。良好的内部营销，有利于家政服务员集中时间与精力，用来解决家政服务中遇到的问题，探索解决的方式方法，特别是能够在服务标准、服务规范、服务流程的执行中遇到的重复出现的"服务失误"，提出改进意见，进而创造新的服务标准、新的服务规范、新的服务流程。这就是家政服务内部营销的价值。

3）如何实行家政服务内部营销

在家政服务中，有效的内部营销主要包括：招聘合适的家政服务员、促进家政服务员职业生涯发展、建立服务导向的组织体制、留住优秀家政服务员。

（1）招聘合适的家政服务员。这是内部营销的第一步。招聘合适的家政服务员，有利于降低培训成本、降低流失率，提升家政公司的人才资源优势。因为家政服务员是家政公司的核心战略资源。

在家政服务员招聘中，要设立招聘条件，要建立进入“门槛”。因为，有的人的确不适合从事家政服务业。例如：不诚信的人、不勤劳的人、不善于与人交流的人、不愿意学习的人、没有同情心等，都不适合从事家政服务职业。我们知道，家政服务是家政服务员一个人到顾客家庭提供服务，没有第三方在场监督，而且，顾客家庭的服务需求千差万别、人身财产和隐私都需要得到严格的保护。可以想象一个不诚信的人、不勤劳的人、不善于与人交流的人、不愿意学习的人是很难能提供让顾客满意服务的，即使这个人特别需要这份服务工作，也不能胜任。况且，家政服务照料的对象，很多是顾客家庭的弱势人群。例如：居家老年人、孕产妇与新生儿、婴幼儿、病人、残疾人等。如果应聘者没有同情心、没有怜悯之心，也是很难善待服务对象的。

总之，招聘合适的家政服务员，有利于进行内部营销。

（2）促进家政服务员职业生涯发展。家政公司内部营销的主要策略是，创造良好的条件与环境，促进家政服务员职业生涯发展。

❇一、全程全员培训家政服务员。招聘合适的家政服务员之后，一定要进行家政培训。不仅要培训服务技能、服务知识，不仅要培训家政服务员掌握服务标准、服务规范、服务流程，更要培训家政服务职业道德、家政服务文化，特别是要培训家政服务员的职业意识、职业角色，要训练家政服务员在家政服务中学会“角色转换”，能够自我化解服务“角色冲突”。当然，这样的培训，不仅在上岗前，还要在岗中、岗后，全程接受培训，同时，也是全员接受培训。这就是家政服务内部营销的有效策略◇一、是决定家政服务成败不可或缺的必要策略。

❇二、向一线家政服务员授权。家政服务员上岗后，一个人在顾客家庭提供服务，会遇到各种各样意想不到的问题与挑战，又缺乏第三方现场指导。这就要求家政公司有必要向一线家政服务员授权，这也是家政服务内部营销策略。因为有效授权，会给服务营销带来很多利好：

* 有利于家政服务员第一时间回应、满足顾客现场特殊的、个性化需求；
* 有利于家政服务员快速回应不满意顾客的抱怨投诉、及时提供服务补救；
* 通过授权家政服务员，及时改进服务，会赢得顾客的好口碑和满意度；
* 通过授权，可以增强家政服务员的责任感、信任感，有利于服务创新。

当然，为了有效授权，需要在授权之前，对家政服务员进行有关授权方面的培训。同时，制定有关发生服务失误时进行服务补救的“应急预案”，让家政服务员有的放矢。

（3）建立服务导向的组织体制

实行内部营销，需要改革传统的家政公司“管理导向”的内部体制，即依据严格的规章制度从上而下的管理关系。而“服务导向”的内部体制强调的是“服务关系”而不是“管理关系”，即管理者要把一线家政服务员当作“内部顾客”，尽力为家政服务员提供服务，让家政服务员满意，通过满意的家政服务员为外部顾客提供服务。

在“服务导向”的组织体制中，顾客是第一位的，直接为顾客提供服务的一线家政服务员处在第二位。整个家政公司体制为一线家政服务员“服务”，通过一线家政服务员为顾客提供家政服务。

（4）留住优秀家政服务员

内部营销的核心目标是留住优秀家政服务员，为外部顾客提供具有竞争力的优质家政服务。众所周知，优秀家政服务员是家政公司第一位的战略资源。然而，遗憾的是，家政服务员频繁跳槽、流失率高，几乎是家政公司发展的"瓶颈"，是家政公司发展的"致命伤"。那么。如何留住优秀的家政服务员？是内部营销需要回答的问题。

✿一、培育家政服务文化。用先进的家政服务文化来武装家政服务员。我国已经从富起来走向强起来，人们对美好生活的向往，呼唤高品质的家政服务；同时，我国已经进入严重的老年化社会，老年人口达 2.47 亿人，居家养老服务已经成为千家万户的迫切需求。这都需要我们家政服务员为了国家的强盛、为了中华民族伟大复兴，为了顾客和自己的两个家庭幸福、为了自我价值实现，行动起来，勤学苦练，用"工匠"精神做好家政服务工作。这就是我们"家政人"的"初心""使命担当"。家政公司要通过积极健康向上的家政服务文化，来吸引、引领家政服务员留下来，在平凡岗位上做出一番不平凡的事业。

✿二、重奖优秀家政服务员。对优秀家政服务员奖励包括物质奖励、精神奖励。物质奖励有：提高工资、发放奖金、购买三险一金、赠送公司股份或参与公司分红、奖励国内甚至出国旅游等；精神奖励有：提供培训进修机会、提供外出考察学习开会机会、参与公司决策、授权荣誉称号、推荐参加上级各种先进评选、职务晋升、选聘当培训师、向顾客优先推荐等。总之，通过奖励优秀家政服务员，在全体家政服务员队伍中，起到示范与激励作用，倡导积极向上的家政服务文化。

✿三、促进家政服务员职业生涯发展。为了留住优秀的家政服务员，家政公司要对每个家政服务员，实行家政服务员职业生涯规划，创造条件，促进家政服务员职业生涯发展。让家政服务员或在专业服务技能发展上成为家政服务"技师""高级技师"，或在获得高级家政服务技能后改为家政培训师、管理者，向更高职业生涯发展，实现人生价值。

26.9.3 基于家政服务"异质性"的营销策略

26.9.3.1 服务异质性对家政服务的负面影响

1）家政服务质量管理成本高

家政服务的异质性或服务质量的不稳定性，引起服务质量管理成本的增加，就是服务成本的增加。这是家政服务业发展的一个必须面对的难题。

一、家政服务质量可能随服务交易的时间而变。也就是说，一个家政服务员在不同的服务时间会有不同的服务质量，即上午提供的与下午提供的服务质量、昨天今天明天提供的服务质量都有可能不同。这就增加了服务管理的成本：因为随时有可能出现服务质量事故，甚至质量危机。与制造业相比，服务业管理的危机性程度要高得多，或者说，服务管理在某种程度上更是一种危机管理。

危机管理与常规管理相比，需要更大的成本。家政服务质量事故的预防、监控、应急处理、尤其服务补救等，都需要增加投入，尤其服务补救是家政公司不可或缺的。

二、家政服务质量可能随家政服务员不同而变，即不同的家政服务员提供的家政服务质量不同。这就增加了家政服务员管理的难度。怎样保持家政服务员服务技能和状态的稳定，以增加家政服务质量的稳定性是家政服务管理的一个难题。因此，在家政服务中，强化、制定、执行家政服务标准，让家政服务员按照服务标准提供服务，就可以提升家政服务质量的稳定性。

这不但需要加强内部营销、增进家政服务员对服务质量的理解和执行的自觉性，而且需要加强对家政服务员的服务标准化培训、监督。而内部营销和家政服务员培训与监督，都需要家政服务业花费比制造业更多的管理成本。

三、家政服务质量可能随顾客不同而变。即不同的顾客参与家政服务的程度不同、对家政服务员的影响不同，都导致家政服务员提供的服务质量不同。这就使得家政服务顾客管理的难度和成本比较大。

我们知道,家政服务质量决定于顾客对服务的期望心理和感知心理。顾客心情好的时候,对家政服务员服务质量感知就会好一些;反之,顾客心情不好的时候,就影响对家政服务员同样服务的评价。

家政服务质量的不稳定性,容易增加顾客对家政服务质量预期的困难和改变预期,也容易使得顾客对家政服务质量感知的不一致。这些不稳定因素都可能导致顾客的服务体验不好,甚至流失。

怎样通过顾客管理增加顾客对家政服务的期望和感知的一致性和稳定性,是家政公司管理者必须研究和亟待解决的难题。其中,建立"雇主标准"(雇主服务预期),并要求家政服务员按照"雇主标准"提供标准化服务,就是破解这一难题的有效途径之一。

2)家政服务品牌较难树立

家政服务质量的不稳定性,影响服务品牌的树立。任何品牌的树立,最关键的是顾客对品牌质量普遍的认知或认同。由于家政服务质量的不稳定性,影响顾客对家政服务质量的预期和感知,使得不同顾客,或者同一顾客在不同的时间与场合,对同一家政服务品牌的质量的认知较难达成一致。

导致以上结果的主要原因◇一、就是家政服务缺乏质量标准,或者说,缺乏"雇主标准"(顾客服务预期)、"家政服务员职业技能标准"。只有建立并实施家政服务标准,才能确保家政服务质量的稳定性、可靠性,进而有助于树立家政服务品牌。

因此,家政服务品牌与实物产品品牌相比,较难获得顾客的认同,家政服务品牌的树立比实物产品品牌更难。

3)家政服务广告较难承诺

家政服务质量的不稳定性,也影响家政服务广告。任何广告要吸引人,一个关键是多少要对服务质量提出服务承诺。因为,家政服务质量承诺受到家政服务员、顾客以及彼此互动关系的影响,较难控制并难以完全做到。

还有,家政服务广告比之实物产品广告较难提出承诺,尤其是较高的、较吸引人的承诺。这都是家政服务质量的不确定性或风险性所在。

4)家政服务渠道拓展较难

家政服务质量可能随着家政服务交易地点而变。也就是说,同一个家政服务员在不同的雇主家庭提供的家政服务质量不同,其原因可能是不同的雇主家庭的人际关系、家居环境、家具数量与种类、家具清洁程度差异等,造成家政服务员不同的服务质量。

这就给家政服务渠道的拓展和服务空间的扩张带来困难。因为每增加一个家政服务网点,意味增加一分服务质量投诉的风险。异质性越强的家政服务,在扩张服务网点或发展服务代理方面,的确比较困难。

26.9.3.2 减弱服务异质性负面影响的营销策略:服务的规范化

减弱服务异质性负面影响的营销策略,是服务的规范化。家政服务的规范化,是指在家政服务过程中建立标准、规范,并用标准、规范引导、约束家政服务员的心态和行为,以保持家政服务质量的稳定性、可靠性。

家政服务异质性或不稳定性的根本原因在于:一切家政服务归根结底是人的活动,而人在活动中的心态和行为是不断变化的。因此,减弱家政服务异质性负面影响的营销维度,就是建立标准、规范,并用标准、规范引导和约束家政服务员的活动或行为,即实现家政服务的标准化、规范化。

家政服务规范化维度，主要包括 3 个子维度：服务理念、服务标准、服务可控化（服务控制）。

☑ 服务理念是对家政服务员心态的引导；

☑ 服务标准是对家政服务员行为的引导；

☑ 服务控制是对家政服务员心态与行为的约束。

家政服务的规范化营销，就是服务的理念营销、标准营销、可控营销。

◇ 一、家政服务理念营销

1）什么是家政服务理念营销

所谓家政服务理念营销，是指家政企业建立自己的一整套家政服务理念，来规范约束员工包括一线家政服务员，同时，引导顾客期望，以增强家政服务质量的可预期性。

家政服务理念，主要是指家政企业公开传播的、一贯的、独特的家政服务主张，也称为家政服务文化。因此，家政服务理念营销，也是家政服务文化营销。

家政服务理念主要包括：

* 服务宗旨：是指家政企业创办的思想、意图；

* 服务使命：是指家政企业在家政服务业与社会经济发展中，所承担的角色、责任；

* 服务愿景：是指家政企业的发展方向及战略定位；

* 服务精神：是指家政企业理想追求、指导思想；

* 服务原则：是指家政企业恪守的行为准则；

* 服务质量方针：又称为服务质量政策，是企业的服务质量管理理念。即指家政企业服务质量行为的指导准则，反映家政企业最高管理者的服务质量意识，也反映家政企业的服务质量文化；

* 服务行为规范：是指家政企业员工包括一线家政服务员，在家政服务活动中，所遵循的规则、准则的总称，是企业全体员工认可和普遍接受的具有约束力的行为标准。包括服务行为规则、职业道德规范、规章制度等。

2）家政服务理念营销价值

家政服务理念营销价值，主要体现在：

✤一、有利于制定并执行服务标准、服务规范、服务流程。在家政服务中，有什么样的服务理念，就有什么样的服务标准、规范、流程。很多家政企业提供的家政服务质量低、服务效率低，让顾客不满意、服务体验不好，一个重要的原因，就是家政企业缺乏服务理念，没有在服务理念指导下严格制定与执行家政服务标准、规范、流程，导致家政服务质量异质性、不稳定性。因此，家政服务理念营销，就是家政服务标准、规范、流程营销，增强顾客对家政服务质量的可靠预期。

✤二、有利于展示家政服务特色。家政服务特色是家政服务理念一个鲜明的生动体现。家政服务理念的广泛传播，容易被顾客接受，有利于向顾客、向市场用简洁的文字展示家政服务特色。

✤三、有利于提升家政服务品牌形象。家政服务理念是家政企业的无形资产，本身就是家政企业品牌。随着家政服务理念的传播与执行，有助于家政企业树立良好的社会形象，有利于家政服务品牌营销。

✤四、有利于促进内部营销。在家政服务中，"顾客是家政服务合作生产者""顾客是半个家政服务员""家政服务员是家政公司的内部顾客""员工满意是顾客满意的源泉"等这些家政服务理念，除了能够促进家政企业内部管理，优化家政服务流程、统一全体员工的思想与行为外，可以被用来激励员工特别是一线家政服务员，起到内部营销的作用。

3）如何实行家政服务理念营销

家政服务理念营销，主要包括：家政服务理念设计与传播。

（1）设计家政服务理念

✽一、坚持"顾客导向"。家政企业要把"顾客导向"作为家政服务理念设计的指导思想。"最大限度地满足顾客需求"，解决顾客的"痛点"，提升顾客的服务体验，创造顾客最大价值。也就是说，家政服务理念要围绕顾客进行设计。

✽二、坚持一贯性。家政服务理念是企业的核心精神支柱，不能朝令夕改，不能心血来潮，不能随意设计或改变，要坚持一以贯之地设计、不断完善，要注意家政服务理念的相对稳定性。

✽三、有利于传播。家政服务理念的设计，要文字简洁精炼，通俗易懂，适合传播。不能用长句，尽量少用专业术语。

✽四、注重个性。家政服务理念设计应当有独特性、有个性。不能"千人一面"，不能套用别人的。要根据自己公司的实际情况，提出有针对性的家政服务理念。

✽五、循序渐进发展。家政服务理念，应随着时间的推移，市场情况与企业情况的变化，而修改更新。但要注意继承性，不宜全盘否定以前的服务理念，要循序渐进，从量变到质变，让顾客和内部员工有一个接受、认可的过程。

（2）传播家政服务理念

家政服务理念的传播的方式，主要有：CI 设计、领导人传播、家政服务员服务行为、品牌、广告、标语口号等。

✽一、CI 设计。家政 CI 系统是指由家政企业的理念识别（Mind Identity，简称 MI）、行为识别（Behaviour Identity，简称 BI）、视觉识别（Visual Identity，简称 VI）三方面所构成。CI 设计，是指有关家政企业形象识别的设计，包括家政企业名称、标志、标准字体、色彩、象征图案、标语、吉祥物等方面的设计。

家政 CI 设计的核心，是家政服务理念识别。行为识别、视觉识别是家政服务理念识别的表现形式。有效的家政服务 CI 设计，使家政服务理念营销有形化，有利于无形的家政服务理念传播。

✽二、家政企业领导人传播。家政企业领导人，不仅是家政服务理念主要提倡者，领导人的一言一行都代表着家政企业的服务理念，尽管有的是自觉的、有的是不自觉的。企业领导人带头履行服务理念，可以让抽象的家政服务理念具体化、形象化、榜样化，更容易让企业员工接受，向顾客传播。反之，如果家政企业领导人的言行违背了自己企业的服务理念，家政服务理念营销，将大打折扣，甚至失去服务理念的引领价值。

✽三、家政服务员服务行为传播。家政企业的服务理念，必须转化为家政服务员的言行，才能起到服务理念指导价值。而且，最好的家政服务理念营销，就是通过家政服务员的服务行为进行传播。因为，家政服务员是服务理念的执行者。服务理念不是简单的 CI 设计包装，根本上是从家政服务员服务顾客的一言一行中得到体现。因此，家政企业要用服务理念来培训与武装家政服务员。

✽四、广告、标语口号、品牌传播。当然，家政服务理念营销的传统手段：广告、标语口号、品牌宣传等，也是必不可少的。家政服务理念的广告传播的优点是：比较直接、生动、富有艺术感染力、受众面广等特点；标语口号传播服务理念的优点是：醒目、简洁、容易记忆、有鼓动性、警示作用；品牌传播服务理念的优点是：具有独特性、给人印象深刻、容易与别的竞争对手加以区分等。

◇二、家政服务标准化营销

1）什么是家政服务标准化营销

所谓家政服务标准化营销，是指家政企业建立家政服务标准，用服务标准来规范员工特别是一线家政服务员的行为，并发挥服务标准化在家政服务营销中的作用。

这里，家政服务标准是指"顾客导向的服务标准"，即家政企业按照顾客服务预期或需求制定的服务标准。而不是公司导向的服务标准，即家政公司按照服务生产率、成本等运营目标所制定的服务标准。因为，公司导向的服务标准只是代表公司的目标，不一定能反映顾客的服务预期或需求。

顾客导向的家政服务标准，又称家政服务质量标准，主要包括5个维度：可靠性、响应性、安全性、移情性、有形性。

✳一、家政服务的可靠性。即是指家政企业准确、可靠地提供所承诺的家政服务的能力。家政公司派遣不同的家政服务员，在不同的服务时间，不同的服务家庭，都能提供标准化的家政服务，保证家政服务质量的稳定性。

✳二、家政服务的响应性。即是指家政企业愿意积极主动帮助顾客，能及时为顾客提供必要的服务。迅速、及时、灵活是响应性的要点，体现服务质量。

✳三、家政服务的安全性。即是指顾客对家政公司特别是一线家政服务员的产生信任感，并感受到服务安全。

✳四、家政服务的移情性。即是指家政公司给予顾客特别的关心和个性化的服务。家政服务的移情性，让顾客感受到自己是唯一的、特殊的，感受到家政公司对自己的理解与关注。这样，有利于顾客与家政公司建立特殊的偏好关系。

✳五、家政服务的有形性，是指家政服务产品的"有形部分"。家政服务公司要强化家政服务的有形展示，尽量让顾客感知公司所提供的优质家政服务。这是体现顾客感知的家政服务质量的一个重要方面。

2）家政服务标准化营销价值

家政服务标准化营销价值，主要体现在：有利于规范管理、提升服务质量、降低交易成本、促进服务承诺营销等。

（1）有利于管理规范化。家政服务标准化为家政公司的科学管理提供了目标和依据。顾客导向的家政服务标准，是管理目标的具体化、定量化，即规定了服务必须达到的明确、具体的质量目标与要求。有了家政服务标准，就可以规范服务流程，把各个服务环节的业务活动内容、相互间的业务衔接关系、各自承担的责任、工作的程序等用标准的形式加以确定，这就是精细化管理，而不是粗放式管理。

（2）有利于改进家政服务质量。由于家政服务本身的异质性，特别是家政服务员的差异性，同一项服务由不同的家政服务员提供，可能就会导致非常不同的服务质量。这是家政企业管理的难题之一。通过家政服务标准化，就可以指导家政服务员开展标准化服务，对其服务各个环节和程序进行统一规定，有利于全面提高家政服务质量，不断提升顾客体验与满意度。

（3）有利于降低成本。通过家政服务标准化，让家政服务员和管理人员有效执行这些服务标准与管理规范，必然能有效地提高管理效率、降低服务摩擦、减少浪费（对家政服务而言，时间就是最大的成本、资本），从而有效地降低家政运营成本。还有，家政服务标准化，能增强家政服务质量的稳定性、确定性、可预期性，也将直接关系到顾客购买家政服务的交易成本。家政服务质量的可预期性越强、稳定性越强，顾客的交易成本就越低。

（4）促进家政服务承诺营销。家政服务承诺营销，其核心就是按照"顾客导向"的家政服务标准，提供稳定的、可预期的家政服务。因此，家政服务标准化营销，有助于促进家政服务承诺营销，进而提升家政服务承诺营销的竞争力。

（5）有助于提升家政服务品牌形象。家政服务实行标准化，有助于家政企业参与各种服务评级，来树立自己的品牌形象。

（6）有助于家政企业规模化发展。实行家政服务标准化，有助于家政企业拓展家政服务网点或加盟连锁，实行规模化发展。否则，如果没有家政服务质量标准化，仅仅靠一个市场品牌，是很难保持家政服务质量的稳定性、统一性，自然难以实行规模化发展。

3）如何实行家政服务标准化营销

家政服务标准营销，其核心就是制定、执行家政服务标准。具体内容主要包括：家政顾客期望调研、家政服务标准拟定、家政服务标准评估、家政服务标准实施等。

（1）家政顾客期望调研

✽一、调研家政服务环节或流程。制定"顾客导向"的家政服务标准，第一步是建立家政服务蓝图，通过"蓝图"，确定家政服务流程中的"服务接触环节"或"服务接触点"，调研顾客在每一个"服务接触点"对家政服务的预期或要求。在确定家政"服务接触点"的过程中，要注意企业规定的服务接触点与顾客期望的服务接触点，是否一致？

✽二、确定每个"服务接触点"的重要程度。在整个家政服务过程中，每个服务接触点影响整体服务质量的重要程度是不同的。了解各个服务接触点的重要程度，对家政服务标准的制定，是有价值的。要根据不同的程度，制定不同程度的服务标准。有的加强标准，有的减少标准。

✽三、确定顾客期望或需求的重要程度。在每个服务接触点，顾客对服务有多项期望或需求，且重要程度不同，家政企业可以据此建立不同的服务标准。

（2）家政服务标准拟定

如何将顾客期望或需求，转化为具体的、可操作的家政服务标准，是拟定顾客导向的家政服务标准的关键。

✽一、将笼统的顾客期望转化为具体标准。顾客期望或需求往往是笼统的、含糊的、不明确的。家政企业必须将顾客期望或需求具体化、明确化、可操作化，只有这样，才能将顾客期望或需求，转化为有效的家政服务标准。因为，笼统的、含糊的、不明确的"用词"难以作为服务标准，原因是无法准确理解、无法达成统一意见、执行起来缺乏统一性，实际上等于没有服务标准。

例如，顾客期望服务投诉得到"及时"处理。这个"及时"就是含糊不明确的。家政企业在制定服务标准时要将"及时"具体化为"在接到顾客投诉后1个小时内处理完成"，这样的服务标准就可以操作执行了。

再例如，顾客期望家政服务员在家政服务中要"讲究卫生"。这个"讲究卫生"就是含糊不明确的。家政企业在制定服务标准时要将"讲究卫生"具体化为：个人卫生、环境卫生、饮食卫生、家庭消毒等。其中，个人卫生又包括：保持口腔和牙齿卫生、双手清洁卫生、双脚清洁卫生、头发清洁卫生、保持经期清洁卫生、衣着清洁卫生、身体清洁无异味等。

在家政服务标准具体化、明确化时，要尽量采用定量化语言或时间化（时效化）语言。

✽二、家政服务硬标准与软标准。家政服务硬标准，是指能够用定量化或时间化语言表述的标准。家政服务的软标准，是指较难用定量化语言或时间化语言而定性化语言表述的服务标准。例如，在家政服务质量标准的 5 个维度中，可靠性、响应性、有形性有关的家政服务标准，主要是硬标准，适用于家政服务中相对简单、人际交流相对较少的"服务接触点"；而移情性、安全性有关的家政服务标准，主要是软标准，适用于互动性较强的"服务接触点"。

（3）家政服务标准评估

顾客导向的家政服务标准拟定后，还不是最终标准，还需要通过服务标准评估。在家政服务标准评估中，以顾客为主，也需要家政企业员工特别是一线家政服务员参与共同评估。下面是一些评估指标：

❈一、衡量每一项服务标准的权重。家政企业要评估每一项拟定的家政服务标准的重要性，并按照重要程度的高低进行排序，保留重要程度高的候选标准，排除重要程度低或无关紧要的服务标准。当然，所有的评估数据都应来自对顾客的调研，而不是来自家政企业自己的评估。这就是"顾客导向"。

❈二、是否解决"服务痛点"。要评估每一项拟定的服务标准，是否能改进服务质量、提升顾客体验。要看看顾客预期的服务质量与拟定的服务标准之间，是否存在差距及其大小。要特别重视差距较大的服务标准，因为有助于解决顾客的"服务痛点"。

❈三、评估可接受性。家政服务标准的评估，坚持"顾客导向"，以顾客评估为主。但也要听听员工特别是一线家政服务员的评估意见。因为，家政企业的员工特别是一线家政服务员，是家政服务标准的实际执行者。如果家政服务员对拟定的新的家政服务标准不能理解和接受，在今后服务标准实施时，会影响服务标准实施效果。当然，在听取家政企业员工包括一线家政服务员的评估意见时，要避免出现"公司导向"的家政服务标准。"顾客导向"与"公司导向"的服务标准，的确有很大的不同，需要家政企业做好"内部营销"。但家政公司必须要明确"顾客导向"的家政服务标准是正确的标准。

❈四、评估可操作性。家政服务标准的可操作性不同于可接受性。拟定的家政服务标准的可操作性，是指家政服务标准的内容的可观察或可测量，即具体的家政服务标准的行为、特征、指标是可观察或可测量的，就是将抽象的概念转换成可观测或可检验的标准。在拟定的家政服务标准的评估中，要评估每一项拟定的服务标准的可操作性，排除那些很难操作的服务标准，保留具有操作性的服务标准。

❈五、是否具有先进性。家政服务标准要有先进性、前瞻性、预见性，不仅要反映顾客现在对家政服务的期望与需求，还要能预见到顾客未来的期望与需求。同时，家政服务标准，还要高于现有家政服务质量水平，不能低于已有的家政服务质量水平。家政服务标准的先进性，还体现在家政服务标准是动态的、发展的。将随着顾客期望与需求的提高、竞争对手的家政服务创新、社会消费心理的变化而不断提升。

（4）家政服务标准传播、实施

家政服务标准制定、公开发布后，就是服务标准的实施。

首先，就是对家政企业员工包括一线家政服务，用新制定的家政服务标准进行培训。通过各种培训，将家政服务标准转化为员工特别是一线家政服务员的自觉服务行为。

其次，向顾客、向社会公布、传播新制定的家政服务标准，创造新家政服务标准实施的良好环境。因为，顾客也是家政服务合作生产者，是"半个家政服务员"。家政企业要用新家政服务标准来教育顾客，以便减少"贯标"过程中的"服务摩擦"。

第三，建立新家政服务标准实施反馈机制。在服务标准实施中，要建立反馈机制，要及时发现"贯标"过程中存在的问题，及时对家政服务标准进行修订、改进。

在家政服务"贯标"实践中，主要存在两种可能的情况：一、家政服务标准正确，员工特别是一线家政服务员的服务行为错误；二、员工包括一线家政服务员的服务行为符合服务标准，但家政服务标准有问题。对于前者，家政企业通过对员工包括一线家政服务员的培训、管理，就可以达到服务标准；对于后者，这正是家政服务标准制定者需要关注的，因为"家政服务标准有问题"需要修订。

新家政服务标准可能存在的问题，主要有：或标准过高；或标准过低；或标准表述不准确；或标准缺乏可操作性；或者标准内容缺失等。家政企业要针对以上存在的问题，按照服务标准制定、评估、修订的整个流程，再重新制定或修订。这个过程，是不断进行的。没有一劳永逸的、静止不变的家政服务标准。因为，随着经济、社会、科技快速发展，人们的家庭生活水平也在不断提升，相应的家政服务水平也要不断提升，必然会对家政服务标准提出更高的期望与需求。

◇ 三、家政服务可控化营销

1）什么是家政服务可控化营销

所谓家政服务可控化营销，是指家政企业根据自己建立的服务理念、服务标准，对家政服务全过程进行全面的服务质量管控，使实际的服务质量水平符合服务理念、服务标准，达到甚至超过顾客的服务预期。

2）家政服务可控化营销价值

在家政服务营销中，家政服务可控化营销价值，就是促进家政服务理念营销、服务标准化营销的价值实现。

3）如何实行家政服务可控化营销

家政服务可控化营销，主要包括：家政服务调研、服务监督。

（1）家政服务调研。在家政服务中，要进行家政服务质量管控，前提是发现和确认家政服务过程中存在的潜在与显在问题，有针对性地进行管控，这就需要进行家政服务调研。目前，家政服务调研的主要方法有：顾客需求调研、关键顾客调研、服务跟踪调研、神秘顾客调研、顾客代表座谈、顾客投诉调研、服务事件调研、流失顾客调研、顾客未来服务预期调研等。这些调研的具体方法，在"家政服务质量管理"这章中的"从雇主反馈中学习"这节里，都有详细的介绍。

（2）家政服务管控

家政服务监督，主要包括：内部管控、顾客监督、外部监督等。

✽一、家政服务内部管控。在家政服务中，家政企业通过公司内部组织、技术支持体系、家政服务员体系，对家政服务质量进行全面管控。

* 公司内部组织管控。首先，是在家政公司内部，建立家政服务质量管控小组。家政服务质量管控小组成员，主要有招聘人员、培训人员、市场营销人员、技术支持人员、一线家政服务员、热心顾客等组成；其次，建立家政服务质量评估手册，依据质量手册进行管控；第三，建立家政服务质量绩效奖惩机制，奖优罚劣；第四，持续管控家政服务质量。优质的家政服务质量，不是一朝一夕就能形成，需要把服务质量管控贯穿在家政服务全程，持续进行，不断改进。

* 技术支持体系管控。家政服务质量管控的技术支持体系，主要有：家政服务质量标准手册、家政服务质量跟踪体系、顾客投诉反馈体系等。

* 家政服务员体系管控。其主要包括：家政服务员职业技能标准等级评估体系、家政服务员招聘体系、培训体系、家政服务员服务过程管控体系、家政服务员诚信体系、内部营销、

家政服务员职业生涯发展规划等。在家政公司里，对家政服务员管控，是家政服务可控化营销最有效的内部管控。因为，家政服务员是家政服务质量的实际执行者、服务承诺的承担者，如果家政服务员失控，就意味着家政服务质量的失控。换句话说，只有家政服务员满意了，才能为顾客提供满意的服务质量。因此，在家政服务员管控体系中，要特别关注"内部营销"。这是家政服务可控化营销的核心。

✿二、家政服务顾客监督。所谓家政服务顾客监督，是指家政企业将自己的服务理念、服务质量标准告诉顾客，让顾客来监督家政公司提供的服务质量，并通过顾客投诉机制，来实施服务监督。顾客投诉机制，也就是顾客监督机制，也是非常有效的、不可或缺的家政服务质量监督机制。因为，顾客不仅感知并决定家政服务质量优劣，还是家政服务生产的合作伙伴，是"半个家政服务员"。

✿三、家政服务外部监督。所谓家政服务外部监督，是指请家政服务业行业协会监督、第三方专业代理监督、媒体监督、政府相关主管部门监督等。

* 家政服务业行业协会监督。家政服务业协会，作为有公信力的社会组织，对区域内的家政企业负有监督义务。家政企业要积极成为家政行业协会会员，自觉接受行业协会监督，提升家政服务外部监督的权威性、公平性。

* 第三方专业代理监督。家政企业或顾客还可以邀请与家政服务有关的第三方专业人士或专业机构，来代理他们对家政公司及其提供的家政服务质量，进行监督，以保证服家政服务监督的公正性、科学性。

* 媒体监督。今天是飞速发展的信息时代，特别是移动互联网媒体时代。公众媒体、自媒体对家政公司提供的家政服务进行监督，也是有效的外部监督形式，特别是自媒体的监督无处无时不在，一个随时自拍上传，对家政公司及其家政服务质量的监督，威力巨大。甚至一个家政"服务失误"细节，被自媒体"放大"传播后，会对一个知名的家政品牌造成很大的"杀伤力"。今天的家政企业必须要有媒体监督特别是自媒体监督意识，才能在"互联网＋家政"中，立于不败之地。

* 政府相关主管部门监督。在家政服务中，政府相关主管部门监督，就是执法监督。政府相关主管部门有：工商行政管理部门、民政部门、人力资源与保障部门、妇联组织、工会组织等。政府监督，都是依法依规监督，与家政服务业相关的法律法规有：《消费者权益保护法》《劳动法》《劳动合同法》《妇女权益保障法》等。政府监督家政服务，是刚性的，为家政公司和家政服务员确立了"法律底线"，家政企业和家政服务员有义务必须遵守，依法依规提供家政服务。

26.9.3.3 服务异质性对家政服务的正面影响

1）推动家政服务创新

家政服务的异质性，意味着家政服务更容易突破陈规，更具有创新的原动力。因为不同的顾客有不同想法、不同的服务需求、不同的家务经验，甚至有的顾客本身就是家务高手；同样，不同的家政服务员有不同的职业技能特长、不同的家政服务经验与教训，有过服务失误，有过服务补救成功的案例。总之，这些都是家政服务异质性带来服务创新的源泉。尽管许多家政服务创新不像实物产品创新那样有专利保护，家政服务创新容易被竞争对手家政公司模仿与复制，家政服务创新的优势也较难保持。

家政服务异质性，不仅带来家政服务产品的创新，也给家政服务营销带来更多的创新机会。例如，因为家政服务异质性，带来家政服务的神秘性而吸引顾客，带来关系营销、技能营销等。

非常遗憾的是，我们现在的家政服务创新严重不足。

2）推动差异化营销

家政服务的异质性，意味着家政服务业比制造业有更多的差异化优势。产业经济学家波特指出产业内部竞争有 3 种优势：成本优势、差异化优势、目标集聚优势。差异化特色在家政服务业比制造业更能体现竞争力，就是家政企业可以根据雇主的不同需求，提供定制化、个性化家政服务；同样，家政公司也可以根据家政服务员不同的职业技能特长、不同的性格特征、不同的兴趣爱好匹配不同的雇主，提升雇主与家政服务员的匹配度，实施差异化服务与营销，提升家政企业竞争力。

家政服务的异质性，不仅有利于家政公司差异化服务特色的建立，而且可以推动家政公司利用异质性来进行营销。例如，差价营销。家政服务的异质性，使得家政服务业比制造业更便于运用差价。家政服务业的等级差价（例如，不同的家政服务员职业技能标准等级，不同的服务价格）、时间差价（例如，周六日与周一到周五，有不同的服务价格；一天中不同的时间段，有不同的服务价格）、人员差价（不同的家政服务员水平，不同的服务价格）、顾客差价（不同的顾客需求标准等级，不同的服务价格）等都比制造业更普遍地运用。

如同电影放映业，采用轮次差价（等级差价）、场次差价（时间差价）、厅场差价（地点和环境差价）、室内与露天差价（地点与环境差价）、学生场与成人场差价（顾客差价）等。

家政公司利用家政服务差异化，采用差价营销，是家政营销的有效方法之一。

3）推动个性化营销

家政服务异质性的一个重要来源，是顾客的差异性或个性需求。因此，在家政服务中，家政公司为满足顾客的不同需求，需要提供定制化、个性化服务，即进行个性化营销。

家政服务异质性，使得家政服务业的市场细分具有个性化的特点，即要对顾客进行市场细分、了解顾客需求；使得家政公司更重视通过个性化营销来满足顾客个性化需求。

当然，因为家政服务异质性，家政企业在进行个性化营销时，一般需要追加成本。这通常需要通过家政公司的"内部营销"来实现，建立一种内部营销机制来调节家政公司、家政服务员、顾客三者之间的利益关系。

4）促进服务营销的灵活性和创造性

家政服务的异质性，促使家政服务营销更重视灵活、应变、发挥一线服务员的创造性。为了应对家政服务的异质性，家政公司在管理策略上更加重视给一线家政服务员授权，便于让一线家政服务员会根据雇主的临时性、个性需求，灵活地、创造性提供有针对性的服务。

事实上，在家政服务岗位上，家政服务员一个人在顾客家庭提供服务，一般都有较大的自由发挥余地，这对于喜欢自由发挥、比较灵活的、不喜欢朝九晚五的从业人员有较大的吸引力。

26.9.3.4 增强服务异质性正面影响的营销策略：服务的差异化

增强服务异质性正面影响的营销维度是服务的差异化。服务的差异化，包括 3 个主要的子维度：服务个性化、服务特色、服务创新。服务差异化营销就是服务的个性化营销、特色营销、创新营销。

◇ 一、个性化营销

1）什么是家政服务个性化营销

所谓家政服务个性化营销，是指家政公司根据顾客的个性化需求提供个性化服务。也即家政服务的特殊化、多样化。毫无疑问，在家政服务中，顾客的需求是千差万别、多种多样的，既要按标准化提供服务，也要根据顾客的需求提供定制化、个性化服务。

2）家政服务个性化营销价值

（1）有利于发现目标细分市场。在家政服务中，通过提供个性化服务，对顾客需求差异的不断观察和分析，发现很多顾客的需求有相同的个性，当人数得到一定数量时，就逐渐形成一个新的细分市场。例如，在母婴护理服务中，有的产妇非常重视母乳喂养新生儿，就催生了催乳师新的细分市场；在家居保洁服务中，有的顾客家庭需要清洁护理高级真皮沙发，就催生了真皮沙发保洁保养细分市场；还有例如，母婴护理的产后修复市场、家居保洁的家电清洗市场、抽油烟机清洗市场、家居收纳市场、居家老年人的助餐市场、婴幼儿托管市场等。

（2）有利于家政服务创新。为了不断满足日益丰富的个性化需求，家政公司就必须要根据顾客的个性化需求，设计与推出多种多样的创新服务。例如，在居家养老护理服务中，专门推出"糖尿病老人"护理服务，就是越来越多的居家老年人对糖尿病护理的特殊需求，导致的家政服务创新。还有，以上新的细分市场的服务，也是创新服务的产物。

（3）有利于培养忠诚顾客。当顾客的个性化服务需求得到满足时，就意味着顾客享受了超过市场平均服务水平，获得了额外的服务，即"超值服务"，自然会提升顾客对家政公司的满意度和忠诚度。

（4）有利于服务差价营销。个性化服务，为实行服务差价营销，用溢价来调节或满足顾客的个性化服务需求，提供了可能性，也较能得到顾客的认可。当然，即便是差价服务，也要"物有所值""物有超值"，否则会抑制顾客的个性化需求，从长远来看，不利于顾客的服务体验。所以，使用差价营销，要慎重。

3）如何实行家政服务个性化营销

家政服务要实行个性化营销，首先需要进行顾客市场细分、要了解顾客需求、注重细节服务。

（1）顾客市场细分

在家政服务业中，实行顾客市场细分，势在必行。不仅体现家政服务细分业态上，例如，家居保洁收纳服务、衣物洗涤收纳服务、家庭餐制作服务、母婴护理服务（月嫂）、育婴服务、居家养老护理服务、病患陪护服务、管家服务、涉外家政服务等；也体现在每个细分业态上的进一步细分，例如，在母婴护理服务（月嫂）中，又可根据顾客需求细分为：月子餐服务、催乳服务、产后修复服务、新生儿游泳服务等。

不仅如此，还可以根据顾客的年龄、居住地、收入、职业、消费行为等进行市场细分。

通过顾客市场细分，可以提供细分市场的标准化服务，强化细分市场顾客管理，能大大降低个性化服务成本。

（2）了解顾客需求

了解顾客需求，是实现个性化营销的前提。顾客需求不仅体现在服务内容上、服务方式上、服务工具上的需求，呈现多种多样、千差万别，在需求层次上，也很不相同。根据马斯洛的需求层次理论，人类的需求层次由低到高依次为生理、安全、社交、自尊、自我实现的需求。这都要求在提供家政服务个性化营销中要充分考虑。例如：

有的顾客，在家政服务供不应求时，只需要提供基本的服务，即可满足；

在家政服务供给越来越丰富时，顾客开始关注家政服务的安全性，对服务质量要求开始变得苛刻起来；

在今天服务经济时代，顾客对家政服务的需求不断增加，对家政服务的品质日益挑剔。顾客对社会地位、友情、自尊、态度的追求更加明显，甚至使得雇请高品质的家政服务成了顾客社会地位的象征；

进入到体验经济时代，顾客的需求层次有了进一步的升华，家政服务作为消费品已不能满足人们生活与精神享受的需要。顾客需要更加个性化、人性化的消费来实现自我价值。例如，家庭秘书、家庭健康管理师。

（3）注重细节服务

在提供个性化家政服务时，服务标准化保证了基本的服务品质，满足了顾客对家政服务的基本需求。但仅此不够，还要服务细节上满足顾客的需求。这些服务细节，恰恰是顾客的对服务的偏好、对服务品质的执着追求。如果家政服务员能够满足顾客对服务细节的追求，顾客感受得到的服务体验就是"体贴入微"。而往往这些服务细节，最能打动顾客的服务感知，即"见微知著"。因此，在家政服务个性化营销中，要强调服务细节。这就是"细节决定成败"。

◇ 二、特色营销

1）什么是家政服务特色营销

所谓家政服务特色营销，是指家政企业使用区别于同行竞争对手的家政服务，来建立、维护顾客关系，并发挥服务特色在服务营销中的作用，获得差异化竞争优势。其中，家政服务特色体现在服务要素的各个方面，主要包括：服务内容、服务技能、服务文化、家政服务员、服务对象、服务工具、企业服务标准等方面。

2）家政服务特色营销价值

家政服务特色营销的价值，主要体现在传播家政服务品牌、家政服务企业标准等。

（1）有利于传播家政服务品牌。我们知道，家政服务的无形性，看不见、摸不着，特别是家政服务产品的"同质化"现象很普遍，就凸显了家政服务品牌的价值。而家政服务特色是家政服务品牌最好的体现。只有个性化的服务特色，才能维持家政服务品牌的生命力。在竞争激烈的家政服务市场，"人无我有"的服务特色是赢得竞争优势的策略之一。

（2）有利于传播家政服务企业标准。在家政服务中，企业服务标准，是企业的核心竞争力，也是一个家政企业区别于其他家政企业的最好的服务特色体现。进行家政服务特色营销，有利于向顾客传播高水平的企业服务标准，让服务承诺落到实处，让顾客对高水平服务质量的稳定性、可靠性产生信心。这也是服务特色营销的价值。

3）如何实行家政服务特色营销

我们知道，服务特色体现在服务的各个要素上，主要包括：服务内容、服务技能、家政服务员、服务对象、服务文化、服务工具、企业服务标准等方面。因此，服务特色营销就要围绕这些服务要素展开。

（1）提供特色服务。即在服务内容上，区别于"同质化"服务内容，重点关注某一个"服务细分市场"，提供"专业化"服务，即"专业特色"。这是家政服务特色营销的首选。

例如，在家居保洁收纳服务中，专门提供"真皮沙发"保洁养护服务；在居家养老护理服务中，专门提供"糖尿病老人"护理服务；在母婴护理服务（月嫂）中，专门提供"产后抑郁"护理服务等。如果家政公司能够提供区别于"同质化"家政服务的特色服务，并进行"深耕"，"人无我有"，就没有竞争对手，而赢得独特优势。

（2）创新服务特色技能。随着家政服务产业的飞速发展，开始涌现一批家政服务的"能工巧匠""技术能手""技术专家"等，即在家政服务职业技能发展上，成为家政服务"技师""高级技师"，形成了自己的家政服务特色技能。例如，在母婴护理（月嫂）中，能够精心护理患有慢性病（例如，糖尿病、乙肝、高血压等）的产妇；在家庭餐制作中，能够制作"药膳"，通过"食疗"帮助患病的老年人进行康复护理。

当然，特色服务技能，容易被竞争对手模仿，不易长期保持。这就要求家政企业和服务技师们要不断进行家政服务技术创新。

（3）培养特色专业家政服务员。无论是特色服务，还是特色服务技能，都是由特色专业家政服务员来承担。因此，家政公司要制定人才培养计划和奖励政策，造就一批特色专业人才，或者引进人才。拥有特色专业家政服务员，才是家政公司发展的"王道"。

（4）挑选特色顾客。家政公司要根据特色服务内容，或特色专业家政服务员，选择特色顾客。要有所为、有所不为，为顾客设计"门槛"。这样，就可以保证特色服务品质、特色服务品牌。随着时间延长，特色顾客的口碑效应将显著提升，反过来，强化了特色服务营销。

（5）建立特色家政服务文化。有特色的家政服务文化，是家政企业立于不败之地的核心战略资源。家政服务特色文化，主要包括：企业的服务使命、宗旨、服务承诺、服务标准、服务规范、内部营销、服务培训等。一旦家政企业形成自己独特的家政服务文化，就拥有了竞争对手家政公司难以模仿复制的优势资源，家政企业的发展就将进入良性可持续快"车道"。

当然，家政服务特色营销，还体现在使用特色的服务工具、执行特色的家政服务企业标准上。

◇ 三、创新营销

1）什么是家政服务创新营销

所谓家政服务创新营销，是指用新的家政服务方式、服务技能、服务工具等为顾客提供新的服务体验，并发挥服务创新在家政服务营销中的作用。

例如，采用家政零工模式，为顾客提供家政服务；采用"区块链+家政"平台模式，为顾客提供诚信家政服务交易等。

2）家政服务创新营销价值

家政服务创新的营销价值，主要体现在刺激家政服务消费、保持家政服务竞争优势等。

（1）刺激家政服务消费。家政服务创新对顾客具有吸引力、刺激性。因为，家政服务创新，或会给顾客带来新的服务体验，或会降低顾客的服务成本支出，或会提升顾客购买服务的性价比，或会给顾客提供更高品质的服务等。通过家政服务创新营销，让顾客了解、接受、购买新服务。因为，有的顾客对服务创新接受度不高，或认识不足，或者根本不了解，这就是需要家政服务创新营销，来刺激服务消费。

（2）有利于保持家政服务竞争优势。在家政服务中，家政服务创新容易被竞争对手模仿，再加上家政服务创新缺乏有效的产权保护，导致家政服务创新优势较难保持。这就要求家政企业要通过服务创新营销，来保持服务竞争力。同时，不断加大服务创新力度，动态地保持服务创新竞争优势。

当然，家政服务创新营销，还有利于保持家政服务特色、促进家政服务员提升服务专业化水平，更好地实行家政服务个性化营销。

3）如何实行家政服务创新营销

（1）让家政创新服务有形化。

家政服务创新，如何向顾客展示？借助"家政服务蓝图"，找到能证明服务创新的顾客"可见的"服务提供行为，或者，能够代表服务创新成果的"可见的"或"不可见的"服务活动或服务行为，给顾客"有形展示"，让顾客感知服务创新。这就是家政服务创新营销。

（2）让顾客参与家政服务创新过程。

家政服务的不可分性，即服务生产与消费的同时性。顾客作为家政服务的"合作生产者""半个家政服务员"，家政公司和家政服务员可以邀请顾客参与家政服务创新过程，这是最有效的家政服务创新营销。因为，顾客是最终享受家政服务的消费者，自然会对家政服务创新有很多好的建议，而且可以在边享受服务的过程中边随时进行服务创新。

（3）让顾客体验服务创新成果。

即使顾客没有参与家政服务创新过程，也要让顾客先体验服务创新成果。顾客在服务体验过程中，或提出服务创新的反馈改进意见，或者获得好的服务创新体验后，会通过顾客口碑进行传播。这要求家政公司要制定激励政策，来鼓励顾客参与家政服务创新过程，并服务创新成果分享给他人。这就是有效的家政服务创新营销。

26.9.4 基于家政服务"不可储存性"的营销策略

26.9.4.1 服务不可储存性对家政服务的负面影响

1）服务等候

家政服务的不可储存性，使得家政服务在供不应求时出现等候现象，而等候难以使顾客满意。服务等候是许多服务营销的一个瓶颈。例如，零售业采用超市货卖场的服务方式，一个重要效果是顾客选物和取物不再出现等候，但超市和卖场的收银服务还是常常出现等候。事实上，收银服务常常供不应求。

在家政服务中，家政服务等候现象也很凸出，在家政服务需要"旺季"，特别周六日与节假日，尤其是春节期间，家政服务"保姆荒"，家政服务员"一员难求"，服务等候现象严重，顾客非常不满。

同样，在家政服务需求"淡季"，家政服务员"供过于求"，又出现家政服务员"等候"现象。如果是"员工制"的家政公司，就不得不亏本给家政服务员发工资；如果是"中介制"家政公司，很多等候的家政服务员，要么继续等候，没有经济收入；要么去寻找别的工作。

作为时效性强的家政服务，服务等候问题比较严重，的确是家政服务业发展的一个"瓶颈"。这都是家政服务不可储存性所致。

2）家政服务绩效考核

家政服务的不可储存性，使得家政服务绩效的考核比较困难。实物产品生产活动的绩效或质量的考核，可以依据有形实物产品本身的可测量可计算的数据，而家政服务过程通常不留下绩效考核需要的有形的依据或痕迹。有的家政顾客在家里安装电子监控器观察监控家政服务员，这样会引起家政服务员的反感，不利于顾客与家政服务员良好关系、特别是信任关系的建立。家政服务质量既然难以考核，也就难以控制与管理。这是家政服务不可储存性给家政服务营销带来的困难。

家政服务的不可储存性，使得家政服务质量问题的痕迹容易被"抹去"和有服务失误行为的家政服务员容易被"庇护"。因此，家政服务业一些素质及服务技能较差和服务失误较多的家政服务员，不一定得到及时、有效的甄别和应有的处理。

同样，家政服务的不可储存性，也使得素质及服务技能较好的家政服务员的行为表现容易被"抹杀"。良莠不齐和很难奖优罚劣，这是家政服务员队伍存在的普遍现象，这也增加了家政服务管理和营销的难度。

家政服务的不可储存性，还使得服务投诉或纠纷更难处理。因为缺乏有形痕迹。许多家政服务公司处理服务投诉或纠纷不得不采取"顾客永远是对的"原则，否则常常无法利用证据来准确判断谁是谁非。顾客当然不可能永远是对的，在实际上顾客有错而家政服务员有委屈的情况下，家政服务公司需要支付对员工进行抚慰的成本。

总之，家政服务的不可储存性，的确给家政服务质量评估与服务营销带来难度，需要家政公司必须创新家政服务质量评估与服务营销方式方法。

3）家政服务供求矛盾难以调节

家政服务的不可储存性，使得家政服务无法利用库存来调节供求矛盾。

家政服务供求在时间上的矛盾较难调节。我们知道，家政服务员是"活的人"，当家政服务"供过于求"时，出现家政服务员"积压"现象，即家政服务员"服务等候"，无论是对家政公司或家政服务员都是"服务劳动力"的浪费，即人力资源浪费。因为对家政服务业而言，家政服务员的"服务时间"是有价值的，是服务成本；当家政服务"供不应求"时，又出现顾客"服务等候"，即顾客需要家政服务时，没有家政服务员提供服务，引起顾客的不满。

同样，家政服务供求在空间上的矛盾也较难调节。一个地方的家政服务"供过于求"与另一个地方的家政服务"供不应求"也是很难相互调节的。因为，一个地方的等候的家政服务员与另一个地方的等候的顾客之间，有空间距离。如果这样的空间距离较短，家政服务员在路上花费的交通时间较少，就可以调节空间上的矛盾；如果这样的空间距离较长，家政服务员在路上花费的交通时间较长，就增加了家政服务员提供服务的成本，这个增加了"时间成本"就成了家政服务供求在空间上的矛盾。

总之，家政服务的不可储存性，加上家政服务普遍的忙闲不均、服务需求波动较大，导致家政服务供求矛盾难以调节。

26.9.4.2 减弱服务不可储存性负面影响的营销策略：服务的可调化

减弱服务不可储存性负面影响的营销策略，是服务的可调化。家政服务的可调化，是指通过对服务时间、服务供求的调节，来平衡家政服务供求的矛盾。

家政服务可调化策略，主要包括2个子维度：服务时间的调节、服务供求的调节。家政服务可调化营销，就是通过调节服务时间、供求，来满足顾客需要的营销。

◇ 一、家政服务时间可调化营销

1）什么是家政服务时间可调化营销

所谓家政服务时间可调化营销，是指家政企业通过服务时间调节，来满足服务需求、平衡服务供求矛盾，并发挥时间调节在家政服务营销中的作用。

家政服务时间可调化营销，即时间调节方式，主要有增加服务时间、采取灵活的服务时间、提供服务预约等。在家政服务中，时间可调化营销有着现实意义。

例如，周六日、节假日、特别是春节，都是家政服务需求的高峰期，其余时间服务需求相对平稳。家政企业就可以通过家政服务时间可调化营销来平衡服务供求关系。

2）家政服务时间可调化营销价值

家政服务时间可调化营销价值，主要体现在：接近目标市场、捕捉营销机会、促进服务创新、促进个性化营销与特色营销等。

（1）接近家政服务目标市场。我们知道，服务时间是家政公司和家政服务员最有价值的不可再生资源。同样，当顾客在一定的时间段需要服务时，这个服务时间对顾客而言，也是非常重要，不能"浪费"。因此，家政企业和家政服务员要调节自己的"时间"，来满足顾客服务时间需要，以此"接近"目标顾客。这就是家政服务时间可调化营销。

（2）捕捉家政服务营销机会。营销机会并不总是存在，有的时候稍纵即逝，当顾客在某一个时间需要家政服务时，就是家政企业竞相捕捉顾客的机会，稍有迟疑，这个顾客就成了竞争对手的服务客户。因此，家政企业要对顾客服务时间非常敏感，要善加利用，积极通过家政服务时间调节来吸引、捕捉顾客。

（3）有利于家政服务创新。为了满足顾客服务时间需求，家政企业要变革服务方式、调节服务时间、提升服务效率，这都有利于推动家政服务创新。况且，满足顾客服务时间需求而调节服务提供时间，本身就是服务创新。

（4）有利于家政服务个性化、特色化营销。家政企业灵活调节服务提供时间，适应不同时间段顾客的服务时间需求，本身就是在时间上的个性化营销、时间特色营销。

3）如何实行家政服务时间可调化营销

家政服务时间可调化营销，主要包括：调整服务时间、建立服务预订系统、高峰服务时间预告、采用灵活用工制度、全天候营销、节假日营销等。

（1）调整服务时间。即通过调整家政服务时间，来满足顾客服务需求。例如，在家政服务需求高峰期，或增加服务时间，或延长服务时间，或调整服务时间点等。

（2）建立家政服务预订系统。家政企业可以根据顾客的服务需求，建立家政服务预订或预约系统，提前有计划安排服务需求和供给的时间，组织家政服务员满足顾客服务时间需求。在今天移动互联网时代，通过微信、APP等移动互联网技术，可以建立高效、快捷的家政服务预订系统，有效调节服务供求关系。

（3）预告家政服务高峰时间。在家政服务"保姆荒"来临之前，提前向顾客、向市场预告家政服务高峰期时间，让顾客避开高峰时段，选择非高峰时段的服务，也是有效的家政服务时间可调化营销。

（4）采用灵活用工制度。家政企业为了应对顾客服务时间需求，特别是满足高峰时段服务需求，要建立灵活用工制度：除了建立"员工制"稳定一定数量的家政服务员队伍外，还要在家政服务高峰期到来之前，大量招聘"家政零工"。这些家政零工，可以采用灵活多样的用工形式，可以是年度工、季节工、月度工、半日工、钟点工等。灵活的用工制度，可以最大程度上调节服务时间，同时，也节约了家政企业的人力资源成本。

（5）全天候营销。随着人们生活水平的提高，特别是"夜经济"的发展，24小时全天候的家政服务需求，呼之欲出。这就要求家政企业要主动调整服务时间，积极开展全天候家政服务营销，以应对家政服务市场变化。

（6）节假日营销。在家政服务中，节假日营销，特别是春节家政服务营销，一直是家政服务营销的一个重点、难点。春节"保姆荒"几乎年年上演。这就要家政企业要"未雨绸缪"，积极进行家政服务时间可调化营销，来应对家政服务"节假日保姆荒"。

这里的节假日，不仅是周六周日、春节，还包括：元宵节、五一、端午、十一、中秋节、重阳节等。随着我国综合国力的提升，人们对美好生活的向往将成为现实。必将推动我国家政服务的"假日经济"发展，也将越来越释放巨大的家政服务市场需求，需要家政企业积极做好应对。家政服务时间可调化营销，就是一个有效的应对手段。

◇二、家政服务价格可调化营销

1）什么是家政服务价格可调化营销

所谓家政服务价格可调化营销，是指家政企业通过家政服务价格的调节，来影响顾客的服务需求、平衡家政服务供求关系。

这里的服务价格调节，不仅是服务价格的升降，还包括定价方式的调整：例如，目标市场定价、组合定价、顾客定价、差异定价等。

2）家政服务价格可调化营销价值

家政服务价格可调化营销价值，主要体现在：影响顾客需求、区分服务质量、区分服务品牌、聚焦目标市场、促进关系营销等。

（1）影响顾客需求。通过价格杠杆来调节需求，是常见的营销手段，在家政服务营销中也是可行的。一般来说，顾客对家政服务价格还是比较敏感的。当服务价格调低时，会刺激顾客购买；当服务价格调高时，会抑制顾客需求。因此，当遇到节假日家政服务需求旺季时，家政服务"供不应求"，就可以适当调高服务价格，来平衡供求关系；当遇到家政服务需求淡季，家政服务"供过于求"时，就适当调低服务价格，来鼓励顾客购买服务，扩大服务需求，以避免家政服务员出现"等候"现象，浪费人力资源成本。当然，调价幅度可控制在成本价上，只要收回成本即可。

（2）区分家政服务质量。一般来说，家政服务质量与服务价格之间是正相关。即家政服务质量水平与服务价格水平相匹配，不同的家政服务质量水平收取不同的服务价格。高服务质量对应高价格。因此，家政企业可以通过服务价格高低，来区分家政服务质量水平。因为，服务价格是家政服务质量的一种有形展示。这就是家政服务价格可调化营销。家政企业可以通过提高价格的方式，来展示优质的家政服务质量，有利于吸引顾客。此外，在家政服务中，也有的顾客会把高价格看作高质量、高档次的象征，把高品质的家政服务体验当作身份、地位、声望的体现。这类顾客对服务价格不敏感。当然，前提还是要有高品质的家政服务体验。

（3）区分家政服务品牌。家政服务价格不仅与服务质量水平正相关，也与家政服务品牌声誉正相关。家政服务价格的高低，也对应于家政服务品牌的知名度与美誉度的高低。因此，家政企业可以通过给高品质的家政服务提高价格，来展示家政服务品牌价值，进而吸引顾客。

（4）聚焦家政目标市场。在家政服务市场中，顾客对服务价格的敏感度是不同的。有的顾客需要高端家政服务，对服务价格不敏感，有能力支付高价服务；有的顾客，对服务价格很敏感，只能承受较低的服务价格，但也的确需要家政服务。因此，家政企业可以通过服务价格可调化营销，将顾客加以区分，聚焦家政目标市场，提供有针对性的适合目标市场的家政服务，而不能用同样的服务价格，对待不同的目标市场。这就是价格定位，并通过价格定位，来进行市场定位。

（5）有利于家政服务关系营销。在家政服务中，对忠诚的老顾客，进行服务价格优惠，通过服务价格调节，来强化老顾客的忠诚关系，这就是家政服务关系营销的重要内容。

3）如何实行家政服务价格可调化营销

家政服务价格可调化营销，主要包括：调价策略、价格弹性、成本控制等。

（1）制定家政服务调价策略。在家政服务中，服务调价策略主要有：

✲一、家政服务目标市场定价。目标市场定价，是指通过家政服务调价策略，使服务价位接近目标顾客的承受力。例如，在家政服务中，家政公司把目标市场定位在高端、中端、还是低端家政服务市场？不同的目标市场，提供不同质量的家政服务，采用不同服务价位。这也是市场定位定价，即通过调价，来进行家政服务市场定位，同时，要与竞争对手家政公司区别开来。通过市场价格差异化优势，来增强市场吸引力。

✲二、家政服务等级定价。即指根据家政服务员职业技能标准等级，进行等级定价。我们知道，依据《家政服务员国家职业技能标准》水平划分，家政服务员的职业技能标准设立五个级别，由低到高分别为：五级（初级技能）、四级（中级技能）、三级（高级技能）、二级（技师）、一级（高级技师）。不同的职业技能标准等级，对应不同水平的服务价格，实行优质优价，等级差价收费，以满足顾客不同消费层次需求。差价营销，是家政服务营销的非常重要的有效方式。

此外，在家政服务中，等级定价，还可以产生关于价格的心理效应：如果只有 1 个服务价格，没有比较，顾客会感觉定价高；如果有 3 个价格，大部分顾客受虚荣心的驱使，可能会接受中间的价格。如果中间价格的服务是家政企业获利最大的服务产品，那么，3 个价格的等级定价方法，就是成功的服务定价经验。

✻三、顾客定价。所谓顾客定价，就是购买者定价。传统的家政企业都是公司确定服务价格。如果反过来由顾客定价，会起到奇特的营销效果。在实施购买者定价时，家政公司通常会公布家政服务成本，让顾客定价。如果顾客定价超过家政公司的内定价，还退还超出部分。

顾客定价，体现了家政企业对顾客的信任，对顾客有很大的激励作用。信任总是相互的，企业对顾客的信任，也能换得顾客对家政企业的信任与忠诚，增加服务购买力。在家政服务中，服务的生产与消费不可分性，顾客是家政服务生产的合作伙伴，是"半个家政服务员"，让顾客定价，能提示顾客的服务体验。这就是顾客定价的服务营销策略的目的。

（2）把握需求对价格的弹性。所谓需求对价格的弹性，是指服务需求弹性大，对服务价格调节就比较敏感，价格调节的效果比较明显；反之，服务需求弹性小，对服务价格调节不敏感，价格调节的效果就不明显。就家政服务而言，顾客的服务需求弹性是比较大的，服务价格调节效果比较明显。

（3）家政服务成本控制。在家政服务中，家政服务成本主要包括：招聘成本、培训成本、市场营销成本、管理成本、顾客投诉成本、服务风险管控成本、流失成本等。家政企业只有将服务成本控制在较低的区间，才能创造出较大的调节空间。因为，服务成本是服务定价的基础。家政服务价格可调化营销的一个基本策略，就是家政服务成本控制。总的来说，家政企业是一个"微利"行业，一个重要的原因，就是家政服务成本较高、服务效率低。

26.9.4.3 服务不可储存性对家政服务的正面影响

家政服务的不可储存性，对家政服务营销也有正面影响。它推动家政服务的时效营销、集约营销、合作营销等。

家政服务的不可储存性，使得家政服务业的时间价值比制造业更大。时间是服务成本、消费成本，这点在家政服务业比制造业更明显。家政服务业比制造业更能体现"寸光阴寸金"。对于家政服务业来说，时间就是服务的机会，时间的流逝就是服务机会的流失；对于家政服务员来说，时间就是工资收入、是金钱；对于家政顾客来说，时间就是费用支出。时间是家政服务业的第一资源，家政服务营销是一种时间或时效的营销。

由于时间与空间是相互转换的，时间问题会转换为空间问题。家政服务的不可储存性，也使得家政服务业的空间价值比制造业更大。家政服务业比制造业更能体现"寸土寸金"。家政服务业比制造业更讲究家政服务（生产）地点（即消费地点和交易地点）的选择、家政服务（生产）场所空间的利用率（空间效率）。家政服务营销也是一种空间集约的营销（集约营销）。也就是说，家政服务员与顾客之间的空间距离要尽量缩短，聚焦在一个相对集中的、围绕顾客需要服务的地点的固定区域，这样可以节约家政服务员的交通时间成本，可以充分利用家政服务员的时间来提供更多的服务，服务更多的区域内顾客。

家政服务的不可储存性，推动家政服务的时间营销、集约营销，也由此推动家政服务公司之间为了分享（或共享）时间和空间资源而进行的合作营销。

例如，家政公司之间合作营销，共享服务时间与空间资源，是指家政公司共享彼此的家政服务员资源、顾客资源。甲公司的家政服务员"等候"与乙公司的顾客"等候"，就可以进行互换，盘活时间与空间资源，而不是闲置浪费。

26.9.4.4 增强服务不可储存性正面影响的营销策略：效率化营销

增强服务不可储存性正面影响的营销策略是服务的效率化营销。服务的效率化，包括3个主要的子维度：服务时效、服务集约、服务合作。服务效率化营销就是服务的时效营销、集约营销、合作营销。

◇ 一、时效营销

1）什么是家政服务时效营销

所谓家政服务时效营销，是指家政公司用较高时间效率的家政服务，即时效（指在一定时期内能够发生的效用）服务，来满足顾客对家政服务的时效需求，并充分发挥时效在服务营销中的作用。

2）家政服务时效营销价值

家政服务时效营销的价值，主要体现在：顾客感知家政服务时效性、调节顾客服务等候、明确服务承诺时间等。

（1）有利于顾客感知家政服务时效性。我们知道，顾客感知的家政服务质量，一个重要的维度就是"服务响应性"，即员工包括一线家政服务员愿意积极主动、及时为顾客提供服务。其包括：员工特别是一线家政服务员能迅速回复雇主打来的电话；员工特别是一线家政服务员能及时提供服务；当顾客通过微信或网络媒体联系公司时，能够及时互动反馈；当顾客服务抱怨投诉时，能第一时间迅速给予解决。在家政服务时效营销时，要强调家政服务的时效性，并让顾客有效感知。

（2）有利于捕捉营销时机。营销时机常常是短暂的、甚至稍纵即逝。因此，在为顾客提供家政服务的过程中，要把握有利的营销时机，让顾客在体验家政服务的过程中，感受家政服务本身的时效性。这就要求家政公司和家政服务员要确保"服务响应性"快捷而准确。

（3）有利于节约顾客时间成本。顾客在家政服务消费中，不仅支出了享受服务的货币成本，也包括家政服务消费所需要的时间成本，即顾客搜寻家政服务时间、签订服务合同时间、与家政服务员交流互动时间、甚至包括投诉时间等。因此，家政公司及家政服务员向顾客提供有质量的时效服务，就能节约顾客服务消费所需要的时间成本。这样，顾客就可以利用节约的时间，做其他有价值的事情，变相增加了顾客服务价值。

（4）有利于调节顾客服务等候时间。家政公司实行服务时效化，提升服务时间利用率，来调整服务时间安排，减少服务等候。例如，可以将周六、周日、节假日的服务需求，通过价格优惠等措施调整到周一到周五提供服务，充分发挥服务时效在家政服务营销中的作用。

（5）有利于明确家政服务承诺。我们知道，服务承诺也是时效承诺，时效服务是兑现时效承诺的保证。在家政服务中，通过时效营销，有利于确保服务承诺兑现。

3）如何实行家政服务时效营销

家政服务时效营销主要体现在：服务工具、服务技能、服务标准化、时效承诺等。

（1）服务工具。在家政服务中，使用服务工具，有利于提升服务时效。例如，在家居保洁收纳服务中，清洁机器人就可以提升清洁时效；在家庭餐制作中，智能电饭锅、智能电炒锅、智能烘烤机、智能洗碗机等智能厨房设备，就可以节约人力时间；还有，智能洗衣机，甚至还有智能陪聊机器人陪伴老年人聊天等。在家政服务时效营销中，要充分利用服务工具在家政服务营销中的作用。

（2）服务技能。毫无疑问，一个熟练、精通掌握家政服务技能技术的家政服务员，比一个不熟练的家政"新手""生手"，有更高的服务时效或服务效率。因此，要充分发挥家政服务技能在家政服务时效营销中的作用。

（3）服务标准化。家政服务实行标准化后，除了保证家政服务质量稳定性与可靠性外，还有一个重要作用：就是可以节约服务摸索的时间、减少家政服务失误而浪费掉的服务时间，进而提升服务时效或服务效率。况且，服务时效性，本身也是家政服务标准的一个重要指标内容。因此，家政企业要推行服务标准化，并在家政服务时效营销中，充分发挥服务标准化的作用。

（4）时效承诺。在家政服务中，服务承诺本身也是一种时效承诺。因此，在家政服务时效营销中，要明确提出服务时效承诺，以增强服务营销。

◇ 二、集约营销

1）什么是家政服务集约营销

所谓家政服务集约营销，是指利用家政服务的渠道优势，提供多种功能不同但与家政服务相关联的增值服务，满足顾客的多种生活服务需求，提升家政服务效益。如果说时效营销是提高家政服务的"时间"资源效率，那么集约营销，就是提升家政服务的"空间"资源效率。

例如，在家政服务中，利用家政服务的"渠道"空间，提供的增值服务：与母婴护理服务相关的，家庭母婴用品销售；与居家养老护理相关的，老年康复器材销售；与家居保洁收纳服务相关的，家庭保洁用品销售；与家庭餐制作相关的，家庭蔬菜水果粮油等食品销售等。

2）家政服务集约营销价值

（1）有利于家政服务创新。家政增值服务，延伸或拓展家政服务功能，将单纯的家政服务延伸到提供家庭生活用品销售服务，丰富了家政服务内容，方便了顾客生活服务需求，是一种家政服务创新，也连同家政服务本身，为所购买的生活用品提供诚信担保，毕竟家政服务员还留在顾客家庭提供家政服务。

（2）为买卖双方创造更多的价值。家政服务增值服务，这种家政服务创新，节约了顾客搜寻、购买家庭生活用品的财务和时间成本。同时，也为家政公司和家政服务员带来新的经济收入，增加了服务收益。如果家政服务与家庭生活用品销售服务进行"捆绑"销售，会给买卖双方带来的服务溢价，既降低了顾客的单个服务的购买成本，也提升了家政公司的盈利能力。这就是家政服务集约营销的价值。

3）如何实行家政服务集约营销

（1）强化家政服务质量。家政公司和家政服务员，在提供家政服务中提供"增值服务"时，前提条件是提供的家政服务本身服务质量好，让顾客满意。顾客是忠诚顾客。否则，如果家政服务本身服务质量不合格，家政服务"增值服务"就失去发展的可能性与存在的依据。

（2）精心设计好增值服务内容。家政公司在推出家政服务的"增值服务"，或者，"捆绑"增值服务时，一定要能为顾客创造新的价值。要了解顾客服务需求与"痛点"，能真正解决顾客与家政服务相关的生活服务"痛点"，为顾客带来可感知的真实的更大的服务价值，而不是想着如何"赚顾客的钱"。"增值服务"只有能创造新的顾客价值，才能被顾客所接受与认可。

例如，在家政服务中，居家养老护理中的老年人需要购买轮椅，但由于顾客缺乏关于轮椅方面的专业知识，这个时候，就需要专业的居家养老护理员帮助推荐或代为购买；在母婴护理（月嫂）服务中，年轻的新妈妈（产妇）不知道为新生儿或婴幼儿购买什么奶粉或婴幼儿辅食时，母婴护理员（月嫂）在这个时候，就可以利用自己的专业知识，为年轻妈妈推荐或代为购买适合宝宝的奶粉和辅食；在家居保洁收纳服务中，顾客家庭的高级真皮沙发需要清洁养护时，这个时候，家居保洁员就可以利用自己的专业保洁知识，为顾客推荐或代为购买相关真皮沙发的清洁护理用品。等等。

◇ 三、合作营销

1）什么是家政服务合作营销

所谓家政服务合作营销，是指家政公司同其他家政公司或其他服务公司或服务组织之间，通过合作交换或利用对方的时间资源、空间资源、市场资源，以便提高家政服务效率、分享目标市场，实现多赢。家政服务合作营销，也是家政服务效率化营销，能够通过合作减少服务时间、服务空间、服务资源的浪费。

例如，在家政服务中，家政公司与其他家政公司分享彼此的家政服务员资源、顾客资源等。某家政公司有家政服务员"等候"，而服务区域相近的另一个家政公司有顾客"等候"，这两家家政公司就可以进行合作营销，置换彼此拥有的家政服务员与顾客的"时间资源""空间资源""市场资源"，实现家政服务员、顾客、两个家政公司的多赢。

例如，在家政服务中，家政公司与家庭生活用品商业公司的合作，就是典型的合作营销。家政公司为家庭生活用品公司，推荐家政服务的顾客购买生活用品；同样，家庭生活用品公司为家政公司推荐需要家政服务的顾客。这就是典型的合作营销。

再例如，家政公司与政府人力资源部门、妇联组织、职业院校、社区街道居委会等组织合作，家政公司提供家政服务员就业岗位，以上各种组织可以利用自己的劳动力资源优势，为家政公司提供劳动力资源。这就是典型的合作营销。

2）家政服务合作营销价值

家政服务合作营销的价值，主要体现在：拓展市场、拓展家政服务员招聘渠道、有利于家政创新服务推广、有利于家政服务文化传播等。

（1）拓展市场。在家政服务中，通过与其他家政公司或商业公司的合作，家政公司可以利用合作伙伴现成的市场资源，来拓展自己的服务市场。同时，又不影响合作伙伴的利益。因此，合作营销是开拓市场的有效手段之一。

（2）拓展家政服务员招聘渠道。通过与家政服务员人力资源相关的各种组织合作，可以为家政公司提供家政服务员招聘渠道、服务人才资源。同时，又为合作组织的人员就业提供渠道与就业机会，一举多得。这就是合作营销的价值。

（3）有利于推广家政创新服务。我们知道，因为家政服务的无形性，家政服务创新推广比实物产品创新推广难度大。通过合作营销，可以拓展家政创新服务推广渠道，增加创新服务的信任感，降低创新服务推广的难度，提升顾客的接受度。

（4）有利于传播家政服务文化。通过合作营销，不仅可以分享合作伙伴的时间资源、空间资源、市场资源等，还可以向合作伙伴或通过合作伙伴，传播家政公司倡导的家政服务文化。我们知道，家政服务文化是家政公司的软实力，是家政公司的品牌。通过传播家政公司的服务文化，可以赢得更多的合作伙伴、获得更多的市场资源、家政服务人才资源，进而创建自己的家政服务品牌。

3）如何实行家政服务合作营销

家政服务合作营销，主要包括：合作方式、合作伙伴、合作关系等。

（1）合作方式

在家政服务中，从合作方式上看，可以在家政服务资源、家政服务产业链上进行合作。

一、在家政服务资源上合作。家政服务资源主要包括：顾客资源、人力资源、渠道资源等。

✱一、在顾客资源上的合作。家政公司顾客资源与家庭生活用品商业公司的顾客资源，有很多共通性，而且在利益上没有冲突。因此，与合作商业公司共享顾客资源，也是共享服务的"时间资源"，是家政公司服务营销中常见的合作营销之一。

✱二、与家政公司合作互相置换家政资源。因为家政服务"等候"现象，即家政服务员"等候"、顾客"等候"现象，要求服务区域相近的家政公司之间，要合作互相置换家政服务资源。例如："等候"的家政服务员、"等候"的顾客资源相互置换，以免资源浪费。

✱三、在人力资源上的合作。家政公司与人力资源部门、职业院校等组织的之间，在人力资源上的合作，有利于家政服务员的招聘与就业，也是家政服务合作营销的主要方式之一。

✱四、在渠道资源上的合作。家政服务和合作伙伴的"渠道"资源，是家政公司与合作伙伴的非常有价值的"资源"。分享彼此的渠道资源，并不会损失彼此的利益，反之会增加渠道价值，这也是家政服务合作营销的有效方式。尤其的家政服务的渠道价值是家庭生活用品商业公司求之不得的优质资源，家政公司要擅用自己的渠道资源，来为自己创造更多的价值。

二、在家政服务产业链上合作。所谓产业链，是指用于描述一个具有某种内在联系的企业群结构，存在两维属性：结构属性、价值属性。家政产业链中大量存在着上下游关系、相互价值的交换，以整合家政企业在家政产业链上所处的位置划分可分为横向整合，纵向整合以及混合整合三种类型。其中：

横向整合，是指通过对家政产业链上相同类型企业的约束，来提高家政企业的集中度，扩大市场势力，从而增加对市场价格的控制力，获得垄断利润。

纵向整合，是指家政产业链上的企业通过对上下游企业施加纵向约束，使之接受一体化的合约，通过产量或价格控制实现纵向的产业利润最大化。

✱一、家政企业横向整合。即家政企业同行之间，互相借用或共享家政服务场所、服务设施、服务工具、家政服务员、服务信息等服务资源，以及分享顾客资源或服务的时间资源等。因为家政服务的"等候"现象，家政企业横向整合或合作，非常必要。否则，会造成"等候"的家政服务员或顾客资源的浪费，也是企业成本和营业收入的浪费。

✱二、家政企业纵向整合。即家政企业的纵向供应关系或上下游关系的不同行业之间的整合或合作。例如，在家政服务中，家政企业与家政职业院校之间的整合或合作；家政企业与人力资源部门、社区部门、妇联组织等的合作。

（2）合作伙伴

在家政服务的合作营销中，选择好的合作伙伴，非常重要。合作伙伴选择总的原则：交易成本低。其主要包括：道德风险小、不确定性程度低、信息不对称程度低、优势互补等。

✱一、道德风险小。家政企业在选择合作伙伴时，应选择诚信企业或组织、履约记录好、有一定品牌知名度的信誉好的合作伙伴。否则，适得其反。

✱二、不确定性程度低。在选择合作伙伴时，还要看对方发展程度相对成熟、稳定，组织或领导人行为比较规范的合作伙伴。

✱三、信息不对称程度低。应选择信息公开透明度较好、经过核实过的合作伙伴，以避免陷入合作陷阱。

✱四、竞争优势明显。家政企业应选择市场份额较大、市场渠道较多、差异化显著的合作伙伴，以形成合作竞争优势。

❀五、优势互补。家政企业应选择与自己优势互补的合作伙伴，可以增强彼此的竞争优势。

（3）合作关系

❀一、强化合作关系管理。仅仅签署合作协议是不够的，还需要强化协议履行时的管理。例如，品牌合作，品牌出让方必须加强对品牌受让方的管理。否则，品牌违约使用或滥用，会给品牌带来负面影响。

❀二、协调合作利益分配。合作营销的目的是实现双赢或多赢。真正的合作营销，就应该风险共担、利益共享。只愿共享利益而不愿共担风险，就使得合作缺乏诚信基础，增加了合作成本。这样的合作不会持久。

❀三、加强合作沟通。合作营销中，容易产生信息不对称而导致的彼此误解或矛盾。这就要求合作双方应及时进行沟通，互相报告彼此的信息，及时化解合作中出现的问题，不可向对方隐瞒。否则，就失去了合作的基础。

综上所述，家政服务有区别于有形产品的四大特征：无形性、不可分性、异质性、不可储存性。家政服务的这四大特性对家政服务营销有正、负两面的影响。因此，家政服务营销的战略维度就应当是增强正面影响、减弱负面影响。据此，基于服务特性，可以设计一个由8个战略性营销维度构成的家政服务营销框架（或家政服务营销模型），来指导家政公司的家政服务营销实践，提升家政公司的管理与营销水平。

这8个战略性营销维度：家政服务的技巧化、关系化、差异化、效率化、有形化、可分化、规范化、可调化。其中，技巧化、关系化、差异化、效率化，是增强家政服务特征正面影响的营销维度；有形化、可分化、规范化、可调化，是减弱家政服务特征负面影响的营销维度。

26.9.5　"服务特性"带来了显著的家政服务营销挑战

综上所述，服务特性，即家政服务的无形性、异质性、不可分性、不可储存性，的确给家政服务营销带来了挑战。这种挑战，有正反两个方面，总结概括起来，主要有以下几个方面：

26.9.5.1　家政服务产品的不可储存性

就家政服务而言，尽管家政公司的家政服务员、服务工具可以准备就绪，提供家政服务，但每一单项家政服务代表的是"产能"（就服务而言，是指单位服务时间内所提供的服务内容数量或家政服务能力；就实物产品而言，"产能"是指所能生产的产品数量，是指单位工作时间内的良品的产出数），而非服务产品本身（例如，母婴护理服务、居家养老护理服务、居家保洁收纳服务等）。倘若没有顾客服务需求，未经使用的服务产能就会浪费，家政公司从而失去利用这些"资产"（家政服务员的服务时间、服务技能）创造价值的机会。

而当家政服务需求大于"产能"或服务提供能力时，顾客往往会失望地离开或被告知需要"等候"更长的时间。

因此，家政服务营销者的一大主要任务，就是寻求更好的方式调节服务供求矛盾，力求家政服务供求平衡，减少服务"等候"。通过广告宣传、预订、动态定价等策略，使需求水平和现有的产能（服务能力或服务提供能力）相匹配。也就是说，家政公司管理者需要知道：公司的服务提供能力是否与服务市场需求相适应。当需求旺盛时，需要考虑如何增加服务提供能力，以满足服务需求的增长；当需求不足时，需要考虑如何缩小服务规模，避免服务能力过剩，尽可能减少损失。这就是"服务特性"，给家政服务营销带来的严峻挑战，也是一直制约着家政服务"规模化"发展的一个"瓶颈"。如何破解？考验着家政公司管理者的智慧。

26.9.5.2 无形元素往往主导价值创造

在家政服务中，包含一些重要的实体元素，例如，服务工具、家政服务员服装、服务卡等。然而，往往是那些无形的元素，例如，家政服务标准、服务规范、服务流程、基于网络平台的交易、家政服务员的职业服务技能、服务态度、职业道德等，在家政服务表现中创造了大部分的价值。顾客无法品尝、嗅闻、触碰这些元素，甚至不能看见或听见这些元素。这使我们在享用家政服务前，确定重要的家政服务特征、评估家政服务质量，就显得尤其困难。同样，由于缺少简便易懂的参照点或可观察的服务指标，顾客也往往难以在竞争的家政公司之间，区分谁优谁劣。

因此，当实体元素几乎不存在时，家政服务营销者经常运用实体形象和象征手段，即有形展示，来强调家政服务的益处、彰显家政公司的竞争优势，提供实物暗示和建立强健的品牌联系，能帮助家政服务"更加有形"。

26.9.5.3 家政服务常常难以被形象化和理解

对于家政服务的无形性，使得顾客购买家政服务充满风险，尤其是对服务缺乏先前经验的新顾客而言。

训练有素的家政营销人员或客户服务代表，能有效地降低这种购买的感知风险，帮助潜在顾客作出正确的选择。例如，能识别出对特定的顾客群有用的具体家政服务特性，并且在家政服务交付和使用阶段，教育和引导顾客产生正确的期望值；还能通过其他方式来使顾客更放心、减少购买不安全感。例如，建立家政服务标准，特别是雇主标准，将家政服务性能，文档化记录下来、对服务内容作出解释、给予服务承诺，等等。这种信心往往能在享用服务之前，通过强调家政企业的经验、家政公司的资质、专业性建立起来。

26.9.5.4 顾客可以参与到家政服务的联合创造过程中

有些家政服务要求顾客积极地参与并联合创造家政服务产品。例如，居家养老护理服务、母婴护理（月嫂）服务等，顾客往往起着"半个家政服务员"的功效。家政公司在帮助顾客变得更有能力、富有成效的过程中受益良多。对顾客而言亦是如此。

如果你（即顾客）享用一项家政服务，把一项由你决定或负责的工作完成得很糟糕，就会破坏你的服务体验，使你本想得到的利益大打折扣。相反，如果事情变得简单，那么，不仅你自身能得到好的体验和结果，你所提高的效率，也能帮助家政企业大大提高服务生产力，降低成本。

由此启示是，家政服务营销者应该协同家政公司各个部门的人，一起研发对顾客更方便的服务流程、服务标准、服务规范、服务工具、支持系统等，应确保顾客得到相应培训，以更有效地运用这些服务。还应确保家政公司运营人员能提供实时支持。

26.9.5.5 人是家政服务体验的重要组成部分

在家政服务业，不同家政公司的差别往往体现在其家政服务员的态度及服务技能的差异上。管理得当的家政公司耗费特别的精力来筛选、培训、激励那些为顾客服务的一线家政服务员。除了掌握家政服务岗位所必需的服务技能技术，这些家政服务员还必须具有良好的人际沟通技巧、积极的工作态度、优秀的职业道德。

当你（即顾客）在家政公司的办公场所遭遇其他顾客时，你知道他们同样在影响你的满意度。他们的穿着、人数、身份、行为都能强化或弱化家政企业努力要营造的形象或创造的顾客体验。

　　家政服务营销方面的启示是很清晰的：家政企业除了要有效管理员工包括一线家政服务员，来保证良好的服务提供，还必须管理和引导顾客行为。在一个共享的服务空间（这种空间，还体现在互联网媒体平台上），其他顾客应有助于提升服务体验，而不是损害服务的价值。

26.9.5.6　家政公司运营的投入与产出往往不可控制性更大

　　与服务产品不同，制造业产品生产条件是可控的，并且要通过产品质量标准的检验。然而，当家政服务产品被"生产"（服务提供）出来，并直接交付消费者使用时，其最终"装配"必须是实时进行的。家政服务的执行差异，存在于不同的家政服务员、同一家政服务员的不同顾客、甚至一天的不同时间。服务态度、服务速度、服务质量可能有极大的变化；要让顾客免于承受服务失误的结果是极其困难的，有时甚至是不可能的。

　　上述这些因素，都有可能使得家政公司难以改进服务生产率、控制服务质量、确保服务交付的可靠性。

　　尽管如此，那些优秀的家政服务企业，还是在降低不可控性方面取得了重大的进步：他们制定了严格的服务标准、服务规范，采用了标准化的服务流程，执行严格的服务质量管控，认真地培训新家政服务员，甚至并将某些之前由人操作的工作任务，改为自动化、智能化服务工具来操作。还尽量确保家政服务员接受培训，以熟悉应对危机时的服务补救流程。

26.9.5.7　时间因素具有重要意义

　　家政服务是在顾客家庭现场实时传递的。今天的顾客是历史上对时间敏感度最高的，并尽量避免浪费时间成本。顾客愿意多花钱来节约时间，或是花钱让某项必须完成的服务进行得更快些。繁忙的顾客们日益期待家政服务能够适应他们的需求，而非适应家政公司的需求而生。

　　如果一个家政公司为了赢取顾客而延长家政服务时间，那么竞争者往往也要被迫效仿。如今，有的家政服务都是全天候在运行的。

　　顾客的另一个关注，是提供家政服务要求和得到最终服务的时间间隔有多长。成功的家政服务营销者，非常了解顾客时间方面的约束性及优先权。他们与家政公司运营管理者协同寻找新方式，来赢得服务效率方面的竞争优势。他们努力改进服务，减少顾客等候时间，或想方设法让服务"等候"本身变得不那么令人厌烦。

26.9.5.8　分销可以通过非实体渠道进行

　　生产厂家需要实体配送渠道将产品从厂房直接地，或者通过批发，或零售中间商间接地送到顾客手中。

　　家政服务企业可以通过连锁加盟家政公司、家政经纪人、家政零工等方式，来提供或传递家政服务。分销手段可以是非实体渠道。例如，互联网媒体平台，特别是移动互联网手段（手机微信、APP 等）。

　　但是，核心产品本身（例如，母婴护理服务、育婴服务、居家养老护理服务、家居保洁收纳服务等）的传递必须通过以上列举的实体渠道来进行。例如，家政服务员必须亲自前往顾客家庭提供服务。因此，许多互联网信息技术活动，关注的是以信息传播及与服务产品相关的付费方式为主的附加性服务，而不是"下载"核心产品本身。例如，"互联网＋家政"，家政服务员必须亲自到顾客家庭去服务，但附加性服务可以通过互联网信息渠道进行。

26.10 区块链＋家政服务市场营销管理标准

基于区块链的"区块链＋新家政服务平台"，实现的是家政服务点对点（雇主与家政服务员）"自动交易"。同时，基于区块链技术，确认家政服务员服务诚信，这就要求基于区块链的家政服务市场营销管理，要对传统的家政服务市场营销进行重大变革，以适应区块链家政服务平台服务自动交易模式。这种变革主要体现在：

1）家政服务市场细分、目标市场选择，通过"区块链＋通证（Token）"激励机制，建立"区块链社区"或"区块链社区生态系统"进行家政服务市场营销；

2）通过区块链P2P网络，进行"点对点"与顾客沟通、顾客教育，实行家政服务精准营销、定制化营销；

3）基于区块链的智能合约技术，区块链家政服务平台实行自动化服务交易，这就要求家政服务定价标准化、公开透明；

4）区块链＋家政服务市场营销，要求"链上""链下"多媒体整合营销；

5）基于区块链的不可篡改和可追溯、隐私安全保障特性，在区块链＋新家政服市场营销中，要基于家政"服务特性"，扬"长"避"短"进行家政服务市场营销，打造属于自己的家政服务市场营销"超级IP"（个人品牌、个人产权）。